U0179185

陈明达全集

【第七卷】

《营造法式》校勘与辞解

陈明达 著

浙江摄影出版社

图书在版编目（CIP）数据

陈明达全集. 第七卷, 《营造法式》校勘与辞解 / 陈明达著. -- 杭州 : 浙江摄影出版社, 2023.1
ISBN 978-7-5514-3729-5

Ⅰ. ①陈… Ⅱ. ①陈… Ⅲ. ①陈明达（1914-1997）－全集②建筑史－中国－宋代③《营造法式》－建筑设计－研究 Ⅳ. ①TU-52②TU-092.44③TU206

中国版本图书馆CIP数据核字(2022)第207105号

第七卷　目録

《營造法式》陳明達鈔本

目録

整理説明及凡例

陳明達先生自1932年加入中國營造學社起，即以宋李誡所編修之《營造法式》爲其持續一生的研究課題，直至1997年辭世。《營造法式》於北宋晚期問世，而在元代以後雖有數種刻本、鈔本（各版本之間多有差異）存世，但對世人而言，基本上是湮没無聞達數百年之久。[①] 對這樣一部古籍的研究，首要的自然是版本校勘工作，陳明達先生志在探究中國古代建築學體系，而其研究基礎也無例外——通過校勘，盡可能多地還原《營造法式》之本來面目。

在陳明達先生的研究生涯中，他所依據的《營造法式》版本主要是1933年首刊的陶本《營造法式》。他手頭常用的共有二部，一部是1954年商務印書館重印本（“小陶本”）[②]，一部是自己手抄的本子（一函六册）。這兩部書是其工作用書，頁面上均留有大量批注手迹，在中國建築史研究界被視爲考據精當的《營造法式》校注版本，具有較高的文獻價值與研究價值。有鑒於此，經陳明達批注的“小陶本”作爲珍稀版本定名《〈營造法式〉陳明達點注本》（以下簡稱“陳氏點注本”），已由浙江攝影出版社於2020年3月發行面世；而這部《〈營造法式〉陳明達鈔本》（以下簡稱“陳氏鈔本”）則收入本卷。兹作此鈔本的簡要説明及凡例如下。

[①] 自二十世紀初至今，經幾代學者的努力，宋李誡編修之《營造法式》逐漸被公衆認知，主要版本有：1919年商務印書館據丁氏八千卷樓舊藏清鈔本影印的石印本《營造法式》，世稱“丁本”；四庫全書舊藏《營造法式》中以文津閣鈔本和文淵閣鈔本較爲知名，世稱“四庫本”；1925年陶湘等依據丁本並參校四庫全書本仿宋刊行的《營造法式》，亦由商務印書館印行，世稱“陶本”（商務印書館又於1933年印行一種裝訂八册的小開本，後於1954年重印爲全四册印本，習稱“小陶本”）；1933年故宫博物院所發現之清初影宋鈔本《營造法式》（故宫出版社於2017年影印發行），世稱“故宫本”。

[②] 與陶本1933年版相比，此“小陶本”將朱啟鈐《重刊〈營造法式〉後序》移至全書首篇，第三十四卷選用墨線圖而略去彩圖，其餘大致相同。

一、《〈營造法式〉陳明達鈔本》整理説明

（一）“陳氏鈔本”大致是陳明達先生於 1932 年加入營造學社後，爲研習《營造法式》而完整抄録陶本《營造法式》(以下簡稱“陶本”)，並在劉敦楨先生的指導下，主要參考丁本、四庫本和故宫本《營造法式》，以批注的形式作校讎訂正，也有相當多自己所作文字考據、邏輯推演等研究心得。與“陳氏點注本”相比，所參考的版本缺少一部被他命名爲“竹本”的竹島卓一《營造法式研究》，由此也大致可知，陳明達自己使用“陳氏鈔本”的時間大致從抄寫之日至 1970 年之前（“竹本”首刊於 1970 年），而“陳氏點注本”的使用時間則自 1954 年起，延續到 1970 年以後，直至 1997 年逝世。

“陳氏鈔本”是在劉敦楨、謝國楨、單士元的前期校勘工作的基礎上的抄録，並有自作斷句和新的校勘，故可視爲劉敦楨、謝國楨、單士元、陳明達四人前後接續的合作。而陳明達更多的自主性工作則主要體現在“陳氏點注本”上。

今對照劉叙傑先生整理之劉敦楨《宋·李明仲〈營造法式〉校勘記録》[①]，可知“陳氏鈔本”與上述劉敦楨、謝國楨、單士元的前期校勘工作有如下差異。

甲、一部分認爲劉敦楨等校勘無誤者，直接采納，録入欄格内之正文部分，故而不出現在眉批部分。例：卷一《總釋上·宫》“子墨子曰：古之名未知爲宫室時”，故宫本“子墨子曰：古之民未知爲宫室時”，鈔本依照故宫本抄録，不再作眉批。

乙、對劉敦楨等原校勘記録有所補充者，以眉批記録。例一：卷二《總釋下·檐》“禮，複廇重檐，天子之廟飾也”，劉敦楨校勘記録爲“《禮記·明堂位》：複廟，天子之廟飾也”[②]，“陳氏鈔本”眉批爲“廟，《禮記·明堂位》原文作‘廟’，非‘廇’”，補充説明“廇”字係丁本的誤抄。例二：卷十三《瓦作制度·用獸頭等》“……至二丈者徑一尺”，劉敦楨校勘記録爲“故宫本作‘二’”[③]，“陳氏鈔本”眉批爲“二，依文義似應爲‘二尺’”，此係補充説明此處應采信故宫本之理由。

丙、有相當數量自主補充的校勘，也以眉批記録。例一：卷一《總釋上·斜柱》

① 《劉敦楨全集》第十卷，中國建築工業出版社，2007，第 1~84 頁。

② 《禮記》原文：“複廟重檐，刮楹達鄉，反坫出尊，崇坫康圭，疏屏；天子之廟飾也。”

③ 同注①。

“《釋名》：梧在梁上，兩頭相觸牾也”，鈔本眉批：“《釋名》二字皆作‘牾’，丁本前字作‘迕’，後字亦然。按‘梧’不僞，惟‘牾’當作‘啎’，見《漢書·王莽傳》‘亡所啎意’，《後漢·桓典傳》‘啎宦官’。”例二：卷十四《彩畫作制度·五彩徧裝》“……柱身自櫍上亦作細錦……”，鈔本眉批：“卷廿八·諸作等第：柱頭脚及槫盡束錦，爲中等。此處柱身自櫍上亦作細錦，應爲柱脚作細錦，非柱身全部作細錦也。又‘解緑裝飾屋舍’條‘柱頭及柱脚並刷朱’。”此二條均不見於劉敦楨等批注，而前者另見於“陳氏點注本”。

丁、認爲需要進一步求證推敲者，依舊抄録爲眉批，同時以“？”表示存疑。例：卷十二《鋸作制度·抨墨》：“凡大材植，須合大面在下……”鈔本眉批“令？”。

（二）此鈔本采用二十世紀三十年代北京榮寶齋印製的古籍鈔本專用箋紙，紅線欄格，每半頁十行，中縫頁心爲單魚尾而無象鼻的白口，魚尾下記書名簡稱、卷目、頁數。例如頁心記“法式六　六”，即指《營造法式》卷六第六頁。世傳《營造法式》南宋殘頁及丁本、陶本、故宫本等均爲每行正文二十二字，注文以小字雙行排在字句下方。“陳氏鈔本”以規範行書抄寫，每行大致爲正文二十三字，原注文亦以小字雙行下排。卷二十九至三十四之圖樣部分，以玉版紙摹繪，大多分爲左右半頁，少部分爲跨頁；多數圖樣用毛筆摹寫，少數蒙硫酸紙以鴨嘴筆墨線描摹。全書共五百二十二個整頁，分六册自行線裝並題簽。對照其他版本，此鈔本將原“陶本”所遺漏之卷三“止扉石其長二尺……”、卷五“五曰慢栱……”兩條抄寫在欄格之内，可知抄寫時間在“故宫本”被發現的1933年之後。

（三）“陳氏鈔本”基本上將底本“小陶本”全部抄録，未予抄録者計有“卷三十附”“卷三十一附”和原附録中之“崇寧本卷八第一前半葉”“紹興本校刊題名”。

（四）雖然“陳氏鈔本”的抄寫、批注的時間早於“陳氏點注本”，但比較兩個版本的異同，不難發現“陳氏鈔本”作爲校勘本已臻完善，有些段落甚至比“陳氏點注本”更爲詳盡。例如“小陶本”卷八“叉子”一節中“造叉子之制……如廣一丈用二十七櫺……”一句，“陳氏點注本”僅在“二十七櫺”的“二”字下打點，眉批“一？”，表示“二十七櫺”可能是“一十七櫺”之誤；“陳氏鈔本”在此處的批注則更爲詳細周密：“‘二十七’疑爲‘一十七’之誤。《法式》六各種櫺窗櫺數只有一十七與二十一兩數，拒馬叉子用二十一櫺交斜出首，宜較密，叉子宜較疏，故疑爲一十七，否則即爲二十一。”類似的情況還有多處。這也説明兩個版本似乎各有偏重：“陳氏鈔本”偏重考據，而“陳氏點注本”時有對所發現的問題先簡單記録以留作研究線索之舉。

（五）因時間倉促，影印本的批注部分對劉敦楨等批注和陳明達自主之批注，未及列表統計、一一説明，需要者可參閲收録於《劉敦楨全集》第十卷之《宋·李明仲〈營造法式〉校勘記録》。

二、《〈營造法式〉陳明達鈔本》凡例

（一）此鈔本之底本“陶本”“小陶本”均以仿宋字體排印，無句讀，而此鈔本則以行書抄寫，加新式標點，計有“，”“。”“、”“：”四種標點。

（二）此鈔本本爲竪排本從右向左排序，今影印收録本卷，按全書的統一體例，頁内爲原貌，但頁序只能變爲從左向右。這會造成閲讀上的不適，特此提示。

（三）對“小陶本”底本有疑問、訂正之處，“陳氏鈔本”多在欄格内之字右側點三個墨點標示，在墨點上方位置的天頭作批注；圖樣部分批注格式與文字部分大致相同，有少量批注在地脚處或圖樣畫面上，如卷三十三之第二十頁右“龍牙蕙草”在地脚位置有批注，卷三十四之第九頁右“青緑疊暈棱間裝名件第十三”的畫面上有批改示意，等等。

（四）鈔本批注有下列五種情況。

甲、比照分析其他版本所作詞句勘誤。大致對存疑字詞以墨點標示，毛筆書寫。例一：卷四第七頁左正文“如上下有礙昂勢處，即隨昂勢斜殺，於放過昂身”之“勢”“於”二字加墨點，批注“故宫本無‘勢’字及‘於’字”。例二：卷五第九頁左正文“卷殺，上一瓣長五分”之“五”加墨點，批注“丁本作‘一’，依實際繪圖結果，仍以‘五分’爲是”。這類批注大致書寫於1949年之前。

乙、抄録者獨立思考的訂正部分。這類批注的形式、時間與上條大致相同。例一：

卷四第四頁左注文“乘替木頭或橑檐方頭”之“乘”字加墨點，批注“‘乘’，疑爲‘承’之誤”。另一例如上文提到的對“如廣一丈用二十七櫺”的訂正。此類批注顯然係分析文義而爲，並未參照其他版本。

丙、抄録者認爲重要的詞句，在文字右側以紅色鋼筆水圈點或畫線，在詞句上方天頭加圈標示，或有批語，或僅標示。例一：《進新修〈營造法式〉序》中之“以材而定分”一句點紅圈，《劄子》中之“元祐營造法式祇是料狀，别無變造用材制度”一句爲畫紅線標示，二句均無批注。例二：《看詳》第十二頁左“祇是一定之法……制度一十五卷……”一句以畫紅線標示，批注“現存制度祇一十三卷”。

丁、對《營造法式》内容及研究方向的概要分類。抄録者在文本天頭留有“設計”“設計參照”“施工”“科學”“裝修設計”“裝飾設計”“設備設計”“雜屋設計”“材料製造”“材料規格”“運輸”“施工設計參考”等紅色鋼筆或紅色鉛筆字迹，對應下方欄格内名目、字句，似乎是表示相關内容所應側重的研究方向。例一：卷三第二頁右天頭書寫“科學”“施工”，對應欄格内之“取正”“定平”，表示這一節内容涉及當時的科學觀念、施工原則等。例二：卷四第八頁左天頭書寫“設計”，對應欄格内之“總鋪作次序”，表示這一節内容涉及當時的建築設計原則。例三：卷六第一頁左天頭書寫“裝修設計”，對應欄格内之“版門”，表示這一節内容涉及裝修設計。例四：卷六第十頁左天頭書寫“設備設計”，對應欄格内之“水槽”，表示這一節内容涉及設備設計，等等。

戊、圖樣部分另附一些修改圖稿。卷三十三、三十四圖樣中有五十張未裝訂書頁的畫稿，整理者認爲其中有些是正式摹繪前的草稿，有些是對原書中的一些圖樣的版本互校或訂正説明，今將後者附於相關圖樣之後，聊作參考。

本卷以原件影印方式收録全本《〈營造法式〉陳明達鈔本》，意在真實記録陳明達先生爲這一研究課題所付出的辛勤努力、這一過程中的所思所想，同時爲讀者提供一個值得關注的《營造法式》校勘版本——至少集中了劉敦楨、謝國楨、單士元、陳明達四位營造學社前輩的校勘成果，很可能其中還包含有朱啟鈐、梁思成等人的意見。

整理者

《〈營造法式〉陳明達鈔本》六册封面

重刊營造法式後序

李明仲營造法式三十六卷，己未之春，曾以影宋鈔本付諸石印。庚申之際，遠游歐美，見其一藝之一術，皆備圖案，而新舊營建悉有專書，益嘆明仲此作為營國築室不易之成規。還國以來，蒐集各私傳本，重校付梓，良以三代損益，文質相因，周禮體國經野，冬官考工記，肯世守之工，辨五飭材，辨於天職，匠人所掌，建國營國，為溝洫三事，分列部居，目張綱舉。晚周楷義，道器分途，士大夫於名物象數闕焉不講，秦漢以降，將作匠監雖設專官，而長城阿房，兩京東都，千門萬戶，以及洛陽伽藍，同泰迷樓，僅於詞人筆端驚其鉅麗，而制作形狀絕

法式後序　一

尠點當。遠古紀載，亦鮮專門講求此學者，若柳子之說見都料匠畫宮於堵，盈尺而曲盡其制，計其毫釐而構大廈，作梓人傳而不言匠人姓字，歐陽修、沈括見都料匠喻皓木經，而僅具用心之精，此則較可徵信也。明仲身任將作，奉敕脩書，適丁北宋全盛之時，土木繁興之際，書稱工作相傳經久可用之法，又復援據經史，研精詁訓，故其定義精審，足以繼往開來。故能學殖於廣，垂為繕述，紀載既藏，用能標舉要義，以詔讀者，則斯營繕皆取辨於賦役，故營造之良窳，恆視國家之財力以為衡。宋代功限料例，當與晚近官價有別，根於故宮記、東京艮嶽記諸書所載，鴻圖上下之富，以成偉觀，請康功

後驕奢幽逸，伊古帝王真奢侈累，遂人重其誇耀武功，巨製宏工散亡摧毀，再造為難，有不同概者，重以主筆相承，釋道立閣，兵燹之虐，文物蕩然，章首明仲此書，於制度功限料例集營造之大成，古物雖亡，古法尚在，後人有志追求，舍此殆無途徑。法式所舉準之遼金塔寺、元明故宮，造法圖為多合，按之明清會典檔案則例，做法亦復無殊，蓋信南宋迄今之營造，靡不由此書衍繹而出。曩諸良史，以眷秩為不刊之書，法家以耐律為今之祖，其義一也。書載為六藝之一，取準亦平非有比例，不足以窮其趣，而神其用，方今歐式東來，亦觚日先，盛工匠就其圖樣比例推求，仍不得其理解，法式所引周髀九章諸家算經，實為

法式後序　二

工師之鈐鍵，故看詳首舉諸書，會經歷造作工匠，詳悉講究規矩，比較諸作利害，隨物之大小，有增減之法云云，書中於高廣深厚，均與積寸積分以為法，學者先明讀法，析以數理，自當迎刃而解，其義二也。看詳及總釋各卷，於古今名物皆援引經史，逐類詳釋，尤於諸作異名，再三致意，誠以工匠口耳相傳，每為方言所限，然北宋以來，又閱千載，舊者漸佚，新者漸增，世運日新，辭書林立，學者亟應牽此義例，合古今中外之一物數名及術語名詞，續為整比，附以圖解，纂成營造辭典，庶幾博聞考證，用稽未窮，其義三也。圖樣各卷，所以發凡舉證，而操觚之士，似以偶反為難

或謂原書間略，應該補圖，或因變化而生，宜增新樣。例如大木作制度圖樣，為匠民繩墨所寄，離本易有毫厘千里之差，爰就現存宮闕之間營造精構，擬今釋文；彩畫作制度圖樣，繁縟快詭，僅注色名，恐蒸謬誤，難後按注敷彩，以存原書，量為相宜，詳淺隨宜之旨，益凡之墻，後本之繪，勝如規摹，一旦察其義四也。抑又有進者：上古民風樸儉，不相往來，而言語嗜欲天賦從同。夫制器者，自然心理所表著也。倉頡依類制文字，象形會意，聲教以通；而宮室器服，亦嗜欲之大端，居氣養體，皆係物人，互相則傚，心同此理，是知帝虞土階，不勝其質；殷情峻宇，不厭其文，乃至雕刻精益，丹楹刻桷，或取則

法式後序　三

於遐方，或濫觴於遠古，斷而劃心，標新領異，於是五洲萬國營造之方式，乃由隔閡而潛通，由潛通而混一，氣運所趨，有可言過也。營巢橧穴，有開必先，而笙環奇隨象教而東漸，漢晉六朝，天方景教之制作，墉然滿目，至石道之營[illegible]，鄴都胡匠，叢材乃盛行於中土；宋承五季之後，明仲折衷家制，奄有羣材，上下千年，縱橫萬里，引而伸之，觸類而長之，文軌大同，庶幾有象。況今海通以來，意匠殊絕，材美工巧，借鏡尤多，究其進化之所由，不外[illegible]文之遞嬗，蓋本古博物學說為先，本末始終，無徵不信，而國勢之汙隆，民力之消長繫焉。如希臘、埃及、羅馬，波斯、印度，固為世界藝術之原，而歐亞變遷，亦可因此而

推行其遠，至於今日，泰西古室[illegible]間遺文，尚載而行，蹤跡望，皆諸漢唐之通西域，華國之殊，皆相望者，漸被不同壞地未改，易為時殊，然竹相視而笑，未有今而皆古，非事有異於一石一物也。華夏古昔傑之宮室器服，比類具陳，下至斷碑殘柱，纖悉精一經目擊，而手觸即可流連感嘆，想像其為人數之國史詩歌，興起尤切，而濟發智巧，抱殘守闕，猶其細焉者也。我國歷[illegible]綿邈，事物繁[illegible]，數典恐遺忘祖之羞，簡理文[illegible]求野之懼，正宜及時理董，刻意搜羅，庶俾文質之源流，探[illegible]不紊，而營造之沿革，乃能闡揚發揮，為民用利用，以伸此書將其是[illegible]雁而已，未敢云遍此啟新，所以有無窮之望也。

中華民國十四年歲次乙丑孟夏中澣紫江朱啟鈐序

法式後序　四

李诫補傳

李诫字明仲，鄭州管城縣人，曾祖惟寅，尚書虞部員外郎，贈金紫光祿大夫。祖惇裕，尚書祠部員外郎、秘閣校理，贈司徒。父南公（宋史有傳，程俱李诫墓誌銘。），字楚老，進士及第，神宗時累官户部尚書，歷知永興軍、成都、真定、河南府、鄭州，擢龍圖閣直學士，為吏六十年，幹局明敏（宋史李南公傳）。大觀□年疾病，驛子诫告歸，許挾國醫以行。及卒，贈左正議大夫。兄譓（墓誌銘），字智甫，紹聖間知章邱縣，累任鄜延帥，徙永興（宋史李南公傳），大觀四年六月，除龍圖閣直學士，封李棋（墓誌銘）。後歷數郡卒。（宋史李南公傳。）元豐八年，哲宗登大位，父南公时為河北轉運副使，遣诫奉表致方物，恩補郊社齋郎

（墓誌銘，宋史職官志及選舉志大臣子弟蔭官初試郊社齋郎并遍于諸陵言）調曹州濟陰縣尉。濟陰故盜區，诫至，則練卒除器，明賞罰，廣方略，得劇賊數十人，縣以清靜。遷承務郎。元祐七年（1092）以承奉郎為將作監主簿。紹聖三年（1096）以承事郎為將作監丞。元符中（1099）建五王邸成，遷宣義郎。於是官將作者且八年。崇寧元年（1102）以宣德郎為將作少監。二年冬，請外以便養，以通直郎為京西轉運判官，不數月，復召入將作為少監。辟雍成，遷將作監，再入將作者又五年。其遷奉議郎以尚書省，其遷承議郎以龍德宮棣華宅，其遷朝奉郎賜五品服以朱雀門，其遷朝奉大夫以景龍門、九成殿，其遷朝散大夫以開封府廨，其遷右朝議大夫賜三品服

以修奉太廟，其遷中散大夫以欽慈太后佛寺成，大抵自承務郎至中散大夫凡十六等，其以吏部年格遷者七官而已。元符中，管將作，建五王邸成，其方工匠事必究利害，堅窳之制，堂構之方，與繩墨之運，皆已了然於心，遂被旨著營造法式，書成，詔頒之天下。（墓誌銘）（營造法式看詳，紹聖四年十一月二日奉敕，以元祐營造法式祇是料狀，別無變造用材制度，其間工料太寬，關防無術，敕诫重別編修，诫乃考究群書，并與人匠講說，分明類例，以元符三年成書奏上。）崇寧四年五月二十九日，宰相蔡京等進呈庫部員外郎姚舜仁請即國丙巳之地建明堂，繪圖獻上，上曰先帝嘗欲為之，有圖見在禁中，然考究未甚詳，卿令將作監李诫同舜仁上殿，八月十六日诫與姚舜仁進明堂圖（楊仲良續資治通鑑長編紀事本末）。诫性孝友，樂善赴

義，喜周人之急，丁父喪，上賜錢百萬，诫曰：敢匠事治喪具力足以自竭，然上賜不敢辭，則以與浮屠氏，為其所謂釋迦佛像者，以偽上恩，而報罔極。服除，以中散大夫知虢州，獄有留繫彌年者，诫以立談判。大觀四年二月壬申卒。吏民懷之，如久被其澤者。時方有旨趣召，其已詔以上聞，徽宗嗟惜久之，詔別官其一子。葬於鄭州管城縣之梅山。诫博學多藝能，家藏書數萬卷，其手鈔者數千卷。工篆（籀）草隸，皆入能品。嘗纂重修朱雀門記，以小篆書丹以進，有旨勒石朱雀門下。善畫，得古人筆法，上聞之，遣中貴人諭旨，诫以五馬圖進，睿鑒稱善。喜著書，有續山海經十卷，續同姓名錄二卷，琵

錄三卷，馬經三卷，六博經三卷，古篆說文十卷。（墓誌）

案李明仲起家門蔭，官將作者十餘年，身丁紹聖之際，文物全盛之朝，營國建國，職思其憂，奉敕重修營造法式，鏤版海行，亦絕學之延，遂能繼往開來，為不朽之盛業。自謂所言，如讀山海經等書，雖已亡佚，而覃精研思，亦可概見。大底技巧之長，一經衍繹，靡不有新書大傳之義，況寓曲而執，智創巧述，皆聖人之作，士大夫之事乎。明仲宦意，以資勞年格，蓋不營職，不屑詭隨，以希榮利。宋史囿於義例，不明於道藝之分，不為立傳，亦由所識從梁師成朱勔之徒，長惡逢君，列名佞幸，更不可同年而語矣。方今科學昌明，各有條貫，明仲此書，類例相從，條章具在，官司用為科律，匠作奉為準繩，其書足人皆有裨於齊鏡，校刊取摹書所記事蹟，當與書之論世知人，固不止懷鉛握槧者必嚮往之也。乙丑十月合肥闞鐸。

進新修營造法式序

臣聞上棟下宇，易為大壯之時；正位辨方，禮實太平之典。共工命於舜日，大匠始於漢朝，各有司存，按為功緒。況

神畿之千里，加

禁闕之九重，內財

宮寢之宜，外定

廟朝之次，蟬聯庶府，棊列百司。櫼櫨枅柱之相枝，規矩準繩之先治；五材並用，百堵皆興。惟時鳩僝之工，遂考翬飛之室。而斲輪之手，巧或失真；董役之官，才非兼技，不知以材而定分，乃或倍斗而取長。弊積因循，法疏檢察。非有治三宮之精識，豈能新一代之成規。溫詔下頒，成書入奏。空靡歲月，無補涓塵。恭惟

皇帝陛下仁儉生知，睿明天縱。淵靜而百姓定，綱舉而衆目張。官得其人，事為之制。丹楹刻桷，淫巧既除；菲食卑宮，淳風斯復。乃詔百工之事，更資千慮之愚。臣考閱舊章，稽參衆智。功分三等，第為精粗之差；役辨四時，用度長短之晷。以至木議剛柔，而理無不順；土評遠邇，而力易以供。類例相從，條章具在。研精覃思，顧述者之非工；按牒披圖，或將來之有補。通直郎管修蓋皇弟外第專一提舉修蓋班直諸軍營房等編修臣李誡謹昧死上。

劄子

編修營造法式，所準崇寧二年(1103)正月十九日，
敕通直郎試將作少監提舉修置外學等李誡劄子奏：契勘
熙寧中敕令將作少監編修營造法式，至元祐六年(1091)方成書。
準紹聖四年(1097)十一月二日
敕，以元祐營造法式祇是料狀，別無變造用材制度，其間工
料太寬，關防無術。三省同奉
聖旨，着臣重別編修。臣考究經史羣書，并勒人匠逐一講說，
編修海行營造法式，元符三年(1100)內成書，送所屬看詳，別無未
盡未便，遂具

進呈奉
聖旨，依續準都省指揮，只錄送在京官司。竊緣上件法式係
營造制度、工限等，關防功料，最為要切，內外皆合通行。臣今
欲乞用小字鏤版，依海行敕令頒降，取進止。正月十八日，三
省同奉
聖旨，依奏。

法式劄子 一

營造法式看詳

通直郎管修蓋皇弟外第專一提舉修蓋班直諸軍營房等臣李誡奉
聖旨編修

方圜平直 取徑圍
定功 取正
定平 牆
舉折 諸作異名
總諸作看詳

方圜平直

周官考工記：圜者中規，方者中矩，立者中懸，衡者中水。鄭司
農注云：治材居材，如此乃善也。
墨子：墨子言曰：天下從事者不可以無法儀。雖至百工從
事者亦皆有法。百工為方以矩，為圜以規，直以繩，衡以水，正
以懸。無巧工不巧工，皆以此五者為法。巧者能中之，不巧者
雖不能中，依放以從事，猶愈於已。
周髀算經：昔者周公問於商高曰：數安從出？商高曰：數之法
出於圓方，圓出於方，方出於矩，矩出於九九八十一。萬物周事
而圓方用焉，大匠造制而規矩設焉，或毀方而為圓，或破圓
而為方。方中為圓者謂之圓方，圓中為方者謂之方圓也。
韓非子曰：無規矩之法，繩墨之端，雖班亦不能成方圓。

衡以水 墨子法儀篇無此三字

王爾 韓非子卷四 雖王爾不能以成方圓

法式看詳 一

隋土 四庫本作隓

看詳：諸作制度，皆以方圜平直為準。至如八棱之類，及欹斜羨禮圖云：羨為不圜之貌，璧羨以為量物之度也。鄭司農云：羨猶延也，以善切，其袤一尺而廣狹焉。陊史記索隱云：陊謂狹長而方去其角也。陊，丁果切，俗作隋，非。亦用規矩取法。今謹按周官考工記等修立下條：

諸取圜者以規，方者以矩，直者抨繩取則，立者垂繩取正，橫者定水取平。

取徑圍

九章算經，李淳風注云：舊術求圜，皆以周三徑一為率。若用之求圜周之數，則周少而徑多。徑一周三，理非精密。蓋術從簡要，略舉大綱而言之。今以密率，以七乘周二十二而一即徑，以二十二乘徑七而一即周。

看詳：今來諸工作已造之物及制度，以周徑為則者，如點量大小，須於周內求徑，或於徑內求周。若用舊例，以圜三徑一，方五斜七為據，則疏略頗多。今謹按九章算經及約斜長等密率，修立下條：

諸徑圍斜長依下項：

圜徑七，其圍二十有二。

方一百，其斜一百四十有一。

八棱徑六十，每面二十有五，其斜六十有五。

六棱徑八十有七，每面五十，其斜一百。

法式看詳 二

圜徑內取方，一百中得七十有一。

方內取圜，徑一得一。八棱、六棱取圜準此。

定功

唐六典：凡役有輕重，功有短長。注云：以四月、五月、六月、七月為長功，以二月、三月、八月、九月為中功，以十月、十一月、十二月、正月為短功。

看詳：夏至日長，有至六十刻者，冬至日短，有止於四十刻者。若一等定功，則枉棄日刻甚多。今謹按唐六典修立下條：

諸稱功者，謂中功，以十分為率。長功加一分，短功減一分。

諸稱長功者，謂四月、五月、六月、七月；中功謂二月、三月、八月、九月；短功謂十月、十一月、十二月、正月。

右三項並入總例。

法式看詳 三

取正

詩：定之方中，又：揆之以日。注云：定，營室也。方中，昏正四方也。揆，度也。度日出日入，以知東西；南視定，北準極，以正南北。

周禮天官：唯王建國，辨方正位。

考工記：置槷以懸，視以景，為規，識日出之景與日入之景；夜考之極星，以正朝夕。鄭司農注云：自日出而畫其景端，以至日入既，則為規。測景兩端之內規之，規之交，乃審也。度兩交之間，中屈

唐顏師古撰見四庫總目

之以指臬，則南北正。日中之景，最短者也。極星，謂北辰。

管子：夫繩扶撥以為正。

字林：㮊（時釗切），垂臬望也。

匡謬正俗音字：今山東匠人猶言垂繩視正為㮊。

看詳：今來凡有興造，既以水平定地平面，然後立表測景、望星，以正四方，正與經傳相合。今謹按詩及周官考工記等，修立下條。

取正之制：先於基址中央，日內置圜版，徑一尺三寸六分。當心立表，高四寸，徑一分。畫表景之端，記日中最短之景。次施望筒於其上，望日景以正四方。

望筒長一尺八寸，方三寸（用版合造）；兩罨頭開圜眼，徑五分。筒身當中兩壁，用軸安於兩立頰之內。其立頰自軸至地高三尺，廣三寸，厚二寸。晝望以筒指南，令日景透北；夜望以筒指北，於筒南望，令前後兩竅內正見北辰極星；然後各垂繩墜下，記望筒兩竅心於地，以為南，則四方正。

若地勢偏衺，既以景表、望筒取正四方，或有可疑處，則更以水池景表較之。其立表高八尺，廣八寸，厚四寸，上齊（後斜向下三寸），安於池版之上。其池版長一丈三尺，中廣一尺，於一尺之內，隨表之廣，刻線兩道；一尺之外，開水道環四周，廣深各八分。用水定平，令日景兩邊不出刻線；以池版所指及立表心為南，則四方正。（安置令立表在南，池版在北。其景夏至順線長三尺，冬至長一丈二尺。其立表內向池版處，用曲尺較令方正。）

定平

周官考工記：匠人建國，水地以縣。（鄭司農注云：於四角立植而縣，以水望其高下。高下既定，乃為位而平地。）

莊子：水靜則平中準，大匠取法焉。

管子：夫準，壞險以為平。

尚書大傳：非水無以準萬里之平。

釋名：水，準也。平，準物也。

何晏景福殿賦：唯工匠之多端，固萬變之不窮。讎天地以開基，並列宿而作制。制無細而不協於規景，作無微而不違於水臬。（五臣注云：水臬，水平也。）

看詳：今來凡有興建，須先以水平望基四角所立之柱，定地平面，然後可以安置柱石，正與經傳相合。今謹按周官考工記，修立下條。

定平之制：既正四方，據其位置，於四角各立一表，當心安水平。其水平長二尺四寸，廣二寸五分，高二寸；下施立樁，長四尺（安鑲在內）；上面橫坐水平，兩頭各閘池，方一寸七分，深一寸三分。（或中心更開池者，方深同。）身內開槽子，廣深各五分，令水通過。於兩頭池子內，各用水浮子一枚。（用三池者，水浮子或亦用三枚。）方一寸五分，高一寸二分；刻上頭令側薄，其厚一分，浮於池內。望兩頭水浮子之首，遙對立表處，於表身內畫記，即知地之高下。（若槽內如有不可用水處，即於椿子當心施墨線一道，上垂繩墜下，令繩對墨線心，則上槽自平，與用水同。其槽底與墨線兩邊，用曲尺較令方正。）

凡定柱礎取平，須更用真尺較之。其真尺長一丈八尺，廣四寸，厚二寸五分；當心上立表，高四尺。（廣厚同上。）於立表當心，自上至下施墨線一道，垂繩墜下，令繩對墨線心，則其下地面自平。（其真尺身上平處，與立表上墨線兩邊，亦用曲尺較令方正。）

牆

周官·考工記：匠人為溝洫，牆厚三尺，崇三之。鄭司農注云：高厚以是為率，足以相勝。

尚書：既勤垣墉。

詩：崇墉屹屹。

春秋左氏傳：有牆以蔽惡。

爾雅：牆謂之墉。

淮南子：舜作室，築牆茨屋，令人皆知去巖穴，各有室家，此其始也。

說文：堵，垣也。五版為一堵。壕，周垣也。埒，卑垣也。壁，垣也。垣蔽曰牆。栽，築牆長版也。（今謂之膊版。）幹，築牆端木也。（今謂之牆師。）

尚書大傳：天子賁墉，諸侯疏杼。注云：賁，大也，言大牆正道直也。疏猶衰也。杼亦牆也。言衰殺其上，不得正直。

釋名：牆，障也，所以自障蔽也。垣，援也，人所依止，以為援衛也。墉，容也，所以隱蔽形容也。壁，辟也，所以辟禦風寒也。

博雅：㙲（力彫切。）、隊（音篆。）、墉、院（音桓。）、廦，（音壁。又即壁切。）牆垣也。

義訓：厇（音毛。）樓牆也，穿垣謂之腔，（音空。）為垣謂之𡑞，（音累。）周謂之㙲，（音了。）㙲謂之寏。（音垣。）

看詳：今來築牆制度，皆以高九尺，厚三尺為祖。雖城壁與屋牆、露牆，各有增損，其大概皆以厚三尺，崇三之為法，正與經傳相合。今謹按周官考工記等羣書，修立下條。

築牆之制：每牆厚三尺，則高九尺；其上斜收，比厚減半。若高增三尺，則厚加一尺；減亦如之。

凡露牆：每牆高一丈，則厚減高之半；其上收面之廣，比高五分之一。若高增一尺，其厚加三寸；減亦如之。（其用葽橛，並準築城制度。）

凡抽絍牆：高厚同上，其上收面之廣，比高四分之一。若高增一尺，其厚加二寸五分。（如在屋下，只加二寸。）劄削並準築城制度。

右三項並入壕寨制度。

舉折

周官考工記：匠人為溝洫，葺屋三分，瓦屋四分。鄭司農注云：各分其脩，以其一為峻。

通俗文：屋上平曰庯。（必孤切）

匡謬正俗音字：庯，今猶言庯峻也。

皇朝景文公宋祁筆錄：今造屋有曲折者，謂之庯峻。齊魏間以人有儀矩可喜者，謂之庯峭，蓋庯峻也。（今謂之舉折。）

法式看詳 八

看詳：今來舉屋制度，以前後橑檐方心相去遠近，分為四分；自橑檐方背上至脊槫背上，四分中舉起一分。雖殿閣與廳堂及廊屋之類，略有增加，大抵皆以四分舉一為祖，正與經傳相合。今謹按《周官·考工記》脩立下條。

舉折之制：先以尺為丈，以寸為尺，以分為寸，以厘為分，以毫為厘，側畫所建之屋於平正壁上，定其舉之峻慢，折之圜和，然後可見屋內梁柱之高下，卯眼之遠近。（今俗謂之定側樣，亦曰點草架。）

舉屋之法：如殿閣樓臺，先量前後橑檐方心相去遠近，分為三分，（若餘屋柱梁作，或不出跳者，則用前後檐柱心。）從橑檐方背至脊槫背舉起一分。（如屋深三丈即舉起一丈之類。）如甋瓦廳堂，即四分中舉起一分，又通以四分所得丈尺，每一尺加八分；若甋瓦廊屋及瓪瓦廳堂，每一尺加五分；或瓪瓦廊屋之類，每一尺加三分。（若兩椽屋不加；其副階或纏腰，並二分中舉一分。）

折屋之法：以舉高尺丈，每尺折一寸，每架自上遞減半為法。如舉高二丈，即先從脊槫背上取平，下至橑檐方背，其上第一縫折二尺；又從上第一縫槫背取平，下至橑檐方背，於第二縫折一尺；若椽數多，即逐縫取平，皆下至橑檐方背，每縫並減上縫之半。（如第一縫二尺，第二縫一尺，第三縫五寸，第四縫二寸五分之類。）如取平，皆從槫心抨繩令緊為則。如架道不勻，即約度遠近，隨宜加減。（以脊槫及橑檐方為準。）

法式看詳 九

若八角或四角鬬尖亭榭，自橑檐方背舉至角梁底，五分中舉一分，至上簇角梁，即二分中舉一分。（若亭榭只用瓪瓦者，即十分中舉四分。）

簇角梁之法：用三折，先從大角背自橑檐方心，量向上至棖桿卯心，取大角梁背一半，並上折簇梁，斜向棖桿舉分盡處。（其簇角梁上下並出卯，中下折簇梁同。）次從上折簇梁盡處，量至橑檐方心，取大角梁背一半，立中折簇梁，斜向上折簇梁當心之下。又次從橑檐枋心立下折簇梁，斜向中折簇梁當心近下，（令中折簇梁上半與上折簇梁一半之長同。）其折分並同折屋之制。（唯量折以曲尺於絃上取方量之，用瓦亦同。）

右入大木作制度

諸作異名

今按羣書修立總釋，已具《法式》淨條第一、第二卷內，凡四十九篇，總二百八十三條。今更不重錄。

看詳：屋室等名件，其數實繁。書傳所載，各有異同；或一物多名，或方俗語滯；其間亦有訛謬相傳，音同字近者，遂轉而不改，習以成俗。今謹按羣書及以其曹所語，參詳去取，修立總釋二卷。今於逐作制度篇目之下，以古今異名載於注內，修立下條：

牆 其名有五：一曰牆，二曰墉，三曰垣，四曰墲，五曰壁。

右入壕寨制度

柱礎 其名有六：一曰礎，二曰礩，三曰舄，四曰碩，五曰磩，六曰磉，今謂之石碇。

右入石作制度

材 其名有三：一曰章，二曰材，三曰方桁。

栱 其名有六：一曰閞，二曰槉，三曰欂，四曰曲枅，五曰欒，六曰栱。

飛昂 其名有五：一曰櫼，二曰飛昂，三曰英昂，四曰斜角，五曰下昂。

法式看詳　十

爵頭 其名有四：一曰爵頭，二曰耍頭，三曰胡孫頭，四曰蜉𧏙頭。

枓 其名有五：一曰楶，二曰栭，三曰櫨，四曰楷，五曰枓。

平坐 其名有五：一曰閣道，二曰墱道，三曰飛陛，四曰平坐，五曰鼓坐。

梁 其名有三：一曰梁，二曰杗廇，三曰欐。

柱 其名有二：一曰楹，二曰柱。

陽馬 其名有五：一曰觚稜，二曰陽馬，三曰闕角，四曰角梁，五曰梁抹。

侏儒柱 其名有六：一曰梲，二曰侏儒柱，三曰浮柱，四曰棳，五曰上楹，六曰蜀柱。

斜柱 其名有五：一曰斜柱，二曰梧，三曰迕，四曰枝摚，五曰叉手。

棟 其名有九：一曰棟，二曰桴，三曰穩，四曰棼，五曰甍，六曰極，七曰槫，八曰檩，九曰櫋。

搏風 其名有二：一曰榮，二曰搏風。

柎 其名有三：一曰柎，二曰複棟，三曰替木。

椽 其名有四：一曰桷，二曰椽，三曰榱，四曰橑。短椽 其名有二：一曰棟，二曰禁褊。

檐 其名有十四：一曰宇，二曰檐，三曰樀，四曰楣，五曰屋垂，六曰梠，七曰櫺，八曰聯櫋，九曰橝，十曰序，十一曰廡，十二曰槾，十三曰㮰櫋，十四曰庮。

舉折 其名有四：一曰陠，二曰峻，三曰陠峭，四曰舉折。

右入大木作制度

烏頭門 其名有三：一曰烏頭大門，二曰表楬，三曰閥閱，今呼為櫺星門。

平棊 其名有三：一曰平機，二曰平橑，三曰平棊；俗謂之平起。其以方椽施素版者，謂之平闇。

鬭八藻井 其名有三：一曰藻井，二曰圜泉，三曰方井，今謂之鬭八藻井。

鉤闌 其名有八：一曰櫺檻，二曰軒檻，三曰櫳，四曰梐牢，五曰闌楯，六曰柃，七曰階檻，八曰鉤闌。

拒馬叉子 其名有四：一曰梐枑，二曰梐拒，三曰行馬，四曰拒馬叉子。

法式看詳　十一

落

屏風 其名有四：一曰皇邸，二曰後版，三曰扆，四曰屏風。

露籬 其名有五：一曰櫳，二曰栅，三曰據，四曰藩，五曰落，今謂之露籬。

右入小木作制度

塗 其名有四：一曰垷，二曰墐，三曰塗，四曰泥。

右入泥作制度

階 其名有四：一曰階，二曰陛，三曰陔，四曰墒。

右入塼作制度

瓦 其名有二：一曰瓦，二曰㼾。

塼 其名有四：一曰甓，二曰瓴甋，三曰㲉，四曰㼮甎。

右入窰作制度

法式看詳 十二

總諸作看詳

看詳：先準朝旨，以營造法式舊文，祇是一定之法，及有營造位置盡皆不同，臨時不可攷據，徒爲空文，難以行用，先次更不施行，委臣重别編修。今編修到海行營造法式總釋并總例共二卷，制度一十五卷，功限一十卷，料例並工作等第共三卷，圖樣六卷，目録一卷，總三十六卷，計三百五十七篇，共三千五百五十五條。内四十九篇，二百八十三條，係於經史等羣書中檢尋攷究，至或制度與經傳相合，或一物而數名各異，已於前項逐門看詳立文外，

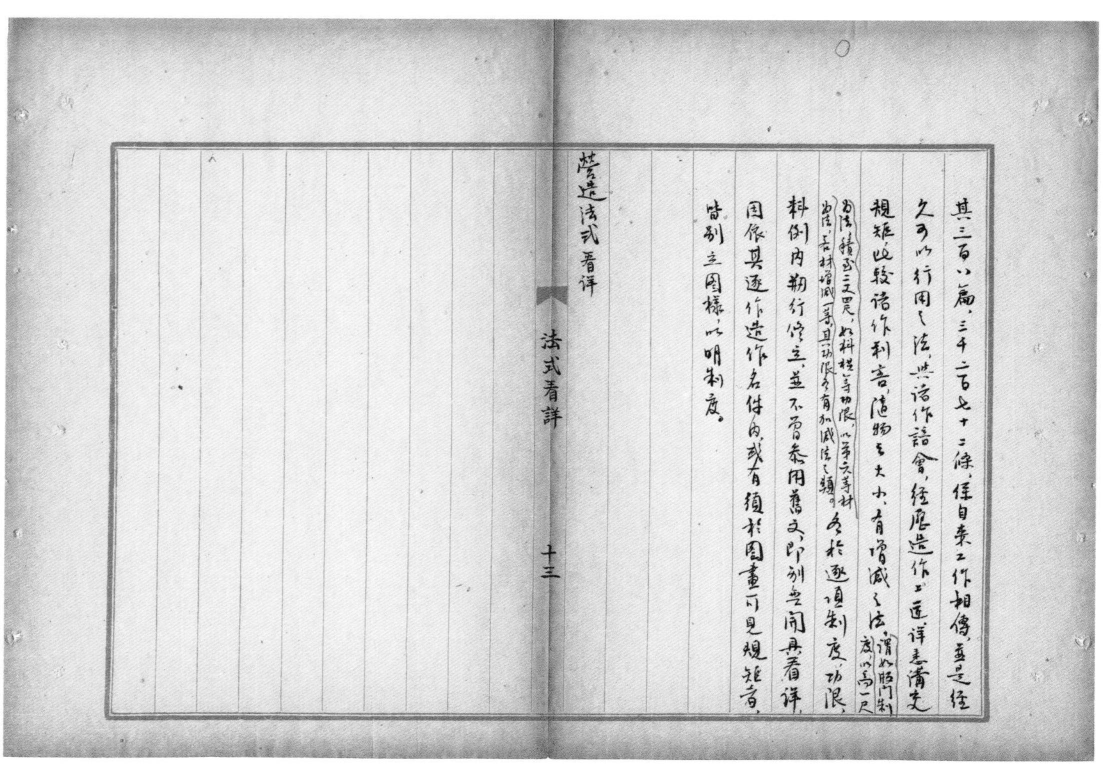

其三百八篇，三千二百七十二條，係自來工作相傳，並是經久可以行用之法，與諸作諳會，經歷造作工匠詳悉講究規矩，比較諸作利害，隨物之大小，有增減之法（謂如版門制度，以高一尺爲法，積至二丈四尺；如枓栱等功限，以第六等材爲法，若材增減一等，其功限各有加減法之類），各於逐項制度、功限、料例内剏行修立，並不曾參用舊文，即别無開具看詳，因依其逐作造作名件内，或有須於圖畫可見規矩者，皆别立圖樣，以明制度。

營造法式看詳

法式看詳 十三

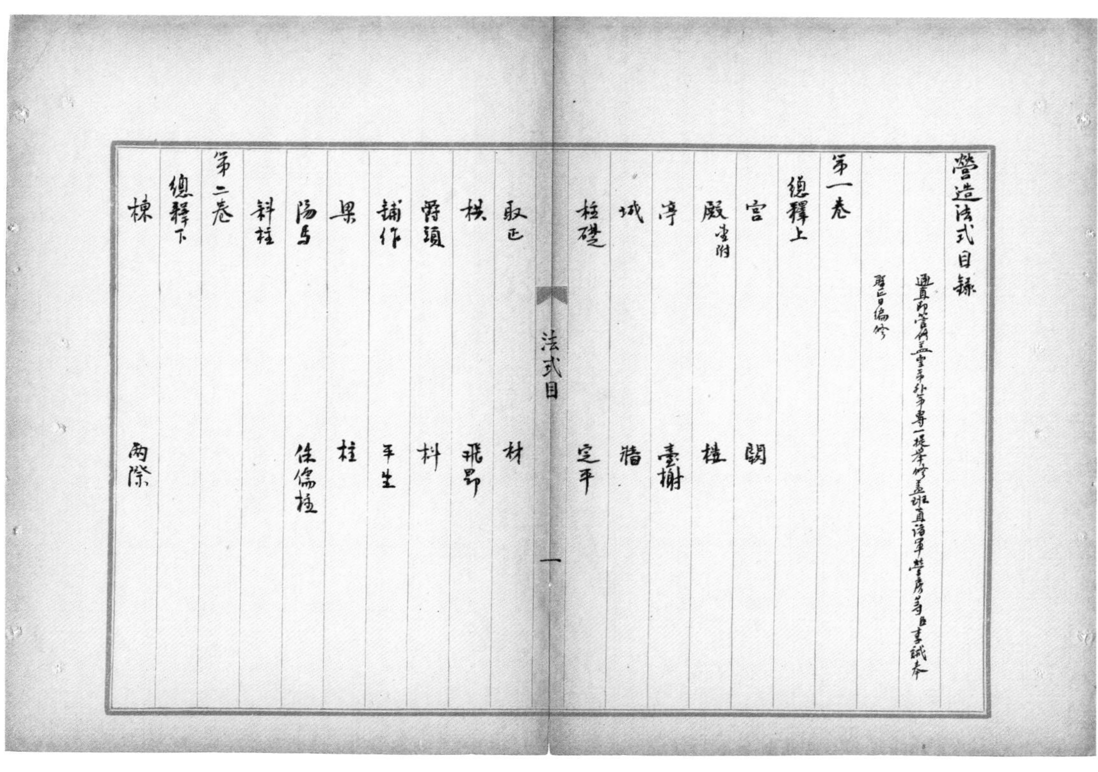

營造法式目録

通直郎管修盖皇弟外第專一提舉修盖班直諸軍營房等臣李誡奉

聖旨編修

第一卷

總釋上

宮　闕

殿 堂附　樓

亭　臺榭

城　牆

柱礎　定平

法式目　一

取正　材

栱　飛昂

爵頭　枓

鋪作　平坐

梁　柱

陽馬　侏儒柱

斜柱

第二卷

總釋下

棟　兩際

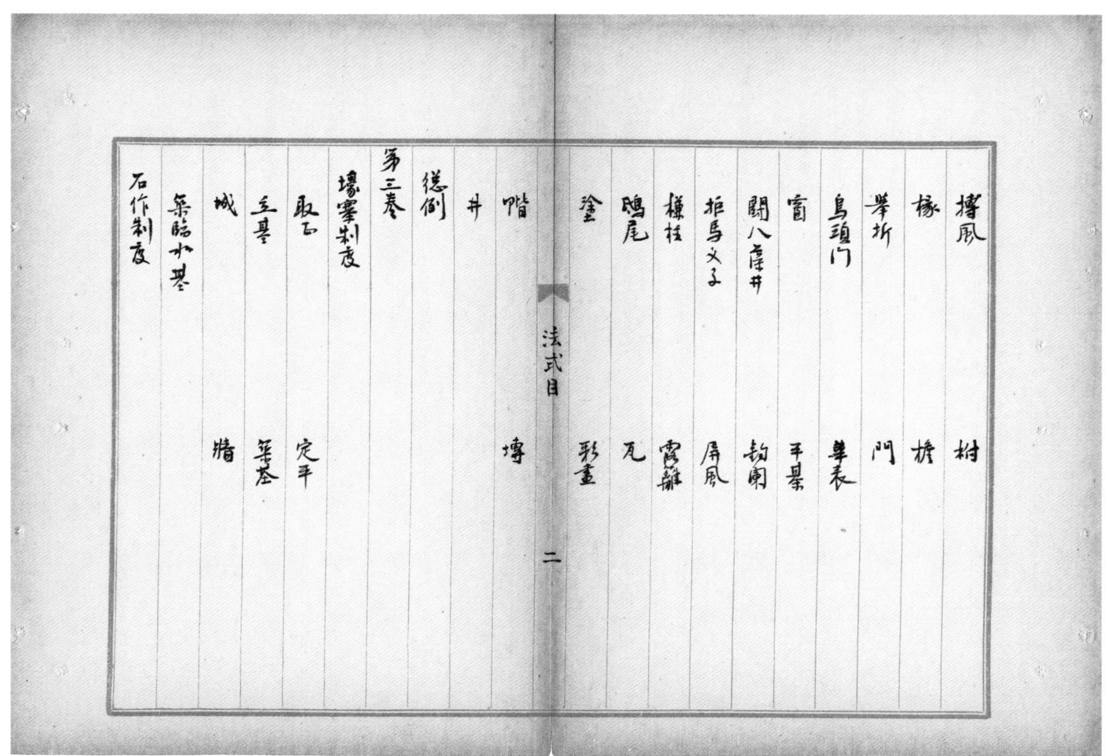

搏風　柎

椽　檐

舉折　門

烏頭門　華表

窗　平棊

鬭八藻井　鉤闌

拒馬叉子　屏風

槏柱　露籬

鴟尾　瓦

塗　彩畫

法式目　二

階　塼

井

總例

第三卷

壕寨制度

取正　定平

立基　築基

城　牆

築臨水基

石作制度

法式目　三

法式目　四

障日版　廊屋照壁版
胡梯　垂魚惹草
棵籠壁版　裹栿版
擗簾竿　護殿閣檐竹網木貼
第八卷
小木作制度三
平棊　鬭八藻井
小鬭八藻井　拒馬叉子
叉子　鉤闌 重臺鉤闌 單鉤闌
棵籠子　井亭子

法式目　五

牌
第九卷
小木作制度四
佛道帳
第十卷
小木作制度五
牙腳帳　九脊小帳
壁帳
第十一卷
小木作制度六

轉輪經藏　壁藏
第十二卷
彫作制度
混作　彫插寫生華
起突卷葉華　剔地窪葉華
旋作制度
殿堂等雜用名件　照壁版寶床上名件
佛道帳上名件
鋸作制度
用材植　抨墨

法式目　六

就餘材
竹作制度
造笆　隔截編道
竹柵　護殿檐雀眼網
地面棊文簟　障日篛等簟
竹芮索
第十三卷
瓦作制度
結瓦　用瓦
壘屋脊　用鴟尾

[宀+瓦]　玉篇[宀+瓦]泥瓦屋也。丁本、四庫本凡瓦作結瓦用瓦、覆瓦、瓪瓦皆作瓦。按瓦為[宀+瓦]之俗字，應從[宀+瓦]，餘仍作瓦，下同。

法式目 七

用獸頭等

泥作制度

壘牆　用泥

畫壁　立竈 轉煙直拔

釜鑊竈　茶鑪

壘射垛

第十四卷

彩畫作制度

總制度　五彩遍裝

碾玉裝

青綠疊暈稜間裝 三暈帶紅稜間裝附

解綠裝飾屋舍 解綠結華裝附　丹粉刷飾屋舍 黃土刷飾附

雜間裝　煉桐油

第十五卷

塼作制度

用塼　壘階基

鋪地面　牆下隔減

踏道　慢道

須彌坐　塼牆

露道　城壁水道

法式目 八

卷輂河渠口　接甑口

馬臺　馬槽

井

窰作制度

瓦　塼

琉璃瓦等 炒造黃丹附　青棍瓦 滑石棍 茶土棍

燒變次序　壘造窰

第十六卷

壕寨功限

總雜功　築基

築城　築牆

穿井　般運功

供諸作功

石作功限

總造作功　柱礎

角石 角柱　殿階基

地面石 壓闌石　殿階螭首

殿內鬭八　踏道

單鉤闌 重臺鉤闌 望柱　螭子石

門砧限 臥立株 將軍石 止扉石　地栿石

望

法式目 十一

闌檻鉤窗　殿內截間格子
堂閣內截間格子　殿閣照壁版
障日版　廊屋照壁版
胡梯　垂魚惹草
棋眼壁版　裹栿版
擗簾竿　護殿閣檐竹網木貼
平棊　鬬八藻井
小鬬八藻井　拒馬叉子
叉子　鉤闌 重臺鉤闌 單鉤闌
棵籠子　井亭子
牌
第二十二卷
小木作功限三
佛道帳　牙脚帳
九脊小帳　壁帳
第二十三卷
小木作功限四
轉輪經藏　壁藏
第二十四卷
諸作功限一

法式目 十二

雕木作　旋作
鋸作　竹作
第二十五卷
諸作功限二
瓦作　泥作
彩畫作　塼作
窰作
第二十六卷
諸作料例一
石作　大木作 小木作附
竹作　瓦作
第二十七卷
諸作料例二
泥作　彩畫作
塼作　窰作
第二十八卷
諸作用釘料例
用釘料例　用釘數
通用釘料例
諸作用膠料例

碾玉雜華第七　碾玉瑣文第八
碾玉柱額第九　碾玉平棊第十
第三十四卷
彩畫作制度圖樣下
五彩遍裝名件第十一　碾玉裝名件第十二
青綠疊暈棱間裝名件第十三
三暈帶紅棱間裝名件第十四
兩暈棱間內畫松文裝名件第十五
解綠結華裝名件第十六　解綠裝附
刷飾制度圖樣

法式目　十五

丹粉刷飾名件第一　黃土刷飾名件第二

營造法式目錄

營造法式卷第一

通直郎管修蓋皇弟外第專一提舉修蓋班直諸軍營房等臣李誡奉
聖旨編修

總釋上

宮　闕
殿（堂附）　樓
亭　臺榭
城　牆
柱礎　定平
取正　材

法式一　一

栱　飛昂
爵頭　枓
鋪作　平坐
梁　柱
陽馬　侏儒柱
斜柱

宮

易繫辭：上古穴居而野處，後世聖人易之以宮室，上棟下宇，以待風雨。
詩：作于楚宮，揆之以日，作於楚室。

禮記儒有

見禮記儒行第四十一。

故聖王作為宮室。為宮室之法曰：高足以辟潤濕，邊足以圍風寒。

見墨子辭過第六。

禮：儒有一畝之宮，環堵之室。

爾雅：宮謂之室，室謂之宮。皆所以通古今之異語，明同實而兩名。室有東西廂曰廟；室夾……無東西廂有室曰寢；但有大室。西南隅謂之奧；室中隱奧處。西北隅謂之屋漏；詩曰尚不愧于屋漏，其義未詳。東北隅謂之宧；宧見禮，亦未詳。東南隅謂之窔。禮曰：歸室聚窔。窔亦隱闇。

墨子：子墨子曰：古之民未知為宮室時，就陵阜而居，穴而處，下潤濕傷民，故聖王作為宮室。為宮室之法曰：宮高足以辟潤濕，旁足以圍風寒，上足以待霜雪雨露，宮牆之高足以別男女之禮。

白虎通義：黃帝作宮。

世本：禹作宮。

說文：宅，所託也。

釋名：宮，穹也。屋見于垣上，穹崇然也。室，實也。言人物實滿其中也。寢，寢也，所寢息也。舍，于中舍息也。屋，奧也，其中溫奧也。宅，擇也，擇吉處而營之也。

風俗通義：自古宮室一也。漢來尊者以為號，下乃避之也。

義訓：小屋謂之廑，音近。深屋謂之庝，音同。偏舍謂之廬，音亶。廬謂之康，音康。宮室相連謂之謻，直移切。因巖成室謂之广，音儼。壞室謂之庘，音壓。夾室謂之廂，塔下室謂之龕，龕謂之椌，音空。空室謂之㝩㝗，上音康，下音郎。深謂之戡戡，音躭。頹謂之㱔㱔，上音批，下音甫。不平謂之庯庩。上音逋，下音途。

闕

周官：太宰以正月示治法於象魏。

見公羊傳昭公二十五年何休解詁……禮記……天子諸侯臺門……

禮：天子諸侯臺門；天子外闕兩觀，諸侯內闕一觀。

爾雅：觀謂之闕。宮門雙闕也。

白虎通義：門必有闕者何？闕者，所以釋門，別尊卑也。

風俗通義：魯昭公設兩觀於門，是謂之闕。

說文：闕，門觀也。

釋名：闕，闕也，在門兩旁，中央闕然為道也。觀，觀也，於上觀望也。

博雅：象魏，闕也。

崔豹古今注：闕，觀也。古者每門樹兩觀於前，所以標表宮門也。其上可居，登之可遠觀。人臣將朝，至此則思其所闕，故謂之闕。其上皆垩土，其下皆畫雲氣仙靈奇禽怪獸，以示四方。蒼龍、白虎、玄武、朱雀，並畫其形。

義訓：觀謂之闕，闕謂之皇。

殿 堂附

蒼頡篇：殿，大堂也。徐堅注云：商周以前其名不載，秦本紀始曰作前殿。

周官考工記：夏后氏世室，堂脩二七，廣四脩一。殷人重屋，堂脩七尋，堂崇三尺。周人明堂，東西九筵，南北七筵，堂崇一筵。鄭司農注云：脩，南北之深也。夏度以步，今堂脩十四步，其廣益以四分脩之一，則堂廣十七步半。商度以尋，周度以筵。六尺曰步，八尺曰尋，九尺曰筵。

禮記：天子之堂九尺，諸侯七尺，大夫五尺，士三尺。

墨子：堯舜堂高三尺。

說文：堂，殿也。

釋名：堂猶堂堂，高顯貌也。殿，殿鄂也。

尚書大傳：天子之堂高九雉，公侯七雉，子男五雉。雉長三尺。

博雅：堂，堭殿也。

義訓：漢曰殿，周曰寢。

樓

爾雅：狹而脩曲曰樓。

淮南子：延樓棧道，雞棲井幹。

史記：方士言於武帝曰：黃帝爲五城十二樓以候神人，帝乃立神臺井幹樓，高二十五丈。

法式一 四

說文：樓，重屋也。

釋名：樓謂牖戶之間有射孔，慺慺然也。

亭

說文：亭民所安定也。亭有樓，從高省，從丁聲也。

釋名：亭，停也，人所停集也。

風俗通義：謹按春秋國語有寓望，謂今亭也。漢家因秦，大率十里一亭。亭，留也。今語有亭留、亭待，蓋行旅宿食之所館也。亭亦平也，民有訟諍，吏留辨處，勿失其正也。

臺榭

老子：九層之臺，起於累土。

禮記月令：五月可以居高明，可以處臺榭。

爾雅：無室曰榭。榭，即今堂堭。

又：觀四方而高曰臺，有木曰榭。積土四方者。

漢書：坐皇堂上。室而無四壁曰皇。

釋名：臺，持也。築土堅高，能自勝持也。

城

周官考工記：匠人營國，方九里，旁三門。國中九經九緯，經涂九軌。王宮門阿之制五雉，宮隅之制七雉，城隅之制九雉。國中，城內也。經緯謂涂也。經緯之涂皆容方九軌。軌，謂轍廣，凡八尺。九軌積七十二尺。雉長三丈，高一丈。度高以高，度廣以廣。

春秋左氏傳：計丈尺，揣高卑，度厚薄，仞溝洫，物土方，議遠邇，量

法式一 五

事期，計徒庸，慮材用，書餱糧，以令役，此築城之義也。

公羊傳：城雉者何？五板而堵，五堵而雉，百雉而城。天子之城千雉，高七雉；公侯百雉，高五雉；子男五十雉，高三雉。

禮記月令：每歲孟秋之月，補城郭；仲秋之月，築城郭。

管子：內之爲城，外之爲郭。

吳越春秋：鯀築城以衛君，造郭以守民。

說文：城，以盛民也。墉，城垣也。堞，城上女垣也。

五經異義：天子之城高九仞，公侯七仞，伯五仞，子男三仞。

釋名：城，盛也，盛受國都也。郭，廓也，廓落在城外也。城上垣謂之睥睨，言於孔中睥睨非常也。亦曰陴，言陴助城之高也。亦

曰女墙，言其卑小，比之于城，若女子之于丈夫也。

博物志：禹作城，强者攻，弱者守，敌者战。城郭自禹始也。

墙

周官考工记：匠人为沟洫，墙厚三尺，崇三之。（高厚以是为率，足以相胜。）

尚书：既勤垣墉。

诗：崇墉圪圪。

春秋左氏传：有墙以蔽恶。

尔雅：墙谓之墉。

淮南子：舜作室，筑墙茨屋，令人皆知去岩穴，各有室家，此其始也。

法式一　六

说文：堵，垣也。五版为一堵。㙐，周垣也。埒，卑垣也。壁，垣也。垣蔽曰墙。栽，筑墙长版也。（今谓之膊版。）榦，筑墙端木也。（今谓之墙师。）

尚书大传：天子贲墉，诸侯疏杼。（贲，大也，言大墙正直也。疏犹衰也，杼亦墙也，言衰杀其上，不得正直。）

释名：墙，障也，所以自障蔽也。垣，援也，人所依止，以为援卫也。墉，容也，所以隐蔽形容也。壁，辟也，所以辟御风寒也。

博雅：㙐（力彫切）、隊（音篆）、墉、院（音垣）、𡒄（音壁，又即壁反），墙垣也。

义训：庬（音毛），楼墙也。穿垣谓之腔（音空），为垣谓之厽（音累），周谓之㙐（音了），㙐谓之寏（音垣）。

柱础

淮南子：山云蒸，柱础润。

说文：櫍（之日切），柎也。柎，阑足也。榰（章移切），柱砥也。古用木，今以石。

博雅：础，碣（音昔），磌（音真，又徒年切），𥗕也。镵（音谗）谓之铍（音披）。䥷（音斫，又子千切）谓之錾（惭敢切）。

义训：础谓之碱（仄六切），碱谓之礩，礩谓之碣，碣谓之𥗕，𥗕谓之䃮（音缅，今谓之石碇，音顶）。

定平

周官考工记：匠人建国，水地以县。（于四角立植而县，以水望其高下；高下既定，乃为位而平地。）

庄子：水静则平中准，大匠取法焉。

管子：夫准，坏险以为平。

取正

诗：定之方中。又：揆之以日。（定，营室也；方中，昏正四方也。揆，度也。度日出日入以知东西；南视定，北准极，以正南北也。）

周官天官：惟王建国，辨方正位。

法式一　七

考工记：置槷以县，眡以景。为规，识日出之景与日入之景；夜考之极星，以正朝夕。（自日出而画其景端，以至日入既，则为规。测景两端之内规之，规之交，乃审也。度两交之间，中屈之以指槷，则南北正。日中之景，最短者也。极星，谓北辰。）

管子：夫绳，扶拨以为正。

字林：抟（时钏切），垂臬望也。

匡谬正俗，音字：今山东匠人犹言垂绳视正为抟也。

材

周官：任工以饬材事。

吕氏春秋：夫大匠之为宫室也，量大而知材木矣。

史记：山居千章之楸。（章，材也。）

班固漢書：將作大匠屬官有主章長丞。舊將作大匠主材吏名章曹掾。

又，西都賦：因瑰材而究奇。

弁蘭許昌宮賦：材靡隱而不華。

說文：栔，刻也。栔音至。

傅子：構大廈者，先擇匠而後簡材。今或謂之方桁，桁音衡。按構屋之法，其規矩制度，皆以章栔為祖。今語，以人舉止失措者，謂之失章失栔，蓋此也。

栱

爾雅：開謂之槉。柱上欂也，亦名枅，又曰楮。開音弁，槉音疾。

蒼頡篇：枅，柱上方木。

釋名：欒，攣也。其體上曲，攣拳然也。

法式一　八

王延壽魯靈光殿賦：曲枅要紹而環句。曲枅，栱也。

博雅：欂謂之枅，曲枅謂之攣。枅，音古妍切，又音雞。

薛綜西京賦注：欒，柱上曲木，兩頭受櫨者。

左思吳都賦：彫欒鏤楶。欒，栱也。

飛昂

說文：櫼，楔也。

何晏景福殿賦：飛昂鳥踊。

又：櫼櫨各落以相承。李善曰：飛昂之形，類鳥之飛。今人名屋四阿栱曰櫼昂，櫼即昂也。

劉梁七舉：雙覆井菱，荷垂英昂。

義訓：斜角謂之飛棉。今謂之下昂者，以昂尖下指故也。下昂尖面䪼下平。又有上昂如昂桯挑斡者，施之於屋內或平坐之下。昂字

論語　員櫨

又作柳，或作枊者，皆吾郎切。䪼，于交切，俗作凹者，非是。

爵頭

釋名：上入曰爵頭，形似爵頭也。今俗謂之耍頭，又謂之胡孫頭；朔方人謂之蜉蜓頭。蜉音勃，蜓音挺。

枓

語：山節藻梲。節，栭也。

爾雅：栭謂之楶。即櫨也。

說文：欂，柱上枅也。栭，枅上標也。

釋名：櫨在柱端。都盧，負屋之重也。枓在欒兩頭，如斗，負上穩也。

博雅：楶謂之櫨。節、楶古文通用。

法式一　九

魯靈光殿賦：層櫨磥佹以岌峩。櫨，枓也。

義訓：柱斗謂之楷。楷音沓。

桁　梧

鋪作

漢柏梁詩：大匠曰：柱榱欂櫨相支持。

景福殿賦：桁梧複疊，勢合形離。桁梧，枓栱也，皆重疊而施，其勢或合或離。

又：櫼櫨各落以相承，欒栱夭蟜而交結。

徐陵太極殿銘：千櫨赫奕，萬栱崚層。

李白明堂賦：走栱夤緣。

李華含元殿賦：雲薄萬栱。

又：懸櫨駢湊。今以枓栱層數相疊出跳多寡次序，謂之鋪作。

以

平坐

張衡西京賦：閣道穹隆。閣道，飛陛也。

又：隥道邐倚以正東。隥道，閣道也。

魯靈光殿賦：飛陛揭孽，緣雲上征。中坐垂景，俯視流星。

義訓：閣道謂之飛陛，飛陛謂之墱。今俗謂之平坐，亦曰鼓坐。

梁

爾雅：杗廇謂之梁。屋大梁也。杗，武方切。廇，力又切。

司馬相如長門賦：委參差之槺梁也。槺，虚。

西京賦：抗應龍之虹梁。梁曲如虹也。

釋名：梁，强梁也。

法式一　十

何晏景福殿賦：雙枚既脩。兩重作梁也。

又：重桴乃飾。重桴，在外作兩重牽也。

博雅：曲梁謂之罶。音柳。

義訓：梁謂之欐。音禮。

柱

詩：有覺其楹。

春秋：莊公丹桓宮楹。

禮：楹，天子丹，諸侯黝，大夫蒼，士黈。黈，黄色也。

又：三家視桓楹。柱曰植，曰桓。

西都賦：彫玉瑱以居楹。瑱，音鎮。

說文：楹，柱也。

釋名：柱，住也，楹，亭也。亭亭然孤立，旁無所依也。齊魯讀曰輕。

輕，勝也。孤立獨處，能勝任上重也。

何晏景福殿賦：金楹齊列，玉舄承跋。玉為矴以承柱下，跋，柱根也。

陽馬

周官考工記：殷人四阿重屋。四阿，若今四注屋也。

爾雅：直不受檐謂之交。謂五架屋際椽不直上檐，交於穩上。

說文：柧棱，殿堂上最高處也。

何晏景福殿賦：承以陽馬。陽馬，屋四角引出以承短椽者。

左思魏都賦：齊龍首而涌霤。屋上四角，雨水入龍口中，瀉之于地也。

法式一　十一

論語　棳

張景陽七命：陰虯負檐，陽馬翼阿。

義訓：闕角謂之柧棱。今俗謂之角梁，又謂之梁抹者，蓋語訛也。

侏儒柱

語：山節藻梲。

爾雅：梁上楹謂之梲。侏儒柱也。

揚雄甘泉賦：抗浮柱之飛榱。浮柱，即梁上柱也。

釋名：棳，儒也，梁上短柱也。棳儒猶侏儒，短，故因以名之也。

魯靈光殿賦：胡人遥集於上楹。今俗謂之蜀柱。

斜柱

長門賦：離樓梧而相樘。丑庚切。

釋名二字皆作啎，丁本前字作迕，後字亦然。按梧不偽，惟啎當為牾，見漢書王莽傳，亦兩語意。後漢桓典傳啎宦官。

說文：樘，衺柱也。

釋名：梧，在梁上，兩頭相觸牾也。

魯靈光殿賦：枝樘杈枒而斜據。枝樘，梁上交木也。杈枒相柱，而斜據其間也。

義訓：斜柱謂之梧。今俗謂之叉手。

營造法式卷第一

法式一　十二

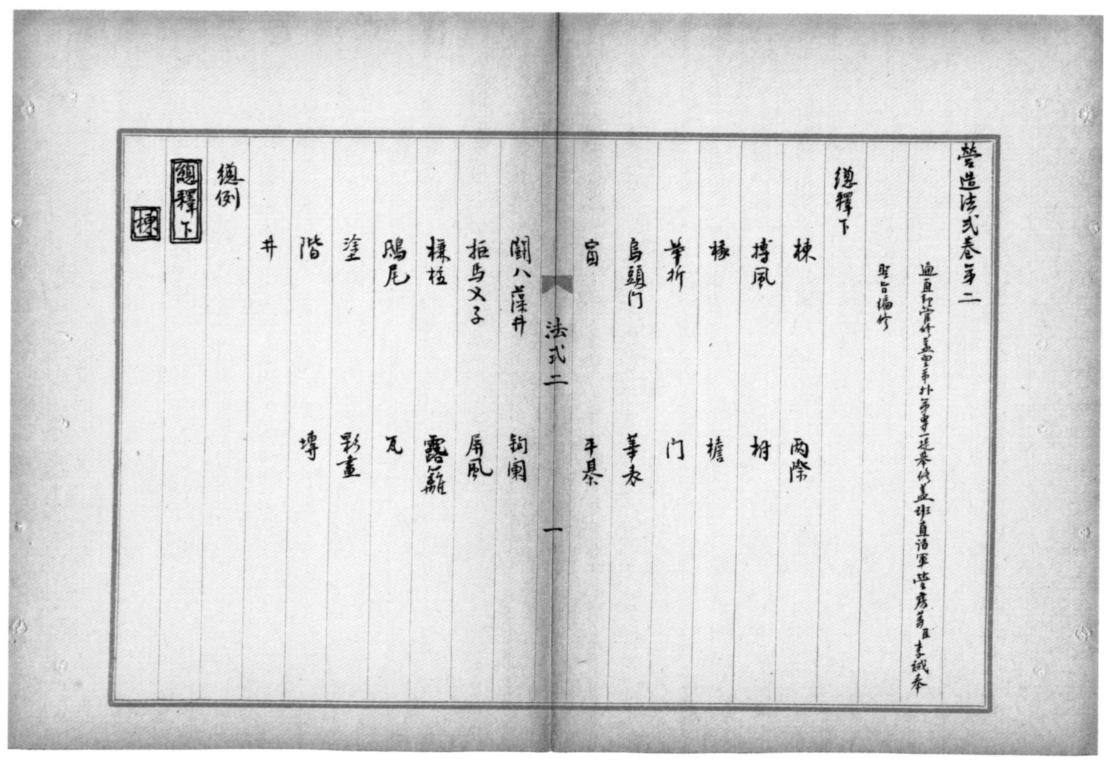

營造法式卷第二

通直郎管修蓋皇弟外第專一提舉修蓋班直諸軍營房等臣李誡奉聖旨編修

總釋下

棟　兩際

搏風　柎

椽　檐

舉折　門

烏頭門　華表

窗　平棊

鬬八藻井　鉤闌

拒馬叉子　屏風

槏柱　露籬

鴟尾　瓦

塗　彩畫

階　塼

井

總例

法式二　一

總釋下

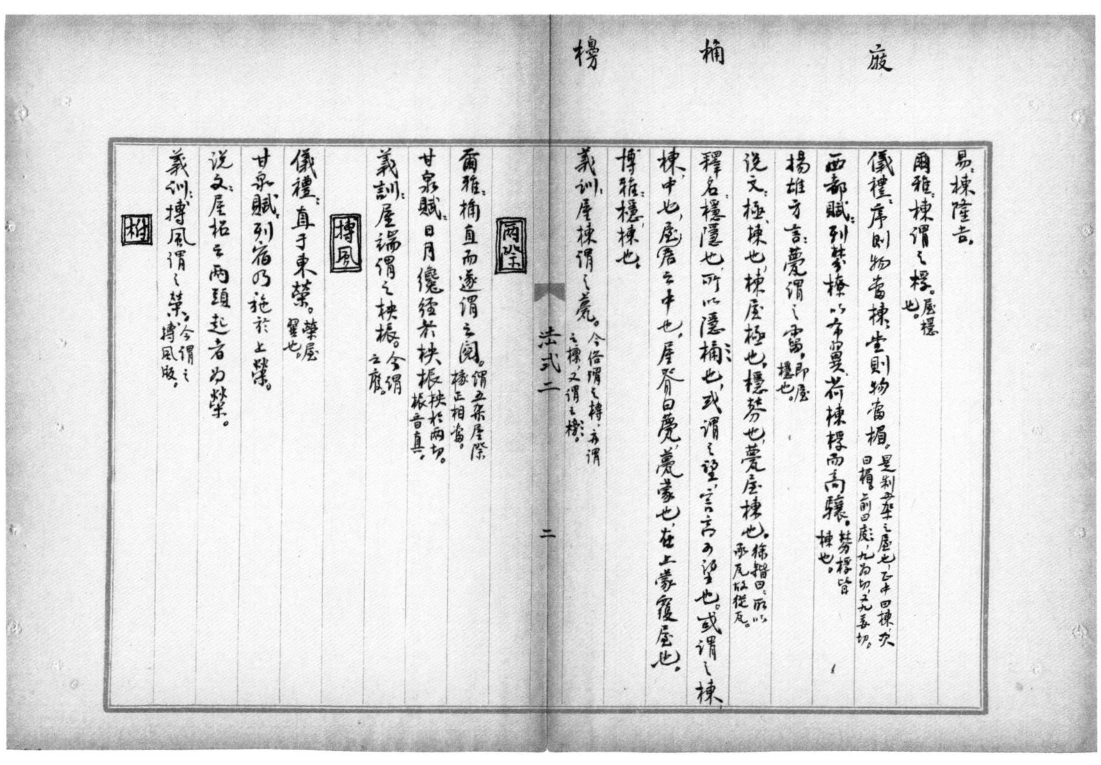

庪　桷　檼

易：棟隆吉。

爾雅：棟謂之桴。屋檼也。

儀禮：序則物當棟，堂則物當楣。是制五架之屋也。正中曰棟，次曰楣，前曰庪，九偽切，又九委切。

西都賦：列棼橑以布翼，荷棟桴而高驤。棼、桴皆棟也。

揚雄方言：甍謂之霤。即屋檼也。

說文：極，棟也。棟，屋極也。檼，棼也。甍，屋棟也。徐鍇曰：所以承瓦，故從瓦。

釋名：檼，隱也，所以隱桷也。或謂之望，言高可望也。或謂之棟；棟，中也，居屋之中也。屋脊曰甍；甍，蒙也，在上蒙覆屋也。

博雅：檼，棟也。

義訓：屋棟謂之甍。今俗謂之槫，亦謂之檩，又謂之櫋。

法式二　二

兩際

爾雅：桷直而遂謂之閱。謂五架屋際椽正相當。

甘泉賦：日月纔經於柍桭。柍，於兩切。桭，音真。

義訓：屋端謂之柍桭。今謂之廈。

搏風

儀禮：直于東榮。榮，屋翼也。

甘泉賦：列宿乃施於上榮。

說文：屋梠之兩頭起者為榮。

義訓：搏風謂之榮。今謂之搏風版。

柎

說文：棼，複屋棟也。

魯靈光殿賦：狡兔跧伏于柎側。柎，斗上横木，刻兔形，致木於背也。

義訓：複棟謂之棼。今俗謂之替木。

椽

易：鴻漸於木，或得其桷。

春秋左氏傳：桓公伐鄭，以大宮之椽為盧門之椽。

國語：天子之室，斲其椽而礱之，加密石焉；諸侯礱之；大夫斲之；士首之。密，細密文理。石，謂砥也。先粗礱之，加以密砥。首之，斲其首也。

爾雅：桷謂之榱。屋椽也。

甘泉賦：琔題玉英。題，頭也。榱椽之頭皆以玉飾。

法式二　三

說文：秦名為屋椽，周謂之榱，齊魯謂之桷。

又：椽方曰桷，短椽謂之楝。耻綠切。

釋名：桷，确也，其形細而疏确也。或謂之椽；椽，傳也，傳次而布列之也。或謂之榱，在檼旁下列，衰衰然垂也。

博雅：榱、橑，魯好切。桷、楝，椽也。

景福殿賦：爰有禁楄，勒分翼張。禁楄，短椽也。楄，蒲沔切。

陸德明春秋左氏傳音義：圜曰椽。

檐 余廉切。或作櫚，俗作簷者非是。

易繫辭：上棟下宇，以待風雨。

詩：如跂斯翼，如矢斯棘，如鳥斯革，如翬斯飛。疏云：言檐阿之勢，似鳥飛也。翼言其體，飛

禮記明堂位
廟 原文作廟非廇

言其勢也。

爾雅：檐謂之樀。屋梠也。

禮：複廇重檐，天子之廟飾也。

儀禮：賓升，主人阼階上當楣。楣，前梁也。

淮南子：橑檐榱題。檐，屋垂也。

方言：屋梠謂之櫺。即屋檐也。

說文：秦謂屋聯櫋曰楣，齊謂之檐，楚謂之梠。橝，徒含切，屋梠前也。庌，音雅，廡也。宇，屋邊也。

釋名：楣，眉也，近前各兩，若面之有眉也。又曰梠。梠，旅也，連旅旅也。或謂之槾。槾，綿也，綿連榱頭，使齊平也。宇，羽也，如鳥羽自蔽覆者也。

法式二　四

西京賦：飛檐钀钀。

又：鏤檻文㮰。㮰，連檐也。

景福殿賦：㮰梠椽櫋。連檐木，以承瓦也。

博雅：楣，檐，櫺，梠也。

義訓：屋垂謂之宇，宇下謂之廡，步檐謂之廊，峻廊謂之巖，檐棍謂之庮。音由

舉折

周官·考工記：匠人為溝洫，葺屋三分，瓦屋四分。各分其修，以其一為峻。

通俗文：屋上平曰陠。必孤切。

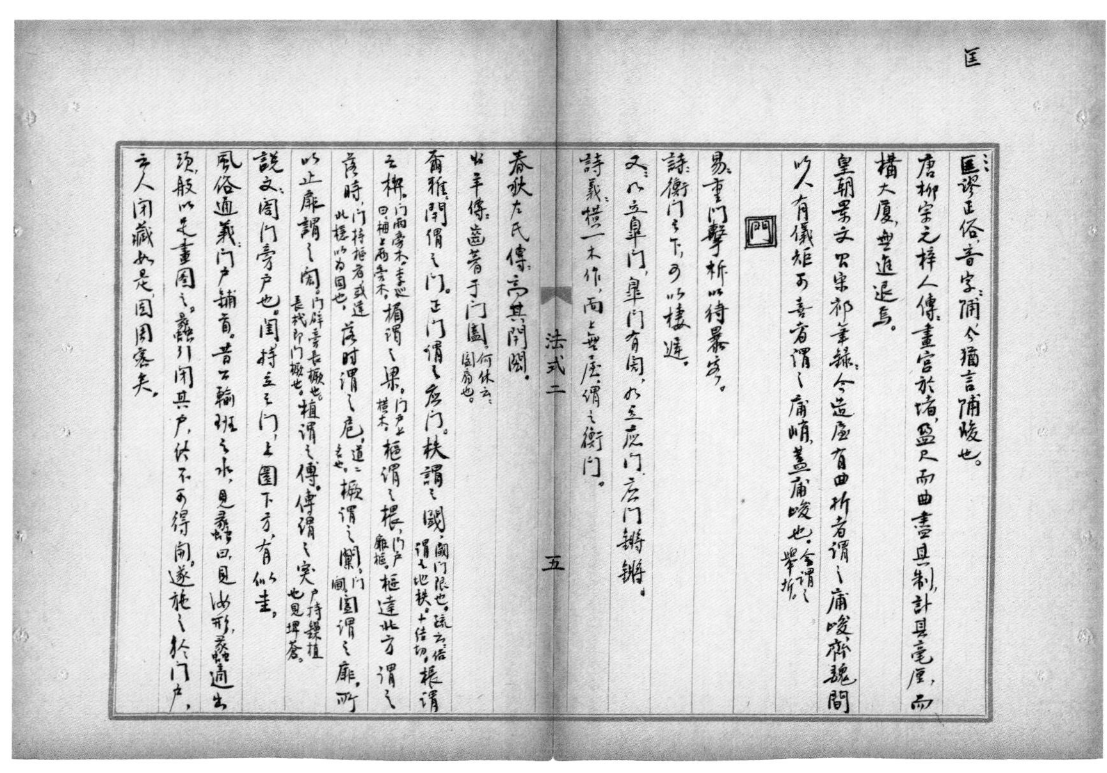

匡

匡謬正俗：音字：陠，今猶言陠峻也。

唐柳宗元梓人傳：畫宮於堵，盈尺而曲盡其制，計其毫厘，而構大廈，無進退焉。

皇朝景文公宋祁筆錄：今造屋有曲折者，謂之庯峻。齊魏間，以人有儀矩可喜者，謂之庯峭，蓋庯峻也。今謂之舉折。

門

易：重门擊柝，以待暴客。

詩：衡门之下，可以棲遲。

又：乃立皋门，皋门有伉；乃立應门，應门鏘鏘。

詩義：橫一木作门，而上無屋，謂之衡门。

法式二　五

春秋左氏傳：高其閈閎。

公羊傳：齒著于门闔。何休云：闔，扇也。

爾雅：閍謂之门，正门謂之應门。柣謂之閾。閾，门限也。疏云：俗謂之地柣，千結切。棖謂之楔。门兩旁木。李巡曰：梱上兩旁木。楣謂之梁。门户上橫木。樞謂之椳。门户扉樞。樞達北方，謂之落時。门持樞者，或達北檼，以為固也。落時謂之戹。道二名也。橛謂之闑。门閫。闔謂之扉。所以止扉謂之閎。门辟旁長橛也。長杙即门橛也。植謂之傳，傳謂之突。户持鎖植也，見埤蒼。

說文：閻，门旁户也。閨，特立之门，上圜下方，有似圭。

風俗通義：门户鋪首。昔公輸班之水，見蠡曰：見汝形。蠡適出頭，般以足畫圖之，蠡引閉其户，終不可得開，遂施之於门户，云人閉藏如是，固周密矣。

在外为人所捫摸也

博雅：闍謂之门，閈（呼計切）扉也。限謂之丞，柣橜（巨月切）機闑（音木切）也。

釋名：門，捫也，為捫幕障衛也。户，護也，所以謹護閉塞也。

聲類曰：廡，堂下周屋也。

義訓：门飾金謂之鋪，鋪謂之鏂（音歐，今俗謂之浮漚釘也）。门持關謂之㮰（音連）。户版謂之簡鍱（上音牽，下音牒）。门上木謂之枅。扉謂之户，户謂之閍。臬謂之柣。限謂之閫，閫謂之閾。庋瘆（上音堧，下音移）庋瘆謂之閪（音坦）。廣韻曰：以正扉。门上梁謂之楣（音媚）。楣謂之闟（音沓）。鍵謂之扊（音及）。閘謂之閫（音偉）。闔謂之闔（音燁）。外向謂之扃，外啟謂之閧（音挺）。门次謂之闖。高门謂之閌（音康）。閌謂之閬。荊门謂之蓽。石门謂之庯（音孚）。

法式二　六

烏頭门

唐六典：六品以上，仍通用烏頭大门。

唐上官儀投壺經：第一箭入謂之初箭，再入謂之烏頭，取门雙表之義。

義訓：表揭，閥閱也。（揭音竭，今呼為欞星门。）

華表

說文：桓亭郵表也。

前漢書注：舊亭傳于四角面百步，築土四方，上有屋，屋上有柱出，高丈餘，有大版貫柱四出，名曰桓表。縣所治夾兩邊各一桓。陳宋之俗，言桓聲如和，今猶謂之和表。顏師古云：即華表也。

也

崔豹古今注：程雅問曰：堯設誹謗之木何也？答曰：今之華表，以橫木交柱頭，狀如華，形似桔槔，大路交衢悉施焉。或謂之表木，以表王者納諫，亦以表識衢路。秦乃除之，漢始復焉。今西京謂之交午柱。

窗

周官考工記：四旁兩夾窗。（窗，助户為明，每室四户八窗也。）

爾雅：牖户之間謂之扆。（窗東户西也。云云）

說文：窗穿壁以木為交窗，向北出牖也。在牆曰牖，在屋曰窗。

櫺，楯間子也。櫳，房謂之疏也。

釋名：窗，聰也，于内窺見外為聰明也。

法式二　七

博雅：意窗牖，䆻（盧東切）也。

義訓：交窗謂之牖，櫺窗謂之疏，牖牘謂之䆻（音部），綺窗謂之廲（音黎），䆞（音婁）房疏謂之櫳。

平棊

史記：漢武帝建章後閣，平機中有騎才出。（今本作平樂者，誤。）

山海經：圃作平橑，云今之平棊也。（古謂之承塵。今宮殿中，其上悉用草架梁栿承屋蓋之重，如攀額桯柱，故樣方椽之類，及縱橫固濟之物，皆不施斤斧。於栿背上架算桯方，以方椽施版，謂之平闇；以平版貼華，謂之平棊；俗亦呼為平起者，語訛也。）

鬬八藻井

西京賦：蔕倒茄於藻井，披紅葩之狎獵。（藻井當棟中，交木如井，畫以藻文，飾以蓮莖，綴其根于井中，其華下垂，故云倒也。）

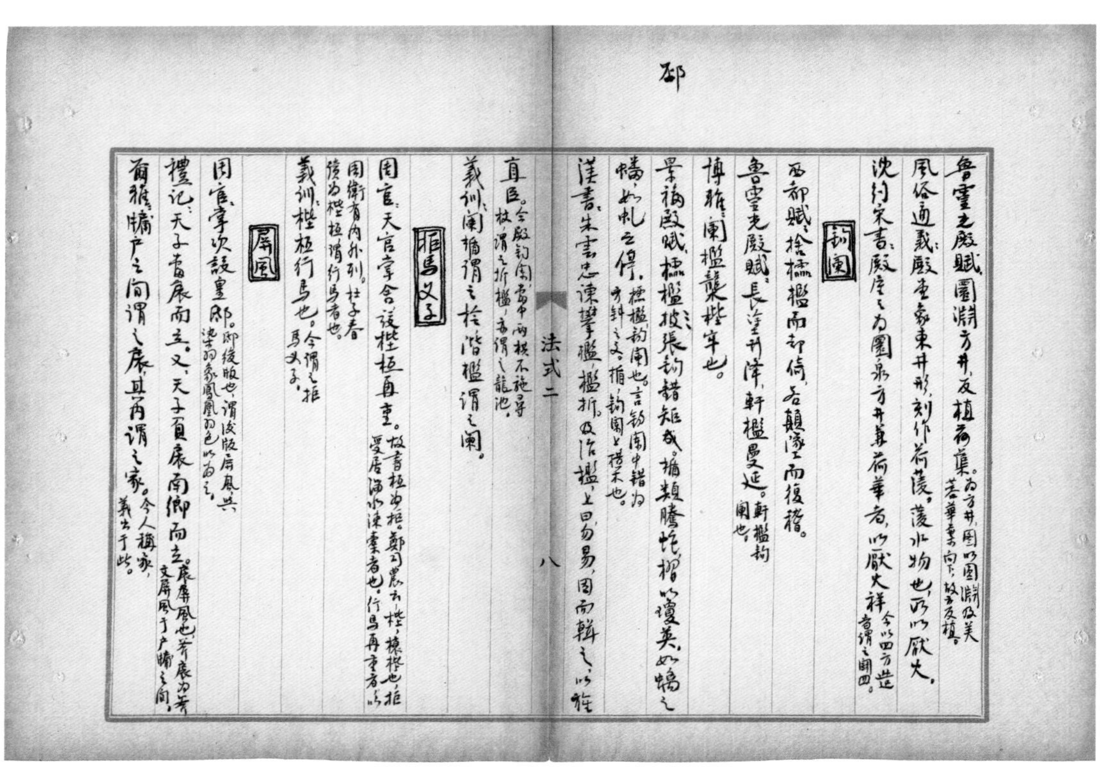

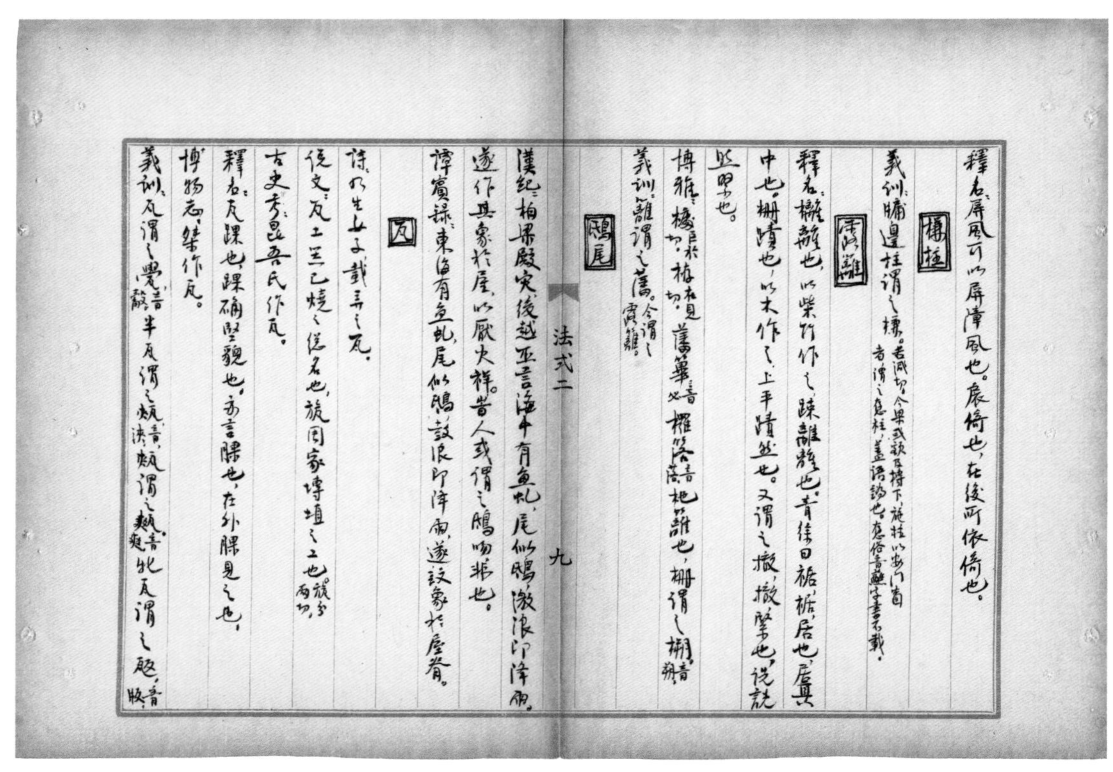

胡。懱。遳。

瓪謂之𤭛（音還），牡瓦謂之𤬛（音皆），𤬛謂之䍳（音雷），小瓦謂之𤭏（音橫）。

塗

尚書梓材篇：若作室家，既勤垣墉，唯其塗塈茨。

周官：守祧職，其祧則守祧黝堊之。

詩：塞向墐戶。墐，塗也。

論語：糞土之牆，不可杇也。

爾雅：鏝謂之杇，地謂之黝，牆謂之堊。（泥鏝也，一名杇，塗工之作具也。以黑飾地謂之黝，以白飾牆謂之堊。）

說文：垷（胡典切），墐（渠吝切），塗也。杇，所以塗也。秦謂之杇，關東謂之槾。

釋名：泥，邇近也，以水沃土，使相黏近也。塈，猶煟煟，細澤貌也。

博雅：黝、堊（烏故切）、垷（峴又，烏峴切）、墐、墀、塈、𡏖（奴回切）、𡑞（力奉切）、㘸（古湛切）、塓（莫歷切）、培、𡐓（音裴），封塗也。

義訓：塗謂之塓（音覓），塓謂之㙞（音壟），仰塗謂之塈（音洎）。

法式二 十

彩畫

周官：以猷鬼神祇。猷，謂圖畫也。

世本：史皇作圖。（宋衷曰：史皇，黃帝臣。圖，謂圖畫形象也。）

爾雅：猷，圖也；畫，形也。

西京賦：繡栭雲楣，鏤檻文㮰。（五臣曰：畫為繡雲之飾。㮰，連檐也。皆飾為文彩。）故其館室次舍，彩飾纖縟，裛以藻繡，文以朱綠。（館室之上，纏飾藻繡朱綠之文。）

吳都賦：青瑣丹楹，圖以雲氣，畫以仙靈。（青瑣，畫為瑣文，染以青色。及畫雲氣神仙靈奇之物。）

謝赫畫品：夫圖者，畫之權輿；繢者，畫之末跡。而名之為畫。倉頡造文字，其體有六，一曰鳥書，書端象鳥頭，此即圖畫之類，尚標書稱，未受畫名。逮史皇作圖，猶略體物；有虞作繢，始備象形。今畫之法，蓋興於重華之世也。窮神則幽，於用也博。（今以施之於縑素之類者，謂之畫；布彩於梁棟枓栱或素象什物之類者，俗謂之裝鑾；以粉朱丹三色為屋宇門窗之飾者，謂之刷染。）

階

說文：除，殿階也。階，陛也。阼，主階也。陛，升高階也。陔，階次也。

釋名：階，陛也。陛，卑也，有高卑也。天子殿謂之納陛，以納人之言也。階，梯也，如梯有等差也。

博雅：戺（仕己切）、橉（力忍切），砌也。

義訓：殿基謂之隚（音堂），殿階次序謂之陔，除謂之階，階謂之墒（音的），階下齒謂之城（七仄切），東階謂之阼，霤外砌謂之戺。

法式二 十一

甎

詩：中唐有甓。

爾雅：瓴甋謂之甓。（甋，甎也。今江東呼為瓴甓。）

博雅：𤭯（音潘）、瓳（音胡）、瓪（音亭）、治、甄（音真）、𤮾（力佳切）、㼾（音鹿）、瓴（音零）、甋（音的）、甓、甋，甎也。

義訓：井甓謂之䵩（音洞），塗甓謂之毂（音哭），大甎謂之㽍瓳。

井

周書：黃帝穿井。

世本：化益作井。（宋衷曰：化益，伯益也，堯臣。）

易傳：井，通也，物所通用也。

科学 科学

说文：甃，井壁也。
释名：井，清也，泉之清洁者也。
风俗通义：井者，法也，节也；言法制居人，令节其饮食，无穷竭
也。久不渫涤为泥井。易云：井泥不食。渫，息列切。不停污曰井渫，涤井曰浚。井水
清曰冽。易曰：井渫不食。又曰：井冽寒泉。

总例

诸取圜者以规，方者以矩，直者抨绳取则，立者垂绳取正，横
者定水取平。
诸径围斜长依下项：
圜径七，其围二十有二。
方一百，其斜一百四十有一。
八棱，径六十，每面二十有五，其斜六十有五。
六棱，径八十有七，每面五十，其斜一百。
圜径内取方，一百中得七十一。
方内取圜，径一得一。八棱、六棱，取圜准此。

施工 施工 施工

诸称广厚者，谓熟材，称长者皆别计出卯。
诸称长功者，谓四月、五月、六月、七月，中功谓二月、三月、八月、
九月，短功谓十月、十一月、十二月、正月。
诸称功者，谓中功，以十分为率，长功加一分，短功减一分。诸式
内功限并以军工计定，若和雇人造作者，即减军工三分之
一。谓如军工应计三功即和雇人计二功之类。
诸称本功者，以本等所得功十分为率。
诸称增高广之类而加工者，减亦如之。
诸功称尺者，皆以方计。若土功或材木，则厚亦如之。
诸造作功，并以生材，即名件之类，或有收旧及已造堪就用
而不须更改者，并计数于元料帐内除豁。
诸造作并依功限，即长广各有增减法者，各随所用细计；如
不载增减者，各以本等合得功限内计分数增减。
诸营缮计料，并于式内指定一等，随法算计。若非泛抛降，或
制度有异，应与式不同，及该载不尽名色等第者，并比类增
减。其完葺增修之类准此。

营造法式卷第二

营造法式卷第三

通直郎管修盖皇弟外第专一提举修盖班直诸军营房等臣李诫奉

圣旨编修

壕寨制度

取正 定平

立基 筑基

城 墙

筑临水基

石作制度

造作次序 柱础

角石 角柱

殿阶基 压阑石 地面石

殿阶螭首 殿内斗八

踏道 重台钩阑 单钩阑、望柱

螭子石 门砧限

地栿 流盃渠 剜凿流盃、垒造流盃

坛 卷輂水窗

水槽子 马台

井口石 井盖子 山棚鋜脚石

幡竿颊 赑屃鳌坐碑

法式三 一

笏头碣

壕寨制度

取正

取正之制：先于基址中央，日内置圜版，径一尺三寸六分。当心立表，高四寸，径一分。画表景之端，记日中最短之景。次施望筒于其上，望日景以正四方。

望筒长一尺八寸，方三寸（用版合造）；两罨头开圜眼，径五分。筒身当中两壁用轴安于两立颊之内。其立颊自轴至地高三尺，广三寸，厚二寸。昼望以筒指南，令日景透北；夜望以筒指北，于筒南望，令前后两窍内正见北辰极星；然后各垂绳坠下，记望筒两窍心于地，以为南，则四方正。

若地势偏衺，既以景表、望筒取正四方，或有可疑处，则更以水池景表较之。其立表高八尺，广八寸，厚四寸，上齐（后斜向下三寸）；安于池版之上。其池版长一丈三尺，中广一尺。于一尺之内，随表之广，刻线两道；一尺之外，开水道环四周，广深各八分。用水定平，令日景两边不出刻线；以池版所指及立表心为南，则四方正。（安置令立表在南，池版在北。其景夏至顺线长三尺，冬至长一丈二尺。其立表内向池版处，用曲尺较令方正。）

法式三 二

定平

定平之制：既正四方，据其位置，于四角各立一表，当心安水平。其水平长二尺四寸，广二寸五分，高二寸；下施立桩，长四尺（安鐏在内）。

上面橫坐水平，兩頭各開池，方一寸七分，深一寸三分。或中心更開池者，方深同。身內開槽子，廣深各五分，令水通過。於兩頭池子內，各用水浮子一枚。用三池者，水浮子或亦用三枚。方一寸五分，高一寸二分，刻上頭令側薄，其厚一分，浮於池內。望兩頭水浮子之首，遙對立表處，於表身內畫記，即知地之高下。若槽內如有不可用水處，即於樁子當心施墨線一道，重線墜下，令繩對墨線心，則上槽自平，與用水同。其槽底與墨線兩邊，用曲尺較令方正。

凡定柱礎取平，須更用真尺較之。其真尺長一丈八尺，廣四寸，厚二寸五分。當心上立表，高四尺。廣厚同上。於立表當心，自上至下施墨線一道，垂繩墜下，令繩對墨線心，則其下地面自平。其真尺身上平處，與立表上墨線兩邊，亦用曲尺較令方正。

法式三 三

立基

立基之制：其高與材五倍。材分，在大木作制度內。如東西廣者，又加五分至十分。若殿堂中庭修廣者，量其位置，隨宜加高，所加雖高，不過與材六倍。

築基

築基之制：每方一尺，用土二擔；隔層用碎塼瓦及石札等，亦二擔。每次布土厚五寸，先打六杵，二人相對，每窩子內各打三杵。次打四杵，二人相對，每窩子內各打二杵。次打兩杵。二人相對，每窩子內各打一杵。以上並各打平土頭，然後碎用杵輾躡令平；再攢杵扇撲，重細輾躡。每布土厚五寸，築實厚三寸。每布碎塼瓦及石札等厚三寸，築實厚一寸五分。

凡開基址，須相視地脉虛實。其深不過一丈，淺止於五尺或四尺，並用碎塼瓦石札等，每土三分內添碎塼瓦等一分。

城

築城之制：每高四十尺，則厚加高一十尺；其上斜收減高之半。若高增一尺，則其下厚亦加一尺；其上斜收亦減高之半；或高減者亦如之。

城基開地深五尺，其厚隨城之厚。每城身長七尺五寸，栽永定柱長視城高，徑一尺至一尺二寸。夜叉木徑同上，其長比上減四尺。各二條。每築高五尺，橫用紝木一條。長一丈至一丈二尺，徑五寸至七寸，護門甕城及馬面之類準此。每膊椽長三尺，用草葽一條，長五尺，徑一寸，重四兩。木橛子一枚。頭徑一寸，長一尺。

墻 其名有五：一曰墻，二曰墉，三曰垣，四曰墶，五曰壁。

法式三 四

築墻之制：每墻厚三尺，則高九尺；其上斜收，比厚減半。若高增三尺，則厚加一尺；減亦如之。

凡露墻：每墻高一丈，則厚減高之半。其上收面之廣，比高五分之一。若高增一尺，其厚加三寸；減亦如之。其用葽橛，並準築城制度。

凡抽紝墻：高厚同上。其上收面之廣，比高四分之一。若高增一尺，其厚加二寸五分。如在屋下，只加二寸。剗削並準築城制度。

築臨水基

凡開臨流岸口修築屋基之制：開深一丈八尺，廣隨屋間數之廣。其外分作兩擺手，斜隨馬頭，布柴梢，令厚一丈五尺。每岸長五尺，釘樁一條，長一丈七尺，徑五寸至六寸皆可用。梢上用膠土打築令實。若造橋兩岸馬頭準此。

土 依故宮本

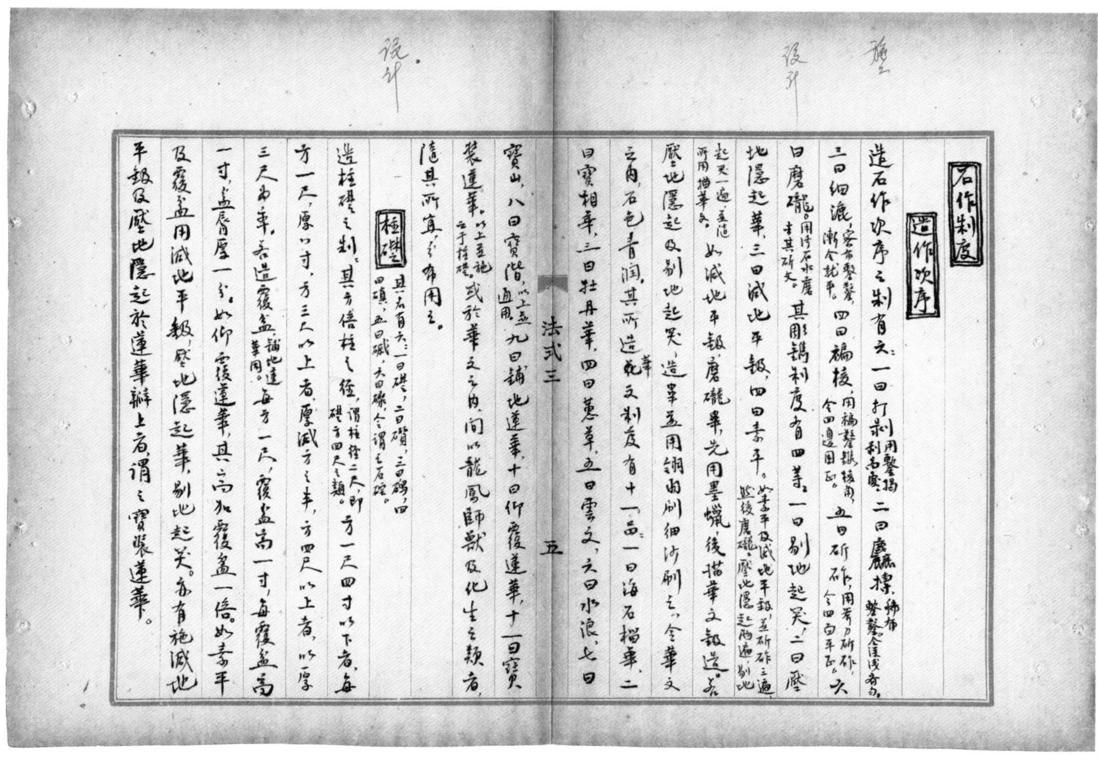

石作制度

造作次序

造石作次序之制有六：一曰打剥（用鏨揭剥高處）；二曰麤搏（稀布鏨鑿，令深淺齊勻）；三曰細漉（密布鏨鑿，漸令就平）；四曰褊棱（用褊鏨鐫棱角，令四邊周正）；五曰斫砟（用斧刃斫砟，令面平正）；六曰磨礲（用沙石水磨去其斫文）。其雕鐫制度有四等：一曰剔地起突；二曰壓地隱起華；三曰減地平鈒；四曰素平。（如素平及減地平鈒，並斫砟三遍，然後磨礲；壓地隱起兩遍，剔地起突一遍，並隨所用描華文。）如減地平鈒，磨礲畢，先用墨蠟，後描華文鈒造。若壓地隱起及剔地起突，造畢並用翎羽刷細沙刷之，令華文之內，石色青潤。其所造華文制度有十一品：一曰海石榴華；二曰寶相華；三曰牡丹華；四曰蕙草；五曰雲文；六曰水浪；七曰寶山；八曰寶階（以上並通用）；九曰鋪地蓮華；十曰仰覆蓮華；十一曰寶裝蓮華（以上並施之于柱礎）。或於華文之內，間以龍鳳師獸及化生之類者，隨其所宜，分布用之。

法式三　五

柱礎

（其名有六：一曰礎，二曰礩，三曰磶，四曰磌，五曰磩，六曰磉，今謂之石碇。）

造柱礎之制：其方倍柱之徑（謂柱徑二尺，即礎方四尺之類）。方一尺四寸以下者，每方一尺，厚八寸；方三尺以上者，厚減方之半；方四尺以上者，以厚三尺為率。若造覆盆（鋪地蓮華同），每方一尺，覆盆高一寸；每覆盆高一寸，盆脣厚一分。如仰覆蓮華，其高加覆盆一倍。如素平及覆盆用減地平鈒、壓地隱起華、剔地起突；亦有施減地平鈒及壓地隱起於蓮華瓣上者，謂之寶裝蓮華。

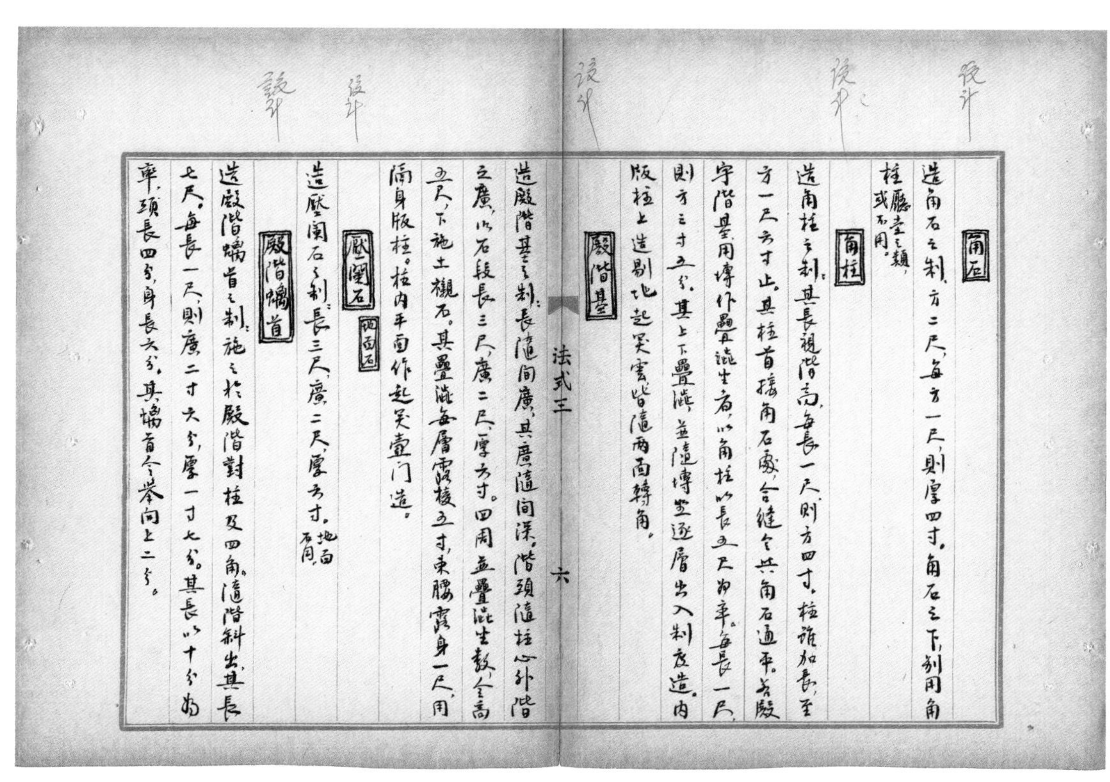

角石

造角石之制：方二尺。每方一尺，則厚四寸。角石之下，別用角柱（廳堂之類，或不用）。

角柱

造角柱之制：其長視階高；每長一尺，則方四寸。柱雖加長，至方一尺六寸止。其柱首接角石處，合縫令與角石通平。若殿宇階基用塼作疊澁坐者，其角柱以長五尺為率；每長一尺，則方三寸五分。其上下疊澁，並隨塼坐逐層出入制度造。內版柱上造剔地起突雲，皆隨兩面轉角。

殿階基

造殿階基之制：長隨間廣，其廣隨間深。階頭隨柱心外階之廣。以石段長三尺，廣二尺，厚六寸，四周並疊澁坐數，令高五尺；下施土襯石。其疊澁每層露棱五寸；束腰露身一尺，用隔身版柱；柱內平面作起突壼門造。

法式三　六

壓闌石（地面石）

造壓闌石之制：長三尺，廣二尺，厚六寸（地面石同）。

殿階螭首

造殿階螭首之制：施之於殿階，對柱及四角，隨階斜出。其長七尺；每長一尺，則廣二寸六分，厚一寸七分。其長以十分為率，頭長四分，身長六分。其螭首令舉向上二分。

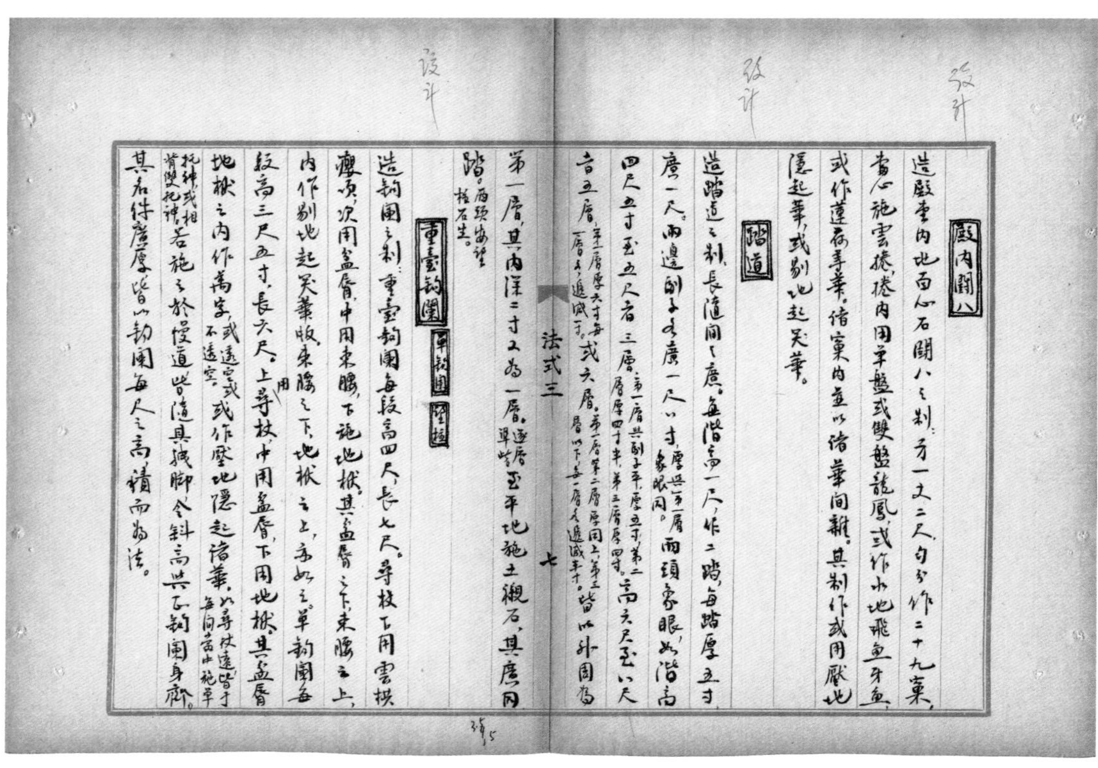

殿內鬬八

造殿堂內地面心石鬬八之制：方一丈二尺，勻分作二十九窠，當心施雲棬，棬內用單盤或雙盤龍鳳，或作水地飛魚、牙魚，或作蓮荷等華。諸窠內並以諸華間雜。其制作或用壓地隱起華，或剔地起突華。

踏道

造踏道之制：長隨間之廣。每階高一尺，作二踏；每踏厚五寸，廣一尺。兩邊副子各廣一尺八寸。（厚與第一層象眼同。）兩頭象眼，如階高四尺五寸至五尺者，三層，（第一層與副子平，厚五寸；第二層厚四寸半；第三層厚四寸。）高六尺至八尺者，五層，（第一層厚六寸，每一層各遞減一寸。）或六層，（第一層、第二層厚同上，第三層以下每一層各遞減半寸。）皆以外周為第一層，其內深二寸又為一層。（逐層準此。）至平地施土襯石，其廣同踏。（兩頭安望柱石坐。）

重臺鉤闌 單鉤闌 望柱

造鉤闌之制：重臺鉤闌每段高四尺，長七尺。尋杖下用雲栱癭項，次用盆脣，中用束腰，下施地栿。其盆脣之下，束腰之上，內作剔地起突華版。束腰之下，地栿之上，亦如之。單鉤闌每段高三尺五寸，長六尺。上用尋杖，中用盆脣，下用地栿。其盆脣、地栿之內作萬字，（或透空或不透空。）或作壓地隱起諸華。（如尋杖遠，皆於每間當中施單托神，或相背雙托神。）若施之於慢道，皆隨其拽腳，令斜高與正鉤闌身齊。其名件廣厚，皆以鉤闌每尺之高，積而為法。

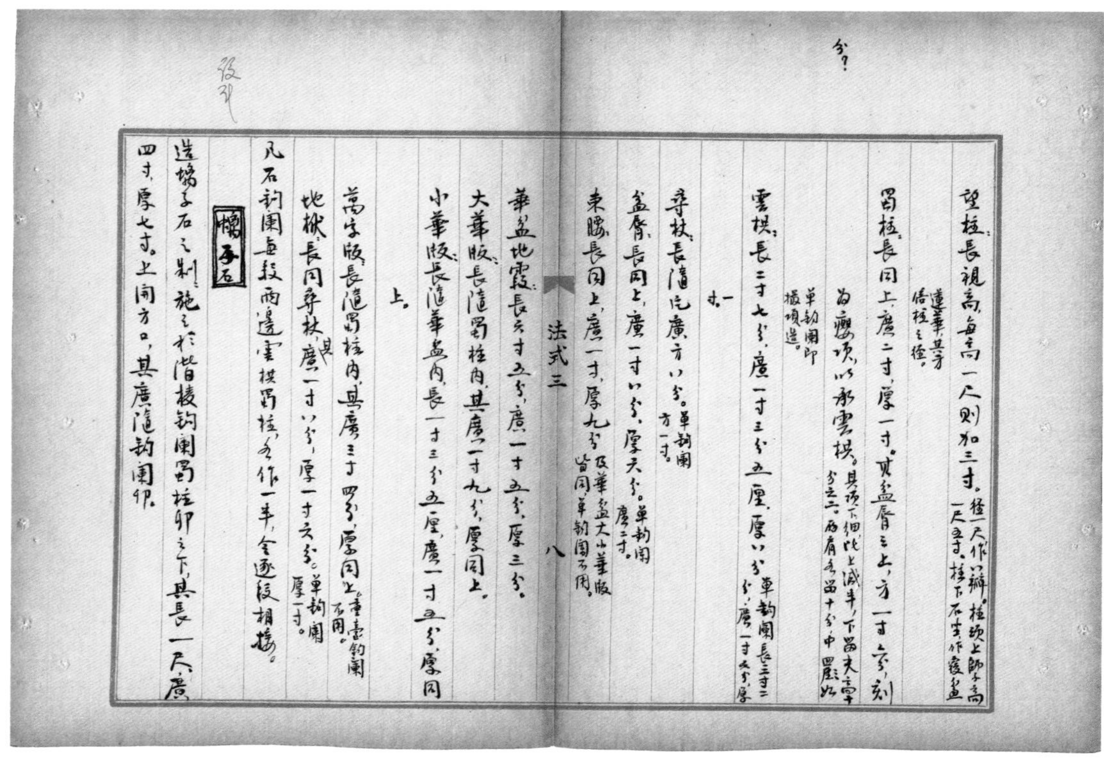

望柱：長視高，每高一尺，則加三寸。（徑一尺，作八瓣。柱頭上師子高一尺五寸。柱下石坐作覆盆蓮華。其方倍柱之徑。）

蜀柱：長同上，廣二寸，厚一寸。其盆脣之上，方一寸六分，刻為癭項，以承雲栱。（其項下細，比上減半，下留尖高十分之二；兩肩各留十分中四分。如單鉤闌，即撮項造。）

雲栱：長二寸七分，廣一寸三分五厘，厚八分。（單鉤闌長三寸二分，廣一寸六分，厚一寸。）

尋杖：長隨片廣，方八分。（單鉤闌方一寸。）

盆脣：長同上，廣一寸八分，厚六分。（單鉤闌廣二寸。）

束腰：長同上，廣一寸，厚九分。（及華盆大小華版皆同，單鉤闌不用。）

華盆地霞：長六寸五分，廣一寸五分，厚三分。

大華版：長隨蜀柱內，其廣一寸九分，厚同上。

小華版：長隨華盆內，長一寸三分五厘，廣一寸五分，厚同上。

萬字版：長隨蜀柱內，其廣三寸四分，厚同上。（重臺鉤闌不用。）

地栿：長同尋杖，其廣一寸八分，厚一寸六分。（單鉤闌厚一寸。）

凡石鉤闌，每段兩邊雲栱蜀柱，各作一半，令逐段相接。

螭子石

造螭子石之制：施之於階棱鉤闌蜀柱卯之下，其長一尺，廣四寸，厚七寸。上開方口，其廣隨鉤闌卯。

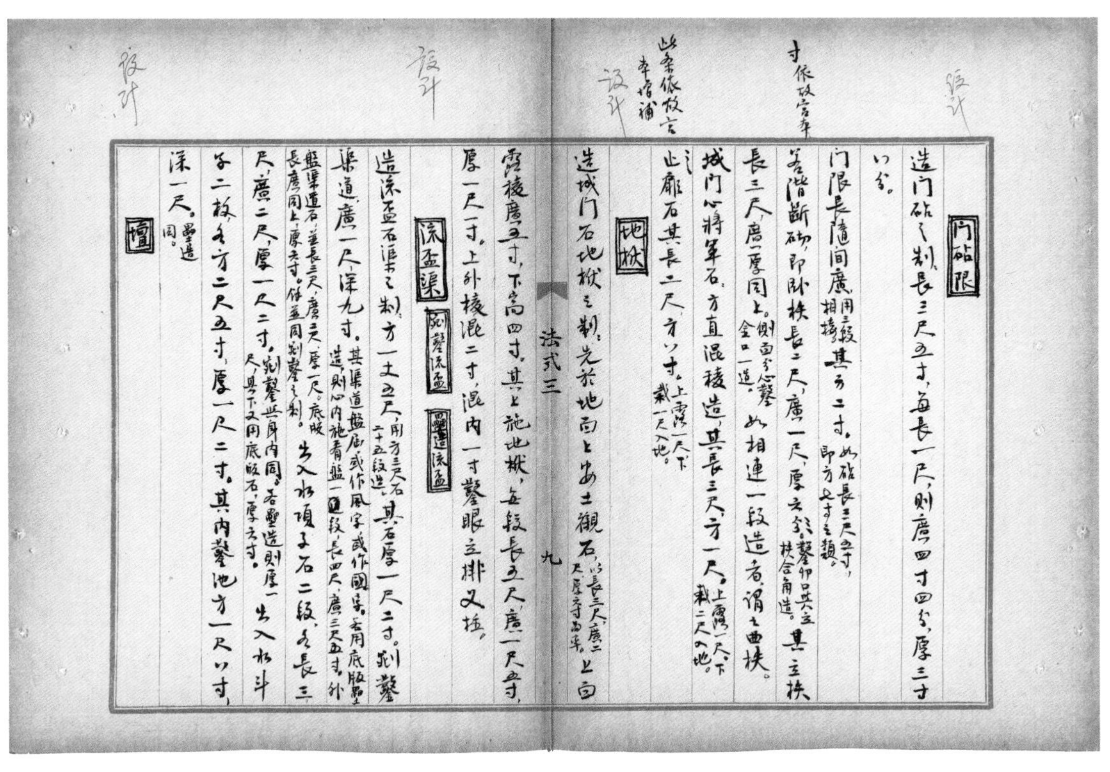

寸依故宮本

此條依故宮本增補

設計

門砧限

造門砧之制：長三尺五寸，每長一尺，則廣四寸四分，厚三寸八分。

門限長隨間廣，（用三段相接。）其方二寸。（如砧長三尺五寸，即方七寸之類。）

若階斷砌，即卧柣長二尺，廣一尺，厚六寸。（鑿卯口與立柣合角造。）其立柣長三尺，廣、厚同上。（側面分心鑿金口一道。）如相連一段造者，謂之曲柣。

城門心將軍石，方直混稜造，其長三尺，方一尺。（上露一尺，下栽二尺入地。）

止扉石，其長二尺，方八寸。（上露一尺，下栽一尺入地。）

地栿

造城門石地栿之制：先於地面上安土襯石，（以長三尺，廣二尺，厚六寸為率。）上面露稜廣五寸，下高四寸，其上施地栿，每段長五尺，廣一尺五寸，厚一尺一寸；上外稜混二寸；混內一寸鑿眼立排叉柱。

法式三　九

流盃渠（剜鑿流盃）（壘造流盃）

造流盃石渠之制：方一丈五尺，（用方三尺石二十五段造。）其石厚一尺二寸。剜鑿渠道，廣一尺，深九寸。（其渠道盤屈，或作風字，或作國字。若用底版壘造，則心內施看盤一段，長四尺，廣三尺五寸；外盤渠道石並長三尺，廣二尺，厚一尺。底版長廣同上，厚六寸。餘並同剜鑿之制。）出入水項子石二段，各長三尺，廣二尺，厚一尺二寸。（剜鑿與身內同。若壘造則厚一尺，其下又用底版石，厚六寸。）出入水斗子二枚，各方二尺五寸，厚一尺二寸；其內鑿池，方一尺八寸，深一尺。（壘造同。）

壇

設計

造壇之制：共三層，高、廣以石段層數，自土襯上至平面為高。每頭子各露明五寸。束腰露一尺，格身版柱造，作平面或起突作壼門造。（石段裏用磚填後，心內用土填築。）

卷輂水窗

造卷輂水窗之制：用長三尺，廣二尺，厚六寸石造。隨渠河之廣。如單眼卷輂，自下兩壁開掘至硬地，各用地釘（木橛也。）打築入地，（留出鑲卯。）上鋪襯石方三路，用碎塼瓦打築空處，令與襯石方平；方上並二橫砌石涩一重；涩上隨岸順砌並二廂壁版，鋪壘令與岸平。（如騎河者，每段用熟鐵鼓卯二枚，仍以錫灌。如並三以上廂壁版者，每二層鋪鐵葉一重。）於水窗當心，平鋪石地面一重；於上下出入水處，側砌線道三重，其前密釘擗石樁

法式三　十

二路；於兩邊廂壁上相對卷輂。（隨渠河之廣，取半圜為卷輂棬內圜勢。）用斧刃石鬭卷合；又於斧刃石上用繳背一重；其背上又平鋪石段二重；兩邊用石隨棬勢補填令平。（若雙卷眼造，則於渠河心依兩岸用地釘打築二渠之間，補填同上。）若當河道卷輂，其當心平鋪地面石一重，用連二厚六寸石。（其縫上用熟鐵鼓卯與廂壁同。）及於卷輂之外，上下水隨河岸斜分四擺手，亦砌地面，令與廂壁平。（擺手內亦砌地面一重，亦用熟鐵鼓卯。）地面之外，側砌線道石三重，其前密釘擗石樁三路。

水槽子

造水槽之制：長七尺，方二尺。每廣一尺，唇厚二寸；每高一尺，底厚二寸五分。唇內底上並為槽內廣深。

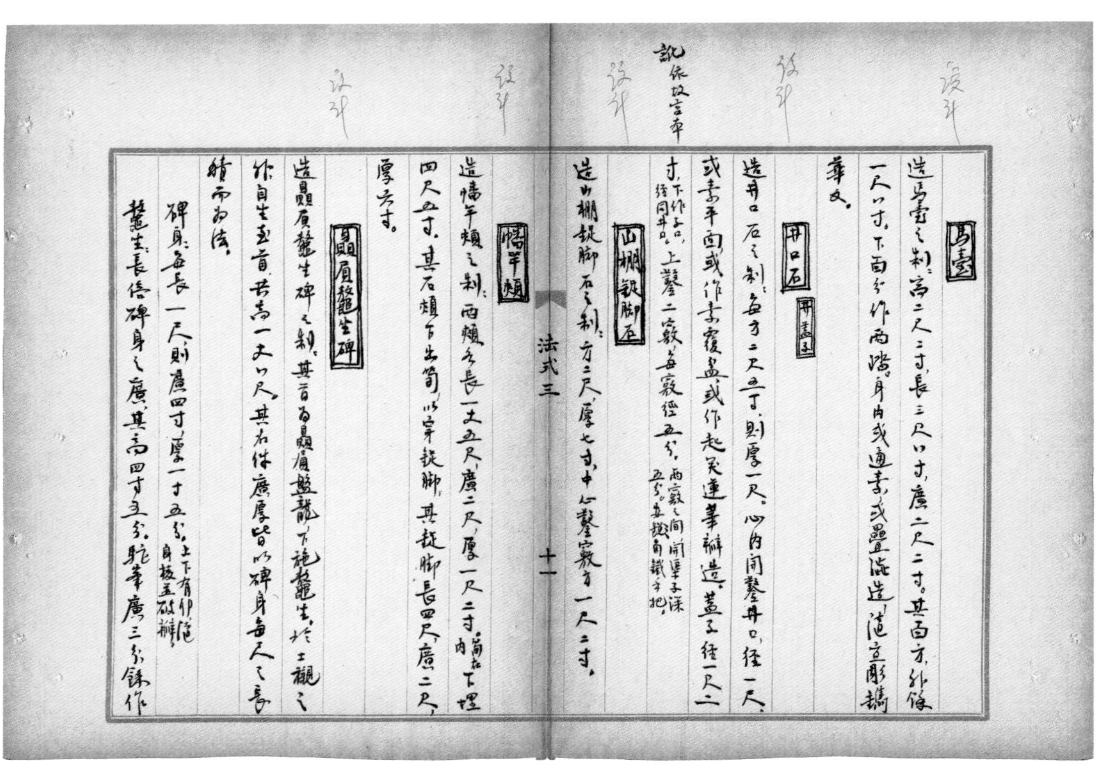

馬臺

造馬臺之制：高二尺二寸，長三尺八寸，廣二尺二寸。其面方，外餘一尺六寸，下面分作兩踏。身内或通素，或疊澀造；隨宜彫鐫華文。

井口石　井蓋子

造井口石之制：每方二尺五寸，則厚一尺，心内開鑿井口，徑一尺；或素平面，或作素覆盆，或作起突蓮華瓣造。蓋子徑一尺二寸，（下作子口，徑同井口。）上鑿二竅，每竅徑五分。（兩竅之間開渠子，深五分，安訛角鐵手把。）

訛 依故宮本

山棚鋜脚石

造山棚鋜脚石之制：方二尺，厚七寸；中心鑿竅，方一尺二寸。

法式三　十一

幡竿頰

造幡竿頰之制：兩頰各長一丈五尺，廣二尺，厚一尺二寸，（筍在内，）下埋四尺五寸。其石頰下出筍，以穿鋜脚。其鋜脚長四尺，廣二尺，厚六寸。

贔屓鼇坐碑

造贔屓鼇坐碑之制：其首爲贔屓盤龍，下施鼇坐。於土襯之外，自坐至首，共高一丈八尺。其名件廣厚，皆以碑身每尺之長積而爲法。

碑身：每長一尺，則廣四寸，厚一寸五分。（上下有卯，隨身棱並破瓣。）

鼇坐：長倍碑身之廣，其高四寸五分；駝峯廣三分。餘作

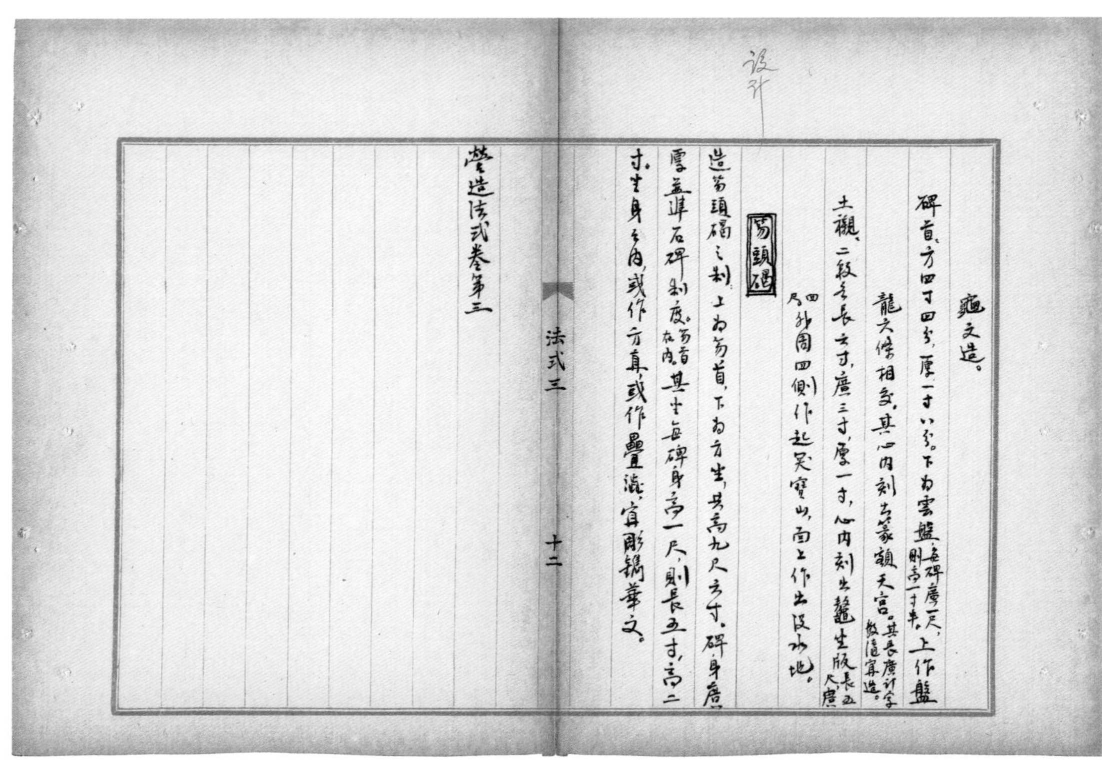

龜文造。

碑首：方四寸四分，厚一寸八分；下爲雲盤，（每碑廣一尺，則高一寸半，）上作盤龍六條相交；其心内刻出篆額天宫。（其長廣計字數隨宜造。）

土襯：二段，各長六寸，廣三寸，厚一寸；心内刻出鼇坐版，（長五尺，廣四尺，）外周四側作起突寶山，面上作出没水地。

笏頭碣

造笏頭碣之制：上爲笏首，下爲方坐，共高九尺六寸。碑身廣厚並準石碑制度。（笏首在内。）其坐每碑身高一尺，則長五寸，高二寸。坐身之内，或作方直，或作疊澀，隨宜彫鐫華文。

營造法式卷第三

法式三　十二

營造法式卷第四

通直郎管修蓋皇弟外第專一提舉修蓋班直諸軍營房等臣李誡奉聖旨編修

大木作制度一

材　栱

飛昂　爵頭

枓　總鋪作次序

平坐

材 其名有三：一曰章，二曰材，三曰方桁。

凡構屋之制，皆以材為祖。材有八等，度屋之大小，因而用之。

法式四　一

第一等：廣九寸，厚六寸。以六分為一分。

右殿身九間至十一間則用之。若副階并殿挾屋，材分減殿身一等；廊屋減挾屋一等。餘準此。

第二等：廣八寸二分五厘，厚五寸五分。以五分五厘為一分。

右殿身五間至七間則用之。

第三等：廣七寸五分，厚五寸。以五分為一分。

右殿身三間至殿五間或堂七間則用之。

第四等：廣七寸二分，厚四寸八分。以四分八厘為一分。

右殿三間，廳堂五間則用之。

第五等：廣六寸六分，厚四寸四分。以四分四厘為一分。

右殿小三間，廳堂大三間則用之。

第六等：廣六寸，厚四寸。以四分為一分。

右亭榭或小廳堂皆用之。

第七等：廣五寸二分五厘，厚三寸五分。以三分五厘為一分。

右小殿及亭榭等用之。

第八等：廣四寸五分，厚三寸。以三分為一分。

右殿內藻井或小亭榭施鋪作多則用之。

栔廣六分，厚四分。材上加栔者謂之足材。施之栱眼內兩枓之間者，謂之闇栔。

各以其材之廣，分為十五分，以十分為其厚。凡屋宇之高深，名物之短長，曲直舉折之勢，規矩繩墨之宜，皆以所用材之分，以為制度焉。凡分寸之分皆如字，材分之分音符問切。餘準此。

法式四　二

栱 其名有六：一曰閞，二曰槉，三曰欂，四曰曲枅，五曰欒，六曰栱。

造栱之制有五：

一曰華栱，或謂之杪栱，又謂之卷頭，亦謂之跳頭。足材栱也。若補間鋪作，則用單材。兩卷頭者，其長七十二分。若鋪作多者，裏跳減長二分。七鋪作以上，即第二裏外跳各減四分。六鋪作以下不減。若八鋪作下兩跳偷心，則減第三跳，令上下跳上交互枓畔相對。若平坐出跳，杪栱並不減。其第一跳於櫨枓口外，添令與上跳相應。每頭以四瓣卷殺，每瓣長四分。如裏跳減多，不及四瓣者，只用三瓣，每瓣長四分。與泥道栱相交，安於櫨枓口內，若累鋪作數多，或內外俱勻，或裏跳減一鋪至兩鋪。其騎槽檐栱，皆隨所出之跳加之。每跳之長，心不過三十分；傳跳雖多，不過一百五十分。若造廳堂裏跳承梁出楷頭者，長更加一跳。其楷頭或謂之壓跳。交角內外，皆隨鋪作之數，斜出跳一縫。栱謂之角栱，昂謂之角昂。其華栱則以斜長加之。假如跳頭長五寸，則加二寸五釐之類。後稱斜長者準此。若丁頭栱，其長三十三分，出卯長五分。若只裏跳轉角者，謂之蝦須栱，用股卯到心，以斜長加之。若入柱者，用雙卯，長六分或七分。

二曰泥道栱，其長六十二分。若枓口跳及鋪作全用單栱造者，只用令栱。每頭以四瓣卷殺，每瓣長三分半。與華栱相交，安於櫨枓口內。

三曰瓜子栱，施之於跳頭。若五鋪作以上重栱造，即於令

法式四　三

栱內，泥道栱外用之。四鋪作以下不用。其長六十二分，每頭以四瓣卷殺，每瓣長四分。

四曰令栱，或謂之單栱。施之於裏外跳頭之上，外在橑檐方之下，內在算桯方之下。與耍頭相交，亦有不用耍頭者。及屋內槫縫之下。其長七十二分。每頭以五瓣卷殺，每瓣長四分。若裏跳騎栿，則用足材。

五曰慢栱，或謂之腎栱。施之於泥道、瓜子栱之上。其長九十二分，每頭以四瓣卷殺，每瓣長三分。騎栿及至角則用足材。

凡栱之廣厚並如材。栱頭上留六分，下殺九分；其九分勻分為

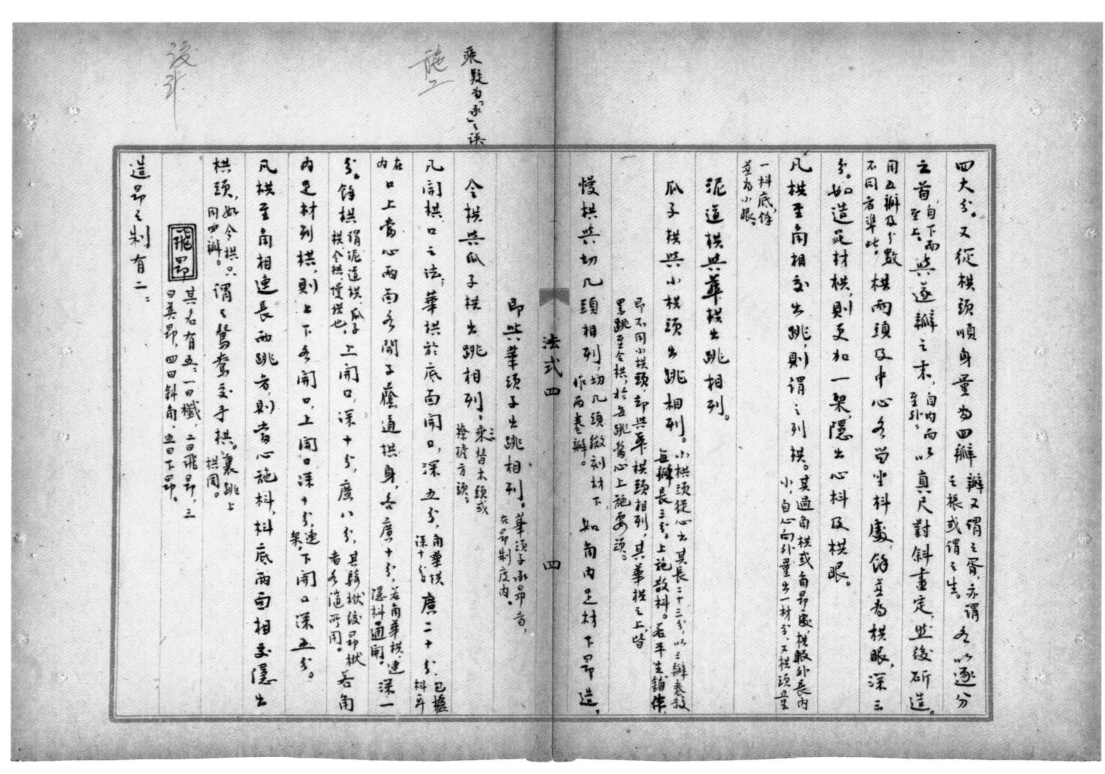

四大分；又從栱頭順身量為四瓣。瓣又謂之胥，亦謂之棖，或謂之生。各以逐分之首，自下而至上。與逐瓣之末，自內而至外。以真尺對斜畫定，然後斫造。用五瓣及分數不同者準此。栱兩頭及中心，各留坐枓處，餘並為栱眼，深三分。如造足材栱，則更加一栔，隱出心枓及栱眼。

凡栱至角相交出跳，則謂之列栱。其過角栱或角昂處，栱眼外長內小，自心向外量出一材分，又栱頭量一枓底，餘並為小眼。

泥道栱與華栱出跳相列。

瓜子栱與小栱頭出跳相列。小栱頭從心出，其長二十三分，以三瓣卷殺，每瓣長三分，上施散枓。若平坐鋪作，即不用小栱頭，卻與華栱頭相列。其華栱之上，皆累跳至令栱，於每跳當心上施耍頭。

慢栱與切几頭相列。切几頭微刻材下作兩卷瓣。如角內足材下昂造，

法式四　四

即與華頭子出跳相列。華頭子承昂者，在昂制度內。

令栱與瓜子栱出跳相列。乘替木頭或橑檐方頭。

乘疑為「承」之誤

凡開栱口之法：華栱於底面開口，深五分，角華栱深十分。廣二十分。包櫨枓耳在內。口上當心兩面，各開子廕通栱身，各廣十分，若角華栱，連隱枓通開。深一分。餘栱謂泥道栱、瓜子栱、令栱、慢栱也。上開口，深十分，廣八分。其騎栿，絞昂栿者，各隨所用。若角內足材列栱，則上下各開口，上開口深十分，連栔。下開口深五分。

凡栱至角相連長兩跳者，則當心施枓，枓底兩面相交，隱出栱頭，如令栱只用四瓣。謂之鴛鴦交手栱。裏跳上栱同。

飛昂　其名有五：一曰櫼，二曰飛昂，三曰英昂，四曰斜角，五曰下昂。

造昂之制有二：

一曰下昂，自上一材，垂尖向下，從枓底心下取直，其長二十三分。其昂身上徹屋內。自枓外斜殺，向下留厚二分；昂面中䫜二分，令䫜勢圜和。亦有於昂面上隨䫜加一分，訛殺至兩棱者，謂之琴面昂；亦有自枓外斜殺至尖者，其昂面平直，謂之批竹昂。

凡昂安枓處，高下及遠近，皆準一跳。若從下第一昂，自上一材下出，斜垂向下。枓口內以華頭子承之。華頭子自枓口外長九分，將昂勢盡處勻分，刻作兩卷瓣，每瓣長四分。如至第二昂以上，只於枓口內出昂，其承昂枓口及昂身下，皆斜開鐙口，令上大下小，與昂身相銜。

凡昂上坐枓，四鋪作、五鋪作並歸平；六鋪作以上，自

法式四　五

五鋪作外，昂上枓並再向下二分至五分。如逐跳計心造，即於昂身開方斜口，深二分；兩面各開子廕，深一分。

若角昂，以斜長加之。角昂之上，別施由昂。長同角昂，廣或加一分至二分。所坐枓上安角神，若寶藏神或寶瓶。

若昂身於屋內上出，皆至下平槫。若四鋪作用插昂，即其長斜隨跳頭。插昂又謂之挣昂，亦謂之矮昂。

凡昂栓，廣四分至五分，厚二分。若四鋪作，即於第一跳上用之；五鋪作至八鋪作，並於第二跳上用之。並上徹昂背，自一昂至三昂，只用一栓，徹上面昂之背。下入栱

身之半，或三分之一。

若屋內徹上明造，即用挑斡，或只挑一枓，或挑一材兩栔。謂一栱上下皆有枓也。若不出昂而用挑斡者，即騎束闌方下昂桯。如用平棊，即自槫安蜀柱以叉昂尾；如當柱頭，即以草栿或丁栿壓之。

二曰上昂，頭向外留六分。其昂頭外出，昂身斜收向裏，並通過柱心。

如五鋪作單杪上用者，自櫨枓心出，第一跳華栱心長二十五分；第二跳上昂心長二十二分。其第一跳上枓口內用鞾楔。其平棊方至櫨枓口內，共高五材四

法式四　六

栔。其第一跳重栱計心造。

如六鋪作重杪上用者，自櫨枓心出，第一跳華栱心長二十七分；第二跳華栱心及上昂心共長二十八分。華栱上用連珠枓，其枓口內用鞾楔。七鋪作、八鋪作同。其平棊方至櫨枓口內，共高六材五栔。於兩跳之內，當中施騎枓栱。

如七鋪作於重杪上用上昂兩重者，自櫨枓心出，第一跳華栱心長二十三分；第二跳華栱心長一十五分；華栱上用連珠枓。第三跳上昂心兩重上昂共此一跳長三十五分。其平棊方至櫨枓口內，共高七材

故宫本无势字及於字。

六栔。其騎枓栱與六鋪作同。

如八鋪作於三杪上用上昂兩重者，自櫨枓心出第一跳華栱心長二十六分；第二跳、第三跳並華栱心各長一十六分；於第三跳華栱上用連珠枓。第四跳上昂心兩重上昂共此一跳。長二十六分。其平棊方至櫨枓口內共高八材七栔。其騎枓栱與七鋪作同。

凡昂之廣厚並如材。其下昂施之於外跳，或單栱或重栱，或偷心或計心造。上昂施之裏跳之上及平坐鋪作之內；昂背斜尖，皆至下枓底外；昂底於跳頭枓口內出，其枓口外用鞾楔。刻作三卷瓣。

凡騎枓栱，宜單用；其下跳並偷心造。凡鋪作計心、偷心，並在總鋪作次序制度之內。

法式四　七

爵頭其名有四：一曰爵頭，二曰耍頭，三曰胡孫頭，四曰蜉蜒頭。

造耍頭之制：用足材自枓心出，長二十五分，自上稜斜殺向下六分，自頭上量五分，斜殺向下二分。謂之鵲臺。兩面留心，各斜抹五分，下隨尖各斜殺向上二分，長五分。下大稜上，兩面開龍牙口，廣半分，斜梢向尖。又謂之錐眼。開口與華栱同，與令栱相交，安於齊心枓下。

若累鋪作數多，皆隨所出之跳加長，若角內用，則以斜長加之。於裏外令栱兩出安之。如上下有礙昂勢處，即隨昂勢斜殺，於放過昂身。或有不出耍頭者，皆於裏外令栱之內，安到心股卯。只用單材。

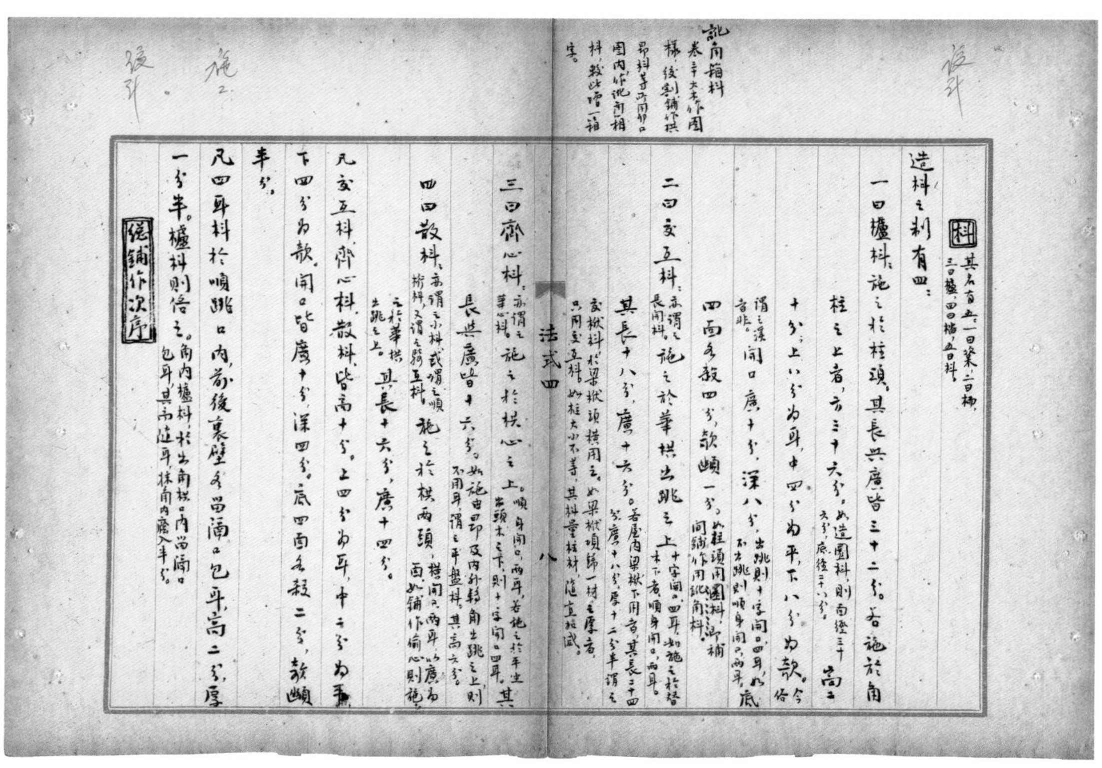

訛角箱枓　卷三十大木作圖樣，從劉鋪作栱昂枓等所用卧口圖內作訛角箱枓，故此增一箱字。

枓其名有五：一曰楶，二曰栭，三曰櫨，四曰楷，五曰枓。

造枓之制有四：

一曰櫨枓。施之於柱頭，其長與廣皆三十二分。若施於角柱之上者，方三十六分。如造圜枓，則面徑三十六分，底徑二十八分。高二十分；上八分為耳，中四分為平，下八分為欹。今俗謂之溪者非。開口廣十分，深八分。出跳則十字開口，四耳；如不出跳，則順身開口，兩耳。底四面各殺四分，欹䫜一分。如柱頭用圜枓，即補間鋪作用訛角箱枓。

二曰交互枓。亦謂之長開枓。施之於華栱出跳之上。十字開口，四耳；如施之於替木下者，順身開口，兩耳。其長十八分，廣十六分。若屋內梁栿下用者，其長二十四分，廣十八分，厚十二分半，謂之交栿枓；於梁栿頭橫用之。如梁栿項歸一材之厚者，只用交互枓。如柱大小不等，其枓量柱材隨宜加減。

法式四　八

三曰齊心枓。亦謂之華心枓。施之於栱心之上。順身開口，兩耳；若施之於平坐出頭木之下，則十字開口，四耳。其長與廣皆十六分。如施由昂及內外轉角出跳之上，則不用耳，謂之平盤枓；其高六分。

四曰散枓。亦謂之小枓，或謂之順桁枓，又謂之騎互枓。施之於栱兩頭。橫開口，兩耳；以廣為面。如鋪作偷心，則施之於華栱出跳之上。其長十六分，廣十四分。

凡交互枓、齊心枓、散枓，皆高十分；上四分為耳，中二分為平，下四分為欹。開口皆廣十分，深四分，底四面各殺二分，欹䫜半分。

凡四耳枓，於順跳口內前後裏壁，各留隔口包耳，高二分，厚一分半；櫨枓則倍之。角內櫨枓，於出角栱口內留隔口包耳，其高隨耳，抹角內廠入半分。

總鋪作次序

总铺作次序之制：凡铺作自柱头上栌枓口内出一栱或一昂，皆谓之一跳，传至五跳止。

出一跳谓之四铺作。（或用华头子，上出一昂。）

出两跳谓之五铺作。（下出一卷头，上施一昂。）

出三跳谓之六铺作。（下出一卷头，上施两昂。）

出四跳谓之七铺作。（下出两卷头，上施两昂。）

出五跳谓之八铺作。（下出两卷头，上施三昂。）

自四铺作至八铺作，皆于上跳之上横施令栱，与耍头相交，以承橑檐方；至角，各于角昂之上别施一昂，谓之由昂，以坐角神。

凡于阑额上坐栌枓安铺作者，谓之补间铺作。（今俗谓之步间者非。）当心间须用补间铺作两朵，次间及梢间各用一朵。其铺作分布，令远近皆匀。（若逐间皆用双补间，则每间之广，丈尺皆同。如只心间用双补间者，假如心间用一丈五尺，则次间用一丈之类。或间广不匀，即每补间铺作一朵，不得过一丈。）

凡铺作逐跳上（下昂之上亦同）安栱，谓之计心；若逐跳上不安栱，而再出跳或出昂者，谓之偷心。（凡出一跳，南中谓之出一枝；计心谓之转叶，偷心谓之不转叶，其实一也。）

凡铺作逐跳计心，每跳令栱上只用素方一重，谓之单栱；（素方在泥道栱上者，谓之柱头方；在跳上者，谓之罗汉方；方上斜安遮椽版。）即每跳上安两材一栔。（令栱、素方为两材，令栱上枓为一栔。）

若每跳瓜子栱上（至橑檐方下，用令栱。）施慢栱，慢栱上用素方，谓之重栱。（方上斜施遮椽版。）即每跳上安三材两栔。（瓜子栱、慢栱、素方为三材；瓜子栱上枓、慢栱上枓为两栔。）

凡铺作并外跳出昂；里跳及平坐只用卷头。若铺作数多，里跳恐太远，即里跳减一铺或两铺；或平棊低，即于平棊方下更加慢栱。

凡转角铺作，须与补间铺作勿令相犯；或梢间近者，须连栱交隐。（补间铺作不可移远，恐间内不匀。）或于次角补间近角处，从上减一跳。

凡铺作当柱头壁栱，谓之影栱。（又谓之扶壁栱。）

如铺作重栱全计心造，则于泥道重栱上施素方。（方上斜安遮椽版。）

五铺作一杪一昂，若下一杪偷心，则泥道重栱上施素方，方上又施令栱，栱上施承椽方。

单栱七铺作两杪两昂及六铺作一杪两昂或两杪一昂，若下一杪偷心，则于栌斗之上施两令栱两素方。（方上平铺遮椽版。）或只于泥道重栱上施素方。

单栱八铺作两杪三昂，若下两杪偷心，则泥道栱上施素方，方上又施重栱素枋。（方上平铺遮椽版。）

凡楼阁上屋铺作，或减下屋一铺。其副阶缠腰铺作，不得过殿身，或减殿身一铺。

平坐 （其名有五：一曰阁道，二曰墱道，三曰飞陛，四曰平坐，五曰鼓坐。）

造平坐之制：其铺作减上屋一跳或两跳。其铺作宜用重栱及逐跳计心造作。

凡平坐铺作，若叉柱造，即每角用栌枓一枚，其柱根叉於栌枓之上。若缠柱造，即每角於柱外普拍方上安栌枓三枚。（每面互见两枓，於附角枓上，各别加铺作一缝。）

凡平坐铺作下用普拍方，厚随材广，或更加一栔，其广尽所用方木。（若缠柱造，即於普拍方裏用柱脚方，广三材，厚二材，上生柱脚卯。）

凡平坐先自地立柱，谓之永定柱，柱上安搭头木，木上安普拍方，方上坐枓栱。

凡平坐四角生起，比角柱减半。（生角柱法在柱制度内。）

平坐之内，逐间下草栿，前后安地面方，以拘前后铺作。铺作之上安铺板方，用一材。四周安雁翅板，广加材一倍，厚四分至五分。

营造法式卷第四

法式四 十一

营造法式卷第五

通直郎管修盖皇弟外第专一提举修盖班直诸军营房等臣李诫奉圣旨编修

大木作制度二

梁 阑额

柱 阳马

侏儒柱（斜柱附） 栋

搏风版 柎

椽 檐

举折

法式五 一

梁（其名有三：一曰梁，二曰杗，三曰欐。）

造梁之制有五：

一曰檐栿。如四椽及五椽栿；若四铺作以上至八铺作，并广两材两栔；草栿广三材。如六椽至八椽以上栿，若四铺作至八铺作，广四材；草栿同。

二曰乳栿。（若对大角梁者，与大梁广同。）三椽栿，若四铺作、五铺作，广两材一栔；草栿广两材。六铺作以上，广两材两栔；草栿同。

三曰劄牵。若四铺作至八铺作出跳，广两材；如不出跳，并不过一材一栔。（草牵梁准此。）

一依故宮本改正，依圖亦應作一。
上背依上條改正
二！

四曰平梁：若四鋪作、五鋪作，廣加材一倍。六鋪作以上，廣兩材一栔。

五曰廳堂梁栿：五椽、四椽，廣不過兩材一栔。三椽廣兩材。

餘屋量椽數，準此法加減。

凡梁之大小，各隨其廣分為三分，以二分為厚。凡方木小，須繳貼令大，如方木大，不得裁減，即於廣厚加之。如礙槫及替木，即於梁上角開抱槫口。若直梁狹，即兩面安槫栿版。如月梁狹，即上加繳背，下貼兩頰，不得剜刻梁面。

造月梁之制：明栿，其廣四十二分。如徹上明造，其乳栿、三椽栿各廣四十二分；四椽栿廣五十分；五椽栿廣五十五分；六椽栿以上，其廣並至六十分止。梁首謂出跳者。不以大小，從下高二十一分。其上餘材，自枓裏平之上，隨其高勻分作六分；其上以六瓣卷殺，每瓣長十分。其梁下當中䪿六分。自枓心下量三十八分為斜項。如下兩跳者，長六十八分。斜項外，其下起䪿，以六瓣卷殺，每瓣長十分；第六瓣盡處下䪿五分。去三分，留二分作琴面。自第六瓣盡處漸起至心，又加高一分，令䪿勢圜和。梁尾謂入柱者。上背下䪿，皆以五瓣卷殺。餘並同梁首之制。

梁底面厚二十五分。其項入枓口處。厚十分，枓口外兩肩各以四瓣卷殺，每瓣長十分。

若平梁，四椽、六椽上用者，其廣三十五分；如八椽至十椽上用者，其廣四十二分。不以大小，從下高二十五分，背上、下䪿皆以四瓣卷殺。兩頭並同。其下第四瓣盡處䪿四分。去二分，留一分作琴面。自第四瓣盡處漸起至心，又加高一分。餘並同月梁之制。

若劄牽，其廣三十五分。不以大小，從下高一十五分，上至枓底。牽首

法式五　二

故宮本無材字

上以六瓣卷殺，每瓣長八分。下同。牽尾上以五瓣，其下䪿，前、後各以三瓣。斜項同月梁法。䪿內去留同平梁法。

凡屋內徹上明造者，梁頭相疊處，須隨舉勢高下用駝峯。其駝峯長加高一倍，厚一材。枓下兩肩或作入瓣，或作出瓣，或圜訛兩肩，兩頭卷尖。梁頭安替木處並作隱枓；兩頭造耍頭或切几頭，切几頭刻梁上角作一入瓣。與令栱或襻間相交。

凡屋內若施平棊，平闇亦同。在大梁之上，平棊之上又施草栿；乳栿之上亦施草栿，並在壓槽方之上。壓槽方在柱頭方之上。其草栿長同下梁，直至橑檐方止。若在兩面，則安丁栿。丁栿之上，別安抹角栿，與草栿相交。

凡角梁下，又施隱襯角栿，在明梁之上，外至橑檐方，內至角後栿項，長以兩椽材斜長加之。

凡襯方頭，施之於梁背耍頭之上，其廣厚同材。前至橑檐方，後至昂背或平棊方。如無鋪作，即至托腳木止。若騎槽，即前後各隨跳，與方栱相交，開子廕以壓枓上。

凡平棊之上，須隨槫栿用方木及矮柱敦㮇，隨宜枝樘固濟，並在草栿之上。凡明梁只閣平棊，草栿在上承屋蓋之重。

凡平棊方在梁背上，其廣厚並如材，長隨間廣。每架下平棊方一道。平闇同。又隨架安椽以遮版縫。其椽，若殿宇，廣二寸五分，厚一寸五分；餘屋廣二寸二分，厚一寸二分。如材小，即隨宜加減。絞井口並隨補間。令縱橫分布方正。若用峻腳，即於四闌內安版貼華。如平闇，即安峻腳椽，廣厚並與平闇椽同。

法式五　三

設計

闌額

造闌額之制：廣加材一倍，厚減廣三分之一，長隨間廣，兩頭至柱心。入柱卯減厚之半，兩肩各以四瓣卷殺，每瓣長八分。如不用補間鋪作，即厚取廣之半。

凡檐額兩頭並出柱口。其廣兩材一栔至三材，如殿閣即廣三材一栔或加至三材三栔。檐額下綽幕方廣減檐額三分之一，出檐長至補間，相對作楮頭或三瓣頭。（如角梁。）

凡由額施之於闌額之下，廣減闌額二分至三分。（出卯卷殺並同闌額法。）如有副階，即於峻腳椽下安之。如無副階，即隨宜加減，令高下得中。（若副階額下，即不須用。）

法式五　四

加　故宮本

閣　故宮本

設計

凡屋內額廣一材三分至一材一栔，厚取廣三分之一，長隨間廣，兩頭至柱心或駝峯心。

凡地栿廣加材二分至三分，厚取廣三分之二，至角出柱一材。（上角或卷殺作梁切几頭。）

柱

（其名有二：一曰楹，二曰柱。）

凡用柱之制：若殿閣，即徑兩材兩栔至三材，若廳堂柱即徑兩材一栔，餘屋即徑一材一栔至兩材。若廳堂等屋內柱，皆隨舉勢定其短長，以下檐柱為則。（若副階廊舍下檐柱雖長不越間之廣。）至角隨間數生起角柱。若十三間殿堂，則角柱比平柱生高一尺二寸。（平柱謂當心間兩柱也。自平柱疊進向角漸次生起，令勢圜和。如逐間大小不同，即隨宜加減，他皆倣此。）十一間生高一尺，九間生高八寸，七間生高六寸，五間生高四寸，三間生高二寸。

凡殺梭柱之法：隨柱之長分為三分，上一分又分為三分，如栱卷殺，漸收至上徑比櫨枓底四周各出四分，又量柱頭四分緊殺如覆盆樣，令柱項與櫨枓底相副。其柱身下一分，殺令徑圍與中一分同。

凡造柱下櫍，徑周各出柱三分，厚十分，下三分為平，其上並為欹，上徑四周各殺三分，令與柱身通上勻平。

凡立柱並令柱首微收向內，柱腳微出向外，謂之側腳。每屋正面（謂柱首東西相向者。）隨柱之長，每一尺即側腳一分；若側面（謂柱首南北相向者。）每長一尺，即側腳八厘。至角柱，其柱首相向各依本法。（如長短不定，隨此加減。）

法式五　五

故宮本無此心字。

設計

凡下側腳墨，於柱十字墨心裏，再下直墨，然後截柱角首，各令平正。

若樓閣柱側腳，祇以柱以上為則，側腳上更加側腳，逐層倣此。（塔同。）

陽馬

（其名有五：一曰觚稜，二曰陽馬，三曰闕角，四曰角梁，五曰梁抹。）

造角梁之制：大角梁其廣二十八分至加材一倍，厚十八分至二十分，頭下斜殺長三分之二。（或於斜面上留二分，外餘直卷為三瓣。）子角梁廣十八分至二十分，厚減大角梁三分，頭殺四分，上折深七分。隱角梁上下廣十四分至十六分，厚同大角梁或減二分，上兩面隱廣各三分，深各一椽分。（餘隨逐架接續，隱法皆倣此。）

凡角梁之長，大角梁自下平槫至下架檐頭；子角梁隨飛檐頭外至下連檐下，斜至柱心。（安於大角梁內。）隱角梁隨架之廣，自下平槫至子角梁尾，（安於大角梁內。）皆以斜長加之。

凡造四阿殿閣，若四椽六椽五間及八椽七間，或十椽九間以上，其角梁相續，直至脊槫，各以逐架斜長加之。如八椽五間至十椽七間，並兩頭增出脊槫各三尺。（隨所加脊槫盡處，別施角梁一重。俗謂之吴殿，亦曰五脊殿。）

凡廳堂並廈兩頭造，則兩梢間用角梁轉過兩椽。（亭榭之類轉一椽。今亦用此制為殿閣者，俗謂之曹殿，又曰漢殿，亦曰九脊殿。按唐六典及營繕令云：王公以下居第並廳廈兩頭者，此制也。）

侏儒柱

（其名有六：一曰棁，二曰侏儒柱，三曰浮柱，四曰棳，五曰上楹，六曰蜀柱。）斜柱附（其名有五：一曰斜柱，二曰梧，三曰迕，四曰枝樘，五曰叉手。）

法式五　六

頦　唐作頦

造蜀柱之制：於平梁上，長隨舉勢高下。殿閣徑一材半，餘屋量栿厚加減。兩面各順平栿，隨舉勢斜安叉手。

造叉手之制：若殿閣，廣一材一栔；餘屋，廣隨材，或加二分至三分；厚取廣三分之一。（蜀柱下安合楷者，長不過梁之半。）

凡中下平槫縫，並於梁首向裏斜安托脚，其廣隨材，厚三分之一，從上梁角過抱槫，出卯以托向上槫縫。

凡屋如徹上明造，即於蜀柱之上安枓。（若叉手上角內安栱，兩面出耍頭者，謂之丁華抹頦栱。）枓上安隨間襻間，或一材，或兩材；襻間廣厚並如材，長隨間廣，出半栱在外，半栱連身對隱。若兩材造，即每間各用一材，隔

乘　疑作承

間上下相閃，令慢栱在上，瓜子栱在下。若一材造，只用令栱，隔間一材。如屋內遍用襻間一材或兩材，並與梁頭相交。（或於兩際隨槫作楷頭以乘替木。）

凡襻間如在平棊上者，謂之草襻間，並用全條方。

凡蜀柱量所用長短，於中心安順脊串，廣厚如材，或加三分至四分；長隨間，隔間用之。（若梁上用短柱者，徑隨相對之柱，其長隨舉勢高下。）

凡順脊串並出柱作丁頭栱，其廣一足材；或不及，即作楷頭，厚如材。在牽梁或乳栿下。

棟

（其名有九：一曰棟，二曰桴，三曰穩，四曰棼，五曰甍，六曰極，七曰槫，八曰檩，九曰櫋。兩際附。）

用槫之制：若殿閣槫，徑一材一栔，或加材一倍；廳堂槫徑加材三分至一栔；餘屋槫徑加材一分至二分。長隨間廣。凡正屋

法式五　七

闇　疑有缺筆

用槫，若心間及西間者，皆頭東而尾西；如東間者，頭西而尾東。其廊屋面東西者，皆頭南而尾北。

凡出際之制：槫至兩梢間，兩際各出柱頭。（又謂之屋廢。）如兩椽屋，出二尺至二尺五寸；四椽屋，出三尺至三尺五寸；六椽屋，出三尺五寸至四尺；八椽至十椽屋，出四尺五寸至五尺。若殿閣轉角造，即出際長隨架。（於丁栿上隨架立夾際柱子，以柱槫梢；或更於丁栿背方添闇䕷栱。）

凡橑檐方，（更不用橑風槫及替木。）當心間之廣加材一倍，厚十分；至角隨宜取圜，貼生頭木，令裏外齊平。

凡兩頭梢間，槫背上並安生頭木，廣厚並如材，長隨梢間。斜殺向裏，令生勢圜和，與前後橑檐方相應。其轉角者，高與角

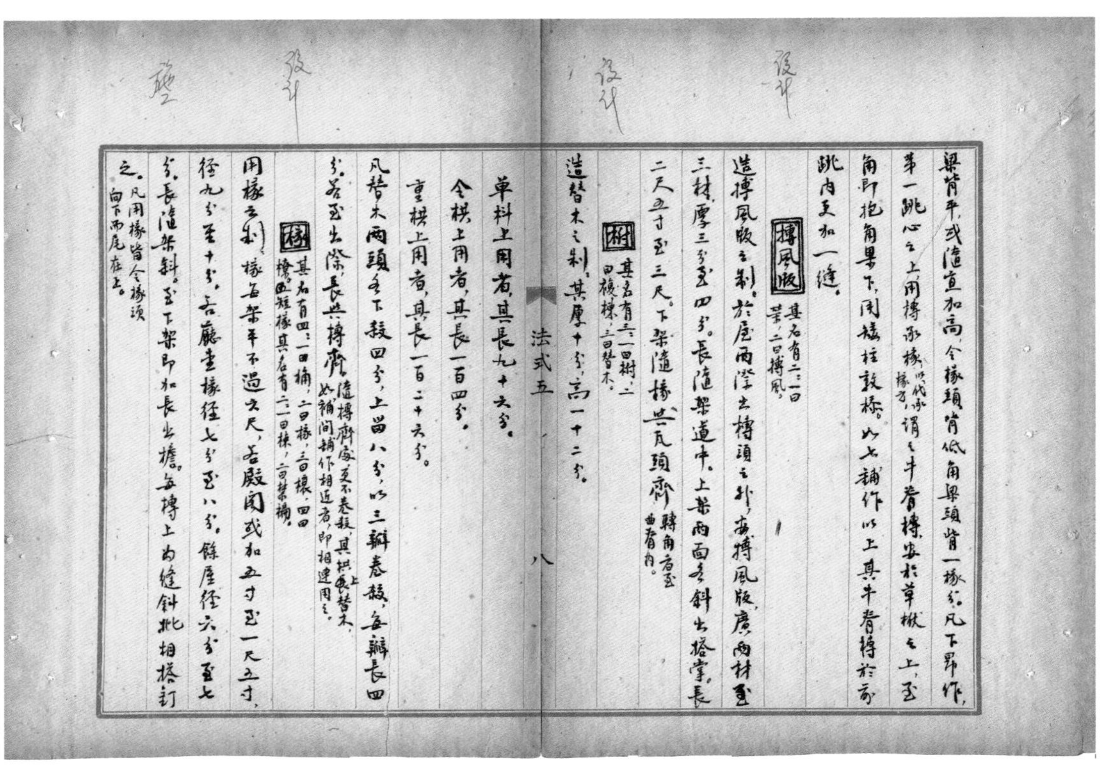

梁背平，或隨宜加高，令椽頭背低角梁頭背一椽分。凡下昂作，第一跳心之上，用槫承椽（以代承椽方），謂之牛脊槫；安於草栿之上，至角即抱角梁；下用矮柱敦㮇。如七鋪作以上，其牛脊槫於前跳內更加一縫。

搏風版 其名有二：一曰榮，二曰搏風。

造搏風版之制：於屋兩際出槫頭之外，安搏風版，廣兩材至三材；厚三分至四分；長隨架道。中、上架兩面各斜出搭掌，長二尺五寸至三尺。下架隨椽與瓦頭齊（轉角者至曲脊內）。

柎 其名有三：一曰柎，二曰複棟，三曰替木。

造替木之制：其厚十分，高一十二分。

單斗上用者，其長九十六分。

令栱上用者，其長一百四分。

重栱上用者，其長一百二十六分。

凡替木兩頭，各下殺四分，上留八分，以三瓣卷殺，每瓣長四分。若至出際，長與槫齊（隨槫齊處更不卷殺。其栱上替木，如補間鋪作相近者，即相連用之）。

椽 其名有四：一曰桷，二曰椽，三曰榱，四曰橑。短椽其名有二：一曰楝，二曰禁楄。

用椽之制：椽每架平不過六尺。若殿閣，或加五寸至一尺五寸，徑九分至十分；若廳堂，椽徑七分至八分，餘屋，徑六分至七分。長隨架斜；至下架，即加長出檐。每槫上為縫，斜批相搭釘之（凡用椽，皆令椽頭向下而尾在上）。

法式五 八

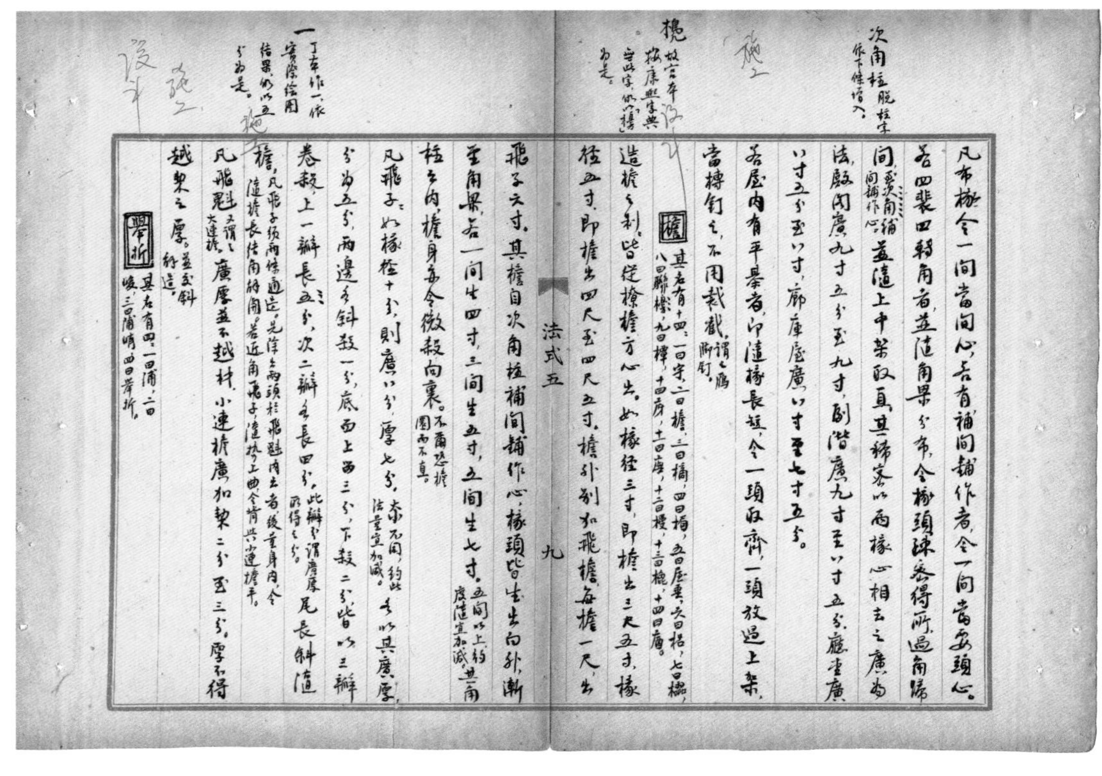

次角柱 脫柱字，依下條增入。

槐 故宮本。按康熙字典無此字，從「㮇」為是。

一 丁本作一，依實際繪圖結果，仍以五分為是。

凡布椽，令一間當間心；若有補間鋪作者，令一間當耍頭心。若四裴回轉角者，並隨角梁分布，令椽頭疏密得所，過角歸間（至次角補間鋪作心），並隨上中架取直。其稀密以兩椽心相去之廣為法：殿閣廣九寸五分至九寸；副階廣九寸至八寸五分；廳堂廣八寸五分至八寸；廊庫屋廣八寸至七寸五分。

若屋內有平棊者，即隨椽長短，令一頭取齊，一頭放過上架，當槫釘之，不用裁截（謂之鴈脚釘）。

檐 其名有十四：一曰宇，二曰檐，三曰樀，四曰楣，五曰屋垂，六曰梠，七曰櫺，八曰聯櫋，九曰樘，十曰序，十一曰廡，十二曰槾，十三曰槐，十四曰庮。

造檐之制：皆從橑檐方心出。如椽徑三寸，即檐出三尺五寸；椽徑五寸，即檐出四尺至四尺五寸。檐外別加飛檐。每檐一尺，出飛子六寸。其檐自次角柱補間鋪作心，椽頭皆生出向外，漸至角梁：若一間生四寸，三間生五寸，五間生七寸（五間以上，約度隨宜加減）。其角柱之內，檐身亦令微殺向裏（不爾恐檐圜而不直）。

凡飛子，如椽徑十分，則廣八分，厚七分（大小不同，約此法量宜加減）。各以其廣厚分為五分，兩邊各斜殺一分，底面上留三分，下殺二分；皆以三瓣卷殺，上一瓣長五分，次二瓣各長四分（此瓣分謂廣厚所得之分）。尾長斜隨檐（凡飛子須兩條通造；先除出兩頭於飛魁內出者，後量身內，令隨檐長，結角解開。若近角飛子，隨勢上曲，令背與小連檐平）。

凡飛魁（又謂之大連檐），廣厚並不越材。小連檐廣加栔二分至三分，厚不得越栔之厚（並交斜解造）。

舉折 其名有四：一曰陠，二曰峻，三曰陠峭，四曰舉折。

法式五 九

闕

舉折之制：先以尺為丈，以寸為尺，以分為寸，以釐為分，以毫為釐，側畫所建之屋於平正壁上，定其舉之峻慢，折之圜和，然後可見屋内梁柱之高下，卯眼之遠近。今俗謂之定側樣，亦曰點草架。

舉屋之法：如殿閣樓臺，先量前後橑檐方心相去遠近，分為三分，若餘屋柱梁作或不出跳者，則用前後檐柱心。從橑檐方背至脊槫背舉起一分。如屋深三丈即舉起一丈之類。如甋瓦廳堂，即四分中舉起一分，又通以四分所得丈尺，每一尺加八分。若甋瓦廊屋及瓪瓦廳堂，每一尺加五分；或瓪瓦廊屋之類，每一尺加三分。若兩椽屋不加。其副階或纏腰，並二分中舉一分。

折屋之法：以舉高尺丈，每尺折一寸，每架自上遞減半為法。如舉高二丈，即先從脊槫背上取平，下至橑檐方背，其上第一

法式五　十

縫折二尺；又從上第一縫槫背取平，下至橑檐方背，於第二縫折一尺；若椽數多，即逐縫取平，皆下至橑檐方背，每縫並減上縫之半。如第一縫二尺，第二縫一尺，第三縫五寸，第四縫二寸五分之類。如取平，皆從槫心抨繩令緊為則。如架道不勻，即約度遠近，隨宜加減。以脊槫及橑檐方為準。

若八角或四角鬭尖亭榭，自橑檐方背舉至角梁底，五分中舉一分，至上簇角梁，即兩分中舉一分。若亭榭只用瓪瓦者，即十分中舉四分。

簇角梁之法：用三折。先從大角梁背，自橑檐方心，量向上至根杆卯心，取大角梁背一半，立上折簇梁，斜向根杆舉分盡處；其簇角梁上下並出卯，中下折簇梁同。次從上折簇梁盡處，量至橑檐方心，取大角梁背一半，立中折簇梁，斜向上折簇梁當心之下。又次從

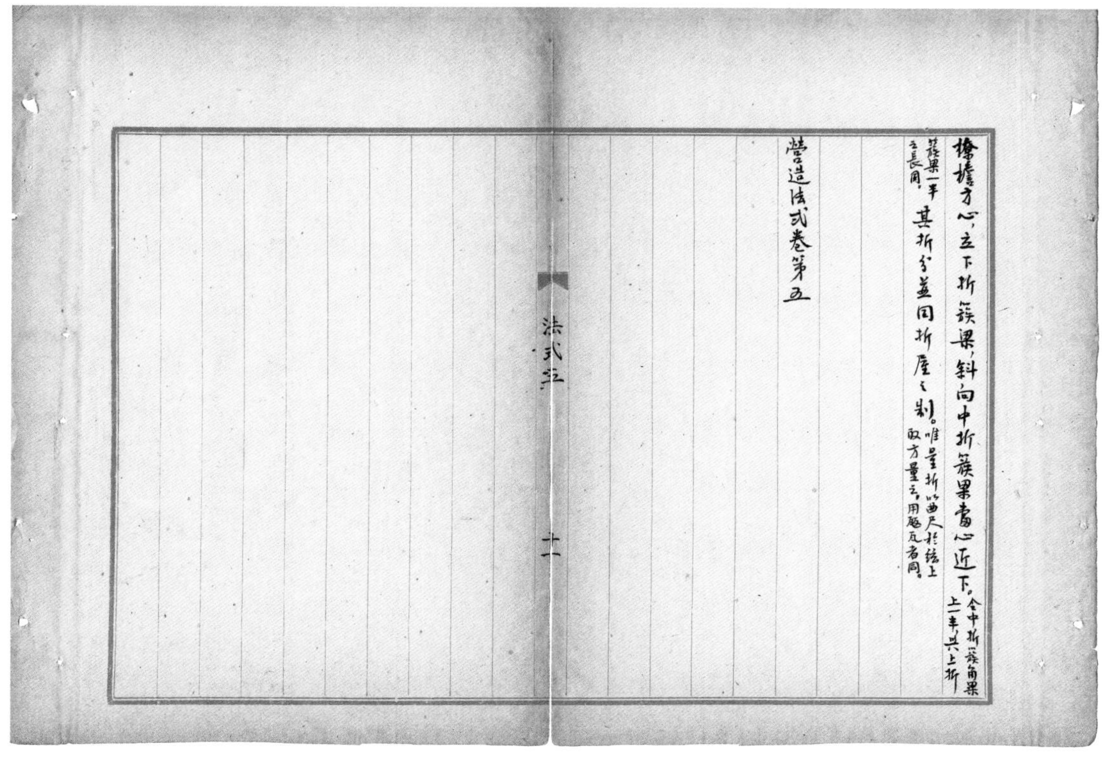

橑檐方心，立下折簇梁，斜向中折簇梁當心近下。令中折簇角梁上一半與上折簇梁一半之長同。其折分並同折屋之制。唯量折以曲尺於弦上取方量之。用瓪瓦者同。

營造法式卷第五

法式五　十一

營造法式卷第六

通直郎管修蓋皇弟外第專一提舉修蓋班直諸軍營房等臣李誡奉聖旨編修

小木作制度一

版門 雙扇版門 獨扇版門　烏頭門

軟門 牙頭護縫軟門 合版軟門　破子櫺窗

睒電窗　版櫺窗

截間版帳　照壁屏風骨 截間屏風骨 四扇屏風骨

隔截橫鈐立旌　露籬

版引檐　水槽

井屋子　地棚

法式六　一

版門 雙扇版門 獨扇版門

造版門之制：高七尺至二丈四尺，廣與高方。謂門高一丈，則每扇之廣不得過五尺之類。如減廣者，不得過五分之一。謂門扇合廣五尺，如減不得過四尺之類。其名件廣厚，皆取門每尺之高，積而為法。獨扇用者，高不過七尺，餘準此法。

肘版：長視門高。別留出上下兩鑽；如用鐵桶子或鞾臼，即下不用鑽。每門高一尺，則廣一寸，厚三分。謂門高一丈，則肘版廣一尺，厚三寸。丈尺不等，依此加減。下同。

副肘版：長廣同上，厚二分五厘。高一丈二尺以上用，其肘版與副肘版皆加至一尺五寸止。

身口版：長同上，廣隨材，通肘版與副肘版合縫計數，令足一扇之廣，如牙縫造者，每一版廣加五分為定法。厚二分。

楅：每門廣一尺，則長九寸二分，廣八分，厚五分。襯關楅同。用楅之數：若門高七尺以下，用五楅；高八尺至一丈三尺，用七楅；高一丈四尺至一丈九尺，用九楅；高二丈至二丈二尺，用十一楅；高二丈三尺至二丈四尺，用十三楅。

額：長隨間之廣，其廣八分，厚三分。雙卯入柱。

雞栖木：長厚同額，廣六分。

門簪：長一寸八分，方四分，頭長四分半。餘分為三分，上下各去一分，留中心為卯。頰內額上，兩壁各留半分，外勻作三分，安簪四枚。

立頰：長同肘版，廣七分，厚同額。三分中取一分為心卯，下同。如頰外有餘空，即裏外用難子安泥道版。

地栿：長厚同額，廣同頰。若斷砌門，則不用地栿，於兩頰下安臥柣、立柣。

門砧：長二寸一分，廣九分，厚六分。地栿內外各留二分，餘並挑肩破瓣。

法式六　二

凡版門如高一丈，所用門關徑四寸。關上用柱門柺。搕鎖柱長五尺，廣六寸四分，厚二寸六分。如高一丈以下者，只用伏兔、手栓。伏兔廣厚同楅，長令上下至楅。手栓長二尺至一尺五寸，廣二寸五分至二寸，厚二寸至一寸五分。纏腰透栓及劄，並間楅用。透栓廣二寸，厚七分。每門增高一尺，則關徑加一分五厘；搕鎖柱長加一寸，廣加四分，厚加一分；透栓廣加一分，厚加三厘。透栓若減，亦用此法。其高一丈以上者，用四楅；一丈五尺以上，用五楅。其劄若門高二丈以上，長四寸，廣三寸二分，厚九分；一丈五尺以上，長同上，廣二寸七分，厚八分；一丈以上，長三寸五分，廣二寸二分，厚七分；高七尺以下，長三寸，廣一寸八分，厚六分。若門高七尺以上，則上用雞栖木，下用門砧。若七尺以下，則上下並用伏兔。高一丈二尺以上者，或用鐵桶子鵝臺石砧。高二丈以上者，門上鑲安鐵鐧，雞栖木安鐵釧，下鑲安鐵鞾臼，用石地栿、門砧及鐵鵝臺。如斷砌，即臥柣、立柣並用石造。地栿版長隨立柣間之廣，其廣同階之高，厚量長廣取宜；每長一尺五寸，用楅一枚。

乌头门

（其名有三：一曰乌头大门，二曰表楬，三曰阀阅，今呼为棂星门。）

造乌头门之制：（俗谓之棂星门。）高八尺至二丈二尺，广与高方。若高一丈五尺以上，如减广不过五分之一。用双腰串。（七尺以下或用单腰串；如高一丈五尺以上，用夹腰华版，版心内用桩子。）每扇各随其长，于上腰中心分作两分，腰上安子桯、棂子。（棂子之数，须双用。）腰华以下，并安障水版。或下安鋜脚，则于下桯上施串一条。其版内外并施牙头护缝。（下牙头或用如意头造。）门后用罗文楅。（左右结角斜安，当心绞口。）其名件广厚，皆取门每尺之高，积而为法。

肘：长视高，每门高一尺，广五分，厚三分三厘。

桯：长同上，方三分三厘。

腰串：长随扇之广，其广四分，厚同肘。

法式六　三

腰华版：长随两桯之内，广六分，厚六厘。

鋜脚版：长厚同上，其广四分。

子桯：广二分二厘，厚三分。

承棂串：穿棂当中，广厚同子桯。（于子桯之内横用一条或二条。）

棂子：厚一分。长入子桯之内三分之一。若门高一丈，则广一寸八分；如高增一尺，则加一分；减亦如之。

障水版：广随两桯之内，厚七厘。

障水版及鋜脚、腰华内难子：长随桯内四周，方七厘。

牙头版：长同腰华版，广六分，厚同障水版。

腰华版及鋜脚内牙头版：长视广，其广亦如之，厚同上。

护缝：厚同上。（广同棂子。）

合版用楅软门
见法式目卷三十小木作功限

罗文楅：长对角，广二分五厘，厚二分。

额：广八分，厚三分。（其长每门高一尺，则加六寸。）

立颊：长视门高，（上下各别出卯。）广七分，厚同额。（颊下安卧柣、立柣。）

挟门柱：方八分。（其长每门高一尺，则加八寸。柱下栽入地内，上施乌头。）

日月版：长四寸，广一寸二分，厚一分五厘。

搶柱：方四分。（其长每门高一尺，则加二寸。）

凡乌头门所用鸡栖木、门簪、门砧、门关、搕锁柱、石砧、铁鞾臼、鹅台之类，并准版门之制。

软门

牙头护缝软门　合版软门

造软门之制：广与高方；若高一丈五尺以上，如减广者，不过五分之一。用双腰串造。（或用单腰串。）每扇各随其长，除桯及腰串外，分作三分，腰上留二分，腰下留一分，上下并安版，内外皆施牙头护缝。（其身内版及牙头护缝所用版，如门高七尺至一丈二尺，并厚六分；高一丈三尺至一丈六尺，并厚八分；高七尺以下，并厚五分，皆为定法。腰华版厚同。下牙头或用如意头。）其名件广厚，皆取门每尺之高，积而为法。

法式六　四

拢桯内外用牙头护缝软门：高六尺至一丈六尺。（额、栿内上下施伏兔，用立桥。）

肘：长视门高，每门高一尺，则广五分，厚二分八厘。

桯：长同上，（上下各出二分。）方二分八厘。

腰串：长随每扇之广，其广四分，厚二分八厘。（随其厚三分，以一分为卯。）

腰华版：长同上，广五分。

合版软门：高八尺至一丈三尺，并用七楅；八尺以下用五楅。上下牙头，通身護縫，皆厚六分。如门高一丈，即牙頭廣五寸，護縫廣二寸；每增高一尺，則牙頭加五分，護縫加一分；減亦如之。

肘版，長視高，廣一寸，厚二分五厘。

身口版，長同上，廣隨材，通肘版合縫計數，令足一扇之廣。厚一分五厘。

楅，每门廣一尺，則長九寸二分，廣七分，厚四分。

凡軟门内或用手栓、伏兔，或用承拐楅，其額、立頰、地栿、雞栖木、门簪、门砧、石砧、鐵桶子、鵝臺之類，並準版门之制。

破子櫺窗

造破子櫺窗之制：高四尺至八尺。如間廣一丈，用十七櫺，若廣增一尺，即更加二櫺，相去空一寸。不以櫺之廣狹，只以空一寸為定法。其名件廣厚，皆以窗每尺之高，積而為法。

法式六　五

破子櫺：每窗高一尺，則長九寸八分。令上下入子桯内，深三分之二。廣五分六厘，厚二分八厘。每用一條，方四分，結角解作兩條，則自得上項廣厚也。每間以五櫺出卯透子桯。

子桯：長隨櫺空。上下並合角斜叉立頰。廣五分，厚四分。

額及腰串：長隨間廣，廣一寸二分，厚隨子桯之廣。

立頰：長隨窗之高，廣厚同額。兩壁内隱出子桯。

地栿：長厚同額，廣一寸。

凡破子櫺窗，於腰串下，地栿上，安心柱、槫頰。柱内或用障水版、牙脚、牙頭填心難子造，或用心柱編竹造；或於腰串下用隔減窗坐造。凡安窗於腰串下，高四尺至三尺。仍令窗額與门額齊平。

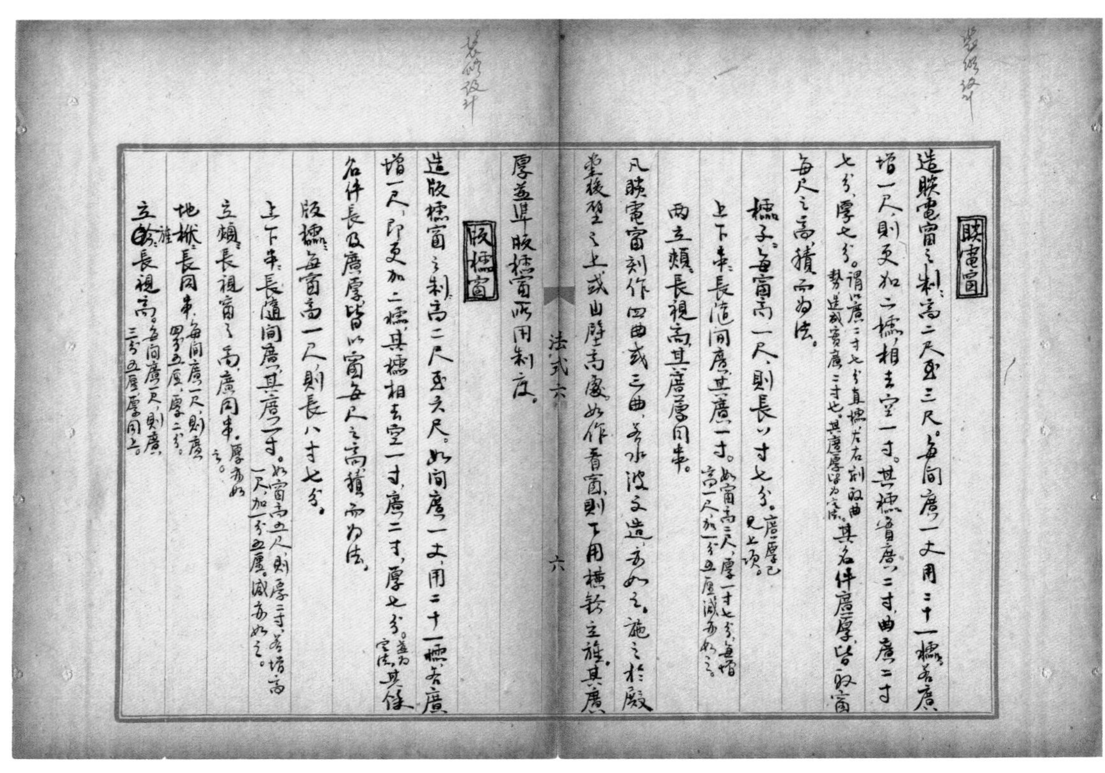

睒電窗

造睒電窗之制：高二尺至三尺。每間廣一丈，用二十一櫺。若廣增一尺，則更加二櫺，相去空一寸。其櫺實廣二寸，曲廣二寸七分，厚七分。謂以廣二寸七分直櫺，左右剜刻取曲勢，造成實廣二寸也。其廣厚皆為定法。其名件廣厚，皆取窗每尺之高，積而為法。

櫺子：每窗高一尺，則長八寸七分。廣厚已見上項。

上下串：長隨間廣，其廣一寸。如窗高二尺，厚一寸七分；每增高一尺，加一分五厘；減亦如之。

兩立頰：長視高，其廣厚同串。

凡睒電窗，刻作四曲或三曲；若水波文造，亦如之。施之於殿堂後壁之上，或山壁高處。如作看窗，則下用橫鈐、立旌，其廣厚並準版櫺窗所用制度。

法式六　六

版櫺窗

造版櫺窗之制：高二尺至六尺。如間廣一丈，用二十一櫺。若廣增一尺，即更加二櫺。其櫺相去空一寸，廣二寸，厚七分。並為定法。其餘名件長及廣厚，皆以窗每尺之高，積而為法。

版櫺：每窗高一尺，則長八寸七分。

上下串：長隨間廣，其廣一寸。如窗高五尺，則厚二寸；若增高一尺，加一分五厘；減亦如之。

立頰：長視窗之高，廣同串。厚亦如之。

地栿：長同串。每間廣一尺，則廣四分五厘，厚二分。

立旌：長視高。每間廣一尺，則廣三分五厘，厚同上。

橫鈐：長隨立旌內。廣厚同上。

凡版窗，於串下地栿上安心柱，編竹造；或用隔減窗坐造。若高三尺以下，只安於牆上。令上串與門額齊平。

截間版帳

造截間版帳之制：高六尺至一丈，廣隨間之廣。內外並施牙頭護縫。如高七尺以上者，用額、栿、槫柱，當中用腰串造。若間遠，則立槫柱。其名件廣厚，皆取版帳每尺之廣，積而為法。

槫柱：長視高；每間廣一尺，則方四分。

額：長隨間廣；其廣五分，厚二分五厘。

腰串、地栿：長及廣厚皆同額。

槫柱：長視額、栿內廣；其廣厚同額。

版：長同槫柱；其廣量宜分布。版及牙頭、護縫、難子，皆以厚六分為定法。

牙頭：長隨槫柱內廣；其廣五分。

護縫：長視牙頭內高；其廣二分。

難子：長隨四周之廣；其廣一分。

凡截間版帳，如安於梁外乳栿、劄牽之下，與全間相對者，其名件廣厚，亦用全間之法。

照壁屏風骨 截間屏風骨 四扇屏風骨 其名有四：一曰皇邸，二曰後版，三曰扆，四曰屏風。

造照壁屏風骨之制：用四直大方格眼。若每間分作四扇者，高七尺至一丈二尺。如只作一段截間造者，高八尺至一丈二尺。

其名件廣厚，皆取屏風每尺之高，積而為法。

截間屏風骨

桯：長視高；其廣四分，厚一分六厘。

條桱：長隨桯內四周之廣；方一分六厘。

額：長隨間廣；其廣一寸，厚三分五厘。

槫柱：長同桯；其廣六分，厚同額。

地栿：長厚同額；其廣八分。

難子：廣一分二厘，厚八厘。

四扇屏風骨

桯：長視高；其廣二分五厘，厚一分二厘。

搏

條桱：長同上法；方一分二厘。

額：長隨間之廣；其廣七分，厚二分五厘。

槫柱：長同桯；其廣五分，厚同額。

地栿：長厚同額；其廣六分。

難子：廣一分，厚八厘。

凡照壁屏風骨，如作四扇開閉者，其所用立標、搏肘，若屏風高一丈，則搏肘方一寸四分；立標廣二寸，厚一寸六分；如高增一尺，即方及廣厚各加一分；減亦如之。

隔截橫鈐立旌

造隔截橫鈐立旌之制：高四尺至八尺，廣一丈至一丈二尺。每間隨其廣，分作三小間，用立旌，上下視其高，量所宜分布施橫鈐。其名件廣厚，皆取每間一尺之廣，積而為法。

額及地栿：長隨間廣，其廣五分，厚三分。

槫柱及立旌：長視高，其廣三分五厘，厚二分五厘。

橫鈐：長同額，廣厚並同立旌。

凡牖截所用橫鈐、立旌，施之於照壁門窗或牆之上，及中縫截間者，亦用之。或不用額、栿、槫柱。

露籬 其名有五：一曰欏，二曰栅，三曰據，四曰藩，五曰落，今謂之露籬。

造露籬之制：高六尺至一丈，廣八尺至一丈二尺。下用地栿、橫鈐、立旌，上用榻頭木施版屋造。每一間分作三小間。立旌長視高，栽入地，每高一尺，則廣四分，厚二分五厘。曲棖長一寸五分，曲廣三分，厚一分。其餘名件廣厚，皆取每間一尺之廣，積而為法。

地栿、橫鈐：每間廣一尺，則長二寸八分，其廣厚並同立旌。

榻頭木：長隨間廣，其廣五分，厚三分。

山子版：長一寸六分，厚二分。

屋子版：長同榻頭木，廣一寸二分，厚一分。

瀝水版：長同上，廣二分五厘，厚六厘。

壓脊、垂脊木：長廣同上，厚二分。

凡露籬若相連造，則每間減立旌一條。謂如五間只用立旌十六條之類。其橫鈐

法式六 九

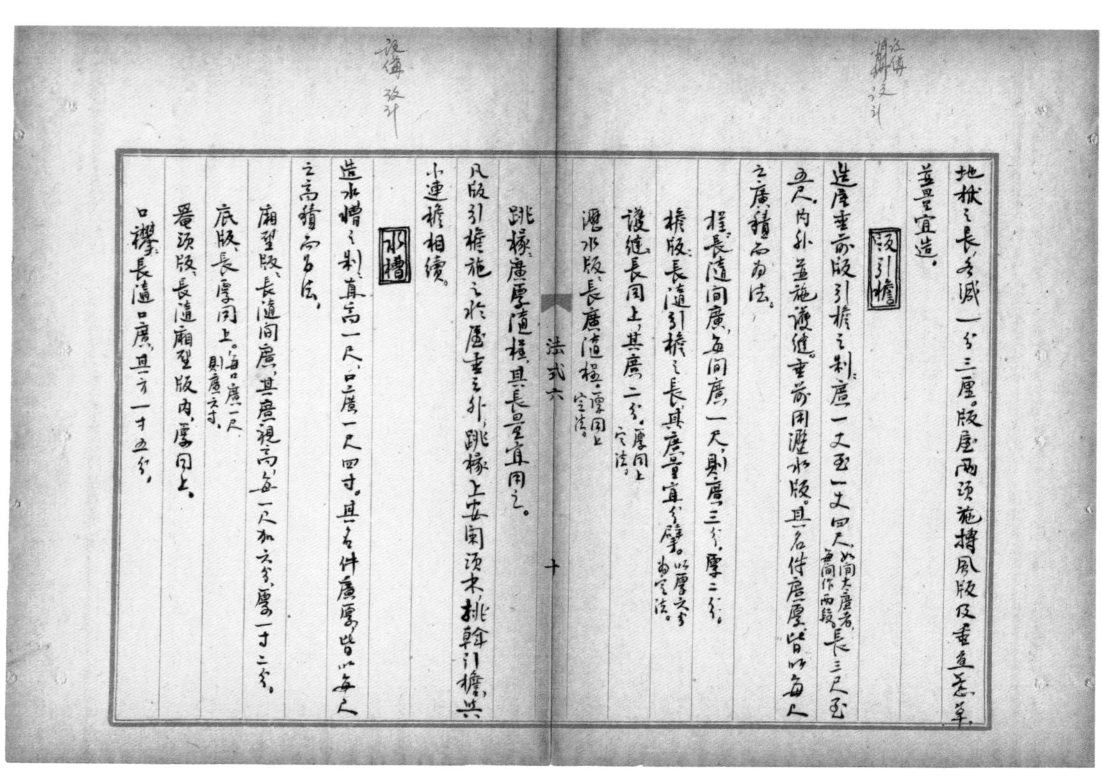

地栿：長，each減一分三厘。版屋兩頭施搏風版及垂魚、惹草，並量宜造。

版引檐

造屋垂前版引檐之制：廣一丈至一丈四尺，如間太廣者，每間作兩段。長三尺至五尺。內外並施護縫，垂前用瀝水版。其名件廣厚，皆以每尺之廣，積而為法。

桯：長隨間廣，每間廣一尺，則廣三分，厚二分。

檐版：長隨引檐之長，其廣量宜分擘。以厚六分為定法。

護縫：長同上，其廣二分。厚同上定法。

瀝水版：長廣隨桯。厚同上定法。

跳椽：廣厚隨桯，其長量宜用之。

凡版引檐施之於屋垂之外，跳椽上安闌頭木、挑斡，引檐與小連檐相續。

水槽

造水槽之制：直高一尺，口廣一尺四寸。其名件廣厚，皆以每尺之高，積而為法。

廂壁版：長隨間廣，其廣視高，每一尺加六分，厚一寸二分。

底版：長厚同上。每口廣一尺，則廣六寸。

罨頭版：長隨廂壁版內，厚同上。

口襻：長隨口廣，其方一寸五分。

法式六 十

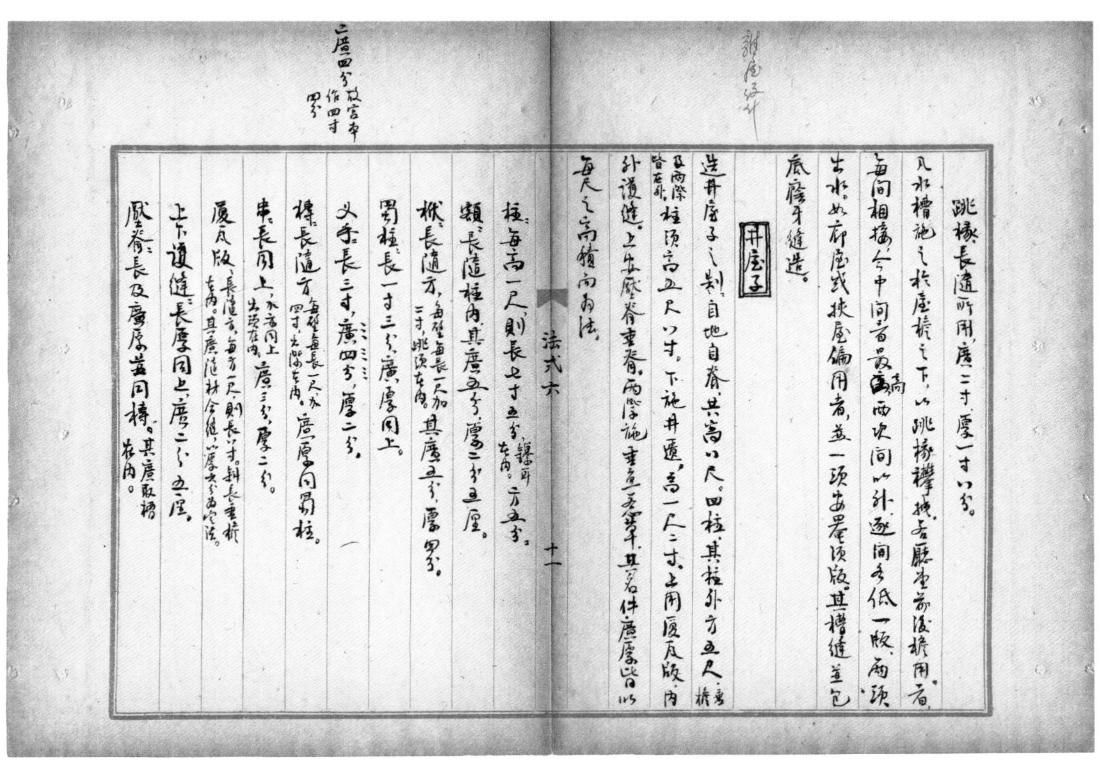

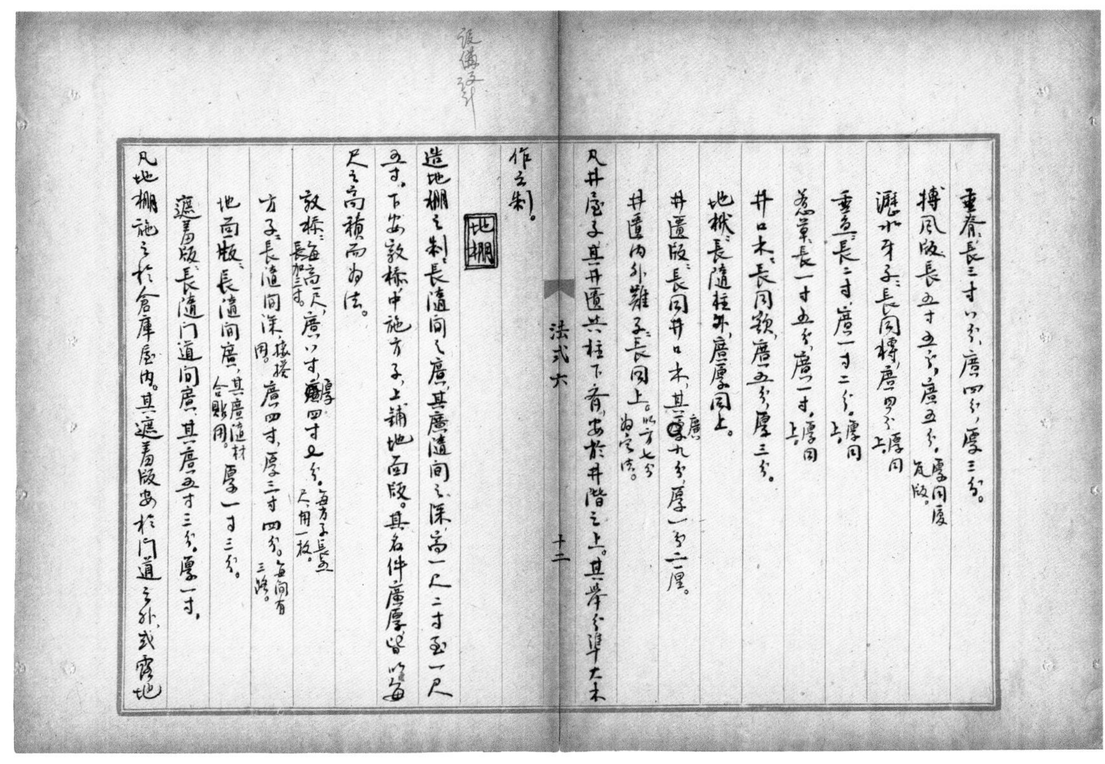

棚處皆用之。

營造法式卷第六

法式六 十三

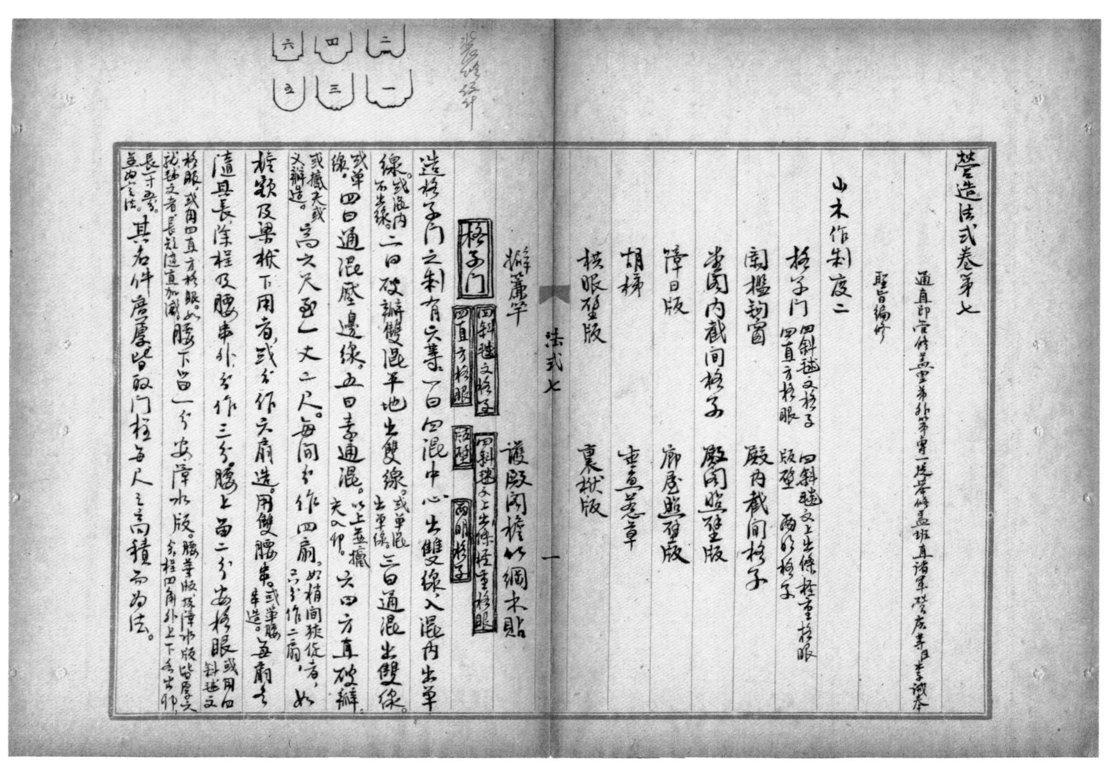

營造法式卷第七

通直郎管修蓋皇弟外第專一提舉修蓋班直諸軍營房等臣李誡奉

聖旨編修

小木作制度二

格子門 四斜毬文格子 四直方格眼 四斜毬文上出條桱重格眼 版壁 兩明格子

闌檻鈎窗 殿內截間格子

堂閣內截間格子 殿閣照壁版

障日版 廊屋照壁版

胡梯 垂魚惹草

栱眼壁版 裹栿版

擗簾竿 護殿閣檐竹網木貼

法式七 一

格子門 四斜毬文格子 四直方格眼 四斜毬文上出條桱重格眼 版壁 兩明格子

造格子門之制有六等：一曰四混中心出雙線，入混內出單線；或混內不出線。二曰破瓣雙混平地出雙線；或單混出單線。三曰通混出雙線；或單線。四曰通混壓邊線；五曰素通混；以上並攛尖入卯。六曰方直破瓣。或攛尖或叉瓣造。高六尺至一丈二尺，每間分作四扇。如梢間狹促者，只分作二扇。如檐額及梁栿下用者，或分作六扇造，用雙腰串。或單腰串造。每扇各隨其長，除桯及腰串外，分作三分；腰上留二分安格眼；或用四斜毬文格眼，或用四直方格眼，如就毬文者，長短隨宜加減。腰下留一分安障水版。腰華版及障水版皆厚六分；桯四角外，上下各出卯，長一寸五分，並為定法。其名件廣厚，皆取門桯每尺之高，積而為法。

厘

四斜毬文格眼：其條桱厚一分二厘。毬文桱三寸至六寸。每毬文圜桱一寸，則每瓣長七分，廣三分。絞口廣一分。四周壓線，其條桱瓣數須雙用，四角各令一瓣入角。

桯：長視高，廣二分五厘，厚二分七厘。腰串廣厚同桯。横卯隨桯三分中存向裏二分為廣。腰串卯隨其廣。如门高一丈，桯卯及腰串卯皆厚六分。每高增一尺，即加二厘。減亦如之。後同。

子桯：廣一分五厘，厚一分四厘。斜合四角，破瓣單混造。後同。

腰華版：長隨扇内之廣，厚四分。施之於雙腰串之内。版外别安彫華。

障水版：長廣各隨桯。令四面各入池槽。

額：長隨間之廣，廣八分，厚三分。用雙卯。

槫柱、頰：長同桯，廣五分，量摊擘扇数，隨宜加減。厚同額。二分中取一分為心卯。

地栿：長厚同額，廣七分。

法式七　二

四斜毬文上出條桱重格眼：其條桱之厚，每毬文圜桱二寸，則加毬文格眼之厚二分。每毬文圜桱加一寸，則厚又加一分，桯及子桯亦如之。其毬文上採出條桱，四攛尖，四混出雙線或單線造。如毬文圜桱二寸，則採出條桱方三分。若毬文圜桱加一寸，則條桱方又加一分。其對格眼子桯，則安攛尖，其尖外入子桯内，對格眼合尖，令線混轉過。其對毬文子桯，每毬文圜桱一寸，則子桯廣五厘。若毬文圜桱加一寸，則子桯之廣又加五厘。或以毬文隨四直格眼者，則子桯之下採出毬文，其廣與身内毬文相應。

四直方格眼：其制度有七等：一曰四混絞雙線，或單線。二曰通混壓邊線，心内絞雙線，或單線。三曰麗口絞瓣雙混，或單混出線。四曰麗口素絞瓣，五曰一混四攛尖，六曰平出線，七曰方絞眼。其條桱皆廣一分，

厚八厘。眼内方三寸至二寸。

桯：長視高，廣三分五厘，厚二分五厘。腰串同。

子桯：廣一分二厘，厚一分。

腰華版及障水版：並準四斜毬文法。

額：長隨間之廣，廣七分，厚二分八厘。

槫柱、頰：長隨門高，廣四分，量摊擘扇数，隨宜加減。厚同額。

地栿：長厚同額，廣六分。

版壁：上二分不安格眼，亦用障水版者。名件並準前法，唯桯厚減一分。

兩明格子門：其腰華、障水版、格眼皆用兩重。桯厚更加二分一厘。子桯及條桱之厚各減二厘。額、頰、地栿之厚，各加二分四厘。其格眼兩重，外面安定。其内者上開池槽深五分，下深二分。

法式七　三

凡格子門所用搏肘、立㮇，如門高一丈，即搏肘方一寸四分，立㮇廣二寸，厚一寸六分。如高增一尺，即方及廣厚各加一分。減亦如之。

闌檻鉤窗

造闌檻鉤窗之制：其高七尺至一丈。每間分作三扇，用四直方格眼。檻面外施雲栱鵝項鉤闌，内用托柱，各四枚。其名件廣厚，各取窗檻每尺之高，積而為法。其格眼出線，並準格子門四直方格眼制度。

鉤窗：高五尺至八尺。

子桯：長視窗高，廣隨逐扇之廣，每窗高一尺，則廣三分，

厚一分四釐。

條桱：廣一分四釐，厚一分二釐。

心柱、槫柱：長視子桯，廣四分五釐，厚三分。

額：長隨間廣，其廣一寸一分，厚三分五釐。

檻面：高一尺八寸至二尺。每檻面高一尺，鵝項至尋杖共加九寸。

檻面版：長隨間心。每檻面高一尺，則廣七寸，厚一寸五分。如柱徑或有大小，則量宜加減。

鵝項：長視高，其廣四寸二分，厚一寸五分。或加減同上。

雲栱：長六寸，廣三寸，厚一寸七分。

尋杖：長隨檻面，其方一寸七分。

法式七 四

心柱及槫柱：長自檻面版下至地栿上，其廣二寸，厚一寸三分。

托柱：長自檻面下至地，其廣五寸，厚一寸五分。

地栿：長同窗額，廣二寸五分，厚一寸三分。

障水版：廣六寸。以厚六分為定法。

凡鉤窗所用搏肘，如高五尺，則方一寸；卧關如長一丈，即廣二寸，厚一寸六分。每高與長增一尺，則各加一分，減亦如之。

殿內截間格子

造殿堂內截間格子之制：高一丈四尺至一丈七尺。用單腰串，每間各視其長，除桯及腰串外，分作三分。腰上二分安格眼；用

裝修設計

心柱槫柱分作二間。腰下一分為障水版，其版亦用心柱槫柱分作三間。內一間或作開閉門子。用牙腳、牙頭、填心，內或合版攏桯。上下四周並纏難子。其名件廣厚，皆取格子上下每尺之通高，積而為法。

上下桯：長視格眼之高，廣三分五釐，厚一分六釐。

條桱：廣厚並準格子門法。

障水子桯：長隨心柱槫柱內，其廣一分八釐，厚二分。

上下難子：長隨子桯，其廣一分二釐，厚一分。

搏肘：長視子桯及障水版，方八釐。出鐮在外。

額及腰串：長隨間廣，其廣九分，厚三分二釐。

地栿：長厚同額，其廣七分。

法式七 五

上槫柱及心柱：長視搏肘，廣六分，厚同額。

下槫柱及心柱：長視障水版，其廣五分，厚同上。

凡截間格子，上二分子桯內所用四斜毬文格眼，圜徑七寸至九寸。其廣厚皆準格子門之制。

堂閣內截間格子

造堂閣內截間格子之制：皆高一丈，廣一丈一尺。其桯制度有三等：一曰面上出心線，兩邊壓線；二曰瓣內雙混，或單混；三曰方直破瓣攛尖。其名件廣厚，皆取每尺之高，積而為法。

截間格子：當心及四周皆用桯，其外上用額，下用地栿；兩邊安槫柱。格眼毬文徑五寸。雙腰串造。

裝修設計

二、依丁本及故宫本，[illegible]以二分七厘為合。

桯：長視高，（卯在内。）廣五分，厚三分七釐。（上下者每間廣一尺，即長九寸二分。）

腰串：（每間廣一尺，即長四寸六分。）廣三分五釐，厚同上。

腰華版：長隨兩桯内，廣同上。（以厚六分為定法。）

障水版：長視腰串及下桯，廣隨腰華版之長，厚同腰華版。

子桯：長隨格眼四周之廣，其廣一分六釐，厚一分四釐。

額：長隨間廣，其廣八分，厚三分五釐。

地栿：長厚同額，其廣七分。

槫柱：長同桯，其廣五分，厚同地栿。

難子：長隨桯四周，其廣一分，厚七釐。

截間開門格子：四周用額、栿、槫柱。其内四周用桯，桯内上

法式七　六

用門額，（額上作兩間，施毬文，其子桯高一尺六寸。）兩邊留泥道，施立頰，（泥道施毬文，其子桯廣一尺二寸。）中安毬文格子門兩扇，（格眼毬文徑四寸。）

單腰串造。

桯：長及廣厚同前法。（上下桯廣同。）

門額：長隨桯内，其廣四分，厚二分七釐。

立頰：長視門額下桯内，廣厚同上。

門額上心柱：長一寸六分，廣厚同上。

泥道内腰串：長隨槫柱、立頰内，廣厚同上。

障水版：同前法。

門額上子桯：長隨額内四周之廣，其廣二分，厚一分二

釐。（泥道内所用廣厚同。）

門肘：長視扇高，（鑲在外。）方二分五釐。

門桯：長同上，（出頭在外。）廣二分，厚二分五釐。（上下桯亦同。）

門障水版：長視腰串及下桯内，其廣隨扇之廣。（以厚六分為定法。）

門桯内子桯：長隨四周之廣，其廣厚同額上子桯。

小難子：長隨子桯及障水版四周之廣。（以方五分為定法。）

額：長隨間廣，其廣八分，厚三分五釐。

地栿：長厚同上，其廣七分。

槫柱：長視高，其廣四分五釐，厚同上。

大難子：長隨桯四周，其廣一分，厚七釐。

法式七　七

上下伏兔：長一寸，廣四分，厚二分。

手栓伏兔：長同上，廣三分五釐，厚一分五釐。

手栓：長一寸五分，廣一分五釐，厚一分二釐。

凡堂閣内截間格子所用四斜毬文格眼，及障水版等分數，其長徑並準格子門之制。

殿閣照壁版

造殿閣照壁版之制：廣一丈至一丈四尺，高五尺至一丈一尺，外面纏貼，内外皆施難子，合版造。其名件廣厚，皆取每尺之高，積而為法。

額：長隨間廣，每高一尺，則廣七分，厚四分。

槫柱：長視高，廣五分，厚同額。

版：長同槫柱，其廣隨槫柱之內，厚二分。

貼：長隨桯內四周之廣，其廣三分，厚一分。

難子：長厚同貼，其廣二分。

凡殿閣照壁版，施之於殿閣槽內，及照壁門窗之上者，皆用之。

障日版

造障日版之制：廣一丈一尺，高三尺至五尺，用心柱、槫柱，內外皆施難子，合版或用牙頭護縫造。其名件廣厚，皆以每尺之廣積而為法。

額：長隨間之廣，其廣六分，厚三分。

心柱、槫柱：長視高，其廣四分，厚同額。

版：長視高，其廣隨心柱、槫柱之內。版及牙頭護縫皆以厚六分為定法。

牙頭版：長隨廣，其廣五分。

護縫：長視牙頭之內，其廣二分。

難子：長隨桯內四周之廣，其廣一分，厚八厘。

凡障日版施之於格子門及門窗之上，其上或更不用額。

廊屋照壁版

造廊屋照壁版之制：廣一丈至一丈一尺，高一尺五寸至二尺五寸，每間分作三段，於心柱、槫柱之內，內外皆施難子，合版造。

其名件廣厚，皆以每尺之廣積而為法。

心柱、槫柱：長視高，其廣四分，厚三分。

版：長隨心柱、槫柱內之廣，其廣視高，厚一分。

難子：長隨桯內四周之廣，方一分。

凡廊屋照壁版，施之於殿廊由額之內。如安於半間之內，與全間相對者，其名件廣厚，亦用全間之法。

胡梯

造胡梯之制：高一丈，拽脚長隨高，廣三尺，分作十二級，擁頰榥施促踏版（側立者謂之促版，平者謂之踏版），上下並安望柱。兩頰隨身各用鈎闌，斜高三尺五寸，分作四間。（每間內安卧櫺三條。）其名件廣厚，皆以每尺之高積而為法。（鈎闌名件廣厚，皆以鈎闌每尺之高積而為法。）

兩頰：長視梯，每高一尺，則長加六寸。（拽脚蹬口在內。）廣一寸二分，厚二分一厘。

榥：長隨兩頰內，（卯透外，用抱寨。）其方三分。（每頰長五尺，用榥一條。）

促踏版：長同上，廣七分四厘，厚一分。

鈎闌望柱：（每鈎闌高一尺，則長加四寸五分，卯在內。）方一寸五分。（破瓣仰覆蓮華，單胡桃子造。）

蜀柱：長隨鈎闌之高，（卯在內。）廣一寸二分，厚六分。

尋杖：長隨上下望柱內，徑七分。

盆脣：長同上，廣一寸五分，厚五分。

卧櫺：長隨兩蜀柱內，其方三分。

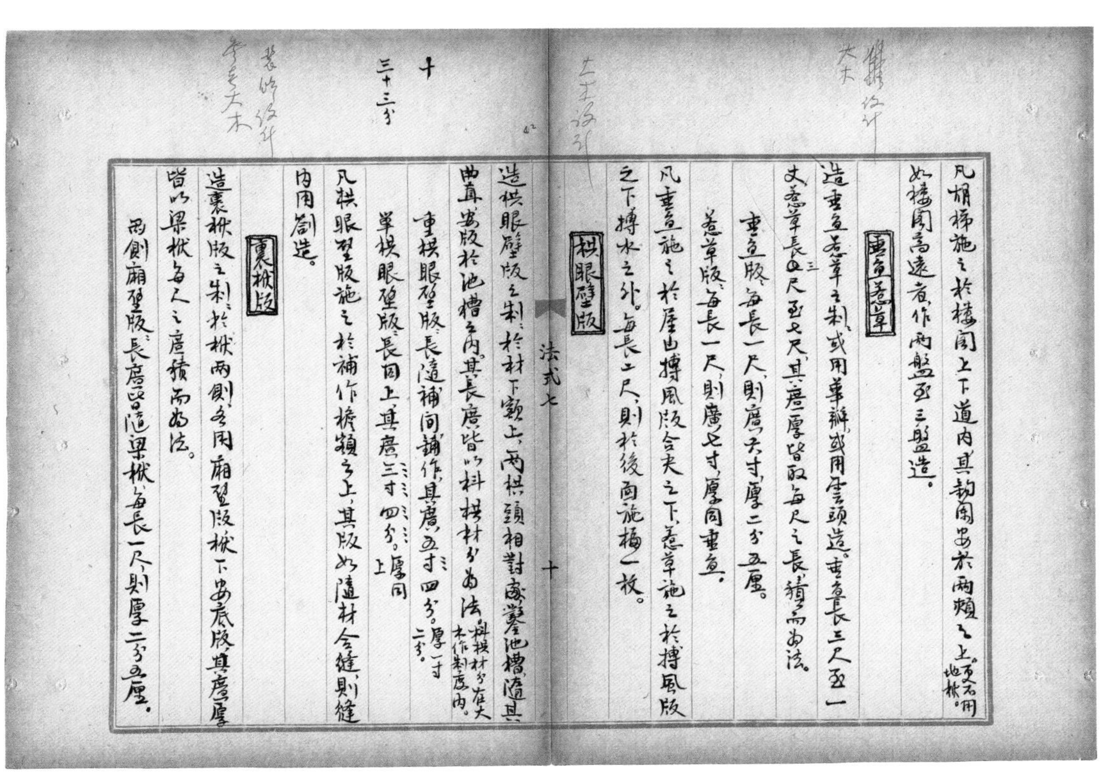

凡胡梯施之於樓閣上下道内，其勾闌安於兩頰之上，（更不用地栿。）如樓閣高遠者，作兩盤至三盤造。

垂魚惹草

造垂魚惹草之制：或用華瓣，或用雲頭造。垂魚長三尺至一丈，惹草長三尺至七尺，其廣厚皆取每尺之長積而為法。

垂魚版：每長一尺，則廣六寸，厚二分五厘。

惹草版：每長一尺，則廣七寸，厚同垂魚。

凡垂魚施之於屋山搏風版合尖之下，惹草施之於搏風版之下、搏水之外。每長二尺，則於後面施楅一枚。

栱眼壁版

造栱眼壁版之制：於材下額上，兩栱頭相對處鑿池槽，隨其曲直，安版於池槽之内。其長廣皆以枓栱材分為法。（枓栱材分，在大木作制度内。）

重栱眼壁版：長隨補間鋪作，其廣五寸四分，厚一寸二分。

單栱眼壁版：長同上，其廣三寸四分，厚同上。

凡栱眼壁版施之於補間鋪作之上，其版如隨材合縫，則縫内用劄造。

裹栿版

造裹栿版之制：於栿兩側各用廂壁版，栿下安底版，其廣厚皆以梁栿每分之廣積而為法。

兩側廂壁版：長廣皆隨梁栿，每長一尺，則厚二分五厘。

底版：厚、長同上，其廣隨梁栿之厚，每厚一尺，則廣加三寸。

凡裹栿版施之於殿槽内梁栿，其下底版合縫，令承兩廂壁版，其兩廂壁版及底版皆雕華造。（雕華等次序在雕作制度内。）

擗簾竿

造擗簾竿之制：有三等，一曰八混，二曰破瓣，三曰方直，長一丈至一丈五尺，其廣厚皆以每尺之高積而為法。

擗簾竿：長視高，每高一尺，則方三分。

腰串：長隨間廣，其廣三分，厚二分。（只方直造。）

凡擗簾竿施之於殿堂等出跳之下，如無出跳者，則於椽頭下安之。

護殿閣檐竹網木貼

造安護殿閣檐枓栱竹雀眼網上下木貼之制：長隨所用，逐間之廣，其廣二寸，厚六分，為定法，皆方直造。（地衣簟貼同。）上於椽頭，下於檐額之上，壓雀眼網安釘。（地衣簟貼，若望柱或碇之類，並四周或圍或曲壓簟安釘。）

營造法式卷第七

裝修設計

營造法式卷第八

通直郎管修蓋皇弟外第專一提舉修蓋班直諸軍營房等臣李誡奉聖旨編修

小木作制度三

平棊　鬭八藻井

小鬭八藻井　拒馬叉子

叉子　鉤闌重臺鉤闌單鉤闌

棵籠子　井亭子

牌

平棊 其名有三：一曰平機，二曰平橑，三曰平棊；俗謂之平起。其以方椽施素版者，謂之平闇。

造殿内平棊之制：於背版之上，四邊用桯，桯内用貼，貼内留轉道，纏難子，分布隔截，或長或方。其中貼絡華文有十三品：一曰盤毬，二曰鬭八，三曰疊勝，四曰瑣子，五曰簇六，六曰毬文，七曰柿蔕，八曰龜背，九曰鬭二十四，十曰簇三簇四毬文，十一曰六入圜華，十二曰簇六雪華，十三曰車釧毬文。其華文皆間雜互用。華品或更隨宜用之。或於雲盤華盤内施明鏡，或施隱起龍鳳及彫華。每段以長一丈四尺，廣五尺五寸為率。其名件廣厚，若間架雖長廣，更不加減。唯盝頂欹斜處，其桯量所宜減之。

背版：長隨間廣，其廣隨材合縫計數，令足一架之廣，厚六分。

法式八　一

疑漏「長」字

桯：隨背版四周之廣，其廣四寸，厚二寸。

貼：長隨桯四周之内，其廣二寸，厚同背版。

難子并貼華：厚同貼。每方一尺，用華子十六枚。華子先用膠貼，候乾，刻削令平，乃用釘。

凡平棊施之於殿内鋪作算桯方之上。其背版後皆施護縫及福，護縫廣二寸，厚六分。福廣三寸五分，厚二寸五分，長皆隨其所用。

鬭八藻井 其名有三：一曰藻井，二曰圜泉，三曰方井，今謂之鬭八藻井。

造鬭八藻井之制：共高五尺三寸。其下曰方井，方八尺，高一尺六寸；其中曰八角井，徑六尺四寸，高二尺二寸；其上曰鬭八，徑四尺二寸，高一尺五寸，於頂心之下施垂蓮或彫華雲捲，皆内安明鏡。其名件廣厚，皆以每尺之徑積而為法。

方井：於算桯方之上，施六鋪作下昂重栱；材廣一寸八分，厚一寸二分；其枓栱等分數制度，並準大木作法。四入角，每面用補間鋪作五朵。凡所用枓栱，並立旌枓槽版，枓栱立用壓厦版，以角井同此。

枓槽版：長隨方面之廣，每面廣一尺，則廣一寸七分，厚二分五厘。壓厦版長厚同上，其廣一寸五分。

八角井：於方井鋪作之上，施隨瓣方，抹角勒作八角。八角之外，四角謂之角蟬。於隨瓣方之上，施七鋪作上昂重栱；材分等並同方井法。八入角，每瓣用補間鋪作一朵。

背

法式八　二

随瓣方，每直径一尺，则长四寸，广四分，厚三分。

枓槽版，长随瓣，广二寸，厚二分五厘。

压厦版，长随瓣斜，广二寸五分，厚二分七厘。

斗八，于八角井铺作之上用随瓣方，方上施斗八阳马，阳马今俗谓之梁抹。阳马之内施背版。

阳马，每斗八径一尺，则长七寸，曲广一寸五分，厚五分。

随瓣方，长随每瓣之广，其广五分，厚二分五厘。

背版，长视瓣高，广随阳马之内。其用贴并难子，并准平綦之法。华子每方一尺用十六枚，或二十五枚。

凡藻井施之于殿内照壁屏风之前，或殿身内前门之前平綦之内。

法式八　三

小斗八藻井

造小藻井之制：共高二尺二寸。其下曰八角井，径四尺八寸；其上曰斗八，高八寸。于顶心之下施垂莲或雕华云卷，皆内安明镜。其名件广厚，皆以每尺之径积而为法。

八角井，于算桯方之上用普拍方，方上施五铺作卷头重栱。材广六分，厚四分；其枓栱等分数制度，皆准大木作法。枓栱之内用枓槽版，上用压厦版，上施版壁贴络门窗钩阑，其上又用普拍方，方上施五铺作一杪一昂重栱，上下并以入角，每瓣用补间铺作两朵。

枓槽版，每径一尺，则长九寸；高一尺，则广六寸。以厚八分为定法。

普拍方，长同上；每高一尺，则方三分。

随瓣方，每径一尺，则长四寸五分；每高一尺，则广八分，厚五分。

阳马，每径一尺，则长五寸；每高一尺，则曲广一寸五分，厚七分。

背版，长视瓣高，广随阳马之内。以厚五分为定法。其用贴并难子，并准殿内斗八藻井之法。贴络华数亦如之。

凡小藻井施之于殿宇副阶之内。其腰内所用贴络门窗钩阑，钩阑上施雁翅版。其大小广厚，并随高下量宜用之。

法式八　四

拒马叉子

其名有四：一曰梐枑，二曰梐拒，三曰行马，四曰拒马叉子。

造拒马叉子之制：高四尺至六尺。如间广一丈者，用二十一棂；每广增一尺，则加二棂，减亦如之。两边用马衔木，上用穿心串，下用櫳桯连梯，广三尺五寸。其卯广减桯之半，厚三分，中留一分。其名件广厚，皆以高五尺为祖，随其大小而加减之。

棂子，其首制度有二：一曰五瓣云头挑瓣，二曰素讹角。叉子首于上串上出者，每高一尺，出二寸四分；挑瓣处下留三分。斜长五尺五寸，广二寸，厚一寸二分。每高增一尺，则长加一尺一寸，广加二分，厚加一分。

馬銜木（其首破瓣同櫺，減四分。）長視高，每叉子高五尺，則廣四寸半，厚二寸半。每高增一尺，則廣加四分，厚加二分；減亦如之。

上串：長隨間廣，其廣五寸五分，厚四寸。每高增一尺，則廣加三分，厚加二分。

連梯：長同上串，廣五寸，厚二寸五分。每高增一尺，則廣加一寸，厚加五分。（兩頭者廣厚同，長隨下廣。）

凡拒馬叉子，其櫺子自連梯上皆左右隔間分佈於上串內，出首交斜相向。

[一、二十七疑為一十七之誤。法式文字稱櫺窗櫺數只有一十七與二十一兩數，拒馬叉子用二十一櫺，交斜出首，宜較密；叉子直較疏，故疑為一十七，否則即為二十一]

叉子

造叉子之制：高二尺至七尺，如廣一丈，用二十七櫺。若廣增一尺，即更加二櫺；減亦如之。兩壁用馬銜木，上下用串，或於下串之下用地栿、地霞造。其名件廣厚，皆以高五尺為祖，隨其大小而加減之。

望柱：如叉子高五尺，即長五尺六寸，方四寸。每高增一尺，則加一尺一寸，方加四分；減亦如之。

櫺子：其首制度有三：一曰海石榴頭，二曰挑瓣雲頭，三曰方直笏頭。（叉子首於上串上出者，每高一尺，出一寸五分；內挑瓣處下留三分。）其身制度有四：一曰一混心出單線，壓邊線；二曰瓣內單混，面上出心線；三曰方直出線，壓邊線或壓白；

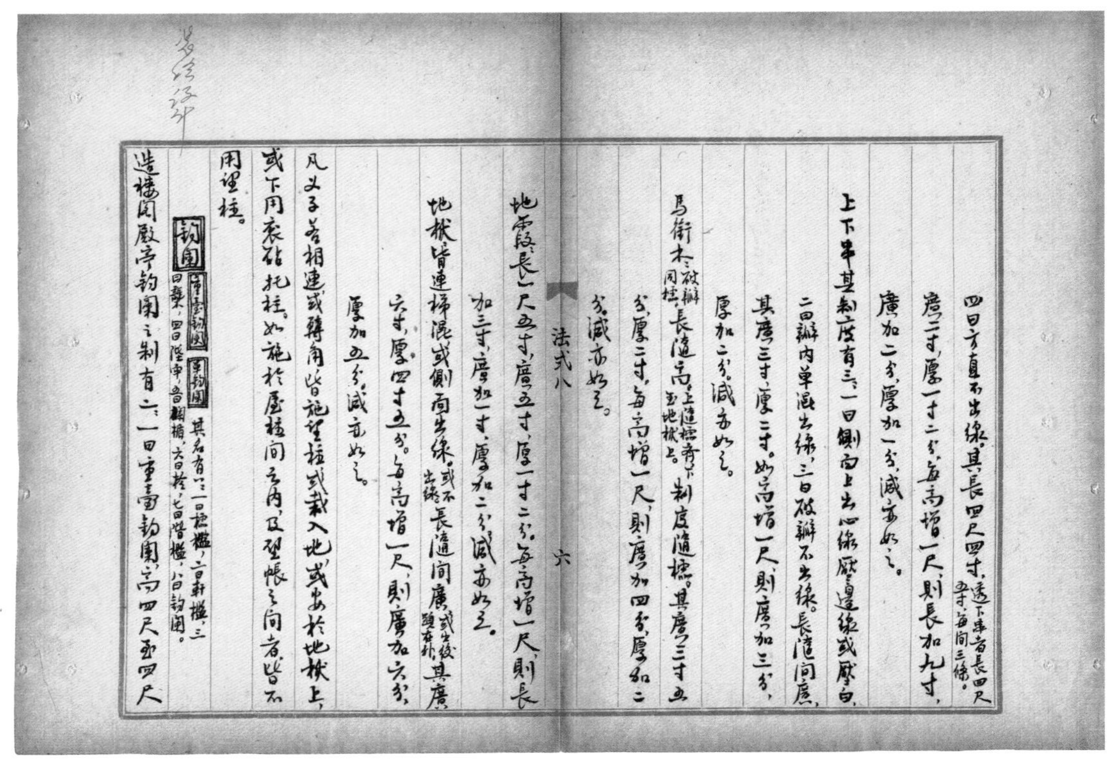

四曰方直不出線。其長四尺四寸，（透下串者長四尺五寸，每間三條。）廣二寸，厚一寸二分。每高增一尺，則長加九寸，廣加二分，厚加一分；減亦如之。

上下串：其制度有三：一曰側面上出心線，壓邊線或壓白；二曰瓣內單混出線；三曰破瓣不出線。長隨間廣，其廣三寸，厚二寸。如高增一尺，則廣加三分，厚加二分；減亦如之。

馬銜木：（破瓣同櫺。）長隨高。（上隨櫺齊，下至地栿上。）制度隨櫺。其廣三寸五分，厚二寸。每高增一尺，則廣加四分，厚加二分；減亦如之。

地霞：長一尺五寸，廣五寸，厚一寸二分。每高增一尺，則長加三寸，廣加一寸，厚加二分；減亦如之。

地栿：皆連梯混，或側面出線。（或不出線。）長隨間廣，（或出絞頭在外。）其廣六寸，厚四寸五分。每高增一尺，則廣加六分，厚加五分；減亦如之。

凡叉子若相連或轉角，皆施望柱，或栽入地，或安於地栿上，或下用衮砧托柱。如施於屋柱間之內，及壁帳之間者，皆不用望柱。

鉤闌（重臺鉤闌 單鉤闌）

其名有八：一曰櫺檻，二曰軒檻，三曰櫳，四曰梐牢，五曰闌楯，六曰柃，七曰階檻，八曰鉤闌。

造樓閣殿亭鉤闌之制有二：一曰重臺鉤闌，高四尺至四尺

分 疑分誤作厘

五寸。二曰單鉤闌，高三尺至三尺六寸。若轉角則用望柱（或不用望柱，即以尋杖絞角。如單鉤闌科子蜀柱者，尋杖或合角。）其望柱頭破瓣仰覆蓮（當中用單胡桃子，或作海石榴頭。）如有慢道，即計階之高下，隨其峻勢，令斜高與鉤闌身齊（不得令高，其地栿之類，廣厚準此。）其名件廣厚，皆取鉤闌每尺之高（謂自尋杖上至地栿下。）積而爲法。

重臺鉤闌：

望柱：長視高，每高一尺則加二寸，方一寸八分。

蜀柱：長同上（上下出卯在內），廣二寸，厚一寸，其上方一寸六分，刻爲癭項（其項下細處比上減半，其下挑心尖留十分之二；兩肩各留十分中四分；其上出卯以穿雲栱、尋杖；其下卯穿地栿。）

雲栱：長二寸七分，廣減長之半，廕一分二厘（在尋杖下），厚八分。

地霞（或用華盆亦同）：長六寸五分，廣一寸五分，廕一分五厘（在束腰下），厚

法式八　七

一寸三分。

尋杖：長隨間，方八分（或圜混，或四混、六混、八混造；下同。）

盆脣木：長同上，廣一寸八分，厚六分。

束腰：長同上，方一寸。

上華版：長隨蜀柱內，其廣一寸九分，厚三分（四面各別出卯入池槽各一寸；下同。）

下華版：長厚同上（卯入至蜀柱卯），廣一寸三分五厘。

地栿：長同尋杖，廣一寸八分，厚一寸六分。

單鉤闌：

望柱：方二寸（長及加同上法。）

蜀柱：制度同重臺鉤闌蜀柱法，自盆脣木之上，雲栱之

下或造胡桃子撮項，或作青蜓頭，或用科子蜀柱。

雲栱：長三寸二分，廣一寸六分，厚一寸。

尋杖：長隨間之廣，其方一寸。

盆脣木：長同上，廣二寸，厚六分。

華版：長隨蜀柱內，其廣三寸四分，厚三分（若萬字或鉤片造者，每華版廣一尺，萬字條桯廣一寸五分，厚一寸；子桯廣一寸二分五厘。鉤片條桯廣二寸，厚一寸一分；子桯廣一寸五分。其間空相去，皆比條桯減半；子桯之厚同條桯。）

地栿：長同尋杖，其廣一寸七分，厚一寸。

華托柱：長隨盆脣木，下至地栿上，其廣一寸四分，厚七分。

法式八　八

凡鉤闌分間布柱，令與補間鋪作相應（角柱外一間與階齊，其鉤闌之外，階頭隨屋大小留三寸至五寸爲法。）如補間鋪作太密，或無補間者，量其遠近，隨宜加減。如殿前中心作折檻者（今俗謂之龍池），每鉤闌高一尺，於盆脣內廣別加一寸。其蜀柱更不出項，內加華托柱。

棵籠子

造棵籠子之制：高五尺，上廣二尺，下廣三尺；或用四柱，或用六柱，或用八柱。柱子上下各用榥子、脚串、版櫺（下用牙子，或不用牙子）。或雙腰串，或下用雙榥子鋜脚版造。柱子每高一尺，即首長一寸，垂脚空五分。柱身四瓣方直，或安子桯，或採子桯，或破瓣造，柱首或作仰覆蓮，或單胡桃子，或枓柱挑瓣方直，或刻作海

石榴。其名件廣厚，皆以每尺之高積而爲法。

柱子：長視高，每高一尺，則方四分四厘。如六瓣或八瓣，即廣七分，厚五分。

上下桯：并腰串，長隨兩柱內，其廣四分，厚三分。

鋜脚版：長同上（下隨桯子之長），其廣五分。（以厚六分爲定法。）

櫺子：長六寸六分（卯在內），廣二分四厘。（厚同上。）

牙子：長同鋜脚版（分作二條），廣四分。（厚同上。）

凡欄龍子，其櫺子之首在上桯子內，其櫺相去準叉子制度。

井亭子

造井亭子之制：自下鋜脚至脊，共高一丈一尺（鴟尾在外），方七尺。四柱，四椽，五鋪作一杪一昂，材廣一寸二分，厚八分，重栱造，上用壓厦版，出飛檐，作九脊結瓦。其名件廣厚，皆取每尺之高積而爲法。

柱：長視高，每高一尺，則方四分。

鋜脚：長隨深廣，其廣七分，厚四分。（絞頭在外。）

額：長隨柱內，其廣四分五厘，厚二分。

串：長與廣厚並同上。

普拍方：長廣同上，厚一分五厘。

枓槽版：長同上（減二寸），廣六分六厘，厚一分四厘。

平棊版：長隨枓槽版內，其廣合版令足。（以厚六分爲定法。）

法式八　九

疑爲八分五厘之誤。據八分五厘製圖其高度適合舉折之制

平棊貼：長隨四周之廣，其廣二分。（厚同上。）

福：長隨版之廣，其廣同上，厚同普拍方。

平棊下難子：長同平棊版，方一分。

壓厦版：長同鋜脚（每壁加八寸五分），廣六分二厘，厚四厘。

栿：長隨深（加五寸），廣三分五厘，厚二分五厘。

大角梁：長二寸四分，廣二分四厘，厚一分六厘。

子角梁：長九分，曲廣三分五厘，厚同福。

貼生：長同壓厦版（加六寸），廣同大角梁，厚同枓槽版。

脊槫蜀柱：長二寸二分（卯在內），廣三分六厘，厚同栿。

平屋槫蜀柱：長八寸五分，廣厚同上。

脊槫及平屋槫：長隨廣，其廣三分，厚二分二厘。

脊串：長隨槫，其廣二分五厘，厚一分六厘。

叉手：長一寸六分，廣四分，厚二分。

山版：（每深一尺，即長八寸，廣一寸五分，以厚六分爲定法。）

上架椽：（每深一尺，即長三寸七分。）曲廣一寸六分，厚九厘。

下架椽：（每深一尺，即長四寸五分。）曲廣一寸七分，厚同上。

厦頭下架椽：（每廣一尺，即長三寸。）曲廣一分二厘，厚同上。

從角椽：長取宜，（勻攤使用。）

大連檐：長同壓厦版（每面加二尺四寸），廣二分，厚一分。

前後厦瓦版：長隨槫，其廣自脊至大連檐。（合貼令數足，以厚五分爲定法。）

疑爲一分六厘、一分七厘之誤。製圖亦以後者爲是

法式八　十

裝修設計

每至角長加一尺五寸。

兩頭厦瓦版，其長自山版至大連檐。合版令數足，厚同上。至角加一尺一寸五分。

飛子，長九分，尾在內。廣八厘，厚六厘。其飛子至角，令隨勢上曲。

白版，長同大連檐，每壁長加三尺。廣一寸。以厚五分為定法。

壓脊，長隨槫，廣四分六厘，厚三分。

垂脊，長自脊至壓厦外，曲廣五分，厚二分五厘。

角脊，長二寸，曲廣四分，厚二分五厘。

曲闌槫脊，每面長六尺四寸。廣四分，厚二分。

前後瓦隴條，每深一尺，即長八寸五分。方九厘。相去空九厘。

厦頭瓦隴條，每廣一尺，即長三寸三分。方同上。

法式八 十一

搏風版，每深一尺，即長四寸三分。以厚七分為定法。

瓦口子，長隨子角梁內，曲廣四分，厚亦如之。

垂魚，長一尺三寸；每長一尺，即廣六寸，厚同搏風版。

惹草，長一尺，每長一尺，即廣七寸，厚同上。

鴟尾，長一寸一分，身廣四分，厚同壓脊。

凡井亭子，鋜脚下齊，坐於井階之上。其枓栱分數及举折等，並準大木作之制。

142

牌

造殿堂樓閣門亭等牌之制：長二尺至八尺。其牌首、牌上橫出者。牌帶、牌兩旁下垂者。牌舌，牌面下兩旁之角牌施者。每廣一尺，即上邊綽四寸向外。牌面每

長一尺，則帶、首隨其長，外各加長四寸二分，舌加長四分。謂牌長五尺，即首長六尺一寸，帶長七尺一寸，舌長四尺五分之類。尺寸不等，依此加減；下同。其廣厚皆取牌加尺之長積而為法。

牌面：每長一尺，則廣八寸，其下又加一分。令牌面下廣，謂牌長五尺，即上廣四尺，下廣四尺五分之類。尺寸不等，依此加減；下同。

首：廣三寸，厚四分。

帶：廣二寸八分，厚同上。

舌：廣二寸，厚同上。

凡牌面之後，四周皆用楅，其身內七尺以上者，用三楅；四尺以上者，用二楅；三尺以上者，用一楅。其楅之廣厚，皆量其所宜而為之。

法式八 十二

營造法式卷第八

營造法式卷第九

通直郎管修蓋皇弟外第專一提舉修蓋班直諸軍營房等臣李誡奉聖旨編修

小木作制度四

佛道帳

佛道帳

造佛道帳之制：自坐下龜腳至鴟尾，共高二丈九尺，內外槽深一丈二尺五寸。上層施天宮樓閣，次平坐，次腰檐。帳身下安芙蓉瓣、疊澁、門窗、龜腳坐。兩面與兩側制度並同。（作五間造。）其名件廣厚，皆取逐層每尺之高，積而為法。（後鉤闌兩等，皆以每寸之高，積而為法。）

法式九 一

（上：丁本作上，依卷三十二圖樣，車槽疊澁，應在龜腳之上。）

帳坐：高四尺五寸，長隨殿身之廣，其廣隨殿身之深。下用龜腳，腳上施車槽，槽之上下，各用澁一重，於上澁之上，又疊子澁三重，於上一重之下施坐腰。上澁之上用坐面澁，面上安重臺鉤闌，高一尺。（闌內遍用明金版。）鉤闌之內，施寶柱兩重。（外留一重為轉道。）內壁貼絡門窗，其上設五鋪作卷頭平坐。（材廣一寸八分，腰檐平坐準此。）平坐上又安重臺鉤闌。（並瘿項雲栱坐。）自龜腳上，每澁至上鉤闌，逐層並作芙蓉瓣造。

龜腳：每坐高一尺，則長二寸，廣七分，厚五分。

車槽上下澁：長隨坐長及深（外每面加二寸），廣二寸，厚六分五厘。

車槽：長同上（每面減三寸，安華版在外），廣一寸，厚八分。

上子澁：兩重（在坐腰上下者），各長同上（減二寸），廣一寸六分，厚二分五厘。

下子澁：長同坐，廣厚並同上。

坐腰：長同上（每面減八寸），方一寸。（安華版在外。）

坐面澁：長同上，廣二寸，厚六分五厘。

猴面版：長同上，廣四寸，厚六分七厘。

明金版：長同上（每面減八寸），廣二寸五分，厚一分二厘。

料槽版：長同上（每面減三尺），廣二寸五分，厚二分二厘。

壓厦版：長同上（每面減一尺），廣二寸四分，厚二分二厘。

門窗背版：長隨料槽版（減長三寸），廣自普柏方下至明金版上。（以厚六分為定法。）

法式九 二

（普柏方？）

車槽華版：長隨車槽，廣八分，厚三分。

坐腰華版：長隨坐腰，廣一寸，厚同上。

坐面版：長廣並隨猴面版內，其厚二分六厘。

猴面榥：（每坐深一尺，則長九寸。）方八分。（每一瓣用一條。）

猴面馬頭榥：（每坐深一尺，則長一寸四分。）方同上。（每一瓣用一條。）

連梯臥榥：（每坐深一尺，則長九寸五分。）方同上。（每一瓣用一條。）

連梯馬頭榥：（每坐深一尺，則長一寸。）方同上。

長短柱腳方：長同車槽澁（每一面減三尺二寸），方一寸。

長短榻頭木：長隨柱腳方內，方八分。

長立榥：長九寸二分，方同上。（隨柱脚方、榻頭木，逐瓣用之。）

短立榥：長四寸，方六分。

拽後榥：長五寸，方同上。

穿串透栓：長隨榻頭木，廣五分，厚二分。

羅文榥：（每座高五尺，則加長四寸。）方八分。

帳身：高一丈二尺五寸，長與廣皆隨帳坐，量瓣數隨宜取間。其內外皆攏帳柱，柱下用鋜脚隔斗，柱上用內外側當隔斗，四面外柱並安歡門、帳帶，前一面（裏槽柱內亦用。）每間用算桯方，施平棊、鬭八藻井。前一面每間兩頰各用毬文格子門（格子桯四混出雙線，用雙腰串、腰華版造。）門之制度，並準本法。兩側及後壁並用難子安版。

法式九　三

帳內外槽柱：長視帳身之高，每高一尺，則方四分。

虛柱：長三寸二分，方三分四厘。

內外槽上隔斗版：長隨間架，廣一寸二分，厚一分二厘。

上隔斗仰托榥：長同上，廣二分八厘，厚二分。

上隔斗內外上下貼：長同鋜脚貼，廣二分，厚八厘。

隔斗內外上柱子：長四分四厘，下柱子長三分六厘，其廣厚並同上。

裏槽下鋜脚版：長隨每間之深廣，其廣五分二厘，厚一分二厘。

鋜脚仰托榥：長同上，廣二分八厘，厚二分。

鋜脚內外貼：長同上，其廣二分，厚八厘。

鋜脚內外柱子：長三分二厘，廣厚同上。

內外歡門：長隨帳柱之內，其廣一寸二分，厚一分二厘。

內外帳帶：長二寸八分，廣二分六厘，厚亦如之。

兩側及後壁版：長視上下仰托榥內，廣隨帳柱、心柱內，其厚八厘。

心柱：長同上，其廣三分二厘，厚二分八厘。

頰子：長同上，廣三分，厚二分八厘。

法式九　四

腰串：長隨帳柱內，廣厚同上。

難子：長同後壁版，方八厘。

隨間栿：長隨帳身之深，其方三分六厘。

算桯方：長隨間之廣，其廣三分二厘。

四面搏難子：長隨間架，方一分二厘。

平棊：（華文制度並準殿內平棊。）

背版：長隨方子心內，廣隨栿心。（以厚五分為定法。）

桯：長隨方子四周之內，其廣二分，厚一分六厘。

貼：長隨桯四周之內，其廣一分二厘。（厚同背版。）

難子并貼華：（厚同貼。）每方一尺用貼華二十五枚或十六枚。

鬭八藻井：徑三尺二寸，共高一尺五寸，五鋪作重栱卷頭造，材廣六分。其名件並準本法，量宜減之。

腰檐：自櫨枓至脊共高三尺，六鋪作一杪兩昂重栱造，柱上施枓槽版與山版（版內又施夾槽版，逐縫夾安鑰匙頭版，其上順槽安鑰匙頭棖，及於柱上又施臥棖，棖上安上層平坐），鋪作之上平鋪壓廈版，四角用角梁子，角梁子上鋪椽安飛子。依副階舉分結瓦。

普拍方：長隨四周之廣，其廣一寸八分，厚六分。（絞頭在外。）

角梁：每高一尺，加長四寸，廣一寸四分，厚八分。

子角梁：長五寸，其曲廣二寸，厚七分。

抹角栿：長七寸，方一寸四分。

槫：長隨間廣，廣一寸四分，厚一寸。

曲椽：長七寸六分，其曲廣一寸，厚四分。（每補間鋪作一朵用四條。）

飛子：長四寸（尾在槫內），方三分。（角內隨宜刻曲。）

大連檐：長同槫（梢間長至角梁，每壁加三尺六寸），廣五分，厚三分。

白版：長隨間之廣（每梢間加出角一尺五寸），其廣三寸五分。（以厚五分為定法。）

夾枓槽版：長隨間之深廣，其廣四寸四分，厚七分。

山版：長同枓槽版，廣四寸二分，厚七分。

枓槽鑰匙頭版：每深一尺，則長四寸。廣厚同枓槽版，逐間段數亦同枓槽版。

槫

枓槽壓廈版：長同枓槽（每梢間長加一尺），其廣四寸，厚七分。

貼生：長隨間之深廣，其方七分。

枓槽臥棖：每深一尺，則長九寸六分五厘，方一寸。（每鋪作一朵用二條。）

絞鑰匙頭上下順身棖：長隨間之廣，方一寸。

立棖：長七寸，方一寸。（每鋪作一朵用二條。）

廈瓦版：長隨間之廣深（每梢間加出角一尺二寸五分），其廣九寸。（以厚五分為定法。）

槫脊：長同上，廣一寸五分，厚七分。

角脊：長六寸，其曲廣一寸五分，厚七分。

瓦隴條：長九寸（瓦頭在內），方三分五厘。

瓦口子：長隨間廣（每梢間加出角二尺五寸），其廣三分。（以厚五分為定法。）

角 安經藏平坐峰沒云

平坐：高一尺一寸，長與廣皆隨帳身，六鋪作卷頭重栱造，四出角，於壓廈版上施鴈翅版（槽內名件並準腰檐法），上施單鉤闌，高七寸。（撮項雲栱造。）

普拍方：長隨間之廣（合角在外），其廣一寸二分，厚一寸。

夾枓槽版：長隨間之深廣，其廣九寸，厚一寸一分。

枓槽鑰匙頭版：每深一尺，則長四寸。其廣厚同枓槽版。（逐間段數亦同。）

壓廈版：長同枓槽版（每梢間加長一尺五寸），廣九寸五分，厚一寸一分。

枓槽臥棖：每深一尺，則長九寸六分五厘，方一寸六分。（每鋪作一朵用二條。）

立棖：長九寸，方一寸六分。（每鋪作一朵用四條。）

鴈翅版：長隨壓廈版，其廣二寸五分，厚五分。

生面版，長隨枓槽內，其廣九寸，厚五分。

天宮樓閣，共高七尺二寸，深一尺一寸至一尺三寸，出跳及檐並在柱外。下層為副階；中層為平坐；上層為腰檐；檐上為九脊殿結瓦。其殿身，茶樓，有挾屋者。角樓，並六鋪作單抄重昂。或單栱，或重栱。角樓長一瓣半。殿身及茶樓各長三瓣。殿挾及龜頭，並五鋪作單抄單昂。或單栱，或重栱。殿挾長一瓣，龜頭長二瓣。行廊四鋪作單抄，或單栱，或重栱。長二瓣，分心。材廣六分。每瓣用補間鋪作兩朵。兩側龜頭等制度並準此。

中層平坐，用六鋪作卷頭造；平坐上用單鉤闌，高四寸。

法式九　七

枓子蜀柱造。

上層殿樓龜頭之內，唯殿身施重檐，重檐謂殿身並副階，其高五尺者不用。外，其餘制度並準下層之法。其枓槽版及最上結瓦壓脊、瓦隴條之類，並量宜用之。

帳上所用鉤闌：應用小鉤闌者，並通用此制度。

重臺鉤闌，共高八寸至一尺二寸，其鉤闌並準樓閣殿亭鉤闌制度。下同。其名件等，以鉤闌每尺之高，積而為法。

望柱：長視高，加四寸。每高一尺，則方二寸。通身八瓣。

蜀柱：長同上，廣二寸，厚一寸；其上方一寸六分，刻癭項。

雲栱：長三寸，廣一寸五分，厚九分。

地霞：長五寸，廣同上，厚一寸三分。

↓底一字

尋杖：長隨間廣，方九分。

盆脣木：長同上，廣一寸六分，厚六分。

束腰：長同上，廣一寸，厚八分。

上華版：長隨蜀柱內，其廣二寸，厚四分。四面各別出卯，合入池槽。下同。

下華版：長厚同上，卯入至蜀柱卯。廣一寸五分。

地栿：長隨望柱內，廣一寸八分，厚一寸一分，上兩棱連梯混，各四分。

單鉤闌，高五寸至一尺者，並用此法。其名件等，以鉤闌每寸之高，積而為法。

望柱：長視高，加二寸，方一分八厘。

法式九　八

疑脫安之字

蜀柱：長同上，制度同重臺鉤闌法。自盆脣木上，雲栱下，作撮項胡桃子。

雲栱：長四分，廣二分，厚一分。

尋杖：長隨間之廣，方一分。

盆脣木：長同上，廣一分八厘，厚八厘。

華版：長隨蜀柱內，廣三分。以厚四分為定法。

地栿：長隨望柱內，其廣一分五厘，厚一分二厘。

枓子蜀柱鉤闌：高三寸至五寸者，並用此法。其名件等，以鉤闌每寸之高，積而為法。

蜀柱：長視高，卯在內。廣二分四厘，厚一分二厘。

尋杖，長隨間廣，方一分三厘。
盆脣木，長同上，廣二分，厚一分二厘。
華版，長隨蜀柱內，其廣三分。以厚一分為定法。
地栿，長隨間廣，其廣一寸五厘，厚一分二厘。
踏道圜橋子，高四尺五寸，斜拽長三尺七寸至五尺五寸，面廣五尺，下用龜腳，上施連梯立旌，四周纏難子，合版，內用榥。兩頰之內，逐層安促踏版，上隨圜勢施鉤闌望柱。
龜腳，每橋子高一尺，則長二寸，廣六分，厚四分。
連梯桯，其廣一寸，厚五分。

法式九 九

連梯榥，長隨廣，其方五分。
立旌，長視高，方七分。
攏立旌上榥，長與方並同連梯榥。
兩頰，每高一尺，則加六寸，曲廣四寸，厚五分。
促版、踏版，每廣一尺，則長九寸六分。廣一寸三分，踏版又加三分。厚二分三厘。
踏版榥，每廣一尺，則長加八分。方六分。
背版，長隨柱子內，廣視連梯與上榥內。以厚六分為定法。
月版，長視兩頰及柱子內，廣隨兩頰與連梯內。以厚六分為定法。
上層如用山華蕉葉造，帳身之上更不用結瓦。其壓厦版，於橑檐方外出四十分，上施混肚方，方上

用仰陽版，版上安山華蕉葉，共高二尺七寸七分。其名件廣厚，皆取自普拍方至山華每尺之高積而為法。
頂版，長隨間廣，其廣隨深。以厚七分為定法。
混肚方，廣二寸，厚八分。
仰陽版，廣二寸八分，厚三分。
山華版，廣厚同上。
仰陽上下貼，長同仰陽版，其廣六分，厚二分四厘。
合角貼，長五寸六分，廣厚同上。
柱子，長一寸六分，廣厚同上。

法式九 十

楅，長三寸二分，廣同上，厚四分。
凡佛道帳芙蓉瓣，每瓣長一尺二寸，隨瓣用龜腳，上對鋪作。結瓦瓦隴條，每條相去如隴條之廣。至角隨宜分布。其屋蓋舉折及斗栱等分數，並準大木作制度隨材減之。卷殺瓣柱及飛子亦如之。

卷殺蘇 四庫本及丁本皆作殺蘇，卷字二字俱無，依文義加入。

營造法式卷第九

營造法式卷第十

通直郎管修蓋皇弟外第專一提舉修蓋班直諸軍營房等臣李誡奉

聖旨編修

小木作制度五

牙脚帳　九脊小帳

壁帳

牙脚帳

造牙脚帳之制：共高一丈五尺，廣三丈，內外攏共深八尺（以此為率）。下段用牙脚坐，坐下施龜脚；中段帳身上用隔枓，下用鋜脚；上段山華仰覆版，六鋪作。每段各分作三段造。其名件廣厚，皆隨逐層每尺之高積而為法。

法式十　一

牙脚坐：高二尺五寸，長三丈二尺，深一丈（坐頭在內）。下用連梯龜脚，中用束腰壓青牙子、牙頭、牙脚，背版填心，上用梯盤面版，安重臺鉤闌，高一尺（其鉤闌並準佛道帳制度）。

龜脚：每坐高一尺，則長三寸，廣一寸二分，厚一寸四分。

連梯：隨坐深長，其廣八分，厚一寸二分。

角柱：長六寸二分，方一寸六分。

束腰：長隨角柱內，其廣一寸，厚七分。

牙頭：長三寸二分，廣一寸四分，厚四分。

牙脚：長六寸二分，廣二寸四分，厚同上。

填心：長三寸六分，廣二寸八分，厚同上。

壓青牙子：長同束腰，廣一寸六分，厚二分六厘。

上梯盤：長同連梯，其廣二寸，厚一寸四分。

面版：長廣皆隨梯盤長深之內，厚同牙頭。

背版：長隨角柱內，其廣六寸二分，厚三分二厘。

束腰上貼絡柱子：長一寸（兩頭叉瓣在外），方七分。

束腰上襯版：長三分六厘，廣一寸，厚同牙頭。

連梯棍：每深一尺，則長八寸六分，方一寸（每面廣一尺用一條）。

立棍：長九寸，方同上（隨連梯棍用五條）。

梯盤棍：長同連梯，方同上（用同連梯棍）。

法式十　二

帳身：高九尺，長三丈，深八尺。內外槽柱上用隔枓，下用鋜脚，四面柱內安歡門、帳帶，兩側及後壁皆施心柱、腰串、難子安版，前面每間兩邊並用立頰泥道版。

內外帳柱：長視帳身之高，每高一尺，則方四分五厘。

虛柱：長三寸，方四分五厘。

內外槽上隔枓版：長隨每間之深廣，其廣一寸二分四厘，厚一分七厘。

上隔枓仰托榥：長同上，廣四分，厚二分。

上隔枓內外上下貼：長同上，廣二分，厚一分。

疑五寸二分或一寸五分之误。佛道帳及九脊小帳歡門之廣與厚均為十與一之比

上隔枓內外上柱子，長五分，下柱子長三分四厘，其廣厚並同上。

內外歡門，長同上，其廣二分，厚一分五厘。

內外帳帶，長三寸四分，方三分六厘。

裏槽下鋜脚版，長隨每間之深廣，其廣七分，厚一分七厘。

鋜脚仰托榥，長同上，廣四分，厚二分。

鋜脚內外貼，長同上，廣二分，厚一分。

鋜脚內外柱子，長五分，廣二分，厚同上。

兩側及後壁合版，長同立頰，廣隨帳柱、心柱內，其厚一分。

心柱，長同上，方三分五厘。

腰串，長隨帳柱內，方同上。

立頰，長視上下仰托榥內，其廣三分六厘，厚三分。

泥道版，長同上，其廣一寸八分，厚一分。

難子，長同立頰，方一分。（安平棊亦用此。）

平棊，（華文等並準殿內平棊制度。）

桯，長隨枓槽四周之內，其廣二分三厘，厚一分六厘。

背版，長廣隨桯。（以厚五分為定法。）

貼，長隨桯內，其廣一分六厘。（厚同背版。）

難子并貼華，（厚同貼。）每方一尺用華子二十五枚或十六枚。

福，長同桯，其廣二分三厘，厚一分六厘。

護縫，長同背版，其廣二分。（厚同貼。）

帳頭共高三尺五寸，枓槽長二丈九尺七寸六分，深七尺六寸六分，六鋪作，單杪重昂重栱轉角造，其材廣一寸五分，柱上安枓槽版，鋪作之上用壓厦版，版上施混肚方、仰陽山華版，每間用補間鋪作二十八朵。

普拍方，長隨間廣，其廣一寸二分，厚四分七厘。（絞頭在外。）

內外槽并兩側夾枓槽版，長隨帳之深廣，其廣三寸，厚五分七厘。

壓厦版，長同上，（至角加一尺三寸。）其廣三寸二分六厘，厚五分七厘。

疑脫廣字

混肚方，長同上，（至角加一尺五寸。）廣二分，厚七分。

頂版，長隨混肚方內。（以厚六分為定法。）

仰陽版，長同混肚方，（至角加一尺六寸。）其廣二寸五分，厚三分。

仰陽上下貼，下貼長同上，上貼隨合角貼內，廣五分，厚二分五厘。

仰陽合角貼，長隨仰陽版之廣，其廣厚同上。

山華版，長同仰陽版，（至角加一尺九寸。）其廣二寸九分，厚三分。

山華合角貼，廣五分，厚二分五厘。

卧榥，長隨混肚方內，其方七分。（每長一尺用一條。）

馬頭榥，長四寸，方七分。（用同卧榥。）

槫：長隨仰陽山華版之廣，其方四分。（每山華用一條。）

凡牙腳帳坐，每一尺作一壼門，下施龜腳，合對鋪作，其所用科栱名件分數，並準大木制度隨材減之。

九脊小帳

造九脊小帳之制：自牙腳坐下龜腳至脊，共高一丈二尺，（鴟尾在外。）廣八尺，內外攏共深四尺。下段、中段與牙腳帳同；上段五鋪作、九脊殿結瓦造。其名件廣厚，皆隨逐層每尺之高，積而為法。

牙腳坐：高二尺五寸，長九尺六寸，（坐頭在內。）深五尺。自下連梯、龜腳，上至面版，安重臺鉤闌，並準牙腳帳坐制度。

三一三 本文非注

龜腳：每坐高一尺，則長二寸，廣一寸二分，厚六分。

連梯：隨坐深長，其廣二寸，厚一寸二分。

角柱：長六寸二分，方一寸二分。

束腰：長隨角柱內，其廣一寸，厚六分。

牙頭：長二寸八分，廣一寸四分，厚三分二厘。

牙腳：長六寸二分，廣二寸，厚同上。

填心：長三寸六分，廣二寸二分，厚同上。

壓青牙子：長同束腰，隨𢹂深減一寸五分，其廣一寸六分，厚二分四厘。

上梯盤：長厚同連梯，廣一寸六分。

面版：長廣皆隨梯盤內，厚四分。

背版：長隨角柱內，其廣六寸二分，厚同壓青牙子。

束腰上貼絡柱子：長一寸，（別出兩頭叉瓣。）方六分。

束腰鋜腳內襯版：長二寸八分，廣一寸，厚同填心。

連梯榥：長隨連梯內，方一寸。（每廣一尺用一條。）

立榥：長九寸，（卯在內。）方同上。（隨連梯榥用三條。）

梯盤榥：長同連梯，方同上。（用同連梯榥。）

帳身：一間，高六尺五寸，廣八尺，深四尺，其內外槽柱至泥道版，並準牙腳帳制度。（唯後壁兩側並不用腰串。）

內外帳柱：長視帳身之高，方五分。

虛柱：長三寸五分，方四分五厘。

內外槽上隔科版：長隨帳柱內，其廣一寸四分二厘，厚一分五厘。

上隔科仰托榥：長同上，廣四分三厘，厚二分八厘。

上隔科內外上下貼：長同上，廣二分八厘，厚一分四厘。

上隔科內外上柱子：長四分八厘，下柱子長三分八厘，廣厚同上。

內歡門：長隨立頰內；外歡門：長隨帳柱內。其廣一寸五分，厚一分五厘。

內外帳帶：長三寸二分，方二分四厘。

裏槽下鋜腳版：長同上隔科上下貼，其廣七分二厘，厚

疑腔内字

一分五厘。

疑脚仰托榥，長同上，廣四分三厘，厚二分八厘。

疑脚内外貼，長同上，廣二分四厘，厚一分四厘。

疑脚内外柱子，長四分八厘，廣二分八厘，厚一分四厘。

兩側及後壁合版，長視上下仰托榥，廣隨帳柱、心柱内，其厚一分。

心柱，長同上，方三分六厘。

立頰，長同上，廣三分六厘，厚三分。

泥道版，長同上，廣隨帳柱、立頰内，厚同合版。

難子，長隨立頰及帳身版、泥道版之長廣，其方一分。

法式十 七

平綦各件尺寸太大，例如桯之大竟過帳桯，其他如貼、福、護縫、難子皆然，恐全部有誤。

平綦，華文等並準殿内平綦制度。作三段造。

桯，長隨料槽四周之内，其廣六分三厘，厚五分。

背版，長廣隨桯。以厚五分為定法。

貼，長隨桯内，其廣五分。厚同上。

貼絡華文，厚同上。每方一尺，用華子二十五枚或十六枚。

福，長同背版，其廣六分，厚五分。

護縫，長同上，其廣五分。厚同貼。

難子，長同上，方二分。

帳頭，自普拍方至脊，共高三尺，鴟尾在外。廣八尺，深四尺，四柱五鋪作，下出一抄，上施一昂，材廣一寸二分，厚八分，重栱造。上用壓廈版，出飛檐，作九脊結瓦。

普拍方，長隨深廣，絞頭在外。其廣一寸，厚三分。

料槽版，長同上，減二寸。其廣二寸五分。

壓廈版，長同上，每壁加五寸。其廣二寸五分。

栿，長隨深，加五寸。其廣一寸，厚八分。

大角梁，長七寸，廣八分，厚六分。

子角梁，長四寸，曲廣二寸，厚同上。

貼生，長同壓廈版，加七寸。其廣六分，厚四分。

脊槫，長隨廣，其廣一寸，厚八分。

法式十 八

脊槫下蜀柱，長八寸，廣厚同上。

脊串，長隨槫，其廣六分，厚五分。

叉手，長六寸，廣厚皆同角梁。

山版，每深一尺，則長九寸。廣四寸五分。以厚六分為定法。

曲椽，每深一尺，則長八寸。曲廣同脊串，厚三分。每補間鋪作一朵用三條。

廈頭椽，每深一尺，則長五寸。廣四分，厚同上。角同上。

從角椽，長隨宜，均攤使用。

大連檐，長隨深廣，每壁加一尺二寸。其廣同曲椽，厚同貼生。

前後廈瓦版，長隨槫，每至角加一尺五寸。其廣自脊至大連檐，隨材合縫，以厚五分為定法。

兩廈頭廈瓦版，長隨深，加同上。其廣自山版至大連檐。合縫同上。厚同上。

搏

飛子：長二寸五分，（尾在內。）廣二分五厘，厚二分三厘。（角內隨宜刻曲。）

白版：長隨飛椽，（每壁加二尺。）其廣三寸。（厚同廈瓦版。）

壓脊：長隨廈瓦版，其廣一寸五分，厚一寸。

垂脊：長隨脊至壓廈版外，其曲廣及厚同上。

角脊：長六寸，廣厚同上。

曲闌槫脊：（共長四尺。）廣一寸，厚五分。

前後瓦隴條：（每深一尺，則長八寸五分。廈頭者長五寸五分；若至角，並隨角斜長。）方三分，相去空分同。

搏風版：（每深一尺，則長四寸五分。）曲廣一寸二分。（以厚七分為定法。）

瓦口子：長隨子角梁內，其曲廣六分。

垂魚：（共長一尺二寸；每長一尺，即廣六寸，厚同搏風版。）

法式十　九

[illegible]

惹草：（共長一尺；每長一尺，即廣七寸，厚同上。）

鴟尾：（共高一尺一寸；每高一尺，即廣六寸，厚同壓脊。）

凡九脊小帳，施之於屋一間之內。其補間鋪作前後各八朵，兩側各四朵。坐內壺門等，並準牙脚帳制度。

壁帳

造壁帳之制：高一丈三尺至一丈六尺。（山華仰陽在內。）其帳柱之上安普拍方；方上施隔斗及五鋪作下昂重栱，出角入角造。其材廣一寸二分，厚八分，每一間用補間鋪作一十三朵。鋪作上施壓廈版、混肚方，（混肚方上與梁下齊。）方上安仰陽版及山華。（仰陽版、山華在兩梁之間。）帳內上施平棊。兩柱之內並用叉子栿。其名件廣厚皆取帳身間內每尺之高積而

疑脫「長」字

為法。

帳柱：長視高，每間廣一尺，則方三分八厘。

仰托榥：長隨間廣，其廣三分，厚二分。

隔斗版：長同上，其廣一寸一分，厚一分。

隔斗貼：長隨兩柱之內，其廣二分，厚八厘。

隔斗柱子：長隨貼內，廣厚同貼。

斗槽版：長同仰托榥，其廣七分六厘，厚一分。

壓廈版：長同上，其廣八分，厚一分。（斗槽版及壓廈版，如減材分，即廣隨所用減之。）

混肚方：長同上，其廣四分，厚二分。

仰陽版：長同上，其廣七分，厚一分。

法式十　十

仰陽貼：長同上，其廣二分，厚八厘。

合角貼：長視仰陽版之廣，其厚同仰陽貼。

山華版：長隨仰陽版之廣，其厚同壓廈版。

平棊：（華文並準殿內平棊制度。）長廣並隨間內。

背版：長隨平棊，其廣隨帳之深。（以厚六分為定法。）

桯：長隨背版四周之廣，其廣二分，厚一分六厘。

貼：長隨桯四周之內，其廣一分六厘。（厚同上。）

難子並貼華：每方一尺，用貼華二十五枚或十六枚。

護縫：長隨平棊，其廣同桯。（厚同背版。）

福：廣三分，厚二分。

凡壁帳上山華仰陽版後，每華尖皆施楅一枚，所用飛子馬銜，皆量宜造之。其枓栱等分數並準大木作制度。

營造法式卷第十

法式十　十一

營造法式卷第十一

通直郎管修蓋皇弟外第專一提舉修蓋班直諸軍營房等臣李誡奉聖旨編修

小木作制度六

轉輪經藏　壁藏

轉輪經藏

造經藏之制：共高二丈，徑一丈六尺，八棱，每棱面廣六尺六寸六分。内外槽柱；外槽帳身柱上腰檐平坐，坐上施天宮樓閣。八面制度並同，其名件廣厚，皆隨逐層每尺之高，積而爲法。

外槽帳身：柱上用隔枓欹門帳帶造，高一丈二尺。

法式十一　一

帳身外槽柱：長視高，廣四分六厘，厚四分。歸瓣造。

隔枓版：長隨帳柱内，其廣一寸六分，厚一分二厘。

仰托榥：長同上，廣三分，厚二分。

隔枓内外貼：長同上，廣二分，厚九厘。

内外上下柱子：上柱長四分，下柱長三分，廣厚同上。

歡門：長同隔枓版，其廣一寸二分，厚一分二厘。

帳帶：長二寸五分，方二分六厘。

腰檐並結瓦：共高二尺，枓槽徑一丈五尺八寸四分。枓槽及出檐在外。内外並六鋪作重栱，用一寸材，厚六分六厘。每瓣補間鋪作五朵，外跳單杪重昂，裏跳並卷頭，其柱上先

一、疑應作一寸二分。因上卷八有隔枓欹門帳，其廣如牙[illegible]於上下貼廣並[illegible]下柱子長亦值如[illegible]故應作一分，如[illegible]帳帶長廣亦足矣

[illegible]

用普拍方施枓栱，上用壓厦版，出椽并飛子，
角梁，貼生，依副階舉折結瓦。
普拍方：長隨每瓣之廣，絞角在外。其廣二寸，厚七分五厘。
枓槽版：長同上，廣三寸五分，厚一寸。
壓厦版：長同上，加長七寸，廣七寸五分，厚七分五厘。
山版：長同上，廣四寸五分，厚一寸。
貼生：長同山版，加長六寸，方一分。
角梁：長八寸，廣一寸五分，厚同上。
子角梁：長六寸，廣同上，厚八分。
搏脊槫：長同上，加長一寸，廣一寸五分，厚一寸。

法式十一　二

曲椽：長八寸，曲廣一寸，厚四分。每補間鋪作一朵用三條，與從角椽取勻分擘。
飛子：長五寸，方三分五厘。
白版：長同山版，加長一尺，廣三寸五分。以厚五分為定法。
井口榥：長隨徑，方二寸。
立榥：長視高，方一寸五分。每瓣用三條。
馬頭榥：方同上。用數亦同上。
厦瓦版：長同山版，加長一尺，廣五寸。以厚五分為定法。
瓦隴條：長九寸，方四分。瓦頭在內。
瓦口子：長厚同厦瓦版，曲廣三寸。
小山子版：長廣各四寸，厚一寸。

搏脊：長同山版，加長二寸，廣二寸五分，厚八分。
角脊：長五寸，廣二寸，厚一寸。
平坐：高一尺，枓槽徑一丈五尺八寸四分。壓厦版出頭在外。六鋪作卷頭
重栱，用一寸材。每瓣用補間鋪作九朵。上施
單鉤闌，高六寸。撮項雲栱造，其鉤闌準佛道帳制度。
普拍方：長隨每瓣之廣，絞頭在外。方一寸。
枓槽版：長同上，其廣九寸，厚二寸。
壓厦版：長同上，加長七寸五分，廣九寸五分，厚二寸。
鴈翅版：長同上，加長八寸，廣二寸五分，厚八分。
井口榥：長同上，方三寸。

法式十一　三

馬頭榥：每直徑一尺，則長一寸五分，方三分。每瓣用三條。
鈿面版：長同井口榥，減長四寸，廣一尺二寸，厚七分。
天宮樓閣：三層，共高五尺，深一尺。下層副階內角樓子長一
瓣，六鋪作單杪重昂；角樓挾屋長一瓣，茶樓
子長二瓣，並五鋪作單杪單昂；行廊長二瓣，分心
四鋪作，以上並或單栱或重栱造。材廣五分，厚三分三厘。每瓣
用補間鋪作兩朵。其中層平坐，上安單鉤闌，
高四寸，枓子蜀柱造，其鉤闌準佛道帳制度。鋪作並用卷頭，與上層樓
閣所用鋪作之數，並準下層之制。其結瓦名件，準
腰檐制度，量所宜減之。

裏槽坐高三尺五寸，（併帳身及上層樓閣，共高一丈三尺，帳身直徑一丈。）面徑一丈一尺四寸四分，

料槽徑九尺八寸四分，下用龜脚，上施車槽疊

澁等，其制度並準佛道帳坐之法。内门窗上

設平坐，坐上施重臺鉤闌，高九寸，（雲拱瘿項造，其鉤闌準佛道帳制度。）

用六鋪作卷頭，其材廣一寸，厚六分六厘，每

瓣用補間鋪作五朵，（门窗或用壺门神龕。）並作芙蓉瓣造。

龜脚，長二寸，廣八分。

車槽上下澁，長隨每瓣之廣，（加長一寸。）其廣二寸六分，厚六分。

車槽，長同上，（減長一寸。）廣二寸，厚七分。（安華版在外。）

上子澁，兩重，（在坐腰上下者。）長同上，（減長二寸。）廣二寸，厚三分。

法式十一 四

下子澁，長厚同上，廣二寸三分。

坐腰，長同上，（減長三寸五分。）廣一寸三分，厚一寸。（安華版在外。）

坐面澁，長同上，廣二寸三分，厚六分。

猴面版，長同上，廣三寸，厚六分。

明金版，長同上，（減長二寸。）廣一寸八分，厚一分五厘。

普拍方，長同上，（絞頭在外。）方三分。

料槽版，長同上，（減長七寸。）廣二寸，厚三分。

壓厦版，長同上，（減長一寸。）廣一寸五分，厚同上。

車槽華版，長隨車槽，廣七分，厚同上。

坐腰華版，長隨坐腰，廣一寸，厚同上。

坐面版，長廣並隨猴面版内，厚二分五厘。

坐内背版，（每料槽徑一尺，則長二寸五分，廣隨坐高，以厚六分為定法。）

猴面梯盤榥，（每料槽徑一尺，則長八寸。）方一寸。

猴面鈿版榥，（每料槽徑一尺，則長二寸。）方八分。（每瓣用三條。）

坐下榻頭木並下卧榥，（每料槽徑一尺，則長八寸。）方同上。（隨瓣用。）

榻頭木立榥，長九寸，方同上。（隨瓣用。）

拽後榥，（每料槽徑一尺，則長二寸五分。）方同上。（每瓣上下用六條。）

柱脚方並下卧榥，（每料槽徑一尺，則長五寸。）方一寸。（隨瓣用。）

柱脚立榥，長九寸，方同上。（每瓣上下用六條。）

帳身高八尺五寸，徑一丈，帳柱下用鋜脚，上用隔科，四面

並安歡门帳帶，前後用门，柱内兩邊皆施立

頰泥道版造。

法式十一 五

帳柱，長視高，其廣六分，厚五分。

下鋜脚上隔科版，各長隨帳柱内，廣八分，厚二分四厘，

内上隔科版廣一寸七分。

下鋜脚上隔科仰托榥，各長同上，廣三分六厘，厚二分

四厘。

下鋜脚上隔科内外貼，各長同上，廣二分四厘，厚一分

一厘。

下鋜脚及上隔科上内外柱子，各長六分六厘，上隔科

一、依故宫本 制图当作二 分四厘为合

内外下柱子：長五分六厘，廣厚同上。

立頰：長視上下仰托榥，内廣厚同仰托榥。

泥道版：長同上，廣八分，厚一分。

難子：長同上，方一分。

欹门：長隨兩立頰内，廣一寸二分，厚一分。

帳帶：長三寸二分，方二分四厘。

门子：長視立頰，廣隨兩立頰内。合版令足兩扇之數，以厚八分為定法。

帳身版：長同上，廣隨帳柱内，厚一分二厘。

帳身版上下及兩側内外難子：長同上，方一分二厘。

柱上帳頭：共高一尺，徑九尺八寸四分。檐及出跳在外。六鋪作卷頭重

法式十一　六

栱造。其材廣一寸，厚六分六厘。每瓣用補間

鋪作五朵，上施平棊。

普拍方：長隨每瓣之廣，絞頭在外。廣三寸，厚一寸二分。

枓槽版：長同上，廣七寸五分，厚二寸。

壓廈版：長同上，加長七寸。廣九寸，厚一寸五分。

角栿：每徑一尺，則長三寸。廣四寸，厚三寸。

算桯方：廣四寸，厚二寸五分。長用兩等：一，每徑一尺，長六寸二分；一，每徑一尺，長四寸八分。

平棊：貼絡華文等並準殿内平棊制度。

桯：長隨内外算桯方及算桯方心，廣二寸，厚一分五厘。

背版：長廣隨桯四周之内。以厚五分為定法。

福：每徑一尺，則長五寸七分。方二寸。

護縫：長同背版，廣二寸。以厚五分為定法。

貼：長隨桯内，廣一寸二分。厚同上。

難子並貼絡華：厚同貼。每方一尺，用華子二十五枚或十六

枚。

轉輪：高八尺，徑九尺，當心用立軸，長一丈八尺，徑一尺五寸；上

用鐵鐧釧，下用鐵鵝臺桶子。如造地藏，其輻量所用增之。其輪

七格，上下各劄輻掛輞，每格用八輞，安十六

輻，盛經匣十六枚。

輻：每徑一尺，則長四寸五分。方三分。

法式十一　七

外輞：徑九尺，每徑一尺，則長四寸八分。曲廣七分，厚二分五厘。

内輞：徑五尺，每徑一尺，則長三寸八分。曲廣五分，厚四分。

外柱子：長視高，方二分五厘。

内柱子：長一寸五分，方同上。

立頰：長同外柱子，方一分五厘。

鈿面版：長二寸五分，外廣二寸二分，内廣一寸二分。以厚六分為定法。

格版：長二寸五分，廣一寸二分。厚同上。

後壁格版：長廣一寸二分。厚同上。

難子：長隨格版、後壁版四周，方八厘。

托輻牙子：長二寸，廣一寸，厚三分。隔間用。

托根：（每徑一尺，則長四寸。）方四分。

立絞榥：長視高，方二分五厘。（隨輞用。）

十字套軸版：長隨外平坐上外徑，廣一寸五分，厚五分。

泥道版：長一寸一分，廣三分二厘。（以厚六分為定法。）

泥道難子：長隨泥道版四周，方三厘。

經匣：長一尺五寸，廣六寸五分，高六寸。（盝頂在內。）上用趄塵盝頂，陷頂開帶，四角打卯，下陷底。每高一寸，以二分為盝頂斜高，以一分三厘為開帶。四壁版長隨匣之長廣，每匣高一寸，則廣八分，厚八厘。頂版底版，每匣長一尺，則長九寸五分；每匣廣一寸，則廣八分八厘；每匣高一寸，則厚八厘。子口版長隨匣四周之內，每高一寸，則廣二分，厚五厘。

法式十一 八

凡經藏坐芙蓉瓣長六寸六分，下施龜腳。（上對鋪作。）套軸版安於外槽平坐之上，結瓦、瓏條之類，並準佛道帳制度，舉折等亦如之。

壁藏

造壁藏之制：共高一丈九尺，身廣三丈，兩擺子各廣六尺，內外槽共深四尺。（坐頭及出跳皆在柱外。）前後與兩側制度並同，其名件廣厚，皆取逐層每尺之高，積而為法。

坐：高三尺，深五尺二寸，長隨藏身之廣。下用龜腳，腳上施車槽、疊澀等，其制度並準佛道帳坐之法。唯坐腰之內造神龕壼門，門外安重臺鉤闌，高八寸。上設平坐，坐上安重臺鉤闌，（高一尺，用雲栱癭項造，其鉤闌準佛道帳制度。）用五鋪作卷頭，其材廣一寸，厚六分六厘，每六寸六分施補間鋪作一朵，其坐並芙蓉瓣造。

龜腳：每坐高一尺，則長二寸，廣八分，厚五分。

車槽上下澀：（後壁側當者，長隨坐之深加二寸；內上澀面前長減坐八尺。）廣二寸五分，厚六分五厘。

車槽：長隨坐之深廣，廣二寸，厚七分。

上子澀：兩重，長同上，廣一寸七分，厚三分。

法式十一 九

下子澀：長同上，廣二寸，厚同上。

坐腰：長同上，（減五寸。）廣一寸二分，厚一寸。

坐面澀：長同上，廣二寸，厚六分五厘。

猴面版：長同上，廣三寸，厚七分。

明金版：長同上，（每面減四寸。）廣一寸四分，厚二分。

枓槽版：長同車槽上下澀，（側當減一尺二寸，面前減八尺，擺手面前廣減六寸。）廣二寸三分，厚三分四厘。

壓厦版：長同上，（側當減四寸，面前減八尺，擺手面前減二寸。）廣一寸六分，厚同上。

神龕壼門背版：長隨枓槽，廣一寸七分，厚一分四厘。

壼門牙頭：長同上，廣五分，厚三分。

二丁本改版宜窄，与製兩旁以二分二厘為分。

柱子，長五分七厘，廣三分四厘，厚同上。（隨瓣用。）
面版，長與廣皆隨猴面版內。（以厚六分為定法。）
普拍方，長隨料槽之深廣，方三分四厘。
下車槽卧棍，（每深一尺，則長九寸，卯在内。）方一寸一分。（隔瓣用。）
柱脚方，長隨料槽內深廣，方一寸二分。（絞廕在内。）
柱脚方立棍，長九寸，（卯在内。）方一寸一分。（隔瓣用。）
榻頭木，長隨柱脚方內，方同上。（絞廕在内。）
榻頭木立棍，長九寸一分，（卯在内。）方同上。（隔瓣用。）
拽後棍，長五寸，（卯在内。）方一寸。
羅文棍，長隨高之斜長，方同上。（隔瓣用。）

法式十一　十

猴面卧棍，（每深一尺，則長九寸，卯在内。）方同榻頭木。（隔瓣用。）
帳身，高八尺，深四尺，帳柱上施隔料，下用鋜脚，前面及兩側皆安歡门帳帶，（帳身施版门子。）上下截作七格。（每格安經匣四十枚。）屋内用平棊等造。
帳内外槽柱，長視帳身之高，方四分。
内外槽上隔料版，長隨帳柱內，廣一寸二分，厚一分八厘。
内外槽上隔料仰托棍，長同上，廣五分，厚二分二厘。
内外槽上隔料内外上下貼，長同上，廣五分二厘，厚一分二厘。
内外槽上隔料内外上柱子，長五分，廣厚同上。

内外槽上隔料内外下柱子，長三分六厘，廣厚同上。
内外歡门，長同仰托棍，廣一寸二分，厚一分八厘。
内外帳帶，長三寸，方四分。
裏槽下鋜脚版，長同上隔料版，廣七分二厘，厚一分八厘。

裏槽下鋜脚外貼，長同上，廣二分二厘，厚一分二厘。今本漏去下鋜脚貼，尺寸缺之，則外柱子因不完成，謹據梁本所得，並參照上文上隔料上下貼條補入。

裏槽下鋜脚仰托棍，長同上，廣五分，厚二分二厘。
裏槽下鋜脚外柱子，長五分，廣二分二厘，厚一分二厘。
正後壁及兩側後壁心柱，長視上下仰托棍內，其腰串長隨心柱內，方四分。
帳身版，長視仰托棍腰串內，廣隨帳柱心柱內。（以厚八分為定法。）
帳身版內外難子，長隨版四周之廣，方一分。

法式十一　十一

逐格前後格棍，長隨間廣，方二分。
鈿版棍，（每深一尺，則長五寸五分。）廣一分八厘，厚一分五厘。（每廣六寸用一條。）
逐格鈿面版，長同前後兩側格棍，廣隨前後格棍內。（以厚六分為定法。）
逐格前後柱子，長八寸，方二分。（每匣小間用二條。）
格版，長二寸五分，廣八分五厘，厚同鈿面版。
破间心柱，長視上下仰托棍內，其廣五分，厚三分。
摺疊门子，長同上，廣隨心柱帳柱内。（以厚一寸為定法。）
格版難子，長隨格版之廣，其方六厘。
裏槽普拍方，長隨間之深廣，其廣五分，厚二分。
平棊，（華文等准佛道帳制度。）

二、故宮本、紫閣本 六二尺五参

尺 故宮本

經匣：（盝頂及大小等，並準轉輪藏經匣制度。）

腰檐：高一尺，枓槽共長二丈九尺八寸四分，深三尺八寸四分。枓栱用六鋪作，單杪雙昂，材廣一寸，厚六分六厘，上用壓厦版出檐結瓦。

普拍方：長隨深廣，（絞頭在外。）廣二寸，厚八分。

枓槽版：長隨後壁及兩側擗手深廣，（前面長減八寸。）廣三寸五分，厚一寸。

壓厦版：長同枓槽版，（減六寸，前面長減同上。）廣四寸，厚一寸。

枓槽鑰匙頭：長隨深廣，厚同枓槽版。

山版：長同普拍方，廣四寸五分，厚一寸。

法式十一 十二

六 丁本及故宮本

出入角角梁：長視斜高，廣一寸五分，厚同上。

出入角子角梁：長六寸，（卯在內。）曲廣一寸五分，厚八分。

抹角方：長七寸，廣一寸五分，厚同角梁。

貼生：長隨角梁內，方一寸。（折計用。）

曲椽：長八寸，曲廣一寸，厚四分。（每補間鋪作一朵用三條，從角勻攤。）

飛子：長五寸，（尾在內。）方三分五厘。

白版：長隨後壁及兩擗手，（到角長加一尺，前面長減九尺。）廣三寸五分。（以厚五分為定法。）

厦瓦版：長同白版，（加一尺三寸，前面長減八尺。）廣九寸，厚同上。

瓦隴條：長九寸，方四分。（瓦頭在內，隔間勻攤。）

搏脊：長同山版，（加二寸，前面長減八尺。）其廣二寸五分，厚一寸。

角脊：長六寸，廣二寸，厚同上。

搏脊槫：長隨間之深廣，其廣一寸五分，厚同上。

小山子版：長與廣皆二寸五分，厚同上。

山版枓槽臥榥：長隨枓槽內，其方一寸五分。（隔瓣上下用二枚。）

山版枓槽立榥：長八寸，方同上。（隔瓣用二枚。）

平坐：高一尺，枓槽長隨間之廣，共長二丈九尺八寸四分，深三尺八寸四分，安單鉤闌，高七寸。（其鉤闌準佛道帳制度。）用六鋪作卷頭，材之廣厚及用壓厦版，並準腰檐之制。

普拍方：長隨間之深廣，（合角在外。）方一寸。

法式十一 十三

枓槽版：長隨後壁及兩側擗手，（前面減八尺。）廣九寸，（子口在內。）厚二寸。

壓厦版：長同枓槽版，（至出角加七寸五分，前面減同上。）廣九寸五分，厚同上。

鴈翅版：長同枓槽版，（至出角加九寸，前面減同上。）廣二寸五分，厚八分。

枓槽內上下臥榥：長隨枓槽內，其方三寸。（隨瓣隔間上下用。）

枓槽內上下立榥：長隨坐高，其方二寸五分。（隨臥榥用二條。）

鋜腳版：長同普拍方。（以厚七分為定法。）

天宮樓閣：高五尺，深一尺，用殿身、茶樓、角樓、龜頭殿、挾屋、行廊等造。

下層副階：內殿身長三瓣，茶樓子長二瓣，角樓長一瓣，並六鋪作單杪雙昂造。（龜頭、殿挾各）行廊長二瓣，長一瓣，

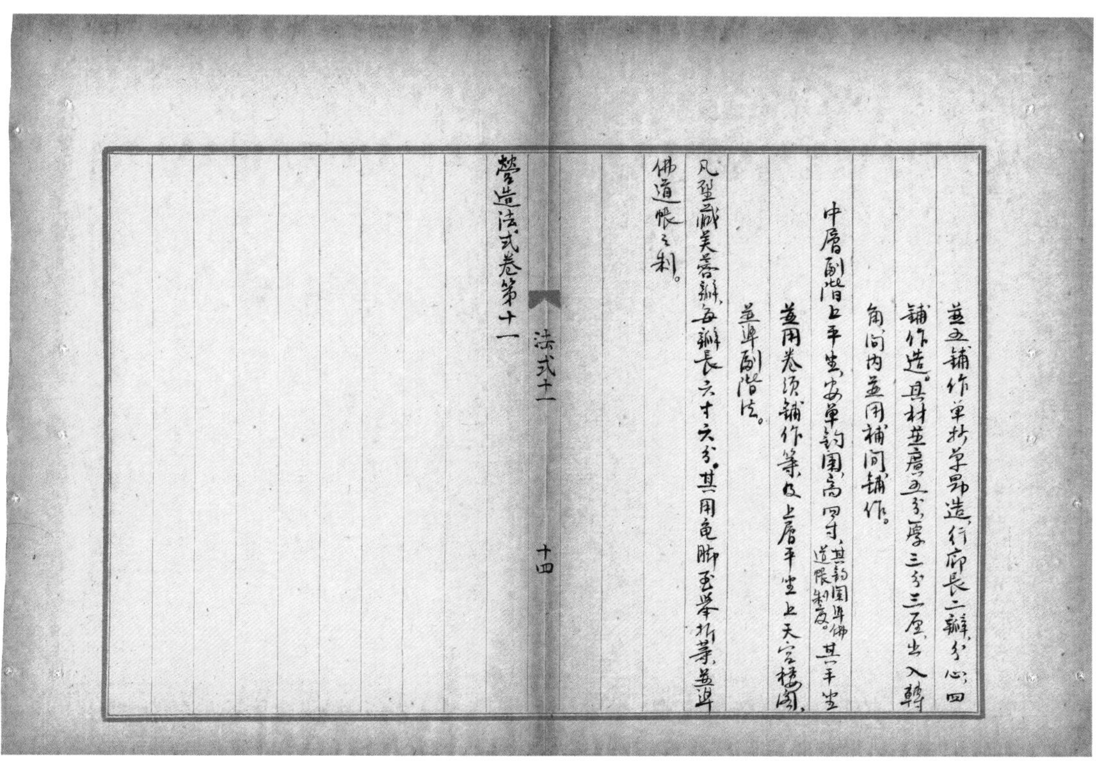

並五鋪作單杪單昂造，行廊長二瓣，分心四鋪作造，其材並廣五分，厚三分三厘，出入轉角，間內並用補間鋪作。

中層副階上平坐，安單鉤闌，高四寸。其鉤闌準佛道帳制度。其平坐並用卷頭鋪作等，及上層平坐上天宮樓閣，並準副階法。

凡壁藏芙蓉瓣，每瓣長六寸六分，其用龜腳至舉折等，並準佛道帳之制。

營造法式卷第十一

法式十一　十四

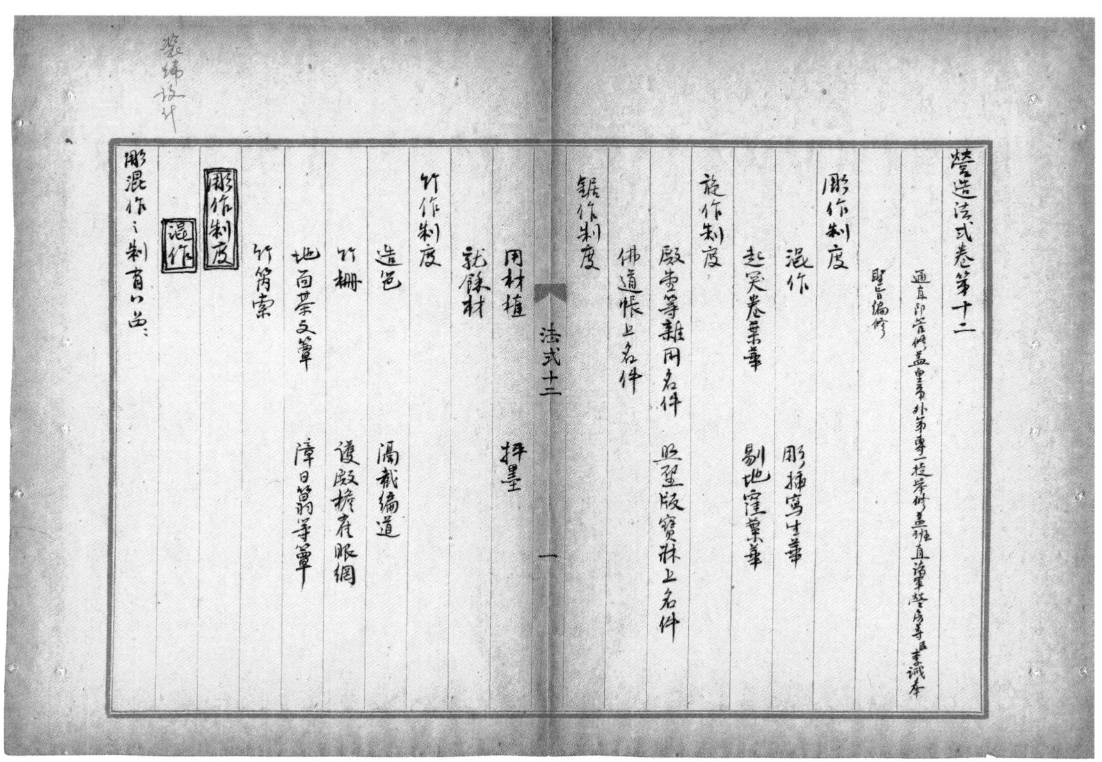

營造法式卷第十二

通直郎管修蓋皇弟外第專一提舉修蓋班直諸軍營房等臣李誡奉聖旨編修

彫作制度
混作　彫插寫生華
起突卷葉華　剔地窪葉華

旋作制度
殿堂等雜用名件　照壁版寶牀上名件
佛道帳上名件

鋸作制度
用材植　抨墨
就餘材

竹作制度
造笆　隔截編道
竹柵　護殿檐雀眼網
地面棊文簟　障日篛等簟
竹笍索

彫作制度
混作
彫混作之制有八品：

法式十二　一

一曰神仙（真人、女真、金童、玉女之類同），二曰飛仙（嬪伽、共命鳥之類同），三曰化生（以上並手執樂器或芝草、華果、瓶盤、器物之屬），四曰拂菻（蕃王、夷人之類同，手內牽拽走獸或執旌旗矛戟之屬），五曰鳳凰（孔雀、仙鶴、鸚鵡、山鷓、練鵲、錦雞、鴛鴦、鵝、鴨、鳧、雁之類同），六曰師子（狻猊、麒麟、天馬、海馬、羜羊、白象、馴犀、黑熊之類同），

以上並施之於鈎闌柱頭之上或牌帶四周（其牌帶之內，上施飛仙，下用寶床真人等，如係御書，兩頰作升龍，並在起突華地之外），及照壁版之類亦用之。

七曰角神（寶藏神之類同），施之於屋出入轉角大角梁之下，及帳坐腰內之類

亦用之。

八曰纏柱龍（盤龍、坐龍、牙魚之類同），施之於帳及經藏柱之上（或纏寶山），或盤於藻井之內。

法式十二　二

凡混作雕刻成形之物，令四周皆備，其人物及鳳凰之類或立或坐，並於仰覆蓮華或覆瓣蓮華坐上用之。

雕插寫生華

雕插寫生華之制有五品：一曰牡丹華，二曰芍藥華，三曰黃葵華，四曰芙蓉華，五曰蓮荷華。

以上並施之於栱眼壁之內。

凡雕插寫生華，先約栱眼壁之高廣，量宜分布畫樣，隨其卷舒，雕成華葉，於寶山之上，以華盆安插之。

起突卷葉華

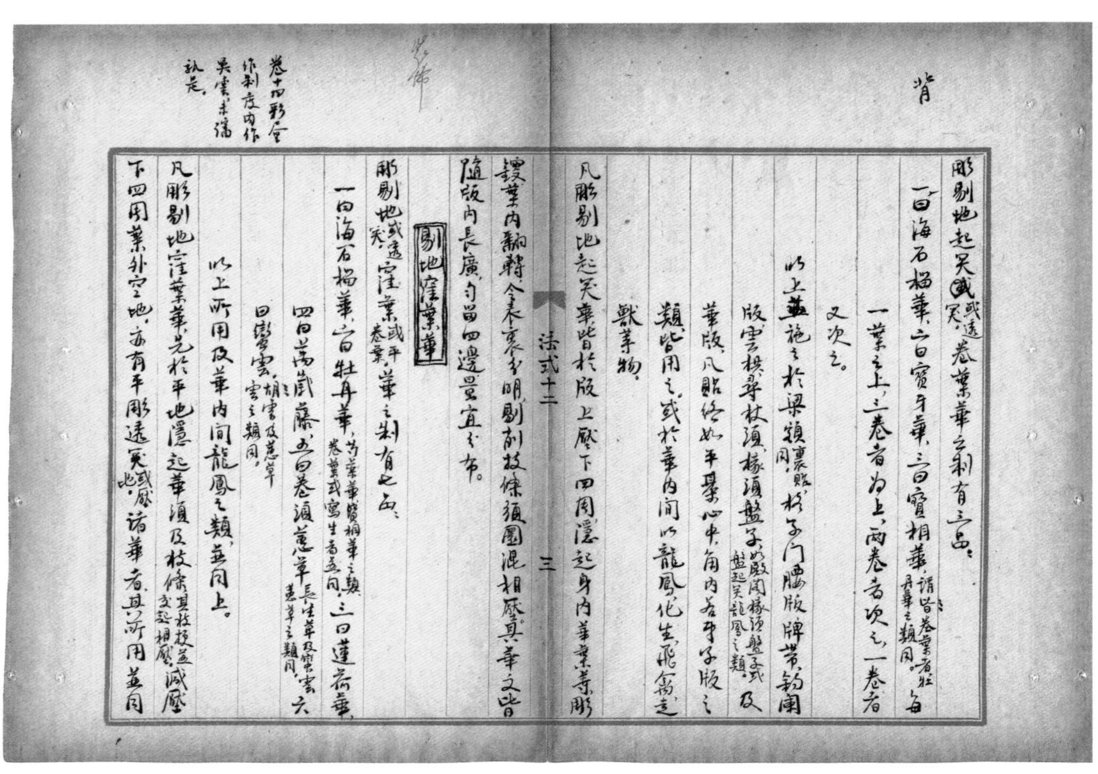

雕剔地起突（或透突）卷葉華之制有三品：一曰海石榴華，二曰寶牙華，三曰寶相華（謂皆卷葉者，牡丹華之類同）。每一葉之上，三卷者為上，兩卷者次之，一卷者又次之。

以上並施之於梁、額（裹貼同）、格子門腰版、牌帶、鈎闌版、雲栱、尋杖頭、椽頭盤子（如殿閣椽頭盤子，或盤起突龍鳳之類）及華版。凡貼絡，如平棊心中角內，若牙子版之類皆用之。或於華內間以龍鳳化生、飛禽走獸等物。

凡雕剔地起突華，皆於版上壓下四周隱起。身內華葉等雕鎪，葉內翻卷，令表裏分明，剔削枝條，須圓混相壓。其華文皆隨版內長廣，勻留四邊，量宜分布。

法式十二　三

剔地洼葉華

雕剔地（或透突）洼葉（或平卷葉）華之制有七品：一曰海石榴華，二曰牡丹華（芍藥華、寶相華之類，卷葉或寫生者並同），三曰蓮荷華，四曰萬歲藤，五曰卷頭蕙草（長生草及蠻雲蕙草之類同），六曰蠻雲（胡雲及蕙草雲之類同）。

以上所用，及華內間龍鳳之類並同上。

凡雕剔地洼葉華，先於平地隱起華頭及枝條（其枝梗並交起相壓），減壓下四周葉外空地。亦有平雕透突（或壓地）諸華者，其所用並同

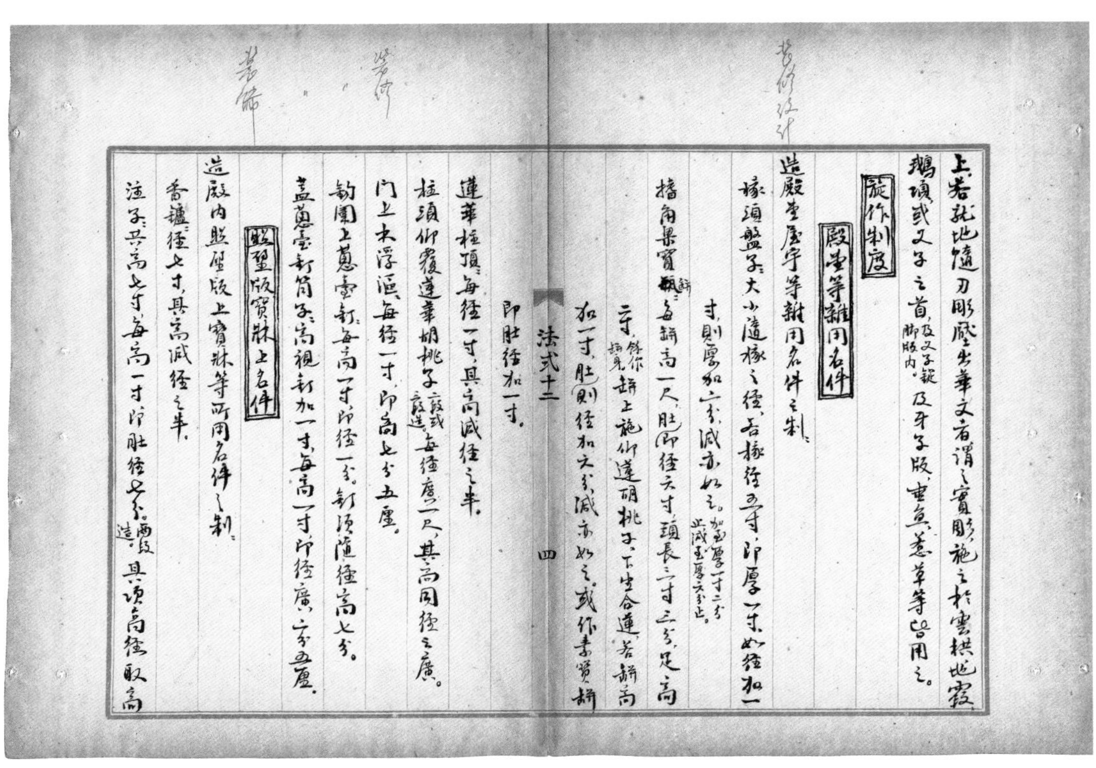

上若就地隨刃彫壓出華文者，謂之實彫，施之於雲栱、地霞、
鵝項或叉子之首（及叉子錠脚版內），及牙子版、垂魚、惹草等皆用之。

旋作制度

殿堂等雜用名件

造殿堂屋宇等雜用名件之制：
椽頭盤子：大小隨椽之徑。若椽徑五寸，即厚一寸。如徑加一
寸，則厚加二分；減亦如之。（加至厚一寸二分止，減至厚六分止。）
搘角梁寶瓶：每瓶高一尺，肚徑六寸，頭長三寸三分，足高
二寸。（餘作瓶身。）瓶上施仰蓮胡桃子，下坐合蓮。若瓶高
加一寸，則肚徑加六分；減亦如之。或作素寶瓶，
即肚徑加一寸。

法式十二　四

蓮華柱頂：每徑一寸，其高減徑之半。
柱頭仰覆蓮華胡桃子（二段或三段造）：每徑廣一尺，其高同徑之廣。
門上木浮漚：每徑一寸，即高七分五厘。
鉤闌上葱臺釘：每高一寸，即徑一分。釘頭隨徑，高七分。
盖葱臺釘筒子：高視釘加一寸。每高一寸，即徑廣二分五厘。

照壁版寶牀上名件

造殿內照壁版上寶牀等所用名件之制：
香爐：徑七寸，其高減徑之半。
注子：共高七寸。每高一寸，即肚徑七分。（兩段造。）其項高徑取高

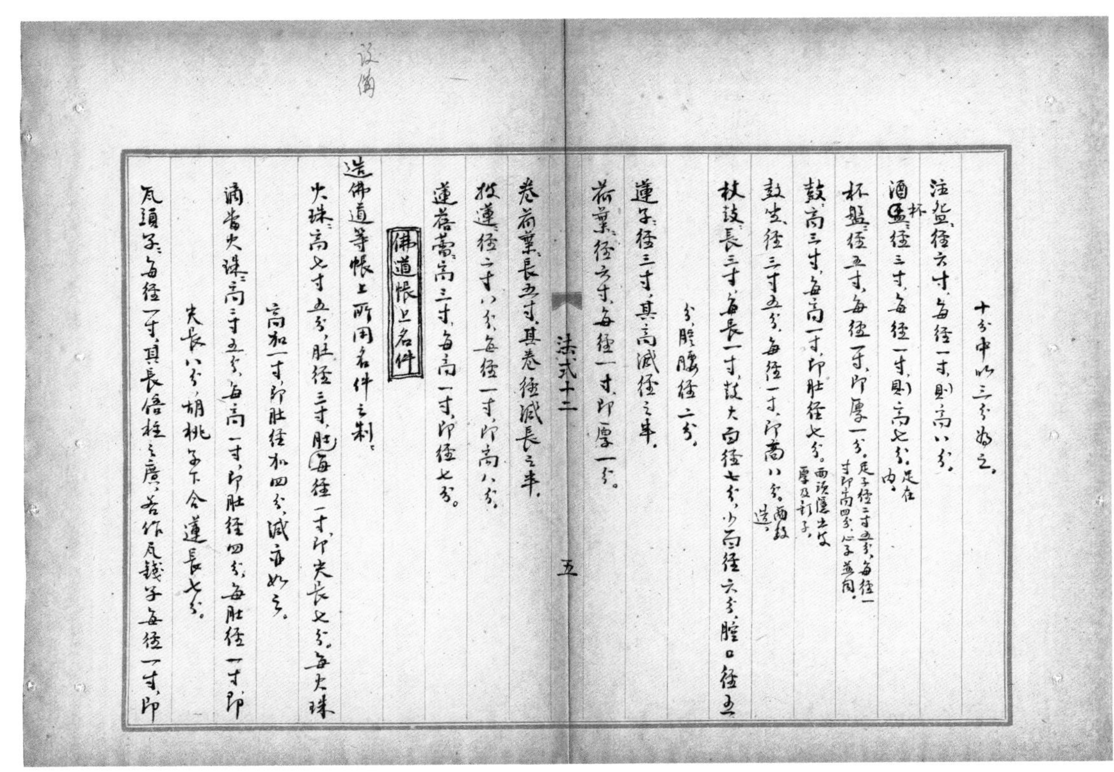

十分中以三分為之。
注盌：徑六寸。每徑一寸，則高八分。
酒杯：徑三寸。每徑一寸，則高七分。（足在內。）
杯盤：徑五寸。每徑一寸，即厚一分。（足子徑二寸五分，每徑一寸即高四分，心子並同。）
鼓：高三寸。每高一寸，即肚徑七分。（兩頭隱出皷厚及釘子。）
鼓坐：徑三寸五分。每徑一寸，即高八分。（兩段造。）
杖鼓：長三寸。每長一寸，鼓大面徑七分，小面徑六分，腔口徑五
分，腔腰徑二分。
蓮子：徑三寸，其高減徑之半。
荷葉：徑六寸。每徑一寸，即厚一分。

法式十二　五

卷荷葉：長五寸，其卷徑減長之半。
披蓮：徑二寸八分。每徑一寸，即高八分。
蓮蓓蕾：高三寸。每高一寸，即徑七分。

佛道帳上名件

造佛道等帳上所用名件之制：
火珠：高七寸五分，肚徑三寸。每肚徑一寸，即尖長七分。每火珠
高加一寸，即肚徑加四分；減亦如之。
滴當火珠：高二寸五分。每高一寸，即肚徑四分。每肚徑一寸，即
尖長八分。胡桃子下合蓮長七分。
瓦頭子：每徑一寸，其長倍柱之廣。若作瓦錢子，每徑一寸，即

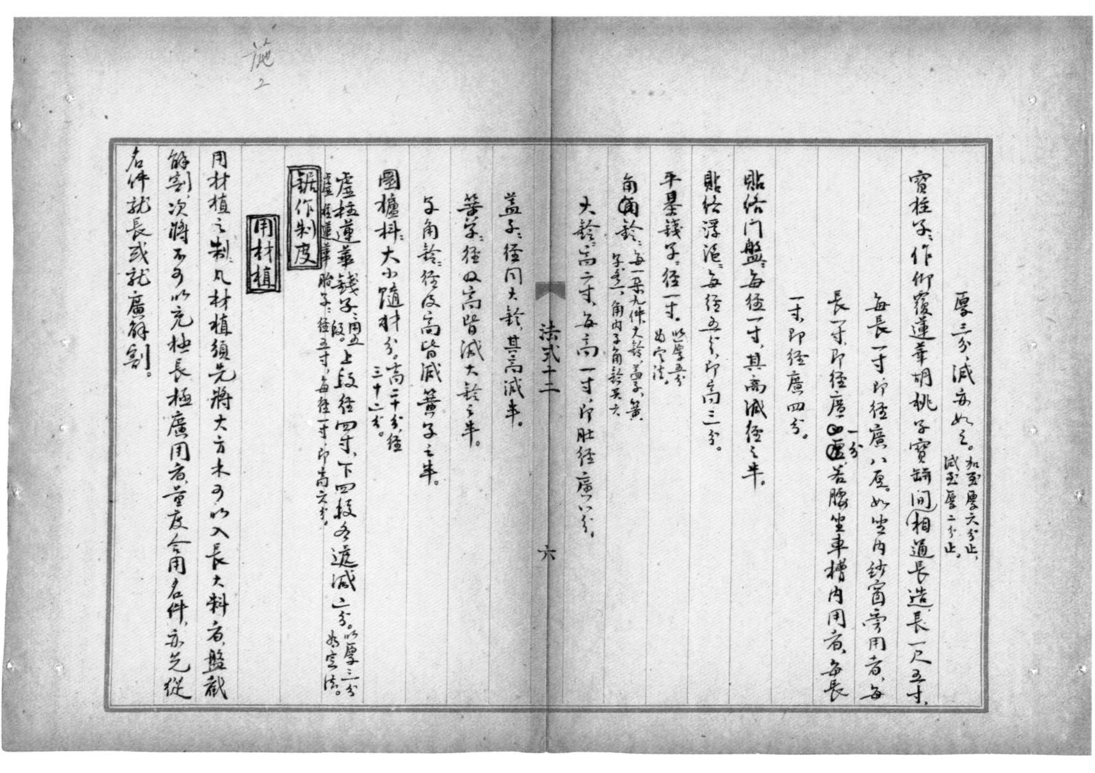

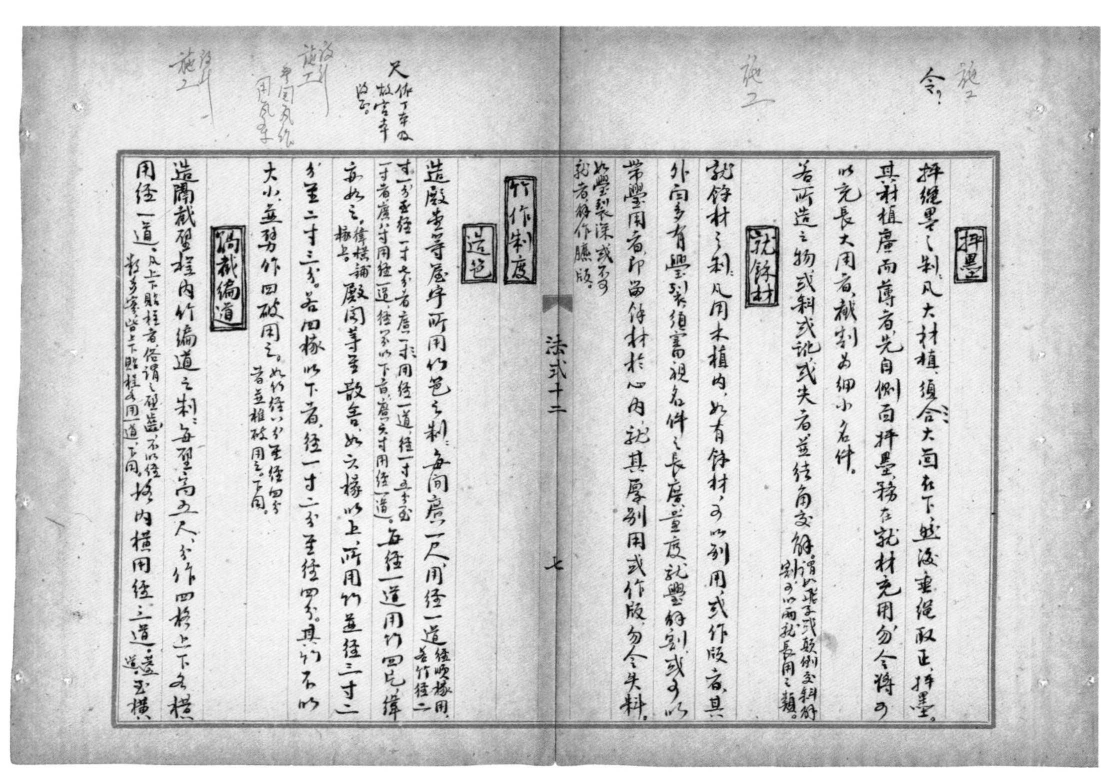

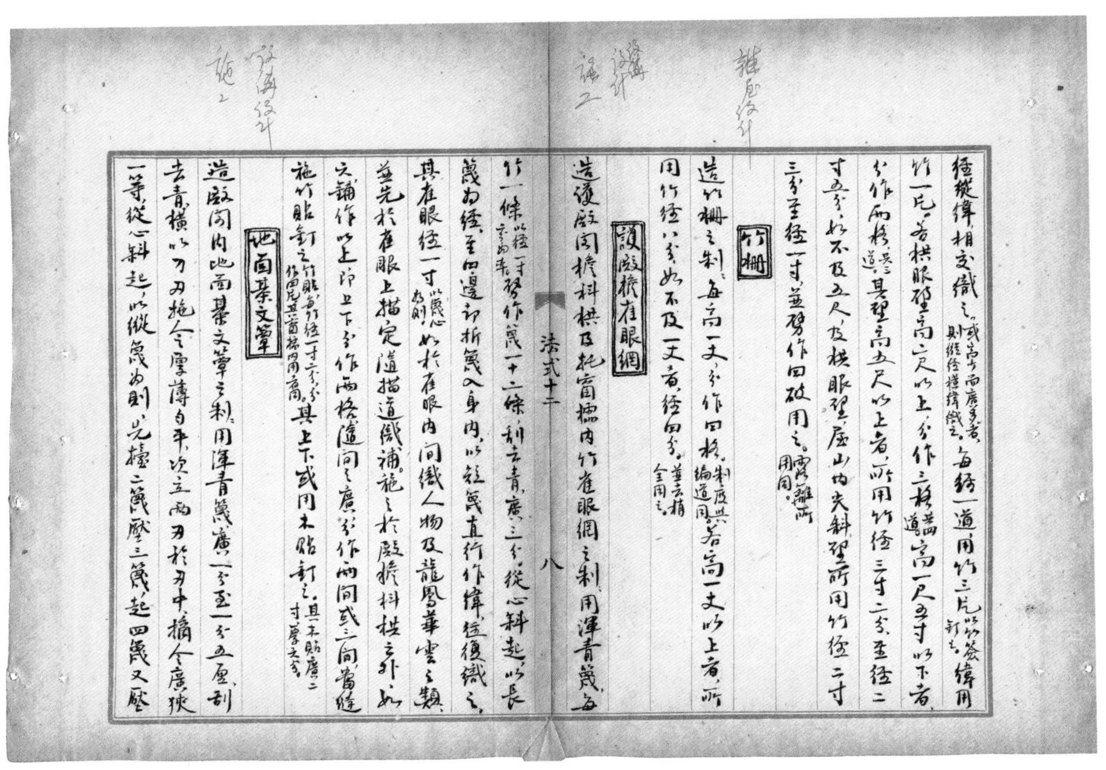

法式十二　八

經縱緯相交織之。或高少而廣多者，則經橫緯織之。每經一道用竹三片，以竹簽釘之。緯用竹一片。若栱眼壁高二尺以上，分作三格，共四道。高一尺五寸以下者，分作兩格。共三道。其壁高五尺以上者，所用竹徑三寸二分至徑二寸五分；如不及五尺，及栱眼壁、屋山內尖斜壁，所用竹徑二寸三分至徑一寸，並劈作四破用之。露籬所用同。

竹柵

造竹柵之制：每高一丈，分作四格。制度與籬道同。若高一丈以上者，所用竹徑八分；如不及一丈者，徑四分。並去梢全用之。

護殿檐雀眼網

造護殿閣檐枓栱及托窗欞內竹雀眼網之制：用渾青篾。每竹一條，以徑一寸二分為率。劈作篾一十二條；刮去青，廣三分。從心斜起，以長篾為經，至四邊卻折篾入身內；以短篾直行作緯，往復織之。其雀眼徑一寸。以篾心為則。如於雀眼內，間織人物及龍鳳華雲之類，並先於雀眼上描定，隨描道織補。施之於殿檐枓栱之外。如六鋪作以上，即上下分作兩格；隨間之廣，分作兩間或三間，當縫施竹貼釘之。竹貼，每竹徑一寸二分，分作四片。其竹貼用青篾。其上下或用木貼釘之。其木貼廣二寸，厚六分。

地面棊文簟

造殿閣內地面棊文簟之制：用渾青篾，廣一分至一分五厘；刮去青，橫以刀刃拖令厚薄勻平；次立兩刃，於刃中摘令廣狹一等。從心斜起，以縱篾為則，先抬二篾，壓三篾，起四篾，又壓三篾，然後橫下一篾織之。復於起四處抬二篾，循環如此。至四邊尋斜取正，抬三篾至七篾織水路。水路外摺邊，歸篾頭於身內。當心織方勝等，或華文、龍鳳。並染紅、黃篾用之。其竹用徑二寸五分至徑一寸。障日篛等簟同。

法式十二　九

障日篛等簟

造障日篛等所用簟之制：以青白篾相雜用，廣二分至四分，從下直起，以縱篾為則，抬三篾，壓三篾，然後橫下一篾織之。復自抬三處，從長篾一條內，再起壓三；循環如此。若造假棊文，並抬四篾，壓四篾，橫下兩篾織之。復自抬四處，當心再抬；循環如此。

竹笍索

造綰繫鷹架竹笍索之制：每竹一條，竹徑二寸五分至一寸。劈作一十一片；每片揭作二片，作五股辮之。每股用篾四條或三條，若純青造，用青白篾各二條，合青篾在外；如青白篾相間，用青篾一條，白篾二條。造成，廣一寸五分，厚四分。每條長二百尺，臨時量度所用長短截之。

營造法式卷第十二

營造法式卷第十三

通直郎管修蓋皇弟外第專一提舉修蓋班直諸軍營房等臣李誡奉聖旨編修

瓦作制度
結瓷　用瓦
壘屋脊　用鴟尾
用獸頭等

泥作制度
壘牆　用泥
畫壁　立竈（轉煙直拔）
釜鑊竈　茶鑪
壘射垛

法式十三　一

瓦作制度

結瓷

結瓷屋宇之制有二等：

一曰甋瓦：施之於殿閣、廳堂、亭榭等。其結瓷之法：先將甋瓦齊口斫去下棱，令上齊直；次斫去甋瓦身內裏棱，令四角平穩，（角內或有不穩，須斫令平正。）謂之解撟。於平版上安一半圈，（高廣與甋瓦同。）將甋瓦斫造畢，於圈內試過，謂之撺窠。下鋪仰瓪瓦。（上壓四分，下留六分。散瓪仰合，瓦並準此。）

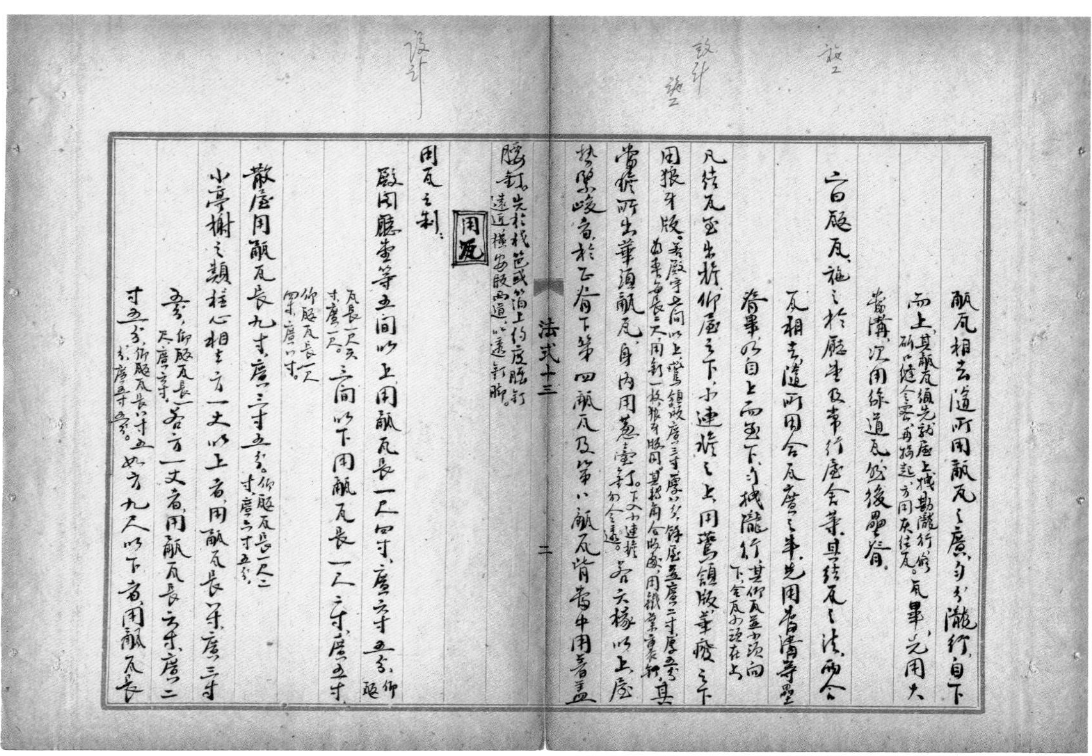

甋瓦相去隨所用甋瓦之廣，勻分隴行，自下而上。（其甋瓦須先就屋上拽勘隴行，修斫口縫令密，再揭起，方用灰結瓷。）瓦畢，先用大當溝，次用線道瓦，然後壘脊。

二曰瓪瓦：施之於廳堂及常行屋舍等。其結瓷之法：兩合瓦相去，隨所用合瓦廣之半，先用當溝等壘脊畢，乃自上而至下，勻拽隴行。（其仰瓦並小頭向下，合瓦小頭在上。）

凡結瓷至出檐，仰瓦之下，小連檐之上，用燕頷版，華廢之下用狼牙版。（若殿宇七間以上，燕頷版廣三寸，厚八分；餘屋並廣二寸，厚五分為率。每長二尺用釘一枚；狼牙版同。其轉角合版處，用鐵葉裹釘。）其當檐所出華頭甋瓦，身內用葱臺釘。（下入小連檐，勿令透。）若六椽以上，屋勢緊峻者，於正脊下第四甋瓦及第八甋瓦背當中用着蓋腰釘。（先於栈笆或箔上約度腰釘遠近，橫安版兩道，以透釘脚。）

法式十三　二

用瓦

用瓦之制：

殿閣廳堂等，五間以上，用甋瓦長一尺四寸，廣六寸五分。（仰瓪瓦長一尺六寸，廣一尺。）三間以下，用甋瓦長一尺二寸，廣五寸。（仰瓪瓦長一尺四寸，廣八寸。）

散屋用甋瓦，長九寸，廣三寸五分。（仰瓪瓦長一尺二寸，廣六寸五分。）

小亭榭之類，柱心相去方一丈以上者，用甋瓦長八寸，廣三寸五分。（仰瓪瓦長一尺，廣六寸。）若方一丈者，用甋瓦長六寸，廣二寸五分。（仰瓪瓦長八寸五分，廣五寸五分。）如方九尺以下，用甋瓦長

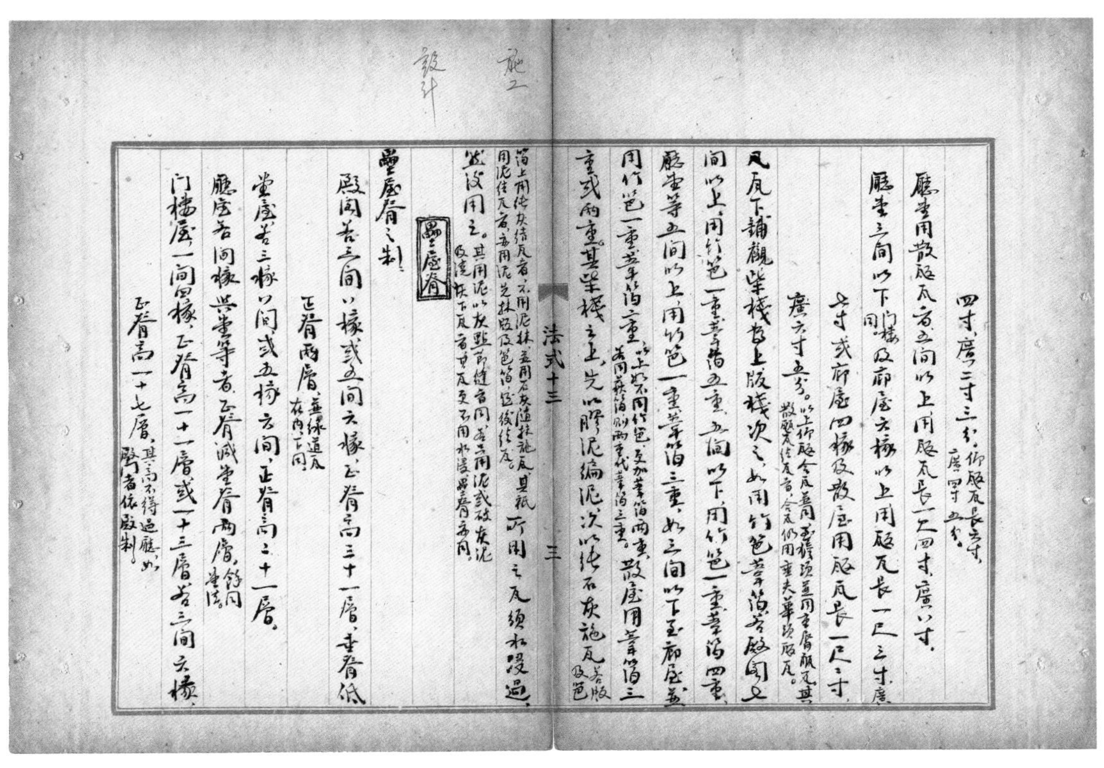

法式十三　三

四寸，廣二寸三分。（仰瓪瓦長六寸，廣四寸五分。）

廳堂用散瓪瓦者，五間以上，用瓪瓦長一尺四寸，廣八寸。

廳堂三間以下（門樓同），及廊屋六椽以上，用瓪瓦長一尺三寸，廣七寸。或廊屋四椽及散屋，用瓪瓦長一尺二寸，廣六寸五分。（以上仰瓦合瓦並同。至檐頭，並用重脣瓪瓦。其散瓪瓦結瓷者，合瓦仍用垂尖華頭瓪瓦。）

凡瓦下補襯柴棧爲上，版棧次之。如用竹笆、葦箔，若殿閣七間以上，用竹笆一重，葦箔五重；五間以下，用竹笆一重，葦箔四重；廳堂等五間以上，用竹笆一重，葦箔三重；如三間以下至廊屋，並用竹笆一重，葦箔二重。（以上如不用竹笆，更加葦箔兩重；若用荻箔，則兩重代葦箔三重。）散屋用葦箔三重或兩重。其柴棧之上，先以膠泥徧泥，次以純石灰施瓦。（若版及笆、箔上用純石灰結瓷者，不用泥抹，並用石灰隨抹施瓦。其只用泥結瓷者，亦用泥先抹版及笆、箔，然後結瓷。）所用之瓦，須水浸過，然後用之。（其用泥以灰點節縫者同。若只用泥或破灰泥，及澆灰下瓦者，其瓦更不用水浸。墊脊及泥造同。）

壘屋脊

壘屋脊之制：殿閣，若三間八椽或五間六椽，正脊高三十一層，垂脊低正脊兩層。（並線道瓦在內。下同。）

堂屋，若三間八椽或五間六椽，正脊高二十一層。

廳屋，若間椽與堂等者，正脊減堂脊兩層。（餘同堂法。）

門樓屋，一間四椽，正脊高一十一層或一十三層；若三間六椽，正脊高一十七層。（其高不得過廳。如殿門者，依殿制。）

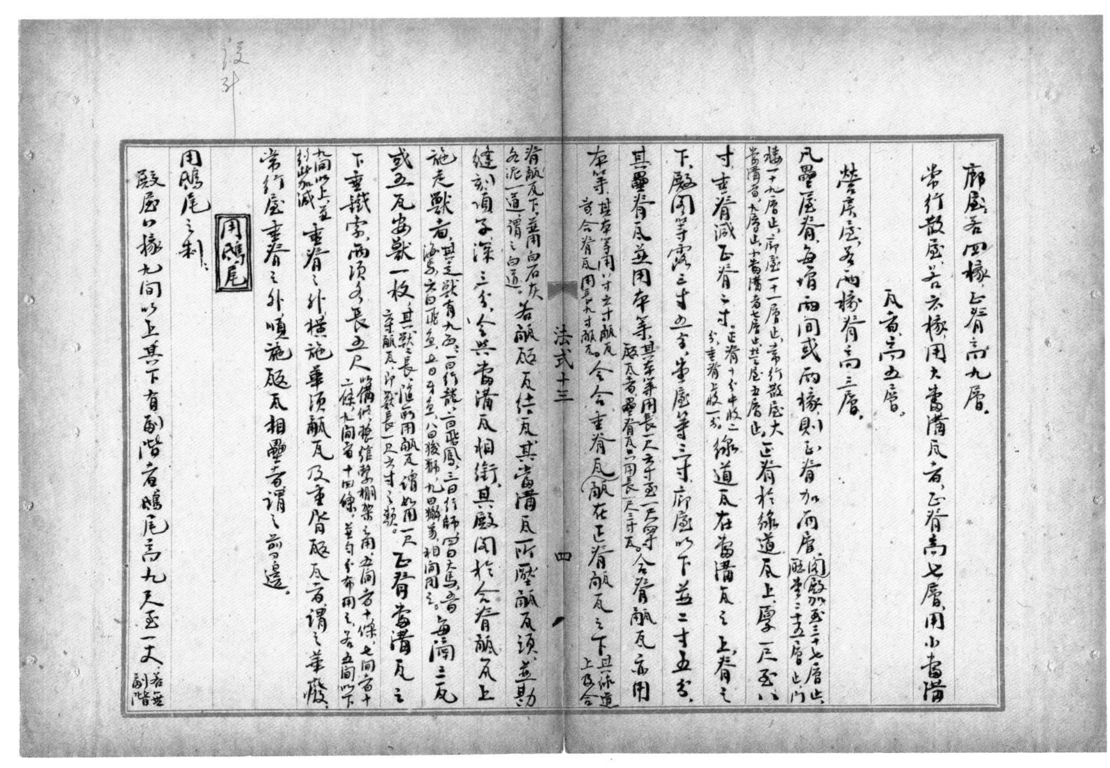

法式十三　四

廊屋，若四椽，正脊高九層。

常行散屋，若六椽用大當溝瓦者，正脊高七層；用小當溝瓦者，高五層。

營房屋，若兩椽，脊高三層。

凡壘屋脊，每增兩間或兩椽，則正脊加兩層。（殿閣加至三十七層止；廳堂二十五層止；門樓一十九層止；廊屋一十一層止；常行散屋大當溝者九層止；小當溝者七層止；營屋五層止。）正脊，於線道瓦上厚一尺至八寸；垂脊減正脊二寸。（正脊十分中上收二分；垂脊上收一分。）線道瓦在當溝瓦之上，脊之下，殿閣等露三寸五分，堂屋等三寸，廊屋以下並二寸五分。其壘脊瓦並用本等。（其本等用長一尺六寸至一尺四寸甋瓦者，壘脊瓦只用長一尺三寸瓦。）合脊甋瓦亦用本等。（其本等用八寸、六寸甋瓦者，合脊用長九寸甋瓦。）令合垂脊甋瓦在正脊甋瓦之下。（其線道上及合脊甋瓦下，並用白石灰各泥一道，謂之白道。若甋瓪瓦結瓷，其當溝瓦所壓甋瓦頭，並勘縫刻項子，深三分，令與當溝瓦相銜。）其殿閣於合脊甋瓦上施走獸者，（其走獸有九品，一曰行龍，二曰飛鳳，三曰行師，四曰天馬，五曰海馬，六曰飛魚，七曰牙魚，八曰狻猊，九曰獬豸，相間用之。）每隔三瓦或五瓦安獸一枚。（其獸之長隨所用甋瓦，謂如用一尺六寸甋瓦，即獸長一尺六寸之類。）正脊當溝瓦之下垂鐵索，兩頭各長五尺。（以備修繕綰繫棚架之用。五間者十條，七間者十二條，九間者十四條，並勻分布用之。若五間以下，九間以上，並約此加減。）垂脊之外，橫施華頭甋瓦及重脣瓪瓦者，謂之華廢。常行屋垂脊之外，順施瓪瓦相疊者，謂之剪邊。

用鴟尾

用鴟尾之制：殿屋八椽九間以上，其下有副階者，鴟尾高九尺至一丈，（若無副階高六尺。五間至七間（不計椽數）高七尺至七尺五寸，三間高五尺至五尺五寸。

樓閣三層檐者，與殿五間同，兩層檐者，與殿三間同。

殿挾屋高四尺至四尺五寸。

廊屋之類，並高三尺至三尺五寸。（若廊屋轉角，即用合角鴟尾。）

小亭殿等高二尺五寸至三尺。

凡用鴟尾，若高三尺以上者，於鴟尾上用鐵腳子及鐵束子安搶鐵，其搶鐵之上施五叉拒鵲子。（三尺以下不用。）身內用柏木樁或龍尾，唯不用搶鐵。拒鵲加襻脊鐵索。

用獸頭等

用獸頭等之制：

殿閣垂脊獸，並以正脊層數為祖。

正脊三十七層者，獸高四尺，三十五層者，獸高三尺五寸，三十三層者，獸高三尺，三十一層者，獸高二尺五寸。

堂屋等正脊獸，亦以正脊層數為祖，其垂脊並降正脊獸一等用之。（謂正脊獸高一尺四寸者，垂脊獸高一尺二寸之類。）

正脊二十五層者，獸高三尺五寸，二十三層者，獸高三尺，二十一層者，獸高二尺五寸，一十九層者，獸高二尺。

廊屋等正脊及垂脊獸祖並同上。（散屋亦同。）

正脊九層者，獸高二尺，七層者獸高一尺八寸。

散屋等：

正脊七層者，獸高一尺六寸，五層者，獸高一尺四寸。

殿閣廳堂亭榭轉角上下用套獸、嬪伽、蹲獸、滴當火珠等：

四阿殿九間以上，或九脊殿十一間以上者，套獸徑一尺二寸，嬪伽高一尺六寸，蹲獸八枚，各高一尺，滴當火珠高八寸。（套獸施之於子角梁首，嬪伽施於角上，蹲獸在嬪伽之後，其滴當火珠在檐頭華頭甋瓦之上。下同。）

四阿殿七間或九脊殿九間，套獸徑一尺，嬪伽高一尺四寸，蹲獸六枚，各高九寸，滴當火珠高七寸。

四阿殿五間，九脊殿五間至七間，套獸徑八寸，嬪伽高一尺二寸，蹲獸四枚，各高八寸，滴當火珠高六寸。（廳堂三間至五間以上，如五鋪作造厦兩頭者，亦用此制，唯不用滴當火珠。下同。）

九脊殿三間或廳堂五間至三間，枓口跳及四鋪作造厦兩頭者，套獸徑六寸，嬪伽高一尺，蹲獸兩枚，各高六寸，滴當火珠高五寸。

亭榭厦兩頭者，（四角或八角撮尖亭子同。）如用八寸甋瓦，套獸徑六寸，嬪伽高八寸，蹲獸四枚，各高六寸，滴當火珠高四寸。若用六寸甋瓦，套獸徑四寸，嬪伽高六寸，蹲獸四枚，各高四寸。（如枓口跳或四鋪作，蹲獸只用兩枚。）滴當火

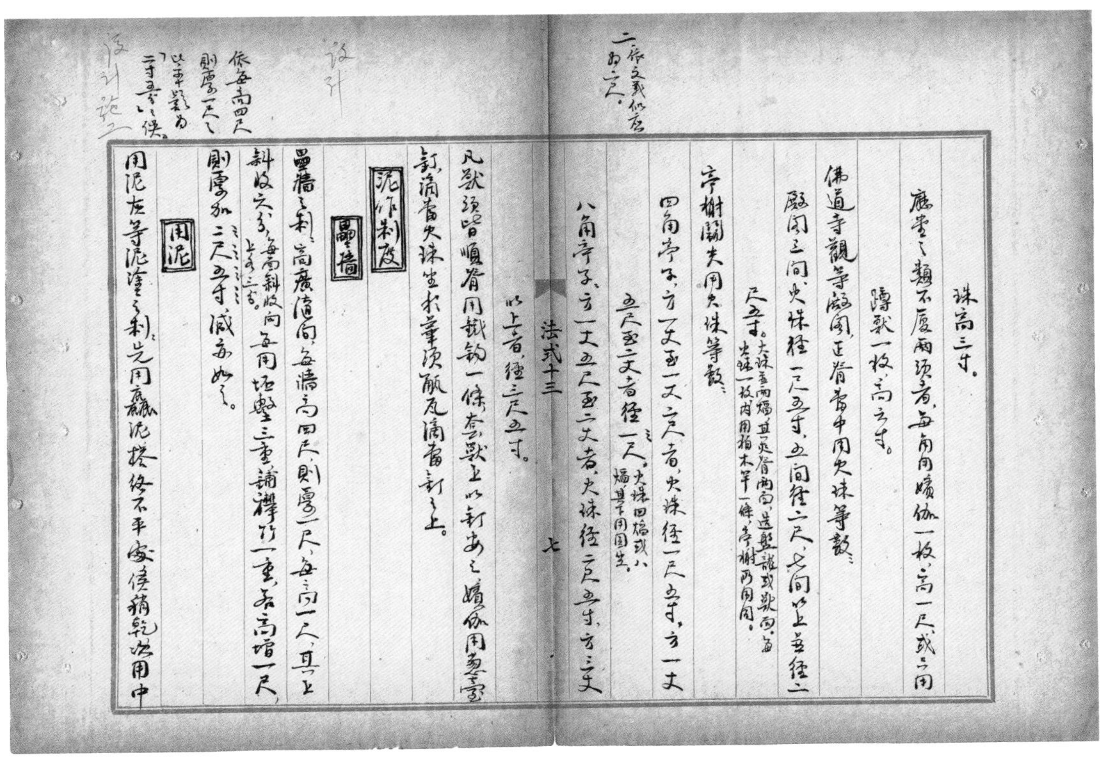

二、依文義似應為二尺。

珠高三寸。

廊屋之類，不厦兩頭者，每角用嬪伽一枚，高一尺；或只用蹲獸一枚，高六寸。

佛道寺觀等殿閣正脊當中用火珠等數：

殿閣三間，火珠徑一尺五寸；五間，徑二尺；七間以上，並徑二尺五寸。火珠並兩焰，其夾脊兩面造盤龍或獸面。每火珠一枚，內用柏木竿一條，亭榭所用同。

亭榭鬬尖用火珠等數：

四角亭子，方一丈至一丈二尺者，火珠徑一尺五寸；方一丈五尺至二丈者，徑二尺。火珠四焰或八焰；其下用圓坐。

八角亭子，方一丈五尺至二丈者，火珠徑二尺五寸；方三丈以上者，徑三尺五寸。

法式十三　七

凡獸頭皆順脊用鐵鉤一條，套獸上以釘安之；嬪伽用葱臺釘；滴當火珠坐於華頭甋瓦滴當釘之上。

泥作制度

壘牆

壘牆之制：高廣隨間。每牆高四尺，則厚一尺。每高一尺，其上斜收六分。每面斜收向上各三分。每用坯墼三重，鋪襻竹一重。若高增一尺，則厚加二尺五寸；減亦如之。

依每高四尺則厚一尺之比率，疑為二寸五分之誤。

設計

設計施工

用泥

用石灰等泥塗之制：先用麤泥搭絡不平處，候稍乾，次用中

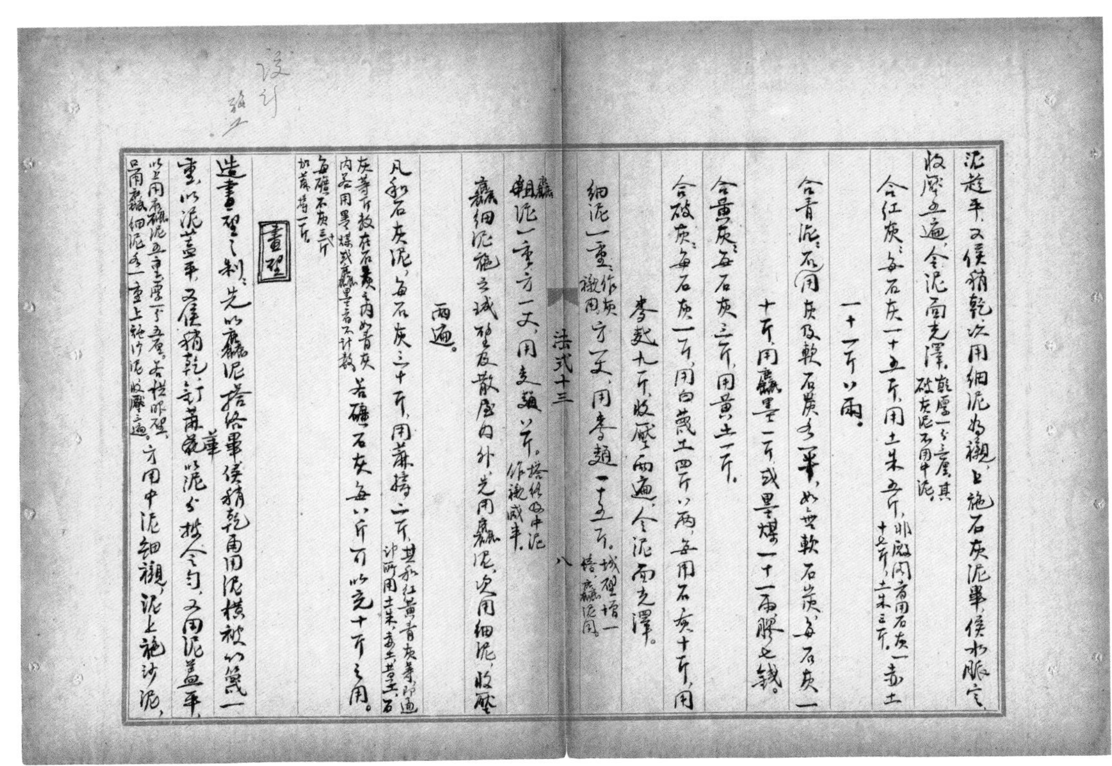

泥趁平；又候稍乾，次用細泥為襯；上施石灰泥畢，候水脈定，收壓五遍，令泥面光澤。乾厚一分三釐，其破灰泥不用中泥。

合紅灰：每石灰一十五斤，用土朱五斤，非殿閣者用石灰一十七斤，土朱三斤。赤土一十一斤八兩。

合青灰：用石灰及軟石炭各一半。如無軟石炭，每石灰一十斤，用麤墨一斤，或墨煤一十一兩，膠七錢。

合黃灰：每石灰三斤，用黃土一斤。

合破灰：每石灰一斤，用白蔑土四斤八兩。每用石灰十斤，用麥𪌉九斤。收壓兩遍，令泥面光澤。

細泥：一重，作灰襯用，方一丈，用麥𪌉一十五斤。城壁增一倍，麤泥同。

法式十三　八

麤泥：一重，方一丈，用麥䴬八斤。搭絡及中泥作襯減半。

麤細泥：施之城壁及散屋內外。先用麤泥，次用細泥，收壓兩遍。

凡和石灰泥，每石灰三十斤，用麻擣二斤。其和紅、黃、青灰等，即通計所用土朱、赤土、黃土、石灰等斤數在石灰之內。如青灰內，若用墨煤或麤墨者，不計數。若礦石灰，每八斤可以充十斤之用。每礦石灰三十斤，加麻擣一斤。

畫壁

造畫壁之制：先以麤泥搭絡畢，候稍乾，再用泥橫被竹篾一重，以泥蓋平。又候稍乾，釘麻華，以泥分披令勻，又用泥蓋平。以上用麤泥五重，厚一分五釐。若栱眼壁，只用麤細泥各一重，上施沙泥，收壓三遍。方用中泥細襯，泥上施沙泥，

設計

施工

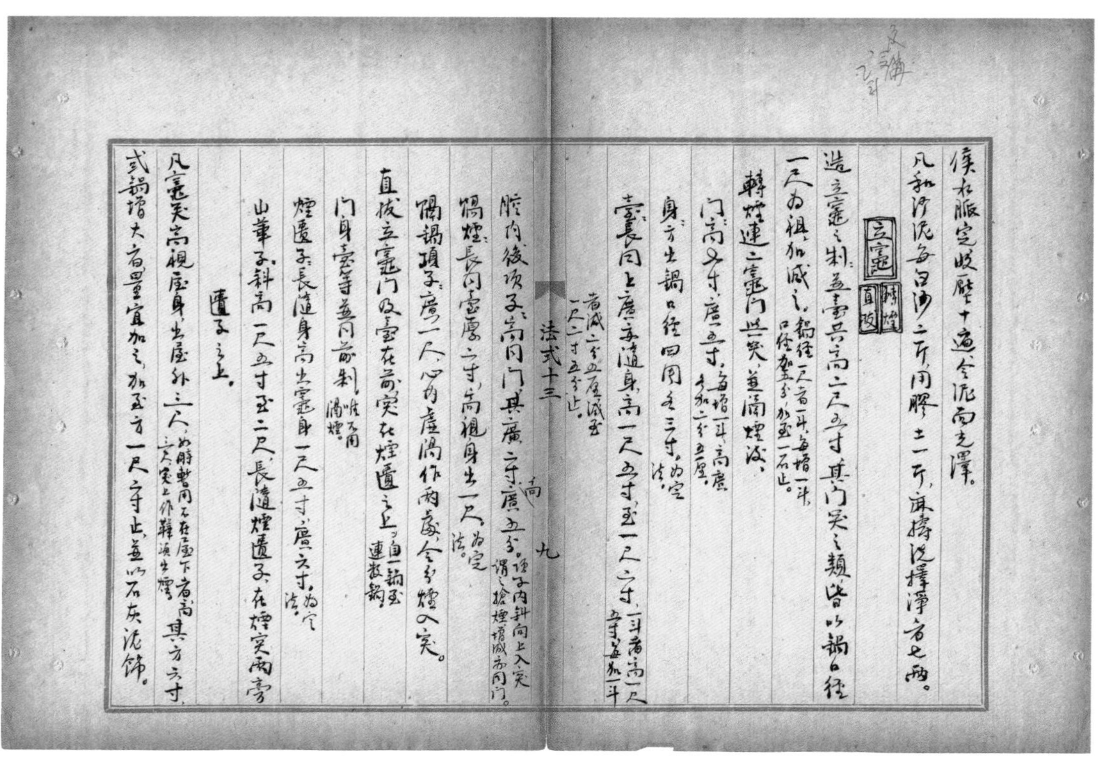

候水脉定收壓十遍，令泥面光澤。

凡和沙泥，每白沙二斤，用膠土一斤，麻擣洗擇淨者七兩。

立竈 轉煙 直拔

造立竈之制：並臺共高二尺五寸。其门、突之類，皆以鍋口徑一尺為祖加減之。鍋徑一尺者一斗；每增一斗，口徑加五分，加至一石止。

轉煙連二竈：门、突並隨煙。

门：高七寸，廣五寸。每增一斗，高、廣各加二分五釐。

身：方出鍋口徑四周各三寸。為定法。

臺：長同上，廣亦隨身，高一尺五寸至一尺六寸。一斗者高一尺五寸；每加一斗者減二分五釐，減至一尺二寸五分止。

法式十三 九

腔內後項子：高同门，其廣二寸，高廣五分。項子內斜高向上入突，謂之搶煙，增減亦同门。

隔煙：長同臺，厚二寸，高視身出一尺。為定法。

隔鍋項子：廣一尺，心內虛，隔作兩處，令分煙入突。

直拔立竈：门及臺在前，突在煙匱之上。自一鍋至連數鍋。

门、身、臺等：並同前制。唯不用隔煙。

煙匱子：長隨身，高出竈身一尺五寸，廣六寸。為定法。

山華子：斜高一尺五寸至二尺，長隨煙匱子，在煙突兩旁匱子之上。

凡竈突，高視屋身，出屋外三尺。如時暫用，不在屋下者，高三尺，突上作鞾頭出煙。其方六寸。或鍋增大者，量宜加之，加至方一尺二寸止。並以石灰泥飾。

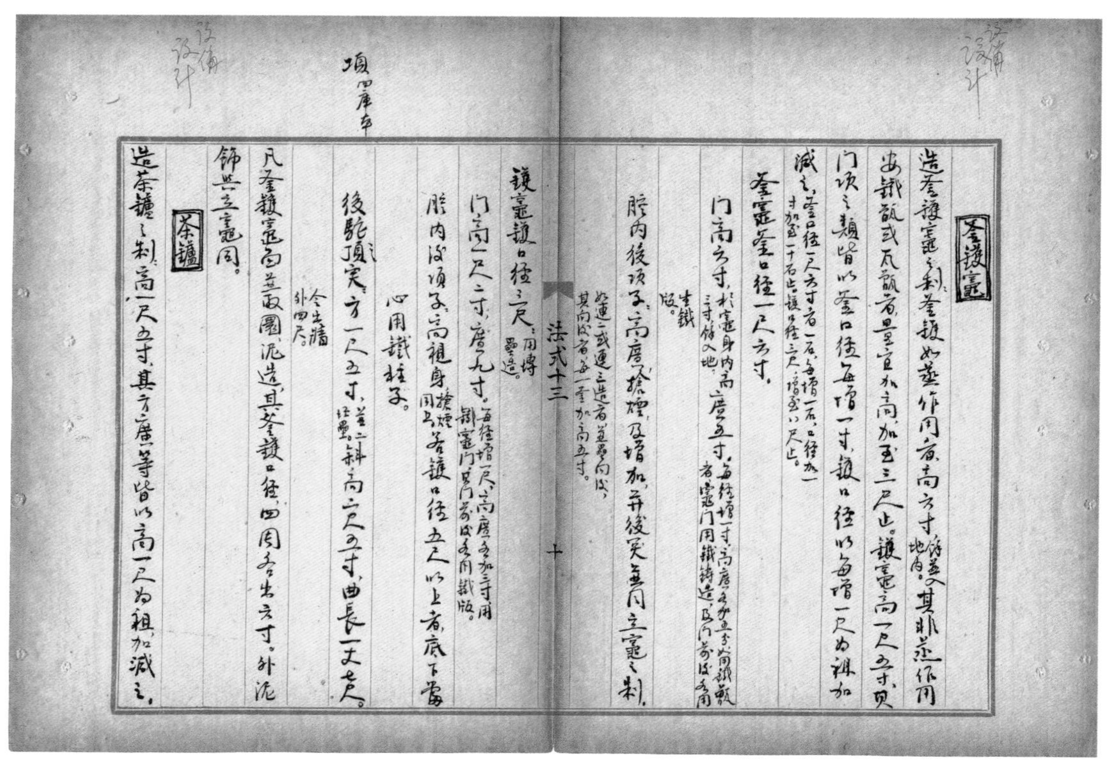

釜鑊竈

造釜鑊竈之制：釜竈，如蒸作用者，高六寸，餘並入地內。其非蒸作用，安鐵甑或瓦甑者，量宜加高，加至三尺止。鑊竈高一尺五寸，其门、項之類，皆以釜口徑以每增一寸，鑊口徑以每增一尺為祖加減之。釜口徑一尺六寸者一石；每增一石，口徑加一寸，加至一十石止。鑊口徑三尺，增至八尺止。

釜竈：釜口徑一尺六寸。

门：高六寸，於竈身內高廣五寸；每徑增一寸，高、廣各加五分。如用鐵甑者，竈门用鐵鑄造，及门前後各用生鐵版。

腔內後項子：高、廣，搶煙及增加，並後突，並同立竈之制。如連二或連三造者，並壘向後，其向後者，每一釜加高五寸。

法式十三 十

鑊竈：鑊口徑三尺。用塼壘造。

门：高一尺二寸，廣九寸。每徑增一尺，高、廣各加三寸。用鐵竈门，其门前後各用鐵版。

腔內後項子：高視身。搶煙同上。若鑊口徑五尺以上者，底下當心用鐵柱子。

後駝項突：方一尺五寸。並二坯壘。斜高二尺五寸，曲長一丈七尺。令出牆外四尺。

凡釜鑊竈面並取圜，泥造；其釜鑊口徑四周各出六寸。外泥飾與立竈同。

茶鑪

造茶鑪之制：高一尺五寸。其方、廣等皆以高一尺為祖，加減之。

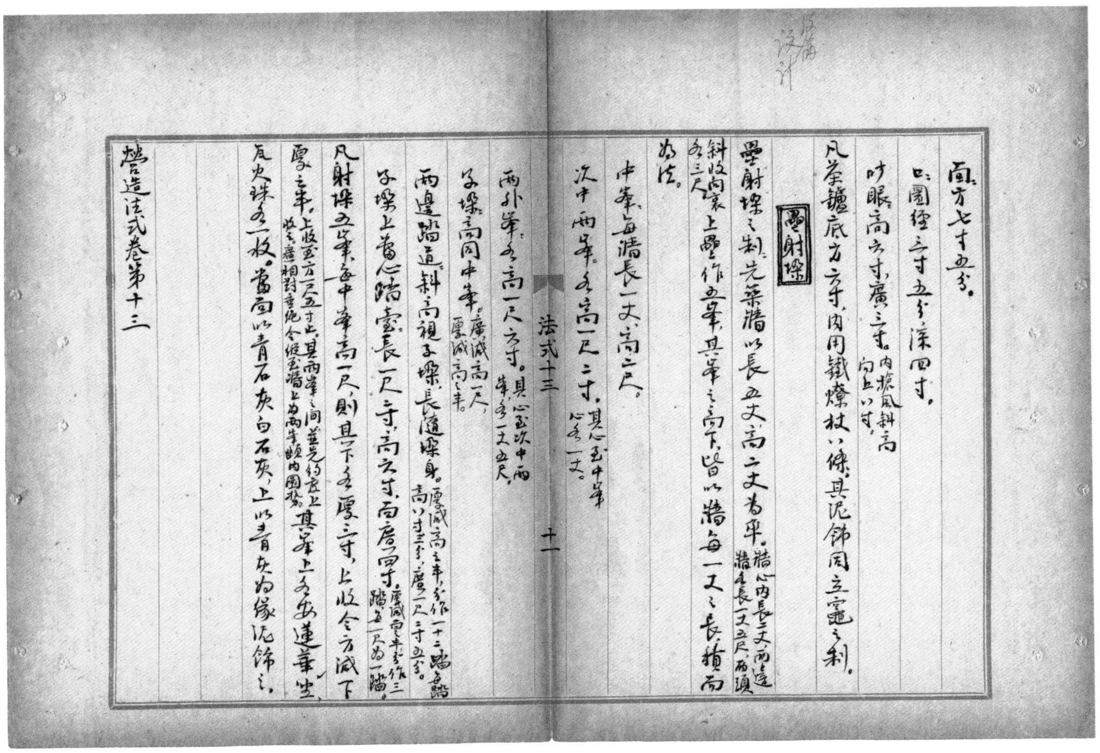

口圜徑三寸五分，深四寸。

吵眼高六寸，廣三寸。內搭風斜高向上八寸。

凡茶鑪底方六寸，內用鐵燎杖八條。其泥飾同立竈之制。

壘射垜

壘射垜之制：先築牆，以長五丈，高二丈為率。牆心內長二丈，兩邊牆各長一丈五尺，兩頭斜收向裏各三尺。上壘作五峯。其峯之下，皆以牆每一丈之長積而為法。

中峯：每牆長一丈，高二尺。

次中兩峯：各高一尺二寸。其心至中峯心各一丈。

法式十三 十二

兩外峯：各高一尺六寸。其心至次中兩峯各一丈五尺。

子垜：高同中峯。廣減高一尺，厚減高之半。

兩邊踏道：斜高視子垜，長隨垜身。厚減高之半，分作一十二踏；每踏高八寸三分，廣一尺二寸五分。

子垜上當心踏臺：長一尺二寸，高六寸，面廣四寸。厚減踏臺長之半，分作三踏，每一尺為一踏。

凡射垜五峯，每中峯高一尺，則其下各厚三寸；上收令方，減下厚之半。上收至方一尺五寸止。其兩峯之間，並先約度上收之廣。相對垂繩，令縱至牆上，為兩峯顱內圜勢。其峯上各安蓮華坐瓦火珠各一枚。當面以青石灰，白石灰，上以青灰為緣泥飾之。

營造法式卷第十三

營造法式卷第十四

通直郎管修蓋皇弟外第專一提舉修蓋班直諸軍營房等臣李誡奉聖旨編修

彩畫作制度

總制度　五彩徧裝

碾玉裝　青綠疊暈稜間裝 三暈帶紅稜間裝附

解綠裝飾屋舍 解綠結華裝附　丹粉刷飾屋舍 黃土刷飾附

雜間裝　煉桐油

總制度

彩畫之制：先徧襯地，次以草色和粉，分襯所畫之物。其襯色上方布細色，或疊暈，或分間剔填。應用五彩裝及疊暈碾玉裝者，並以赭筆描畫，淺色之外，並旁描道，量留粉暈。其餘並以墨筆描畫，淺色之外，並用粉筆蓋壓墨道。

法式十四 一

襯地之法：

凡科栱梁柱及畫壁，皆先以膠水徧刷。其貼金地以鰾膠水。

貼真金地：候鰾膠水乾，刷白鉛粉；候乾，又刷；凡五遍。次又刷土朱鉛粉，同上，亦五遍。上用熟薄膠水貼金，以絹按令著實，候乾，以玉或瑪瑙或生狗牙斫令光。

五彩地：其碾玉裝，若用青綠疊暈者同。候膠水乾，先以白土徧刷；候乾，又以鉛粉刷之。

碾玉裝或青綠棱間者，（刷雌黃合綠者同。）候膠水乾，用青淀和茶土刷之。（每三分中一分青淀，二分茶土。）

瀝泥畫壁：亦候膠水乾，以好白土縱橫刷之。（先立刷，候乾，次橫刷，各一遍。）

調色之法：

白土：（茶土同。）先揀擇令淨，用薄膠湯（凡下云用湯者同，其稱熱湯者非，後同。）浸少時，候化盡，淘出細華，（凡色之極細而淡者皆謂之華，後同。）入別器中，澄定，傾去清水，量度再入膠水用之。

鉛粉：先研令極細，用稍濃水和成劑，（如貼真金地，並以鰾膠水和之。）再以熱湯浸少時，候稍溫，傾去；再用湯研化，令稀稠得所用之。

代赭石：（土朱、土黃同。如塊小者不擣。）先擣令極細，次研，以湯淘取華。次取細者，及澄去砂石粗腳不用。

藤黃：量度所用，研細，以熱湯化，淘去砂腳，不得用膠。（籠罩粉地用之。）

紫礦：先擘開，撏去心內綿無色者，次將面上色深者，以熱湯撚取汁，入少湯用之。若於華心內斡淡或朱地內壓深用者，熬令色深淺得所用之。

朱紅：（黃丹同。）以膠水調令稀稠得所用之。（其黃丹用之多澀燥者，調時入生油一點。）

螺青：（紫粉同。）先研令細，以湯調取清用。（螺青澄去淺腳，充合碧粉用；紫粉淺腳充合朱用。）

雌黃：先擣次研，皆要極細；用熱湯淘細華於別器中，澄去清水，方入膠水用之。（其淘澄下粗者，再研再淘細華方可用。）忌鉛粉

法式十四 二

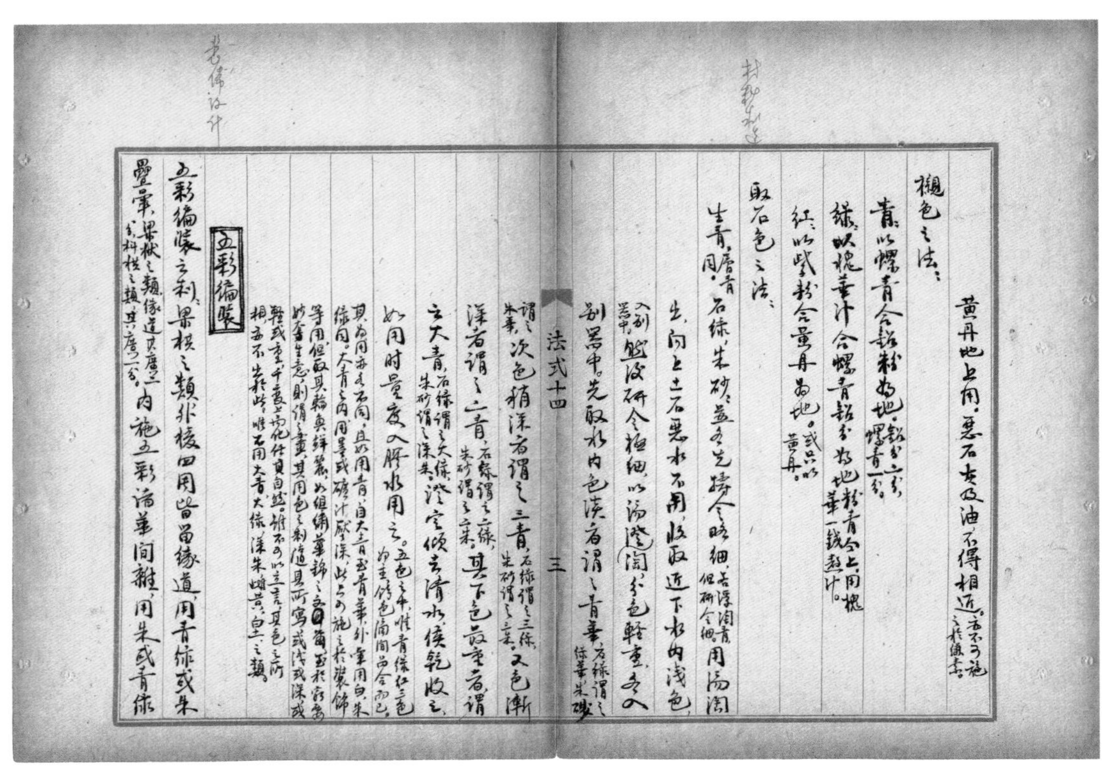
黃丹地上用。惡石灰及油，不得相近。（亦不可施之於縑素。）

襯色之法：

青：以螺青合鉛粉為地。（鉛粉二分，螺青一分。）

綠：以槐華汁合螺青鉛粉為地。（粉青同上。用槐華一錢熬汁。）

紅：以紫粉合黃丹為地。（或只以黃丹。）

取石色之法：

生青、（層青同。）石綠、朱砂，並各先擣令略細，（若浮淘青，但研令細。）用湯淘出向上土、石、惡水，不用；收取近下水內淺色，入別器中，先取水內色淡者謂之青華；（石綠者謂之綠華，朱砂者謂之朱華。）次色稍深者，謂之三青；（石綠謂之三綠，朱砂謂之三朱。）又色漸深者，謂之二青；（石綠謂之二綠，朱砂謂之二朱。）其下色最重者，謂之大青；（石綠謂之大綠，朱砂謂之深朱。）澄定，傾去清水，候乾收之。如用時，量度入膠水用之。

（五色之中，唯青、綠、紅三色為主，餘色隔間品合而已。其為用亦各不同。且如用青，自大青至青華，外暈用白；朱、綠同。大青之內，用墨或礦汁壓深，此只可以施之於裝飾等用，但取其輪奐鮮麗，如組繡華錦之文爾。至於窮要妙奪生意，則謂之畫。其用色之制，隨其所寫，或淺或深，或輕或重，千變萬化，任其自然，雖不可以立言，其色之所相，亦不出於此。唯不用大青、大綠、深朱、雌黃、白土之類。）

法式十四 三

五彩徧裝

五彩徧裝之制：梁、栱之類，外棱四周皆留緣道，用青、綠或朱疊暈，（梁栿之類緣道，其廣二分°；科栱之類，其廣一分°。）內施五彩諸華間雜，用朱或青綠

我意作新裝

圖樣中無「龍」

剔地外留空緣，與外緣道對暈。其空緣之廣，減外緣道三分之一。

華文有九品：一曰海石榴華；寶牙華、太平華之類同。二曰寶相華；牡丹華之類同。三曰蓮荷華；以上宜於梁、額、橑檐方、椽、柱、枓、栱、材、昂、栱眼壁及白版內。凡名件之上皆可通用。其海石榴，若華葉肥大，不見枝條者，謂之鋪地卷成；如華葉肥大而微露枝條者，謂之枝條卷成；並亦通用。其牡丹華及蓮荷華，或作寫生畫者，施之於梁、額或栱眼壁內。四曰團窠寶照；團窠柿蒂、方勝合羅之類同；以上宜於方桁、枓栱內、飛子面，相間用之。五曰圈頭合子；六曰豹腳合暈；梭身合暈、連珠合暈、偏暈之類同；以上宜於方桁內、飛子及大小連檐，相間用之。七曰瑪瑙地；玻璃地之類同；以上宜於方桁、枓內相間用之。八曰魚鱗旗腳；宜於梁、栱下相間用之。九曰圈頭柿蒂。胡瑪瑙之類同。以上宜於枓內相間用之。

瑣文有六品：一曰瑣子；聯環瑣、瑪瑙瑣、疊環之類同。二曰簟文；金鋌、銀鋌、方環之類同。三

法式十四 四

曰羅地龜文；六出龜文、交脚龜文之類同。四曰四出；六出之類同。以上宜於橑檐方、槫、柱頭及枓內；其四出、六出，亦宜於栱頭、椽頭、方桁相間用之。五曰劍環；宜於枓內相間用之。六曰曲水。或作王字及万字，或作枓底及鑰匙頭，宜於普拍方內外用之。

凡華文施之於梁、額、柱者，或間以行龍、飛禽、走獸之類於華內，其飛走之物，用赭筆描之於白粉地上，或更以淺色拂淡。若五彩及碾玉裝華內，宜用白畫；其碾玉華內者，亦宜用淺色拂淡，或以五彩裝飾。如方桁之類全用龍鳳走飛者，則遍以雲文補空。

飛仙之類有二品：一曰飛仙；二曰嬪伽。共命鳥之類同。

飛禽之類有三品：一曰鳳皇；鸞、鶴、孔雀之類同。二曰鸚鵡；山鷓、練鵲、錦雞之類同。

卷三十三圖樣「仙」作「全」

卷十二雕作制度作胡雲。

文彩金作新

五圖樣中缺雲文

三曰鴛鴦。鸂鶒、鵝、鴨之類同。其騎跨飛禽人物有五品：一曰真人；二曰女真；三曰仙童；四曰玉女；五曰化生。

走獸之類有四品：一曰師子；麒麟、狻猊、獬豸之類同。二曰天馬；海馬、仙鹿之類同。三曰羚羊；山羊、華羊之類同。四曰白象。馴犀、黑熊之類同。其騎跨牽拽走獸人物有三品：一曰拂菻；二曰獠蠻；三曰化生。若天馬、仙鹿、羚羊，亦可用真人等騎跨。

雲文有二品：一曰吳雲；二曰曹雲。蕙草雲、蠻雲之類同。

間裝之法：青地上華文，以赤黃、紅、綠相間；外棱用紅疊暈。紅地上華文青、綠，心內以紅相間；外棱用青或綠疊暈。綠地上華文，以赤黃、紅、青相間；外棱用青、紅、赤黃疊暈。其牙頭青、綠地用赤黃，牙朱地以二綠。若枝條綠地用藤黃汁罩，以丹華或薄礬水節淡，青、紅地如白地上單枝條，用二綠，隨墨以綠華合粉罩，以三綠、二綠節淡。

法式十四 五

朱華粉

草汁

赤黃

草綠汁

疊暈之法：自淺色起，先以青華，綠以綠華，紅以朱華粉。次以三青，綠以三綠，紅以三朱。次以二青，綠以二綠，紅以二朱。次以大青，綠以大綠，紅以深朱。大青之內用深墨壓心。綠以深色草汁罩心，朱以深色紫礦罩心。青華之外，留粉地一暈。紅綠準此。其暈內二綠華，或用藤黃汁罩，加華文。緣道等狹小，或在高遠處，即不用三青等及深色壓罩。

凡染赤黃，先布粉地，次以朱華合粉壓暈，次用藤黃通罩，次以深朱壓心。若合草綠汁，以螺青華汁，用藤黃相和，量宜入好墨數點，及膠少許用之。

疊暈之法：凡枓、栱、昂及梁、額之類，應外棱緣道並令深色在外，其華內剔地色並淺色在外，與外棱對暈，令淺色相對，其華葉等暈，並淺色在外，以

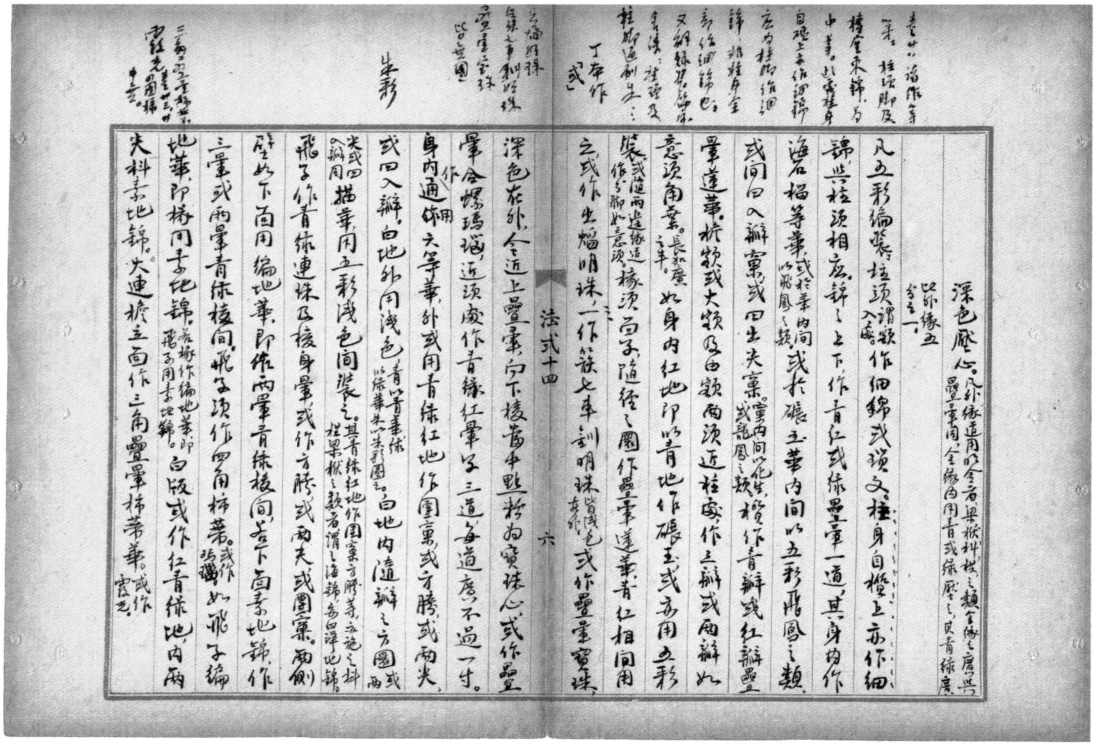

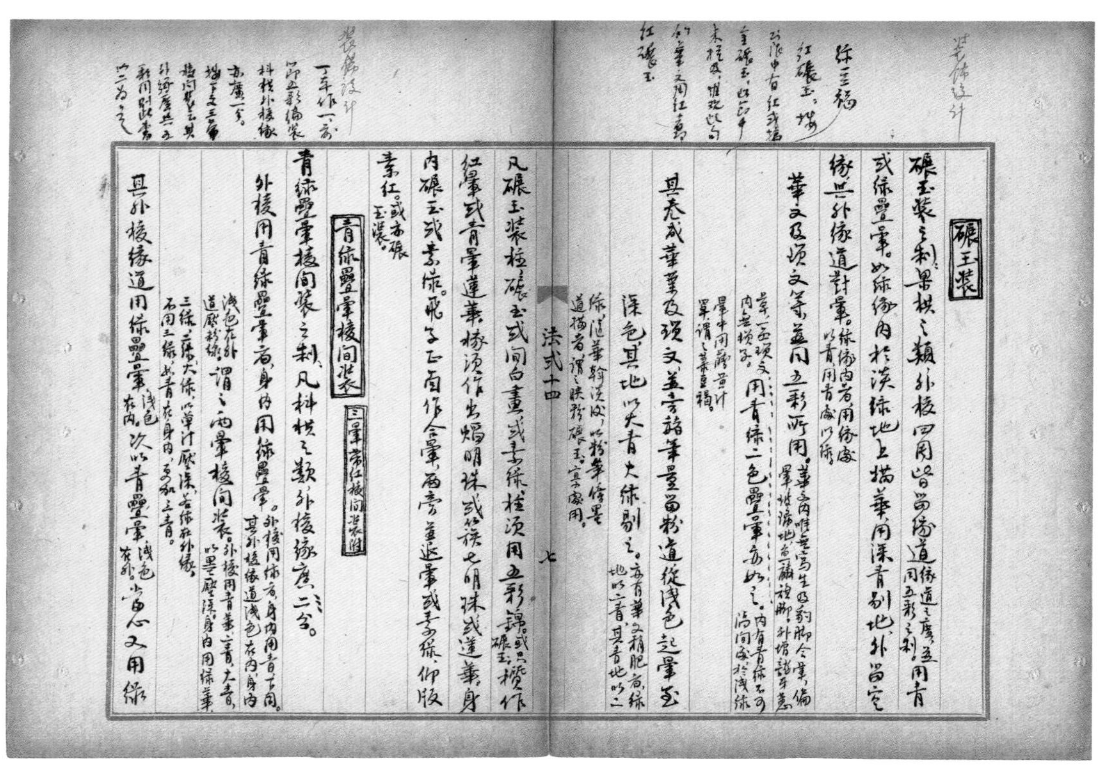

照绿改计

笋文 图像中无

依文义应作"其"

叠晕者，深色在内，谓之三晕棱间装。皆不用二绿、三青，其外缘广与五彩同。

若外棱缘道用青叠晕，次以红叠晕，同，其内均作两晕。浅色在外，先用朱华粉，次用三朱，以紫矿压深。

当心用绿叠晕者，若外缘用绿，当心以青。谓之三晕带红

棱间装

凡青绿叠晕棱间装，柱身内笋文或素绿或碾玉装，柱头作四合青绿退晕如意头，櫍作青华莲华，或作五彩锦，或团窠方胜素地锦。椽素绿身，其头作明珠莲华。飞子正面、大小连檐，并青绿退晕，两旁素绿。

法式十四　八

解绿装饰屋舍

解绿结华装附

刷

换丁华

紫檀

解绿刷饰屋舍之制：应材、昂、枓栱之类，身内通刷土朱，其缘道及鷰尾、八白等，并用青绿叠晕相间。若枓用绿，即栱用青之类。

缘道叠晕，并深色在外，粉线在内。先用青华或绿华在中，次用大青或大绿在外，后用粉线在内。

其广狭长短，并同丹粉刷饰之制；唯檐额或梁栿之类，并四周各用缘道，两头相对作如意头。由额及小额并同。若画松文，即身内通用土黄，先以墨笔界画，次以紫檀间刷，其紫檀用深墨合土朱，令紫色。心内用墨点节。栱梁等下面用合朱通刷。又有于丹地内用墨或紫檀点簇六毬文与松文名件相杂者，谓之卓柏装。

枓栱方桁，缘内朱地上间诸华者，谓之解绿结华装。

柱头及脚并刷朱，用雌黄画方胜及团华，或以五彩画四

照绿改计

椽

笋文？

斜或簇六毬文锦，其柱身内通刷合绿，画作笋文。或只用素绿。缘头或作青绿晕明珠。若椽身通刷合绿者，其槫亦作绿地笋文或素绿。

凡额上壁内影作，长广制度与丹粉刷饰同。身内上棱及两头，亦以青绿叠晕为缘。或作翻卷华叶，身内通刷土朱，其翻卷华叶并以青绿叠晕。枓下莲华并以青晕。

法式十四　九

丹粉刷饰屋舍

黄土刷饰附

丹粉刷饰屋舍之制：应材木之类，面上用土朱通刷，下棱用白粉阑界缘道，两尽头斜讹向下。下面用黄丹通刷。昂栱下面及耍头正面同。其白缘道长广等依下项：

枓栱之类，栿、额、替木、义手、托脚、驼峰、大连檐、搏风版等同。随材之广，分为八分，以一分为白缘道。其广虽多，不得过一寸，虽狭不得过五分。

栱头及替木之类，绰幕、仰楷、角梁等同。头下面刷丹，于近上棱处刷白鷰尾，长五寸至七寸，其广随材之厚，分为四分，两边各以一分为尾，中心空二分。上刷横白，广一分半。其耍头及梁头正面用丹处，刷望山子。其上长随高三分之二，其下广随厚四分之二，斜收向上，当中合尖。

檐额及大额刷八白者，如里面。随额之广，若广一尺以下者，分为五分；一尺五寸以下者，分为六分；二尺以上者，分为七分；各当中以一分为八白。其八白两头近柱，更不用朱阑断，谓之入柱白。于额身内均之作七隔，其隔之长随白之广。俗谓之七朱八白。

柱头刷丹，柱脚同。长随额之广，上下并解粉线。柱身椽檩及门

此下疑有脫間，據法式卷二十五彩畫作功限，應補應增抹綠或解染青綠。

窗之類，皆通刷土朱。其破子窗子桯及屏風難子正側并椽頭並刷丹。平闇或版壁，並用土朱刷版並桯，丹刷子桯及牙

頭護縫……。

額上壁內，或有補間鋪作遠者，亦於拱眼壁內。畫影作於當心。其上先畫枓，以蓮華承之。身內刷朱或丹，隔間用之。若身內刷朱，則蓮華用丹刷；若身內刷丹，則蓮華用朱刷；皆以粉筆解出華瓣。中作項子，其廣隨宜。至五寸止。下分兩腳，長取壁內五分之三，兩頭各空一分。身內廣隨項，兩頭收斜尖向內五寸。若影作華腳者，身內刷丹，則翻卷葉用土朱；或身內刷土朱，則翻卷葉用丹。皆以粉筆壓棱。

若刷土黃者，制度並同，唯以土黃代土朱用之。其影作內蓮華用朱或丹，並以粉筆解出華瓣。

若刷土黃解墨緣道者，唯以墨代粉刷緣道。其墨緣道之上，用粉線壓棱。亦有袱栿等下面合用丹處皆用黃土者，亦有只用墨緣，更不用粉線壓棱者。制度並同。其影作內蓮華，並用墨刷，以粉筆解出華瓣；或更不用蓮華。

凡丹粉刷飾，其土朱用兩遍，用畢，並以膠水籠罩。若刷土黃則不用。若刷門窗，其破子窗子桯及護縫之類，用丹刷，餘並用土朱。

雜間裝

雜間裝之制：皆隨每色制度，相間品配，令華色鮮麗，各以逐等分數為法。

五彩間碾玉裝。五彩遍裝六分，碾玉裝四分。

碾玉間畫松文裝。碾玉裝三分，畫松裝七分。

青綠三暈棱間及碾玉間畫松文裝。青綠三暈棱間裝三分，碾玉裝二分，畫松裝四分。

畫松文間解綠赤白裝。畫松文裝五分，解綠赤白裝五分。

畫松文卓柏間三暈棱間裝。畫松文裝六分，三暈棱間裝一分，卓柏裝二分。

凡雜間裝以此分數為率，或用間紅青綠三暈棱間裝與五彩遍裝及畫松文等相間裝者，各約此分數，隨宜加減之。

煉桐油

煉桐油之制：用文武火煎桐油令清，先煠膠令焦，取出不用。次下松脂攪候化；又次下研細定粉。粉色黃，滴油於水內成珠；以手試之，黏指處有絲縷，然後下黃丹。漸次去火，攪令冷，合金漆用。如施之於彩畫之上者，以亂線揩搌用之。

營造法式卷第十四

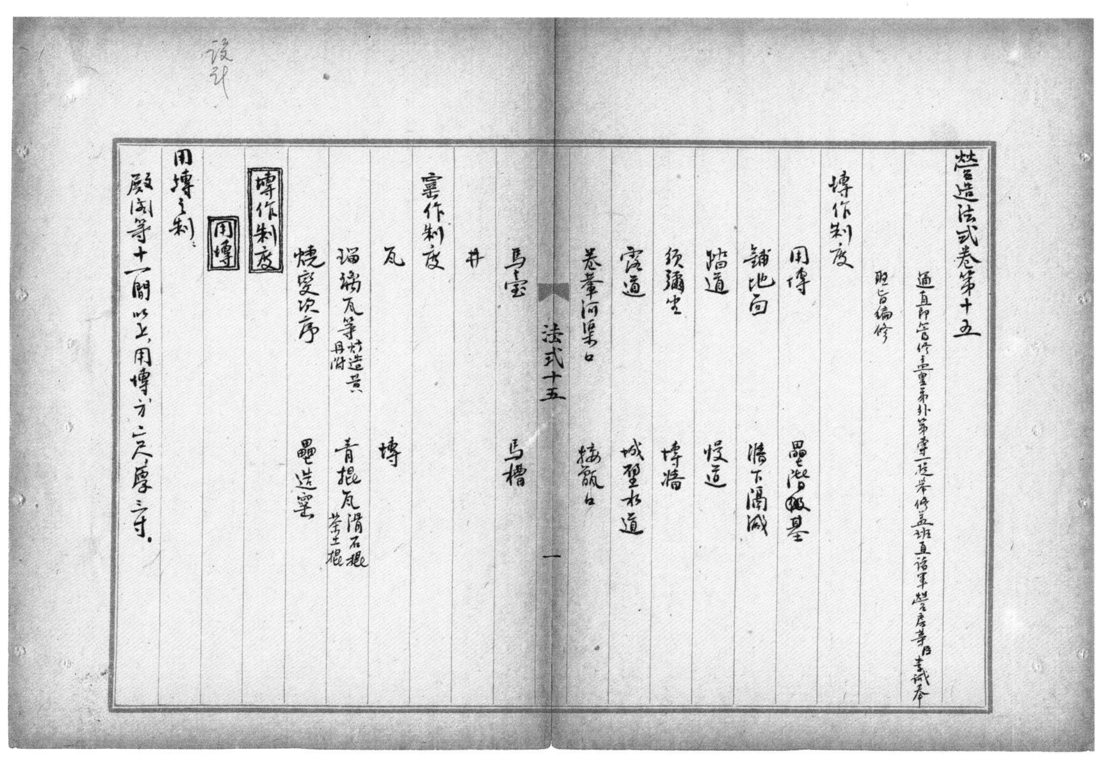

營造法式卷第十五

通直郎管修蓋皇弟外第專一提舉修蓋班直諸軍營房等臣李誡奉聖旨編修

塼作制度

用塼　壘階基

鋪地面　牆下隔減

踏道　慢道

須彌坐　塼牆

露道　城壁水道

卷輂河渠口　接甑口

馬臺　馬槽

井

法式十五　一

窰作制度

瓦　塼

琉璃瓦等（炒造黄丹附）　青棍瓦（滑石棍　荼土棍）

燒變次序　壘造窰

塼作制度

用塼

用塼之制：殿閣等十一間以上，用塼方二尺，厚三寸。

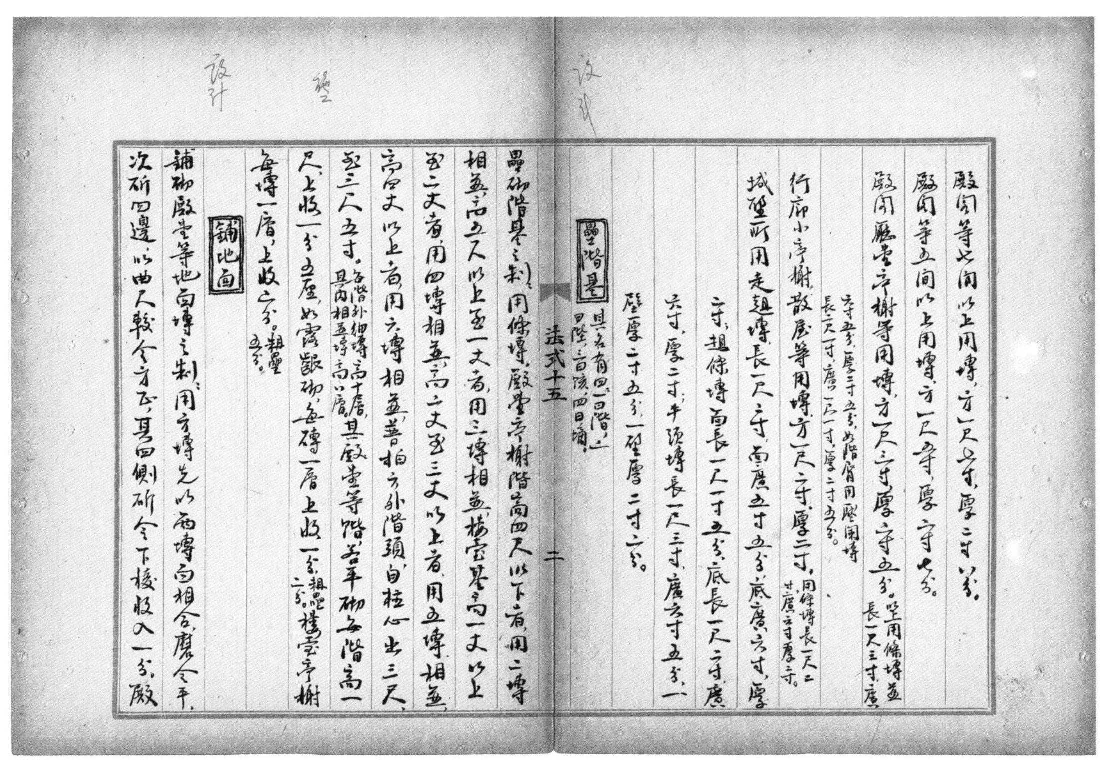

殿閣等七間以上，用塼方一尺七寸，厚二寸八分。殿閣等五間以上，用塼方一尺五寸，厚二寸七分。殿閣、廳堂、亭榭等，用塼方一尺三寸，厚二寸五分。以上用條塼，並長一尺三寸，廣六寸五分，厚二寸五分。如階唇用壓闌塼，長二尺一寸，廣一尺一寸，厚二寸五分。行廊、小亭榭、散屋等，用塼方一尺二寸，厚二寸。用條塼長一尺二寸，廣六寸，厚二寸。城壁所用走趄塼，長一尺二寸，面廣五寸五分，底廣六寸，厚二寸。趄條塼面長一尺一寸五分，底長一尺二寸，廣六寸，厚二寸。牛頭塼長一尺三寸，廣六寸五分，一壁厚二寸五分，一壁厚二寸二分。

法式十五　二

壘階基（其名有四：一曰階，二曰陛，三曰陔，四曰墒）

壘砌階基之制：用條塼。殿堂、亭榭，階高四尺以下者，用二塼相並；高五尺以上至一丈者，用三塼相並；樓臺基高一丈以上至二丈者，用四塼相並；高二丈至三丈以上者，用五塼相並；高四丈以上者，用六塼相並。普拍方外階頭，自柱心出三尺至三尺五寸。（每階外細塼高十層，其內相並塼高八層。）其殿堂等階，若平砌，每階高一尺上收一分五厘；如露齦砌，每塼一層上收一分。（粗壘二分。）樓臺、亭榭，每塼一層，上收二分。（粗壘五分。）

鋪地面

鋪砌殿堂等地面塼之制：用方塼，先以兩塼面相合，磨令平；次斫四邊，以曲尺較令方正；其四側斫令下棱收入一分。殿

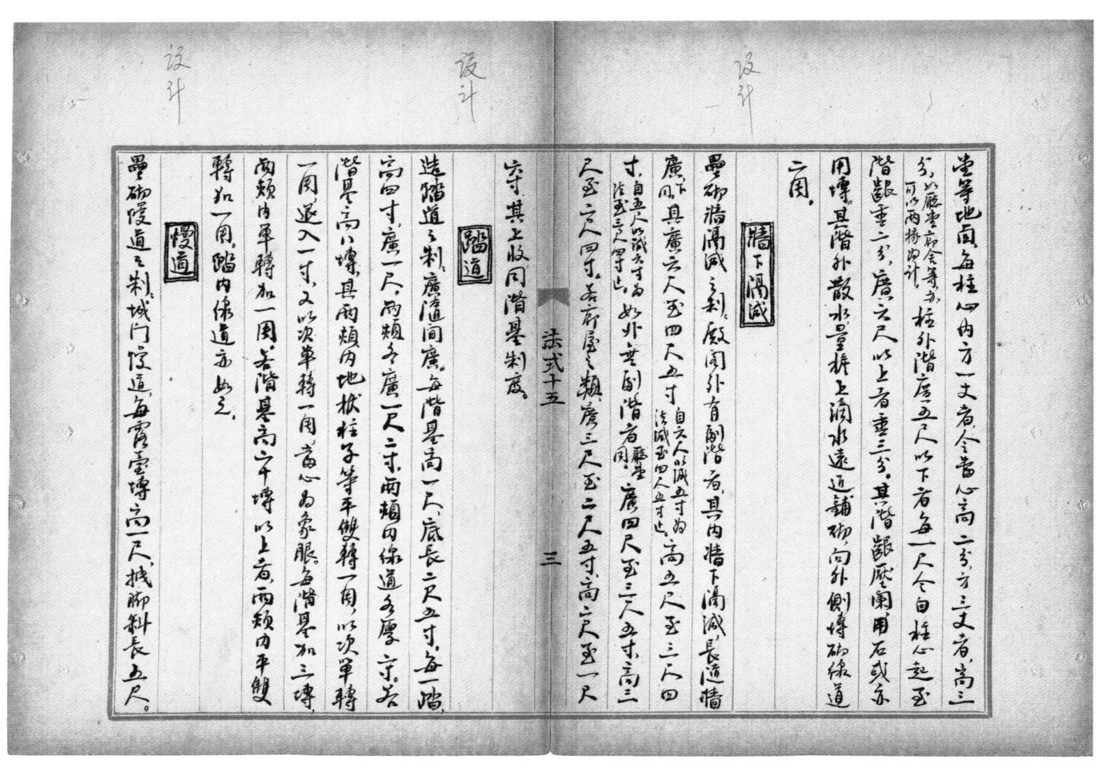

堂等地面，每柱心内方一丈者，令当心高二分；方三丈者，高三分。（如厅堂、廊舍等，亦可以两椽为计。）柱外阶广五尺以下者，每一尺令自柱心起至阶龈垂二分；广六尺以上者垂三分。其阶龈压阑，用石或亦用塼。其阶外散水，量檐上滴水远近铺砌，向外侧塼砌线道二周。

牆下隔減

壘砌牆隔減之制：殿閣外有副階者，其內牆下隔減，長隨牆廣。（下同。）其廣六尺至四尺五寸，（自六尺以減五寸為法，減至四尺五寸止。）高五尺至三尺四寸，（自五尺以減六寸為法，至三尺四寸止。）如外無副階者，（廳堂同。）廣四尺至三尺五寸，高三尺至二尺四寸。若廊屋之類，廣三尺至二尺五寸，高二尺至一尺六寸。其上收同階基制度。

法式十五　三

踏道

造踏道之制：廣隨間廣，每階基高一尺，底長二尺五寸，每一踏高四寸，廣一尺。兩頰各廣一尺二寸，兩頰內線道各厚二寸。若階基高八塼，其兩頰內地栿、柱子等，平雙轉一周；以次單轉一周，退入一寸；又以次單轉一周，當心為象眼。每階基加三塼，兩頰內單轉加一周；若階基高二十塼以上者，兩頰內平雙轉加一周。踏內線道亦如之。

慢道

壘砌慢道之制：城門慢道，每露臺塼高一尺，拽腳斜長五尺。

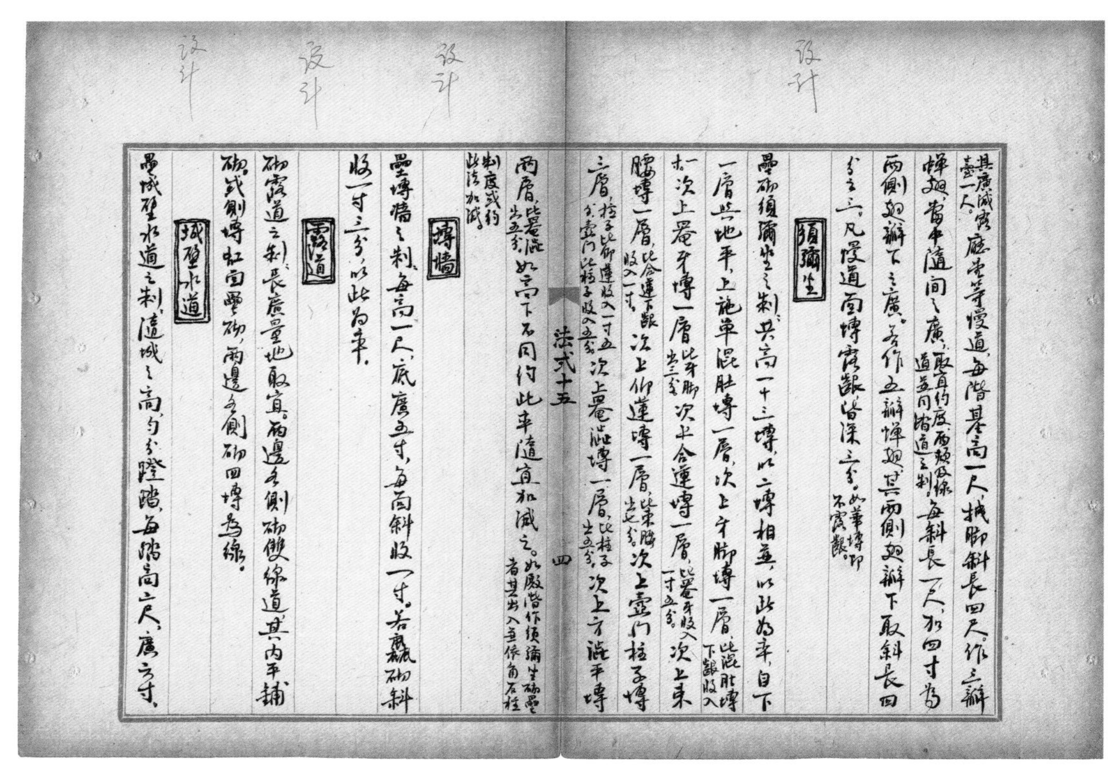

其廣減露臺一尺。廳堂等慢道，每階基高一尺，拽腳斜長四尺；作三瓣蟬翅；當中隨間之廣。（取宜約度。兩頰及線道並同踏道之制。）每斜長一尺，加四寸為兩側翅瓣下之廣。若作五瓣蟬翅，其兩側翅瓣下取斜長四分之三。凡慢道面塼露齦，皆深三分。（如華塼即不露齦。）

須彌坐

壘砌須彌坐之制：共高一十三塼，以二塼相並，以此為率。自下一層與地平，上施單混肚塼一層，次上牙腳塼一層，（比混肚塼下齦收入一寸。）次上罨牙塼一層，（比牙腳出三分。）次上合蓮塼一層，（比罨牙收入一寸五分。）次上束腰塼一層，（比合蓮下齦收入一寸。）次上仰蓮塼一層，（比束腰出七分。）次上壺門、柱子塼三層，（柱子比仰蓮收入一寸五分，壺門比柱子收入五分。）次上罨澀塼一層，（比柱子出五分。）次上方澀平塼兩層，（比罨澀出五分。）如高下不同，約此率隨宜加減之。（如殿階作須彌坐砌壘者，其出入並依角石柱制度，或約此法加減。）

法式十五　四

塼牆

壘塼牆之制：每高一尺，底廣五寸，每面斜收一寸。若麤砌，斜收一寸三分，以此為率。

露道

砌露道之制：長廣量地取宜。兩邊各側砌雙線道，其內平鋪砌，或側塼虹面壘砌，兩邊各側砌四塼為線。

城壁水道

壘城壁水道之制：隨城之高，勻分蹬踏，每踏高二尺，廣六寸，

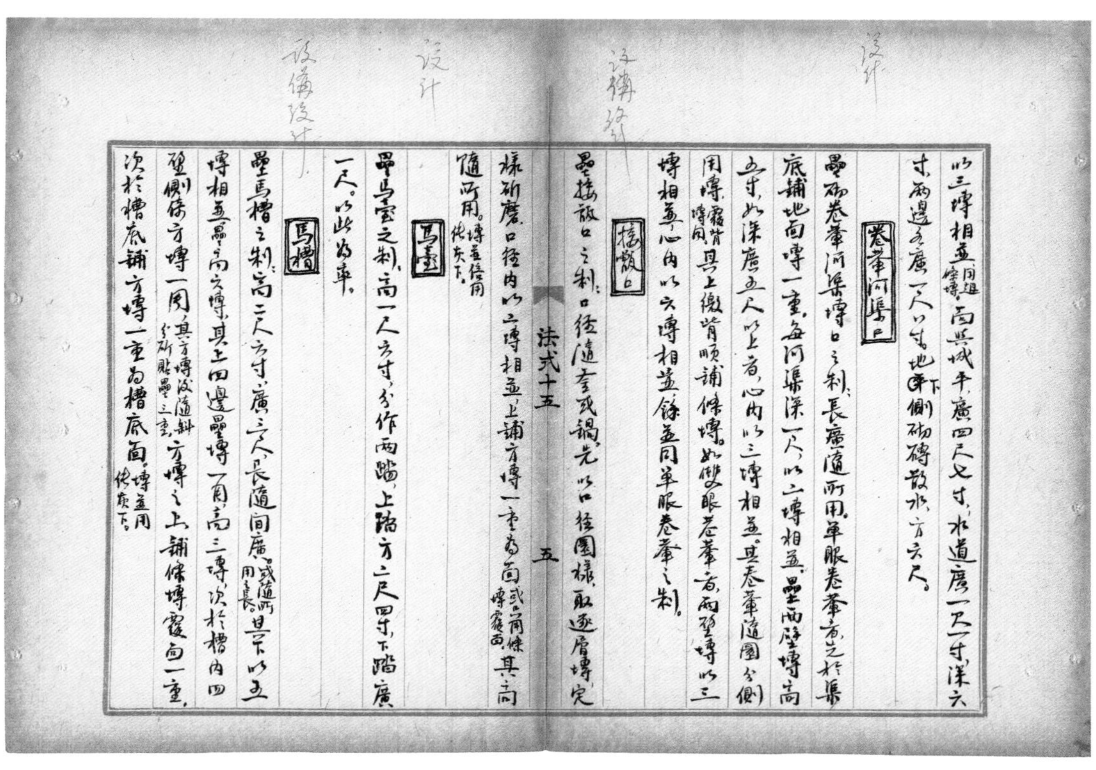

以三磚相並（用趄磚），面與城平，廣四尺七寸。水道廣一尺一寸，深六寸，兩邊各廣一尺八寸。地下側砌磚散水，方六尺。

卷輂河渠口

壘砌卷輂河渠磚口之制：長廣隨所用，單眼卷輂者，先於渠底鋪地面磚一重。每河渠深一尺，以二磚相並，壘兩壁磚，高五寸。如深廣五尺以上者，心内以三磚相並。其卷輂隨圜分側用磚（覆背磚同）。其上繳背順鋪條磚。如雙眼卷輂者，兩壁磚以三磚相並，心内以六磚相並。餘並同單眼卷輂之制。

接甑口

壘接甑口之制：口徑隨釜或鍋。先以口徑圜樣，取逐層磚定樣斫磨，口徑内以二磚相並，上鋪方磚一重為面（或只用條磚覆面）。其高隨所用（磚並倍用，他皆仿此）。

法式十五　五

馬臺

壘馬臺之制：高一尺六寸，分作兩踏。上踏方二尺四寸，下踏廣一尺，以此為率。

馬槽

壘馬槽之制：高二尺六寸，廣三尺，長隨間廣（或隨所用之長）。其下以五磚相並，壘高六磚。其上四邊壘磚一周，高三磚。次於槽内四壁，側倚方磚一周（其方磚後隨斜分斫貼壘三重）。方磚之上鋪條磚覆面一重，次於槽底鋪方磚一重為槽底面（磚並用純灰下）。

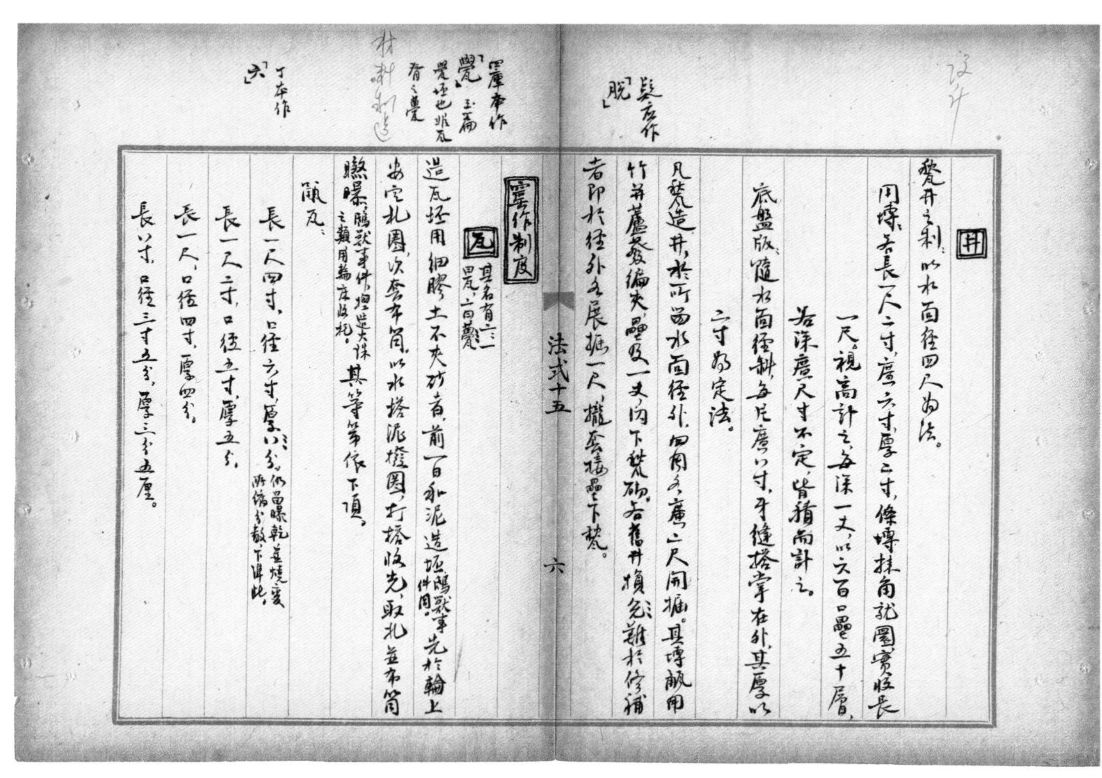

井

甃井之制：以水面徑四尺為法。

用磚：若長一尺二寸，廣六寸，厚二寸，條磚除抹角就圜，實收長一尺，視高計之，每深一丈，以六百口壘五十層。若深廣尺寸不定，皆積而計之。

底盤版：隨水面徑斜，每尺廣八寸，牙縫搭掌在外。其厚以二寸為定法。

凡甃造井，於所留水面徑外，四周各廣二尺開掘。其磚甋用竹並蘆蕟編夾。壘及一丈，閃下甃砌。若舊井損缺難於修補者，即於徑外各展掘一尺，攏套接壘下甃。

法式十五　六

窰作制度

瓦（其名有二：一曰瓦，二曰㼾）

造瓦坯：用細膠土不夾砂者，前一日和泥造坯（鴟、獸事件同）。先於輪上安定札圈，次套布筒，以水搭泥撥圈，打搭收光，取札并布筒𣮈曝（鴟、獸事件捏造，火珠之類，用軸旋成）。其等第依下項。

瓪瓦：

長一尺四寸，口徑六寸，厚八分（仍留曝乾，並燒變所縮分數，下準此）。

長一尺二寸，口徑五寸，厚五分。

長一尺，口徑四寸，厚四分。

長八寸，口徑三寸五分，厚三分五釐。

材料造制

長六寸，口徑三寸，厚三分。

長四寸，口徑二寸五分，厚二分五厘。

㼧瓦：

長一尺六寸，大頭廣九寸五分，厚一寸，小頭廣八寸五分，厚八分。

長一尺四寸，大頭廣七寸，厚七分，小頭廣六寸，厚六分。

長一尺三寸，大頭廣六寸五分，厚六分，小頭廣五寸五分，厚五分五厘。

長一尺二寸，大頭廣六寸，厚六分，小頭廣五寸，厚五分。

長一尺，大頭廣五寸，厚五分，小頭廣四寸，厚四分。

長八寸，大頭廣四寸五分，厚四分，小頭廣四寸，厚三分五厘。

長六寸，大頭廣四寸，厚三分，小頭廣三寸五分，厚三分。

凡造瓦坯之制，候曝微乾，用刀剺畫，每桶作四片（甋瓦作二片，線道瓦於每片中心畫一道，條子十字剺畫），線道條子瓦，仍以水飾露明處一邊。

【甎】（其名有四：一曰甓，二曰瓴甋，三曰㲉，四曰甗甎。）

造甎坯，前一日和泥打造，其等第依下項：

方甎：

二尺，厚三寸。

一尺七寸，厚二寸八分。

一尺五寸，厚二寸七分。

法式十五 七

材料制造

一尺三寸，厚二寸五分。

一尺二寸，厚二寸。

條甎：

長一尺三寸，廣六寸五分，厚二寸五分。

長一尺二寸，廣六寸，厚二寸。

壓闌甎：長二尺一寸，廣一尺一寸，厚二寸五分。

甎碇：方一尺一寸五分，厚四寸三分。

牛頭甎：長一尺三寸，廣六寸五分，一壁厚二寸五分，一壁厚二寸二分。

走趄甎：長一尺二寸，面廣五寸五分，底廣六寸，厚二寸。

趄條甎：面長一尺一寸五分，底長一尺二寸，廣六寸，厚二寸。

鎮子甎：方六寸五分，厚二寸。

凡造甎坯之制，皆先用灰襯隔模匣，次入泥，以杖剖脫曝令乾。

【琉璃瓦等】【炒造黄丹附】

凡造琉璃瓦等之制，藥以黄丹、洛河石和銅末，用水調勻（冬月以湯）。甋瓦於背面，鴟獸之類於安卓露明處（青棍同），並遍澆刷，㼧瓦於仰面內中心（重脣㼧瓦仍於背上澆大脣，其線道條子瓦澆脣一壁）。

凡合琉璃藥所用黄丹闕炒造之制，以黑錫、盆硝等入鑊，煎一日為粗扇，出候冷，擣羅作末，次日再炒，塼蓋罨，第三日

法式十五 八

灼成。

青棍瓦 滑石棍 荼土棍

青棍瓦等之制：以乾坯用瓦石磨擦，（甋瓦於背，瓪瓦於仰面，磨去布文。）次用水湿布揩拭，候乾，次以洛河石棍研，次掺滑石末令匀。（用荼土棍者，准先掺荼土，次以石棍研。）

燒變次序

凡燒變磚瓦之制：素白窑，前一日裝窑，次日下火燒變，又次日上水窨，更三日開，候冷透，及七日出窑。青棍窑，（裝窑、燒變、出窑日分准上法。）先燒芟草，（荼土棍者，止於曝窑內搭帶燒變，不用柴草、羊屎、油籸。）次蒿草、松柏柴、羊屎、麻籸、濃油，蓋罨不令透煙。琉璃窑，前一日裝窑，次日下火燒變，

法式十五　九

三日開窑，候火冷，至第五日出窑。

壘造窑

壘窑之制：大窑高二丈二尺四寸，徑一丈八尺。（外圍地在外，曝窑同。）

門：高五尺六寸，廣二尺六寸。（曝窑高一丈五尺四寸，徑一丈二尺八寸，門高同大窑，廣二尺四寸。）

平坐：高五尺六寸，徑一丈八尺，（曝窑一丈二尺八寸。）壘二十八層。（曝窑同。）其上壘五帀，高七尺，（曝窑壘三帀，高四尺二寸。）壘七層。（曝窑同。）

收頂：七帀，高九尺八寸，壘四十九層。（曝窑四帀，高五尺六寸，壘二十八層，逐層各收入五寸，遞減半塼。）

龜殼窑眼暗突：底腳長一丈五尺，（上留空分，方四尺二寸，蓋罨實收長二尺四寸，曝窑同。）廣五寸，壘二十層。（曝窑長一丈八尺，廣同大窑，壘一十五層。）

床：長一丈五尺，高一尺四寸，壘七層。（曝窑長一丈八尺，高一尺六寸，壘八層。）

壁：長一丈五尺，高一丈一尺四寸，壘五十七層。（下作出煙口子、承重托柱。其曝窑長一丈八尺，高一丈，壘五十層。）

門：兩壁各廣五尺四寸，高五尺六寸，壘二十八層，仍壘脊。（子門同。曝窑廣四尺八寸，高同大窑。）

子門：兩壁各廣五尺二寸，高八尺，壘四十層。

外圍：徑二丈九尺，高二丈，壘一百層。（曝窑徑二丈二寸，高一丈八寸，壘五十四層。）

池：徑一丈，高二尺，壘一十層。（曝窑徑八尺，高一尺，壘五層。）

踏道：長三丈八尺四寸。（曝窑長二丈。）

凡壘窑，用長一尺二寸、廣六寸、厚二寸條塼。平坐並窑門、子門、窑床、踏外圍道，皆並二砌。其窑池下面，作蛾眉壘砌，承重上側使暗突出煙。

法式十五　十

營造法式卷第十五

營造法式卷第十六

通直郎管修蓋皇弟外第專一提舉修蓋班直諸軍營房等臣李誡奉

聖旨編修

壕寨功限

總雜功　築基

築城　築牆

穿井　般運功

供諸作功

石作功限

總造作功　柱礎

法式十六　一

角石 角柱　殿階基

地面石 壓闌石　殿階螭首

殿內鬭八　踏道

單鉤闌 重臺鉤闌 望柱　螭子石

門砧限 卧立株 將軍石 止扉石　地栿石

流盃渠　壇

卷輂水窗　水槽

馬臺　井口石

山棚鋜脚石　幡竿頰

贔屓碑　笏頭碣

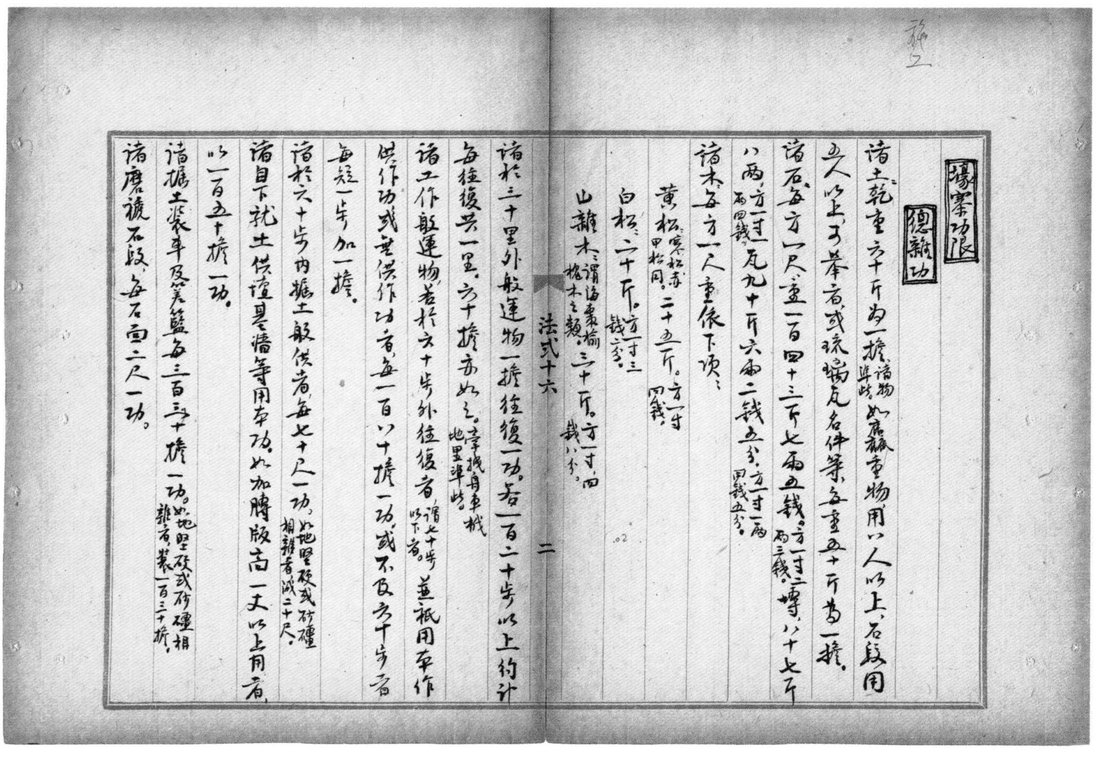

壕寨功限

總雜功

諸土乾重六十斤為一擔。諸物準此。如麤重物用八人以上，石段用五人以上，可舉者，或琉璃瓦名件等，每重五十斤為一擔。

諸石每方一尺，重一百四十三斤七兩五錢。方一寸，二兩三錢。塼，八十七斤八兩。方一寸，一兩四錢。瓦，九十斤六兩二錢五分。方一寸，一兩四錢五分。

諸木每方一尺，重依下項：

黃松，寒松、赤甲松同。二十五斤。方一寸，四錢。

白松，二十斤。方一寸，三錢二分。

山雜木，謂海棗、榆、槐木之類。三十斤。方一寸，四錢八分。

法式十六　二

諸於三十里外般運物一擔，往復一功；若一百二十步以上，約計每往復共一里，六十擔亦如之。牽拽舟、車、栰，地里準此。

諸功作般運物，若於六十步外往復者，謂七十步以下者。並只用本作供作功。或無供作功者，每一百八十擔一功。或不及六十步者，每短一步加一擔。

諸於六十步內掘土般供者，每七十尺一功。如地堅硬或砂礓相雜者，減二十尺。

諸自下就土供壇基牆等，用本功。如加膊版高一丈以上用者，以一百五十擔一功。

諸掘土裝車及䉛籃，每三百三十擔一功。如地堅硬或砂礓相雜者，裝一百三十擔。

諸磨褫石段，每石面二尺一功。

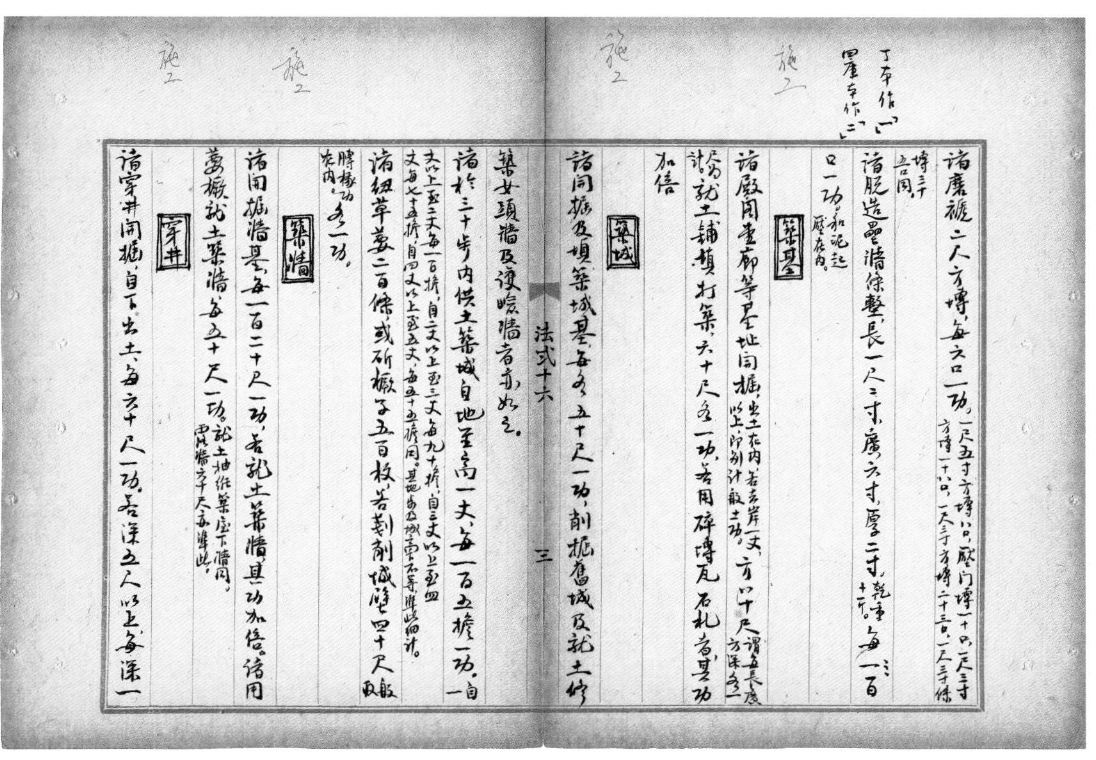

施工 施工 施工 施工

丁本作「一」
四庫本作「二」

諸磨褫二尺方塼，每六口一功。（一尺五寸方塼八口，壓闌塼一十口，一尺三寸方塼一十八口，一尺二寸方塼二十三口，一尺三寸條塼三十口同。）

諸脫造壘牆條墼，長一尺二寸，廣六寸，厚二寸，（乾重十斤。）每一百口一功。（和泥起壓在內。）

築基

諸殿閣堂廊等基址開掘，（出土在內，若去岸一丈以上，即別計般土功。）方八十尺，（謂每長廣方深各一尺為計。）就土鋪填打築六十尺，各一功。若用碎塼瓦石札者，其功加倍。

築城

諸開掘及填築城基，每各五十尺一功。削掘舊城及就土修築女頭牆及護嶮牆者亦如之。

諸於三十步內供土築城，自地至高一丈，每一百五十擔一功。（自一丈以上至二丈每一百擔，自二丈以上至三丈每九十擔，自三丈以上至四丈每七十五擔，自四丈以上至五丈每五十五擔同。其地步及城高下不等，准此細計。）

諸紐草葽二百條，或斫橛子五百枚，若剗削城壁四十尺，（般取膊椽功在內。）各一功。

築牆

諸開掘牆基，每一百二十尺一功。若就土築牆，其功加倍。諸用葽橛就土築牆，每五十尺一功。（就土抽紝築屋下牆同；露牆六十尺亦準此。）

穿井

諸穿井開掘，自下出土，每六十尺一功。若深五尺以上，每深一

法式十六　三

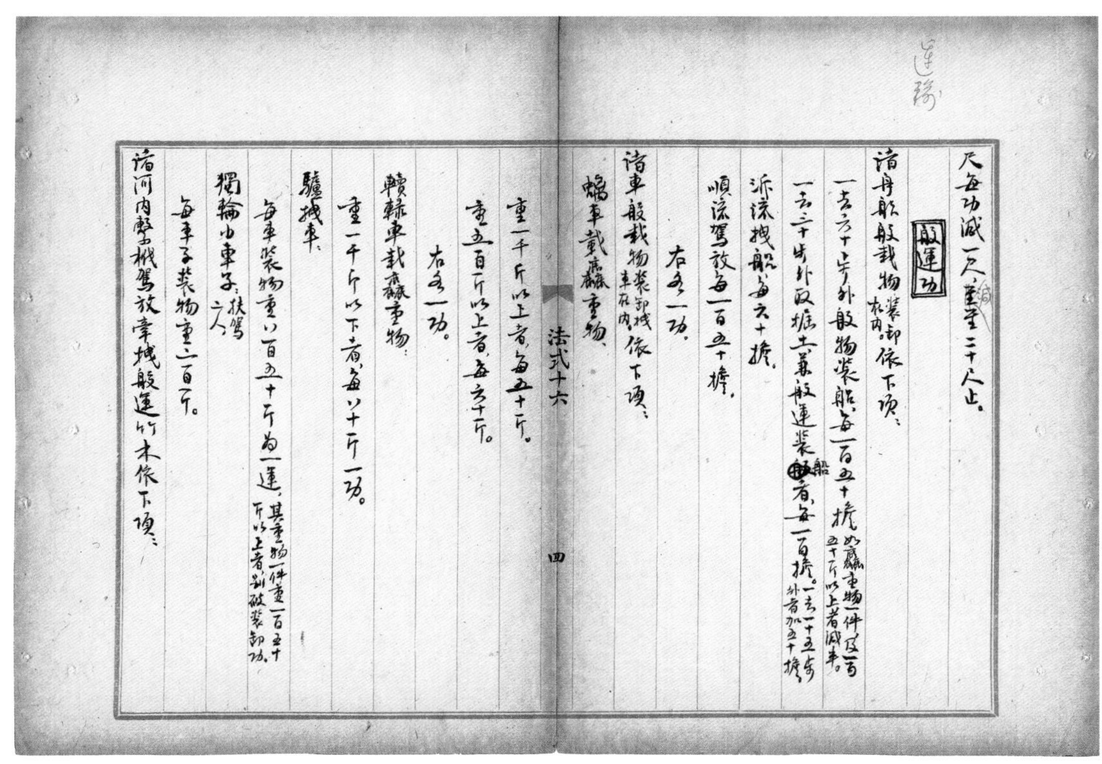

運搬

尺，每功減一尺，減至二十尺止。

般運功

諸舟船般載物，（裝卸在內。）依下項：

一去六十步外般物裝船，每一百五十擔。（如麤重物一件及一百五十斤以上者減半。）

一去三十步外取掘土兼般運裝船者，每一百擔。（一去一十五步外者加五十擔。）

泝流拽船，每六十擔。

順流駕放，每一百五十擔。

右各一功。

諸車般載物，（裝卸、拽車在內。）依下項：

螭車載麤重物：

重一千斤以上者，每五十斤。

重五百斤以上者，每六十斤。

右各一功。

轒轅車載麤重物：

重一千斤以下者，每八十斤一功。

驢拽車：

每車裝物重一百五十斤為一運。（其重物一件重一百五十斤以上者，別破裝卸功。）

獨輪小車子：（扶駕二人。）

每車子裝物重二百斤。

諸河內繫栰駕放，牽拽般運竹木依下項：

法式十六　四

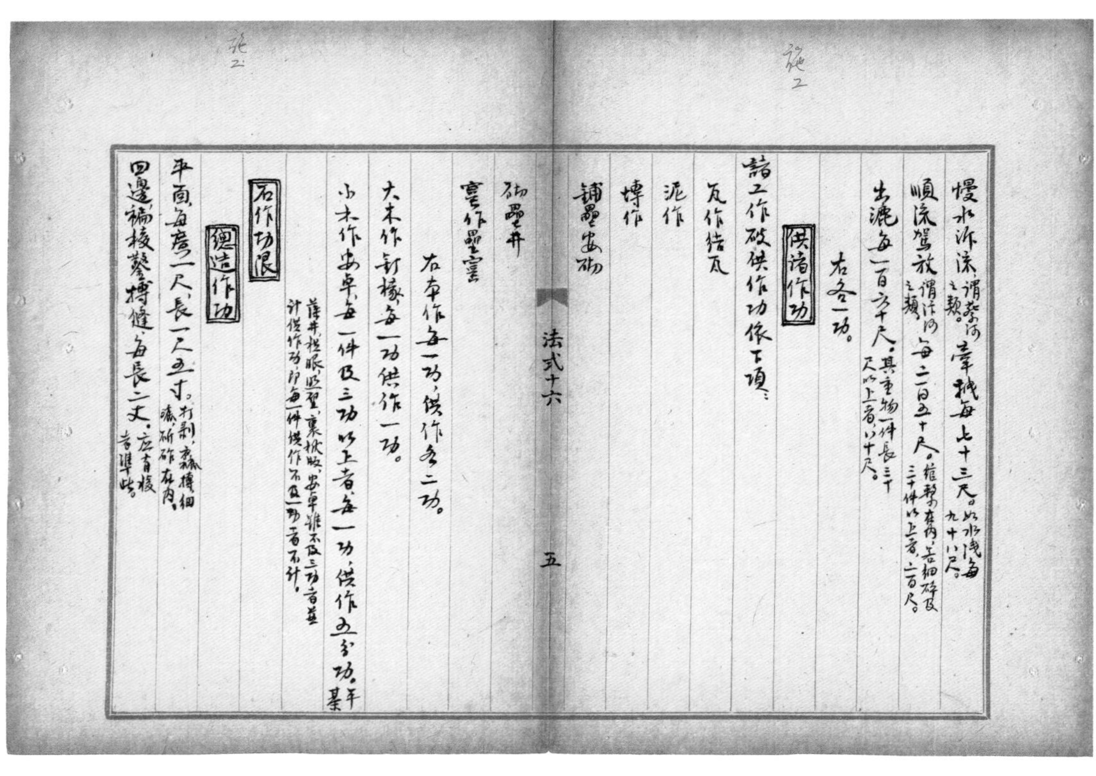

施工

慢水泝流，谓募河之類。牽拽每七十三尺。如水淺，每九十八尺。

順流駕放，谓注河之類。每二百五十尺。绾繫在内；若细碎及三十件以上者，二百尺。

出漉每一百六十尺。其重物一件長三十尺以上者，以八十尺。

右各一功。

供諸作功

諸工作破供作功依下項：

瓦作結瓦

泥作

塼作

鋪壘安砌

法式十六 五

砌壘井

窑作壘窑

右本作每一功，供作各二功。

大木作釘椽，每一功供作一功。

小木作安卓，每一件及三功以上者，每一功，供作五分功。平棊、藻井、棂子、闘眼、照壁、裹栿版，安卓雖不及三功者並計供作功，即每一件供作不及一功者不計。

石作功限

總造作功

平面，每廣一尺，長一尺五寸。打剥、麤搏、细漉、斫砟在内。

四邊褊棱鑿搏縫，每長二丈。应有棱者準此。

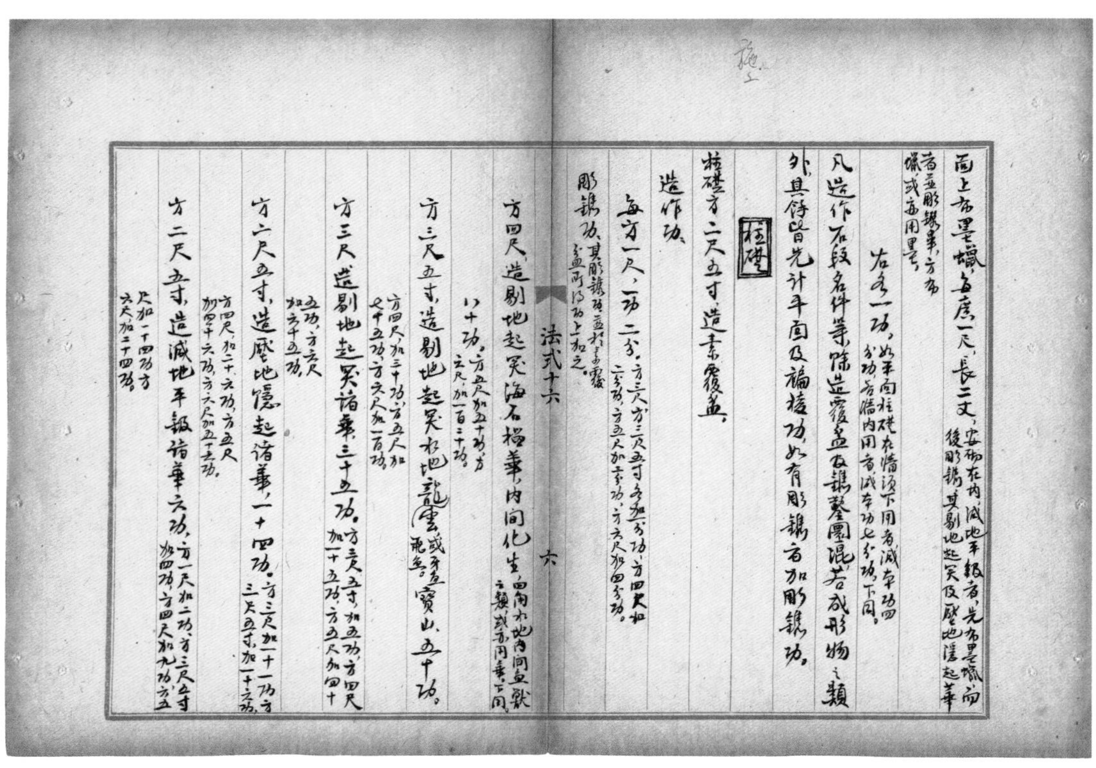

施工

面上布墨蠟，每廣一尺，長二丈。安砌在内。减地平鈒者，先布墨蠟，而後彫鐫；其剔地起突及壓地隱起華者，並彫鐫畢，方布蠟；或亦用墨。

右各一功。如平面柱礎在牆頭下用者，減本功四分功；若牆内用者，減本功七分功。下同。

凡造作石段、名件等，除造覆盆及鐫鑿圜混若成形物之類外，其餘皆先計平面及褊棱功。如有彫鐫者，加彫鐫功。

柱礎

柱礎方二尺五寸，造素覆盆：

造作功：

每方一尺，一功二分。方三尺，方三尺五寸，各加一分功；方四尺，加二分功；方五尺，加三分功；方六尺，加四分功。

彫鐫功：其彫鐫功並於素覆盆所得功上加之。

法式十六 六

方四尺，造剔地起突海石榴華，内間化生，四角水地内間魚獸之類，或亦用華，下同。八十功。方五尺，加五十功；方六尺，加一百二十功。

方三尺五寸，造剔地起突水地雲龍，或牙魚、飛魚，寶山，五十功。方四尺，加三十功；方五尺，加七十五功；方六尺，加一百功。

方三尺，造剔地起突諸華，三十五功。方三尺五寸，加五功；方四尺，加一十五功；方五尺，加四十五功；方六尺，加六十五功。

方二尺五寸，造壓地隱起諸華，一十四功。方三尺，加一十一功；方三尺五寸，加一十六功；方四尺，加二十六功；方五尺，加四十六功；方六尺，加五十六功。

方二尺五寸，造減地平鈒諸華，六功。方三尺，加二功；方三尺五寸，加四功；方四尺，加九功；方五尺，加一十四功；方六尺，加二十四功。

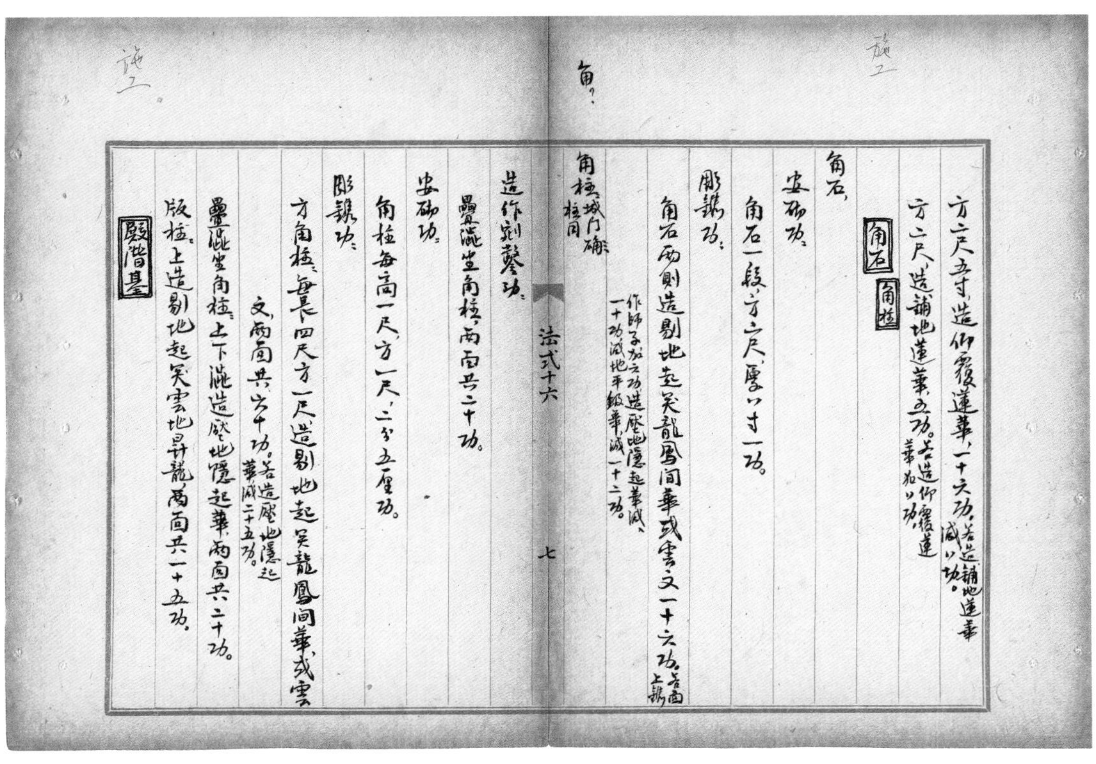

方二尺五寸，造仰覆蓮華，一十六功。若造鋪地蓮華，減八功。
方二尺，造鋪地蓮華，五功。若造仰覆蓮華，加八功。
角石 角柱
角石，
安砌功，
角石一段，方二尺，厚八寸，一功。
彫鐫功，
角石兩側造剔地起突龍鳳間華或雲文，一十六功。若面上鐫作師子，加六功；造壓地隱起華，減一十功；減地平鈒華，減一十二功。
角柱，城門角柱同。
法式十六　七
造作剜鑿功，
疊澁坐角柱，兩面共二十功。
安砌功，
角柱每高一尺，方一尺，二分五厘功。
彫鐫功，
方角柱，每長四尺，方一尺，造剔地起突龍鳳間華或雲文，兩面共六十功。若造壓地隱起華，減二十五功。
疊澁坐角柱，上下澁造壓地隱起華，兩面共二十功。
版柱，上造剔地起突雲地昇龍，兩面共一十五功。
殿階基

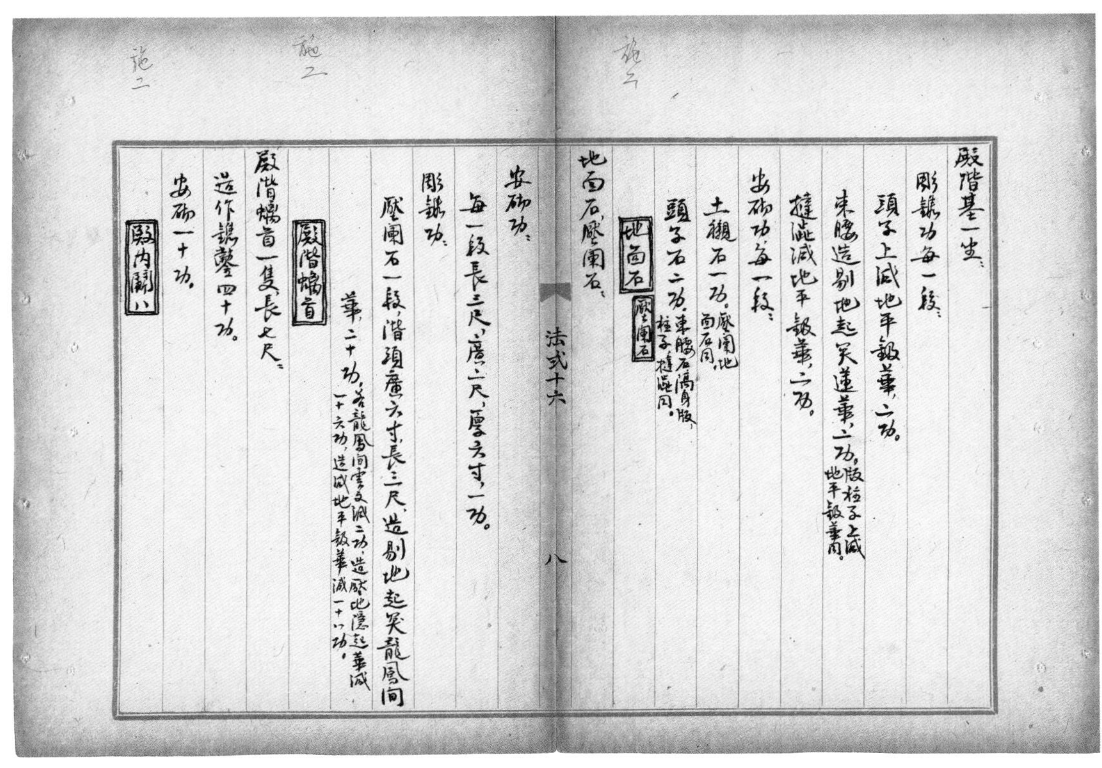

殿階基一坐，
彫鐫功，每一段，
頭子上減地平鈒華，二功。
束腰造剔地起突蓮華，二功。版柱子上減地平鈒華同。
撻澁減地平鈒華，二功。
安砌功，每一段，
土襯石，一功。壓闌、地面石同。
頭子石，二功。束腰石、隔身版柱子、撻澁同。
地面石 壓闌石
地面石、壓闌石，
法式十六　八
安砌功，
每一段，長三尺，廣二尺，厚六寸，一功。
彫鐫功，
壓闌石一段，階頭廣六寸，長三尺，造剔地起突龍鳳間華，二十功。若龍鳳間雲文，減二功；造壓地隱起華，減一十六功；造減地平鈒華，減一十八功。
殿階螭首
殿階螭首，一隻，長七尺，
造作鐫鑿，四十功。
安砌，一十功。
殿內鬬八

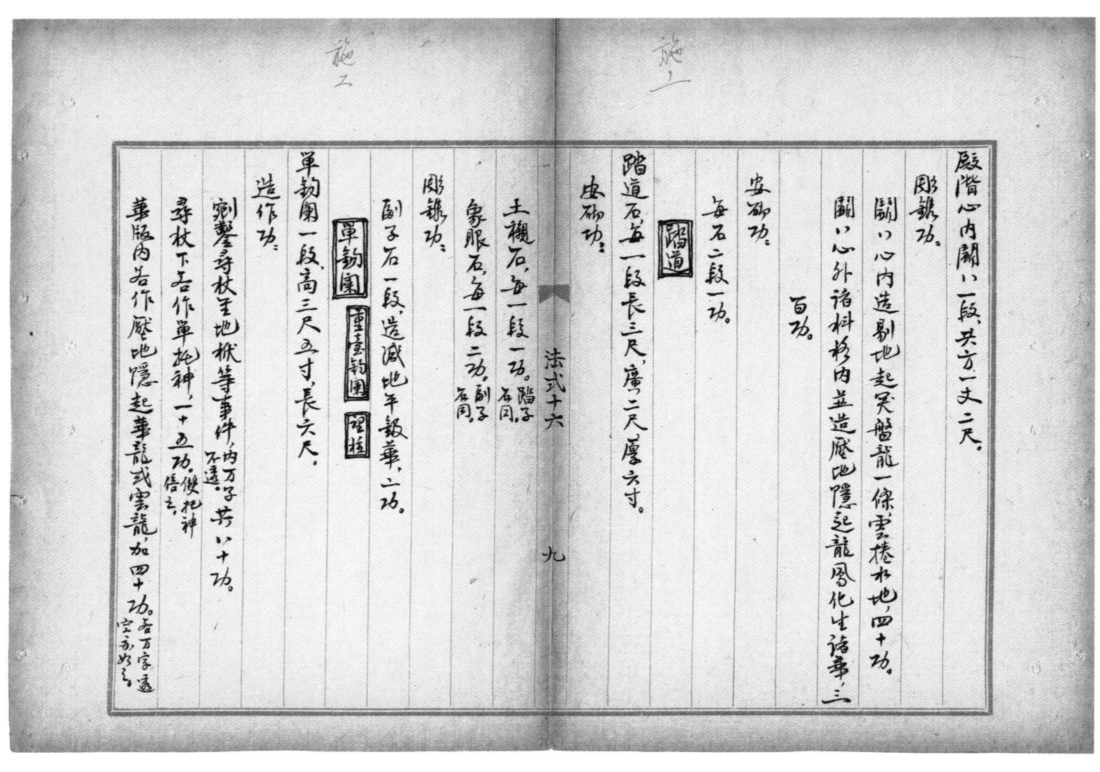

施工

殿階心内闘八一段，共方一丈二尺。

彫鐫功：

闘八心内造剔地起突盤龍一條，雲捲水地，四十功。

闘八心外諸科格内並造壓地隱起龍鳳化生諸華，三百功。

安砌功：

每石二段一功。

[踏道]

踏道石，每一段長三尺，廣二尺，厚六寸。

安砌功：

土襯石，每一段一功。踏子石同。

象眼石，每一段二功。副子石同。

彫鐫功：

副子石一段，造減地平鈒華，二功。

[單鉤闌] [重臺鉤闌] [望柱]

單鉤闌一段，高三尺五寸，長六尺。

造作功：

剜鑿尋杖至地栿等事件，内萬字不透。共八十功。

尋杖下若作單托神，一十五功。雙托神倍之。

華版内若作壓地隱起華、龍或雲龍，加四十功。若萬字透空亦如之。

法式十六 九

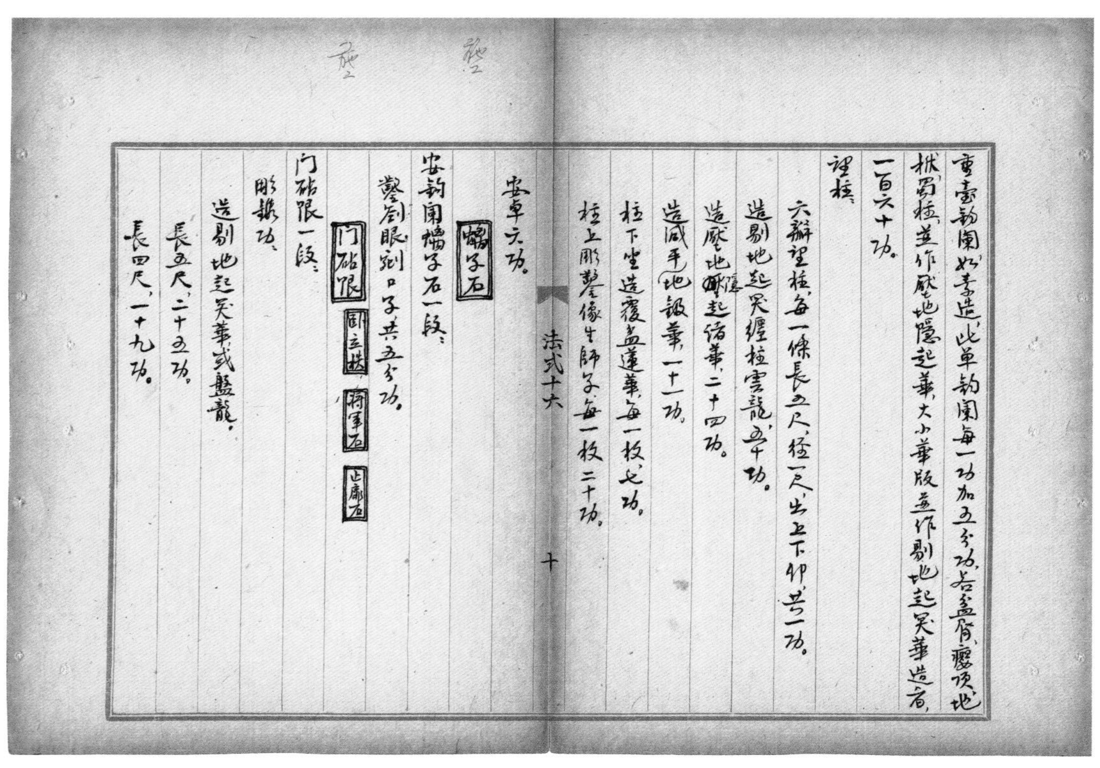

施工

重臺鉤闌如素造，比單鉤闌每一功加五分功；若盆脣、癭項、地栿、蜀柱，並作壓地隱起華，大小華版並作剔地起突華造者，一百六十功。

望柱：

六瓣望柱，每一條長五尺，徑一尺，出上下卯，共一功。

造剔地起突纏柱雲龍，五十功。

造壓地隱起諸華，二十四功。

造減平地鈒華，一十一功。

柱下坐造覆盆蓮華，每一枚，七功。

柱上彫鏨像生師子，每一枚，二十功。

安卓，六功。

[螭子石]

安鉤闌螭子石一段：

鑿劄眼剜口子，共五分功。

[门砧限] [卧立柣] [將軍石] [止扉石]

门砧限一段：

彫鐫功：

造剔地起突華或盤龍，

長五尺，二十五功。

長四尺，一十九功。

法式十六 十

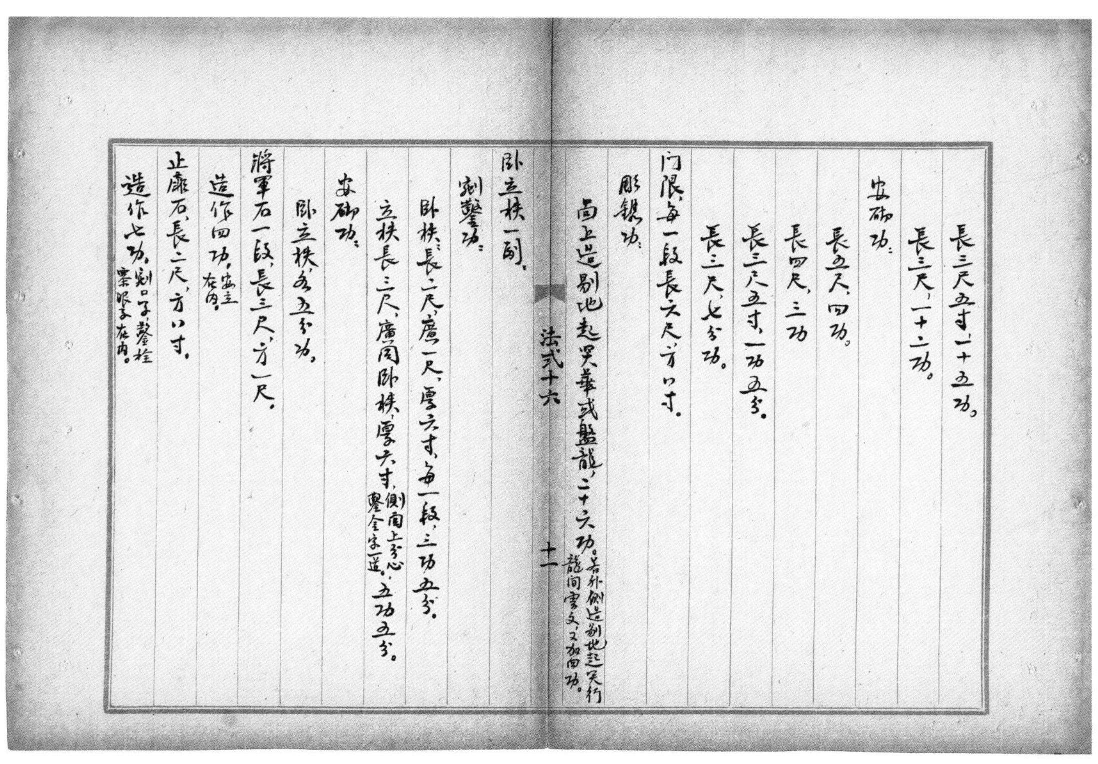

長三尺五寸，一十五功。
長三尺，一十二功。
安砌功：
長五尺，四功。
長四尺，三功。
長三尺五寸，一功五分。
長三尺，七分功。
門限，每一段長六尺，方八寸。
彫鐫功：
面上造剔地起突華或盤龍，二十六功。若外側造剔地起突行龍間雲文，又加四功。

法式十六　十一

臥立株一副。
剜鑿功：
臥株，長二尺，廣一尺，厚六寸，每一段，三功五分。
立株，長三尺，廣同臥株，厚六寸，側面上分心鑿金口一道，五功五分。
安砌功：
臥立株，各五分功。
將軍石一段，長三尺，方一尺。
造作四功，安立在內。
止扉石，長二尺，方八寸。
造作七功。剜口子、鑿栓寨眼子在內。

城門地栿石、土襯石。
造作剜鑿功，每一段：
地栿，一十功。
土襯，三功。
安砌功：
地栿，二功。
土襯，二功。
流盃渠一坐。剜鑿水渠造。每石一段，方三尺，厚一尺二寸。

法式十六　十二

造作，一十功。開鑿渠道加二功。
安砌，四功。出水斗子，每一段加一功。
彫鐫功：
河道兩邊，面上絡周華，各廣四寸，造剔地起突寶相華
牡丹華，每一段，三功。
流盃渠一坐。砌壘底版造。
造作功：
心內看盤石一段，長四尺，廣三尺五寸。
廂壁石，及項子石，每一段。
右各八功。

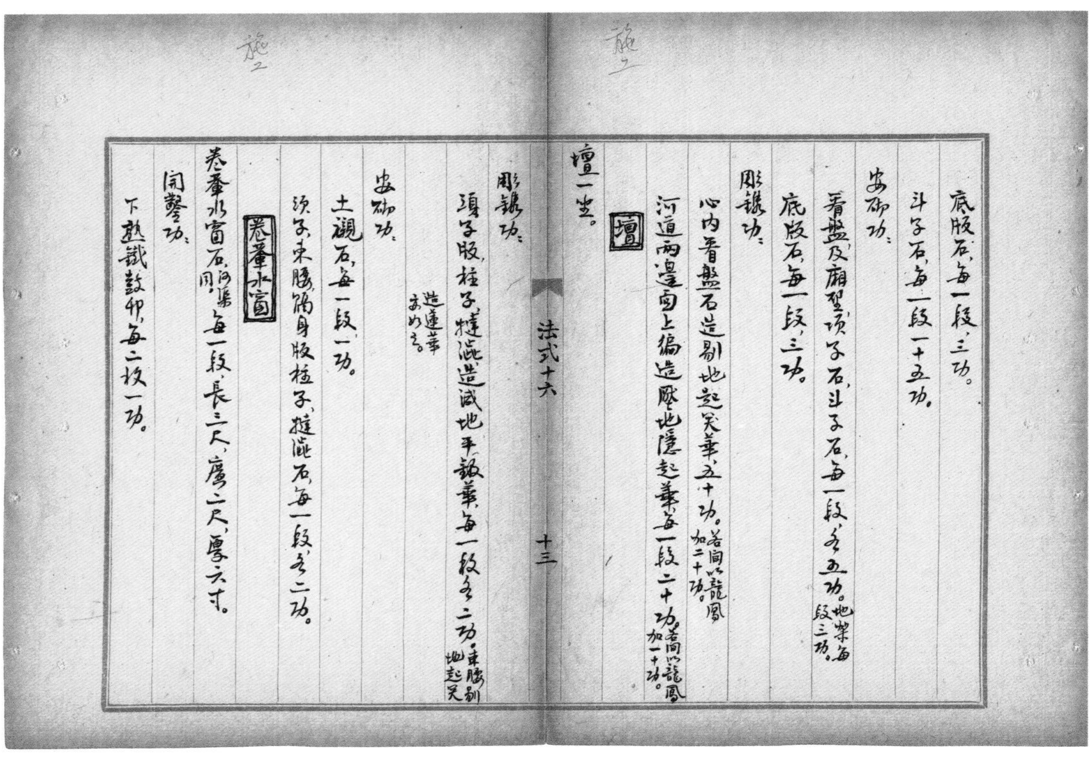

施工

施工

底版石，每一段，三功。

斗子石，每一段，一十五功。

安砌功：

看盤及廂壁項子石、斗子石，每一段，各五功。地架每段三功。

底版石，每一段，三功。

雕鐫功：

心內看盤石造剔地起突華，五十功。若間以龍鳳加二十功。

河道兩邊面上徧造壓地隱起華，每一段，二十功。若間以龍鳳加一十功。

壇

壇一坐。

法式十六　十三

雕鐫功：

頭子版、柱子、榥，造減地平鈒華，每一段，各二功。束腰剔地起突造蓮華亦如之。

安砌功：

土襯石，每一段，一功。

頭子、束腰、隔身版、柱子、榥、脚石，每一段，各二功。

卷輂水窗

卷輂水窗石，河渠同。每一段，長三尺，廣二尺，厚六寸。

開鑿功：

下熟鐵鼓卯，每二枚，一功。

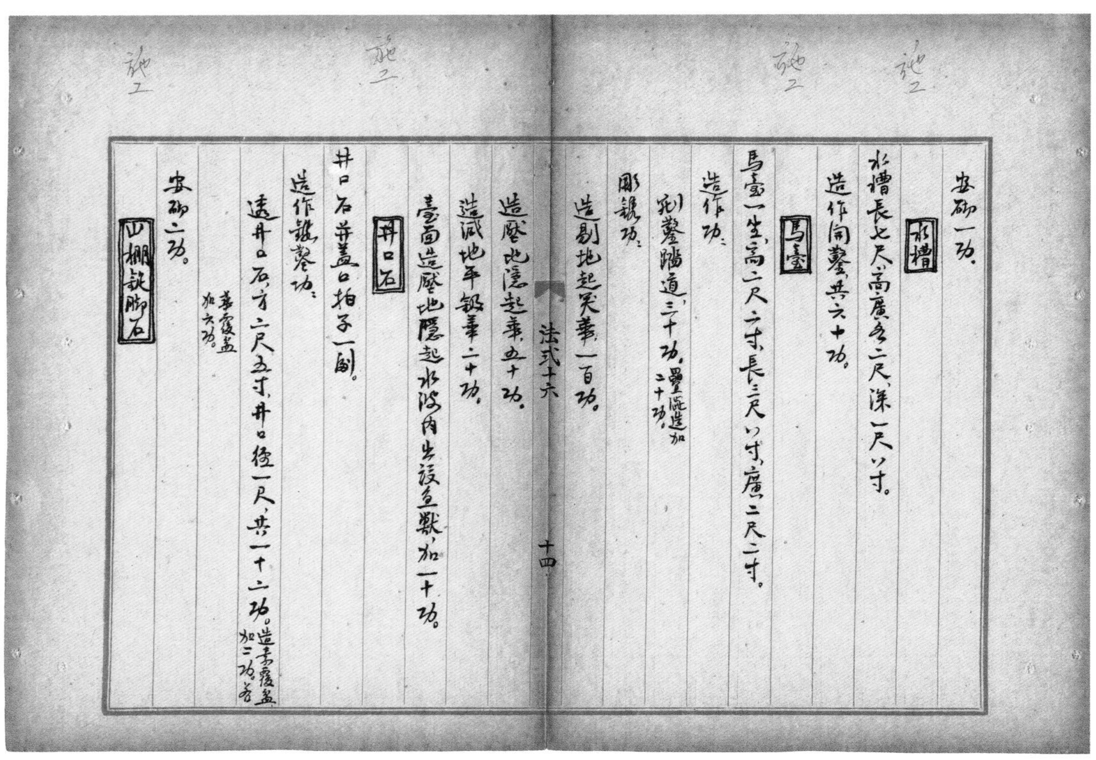

施工

施工

施工

施工

安砌，一功。

水槽

水槽長七尺，高廣各二尺，深一尺四寸。

造作開鑿，共六十功。

馬臺

馬臺一坐，高二尺二寸，長三尺八寸，廣二尺二寸。

造作功：

剜鑿踏道，三十功。疊澁造加二十功。

雕鐫功：

造剔地起突華，一百功。

法式十六　十四

造壓地隱起華，五十功。

造減地平鈒華，二十功。

臺面造壓地隱起水波內出沒魚獸，加一十功。

井口石

井口石并蓋口拍子一副。

造作鐫鑿功：

透井口石，方二尺五寸，井口徑一尺，共一十二功。造素覆盆加二功；若華覆盆加六功。

安砌，二功。

山棚鋜脚石

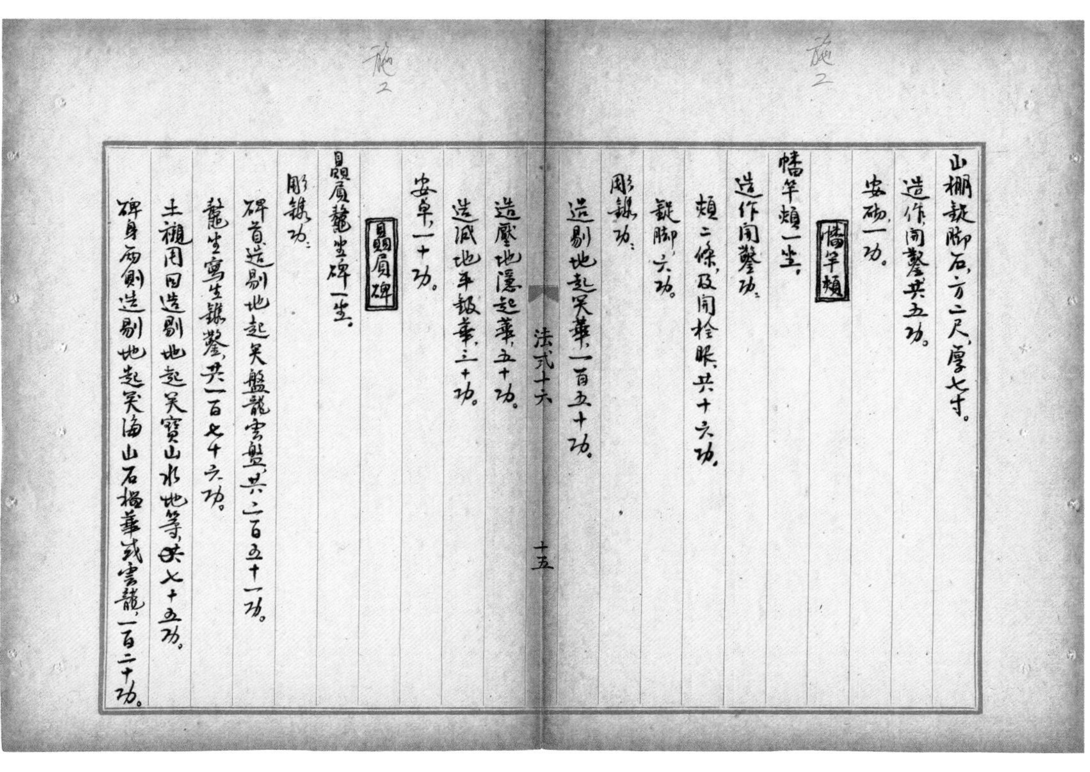

施2

山棚鋜脚石，方二尺，厚七寸。

造作開鑿共五功。

安砌一功。

幡竿頰

幡竿頰一坐。

造作開鑿功。

頰二條，及開栓眼共十六功。

鋜脚六功。

彫鐫功。

造剔地起突華，一百五十功。

造壓地隱起華，五十功。

造減地平鈒華，三十功。

安卓，一十功。

贔屓碑

贔屓鼇坐碑一坐。

彫鐫功。

碑首造剔地起突盤龍雲盤，共二百五十一功。

鼇坐寫生鐫鑿，共一百七十六功。

土襯周回造剔地起突寶山水地等，共七十五功。

碑身兩側造剔地起突海石榴華或雲龍，一百二十功。

施2

法式十六　十五

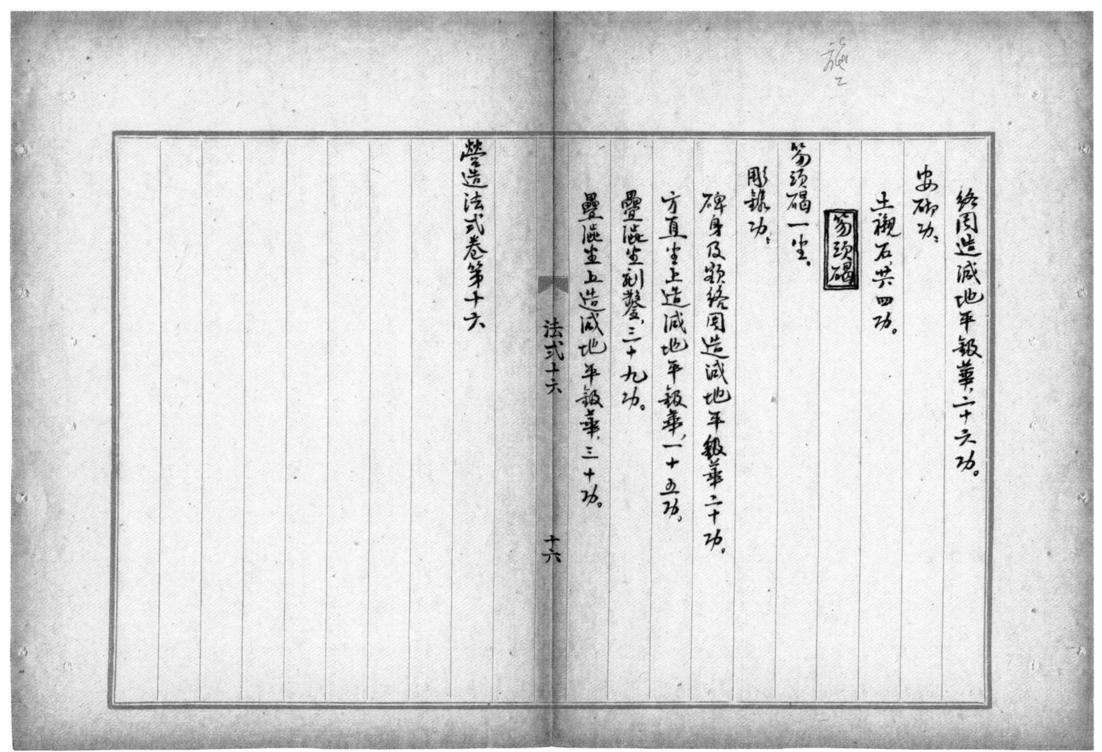

施2

絞周造減地平鈒華，二十六功。

安砌功。

土襯石，共四功。

笏頭碣

笏頭碣一坐。

彫鐫功。

碑身及額絞周造減地平鈒華，二十功。

方直坐上造減地平鈒華，一十五功。

疊澁坐剔鑿，三十九功。

疊澁坐上造減地平鈒華，三十功。

營造法式卷第十六

法式十六　十六

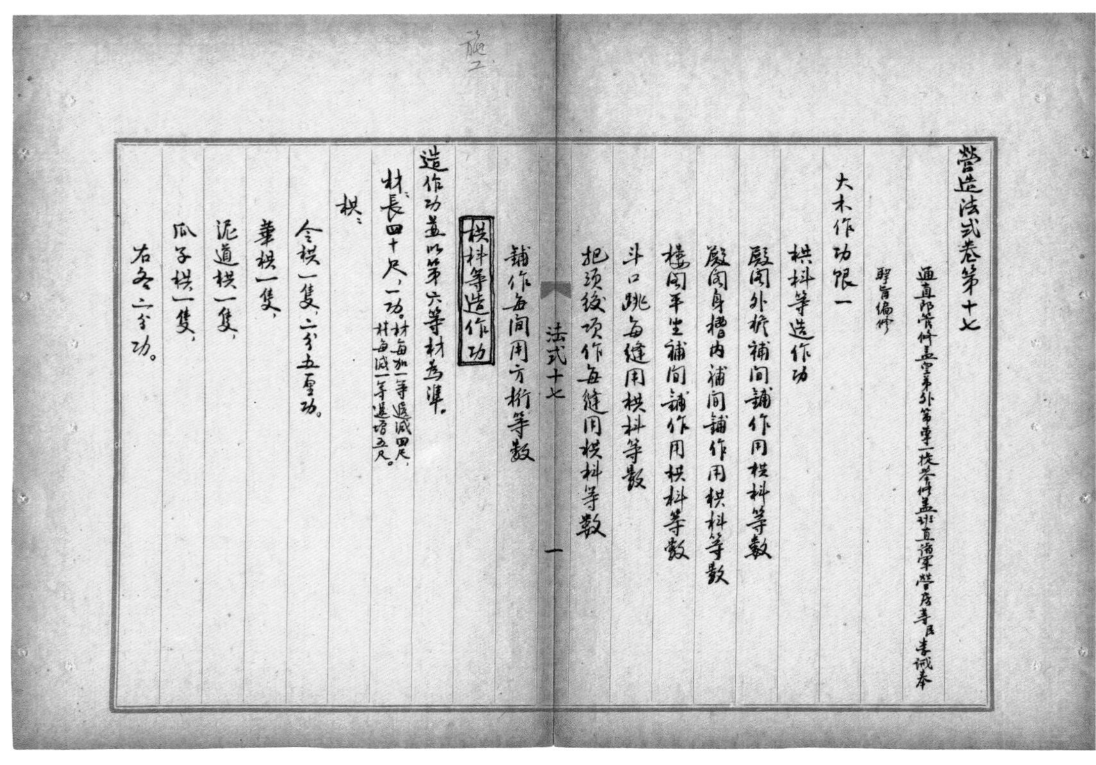

營造法式卷第十七

通直郎管修蓋皇弟外第專一提舉修蓋班直諸軍營房等臣李誡奉

聖旨編修

大木作功限一

栱枓等造作功

殿閣外檐補間鋪作用栱枓等數

殿閣身槽內補間鋪作用栱枓等數

樓閣平坐補間鋪作用栱枓等數

斗口跳每縫用栱枓等數

把頭絞項作每縫用栱枓等數

鋪作每間用方桁等數

法式十七 一

施工

栱枓等造作功

造作功並以第六等材為準。

材長四十尺，一功。材每加一等，遞減四尺；材每減一等，遞增五尺。

栱：

令栱一隻，二分五釐功。

華栱一隻，

泥道栱一隻，

瓜子栱一隻，

右各二分功。

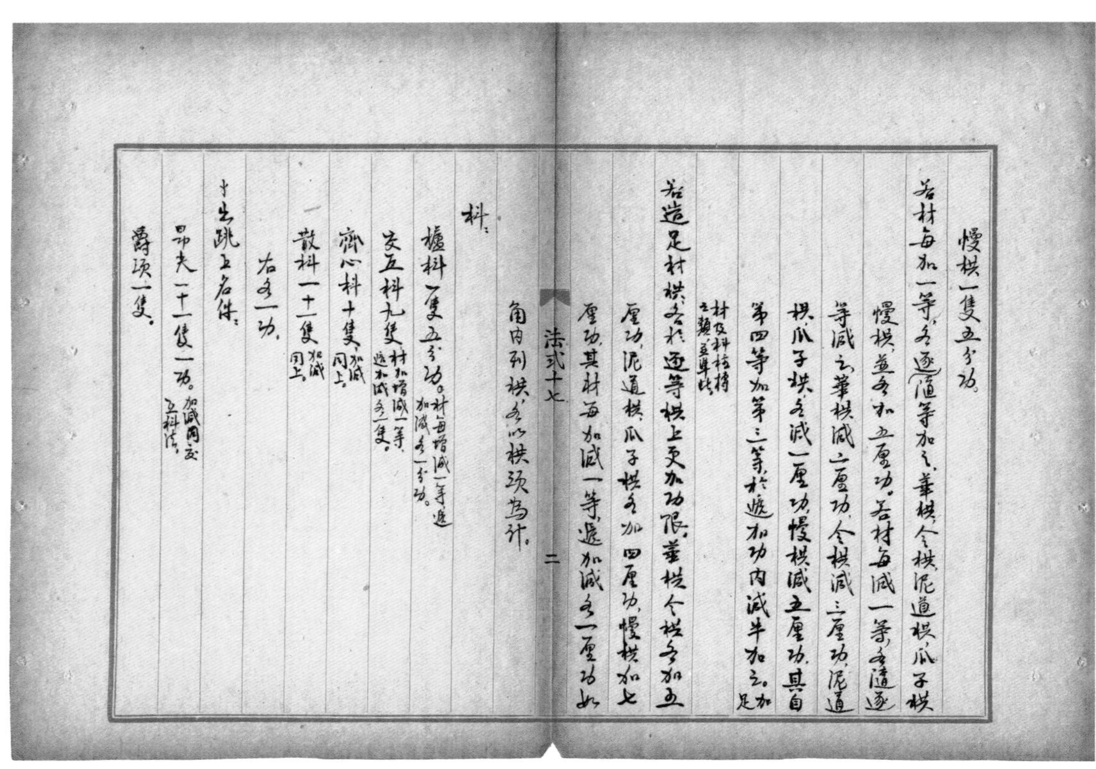

慢栱一隻，五分功。

若材每加一等，各隨逐等加之：華栱、令栱、泥道栱、瓜子栱、慢栱，並各加五釐功。若材每減一等，各隨逐等減之：華栱減二釐功；令栱減三釐功；泥道栱、瓜子栱，各減一釐功；慢栱減五釐功。其自第四等加第三等，於遞加功內減半加之。加足材及枓、柱、槫之類，並準此。

若造足材栱，各於逐等栱上更加功限：華栱、令栱，各加五釐功；泥道栱、瓜子栱，各加四釐功；慢栱加七釐功，其材每加減一等，遞加減各一釐功。如角內列栱，各以栱頭為計。

法式十七 二

枓：

櫨枓一隻，五分功。材每增減一等，遞加減各一分功。

交互枓九隻，材加增減一等，遞加減各一隻。

齊心枓十隻，加減同上。

散枓一十一隻，加減同上。

右各一功。

出跳上名件：

昂尖一十一隻，一功。加減同交互枓法。

爵頭一隻。

華頭子一隻。
右各一分°。材每增減一等，遞加減各二分°。身內並同材法。

殿閣外檐補間鋪作用栱枓等數

殿閣外檐，自八鋪作至四鋪作，內外並重栱計心，外跳出下昂，裏跳出卷頭。每補間鋪作一朵用栱昂等數下項。八鋪作裏跳用七鋪作，若七鋪作裏跳用六鋪作，其六鋪作以下，裏外跳並同。轉角者準此。

自八鋪作至四鋪作各通用：
單材華栱一隻。若四鋪作插昂，不用。
泥道栱一隻。
令栱二隻。
兩出耍頭一隻。並隨昂身上下斜勢，分作二隻，內四鋪作不分。
襯方頭一條。足材。八鋪作、七鋪作各長一百二十分°；六鋪作、五鋪作各長九十分°；四鋪作長六十分°。
櫨枓一隻。
闇栔二條。一條長四十六分°；一條長七十六分°。八鋪作、七鋪作，又加二條，各長隨補間之廣。
昂栓二條。八鋪作各長一百三十分°；七鋪作各長一百一十五分°；六鋪作各長九十五分°；五鋪作各長八十分°；四鋪作各長五十分°。
八鋪作、七鋪作各獨用：
第二杪華栱一隻。長四跳。
第三杪外華頭子內華栱一隻。長六跳。
六鋪作、五鋪作各獨用：
第二杪外華頭子內華栱一隻。長四跳。

八鋪作獨用：
第四杪內華栱一隻。外隨昂槫斜，長七十八分°。
四鋪作獨用：
第一杪外華頭子內華栱一隻。長兩跳。若卷頭，不用。
自八鋪作至四鋪作各用：
瓜子栱：
八鋪作七隻；
七鋪作五隻；
六鋪作四隻；
五鋪作二隻。四鋪作不用。
慢栱：
八鋪作八隻；
七鋪作六隻；
六鋪作五隻；
五鋪作三隻；
四鋪作一隻。
下昂：
八鋪作三隻。一隻身長三百分°；一隻身長二百七十分°；一隻身長一百七十分°。
七鋪作二隻。一隻身長二百七十分°；一隻身長一百七十分°。
六鋪作二隻。一隻身長二百四十分°；一隻身長一百五十分°。

五鋪作一隻，身長一百二十分°。
四鋪作插昂一隻，身長四十分°。
交互枓：
八鋪作九隻，
七鋪作七隻，
六鋪作五隻，
五鋪作四隻，
四鋪作二隻。
齊心枓：
八鋪作一十二隻，

法式十七　五

七鋪作一十隻，
六鋪作五隻，五鋪作同。
四鋪作三隻。
散枓：
八鋪作三十六隻，
七鋪作二十八隻，
六鋪作二十隻，
五鋪作一十六隻，
四鋪作八隻。

殿閣身槽內補間鋪作用栱枓等數

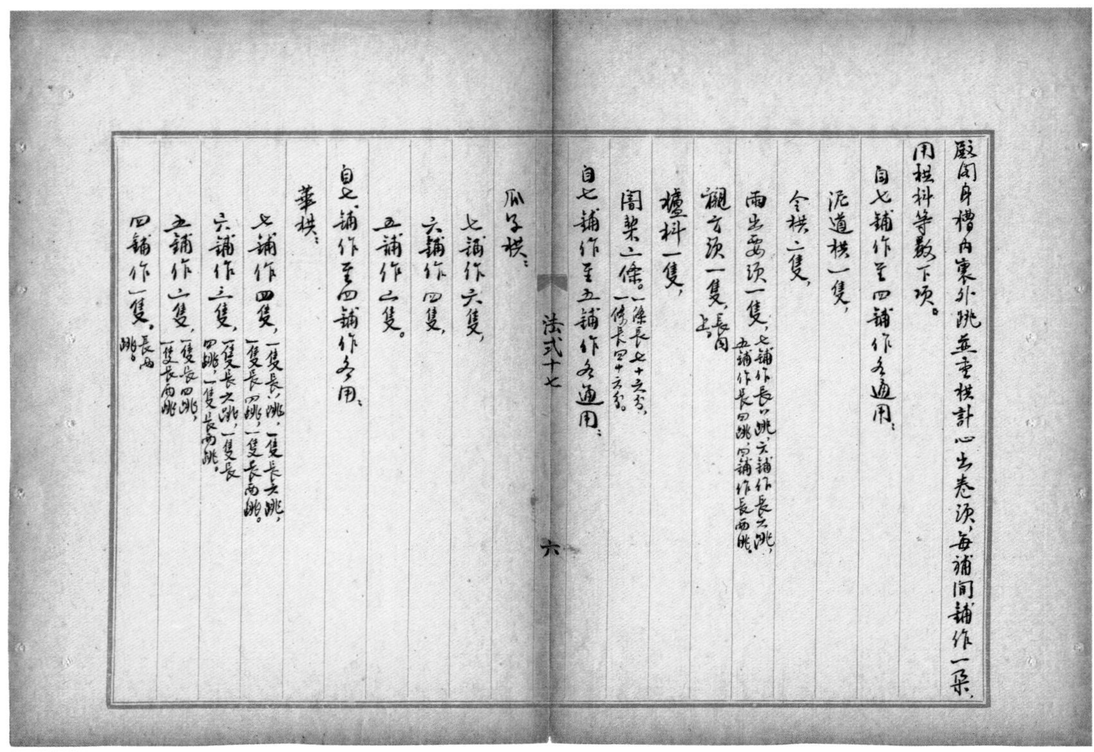
殿閣身槽內裏外跳並重栱計心出卷頭每補間鋪作一朵，
用栱枓等數下項。
自七鋪作至四鋪作各通用：
泥道栱一隻，
令栱二隻，
兩出耍頭一隻，七鋪作長八跳，六鋪作長六跳，五鋪作長四跳，四鋪作長兩跳。
襯方頭一隻，長同上。
櫨枓一隻，
闇栔二條。一條長七十六分°，一條長四十六分°。
自七鋪作至五鋪作各通用：

法式十七　六

瓜子栱：
七鋪作六隻，
六鋪作四隻，
五鋪作二隻。
自七鋪作至四鋪作各用：
華栱：
七鋪作四隻，一隻長八跳，一隻長六跳，一隻長四跳，一隻長兩跳。
六鋪作三隻，一隻長六跳，一隻長四跳，一隻長兩跳。
五鋪作二隻，一隻長四跳，一隻長兩跳。
四鋪作一隻。長兩跳。

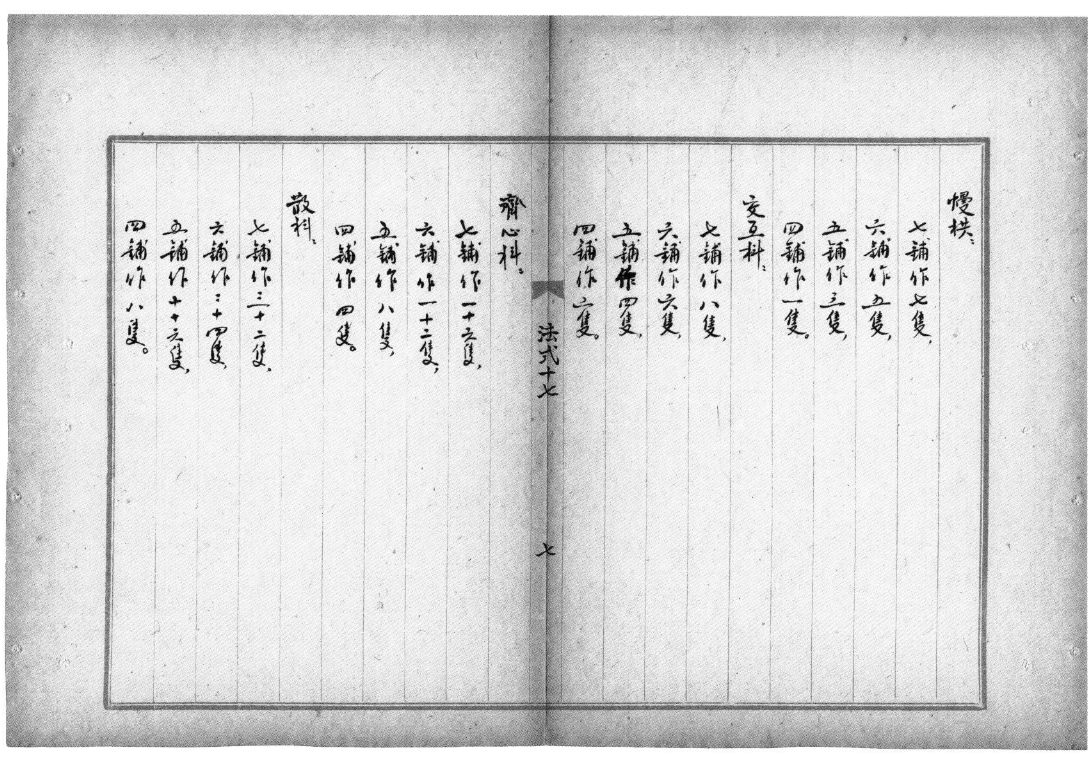

慢栱，
七鋪作七隻，
六鋪作五隻，
五鋪作三隻，
四鋪作一隻。
交互枓，
七鋪作八隻，
六鋪作六隻，
五鋪作四隻，
四鋪作二隻。

法式十七　七

齊心枓，
七鋪作一十六隻，
六鋪作一十二隻，
五鋪作八隻，
四鋪作四隻。
散枓，
七鋪作三十二隻，
六鋪作二十四隻，
五鋪作十六隻，
四鋪作八隻。

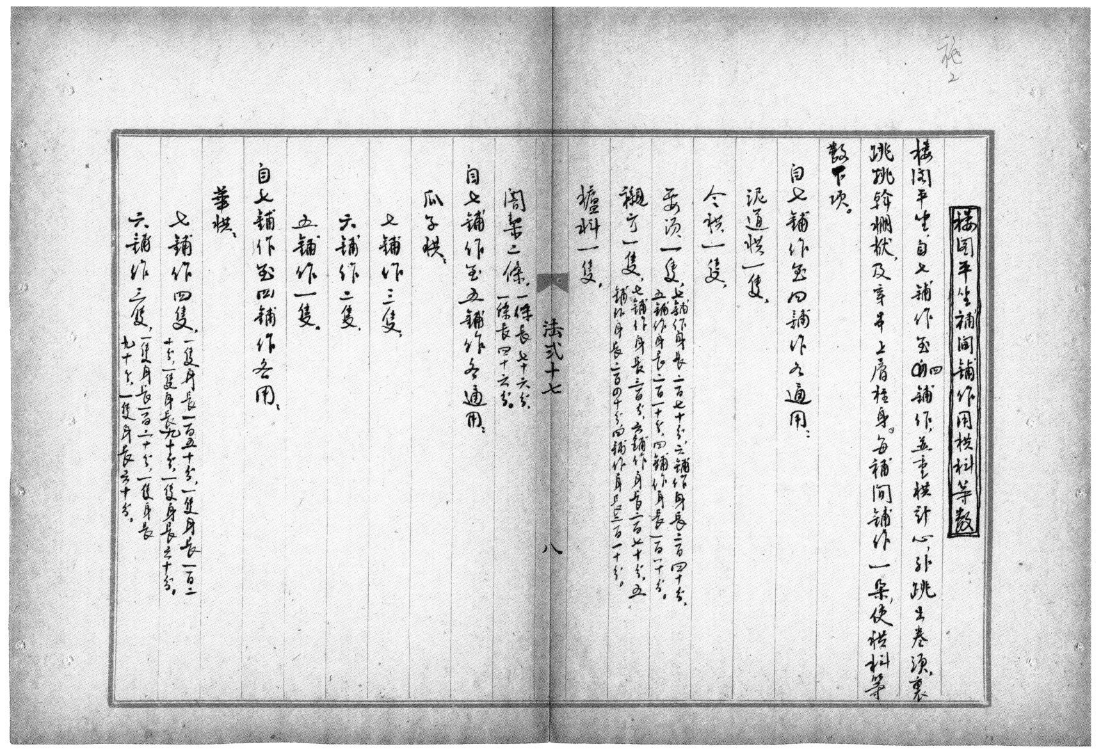

樓閣平坐補間鋪作用栱枓等數

樓閣平坐自七鋪作至四鋪作，並重栱計心，外跳出卷頭，裏跳挑斡棚栿及穿串上層柱身。每補間鋪作一朵，使栱枓等數下項。
自七鋪作至四鋪作各通用：
泥道栱一隻，
令栱一隻，
耍頭一隻，（七鋪作身長二百七十分，六鋪作身長二百四十分，五鋪作身長二百一十分，四鋪作身長一百八十分。）
襯方一隻，（七鋪作身長三百分，六鋪作身長二百七十分，五鋪作身長二百四十分，四鋪作身長二百一十分。）
櫨枓一隻。

法式十七　八

闇栔二條，（一條長七十六分，一條長四十六分。）
自七鋪作至五鋪作各通用：
瓜子栱，
七鋪作三隻，
六鋪作二隻，
五鋪作一隻。
自七鋪作至四鋪作各用：
華栱，
七鋪作四隻，（一隻身長一百五十分，一隻身長一百二十分，一隻身長九十分，一隻身長六十分。）
六鋪作三隻，（一隻身長一百二十分，一隻身長九十分，一隻身長六十分。）

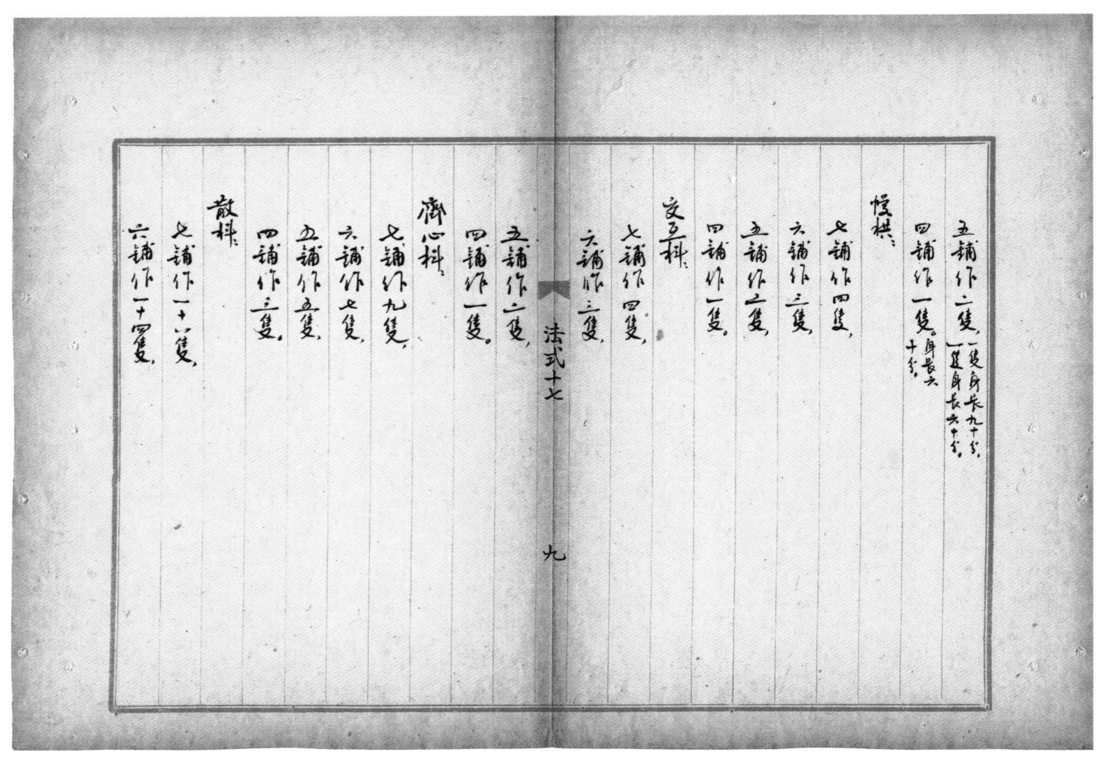

五鋪作二隻，一隻身長九十分，一隻身長六十分。
四鋪作一隻。身長六十分。
慢栱，
七鋪作四隻，
六鋪作三隻，
五鋪作二隻，
四鋪作一隻。
交互枓，
七鋪作四隻，
六鋪作三隻，

法式十七 九

五鋪作二隻，
四鋪作一隻。
齊心枓，
七鋪作九隻，
六鋪作七隻，
五鋪作五隻，
四鋪作三隻。
散枓，
七鋪作一十八隻，
六鋪作一十四隻，

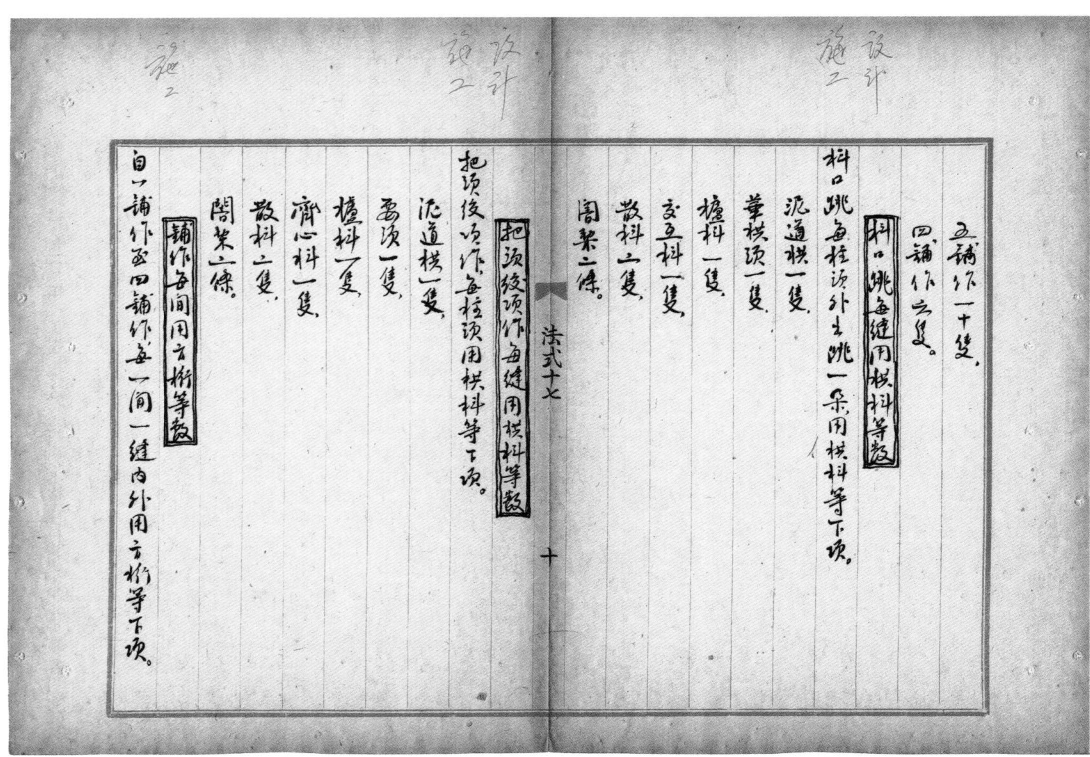

設計 施工

五鋪作一十隻，
四鋪作六隻。
枓口跳每縫用栱枓等數
枓口跳每柱頭外出跳一朵用栱枓等下項。
泥道栱一隻，
華栱頭一隻，
櫨枓一隻，
交互枓一隻，
散枓二隻，
闇栔二條。

法式十七 十

設計 施工

把頭絞項作每縫用栱枓等數
把頭絞項作每柱頭用栱枓等下項。
泥道栱一隻，
耍頭一隻，
櫨枓一隻，
齊心枓一隻，
散枓二隻，
闇栔二條。
鋪作每間用方桁等數
自八鋪作至四鋪作每一間一縫內外用方桁等下項。

施工

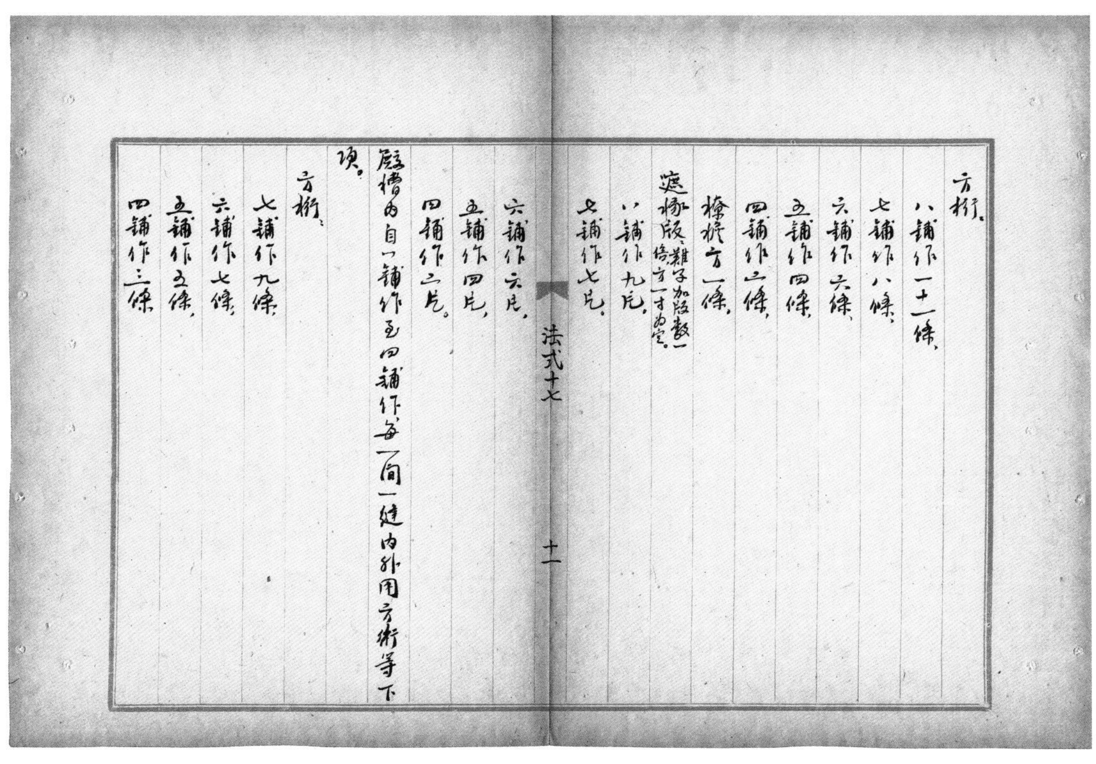

方桁，
八鋪作一十一條，
七鋪作八條，
六鋪作六條，
五鋪作四條，
四鋪作二條，
橑檐方一條，
遮椽版，難子加版數一倍，方一寸為定。
八鋪作九片，
七鋪作七片，

法式十七　十一

六鋪作六片，
五鋪作四片，
四鋪作二片。
殿槽内自八鋪作至四鋪作，每一間一縫内外用方桁等下項。
方桁，
七鋪作九條，
六鋪作七條，
五鋪作五條，
四鋪作三條，

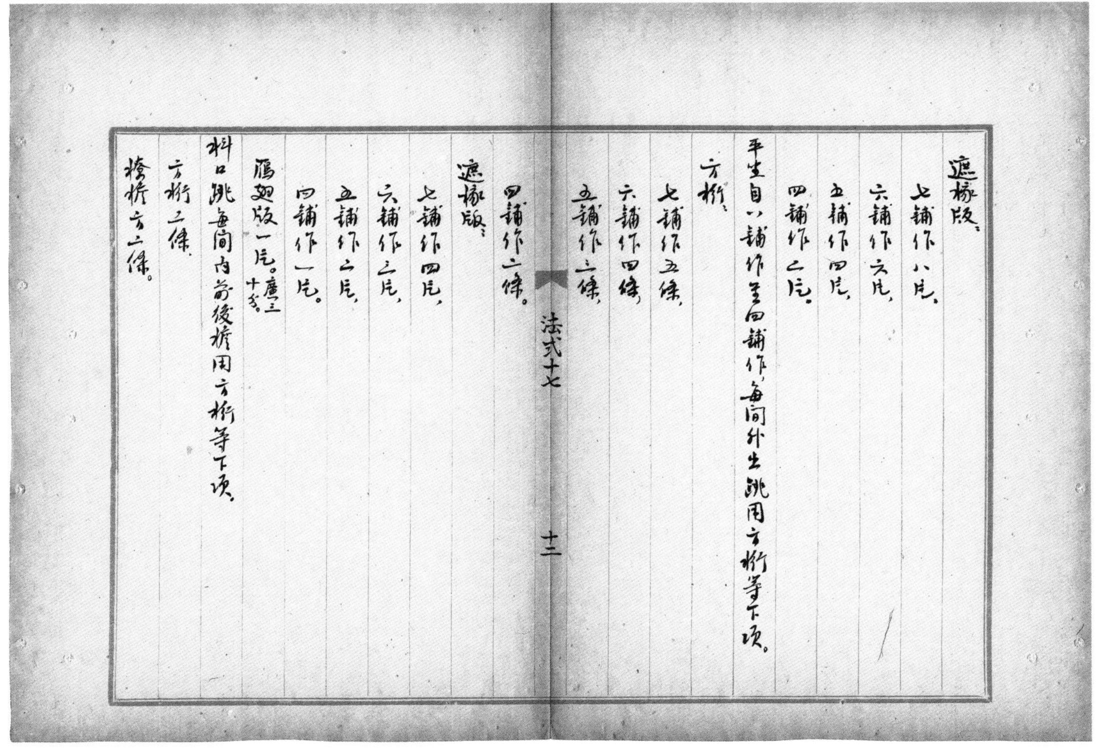

遮椽版，
七鋪作八片，
六鋪作六片，
五鋪作四片，
四鋪作二片。
平坐自八鋪作至四鋪作，每間外出跳用方桁等下項。
方桁，
七鋪作五條，
六鋪作四條，
五鋪作三條，

法式十七　十二

四鋪作二條。
遮椽版，
七鋪作四片，
六鋪作三片，
五鋪作二片，
四鋪作一片。
鴈翅版一片，廣三十分。
枓口跳每間内前後檐用方桁等下項。
方桁二條，
橑檐方二條。

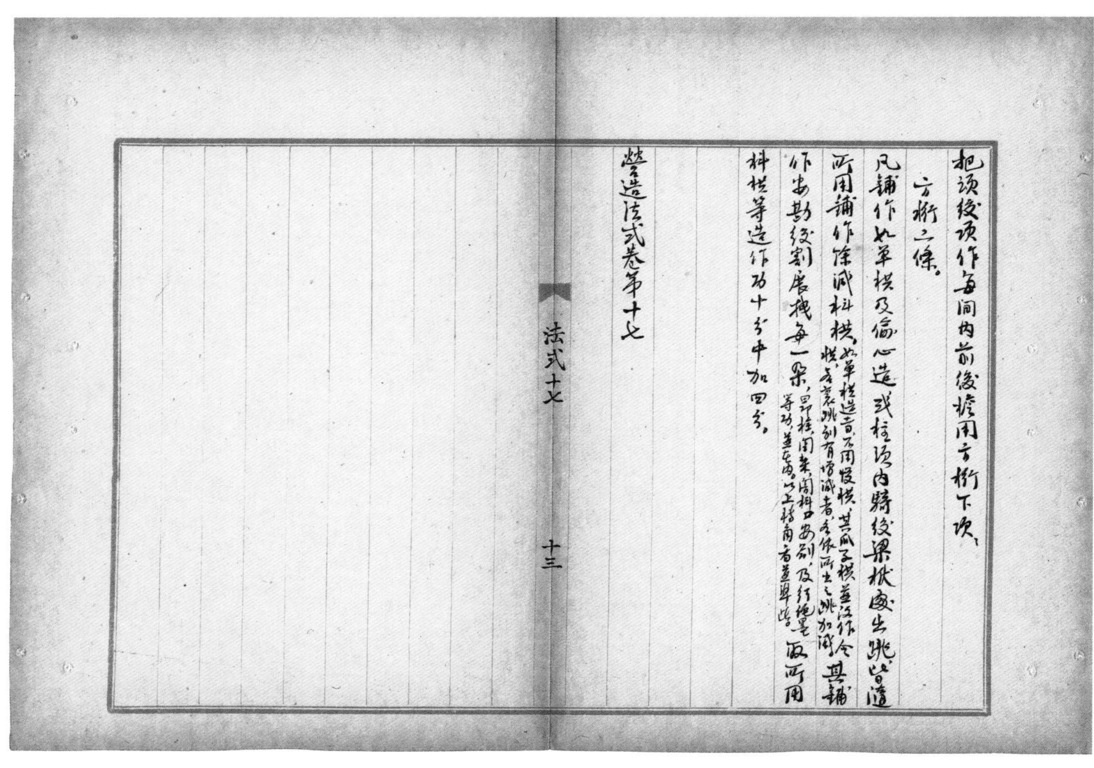

把头绞项作，每间内前后檐用方桁，下项，

方桁二条，

凡铺作如单栱及偷心造，或柱头内骑绞梁栿处出跳，皆随所用铺作除减枓栱，（如单栱造者，不用慢栱，其瓜子栱并改作令栱，若里跳别有增减者，各依所出之跳加减。）其铺作安勘、绞割、展拽，每一朵，（昂栓、闇栔、闇枓口安劄，及行绳墨等功，并在内。以上转角者并准此。）取所用枓栱等造作功十分中加四分。

营造法式卷第十七

法式十七　十三

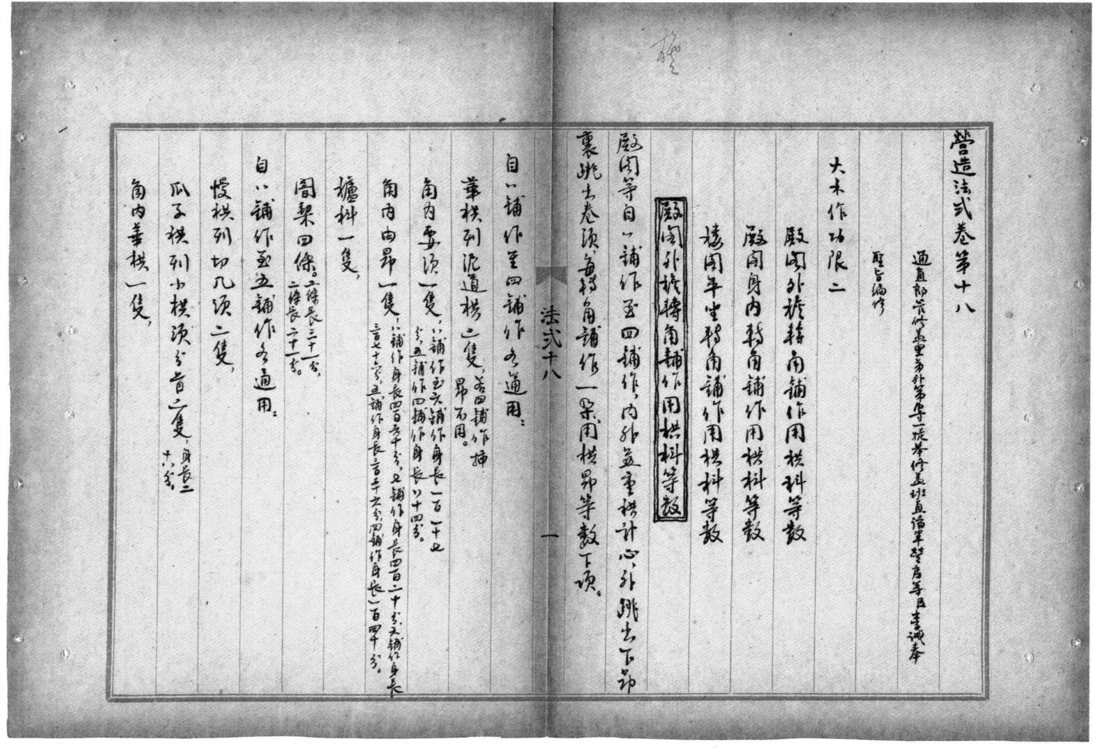

营造法式卷第十八

通直郎管修盖皇弟外第专一提举修盖班直诸军营房等臣李诫奉

圣旨编修

大木作功限二

殿阁外檐转角铺作用栱枓等数

殿阁身内转角铺作用栱枓等数

楼阁平坐转角铺作用栱枓等数

殿阁外檐转角铺作用栱枓等数

殿阁等自八铺作至四铺作，内外并重栱计心，外跳出下昂，里跳出卷头，每转角铺作一朵用栱昂等数下项。

法式十八　一

自八铺作至四铺作各通用：

华栱列泥道栱二只，（若四铺作插昂不用。）

角内耍头一只，（八铺作至六铺作身长一百一十七分，五铺作、四铺作身长八十四分。）

角内由昂一只，（八铺作身长四百六十分，七铺作身长四百二十分，六铺作身长三百七十六分，五铺作身长三百三十六分，四铺作身长一百四十分。）

栌枓一只，

闇栔四条，（二条长三十一分，二条长二十一分。）

自八铺作至五铺作各通用：

慢栱列切几头二只，

瓜子栱列小栱头分首二只，（身长二十八分。）

角内华栱一只，

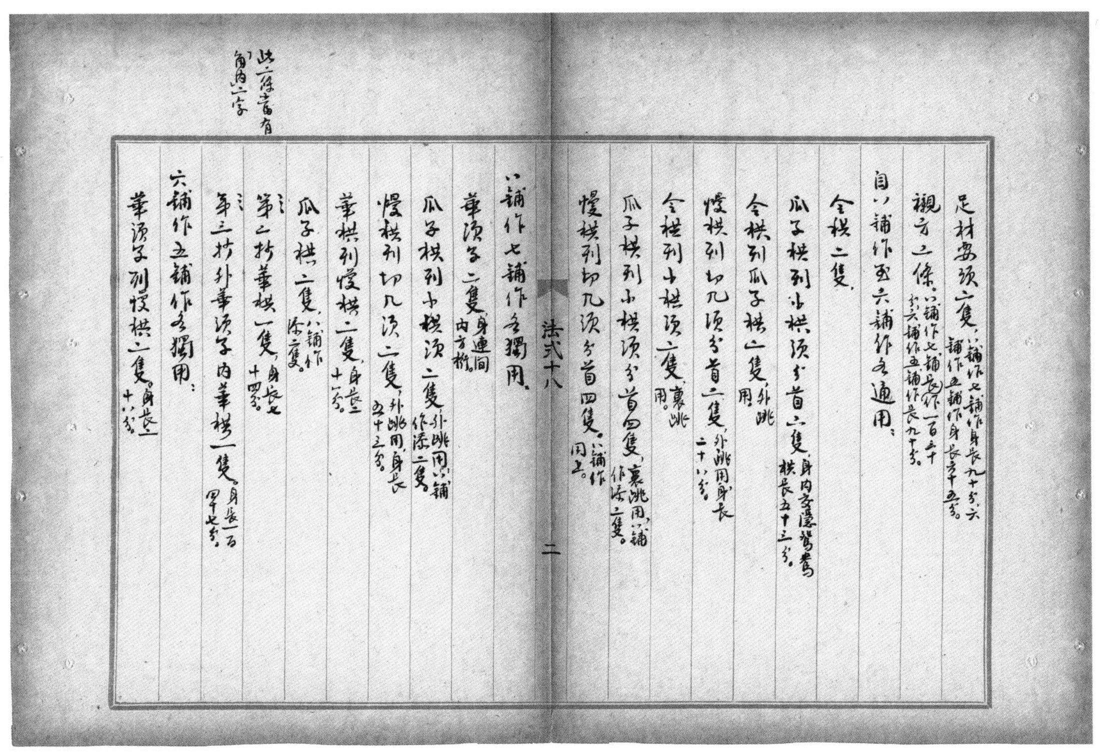
足材要头二只。（八铺作、七铺作身长九十分，六铺作、五铺作身长六十五分。）
衬方二条。（八铺作、七铺作长一百三十分，六铺作、五铺作长九十分。）
自八铺作至六铺作各通用，
令栱二只。
瓜子栱列小栱头分首二只。（身内交隐鸳鸯栱长五十三分。）
令栱列瓜子栱二只。（外跳用。）
慢栱列切几头分首二只。（外跳用，身长二十八分。）
令栱列小栱头二只。（里跳用。）
瓜子栱列小栱头分首四只。（里跳用，八铺作添二只。）
慢栱列切几头分首四只。（八铺作同上。）
法式十八　二
八铺作七铺作各独用，
华头子二只。（身连间内方桁。）
瓜子栱列小栱头二只。（外跳用，八铺作添二只。）
慢栱列切几头二只。（外跳用，身长五十三分。）
华栱列慢栱二只。（身长二十八分。）
〻瓜子栱二只。（八铺作添二只。）
第二杪华栱一只。（身长七十四分。）
〻第三杪外华头子内华栱一只。（身长一百四十七分。）
六铺作五铺作各独用，
华头子列慢栱二只。（身长二十八分。）
此二條當有角内二字

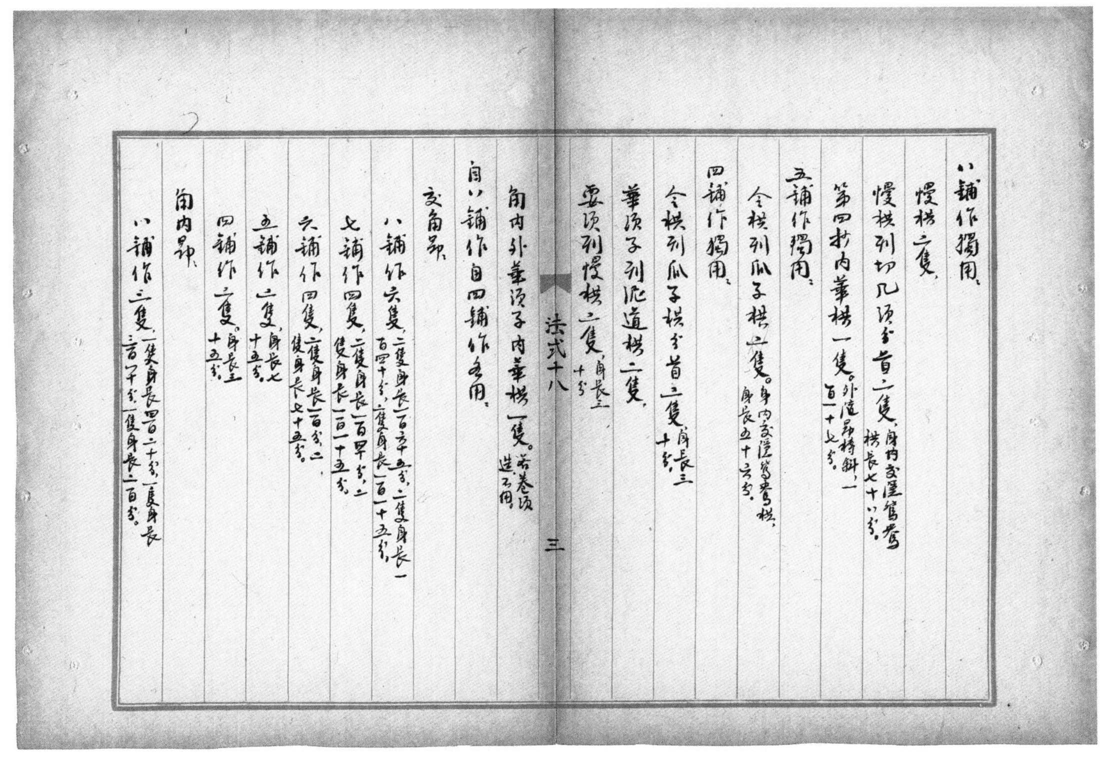
八铺作独用，
慢栱二只。
慢栱列切几头分首二只。（身内交隐鸳鸯栱长七十八分。）
第四杪内华栱一只。（外随昂槫斜，一百一十七分。）
五铺作独用，
令栱列瓜子栱二只。（身内交隐鸳鸯栱，身长五十六分。）
四铺作独用，
令栱列瓜子栱分首二只。（身长三十分。）
华头子列泥道栱二只。
要头列慢栱二只。（身长三十分。）
法式十八　三
角内外华头子内华栱一只。（若卷头造，不用。）
自八铺作至四铺作各用，
交角昂，
八铺作六只。（二只身长一百六十五分，二只身长一百四十分，二只身长一百一十五分。）
七铺作四只。（二只身长一百四十分，二只身长一百一十五分。）
六铺作四只。（二只身长一百分，二只身长七十五分。）
五铺作二只。（身长七十五分。）
四铺作二只。（身长五十五分。）
角内昂，
八铺作三只。（一只身长四百二十分，一只身长三百八十分，一只身长二百分。）

七鋪作二隻，一隻身長三百四十分，一隻身長二百四十分。
六鋪作二隻，一隻身長二百三十六分，一隻身長一百七十五分。
五鋪作四鋪作各一隻。五鋪作身長一百七十五分，四鋪作身長五十分。
交互枓：
八鋪作一十隻，
七鋪作八隻，
六鋪作六隻，
五鋪作四隻，
四鋪作二隻。
齊心枓：
八鋪作八隻，
七鋪作六隻，
六鋪作二隻。五鋪作、四鋪作同。
平盤枓：
八鋪作一十一隻，
七鋪作七隻，六鋪作同。
五鋪作六隻，
四鋪作四隻。
散枓：
八鋪作七十四隻，

法式十八　四

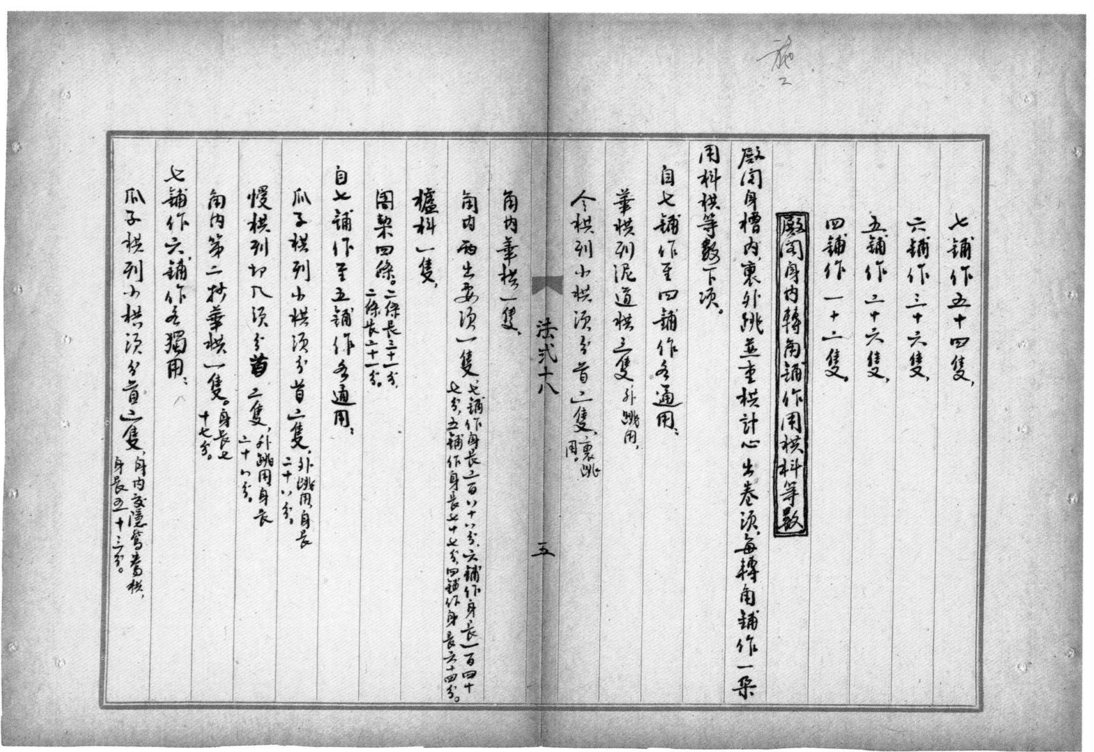
七鋪作五十四隻，
六鋪作三十六隻，
五鋪作二十六隻，
四鋪作一十二隻。
殿閣身內轉角鋪作用栱枓等數
殿閣身槽內，裏外跳並重栱計心出卷頭，每轉角鋪作一朵用栱枓等數下項。
自七鋪作至四鋪作各通用，
華栱列泥道栱二隻，外跳用，
令栱列小栱頭分首二隻，裏跳用。
角內華栱一隻，
角內兩出耍頭一隻，七鋪作身長二百八十八分，六鋪作身長一百四十七分，五鋪作身長七十七分，四鋪作身長六十四分。
櫨枓一隻，
闇栔四條。二條長三十一分，二條長二十一分。
自七鋪作至五鋪作各通用，
瓜子栱列小栱頭分首二隻，外跳用，身長二十八分。
慢栱列切几頭分首二隻，外跳用，身長二十八分。
角內第二杪華栱一隻。身長七十七分。
七鋪作、六鋪作各獨用：
瓜子栱列小栱頭分首二隻，身內交隱鴛鴦栱，身長五十三分。

法式十八　五

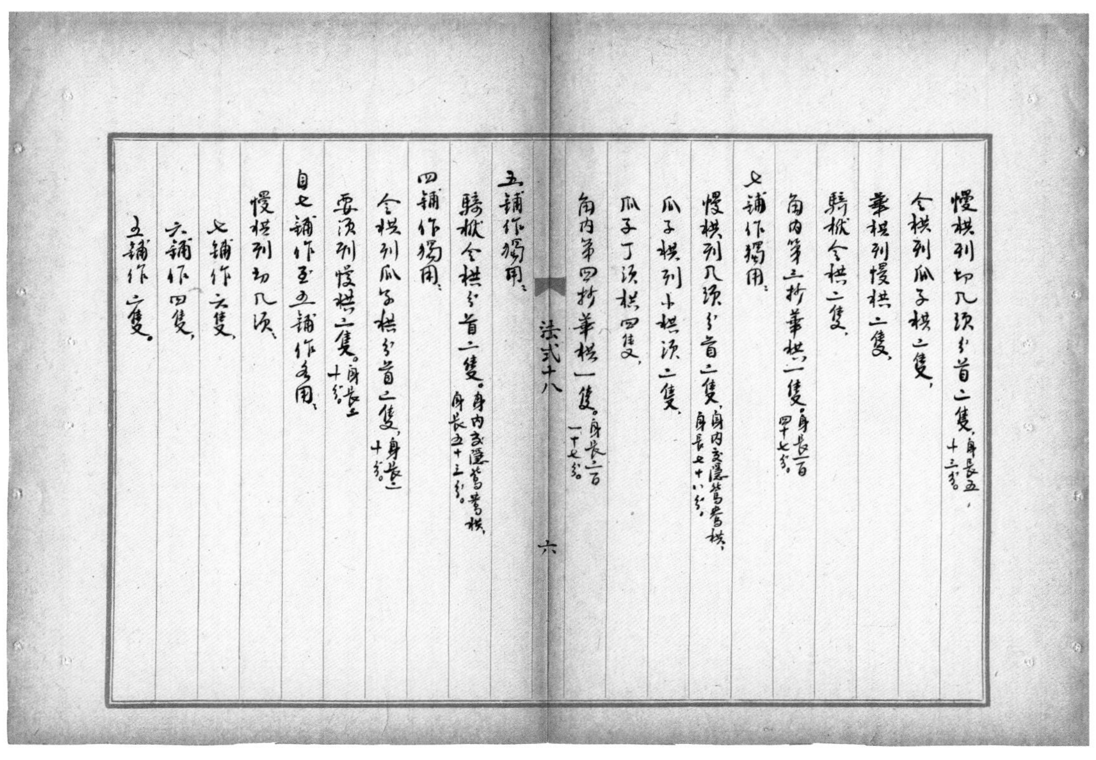

慢栱列切几頭分首二隻。身長五十三分。
令栱列瓜子栱二隻，
華栱列慢栱二隻，
騎栿令栱二隻，
角內第三杪華栱一隻。身長百四十七分。
七鋪作獨用：
慢栱列切几頭分首二隻。身內交隱鴛鴦栱，身長七十八分。
瓜子栱列小栱頭二隻，
瓜子丁頭栱四隻，
角內第四杪華栱一隻。身長二百一十七分。

法式十八　六

五鋪作獨用：
騎栿令栱分首二隻。身內交隱鴛鴦栱，身長五十三分。
四鋪作獨用：
令栱列瓜子栱分首二隻，身長三十分。
耍頭列慢栱二隻。身長三十分。
自七鋪作至五鋪作各用：
慢栱列切几頭，
七鋪作六隻，
六鋪作四隻，
五鋪作二隻。

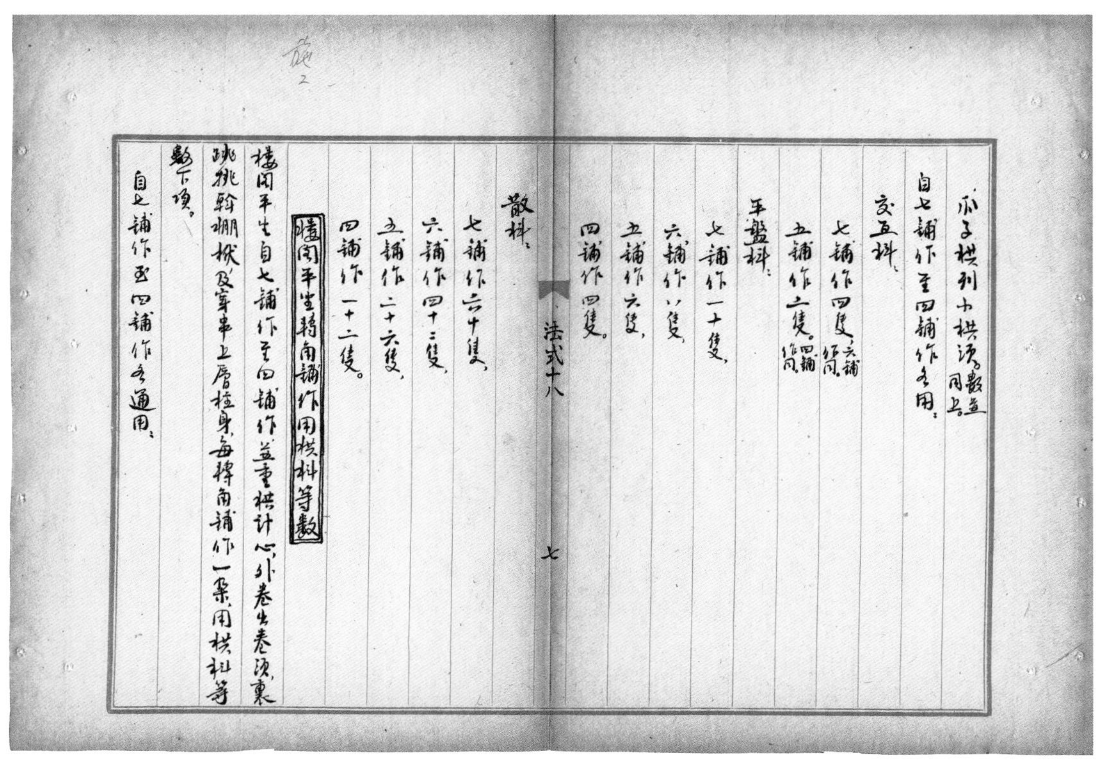

瓜子栱列小栱頭，數並同上。
自七鋪作至四鋪作各用：
交互枓：
七鋪作四隻，六鋪作同。
五鋪作二隻。四鋪作同。
平盤枓：
七鋪作一十隻，
六鋪作八隻，
五鋪作六隻，
四鋪作四隻。

法式十八　七

散枓：
七鋪作六十隻，
六鋪作四十二隻，
五鋪作二十六隻，
四鋪作一十二隻。

樓閣平坐轉角鋪作用栱枓等數

樓閣平坐，自七鋪作至四鋪作並重栱計心，外跳出卷頭，裏跳挑斡棚栿及穿串上層柱身，每轉角鋪作一朵用栱枓等數下項。
自七鋪作至四鋪作各通用：

応作「六十二分」

華栱列慢栱応爲第二杪。

疑応作「九十二分」

第一杪角内足材華栱一隻，身長四十二分。

第一杪入柱華栱二隻，身長三十二分。

第一杪華栱列泥道栱二隻，身長三十二分。

角内足材要頭一隻，七鋪作身長一百一十七分，六鋪作身長一百六十八分，五鋪作身長一百二十六分，四鋪作身長八十四分。

要頭列慢栱分首二隻，七鋪作身長一百五十二分，六鋪作身長一百二十二分，五鋪作身長九十二分，四鋪作身長六十二分。

入柱要頭二隻，長同上。

要頭列令栱分首二隻，長同上。

襯方三條，七鋪作内，二條單材長一百八十分，一條足材長二百五十二分；六鋪作内，二條單材長一百五十分，一條足材長二百一十分；五鋪作内，二條單材長一百二十分，一條足材長一百六十八分；四鋪作内，二條單材長九十分，一條足材長一百二十六分。

櫨枓三隻，

法式十八　八

闇栔四條，二條長六十八分，二條長五十三分。

自七鋪作至五鋪作各通用：

第二杪角内足材華栱一隻，身長八十四分。

第二杪入柱華栱二隻，身長六十三分。

第三杪華栱列慢栱二隻，身長六十三分。

七鋪作六鋪作五鋪作各用：

要頭列方桁二隻，七鋪作身長一百五十二分，六鋪作身長一百二十二分，五鋪作身長九十一分。

華栱列瓜子栱分首：

七鋪作六隻，二隻身長一百二十二分，二隻身長九十二分，二隻身長六十二分。

六鋪作四隻，二隻身長九十二分，二隻身長六十二分。

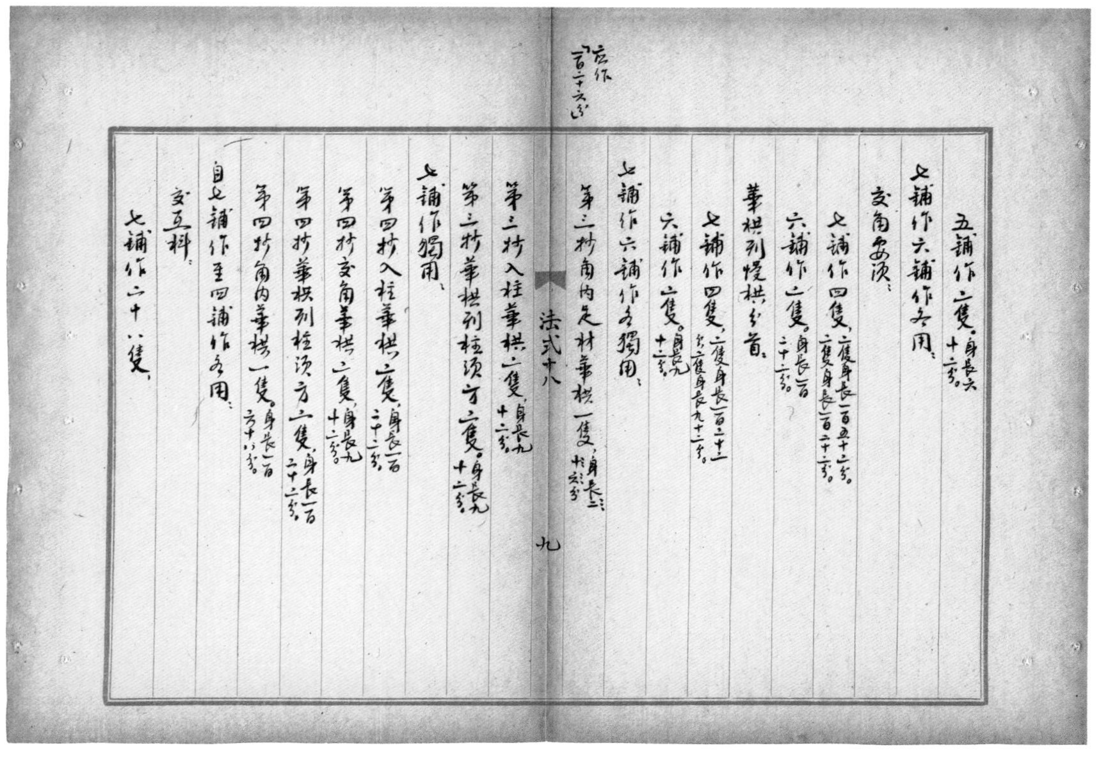

応作「一百二十六分」

五鋪作二隻，身長六十二分。

七鋪作六鋪作各用：

交角要頭：

七鋪作四隻，二隻身長一百五十二分，二隻身長一百二十二分。

六鋪作二隻，身長一百二十二分。

華栱列慢栱分首：

七鋪作四隻，二隻身長一百二十二分，二隻身長九十二分。

六鋪作二隻，身長九十二分。

七鋪作六鋪作各獨用：

第三杪角内足材華栱一隻，身長三十六分。

法式十八　九

第三杪入柱華栱二隻，身長九十二分。

第三杪華栱列柱頭方二隻，身長九十二分。

七鋪作獨用：

第四杪入柱華栱二隻，身長一百二十二分。

第四杪交角華栱二隻，身長九十二分。

第四杪華栱列柱頭方二隻，身長一百二十二分。

第四杪角内華栱一隻，身長一百六十八分。

自七鋪作至四鋪作各用：

交互枓：

七鋪作二十八隻，

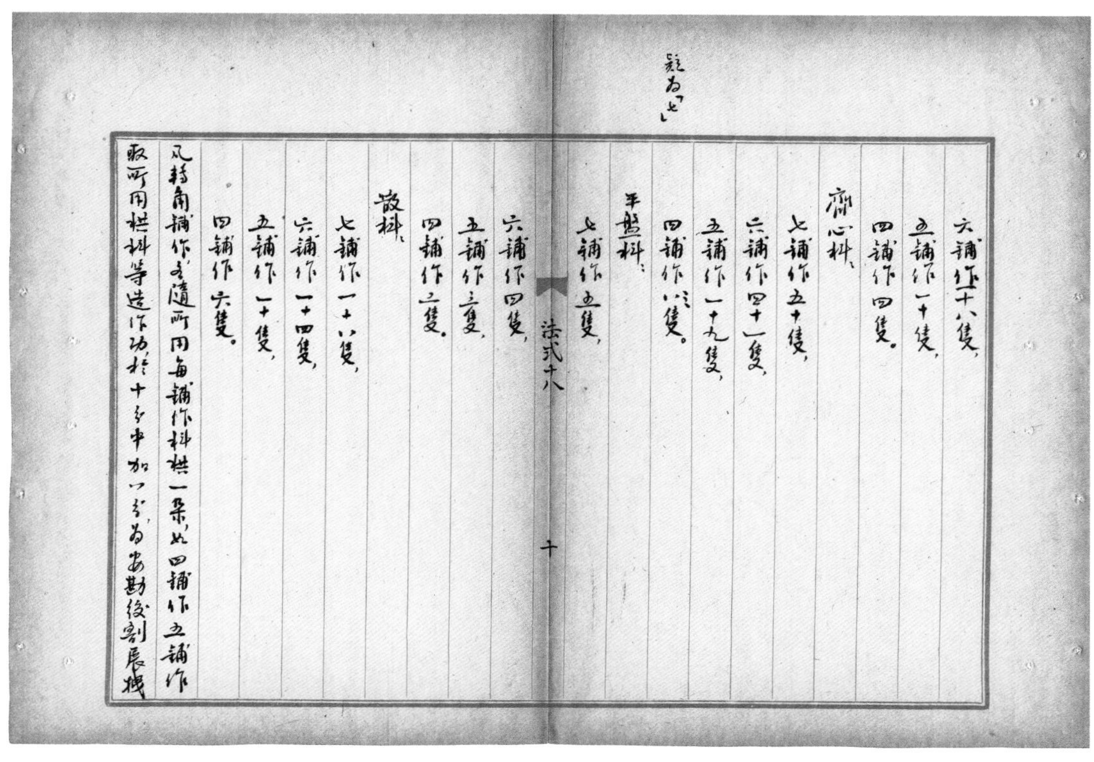
疑为"七"

六铺作一十八只，
五铺作一十只，
四铺作四只。
齐心枓，
七铺作五十只，
六铺作四十一只，
五铺作一十九只，
四铺作八只。
平盘枓：
七铺作五只，

法式十八　十

六铺作四只，
五铺作二只，
四铺作二只。
散枓，
七铺作一十八只，
六铺作一十四只，
五铺作一十只，
四铺作六只。
凡转角铺作，各随所用，每铺作枓栱一朵，如四铺作、五铺作，取所用栱、枓等造作功，于十分中加八分为安勘、绞割、展拽

功；若六铺作以上，加造作功一倍。
营造法式卷第十八

法式十八　十一

营造法式卷第十九

通直郎管修盖皇弟外第专一提举修盖班直诸军营房等臣李诫奉

圣旨编修

大木作功限三

殿堂梁柱等事件功限

城门道功限 楼台铺作准殿阁法

仓廒库屋功限 其名件以七寸五分材为祖计之，更不加减，常行散屋同

常行散屋功限 官府廊屋之类同

跳舍行墙功限

望火楼功限

营屋功限 其名件以五寸材为祖计之

拆修挑拔舍屋功限 飞檐同

荐拔抽换柱栿等功限

法式十九 一

殿堂梁柱等事件功限

造作功：

月梁，材每增减一等，各递加减八寸，直梁准此。

八椽栿，每长六尺七寸，六椽栿以下至四椽栿，各递加八寸；四椽栿至三椽栿，加一尺六寸；三椽栿至两椽栿及丁栿、乳栿，各加二尺四寸。

直梁，

八椽栿，每长八尺五寸，六椽栿以下至四椽栿，各递加一尺；四椽栿至三椽栿，加二尺；三椽栿至两椽栿及丁栿、乳栿，各加三尺。

右各一功。

柱，每一条长一丈五尺，径一尺一寸，一功。穿凿功在内。若角柱，每一功加一分功。如径

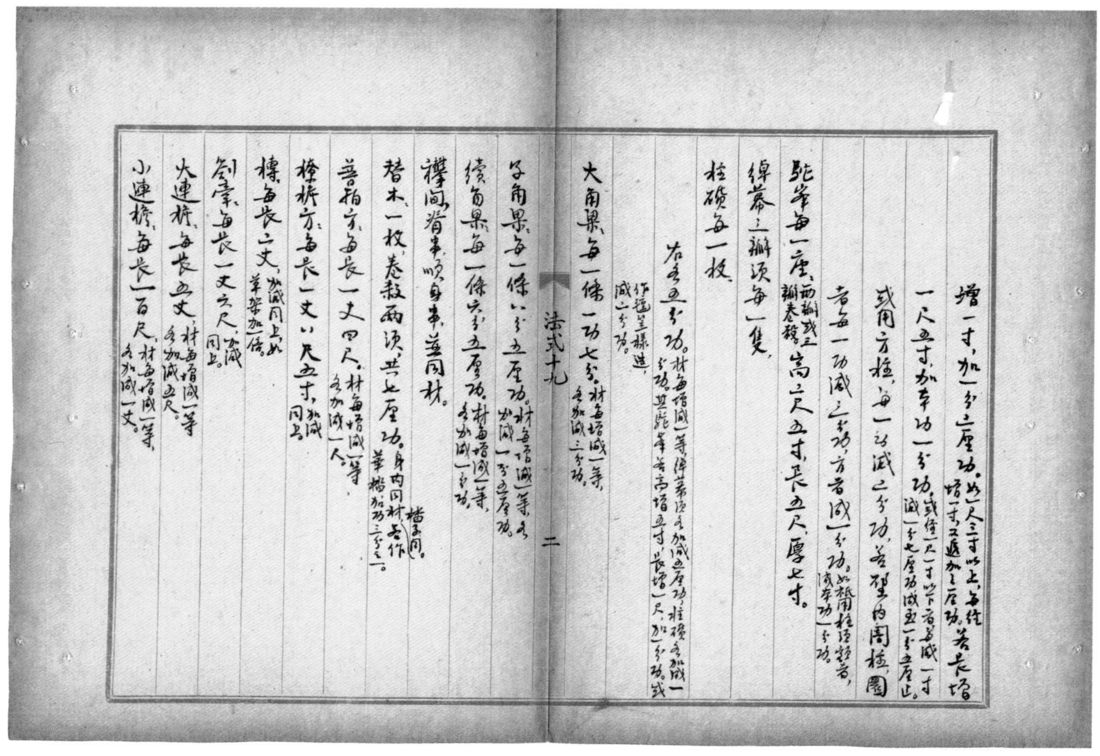

增一寸，加一分二厘功。如一尺三寸以上，每径增一寸，又递加三厘功。若长增一尺五寸，加本功一分功；或径一尺一寸以下者，每减一寸，减一分七厘功，减至一分五厘止。或用方柱，每一功减二分功。若壁内阁柱，圜者每一功减三分功，方者减一分功。如只用柱头额者，减本功一分功。

驼峰每一坐，两瓣或三瓣卷杀。高二尺五寸，长五尺，厚七寸。

绰幕三瓣头，每一只，

柱硕，每一枚，

右各五分功。材每增减一等，绰幕头各加减五厘功；柱硕各加减一分功。其驼峰若高增五寸，长增一尺，加一分功。或作毡笠样造，减二分功。

法式十九 二

大角梁，每一条，一功七分。材每增减一等，各加减三分功。

子角梁，每一条，八分五厘功。材每增减一等，各加减一分五厘功。

续角梁，每一条，六分五厘功。材每增减一等，各加减一分功。

襻间、脊串、顺身串，并同材。

替木一枚，卷杀两头，共七厘功。身内同材；楷子同；若作华楷，加功三分之一。

普拍方，每长一丈四尺。材每增减一等，各加减一尺。

橑檐方，每长一丈八尺五寸，加减同上。

槫，每长二丈，加减同上，如草架，加一倍。

劄牵，每长一丈六尺，加减同上。

大连檐，每长五丈，材每增减一等，各加减五尺。

小连檐，每长一百尺，材每增减一等，各加减一丈。

設計
施工

椽，纏斫事造者，每長一百三十尺；（如斫棱事造者，加三十尺；若事造圜椽者，加六十尺；材每增減一等，各加減十分之一。）

飛子，每三十五隻；（材每增減一等，各加減三隻。）

大額，每長一丈四尺二寸五分；（材每增減一等，各加減五寸。）

由額，每長一丈六尺；（加減同上。照壁方、承椽串同。）

托脚，每長四丈五尺；（材每增減一等，各加減四尺。叉手同。）

平闇版，每廣一尺，長十丈；（遮椽版、白版同。如要用金漆及法油者，長即減三分。）

生頭，每廣一尺，長五丈；（搏風版、敦㮇、矮柱同。）

樓閣上平坐內地面版，每廣一尺，厚二寸，牙縫造；（長同上；若直縫造者，長增一倍。）

右各一功。

凡安勘、絞割屋內所用名件、柱額等，加造作名件功四分；（如有草架，壓槽方、襻間、闇梁、柱栿、閣牆等方木在內。）卓立搭架、釘椽、結裹，又加二分。（倉廒庫屋功限及常行散屋功限準此。其卓立搭架等，若樓閣五間三層以上者，自第二層平坐以上，又加二分功。）

法式十九　三

城門道功限（樓臺鋪作準殿閣法）

造作功：

排叉柱，長二丈四尺，廣一尺四寸，厚九寸，每一條一功九分二厘；（每長增減一尺，各加減八厘功。）

洪門栿，長二丈五尺，廣一尺五寸，厚一尺，每一條一功九分二厘五毫；（每長增減一尺，各加減七厘七毫功。）

狼牙栿，長一丈二尺，廣一尺，厚七寸，每一條八分四厘功；（每長增減一尺，各加減七厘功。）

夜叉？

托脚，長七尺，廣一尺，厚七寸，每一條四分九厘功；（每長增減一尺，各加減七厘功。）

蜀柱，長四尺，廣一尺，厚七寸，每一條二分八厘功；（每長增減一尺，各加減七厘功。）

涎衣木，（長二丈四尺）廣一尺五寸，厚一尺，每一條三功八分四厘；（每長增減一尺，各加減一分六厘功。）

永定柱，事造頭口，每一條五分功。

檐門方，長二丈八尺，廣二尺，厚一尺二寸，每一條二功八分；（每長增減一尺，各加減一厘功。）

盝頂版，每七十尺，一功。

散子木，每四百尺，一功。

跳方，（柱脚方、雁翅版同。）功同平坐。

凡城門道，取所用名件等造作功，五分中加一分，為展拽、安勘穿攏功。

法式十九　四

倉廒庫屋功限（其名件以七寸五分材為祖計之，更不加減。常行散屋同。）

造作功：

衝脊柱，（謂十架椽屋用者。）每一條三功五分；（每增減兩椽，各加減五分之一。）

四椽栿，每一條二功；（壺門柱同。）

八椽栿項柱，一條長一丈五尺，徑一尺二寸，一功三分；（如轉角柱，每一功加一分功。）

三椽栿，每一條一功二分五厘；

角栿，每一條一功二分；

大角梁，每一條一功一分；

乳栿，每一條，

椽，共長三百六十尺，
大連檐，共長五十尺，
小連檐，共長二百尺，
飛子，每四十枚，
白版，每廣一尺，長一百尺，
橫抹，共長三百尺，
搏風版，共長六十尺，
右各一功。
下檐柱，每一條八分功。
兩下栿，每一條七分功。

法式十九　五

子角梁，每一條五分功。
槫柱，每一條四分功。
續角梁，每一條三分功。
壁版柱，每一條二分五厘功。
劄牽，每一條二分功。
槫，每一條，
矮柱，每一枚，
壁版，每一片，
右各一分五厘功。
枓，每一隻一分二厘功。

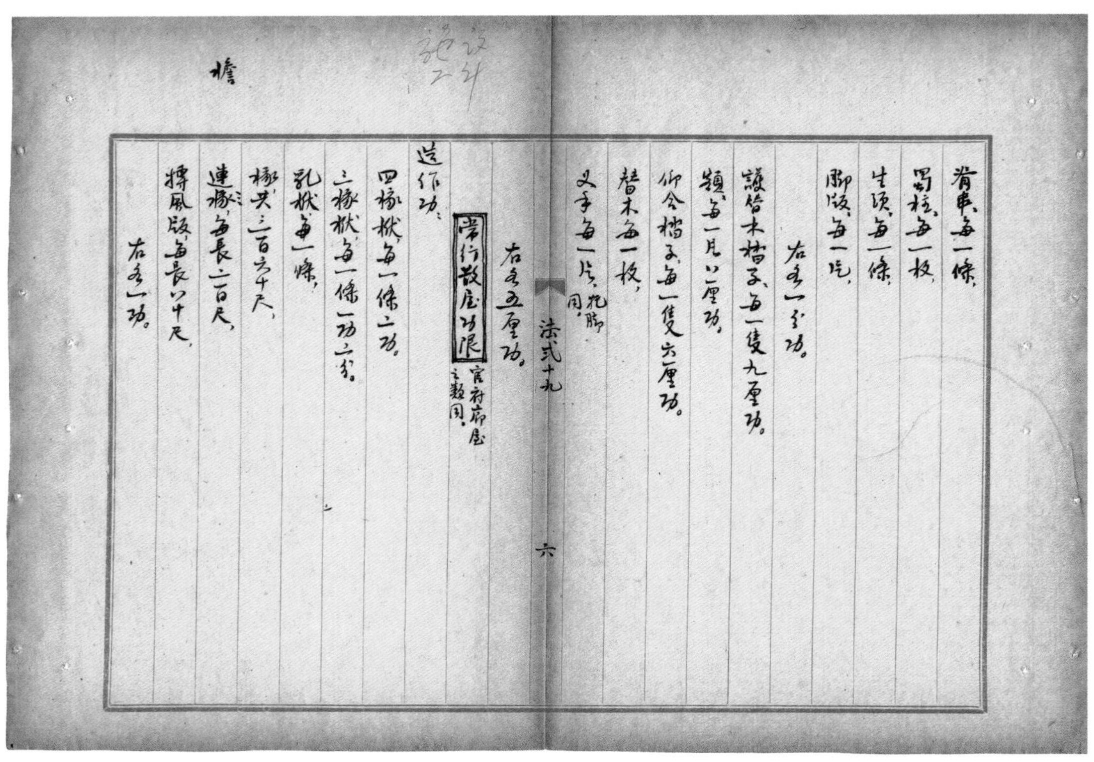

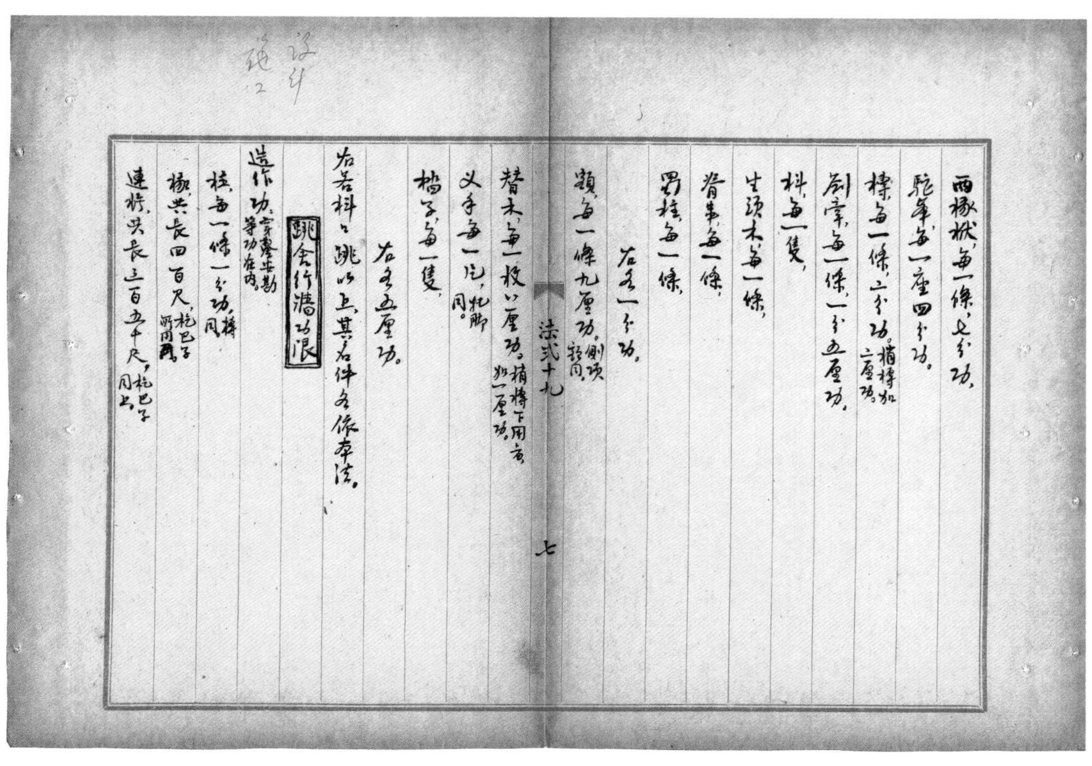
兩椽栿，每一條，七分功。
駝峯，每一座，四分功。
槫，每一條，二分功。櫓槫加二厘功。
劄牽，每一條，一分五厘功。
枓，每一隻，
生頭木，每一條，
脊串，每一條，
蜀柱，每一條，
右各一分功。
額，每一條，九厘功。側項額同。
法式十九
七
替木，每一枚，八厘功。楷槫下用者，加一厘功。
叉手，每一片，托脚同。
楷子，每一隻，
右各五厘功。
右若枓口跳以上，其名件各依本法。
跳舍行牆功限
造作功：穿鑿安勘等功在內。
柱，每一條，一分功。槫同。
椽，共長四百尺，杈子所用同。
連搭，共長三百五十尺，杈子同上。

右各一功。
跳子，每一枚，一分五厘功。角內者加二厘功。
替木，每枚，四厘功。
望火樓功限
望火樓一坐，四柱，各高三十尺；基高十尺。上方五尺，下方一丈一尺。
造作功：
柱，四條，共一十六功。
榥，三十六條，共二功八分八厘。
梯脚，二條，共六分功。
平栿，二條，共二分功。
法式十九
八
蜀柱，二枚，
搏風版，二片，
右各共六厘功。
槫，三條，共三分功。
角柱，四條，
厦瓦版，二十片，
右各共八分功。
護縫，二十二條，共二分二厘功。
壓脊，一條，一分二厘功。
坐版，六片，共三分六厘功。

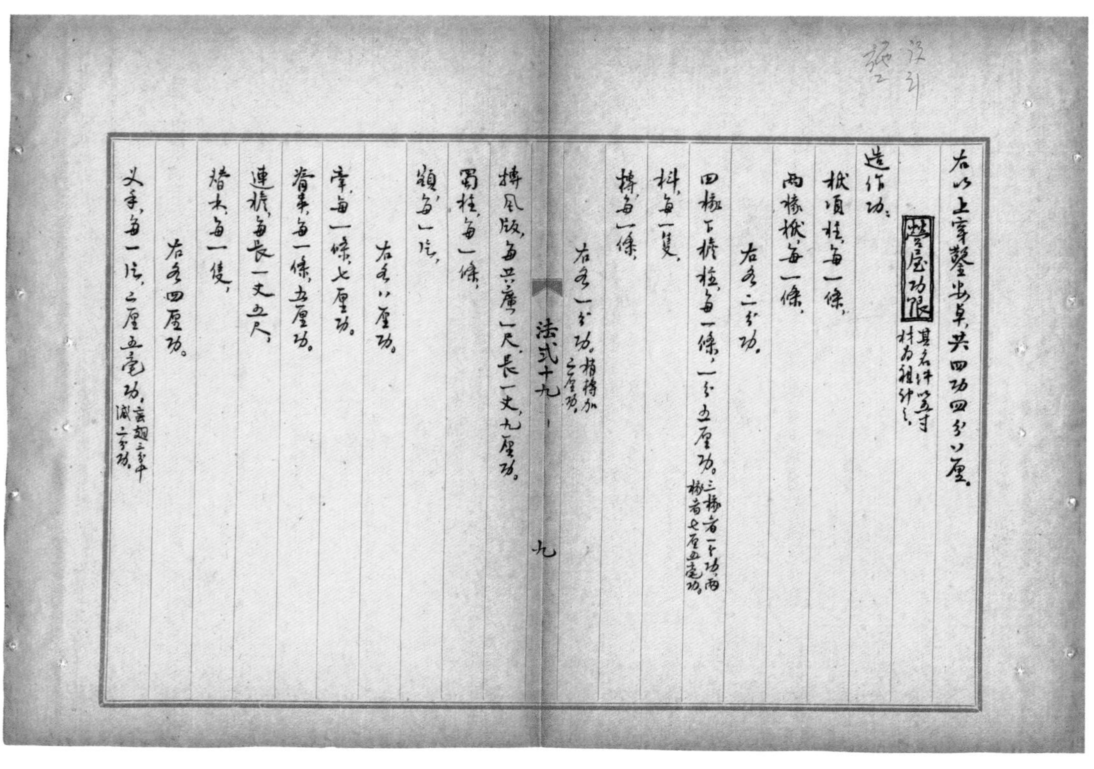

右以上穿鑿出卓，共四功四分八厘。

營屋功限（其名件以五寸材為祖計之）

造作功：

棚柱，每一條；

兩椽栿，每一條。

右各二分功。

四椽下檐柱，每一條，一分五厘功。（三椽者一分功；兩椽者七厘五毫功。）

枓，每一隻；

椽，每一條。

右各一分功。（槫椽加一分功。）

槫風版，每共廣一尺，長一丈，九厘功。

蜀柱，每一條；

額，每一片。

右各八厘功。

牽，每一條，七厘功。

脊串，每一條，五厘功。

連椽，每長一丈五尺；

替木，每一隻。

右各四厘功。

叉手，每一片，二厘五毫功。（[illegible]減二分功。）

法式十九 九

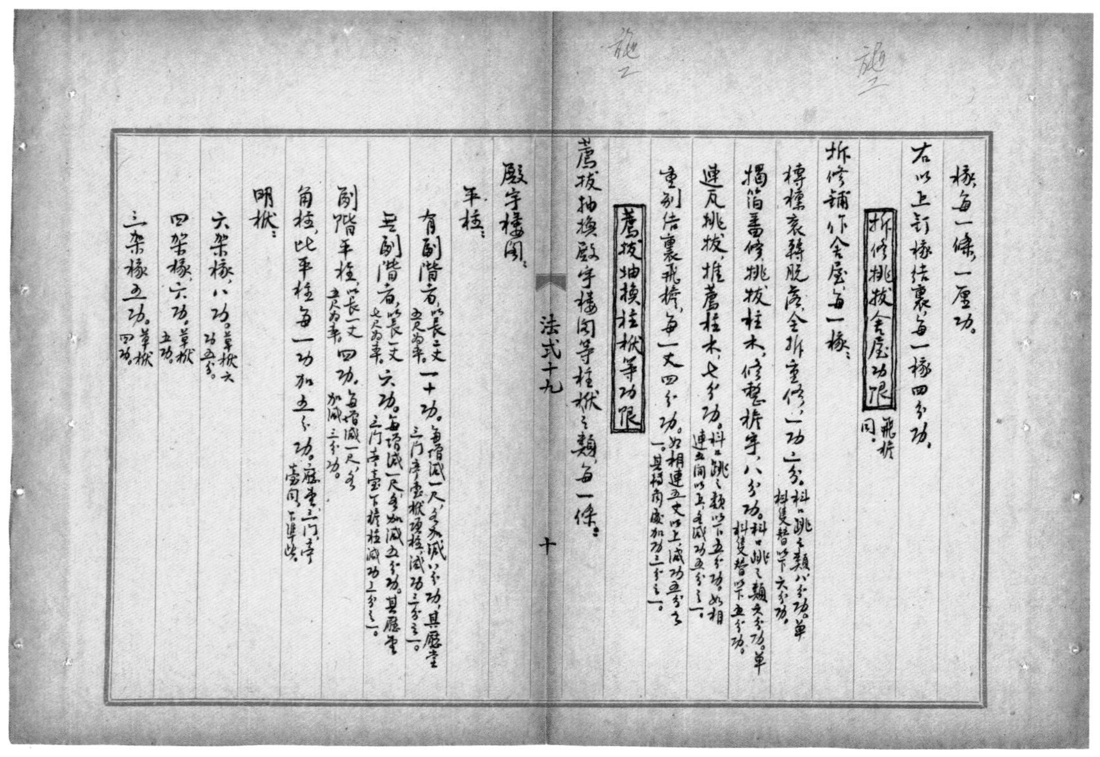

椽，每一條，一厘功。

右以上釘椽、結裹，每一椽四分功。

拆修、挑、拔舍屋功限（飛檐同）

槫檁衮轉、脫落，全拆重修，一功二分。（枓口跳之類，八分功；單枓隻替以下，六分功。）

揭箔番修，挑拔柱木，修整檐宇，八分功。（枓口跳之類，六分功；單枓隻替以下，五分功。）

連瓦挑拔，推薦柱木，七分功。（枓口跳之類以下，五分功；如相連五間以上，各減功五分之一。）

重別結裹飛檐，每一丈，四分功。（如相連五丈以上，減功五分之一；其轉角處，加功三分之一。）

薦拔抽換柱栿等功限

薦拔抽換殿宇樓閣等柱栿之類，每一條：

殿宇樓閣：

平柱：

有副階者（以長二丈五尺為率），一十功。（每增減一尺，各加減八分功。其廳堂、三門、亭臺栿項柱，減功三分之一。）

無副階者（以長一丈七尺為率），六功。（每增減一尺，各加減五分功；其廳堂、三門、亭臺下檐柱，減功五分之一。）

副階平柱（以長一丈五尺為率），四功。（每增減一尺，各加減三分功。）

角柱，比平柱每一功加五分功。（廳堂、三門、亭臺同。下準此。）

明栿：

六架椽，八功。（草栿，六功五分。）

四架椽，六功。（草栿，五功。）

三架椽，五功。（草栿，四功。）

法式十九 十

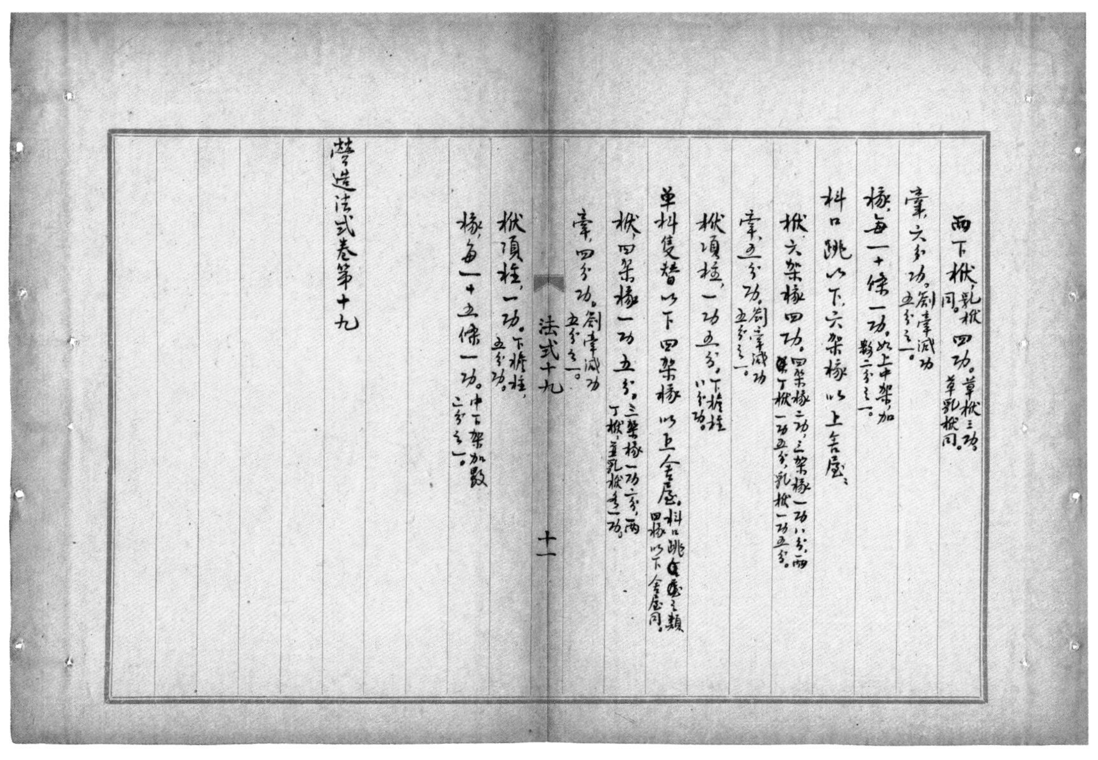

兩下栿 乳栿同。四功。草栿三功，草乳栿同。
牽 六分功。劄牽減功五分之一。
椽，每一十條一功。如上中架，加數二分之一。
枓口跳以下六架椽以上舍屋，
栿，六架椽四功。四架椽二功，三架椽一功八分，兩椽丁栿一功五分，乳栿一功五分。
牽 五分功。劄牽減功五分之一。
栿項柱，一功五分。下檐柱，八分功。
單枓隻替以下四架椽以上舍屋，枓口跳之類四椽以下舍屋同。
栿，四架椽一功五分。三架椽一功二分，兩丁栿並乳栿各一功。
牽 四分功。劄牽減功五分之一。
栿項柱，一功。下檐柱，五分功。
椽，每一十五條一功。中下架加數二分之一。

法式十九　十一

營造法式卷第十九

營造法式卷第二十
通直郎管修蓋皇弟外第專一提舉修蓋班直諸軍營房等臣李誡奉聖旨編修
小木作功限一
版門 獨扇版門 雙扇版門　烏頭門
軟門 牙頭護縫軟門 合版用楅軟門　破子櫺窗
睒電窗　版櫺窗
截間版帳　照壁屏風骨 截間屏風骨 四扇屏風骨
隔截横鈐立旌　露籬
版引檐　水槽
井屋子　地棚

法式二十　一

獨扇版門，一坐門額、限，兩頰及伏兔、手栓全。
造作功：
高五尺，一功二分。
高五尺五寸，一功四分。
高六尺，一功五分。
高六尺五寸，一功八分。
高七尺，二功。
安卓功：

高五尺，四分功。

高五尺五寸，四分五厘功。

高六尺，五分功。

高六尺五寸，六分功。

高七尺，七分功。

雙扇版门一间，兩扇，額，限，兩頰，雞棲木，及兩砧全。

造作功：

高五尺至六尺五寸，加獨扇版门一倍功。

高七尺，四功五分六厘。

高七尺五寸，五功九分六厘。

法式二十 二

高八尺，七功二分。

高九尺，一十功。

高一丈，一十三功六分。

高一丈一尺，一十八功八分。

高一丈二尺，二十四功。

高一丈三尺，三十功八分。

高一丈四尺，三十八功四分。

高一丈五尺，四十七功二分。

高一丈六尺，五十三功六分。

高一丈七尺，六十功八分。

高一丈八尺，六十八功。

高一丈九尺，八十功八分。

高二丈，八十九功六分。

高二丈一尺，一百二十三功。

高二丈二尺，一百四十二功。

高二丈三尺，一百四十八功。

高二丈四尺，一百六十九功六分。

下之作门楼，参六作门闩

雙扇版门所用手栓，伏兔，立㮲，橫關，等依下项。计所用名件，添入造作功限内。

手栓一條，長一尺五寸，廣二寸，厚一寸五分，並伏兔二枚，

各長一尺二寸，廣三寸，厚二寸，共二分功。

法式二十 三

設計

上下伏兔各一枚，各長三尺，廣六寸，厚二寸，共三分功。

又，長二尺五寸，廣六寸，厚二寸五分，共二分四厘功。

又，長二尺，廣五寸，厚二寸，共二分功。

又，長一尺五寸，廣四寸，厚二寸，共一分二厘功。

立㮲一條，長一丈五尺，廣二寸，厚一寸五分，二分功。

又，長一丈二尺五寸，廣二寸五分，厚一寸八分，二分二厘功。

又，長一丈一尺五寸，廣二寸二分，厚一寸七分，二分一厘功。

又，長九尺五寸，廣二寸，厚一寸五分，一分八厘功。

又，長八尺五寸，廣一寸八分，厚一寸四分，一分五厘功。

立㮲身内手把一枚，長一尺，廣三寸五分，厚一寸五分，八厘

功。若長八寸，廣三寸，厚一寸二分，則減二厘功。

立㮰上下伏兔，各一枚，各長一尺二寸，廣三寸，厚二寸，共五厘功。

搕鏁柱二條，各長五尺五寸，廣七寸，厚二寸五分，共六分功。

門橫關一條，長一丈一尺，徑四寸，五分功。

立㮰、卧㮰一副，四件，共二分四厘功。

地栿版一片，長九尺，廣一尺六寸，福在內，一功五分。

門簪四枚，各長一尺八寸，方四寸，共一功。每門高增一尺，加二分功。

托關柱二條，各長二尺，廣七寸，厚三寸，共八分功。

安卓功：

高七尺，一功二分。

高七尺五寸，一功四分。

高八尺，一功七分。

高九尺，二功三分。

高一丈，三功。

高一丈一尺，三功八分。

高一丈二尺，四功七分。

高一丈三尺，五功七分。

高一丈四尺，六功八分。

高一丈五尺，八功。

法式二十　四

施工

烏頭門

高一丈六尺，九功三分。

高一丈七尺，一十功三分。

高一丈八尺，一十二功二分。

高一丈九尺，一十三功八分。

高二丈，一十五功五分。

高二丈一尺，一十七功三分。

高二丈二尺，一十九功二分。

高二丈三尺，二十一功二分。

高二丈四尺，二十三功三分。

設計參照

烏頭門一座雙扇雙腰串造。

造作功：

方八尺，一十七功六分。若下安鋜脚者，加八分功；每門高增一尺，又加一分功；如單腰串造者，減八分功。下同。

方九尺，二十一功二分四厘。

方一丈，二十五功二分。

方一丈一尺，二十九功四分八厘。

方一丈二尺，三十四功八分。每扇各加承棂一條，共加一功四分；每門高增一尺，又加一分功；若用雙承棂者，準此計功。

方一丈三尺，三十九功。

方一丈四尺，四十四功二分四厘。

方一丈五尺，四十九功八分。

法式二十　五

方一丈六尺，五十五功六分八厘。
方一丈七尺，六十一功八分八厘。
方一丈八尺，六十八功四分。
方一丈九尺，七十五功二分四厘。
方二丈，八十二功四分。
方二丈一尺，八十九功八分八厘。
方二丈二尺，九十七功六分。

安卓功：
方八尺，二功八分。
方九尺，三功二分四厘。

方一丈，三功七分。
方一丈一尺，四功一分八厘。
方一丈二尺，四功六分八厘。
方一丈三尺，五功二分。
方一丈四尺，五功七分四厘。
方一丈五尺，六功三分。
方一丈六尺，六功八分八厘。
方一丈七尺，七功四分八厘。
方一丈八尺，八功一分。
方一丈九尺，八功七分四厘。

施二

方二丈，九功四分。
方二丈一尺，一十功八厘。
方二丈二尺，一十功七分八厘。

软门 牙头护缝软门 合版用楅软门

软门一合，上下内外牙头护缝，拢桯双腰串造，方六尺至一丈六尺。

造作功
高六尺，六功一分。如单腰串造，各减一功，用楅软门同。
高七尺，八功三分。
高八尺，一十功八分。

高九尺，一十三功三分。
高一丈，一十七功。
高一丈一尺，二十功五分。
高一丈二尺，二十四功四分。
高一丈三尺，二十八功七分。
高一丈四尺，三十三功三分。
高一丈五尺，三十八功二分。
高一丈六尺，四十三功五分。

安卓功：
高八尺，二功。每高增减一尺，各加减五分功；合版用楅软门同。

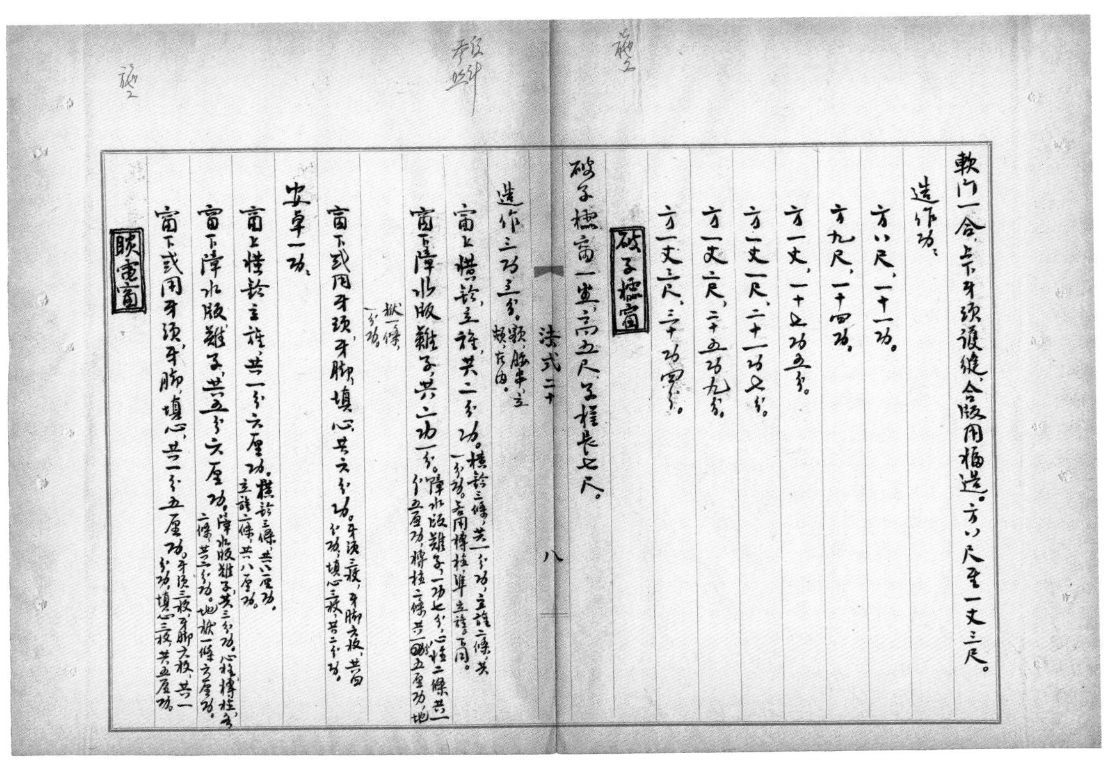

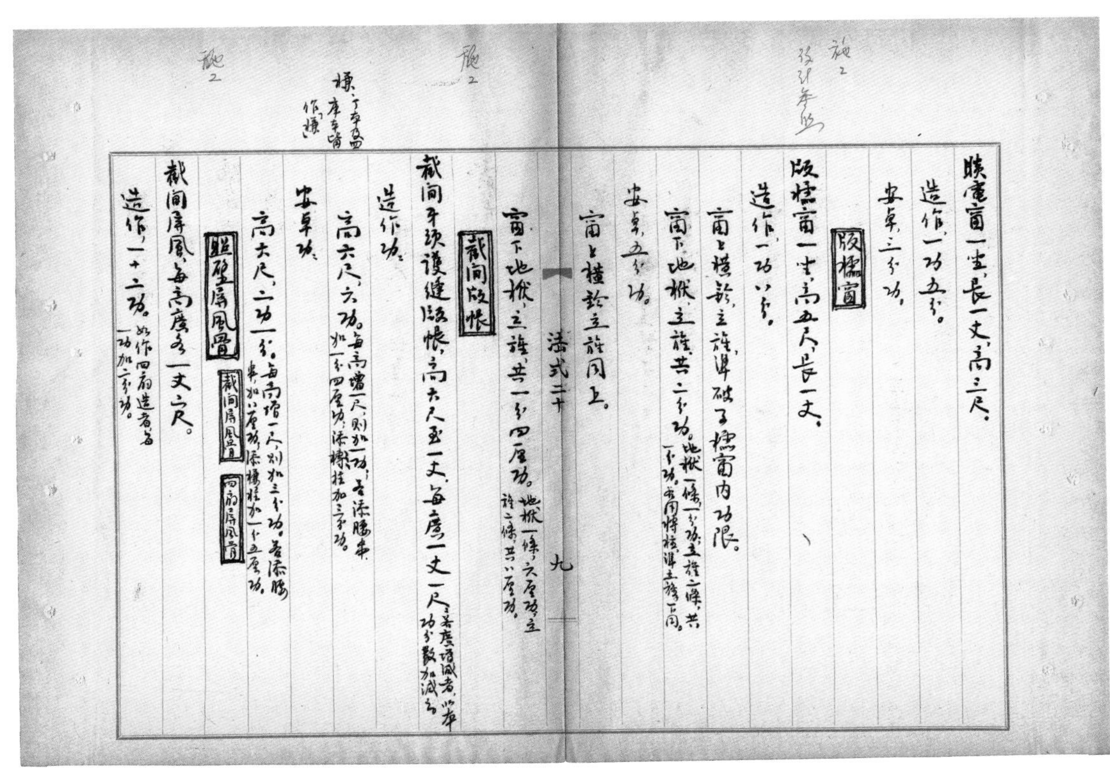

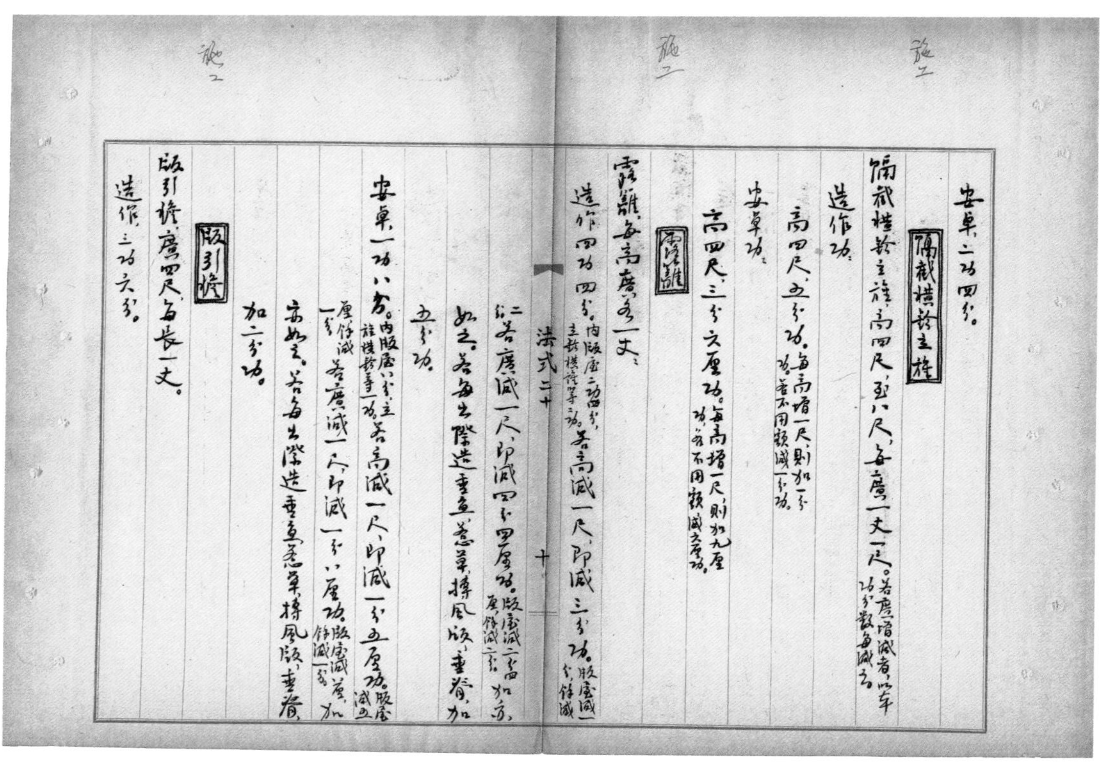

施工　施工　施工

安卓，二功四分。

隔截横鈐立旌

隔截横鈐立旌，高四尺至八尺，每廣一丈一尺。若廣增減者，以本功分數加減之。

造作功：

高四尺，五分功。每高增一尺，則加一分功；若不用額，減一分功。

安卓功：

高四尺，三分六厘功。每高增一尺，則加九厘功；若不用額，減六厘功。

露籬

露籬，每高、廣各一丈。

造作，四功四分。內版屋二功四分，立旌、横鈐等二功。若高減一尺，即減三分功。版屋減一分，餘減二分。若廣減一尺，即減四分四厘功。版屋減二分四厘，餘減二分。加亦如之。若每出際造垂魚、惹草、搏風版、垂脊，加五分功。

法式二十　十

安卓，一功八分。內版屋八分，立旌、横鈐等一功。若高減一尺，即減一分五厘功。版屋減五厘，餘減一分。若廣減一尺，即減一分八厘功。版屋減八厘，餘減一分。加亦如之。若每出際造垂魚、惹草、搏風版、垂脊，加二分功。

版引檐

版引檐，廣四尺，每長一丈。

造作，三功六分。

施工

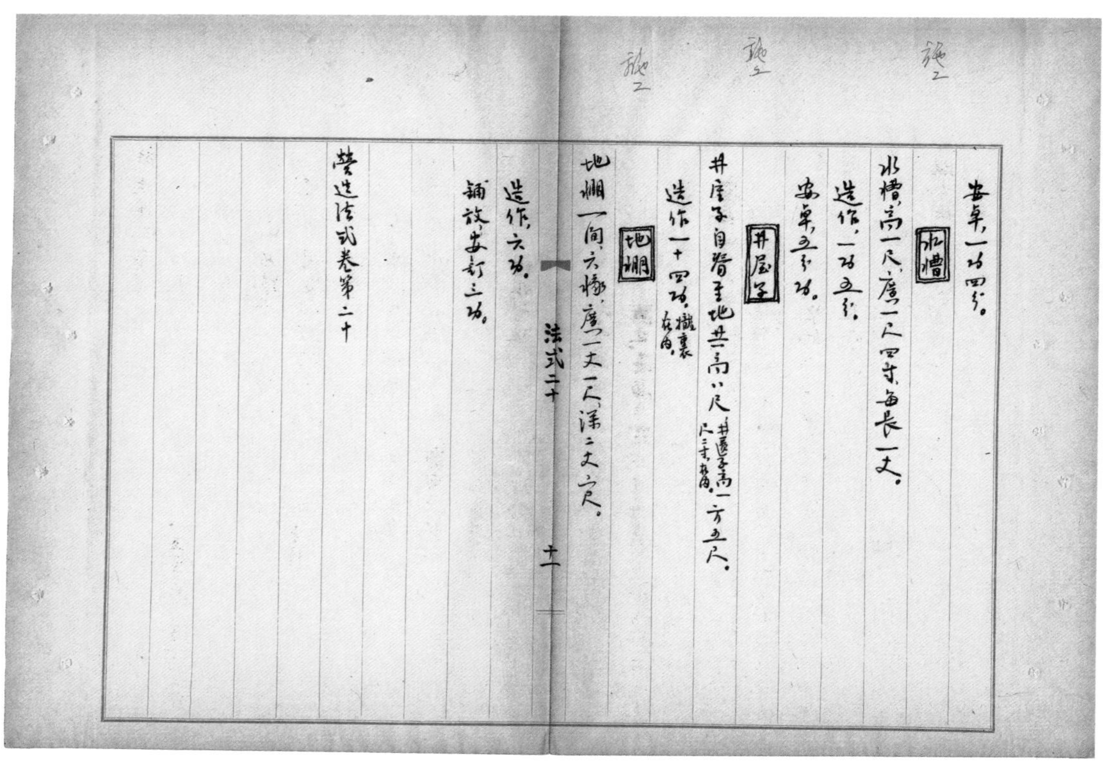

施工　施工　施工

安卓，一功四分。

水槽

水槽，高一尺，廣一尺四寸，每長一丈。

造作，一功五分。

安卓，五分功。

井屋子

井屋子，自脊至地共高八尺，井匱子高一尺二寸在內。方五尺。

造作，一十四功。攏裹在內。

地棚

地棚，一間，六椽，廣一丈一尺，深二丈二尺。

造作，六功。

鋪放、安釘，三功。

法式二十　十一

營造法式卷第二十

营造法式卷第二十一

通直郎管修盖皇弟外第专一提举修盖班直诸军营房等臣李诫奉圣旨编修

小木作功限二

格子门 四斜毬文格子 四斜毬文上出条桱重格眼 四直方格眼 版壁 两明格子

阑槛钩窗 殿内截间格子

堂阁内截间格子 殿阁照壁版

障日版 廊屋照壁版

胡梯 垂鱼惹草

栱眼壁版 裹栿版

法式二十一 一

擗帘竿 护殿阁檐竹网木贴

平棊 斗八藻井

小斗八藻井 拒马叉子

叉子 钩阑 重台钩阑 单钩阑

棵笼子 井亭子

牌

格子门 四斜毬文格子 四斜毬文上出条桱重格眼 四直方格眼 版壁 两明格子

四斜毬文格子门一间，四扇，双腰串造，高一丈，广一丈二尺。

造作功：额、地栿、槫柱在内。如两明造者，每一功加七分功。其四直方格眼及格子门程准此。

四混中心出双线，

破瓣双混平地出双线，

右各四十功。若毬文上出条桱重格眼造，即加二十功。

四混中心出单线；

破瓣双混平地出单线。

右各三十九功。

通混出双线；

通混出单线，

通混压边线；

素通混；

方直破瓣。

法式二十一 二

右通混出双线等三十八功。条桱造减一功。

安卓二功五分。若两明造者，每一功加四分功。

四直方格眼格子门，一间，四扇，各高一丈，共广一丈一尺，双腰串造。

造作功：

格眼四扇：

四混绞双线，二十一功。

四混出单线；

丽口绞瓣双混出边线。

右各二十功。

麗口絞瓣單混出邊線，一十九功。
一混絞雙線，一十五功，
一混絞單線，一十四功。
一混不出線；
麗口素絞瓣，
右各一十三功。
平地出線，一十功。
四直方絞眼，八功。
格子門桯，事件在內，如造版壁，更不用格眼功限，於腰串上用障水版加六功。若單腰串造，如方直破瓣減一功，混作出線減二功。
四混出雙線；

法式二十一　三

破瓣雙混平地出雙線，
右各一十九功。
四混出單線；
破瓣雙混平地出單線，
右各一十八功。
一混出雙線；
一混出單線；
通混壓邊線；
素通混；
方直破瓣攛尖。

施工
設計參攷

右一混出雙線一十七功，餘各遞減一功。其方直破瓣若叉瓣造，又減一功。
安卓功：
四直方格眼格子門一間，高一丈，廣一丈一尺，事件在內。共二功五分。

闌檻鉤窗

鉤窗一間，高六尺，廣一丈二尺，三段造。
造作功：安卓事件在內。
四混絞雙線，一十六功。
四混絞單線；
麗口絞瓣，瓣內雙混，面上出線。

法式二十一　四

右各一十五功。
麗口絞瓣，瓣內單混，面上出線，一十四功。
一混雙線，一十二功五分。
一混單線，一十一功五分。
麗口絞素瓣；
一混絞眼。
右各一十一功。
方絞眼，八功。
安卓，一功三分。
闌檻一間，高一尺八寸，廣一丈二尺。

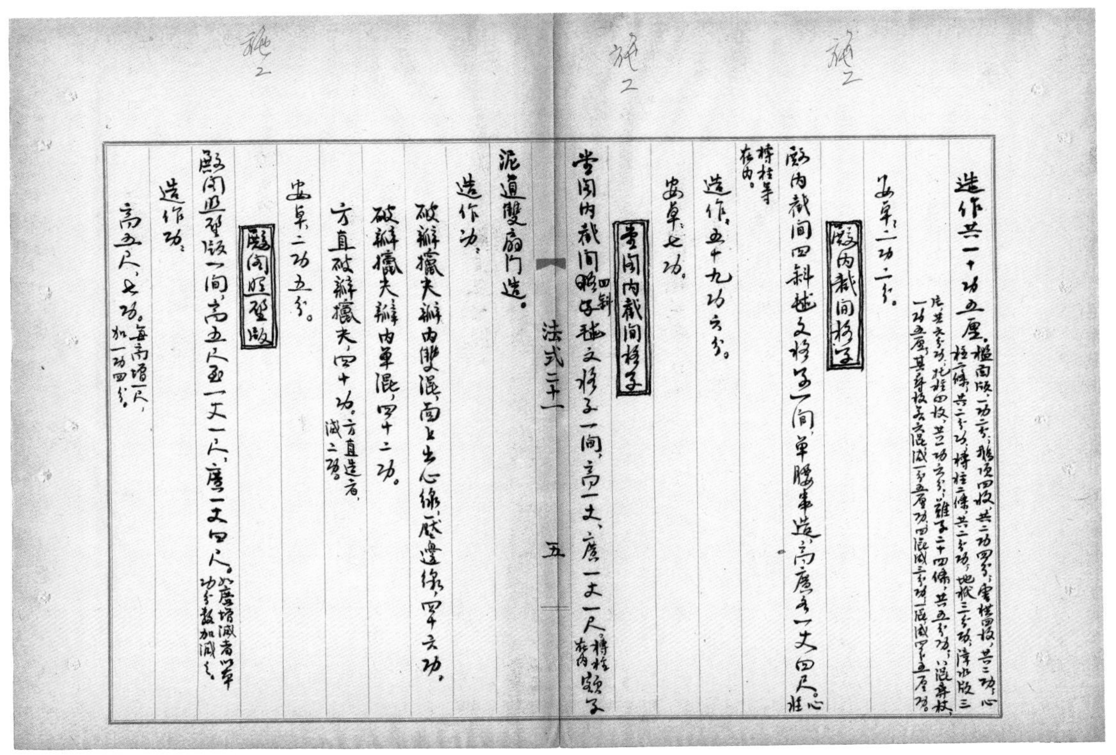
造作共一十功五厘。榥面版，一功二分；搏項四枚，共二功四分；雲栱四枚，共二功；心柱二條，共二分功；榰柱二條，共二分功；地栿三分功；障水版三片，共六分功；托柱四枚，共二功六分；難子二十四條，共五分功；八混尋杖一功五厘；其尋杖若六混，減一分五厘功；四混減三分功；一混減四分五厘功。

安卓二功二分。

殿內截間格子

殿內截間四斜毬文格子一間，單腰串造，高廣各一丈四尺。心柱、榑柱等在內。

造作，五十九功六分。

安卓七功。

堂閣內截間格子

堂閣內截間四斜毬文格子一間，高一丈，廣一丈一尺。榑柱在內。額子泥道，雙扇門造。

法式二十一　五

造作功：

破瓣撺尖，瓣內雙混，面上出心線，壓邊線，四十六功。

破瓣撺尖，瓣內單混，四十二功。

方直破瓣撺尖，四十功。方直造者，減二功。

安卓二功五分。

殿閣照壁版

殿閣照壁版一間，高五尺至一丈一尺，廣一丈四尺。如廣增減者，以本功分數加減之。

造作功：

高五尺，七功。每高增一尺，加一功四分。

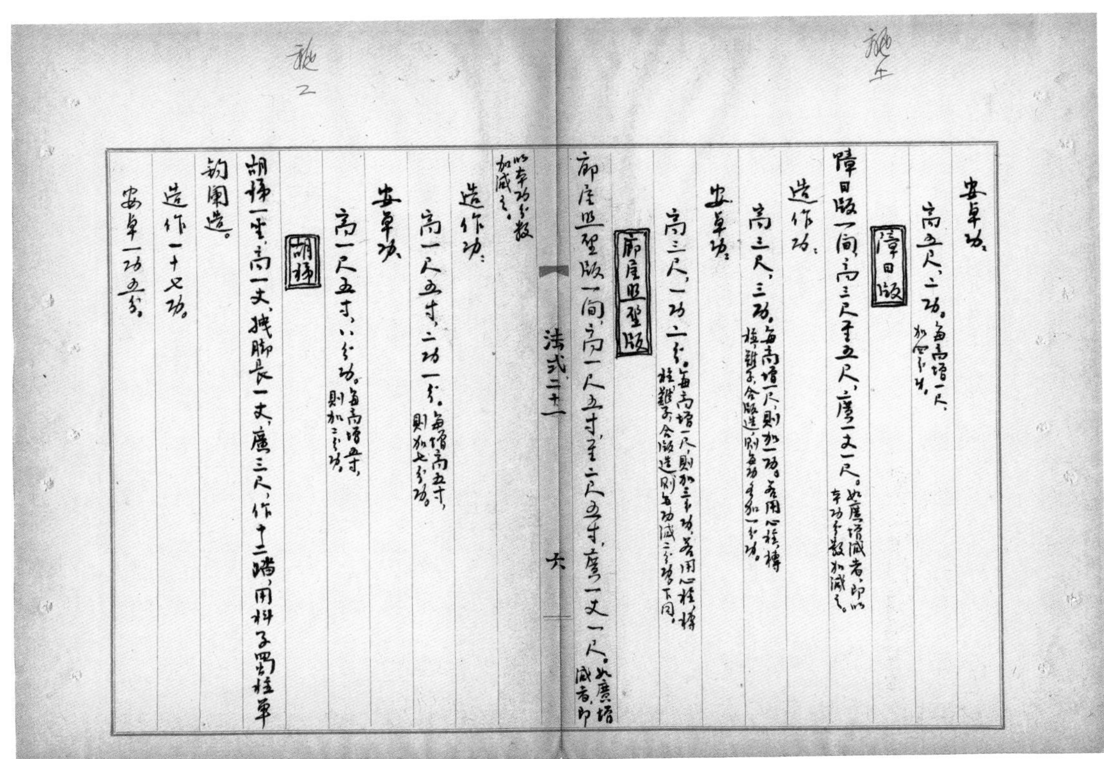
安卓功：

高五尺，二功。每高增一尺，加四分功。

障日版

障日版一間，高三尺至五尺，廣一丈一尺。如廣增減者，即以本功分數加減之。

造作功：

高三尺，三功。每高增一尺，則加一功。若用心柱、榑柱、難子、合版造，則每功各加一分功。

安卓功：

高三尺，一功二分。每高增一尺，則加三分功。若用心柱、榑柱、難子、合版造，則每功減二分功。下同。

廊屋照壁版

廊屋照壁版一間，高一尺五寸至二尺五寸，廣一丈一尺。如廣增減者，即以本功分數加減之。

法式二十一　六

造作功：

高一尺五寸，二功一分。每增高五寸，則加七分功。

安卓功：

高一尺五寸，八分功。每增高五寸，則加二分功。

胡梯

胡梯一坐，高一丈，拽腳長一丈，廣三尺，作十二踏，用枓子蜀柱單鉤闌造。

造作一十七功。

安卓一功五分。

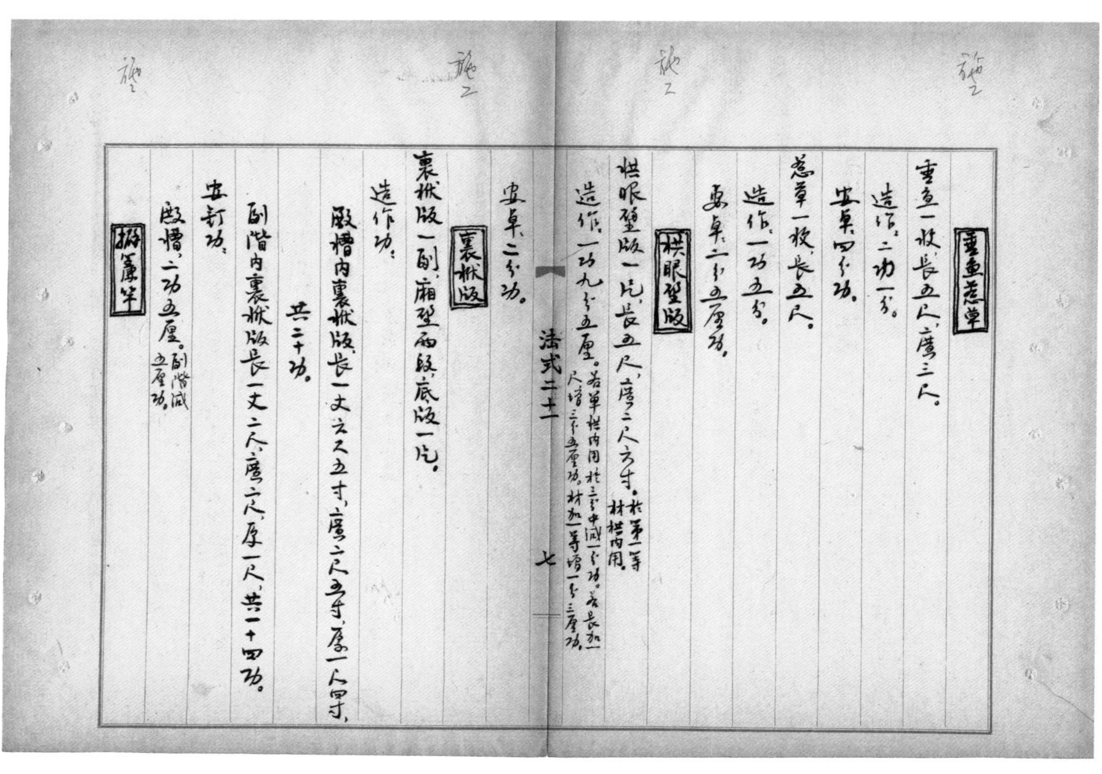

重臺蕙草

重臺一枚，長五尺，廣三尺。

造作，二功一分。

安卓，四分功。

蕙草一枚，長五尺。

造作，一功五分。

安卓，二分五厘功。

栱眼壁版

栱眼壁版一片，長五尺，廣二尺六寸。於第一等材栱内用。

造作，一功九分五厘。若單栱内用，於三分中減一分功。若長加一尺，增三分五厘功；材加一等，增一分三厘功。

安卓，二分功。

法式二十一　七

裹栿版

裹栿版一副，廂壁兩段，底版一片。

造作功：

殿槽内裹栿版，長一丈六尺五寸，廣二尺五寸，厚一尺四寸，共二十功。

副階内裹栿版，長一丈二尺，廣二尺，厚一尺，共一十四功。

安釘功：

殿槽，二功五厘。副階減五厘功。

擗簾竿

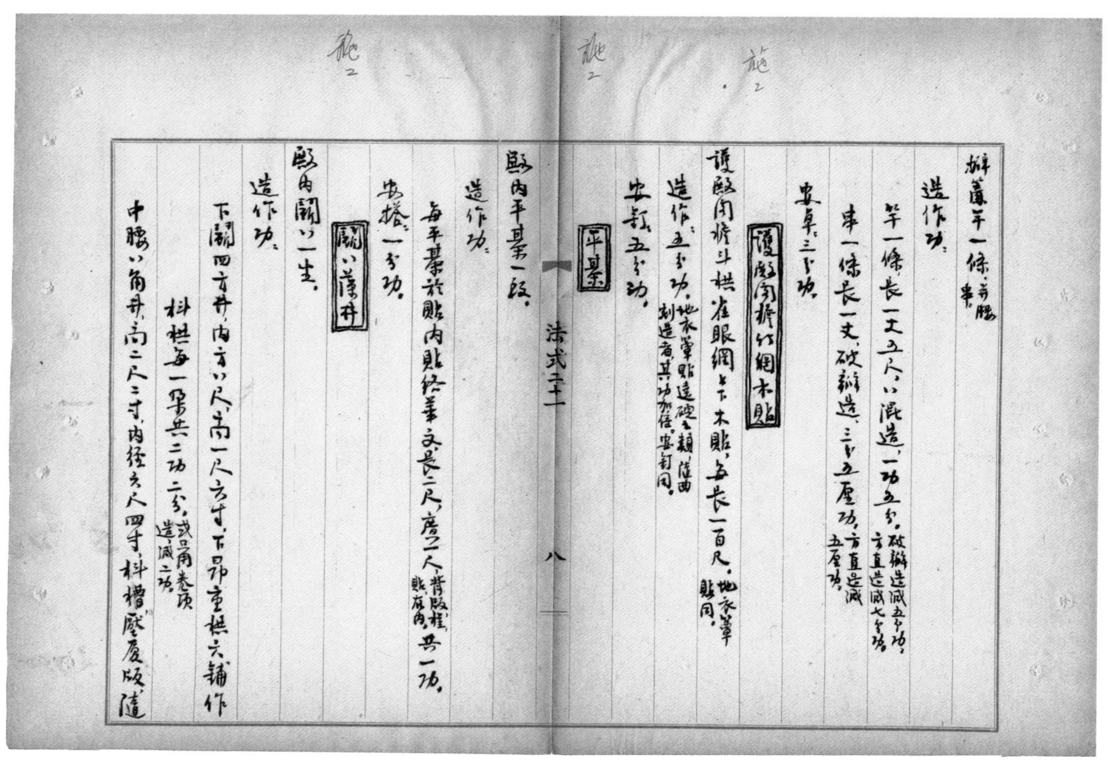

擗簾竿一條。并腰串。

造作功：

竿一條，長一丈五尺，八混造，一功五分。破瓣造減五分功；方直造減七分功。

串一條，長一丈，破瓣造，三分五厘功。方直造減五厘功。

安卓，三分功。

護殿閣檐竹網木貼

護殿閣檐斗栱雀眼網上下木貼，每長一百尺。地衣簟貼同。

造作，五分功。地衣簟貼，繞碇之類，隨曲剜造者，其功加倍。安釘同。

安釘，五分功。

平棊

殿内平棊一段。

法式二十一　八

造作功：

每平棊於貼内貼絡華文，長二尺，廣一尺，背版桯，貼在内。共一功。

安搭，一分功。

鬭八藻井

殿内鬭八一坐。

造作功：

下鬭四方井，内方八尺，高一尺六寸；下昂重栱六鋪作

斗栱，每一朶共二功二分。或只用卷頭造，減二分功。

中腰八角井，高二尺二寸，内徑六尺四寸；斗槽、壓廈版、隨

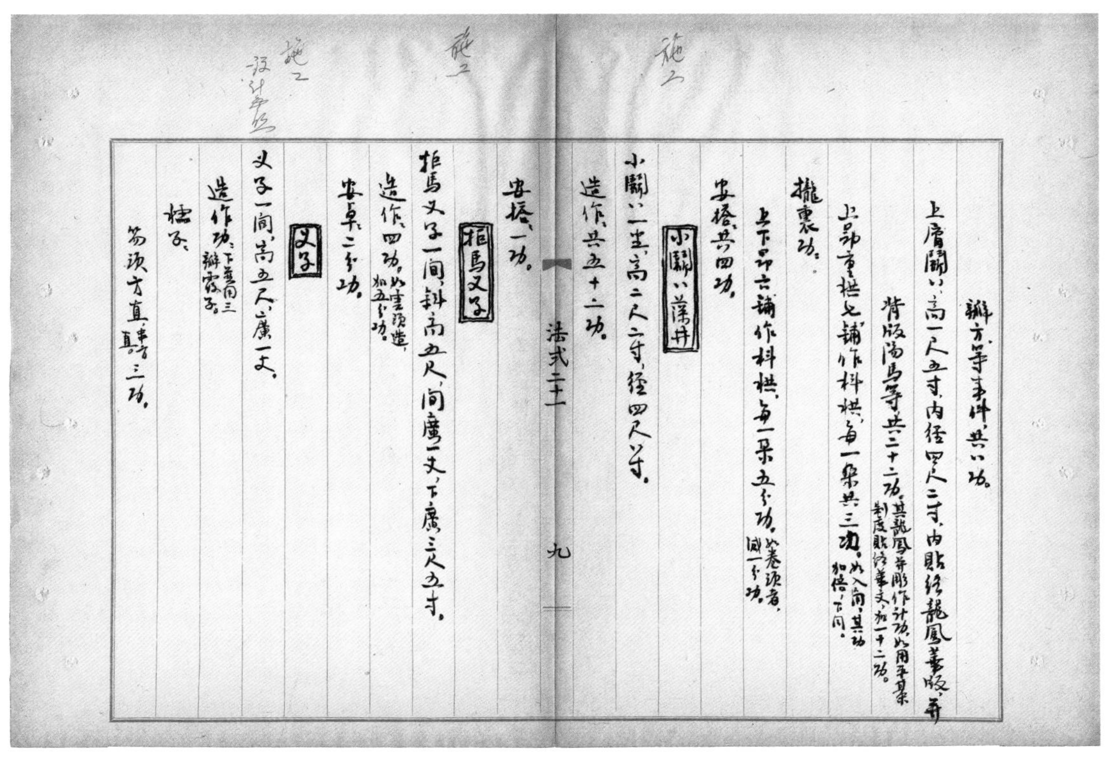
瓣方等事件，共八功。

上層鬭八，高一尺五寸，内徑四尺二寸，内貼絡龍鳳華版，并背版陽馬等共三十二功。其龍鳳并彫作計功，如用平棊制度貼絡華文，加一十二功。

上昂重栱七鋪作枓栱，每一朵共三功。如入角，其功加倍。下同。

上下昂六鋪作枓栱，每一朵五分功。如卷頭者，減一分功。

攏裹功。

安搭共四功。

小鬭八藻井

小鬭八一坐，高二尺二寸，徑四尺八寸。

造作共五十二功。

安搭一功。

法式二十一　九

拒馬叉子

拒馬叉子一間，斜高五尺，間廣一丈，下廣三尺五寸。

造作四功。如雲頭造，加五分功。

安卓二分功。

叉子

叉子一間，高五尺，廣一丈。

造作功：下並用三瓣霞子。

櫺子：

笏頭方直，串，方直。三功。

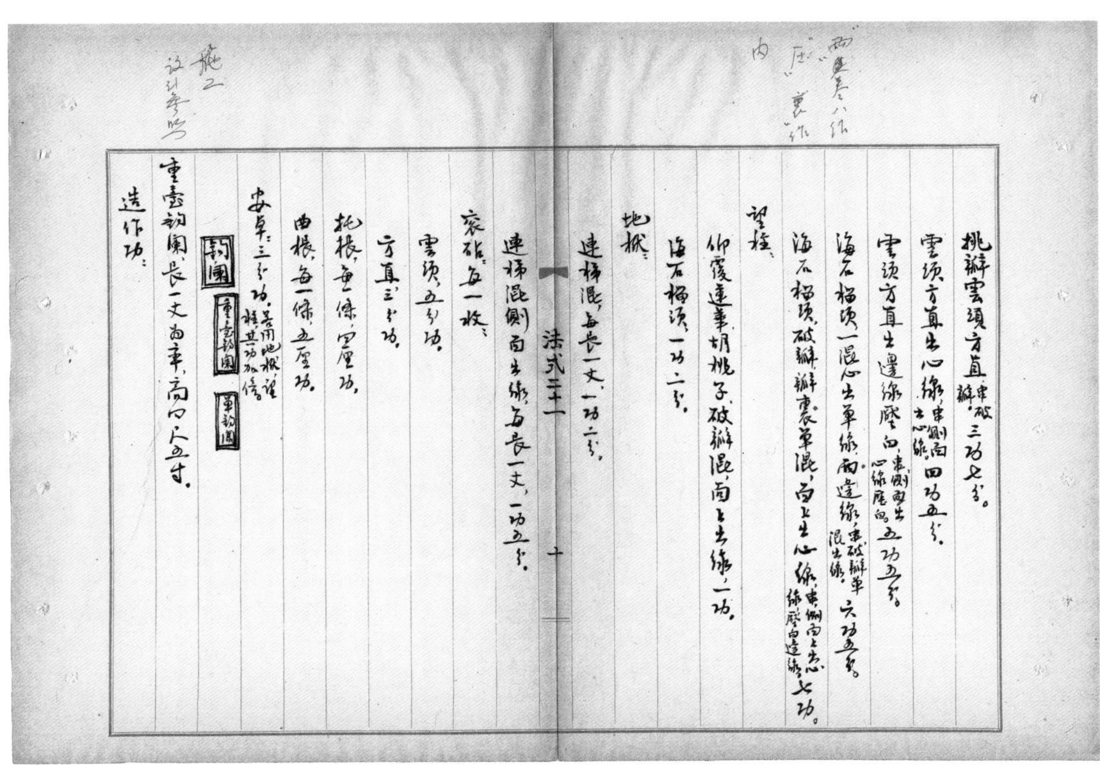
挑瓣雲頭方直，串，破瓣。三功七分。

雲頭方直出心線，串，側面出心線。四功五分。

雲頭方直出邊線，壓白，串，側面出心線，壓白。五功五分。

海石榴頭一混心出單線，兩邊線，串，破瓣單混出線。六功五分。

海石榴頭，破瓣瓣裏單混，面上出心線，串，側面上出心線，壓白邊線。七功。

望柱：

仰覆蓮華胡桃子，破瓣混面上出線，一功。

海石榴頭，一功二分。

地栿：

連梯混，每長一丈，一功二分。

連梯混側面出線，每長一丈，一功五分。

法式二十一　十

衮砧，每一枚：

雲頭，五分功。

方直，三分功。

托根，每一條，四厘功。

曲根，每一條，五厘功。

安卓，三分功。若用地栿、望柱，其功加倍。

鉤闌

重臺鉤闌　單鉤闌

重臺鉤闌，長一丈為率，高四尺五寸。

造作功：

角柱，每一枚，一功二分。

望柱，破瓣仰覆莲胡桃子造，每一条，一功五分。

矮柱，每一枚，三分功。

华托柱，每一枚，四分功。

蜀柱瘿项，每一枚，六分六厘功。

华盆霞子，每一枚，一功。

云栱，每一枚，六分功。

上华版，每一片，二分五厘功。下华版减五厘功，其华文并雕作计功。

地栿，每一丈，二功。

束腰锁脚，一功二分。盆唇并八混寻杖同。其寻杖若六混造，减一分五厘功，四混减三分功，一混减四分五厘功。

法式二十一　十一

拢裹，共三功五分。

安卓，一功五分。

单钩阑，长一丈为率，高三尺五寸。

造作功：

望柱：

海石榴头，一功一分九厘。

仰覆莲胡桃子，九分四厘五毫功。

万字，每片四字，二功四分。如减一字，即减六分功，加者亦如之。如作钩片，每一功减一分功。若用华版，不计。

托枨，每一条，三厘功。

蜀柱，撮项，每一枚，四分五厘功。蜻蜓头减一分功，斗子减二分功。

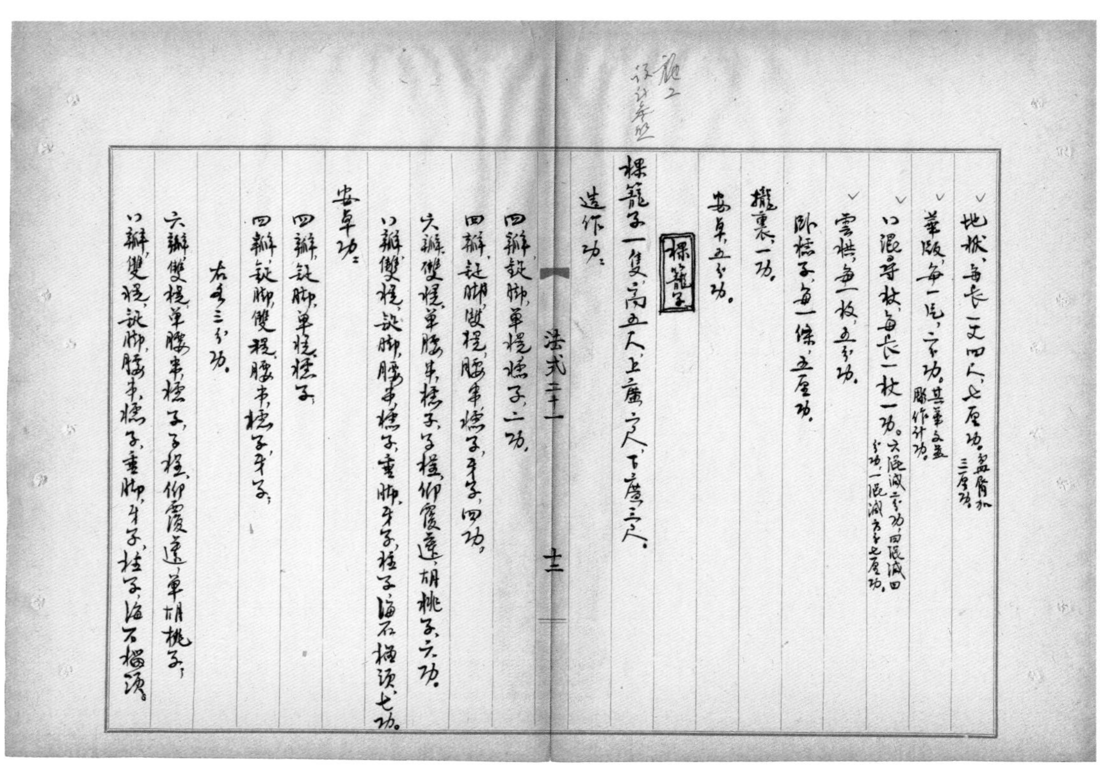

地栿，每长一丈四尺，七厘功。盆唇加三厘功。

华版，每一片，二分功。其华文并雕作计功。

八混寻杖，每长一丈一功。六混减二分功，四混减四分功，一混减六分七厘功。

云栱，每一枚，五分功。

卧棂子，每一条，五厘功。

拢裹，一功。

安卓，五分功。

棵笼子

棵笼子一隻，高五尺，上广二尺，下广三尺。

造作功：

四瓣，锭脚，单棂，棂子，二功。

四瓣，锭脚，双棂，腰串，棂子，牙子，四功。

六瓣，双棂，单腰串，棂子，子桯，仰覆莲，胡桃子，六功。

八瓣，双棂，锭脚，腰串，棂子，垂脚，牙子，柱子，海石榴头，七功。

安卓功：

四瓣，锭脚，单棂，棂子；

四瓣，锭脚，双棂，腰串，棂子，牙子；

右各三分功。

六瓣，双棂，单腰串，棂子，子桯，仰覆莲，单胡桃子；

八瓣，双棂，锭脚，腰串，棂子，垂脚，牙子，柱子，海石榴头。

法式二十一　十二

右各五分功。

井亭子

井亭子一坐，鋜脚至脊共高一丈一尺，（鸱尾在外）方七尺。

造作功：

结瓦、柱木、鋜脚等，共四十五功。

科栱，一寸二分材，每一朵，一功四分。

安卓：五功。

牌

殿、堂、楼、阁、门、亭等牌，高二尺至七尺，广一尺六寸至五尺六寸。（如官府或仓库等用，其造作功减半，安卓功三分减一分。）

造作功：（安勘头、带、舌内华版在内。）

高二尺，六功。（每高增一尺，其功加倍；安挂功同。）

安挂功：

高二尺，五分功。

营造法式卷第二十一

营造法式卷第二十二

通直郎管修盖皇弟外第专一提举修盖班直诸军营房等臣李诫奉圣旨编修

小木作功限三

佛道帐　牙脚帐

九脊小帐　壁帐

佛道帐

佛道帐一坐，下自龟脚上至天宫鸱尾，共高二丈九尺。

坐高四尺五寸，间广六丈一尺八寸，深一丈五尺。

造作功：

车槽上下涩、坐面猴面涩、芙蓉瓣造，每长四尺五寸；

子涩、芙蓉瓣造，每长九尺；

卧棍，每四条；

立棍，每一十条；

上下马头棍，每一十二条；

车槽涩，并芙蓉华版，每长四尺；

坐腰，并芙蓉华版，每长三尺五寸；

明金版，芙蓉华瓣，每长二丈；

拽后棍，每一十五条；（罗文棍同。）

柱脚方，每长一丈二尺；

细窗合版，卷九錄。

[illegible]文提

榻頭木，每長一丈二尺；

龜腳，每三十枚；

科槽板，并鑰匙頭，每長一丈二尺；壓廈板同。

細窗合板，每長一丈，廣一尺；

右各一功。

貼絡門窗并背版，每長一丈，共三功。

於窗上五鋪作重栱卷頭科栱，每一朵，二功。方桁及普拍方在內。若出角或入角者，其功加倍。腰檐平坐同。諸帳及經藏準此。

櫳裹，一百功。

安卓，八十功。

帳身高一丈二尺五寸，廣五丈九尺一寸，深一丈二尺三寸，分作五間造。

造作功：

帳柱，每一條；

上內外槽隔科版，并貼絡及仰托榥在內。每長五尺；

歡門，每長一丈；

右各一功五分。

裹槽下鋜腳版，并貼絡等。每長一丈，共二功二分。

帳帶，每三條；

虛柱，每三條；

兩側及後壁版，每長一丈，廣一尺；

心柱，每三條；

榥子，每長六丈；

隨間栿，每二條；

方子，每長三丈；

前後及兩側安平棊搏難子，每長五尺；

右各一功。

平棊，依本功。

鬭八一坐，徑三尺二寸，并八角，共高一尺五寸，五鋪作重栱卷頭，共三十功。

四斗毬文截間隔子一間，二十八功。

四斜毬文泥道格子門一扇，八功。

櫳裹，七十功。

安卓，四十功。

腰檐高三尺，間廣五丈八尺一寸，深一丈六尺。

造作功：

前後及兩側科槽版，并鑰匙頭，每長一丈二尺；壓廈版同。

科槽臥榥，每四條；

上下順身榥，每長四丈；

生

立榥，每一十條；
貼身，每長四丈；
曲椽，每二十條；
飛子，每二十五枚；
壓內椽，每長二丈；搏脊同。
大連檐，每長四丈；瓦隴條同。
厦瓦版，并白版，每各長四丈，廣一尺。
瓦口子，并簽切。每長三丈；
右各一功。
抹角栿，每一條，二分功。
角梁，每一條；
角脊，每四條；
右各一功六分。
六鋪作重栱一抄兩昂斗栱，每一朵，共六功五分。
攏裹：六十功。
安卓：三十五功。
平坐：高一尺八寸，廣五丈一尺七寸，深一丈二尺。
造作功：
料槽版，并鑰匙頭，每一丈二尺；
壓厦版，每長一丈；

法式二十二　四

臥榥，每四條；
立榥，每一十條；
鴈翅版，每長四丈；
面版，每長一丈；
右各一功。
六鋪作重栱卷頭斗栱，每一朵，共二功三分。
攏裹：三十功。
安卓：二十五功。
天宮樓閣。
造作功：
殿身，每一坐，廣三瓣。重檐并挾屋及行廊，各廣二瓣，諸事件并在內。共一百三十功。
茶樓子，每一坐，廣三瓣，殿身、挾屋、行廊同上。
角樓，每一坐，廣一瓣半，挾屋、行廊同上。
右各一百七十功。
龜頭，每一坐，廣二瓣。四十五功。
攏裹：二百功。
安卓：一百功。
圜橋子，一坐，高四尺五寸，捧脚長五尺五寸。廣五尺，下用連梯龜脚，上
施鉤闌望柱。

法式二十二　五

造作功：

連梯桯，每二條；

龜腳，每一十二條；

促踏版榥，每三條；

右各六分功。

連梯當，每二條，五分六厘功。

連梯榥，每二條，二分功。

望柱，每一條，一分三厘功。

背版，每長廣各一尺；

月版，長廣同上；

右各八厘功。

望柱上榥，每一條，一分二厘功。

難子，每五丈，一功。

頰版，每一片，一功二分。

促踏版，每一片，一分五厘功。

隨圜勢鉤闌，共九功。

攏裹，八功。

右佛道帳總計造作共四千二百九功九分，攏裹共四百六十八功，安卓共二百八十功。

若作山華帳頭造者，唯不用腰檐及天宮樓閣，（除造作安卓共一千八百二十功九分。）

法式二十二　六

於平坐上作山華帳頭，高四尺，廣五丈八尺五寸，深一丈二尺。

造作功：

頂版，每長一丈，廣一尺；

混肚方，每長一丈；

楅，每二十條；

右各一功。

仰陽版，每長一丈；（貼絡在內。）

山華版，長同上；

右各一功二分。

合角貼，每一條，五厘功。

以上造作計一百五十三功九分。

攏裹，一十功。

安卓，一十功。

牙腳帳

牙腳帳一坐，共高一丈五尺，廣三丈，內外槽共深八尺，分作三間，帳頭及坐各分作三段。（帳頭料栱在外。）

牙腳坐高二尺五寸，長三丈二尺，（坐頭在內。）深一丈。

造作功：

連梯，每長一丈；

龜腳，每三十枚；

法式二十二　七

上梯盤，每長一丈六尺；

束腰，每長三丈；

牙脚，每一十枚；

牙頭，每二十片；（剜切在內。）

填心，每一十五枚；

壓青牙子，每長二丈；

背版，每廣一尺，長二丈；

梯盤榥，每五條；

立榥，每一十二條；

面版，每廣一尺，長一丈；

右各一功。

法式二十二　八

角柱，每一條；

鋜脚上襯版，每一十片；

右各二分功。

重臺小鉤闌，共高一尺，每長一丈，七功五分。

攏裹，四十功。

安卓，二十功。

帳身高九尺，長三丈，深八尺，分作三間。

造作功：

內外槽帳柱，每三條；

裹槽下鋜脚，每二條；

右各三功。

內外槽上隔枓版，（并貼絡仰托榥在內。）每長一丈，共二功二分。（內外槽欹門同。）

頰子，每六條，共一功二分。（虛柱同。）

帳帶，每四條；

帳身版，難子，每長六丈；（泥道版難子同。）

平棊搏難子，每長五丈；

平棊貼內每廣一尺，長二尺；

右各一功。

兩側及後壁帳身版，每廣一尺，長一丈，八分功。

法式二十二　九

泥道版，每六片，共六分功。

心柱，每三條，共九分功。

攏裹，四十功。

安卓，二十五功。

帳頭高三尺五寸，枓槽長二丈九尺七寸六分，深七尺七寸六分，分作三段造。

造作功：

內外槽并兩側夾枓槽版，每長一丈四尺；（壓厦版同。）

混肚方，每長一丈；（山華版、仰陽版，並同。）

卧榥，每四條；

馬頭榥，每二十條，同場

右各一功。

六鋪作重栱一杪兩下昂枓栱，每一朶，共二功二分。

項版，每廣一尺，長一丈，八分功。

合角貼，每一條，五厘功。

攏裹：二十五功。

安卓：一十五功。

右牙脚帳總計造作共七百四功三分，攏裹共一百五功，安卓共六十功。

九脊小帳

法式二十二　十

九脊小帳一坐，共高一丈二尺，廣八尺，深四尺。

牙脚坐，高二尺五寸，長九尺六寸，深五尺。

造作功：

連梯，每長一丈；

龜脚，每三十枚；

上梯盤，每長一丈二尺；

右各一功。

連梯榥；

梯盤榥；

右各共一功。

面版，共四功五分；

立榥，共三功七分；

背版；

牙脚；

右各共三功。

填心；

束腰鋜脚；

右各共二功。

牙頭；

壓青牙子；

法式二十二　十一

右各共一功五分。

束腰鋜脚襯版，共一功二分。

角柱，共八分功。

束腰鋜脚內小柱子，共五分功。

重臺小鉤闌，并望柱等，共一十七功。

攏裹：二十功。

安卓：八功。

帳身高六尺五寸，廣八尺，深四尺。

造作功：

內外槽帳柱，每一條，八分功。

裹槽坐并两侧下䞋脚版，并仰托榥，（贴络在内。）共三功五厘。

内外槽两侧并坐上涌枓版，并仰托榥，（贴络柱子在内。）共六功四分。

两颊；

虚柱；

右各共四分功。

心柱，共三分功。

帐身版，共五功。

帐身难子；

内外欢门；

内外帐带；

右各二功。

泥道版，共五分功。

泥道难子，六分功。

拢裹，二十功。

安卓，一十功。

帐头高三尺，（鸱尾在外。）广八尺，深四尺。

造作功：

五铺作重栱一抄一下昂枓栱，每一朵，共一功四分。

结瓦事件等，共廿八功。

施工

拢裹，一十二功。

安卓，五功。

帐内平棊。

造作，共一十五功。（安难子又加一功。）

安挂功：

每平棊一片，一分功。

右九脊小帐总计造作共一百六十七功八分，拢裹共五十二功，安卓共二十三功三分。

壁帐

壁帐一间，广一丈一尺，共高一丈五尺。

造作功：（拢裹功在内。）

枓栱五铺作一抄一下昂，（普拍方在内。）每一朵，一功四分。

仰阳山华版、帐柱、混肚方、枓槽版、压厦版等，共七功。

毬文格子、平棊、叉子，并各依本法。

安卓，三功。

营造法式卷第二十二

施工

營造法式卷第二十三

通直郎管修蓋皇弟外第專一提舉修蓋班直諸軍營房等臣李誡奉

聖旨編修

小木作功限四

轉輪經藏　　壁藏

轉輪經藏

轉輪經藏一座，八瓣，內外槽帳身造。

外槽帳身，腰檐，平坐，上施天宮樓閣，共高二丈，徑一丈六尺。

帳身外柱至地，高一丈六尺。

造作功：

帳柱，每一條；

歡门，每長一丈；

右各一功五分。

隔枓版，并貼，柱子，及仰托榥，每長一丈，二功五分。

帳帶，每三條，一功。

攏裹：二十五功。

安卓：一十五功。

腰檐，高六尺，枓槽徑一丈五尺八寸四分。

造作功：

枓槽版，長一丈五尺，壓廈版及山版同。一功。

法式二十三　一

搏。

約題細談下同。

生在作生

內外六鋪作，外跳一抄兩下昂，裏跳并卷頭枓栱，每一朵，共二功三分。

角梁，每一條，子角梁同。八分功。

貼生，每長四丈；

飛子，每四十枚；

白版，紐計每長三丈，廣一尺，廈瓦版同。

瓦隴條，每四丈；

搏脊，每長二丈五尺；搏脊槫同。

角脊，每四條；

瓦口子，每長三丈；

小山子版，每三十枚；

井口榥，每三條；

立榥，每一十五條；

馬頭榥，每八條；

右各一功。

攏裹：三十五功。

安卓：二十功。

平坐高一尺，徑一丈五尺八寸四分。

造作功：

枓槽版，每長一丈五尺；壓廈版同。

法式二十三　二

内六十 卷十一

鈿面版 卷十二

鴈翅版，每長三丈；

井口榥，每三條；

馬頭榥，每八條；

面版，每長一丈，廣一尺；

右各一功。

枓栱六鋪作並卷頭，材廣厚同腰檐，每一朵，共一功一分。

單鉤闌高七寸，每長一丈，望柱在內，共五功。

攏裹二十功。

安卓一十五功。

天宮樓閣共高五尺，深一尺。

法式二十三　三

造作功：

角樓子，每一坐，廣二瓣，並挾屋行廊，各廣二瓣，共七十二功。

茶樓子，每一坐，廣同上，並挾屋行廊，各廣同上，共四十五功。

攏裹八十功。

安卓七十功。

裹槽高一丈三尺，徑一丈。

坐高二尺五寸，坐面徑一丈二尺四寸八分，枓槽徑九尺八寸四分。

造作功：

龜腳，每二十五枚；

車槽上下澁、坐面澁、猴面澁，每各長五尺；

九十 卷十一

車槽澁并芙蓉華版，每各長五尺；

坐腰上下子澁、三澁，每各長一丈；壺門神龕並背版同。

坐腰澁并芙蓉華版，每各長四尺；

明金版，每長一丈五尺；

枓槽版，每長一丈八尺；

柱子、榻頭木，每各長一丈二尺；下卧棍同。

立榥，每一十條；

拽腳方，每長一丈二尺；方子、卧榥同。

拽後榥，每一十二條；猴面鈿面榥同。

猴面梯盤榥，每三條；

面版，每長一丈，廣一尺；

右各一功。

六鋪作重栱卷頭枓栱，每一朵，共一功一分。

上下重臺鉤闌，高一尺，每長一丈，七功五分。

攏裹三十功。

安卓二十功。

帳身高八尺五寸，徑一丈。

造作功：

帳柱，每一條，一功一分。

上隔枓版並貼絡柱子及仰托榥，每各長一丈，二功五分。

法式二十三　四

下鋜脚隔枓版並貼絡柱子及仰托榥，每各長一丈，二功。
兩頰，每一條，三分功。
泥道版，每一片，一分功。
欹門華瓣，每長一丈；
帳帶，每三條；
帳身版，紐計每長一丈，廣一尺；
帳身内外難子及泥道難子，每各長六丈；
右各一功。
門子，合版造，每一合，四功。
攏裹，二十五功。

法式二十三　五

安卓，一十五功。
柱上帳頭，共高一尺，徑九尺一寸四分。
造作功：
枓槽版，每長一丈八尺；壓廈版同。
角栿，每八條；
搭平棊方子，每長三丈；
右各一功。
平棊，依本功。
六鋪作重栱卷頭枓栱，每一朵，一功一分。
攏裹，二十功。

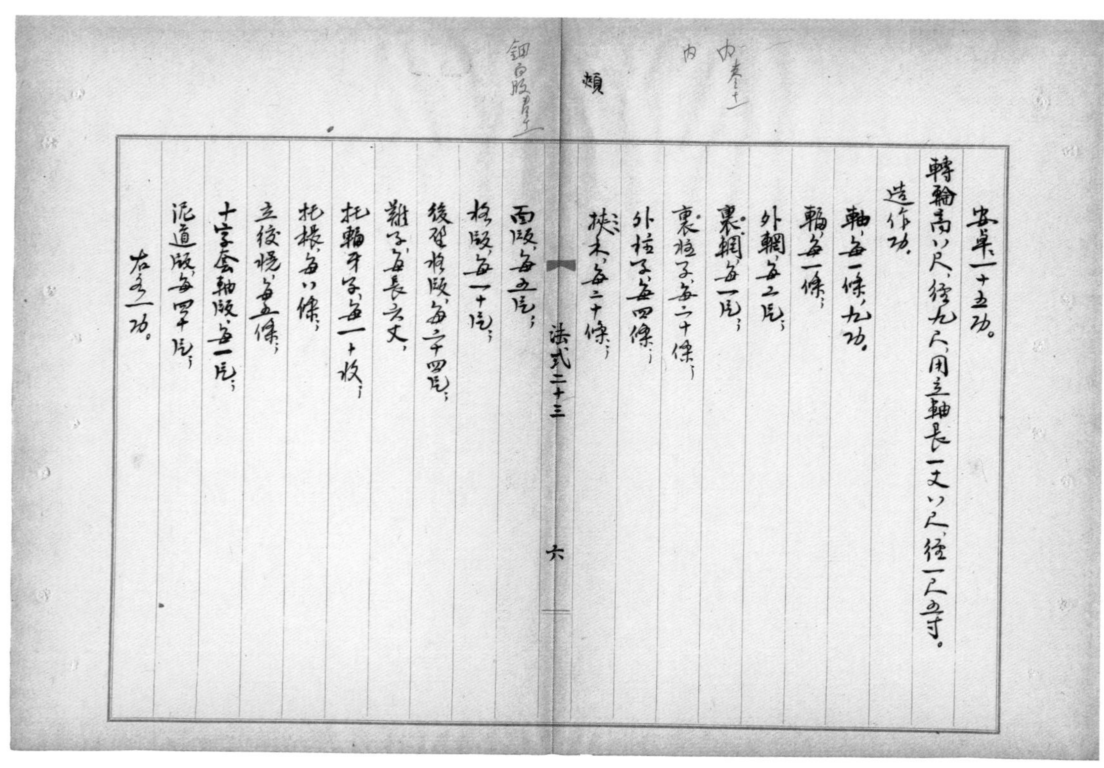

安卓，一十五功。
轉輪，高八尺，徑九尺，用立軸長一丈八尺，徑一尺五寸。
造作功：
軸，每一條，九功。
輻，每一條；
外輞，每二片；
裏輞，每一片；
裏柱子，每二十條；
外柱子，每四條；
挾木，每二十條；
面版，每五片；
格版，每一十片；
後壁格版，每二十四片；
難子，每長六丈；
托輻牙子，每一十枚；
托棖，每八條；
立絞榥，每五條；
十字套軸版，每一片；
泥道版，每四十片；
右各一功。

法式二十三　六

攏裹，五十功。
安卓，五十功。
經匣，每一隻，長一尺五寸，高六寸，盝頂在內，廣六寸五分；
造作攏裹，共一功。
右轉輪經藏總計造作共一千九百三十五功二分，攏裹共二百一十五功，安卓共二百二十功。

壁藏

壁藏一坐，高一丈九尺，廣三丈，兩擺手各廣六尺，內外槽共深四尺。
坐高三尺，深五尺二寸。

法式二十三　七

造作功：
車槽上下澁，并坐面猴面澁，芙蓉瓣，每各長六尺；
子澁，每長一丈；
卧榥，每一十條；
立榥，每十六條；拽後榥、羅文榥同。
上下馬頭榥，每一十五條；
車槽澁并芙蓉華版，每各長五尺；
坐腰并芙蓉華版，每各長四尺；
明金版，造瓣并造，每長二丈；枓槽壓厦版同。
柱脚方，每長一丈二尺；

約

榥頭木，每長一丈三尺；
龜脚，每二十五枚；
面版，合縫在內，約計每長一丈，廣一尺；
貼絡神龕并背版，每各長五尺；
飛子，每五十枚；
五鋪作重栱卷頭枓栱，每一朶；
右各一功。
上下重臺鉤闌，高一尺，長一丈，七功五分。
攏裹，五十功。
安卓，三十功。

法式二十三　八

帳身高八尺，深四尺，作七格，每格內安經匣四十枚。
造作功：
上隔枓并貼絡及仰托榥，每各長一丈，共二功五分。
下鋜脚并貼絡及仰托榥，每各長一丈，共二功。
帳柱，每一條；
歡門，剜造華瓣在內，每長一丈；
帳帶，剜切在內，每三條；
心柱，每四條；
腰串，每六條；
帳身合版，約計每長一丈，廣一尺；

約

约

格榥，每長三丈；（逐格前後柱子同。）
格板，每二十片，各廣八寸；
鈿面板榥，每三十條；
普拍方，每長二丈五尺；
隨格版難子，每長八丈；
帳身版難子，每長六丈；
右各一功。
平棊，依本功。
摺疊門子，每一合，共三功。
逐格鈿面版，紐計每長一丈，廣一尺，八分功。

法式二十三　九

约

擸裹，五十五功。
安卓，三十五功。
腰檐，高二尺，枓槽共長二丈九尺八寸四分，深三尺八寸四分。
造作功：
枓槽版，每長一丈五尺；（鑰匙頭及壓厦版並同。）
山版，每長一丈五尺，合廣一尺；
貼生，每長四丈；（瓦隴條同。）
曲椽，每二十條；
飛子，每四十枚；
白版，紐計每長三丈，廣一尺；（厦瓦版同。）

槫脊槫，每長二丈五尺；
小山子版，每三十枚；
瓦口子，（簽切在內。）每長三丈；
臥榥，每一十條；
立榥，每一十二條；
右各一功。
六鋪作重栱一抄兩下昂枓栱，每一朵，一功二分。
角梁，每一條，（子角梁同。）八分功。
角脊，每一條，二分功。
擸裹，五十功。

法式二十三　十

約

安卓，三十功。
平坐，高一尺，枓槽共長二丈九尺八寸四分，深三尺八寸四分。
造作功：
枓槽版，每長一丈五尺；（鑰匙頭，及壓厦版，並同。）
鴈翅版，每長三丈；
臥榥，每一十條；
立榥，每一十二條；
鈿面版，紐計每長一丈，廣一尺；
右各一功。
六鋪作重栱卷頭枓栱，每一朵，共一功一分。

按文，挾屋、行廊，此獨云行廊屋，疑有誤。

單鉤闌，高七寸，每長一丈，五功。

攏裹：二十功。

安卓：一十五功。

天宮樓閣。

造作功：

殿身，每一坐（廣二瓣），并挾屋、行廊（各廣二瓣），各三層，共八十四功。

角樓，每一坐（廣同上），并挾屋、行廊等，並同上；

茶樓子，並同上；

右各七十二功。

龜頭，每一坐（廣一瓣），并行廊屋（廣二瓣），各三層，共三十功。

法式二十三　十一

攏裹：一百功。

安卓：一百功。

經匣，準轉輪藏經匣功。

右轉輪藏一坐，總計造作共三千二百五十五功三分，攏裹共一百七十五功，安卓共二百一十功。

營造法式卷第二十三

營造法式卷第二十四

通直郎管修蓋皇弟外第專一提舉修蓋班直諸軍營房等臣李誡奉

聖旨編修

諸作功限一

彫木作　旋作

鋸作　竹作

彫木作

旋工 該在竹作

每一件：

混作：

照壁內貼絡：

寶牀，長三尺，每尺高五寸，其牀垂牙豹脚造，上彫香鑪、香合、蓮華、寶窠、香山、七寶等。共五十七功。每增減一寸，各加減一功九分，仍以寶牀長為法。

法式二十四　一

真人，高二尺，廣七寸，厚四寸，六功。每高增減一寸，各加減三分功。

仙女，高一尺八寸，廣八寸，厚四寸，一十二功。每高增減一寸，各加減六分六釐功。

童子，高一尺五寸，廣六寸，厚三寸，三功三分。每高增減一寸，各加減二分二釐功。

角神，高一尺五寸，七功一分四釐。每增減一寸，各加減四分七釐六毫功；寶藏神每功減三分功。

鶴子，高一尺，廣八寸，首尾共長二尺五寸，三功。每高增減一寸，各加減三分功。

雲盆或雲氣，曲長四尺，廣一尺五寸，七功五分。每廣增減一寸，各加減五分功。

帳上：

纏龍柱，長一丈，徑四寸，五段造，並爪甲脊膊焰雲盆或山子。三十六功。每長增減一尺，各加減三

案

功。若牙魚并纏寫生華，每功減一分功。

虛柱蓮華蓬五層，下層蓬徑六寸為率，帶蓮荷藕葉枝梗。六功四分。每增減一層，各加減六分功；如下層蓮徑增減一寸，各加減三分功。

扛坐神，高七寸，四功。每增減一寸，各加減六分功；力士每功減一分功。

龍尾，高一尺，三功五分。每增減一寸，各加減三分五厘功；鴟尾功減半。

嬪伽，高五寸，連翅并蓮華坐，或雲子，或山子。一功八分。每增減一寸，各加減四分功。

獸頭，高五寸，七分功。每增減一寸，各加減一分四厘功。

套獸，長五寸，功同獸頭。

蹲獸，長三寸，四分功。每增減一寸，各加減一分三厘功。

柱頭，取徑為準。

坐龍，五寸，四功。每增減一寸，各加減八分功。其柱頭如帶仰覆蓮荷臺坐，每徑一寸，加功一分。下同。

師子，六寸，四功二分。每增減一寸，各加減六分功。

孩兒，五寸，單造，三功。每增減一寸，各加減六分功；雙造，每功加五分功。

鴛鴦，鵝、鴨之類同。四寸，一功。每增減一寸，各加減二分五厘功。

蓮荷：

蓮華，六寸，實彫六層，三功。每增減一寸，各加減五分功；如增減層數，以所計功作六分，每層各加減一分，減至三層止。如蓬葉造，其功加倍。

荷葉，七寸，五分功。每增減一寸，各加減七厘功。

半混：

彫插及貼絡寫生華，透突造同；如剔地，加功三分之一。

法式二十四 二

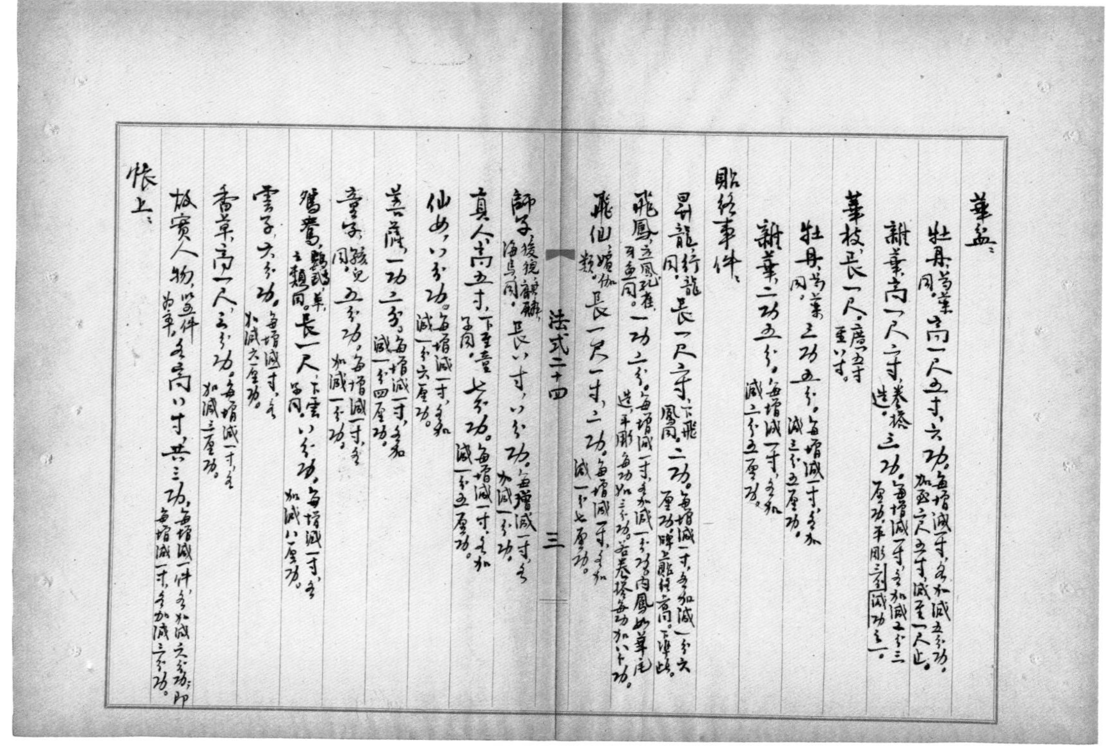
華盆：

牡丹，芍藥同。高一尺五寸，六功。每增減一寸，各加減五分功；加至二尺五寸，減至一尺止。

雜華，高一尺二寸，卷搭造。三功。每增減一寸，各加減二分三厘功；平彫減功三之一。

華枝，長一尺，廣五寸至八寸。

牡丹，芍藥同。三功五分。每增減一寸，各加減三分五厘功。

雜華，二功五分。每增減一寸，各加減二分五厘功。

貼絡事件：

升龍，行龍同。長一尺二寸，下飛鳳同。二功。每增減一寸，各加減一分六厘功；牌上貼絡者同。下準此。

飛鳳，立鳳、孔雀、牙魚同。一功二分。每增減一寸，各加減一分功；內鳳如華尾造，平彫每功加三分功；若卷搭，每功加八分功。

飛仙，嬪伽類。長一尺一寸，二功。每增減一寸，各加減一分七厘功。

師子，狻猊、麒麟、海馬同。長八寸，八分功。每增減一寸，各加減一分功。

真人，高五寸，下至童子同。七分功。每增減一寸，各加減一分五厘功。

仙女，八分功。每增減一寸，各加減一分六厘功。

菩薩，一功二分。每增減一寸，各加減一分四厘功。

童子，孩兒同。五分功。每增減一寸，各加減一分功。

鴛鴦，鸚鵡、羊、鹿之類同。長一尺，下雲子同。八分功。每增減一寸，各加減八厘功。

雲子，六分功。每增減一寸，各加減六厘功。

香草，高一尺，三分功。每增減一寸，各加減三厘功。

故實人物，以五件為率。各高八寸，共三功。每增減一件，各加減六分功；即每增減一寸，各加減三分功。

帳上：

法式二十四 三

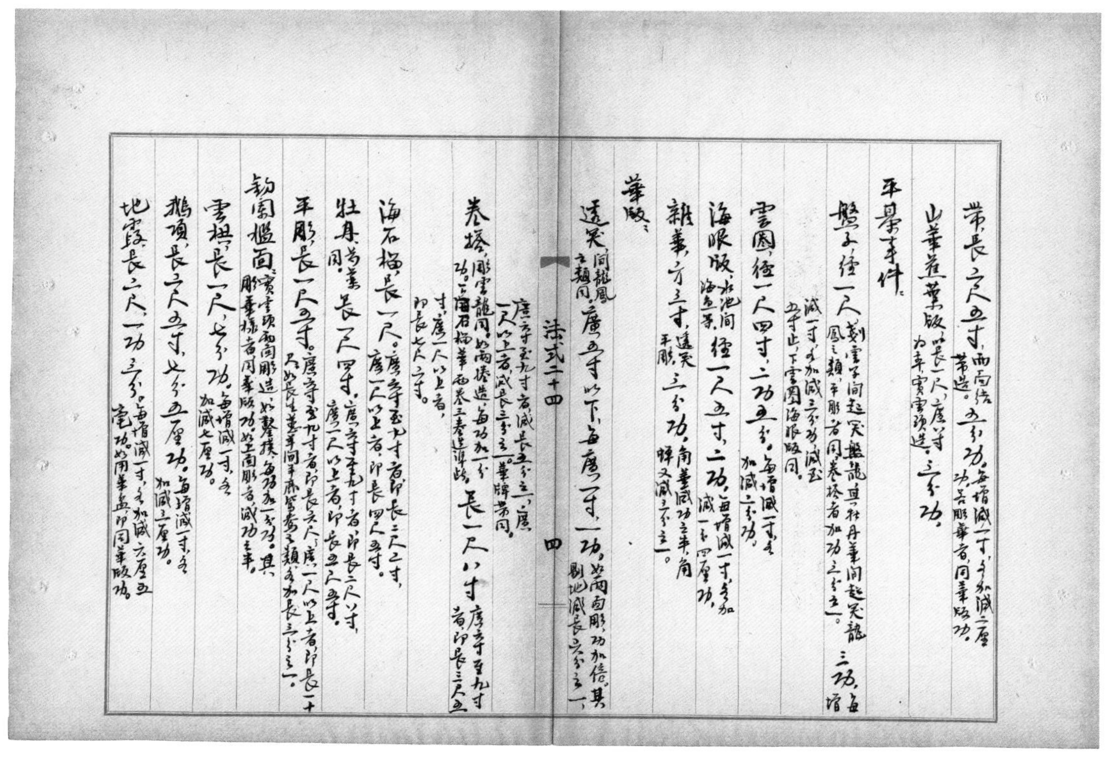

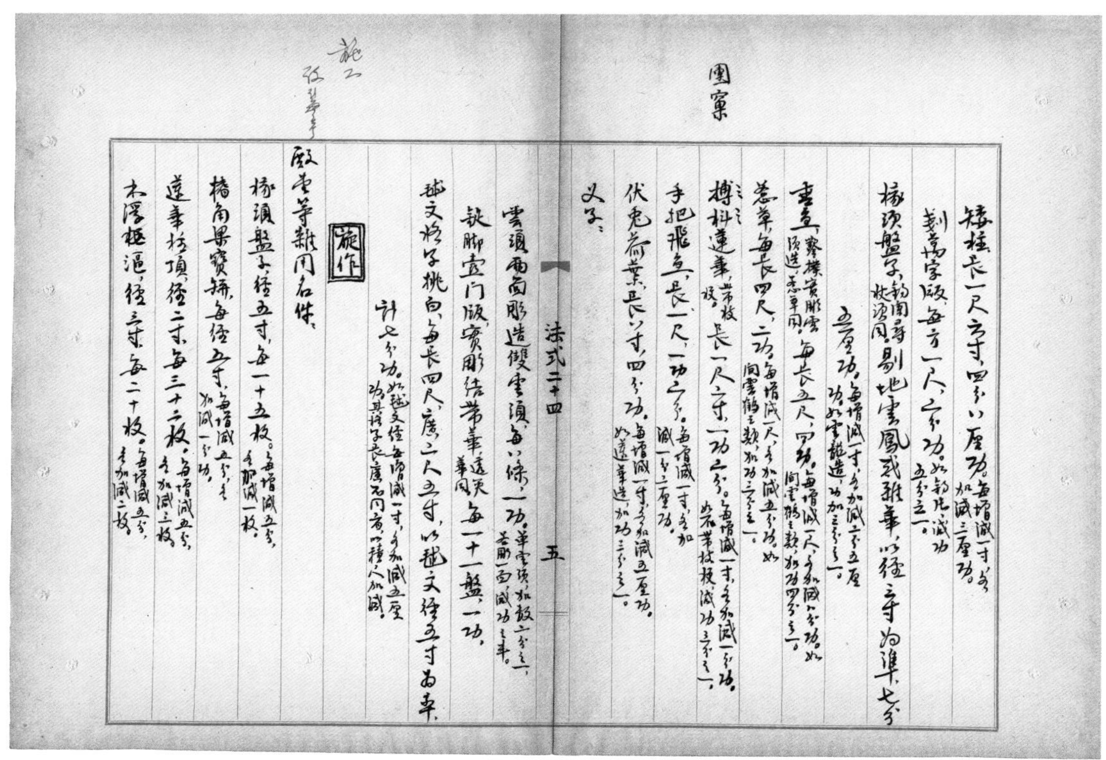

鈎闌上葱臺釘，高五寸，每一十六枚。每增減五分，各加減二枚。
蓋葱臺釘筒子，高六寸，每二十六枚。每增減三分，各加減一枚。
　右各一功。
柱頭仰覆蓮胡桃子，二段造，徑八寸，七分功。每增一寸加一分功；若三段造，每一功加二分功。
照壁寶牀等所用名件：
注子，高七寸，一功。每增一寸，加二分功。
香爐，徑七寸；每增一寸，加一分功；下酒盅、盤、荷葉同。
鼓子，高三寸；鼓上釘、鐶等在內，每增一寸，加一分功。
注盌，徑六寸；每增一寸，加一分五厘功。
　右各八分功。

酒杯盤，七分功。
荷葉，徑六寸；
鼓坐，徑三寸五分；每增一寸，加五厘功。
　右各五分功。
酒杯，徑三寸；蓮子同。
卷荷，長五寸；
杖鼓，長三寸；
　右各三分功。如長、徑各增一寸，各加五厘功；其蓮子外貼子造，若剔空旋靨貼蓮子，加二分功。
披蓮，徑二寸八分，二分五厘功。每增減一寸，各加減三厘功。
蓮蓓蕾，高三寸，並同上。

佛道帳等名件：
火珠，徑二寸，每一十五枚；每增減二分，各加減一枚；至三寸六分以上，每徑增減一分同。
滴當子，徑一寸，每四十枚；每增減一分，各加減二枚；至一寸五分以上，每增減一分，各加減一枚。
瓦頭子，長二寸，徑一寸，每四十枚；每徑增減一分，各加減四枚，加至一寸五分止。
瓦錢子，徑一寸，每八十枚；每增減一分，各加減五枚。
寶柱子，長一尺五寸，徑一寸二分，如長一尺，徑二寸者同。每一十五條；每長增減一寸，各加減一條。如長五寸，徑二寸，每三十條；每長增減一寸，各加減二條。
貼絡門盤浮漚，徑五分，每二百枚；每增減一分，各加減一十五枚。
平棊錢子，徑一寸，每一百一十枚；每增減一分，各加減八枚；加至一寸二分止。
角鈴，以大鈴高二寸為率，每一鉤；每增減五分，各加減一分功。

櫨枓，徑二寸，每四十枚；每增減一分，各加減一枚。
　右各一功。
虛柱頭蓮華並頂辮，每一副，胎錢子徑五寸，八分功。每增減一寸，各加減一分五厘功。

鋸作

解割功：
椆、檀、櫪木，每五十尺；
榆、槐木、雜硬材，每五十五尺；雜硬材謂海棗、龍菁之類。
白松木，每七十尺；
椿、柏木、雜軟材，每七十五尺；雜軟材謂香椿、椵木之類。

榆、黄松、水松、黄心木，每八十尺；

杉桐木，每一百尺；

右各一功。（每二人为一功，或内有盤截不計。）若一條長二丈以上，枝樘高遠，或舊材内有夾釘脚者，並加本功一分功。

竹作

織簟，每方一尺：

細棊文素簟，七分功。（劈篾，刮削，拖摘，收廣一分五釐。如刮篾收廣三分者，其功減半。織華加八分功，織龍鳳又加二分五釐功。）

麤簟，（劈篾青白，收廣四分。）二分五釐功。（假棊文造，減五釐功。如刮篾收廣二分，其功加倍。）

織雀眼網，每長一丈，廣五尺：

間龍鳳、人物、雜華，刮篾造，三功四分五釐六毫。（事造貼釘在内。如係小木釘貼，即減一分功。下同。）

法式二十四 八

渾青刮篾造，一功九分二釐。

青白造，一功六分。

笍索，每一束：（長一百尺，廣一寸五分，厚四分。）

渾青造，一功一分。

青白造，九分功。

障日篛，每長一丈，六分功。（如織簟造，別計織簟功。）

每織方一丈：

笆，七分功。（樓閣兩層以上處，加二分功。）

編道，九分功。（如縛棚閣兩層以上，加二分功。）

竹柵，八分功。

夾截，每方一丈，三分功。（劈竹篾在内。）

搭蓋涼棚，每方一丈二尺，三功五分。（如打笆造，別計打笆功。）

營造法式卷第二十四

法式二十四 九

营造法式卷第二十五

通直郎管修盖皇弟外第专一提举修盖班直诸军营房等臣李诫奉圣旨编修

诸作功限二

瓦作　泥作

彩画作　砖作

窑作

瓦作

斫事甋瓦口：以一尺二寸甋瓦、一尺四寸㼧瓦为准，打造同。

琉璃：

撺窠：每九十口。每增减一等，各加减二十口；至一尺以下，每减一等，各加三十口。

解挢：打造大当沟同。每一百四十口。每增减一等，各加减三十口；至一尺以下，每减一等，各加四十口。

青掍素白：

撺窠：每一百口。每增减一等，各加减二十口；至一尺以下，每减一等，各加三十口。

解挢：每一百七十口。每增减一等，各加减三十五口；至一尺以下，每减一等，各加四十五口。

右各一功。

打造甋㼧瓦口：

琉璃㼧瓦：

线道：每一百二十口。每增减一等，各加减二十五口；加至一尺四寸止；至一尺以下，每减一等，各加三十五口。剺画者加三分之一，青掍素白瓦同。

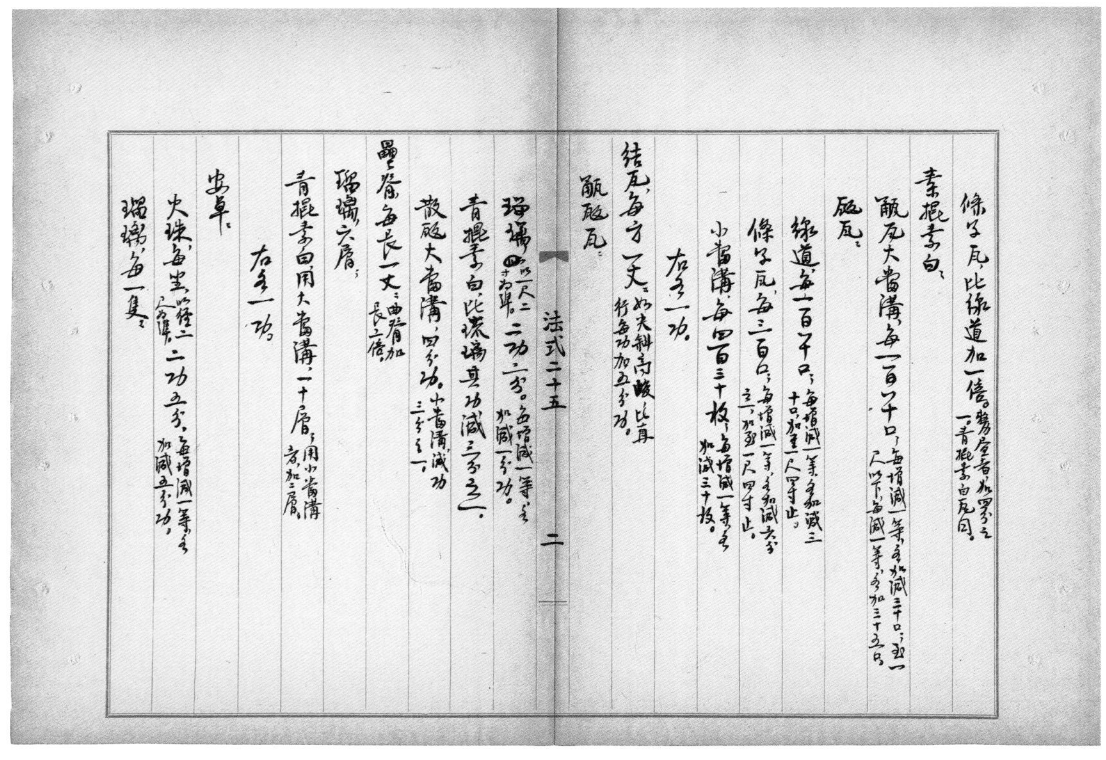

条子瓦：比线道加一倍。剺画者加四分之一，青掍素白瓦同。

素掍素白：

甋瓦大当沟：每一百八十口。每增减一等，各加减三十口；至一尺以下，每减一等，各加三十五口。

㼧瓦：

线道：每一百八十口。每增减一等，各加减三十口；加至一尺四寸止。

条子瓦：每三百口。每增减一等，各加减六分之一；加至一尺四寸止。

小当沟：每四百三十枚。每增减一等，各加减三十枚。

右各一功。

结瓦，每方一丈：如尖斜高峻，比直行每功加五分功。

甋㼧瓦：

琉璃：以一尺二寸为准。二功二分。每增减一等，各加减一分功。

青掍素白：比琉璃其功减三分之一。

散㼧大当沟：四分功。小当沟减功三分之一。

垒脊，每长一丈：曲脊加长一倍。

琉璃：六层；

青掍素白：用大当沟，一十层；用小当沟者，加二层。

右各一功。

安卓：

火珠，每坐：以径二尺为准。二功五分。每增减一等，各加减五分功。

琉璃，每一只：

施工 設計

龍尾，每高一尺，八分功。青棍素白者，減二分功。

鴟尾，每高一尺，五分功。青棍素白者，減一分功。

獸頭，以高二尺五寸為準，七分五釐功。每增減一等，各加減五釐功，減至一分止。

套獸，以口徑一尺為準，二分五釐功。每增減二寸，各加減六釐功。

嬪伽，以高一尺二寸為準，一分五釐功。每增減二寸，各加減三釐功。

閥閱，高五尺，一功。每增減一尺，各加減二分功。

蹲獸，以高六寸為準，每一十五枚；每增減二寸，各加減三枚。

滴當子，以高八寸為準，每三十五枚；每增減二寸，各加減五枚。

右各一功。

繫大箔，每三百領；鋪箔減三分之一。

法式二十五　三

抹栈及笆箔，每三百尺；

開燕頷版，每九十尺；安釘在內。

織泥籃子，每一十枚。

右各一功。

泥作

每方一丈。殿宇樓閣之類，有轉角、合角、托匙處，於本作每功上加五分功；高二丈以上，每一丈每一功各加一分二釐功；加至四丈止。供作並不加。即高不滿七尺，不須棚閣者，每功減三分功，貼補同。

紅石灰，黃、青、白石灰同。五分五釐功。收光五遍，合和斫事麻擣在內。如仰泥縛棚閣者，每兩椽加七釐五毫功，加至一十椽。上下並同。

破灰；

細泥；

右各三分功。收光在內。如仰泥縛棚閣者，每兩椽各加一釐功。其細泥作畫壁，並灰襯，二分五釐功。

麤泥，二分五釐功。如仰泥縛棚閣者，每兩椽加二釐功。其畫壁披蓋麻篾，並搭乍中泥，若麻灰細泥下作襯，一分五釐功。如仰泥縛棚閣者，每兩椽各加五毫功。

沙泥畫壁：

劈篾，被篾，各二分功。

披麻，一分功。

下沙收壓，一十遍，共一功七分。棋眼壁同。

壘石山，泥假山同。五功。

壁隱假山，一功。

盆山，每方五尺，三功。每增減一尺，各加減六分功。

法式二十五　四

脫　約

用坯：

殿宇牆，廳堂門樓牆，並補壘柱窠同。每七百口；廊屋散舍牆，加一百口。

貼壘脫落牆壁，每四百五十口；創接壘牆頭射垛，加五十口。

壘燒錢鑪，每四百口；

側劄照壁，窗坐、門頰之類同。每三百五十口；

壘砌灶，茶鑪同。每一百五十口；用塼同。其泥飾各約計積尺別計功。

右各一功。

織泥籃子，每一十枚，一功。

彩畫作

五彩間金：

描畫裝染，四尺四寸；平棊華子之類，係彫造者，即各減數之半。

上顏色彫華版，一尺八寸；

五彩遍裝，亭子、廊屋、散舍之類，五尺五寸；殿宇、樓閣，各減數五分之一；如裝畫暈錦，即各減數十分之一；若描白地枝條華，即各加數十分之一；或裝四出、六出錦者同。

右各一功。

上粉貼金出褫，每一尺，一功五分。

青綠碾玉，紅或搶金碾玉同。亭子、廊屋、散舍之類，一十二尺；殿宇、樓閣，各項減數六分之一。

青綠間紅、三暈棱間，亭子、廊屋、散舍之類，二十尺；殿宇、樓閣，各項減數四分之一。

青綠二暈棱間，亭子、廊屋、散舍之類，二十五尺；殿宇、樓閣，各項減數五分之一。

解綠畫松、青綠緣道，廳堂、亭子、廊屋、散舍之類，四十五

尺；殿宇、樓閣，減數九分之一；如間紅三暈，即各減十分之二。

解綠赤白，廊屋、散舍、華架之類，一百四十尺；殿宇，即減數七分之二；若樓閣、亭子、廳堂、門樓及內中屋各項，減廊屋數七分之一；若間結華或卓柏，各減十分之二。

丹粉赤白，廊屋、散舍、諸營、廳堂及鼓樓、華架之類，一百六十尺；殿宇、樓閣，減數四分之一；即亭子、廳堂、門樓及皇城內屋，各減八分之一。

刷土黃白緣道，廊屋、散舍之類，一百八十尺；廳堂、門樓、涼棚各項，減數六分之一；若墨緣道，即減十分之一。

土朱刷，間黃丹或土黃刷，帶護縫、牙子抹綠同。版壁、平闇、門、窗、叉子、鉤闌、棵籠之類，一百八十尺；若護縫、牙子解染青綠者，減數三分之一。

合朱刷：

格子，九十尺；抹合綠方眼同。如合朱刷格子，即減數六分之一；若合朱畫松，難子、壼門解壓青綠，即減數之半；如抹合綠於障水版之上，刷青地描染戲獸、雲子之類，即減數九分之一；若朱紅染，難子、壼門、牙子解染青綠，即減數三分之一；如土朱刷間黃丹，即加數六分之一。

平闇、軟門、版壁之類，難子、壼門、牙頭、護縫解染青綠。一百二十尺；通刷素綠同；若抹綠，牙頭、護縫解染青華，即減數四分之一；如朱紅染，牙頭、護縫等解染青綠，即減數之半。

檻面、鉤闌，抹綠同。一百八尺；萬字、鉤片版、難子上解染青綠，或障水版之上描染戲獸、雲子之類，即各減數三分之一；朱紅染同。

叉子，雲頭、望柱頭五彩或碾玉裝造。五十五尺；抹綠者，加數五分之一；若朱紅染者，即減數五分之一。

棵籠子，間刷素綠，牙子、難子等解壓青綠。六十五尺；

烏頭綽楔門，牙頭、護縫、難子壓染青綠，櫺子抹綠。一百尺；若高廣一丈以上，即減數四分之一；如若土朱刷間黃丹者，加數二分之一。

抹合綠窗，難子刷黃丹，頰、串、地栿刷土朱。一百尺；

華表柱並裝染柱頭鶴子、日月版；須縛棚閣者，減數五分之一。

刷土朱通造，一百二十五尺；

綠筍通造，一百尺；

用桐油，每一斤；煎合在內。

右各一功。

塼作

斫事：

方塼：

二尺，一十三口；每減一寸，加二口。

一尺七寸，二十口；每減一寸，加五口。
一尺二寸，五十口；
壓闌塼，二十口；
右各一功。鋪砌功，並以斫事塼數加之；二尺以下加五分，一尺七寸加六分，一尺五寸以下各加倍，一尺二寸加八分；壓闌塼加八分；其添補功，即以鋪砌之數減半。
條塼長一尺三寸，四十口；趄面塼加一分。一功。壘砌功即以斫事塼數加一倍，趄面塼加八分之一；其添補者，即減剏壘塼八分之五；若砌高四尺以上者，減塼四分之一；如補換華頭，即以斫事之數減半。
麤壘條塼，謂不斫事者。長一尺三寸，二百口，每減一寸加一倍。一功。其添補者，即減剏壘塼數；長一尺三寸者，減四分之一；長一尺二寸，各減半；若壘高四尺以上，各減塼五分之一；長一尺二寸者，減四分之一。
事造剜鑿，並用一尺三寸塼。

法式二十五　七

地面鬬八，階基、城門坐塼、側頭、須彌臺坐之類同。龍鳳華樣人物、壺門、寶瓶之類：
方塼一口；間窠毬文，加一口半。
條塼五口；
右各一功。
透空氣眼：
方塼每一口；
神子，一功七分。
龍鳳華盆，一功三分。
條塼壺門三枚半，每一枚用塼百口。一功。

刷染塼甋基階之類，每二百五十尺，須縛棚閣者，減五分之一。一功。
甃壘井，每用塼二百口，一功。
淘井，每一眼，徑四尺至五尺，二功。每增一尺，加一功；至九尺以上，每增一尺，加二功。

窰作

造坯：
方塼：
二尺，一十口；每減一寸，加二口。
一尺五寸，二十七口；每減一寸，加六口；塼碇與一尺三寸方塼同。
一尺二寸，七十六口；盤龍鳳雜華同。
條塼：

法式二十五　八

長一尺三寸，八十二口；牛頭塼同。其趄面塼加十分之一；
長一尺二寸，一百八十七口；趄條並走趄塼同。
壓闌塼，二十七口；
右各一功。般取土末和泥、事褫、曬曝、排垛在內。
甋瓦：長一尺四寸，九十五口；每減二寸，加三十口；其長一尺以下者，減一十口。
瓪瓦：
長一尺六寸，九十口；每減二寸，加六十口；其長一尺四寸展樣，比長一尺四寸瓦減二十口。
長一尺，一百三十六口；每減二寸，加一十二口。
右各一功。其瓦坯並華頭所用膠土，即別計。
粘甋瓦華頭，長一尺四寸，四十五口；每減二寸，加五口；其一尺以下者，即倍加。

撥甋瓦重脣長一尺六寸，八十口；每減二寸，加八口；其一尺二寸以下者，均倍加。

黏鎮子塼系，五十八口；

右各一功。

造鴟獸等，每一隻：

鴟尾，每高一尺，二功。龍尾，功加三分之一。

獸頭：

高三尺五寸，二功八分。每減一寸，減八厘功。

高二尺，八分功。每減一寸，減一分功。

高一尺二寸，一分六厘八毫功。每減一寸，減四毫功。

套獸，口徑一尺二寸，七分二厘功。每減二寸，減一分三厘功。

法式二十五　九

蹲獸，高一尺四寸，二分五厘功。每減二寸，減二厘功。

嬪伽，高一尺四寸，四分六厘功。每減二寸，減六厘功。

角珠，每高一尺，八分功。

火珠，徑八寸，二功。每增一寸，加八分功；至一尺以上，更於所加八分功外，遞加一分功；謂如徑一尺，加九分功；徑一尺一寸，加一功之類。

閥閱，每高一尺，八分功。

行龍、飛鳳、走獸之類，長一尺四寸，五分功。

用茶土掍甋瓦，長一尺四寸，八十口，一功。長一尺六寸瓪瓦同。其華頭重脣在內。餘準此。

如每減二寸，加四十口。

裝素白塼瓦坯，青掍瓦同；如滑石掍，其功在內。大窯計燒變所用芟草數，每七十八束，曝窯三分之一。為一窯，以坯十分為率，須於

往來一里外至二里，般六分，共三十六功。遞趕在內。曝窯三分之一。若般取六分以上，每一分加三功，至四十二功止。曝窯每一分加一功，至一十五功止。即四分之外及不滿一里者，每一分減三功，減至二十四功止。曝窯每一分減一功，減至七功止。

燒變大窯，每一窯：

燒變，一十八功。曝窯三分之一。出窯同。

出窯，一十五功。

燒變琉璃瓦等，每一窯，七功。合和、用藥、般裝、出窯在內。

擣羅洛河石末，每六斤一十兩，一功。

炒黑錫，每一料，一十五功。

法式二十五　十

壘窯，每一坐：

大窯，三十二功。

曝窯，一十五功五分。

營造法式卷第二十五

營造法式卷第二十六

通直郎管修蓋皇弟外第專一提舉修蓋班直諸軍營房等臣李誡奉聖旨編修

諸作料例一

石作　大木作（小木作附）

竹作　瓦作

石作

蠟面，每長一丈，廣一尺：（碑身、鼇坐同。）

黃蠟，五錢。

木炭，三斤。（一段通及一丈以上者，減一斤。）

細墨，五錢。

安砌，每長三尺，廣二尺，礦石灰五斤。（贔屓碑一坐，三十斤；笏頭碣，一十斤。）

每段：

熟鐵鼓卯，二枚。（上下大頭各廣二寸，長一寸；腰長四寸；厚六分；每一枚重一斤。）

鐵葉，每鋪石二重，隔一尺用一段。（每段廣三寸五分，厚三分。如並四造，長七尺；並三造，長五尺。）

灌鼓卯縫，每一枚，用白錫三斤。（如用黑錫，加一斤。）

大木作（小木作附）

用方木：

大料模方，長八十尺至六十尺，廣三尺五寸至二尺五寸，厚二尺五寸至二尺，充十二架椽至八架椽栿。

廣厚方，長六十尺至五十尺，廣三尺至二尺，厚二尺至一尺八寸，充八架椽栿，並檐栿、綽幕、大檐頭。

長方，長四十尺至三十尺，廣二尺至一尺五寸，厚一尺五寸至一尺二寸，充出跳六架椽至四架椽栿。

松方，長二丈八尺至二丈三尺，廣二尺至一尺四寸，厚一尺二寸至九寸，充四架椽至三架椽栿，大角梁，檐額，壓槽方，高一丈五尺以上版門，及裹栿版，佛道帳所用料槽壓厦版。（其名件廣厚非小松方以下可充者同。）

朴柱，長三十尺，徑三尺五寸至二尺五寸，充五間八架椽以上殿柱。

松柱，長二丈八尺至二丈三尺，徑二尺至一尺五寸，就料剪截，充七間八架椽以上殿副階柱，或五間三間八架椽至六架椽殿身柱，或七間至三間八架椽至六架椽廳堂柱。

就全條料又剪截解割用下項：

小松方，長二丈五尺至二丈二尺，廣一尺三寸至一尺二寸，厚九寸至八寸。

常使方，長二丈七尺至一丈六尺，廣一尺二寸至八寸，厚七寸至四寸。

官樣方，長二丈至一丈六尺，廣一尺二寸至九寸，厚七寸至四寸。

截頭方，長二丈至一丈八尺，廣一尺三寸至一尺一寸，厚九寸至七寸五分。

材子方，長一丈八尺至一丈六尺，廣一尺二寸至一尺，厚八寸至六寸。

方八方，長一丈五尺至一丈三尺，廣一尺一寸至九寸，厚六寸至四寸。

常使方八方，長一丈五尺至一丈三尺，廣八寸至六寸，厚五寸至四寸。

方八子方，長一丈五尺至一丈二尺，廣七寸至五寸，厚五寸至四寸。

法式二十六　三

施工

竹作

色額等第。

上等：（每徑一寸，分作四片，每片廣七分，每徑加一分，至一寸以上，準此計之，中等同。其打笆用下等者，只推竹造。）

漏三，長二丈，徑二寸一分。（係除梢實收數，下並同。）

漏二，長一丈九尺，徑一寸九分。

漏一，長一丈八尺，徑一寸七分。

中等：

大竿條，長一丈六尺，（織簟減一尺，次竿頭竹同。）徑一寸五分。

次竿條，長一丈五尺，徑一寸三分。

頭竹，長一丈二尺，徑一寸二分。

次頭竹，長一丈一尺，徑一寸。

下等：

笪竹，長一丈，徑八分。

大管，長九尺，徑六分。

小管，長八尺，徑四分。

織細棊文素簟，（織華或龍鳳造同。）每方一尺，徑一寸二分竹一條。（襯簟在內。）

織麤簟，（假棊文簟同。）每方二尺，徑一寸二分竹一條八分。

織雀眼網，每長一丈，（廣五尺。）以徑一寸二分竹：

渾青造，一十一條。（內一條作貼。如用木貼，即不用，下同。）

法式二十六　四

青白造，六條。

笍索，每一束，（長一百尺，廣一寸五分，厚四分。）以徑一寸三分竹：

渾青疊造，一十九條。

青白造，一十三條。

障日篛，每三片，各長一丈，廣二尺：

徑一寸三分竹，二十一條。（劈篾在內。）

蘆蕟，八領。（壓縫在內。如織簟造，不用。）

每方一丈：

打笆，以徑一寸三分竹為率，用竹三十條造。（一十二條作經，一十八條作緯，鉤頭、攙壓在內。其竹若甋瓦結瓦，六椽以上，用中等；甋瓦兩椽瓪瓦，四椽以下，用下等；若闕本等，以別等竹比折充。）

編道，以徑一寸五分竹為率，用二十三條造。（梜壁竹釘在內，闊以別色充。若遮壁中縫及高不滿五尺，或栱壁、山斜泥道，以次竿或徑竹，以次竹比折充。）

竹柵，以徑八分竹，一百八十三條造。（四十條作經，一百四十三條作緯編造。如高不滿一丈，以大管竹或小管竹比折充。）

夾截：

中箔，五領。（攙壓在內。）

徑一寸二分竹，一十條。（劈篾在內。）

搭蓋涼棚，每方一丈二尺：

中箔，三領半。

徑一寸三分竹，四十八條。（三十二條作椽，四條走水，四條裹唇，三條壓縫，五條劈篾，青白用。）

蘆蓆，九領。（如打笆造不用。）

法式二十六　五

瓦作

用純石灰：（謂礦灰，下同。）

結瓦，每一口：

瓪瓦，一尺二寸，二斤。（即澆灰結瓦用五分之一。每增減一等，各加減八兩；至一尺以下，各減所減之半。下至壘脊條子瓦同。其一尺二寸瓪瓦，準一尺瓪瓦法。）

仰瓪瓦，一尺四寸，三斤。（每增減一等，各加減一斤。）

點節瓪瓦，一尺二寸，一兩。（每增減一等，各加減四錢。）

壘脊，以一尺四寸瓪瓦結瓦為率：

大當溝，（以瓪瓦一口造。）每二枚，七斤八兩。（每增減一等，各加減四分之一。線道同。）

線道，（以瓪瓦一口造二尺。）每一尺，兩壁共二斤。

條子瓦，（以瓪瓦一口造四尺。）每一尺，兩壁共一觔斤。（每增減一等，各加減五分之一。）

泥脊白道，每長一丈，一斤四兩。

用墨煤染脊，每層長一丈，四錢。

用泥壘脊，九層為率，每長一丈：

麥䴬，一十八斤。（每增減二層，各加減四斤。）

紫土，八擔。（每一擔重一百斤。餘應用土並同。每增減二層，各加減一擔。）

小當溝，每瓪瓦一口，造二枚。（仍取條子瓦二片。）

燕頷或牙子版，每合角處用鐵葉一段。（殿宇長一尺，廣六寸；餘長六寸，廣四寸。）

結瓦，以瓪瓦長，每口攙壓四分，收長六分。（其解撟剪截，不得過三分。）合溜

法式二十六　六

處尖斜瓦者，並計整口。

布瓦隴，每一行，依下項：

瓪瓦，（以仰瓪瓦為計。）

長一尺六寸，每一尺；

長一尺四寸，每八寸；

長一尺二寸，每七寸；

長一尺，每五寸八分；

長八寸，每五寸；

長六寸，每四寸八分。

瓪瓦：

長一尺四寸，每九寸；

長一尺二寸，每七寸五分。

結瓦，每方一丈：

中箔，每重二領半。壓占在內。殿宇樓閣，五間以上用五重；三間四重；廳堂三重；餘並二重。

土，四十擔。係甋瓪結瓦，以一尺四寸瓪瓦為率，下麥麩同。每增一等加一十擔；每減一等減五擔；其散瓪瓦各減半。

麥麩，二十斤。每增一等加一斤；每減一等減八兩；散瓪瓦各減半。如純灰結瓦不用。其麥麵同。

麥麵，一十斤。每增一等加八兩；每減一等減四兩。散瓪瓦不用。

泥籃，二枚。散瓪瓦一枚。用徑一寸三分竹一條織造二枚。

繫箔常使麻，一錢五分。

抹柴栈或版，笆，箔，每方一丈。如純灰於版并笆箔上結瓦者，不用。

法式二十六 七

土，二十擔。

麥麵，一十斤。

安卓：

鴟尾，每一隻：以高三尺為率，龍尾同。

鐵腳子，四枚，各長五寸。每高增一尺，長加一寸。

鐵束，一枚，長八寸。每高增一尺，長加二寸，其束子大頭廣二寸，小頭廣一寸二分為定法。

搶鐵，三十片，長視身三分之一。每高增一尺，加八片，大頭廣二寸，小頭廣一寸，為定法。

拒鵲叉子，二十四枚。上作五叉子。每高增一尺加三枚。各長五寸。每高增一尺加六分。

安拒鵲叉子等石灰，八斤。坐鴟尾及龍尾同。每增減一尺，各加減一斤。

墨煤，四兩。龍尾三兩，每增減一尺，各加減一兩三錢，龍尾加減一兩，其瑠璃者不用。

鞠，六道，各長一尺。曲在內，為定法。龍尾同。每增一尺，添八道，龍尾添六道。其高不及三尺者不用。

柏樁，二條。龍尾同。高不及三尺者減一條。長視高，徑三寸五分。三尺以下，徑三寸。

龍尾：

鐵索，二條。兩頭各帶獨腳屈膝，其高不及三尺者不用。

一條長視高一倍，外加三尺。

一條長四尺。每增一尺，加五寸。

火珠，每一坐：以徑二尺為準。

柏樁，一條，長八尺。每增減一等，各加減六寸。其徑以三寸五分為定法。

石灰，一十五斤。每增減一等，各加減二斤。

墨煤，三兩。每增減一等，各加減五錢。

法式二十六 八

獸頭，每一隻：

鐵鉞，一條。高二尺五寸以上，鉞長五尺；高一尺八寸至二尺，鉞長三尺；高一尺二寸以下，鉞長二尺。

繫顋鐵索，一條，長七尺。兩頭各帶直腳屈膝；獸高一尺八寸以下並不用。

滴當子，每一枚：以高五寸為率。

石灰，五兩。每增減一等，各加減一兩。

嬪伽，每一隻：以高一尺四寸為率。

石灰，三斤八兩。每增減一等，各加減八兩；至一尺以下，減四兩。

蹲獸，每一隻：以高六寸為率。

石灰，二斤。每增減一等，各加減八兩。

石灰，每三十斤，用麻擣一斤。

出光球墁瓦，每方一丈，用常使麻八两。

營造法式卷第二十六

法式二十六　九

營造法式卷第二十七

通直郎管修蓋皇弟外第專一提舉修蓋班直諸軍營房等臣李誡奉

聖旨編修

諸作料例二

泥作　彩畫作

塼作　窰作

泥作

每方一丈。

紅石灰，乾厚一分三厘，下至破灰同。

石灰三十斤，非殿閣等，加四斤；若用礦灰，減五分之一，下同。

赤土，二十三斤，

土朱，一十斤，非殿閣等，減四斤。

黃石灰，

石灰四十七斤四兩，

黃土一十五斤十二兩，

青石灰，

石灰，三十二斤四兩，

軟石炭，三十二斤四兩，如無軟石炭，即倍加石灰之數；每石灰一十斤，用麤墨一斤或墨煤十一兩。

白石灰，

石灰六十三斤。

法式二十七　一

破灰：
石灰，二十斤。
白蔑土，一担半。
麦麸，一十八斤。
细泥：
麦麸，一十五斤。作灰衬同，其施之于城壁者，倍用。下麦䴬准此。
土，三担。
麤泥：中泥同。
麦䴬，八斤。搭络及中泥作衬，并减半。
土，七担。

法式二十七　二

沙泥画壁：
沙土，胶土，白蔑土，各半担。
麻擣，九斤。栱眼壁同，每斤洗净者，收一十二两。
麤麻，一斤。
径一寸三分竹，三条。
垒石山：
石灰，四十五斤。
麤墨，三斤。
泥假山：
長一尺二寸，廣六寸，厚二寸塼，三十口。

柴，五十斤。曲堰者。
径一寸七分竹，一条。
常使麻皮，二斤。
中箔，一领。
石灰，九十斤。
麤墨，九斤。
麦麸，四十斤。
麦䴬，二十斤。
胶土，一十担。
壁隐假山：

法式二十七　三

石灰，三十斤。
麤墨，三斤。
盆山，每方五尺：
石灰，三十斤。每增减一尺，各加减六斤。
麤墨，六斤。
每坐：
立灶：用石灰或泥，并依泥饰料例约计。下至茶垆子准此。
突，每高一丈二尺，方六寸，坯四十口。方加一尺二寸，倍用。其坯係長一尺二寸，廣六寸，厚二寸。下应用塼坯，并同。
垒灶身，每一斗，坯八十口。每增一斗，加一十口。

约

釜竈：以一石為率。

突，依大竈法。每增一石，腔口直徑加一寸；至十石止。

壘腔口坑子罨煙，塼五十口。每增一石，加一十口。

坐甑：

生鐵竈門，依大小用。鑊竈同。

生鐵版，二片，各長一尺七寸，每增一石，加一寸。廣二寸，厚五分。

坯，四十八口。每增一石，加四口。

礦石灰，七斤。每增一石，加一斤。

鑊竈：以口徑三尺為準。

突，依釜竈法。斜高二丈五尺，曲長一丈七尺，駝勢在內。自方一尺五寸，並二壘砌為定法。

法式二十七　四

塼，一百口。每徑加一尺，加三十口。

生鐵版，二片，各長二尺，每徑長加一尺，加三寸。廣二寸五分，厚八分。

生鐵柱子，一條，長二尺五寸，徑三寸。仰合蓮造。若徑不滿五尺，不用。

茶鑪子：以高一尺五寸為率。

燎杖，用生鐵或熟鐵造。八條，各長八寸，方三分。

坯，二十口。每高增一寸，加二口。

壘坯牆：

用坯每一千口，徑一寸三分竹，三條。造泥籃在內。

闇柱每一條，長一丈一尺，徑一尺二寸為準，牆頭在外。中箔，一領。

石灰每一十五斤，用麻擣一斤。若用礦灰，加八兩。其和紅、黃、青灰，即以所用土朱之類斤數在石灰之內。

泥籃，每六椽屋一間，三枚。以徑一寸三分竹一條織造。

彩畫作

應刷染木植，每面方一尺，各使下項：栱眼壁各減五分之一，雕木華版加五分之一，即描華之類準折計之。

定粉，五錢三分。

墨煤，二錢二分八釐五毫。

土朱，一錢七分四釐四毫。殿宇樓閣加三分，廊屋散舍減二分。

白土，八錢。石灰同。

土黃，二錢六分六釐。殿宇樓閣加二分。

黃丹，四錢四分。殿宇樓閣加二分，廊屋散舍減一分。

雌黃，六錢四分。合雌黃、紅粉同。

法式二十七　五

同

合青華，四錢四分四釐。合綠華同。

合深青，四錢。合深綠及常使朱紅、心子朱紅、紫檀並同。

合朱，五錢。生青、綠華、深朱紅同。

生大青，七錢。生大青、浮淘青、梓州熟大青、綠、二青、綠，並同。

生二綠，六錢。生二青同。

常使紫粉，五錢四分。

藤黃，三錢。

槐華，二錢六分。

中綿臙脂，四片。若合色，以蘇木五錢二分、白礬一錢三分煎合充。

描畫細墨，一分。

熟桐油，一钱六分。（若在閣處不見風日者，加十分之一。）

應和合顏色，每斤各使下項：

合色：

綠華：（青華減定粉一兩，仍不用槐華、白礬。）

定粉，一十三兩。

青黛，三兩。

槐華，一兩。

白礬，一钱。

朱：

黃丹，一十兩。

常使紫粉，六兩。

綠：

雌黃，八兩。

淀，八兩。

紅粉：

心子朱紅，四兩。

定粉，一十二兩。

紫檀：

常使紫粉，一十五兩五錢。

細墨，五錢。

法式二十七　六

草色：

綠華：（青華減槐華、白礬。）

淀，一十二兩。

定粉，四兩。

槐華，一兩。

白礬，一钱。

深綠：（深青即減槐華、白礬。）

淀，一斤。

槐華，一兩。

白礬，一钱。

綠：

淀，一十四兩。

石灰，二兩。

槐華，二兩。

白礬，二錢。

紅粉：

黃丹，八兩。

定粉，八兩。

襯金粉：

定粉，一斤。

法式二十七　七

施2

土朱，八錢。顆塊者。

應使金箔，每面方一尺，使襯粉四兩，顆塊土朱一錢，每粉三十斤，仍用生白絹一尺，濾粉。木炭一十斤，熁粉。綿半兩。描金。

應煎合桐油，每一斤，

松脂、定粉、黄丹，各四錢。

木札，二斤。

應使桐油，每一斤用亂絲四錢。

塼作

應鋪壘、安砌，皆隨高廣，指定合用塼等第，以積尺計之。若階基、慢道之類，並二或並三砌，應用尺三條塼，細壘者，外壁斫磨

法式二十七　八

塼，每一十行，裏壁粗塼八行填後。其隔減、塼甋及樓閣高窻，或行數不及者，並依此增減計定。

應卷輂河渠，並隨圜用塼，每廣二寸，計一口，覆背卷準此。其繳背，每廣六寸用一口。

應安砌所需礦灰，以方一尺五寸塼，用一十三兩。每增減一寸，各加減三兩。其條塼減方塼之半；壓闌於二尺方塼之數，減十分之四。

應以墨煤刷塼牆之類，每方一百尺，用一十五斤。

以墨煤刷塼甋、基階之類，每方一百尺，并灰刷塼牆之類，計灰一百五十斤，各用苕帚一枚。

應甃壘井所用盤版，長隨徑，每片廣八寸，厚二寸。每一片：

常使麻皮，一斤。

施2

蘆蓆，一領。

徑一寸五分竹，二條。

窑作

燒造用芟草：

塼，每一十口：

方塼：

方二尺，八束。每束重二十斤，餘芟草稱束者並同。每減一寸，減六分。

方一尺二寸，二束六分。盤龍鳳、華並塼碇同。

條塼：

長一尺三寸，一束九分。牛頭塼同；其趄面即減十分之一。

法式二十七　九

長一尺二寸，九分。走趄並趄條塼同。

壓闌塼長二尺一寸，八束。

瓦：

素白，每一百口：

甋瓦：

長一尺四寸，六束七分。每減二寸，減一束四分。

長六寸，一束八分。每減二寸，減七分。

瓪瓦：

長一尺六寸，八束。每減二寸，減二束。

長一尺，三束。每減二寸，減五分。

青掍瓦，以乾白所用數加一倍。

諸事件，謂鴟、獸、嬪伽、火珠之類，本作內餘稱事件者準此。每一功，一束。其龍尾所用芟草，同鴟尾。

琉璃瓦並事件，並隨藥料，每窯計之。謂曝窯。大料，分三窯，大料同，折一百束；中料，分二窯，小料同，一百一十束；小料，一百束。

掍造鴟尾，龍尾同。每一隻，以高一尺為率，用麻擣二斤八兩。

青掍瓦：

滑石掍：

坯數：

大料，以長一尺四寸甋瓦，一尺六寸㼧瓦，各六百口。華頭重脣在內。

法式二十七　十

下同。

中料，以長一尺二寸甋瓦，一尺四寸㼧瓦，各八百口。

小料，以甋瓦一千四百口，長一尺，一千三百口，六寸並四寸，各五十口。㼧瓦一千三百口。長一尺二寸，一千二百口，八寸並六寸，各五十口。

柴藥數：

大料，滑石末三百兩，羊糞三簍，中料減三分之一，小料減半。濃油一十二斤，柏柴一百二十斤，松柴、麻䵒各四十斤。中料減四分之一，小料減半。

茶土掍，長一尺四寸甋瓦，一尺六寸㼧瓦，每一口，一兩。每減二寸，減五分。

造琉璃瓦並事件：

藥料，每一大料，用黃丹二百四十三斤。折大料，二百二十五斤；中料，二百一十二斤；小料，二百九斤四兩。每黃丹三斤，用銅末三兩，洛河石末一斤。

用藥，每一口：鴟、獸、事件及條子、線道之類，以用藥處通計尺寸折大料。

大料，長一尺四寸甋瓦，七兩二錢三分六厘。長一尺六寸㼧瓦，減五分。

中料，長一尺二寸甋瓦，六兩九錢一分六毫六絲六忽。長一尺四寸㼧瓦，減五分。

小料，長一尺甋瓦，六兩一錢二分四厘三毫三絲二忽。長一尺二寸㼧瓦，減五分。

藥料所用黃丹闕，用黑錫炒造。其錫以黃丹十分加一分，即所加之數，斤以下不計。每黑錫一斤，用蜜駝僧二分九厘，硫

法式二十七　十一

黃八分八厘，盆硝二錢五分八厘，柴二斤一十一兩，炒成收黃丹十分之數。

營造法式卷第二十七

營造法式卷第二十八

通直郎管修蓋皇弟外第專一提舉修蓋班直諸軍營房等臣李誡奉

聖旨編修

諸作用釘料例

用釘料例　用釘數

通用釘料例

諸作用膠料例

諸作等第

諸作用釘料例

用釘料例

法式二十八　一

大木作：

椽釘：長加椽徑五分。有餘分者從整寸，謂如五寸椽用七寸釘之類。下同。

角梁釘：長加材厚一倍。柱碇同。

飛子釘：長隨材厚。

大小連檐釘：長隨飛子之厚。如不用飛子者，長減椽徑之半。

白版釘：長加版厚一倍。平闇遮椽版同。

搏風版釘：長加版厚兩倍。

横抹版釘：長加版厚五分。隔減并襻同。

小木作：

凡用釘並隨版木之厚，如厚三寸以上，或用簽釘者，其長加厚七分。若厚二寸以下者，長加厚一倍；或縫內用兩入釘者，加至二寸止。

雕木作：

凡用釘並隨版木之厚，如厚二寸以上者，長加厚五分，至五寸止。若厚一寸五分以下者，長加厚一倍；或縫內用兩入釘者，加至五寸止。

竹作：

壓笆釘：長四寸。

雀眼網釘：長二寸。

瓦作：

甋瓦上滴當子釘：如高八寸者，釘長一尺；若高六寸者，釘長八寸；高一尺二寸及一尺四寸嬪伽，並長一尺二寸；甋瓦同。或高三寸及四寸者，釘長六寸。高一尺嬪伽，並長六寸；華頭甋瓦同；其本作葱臺長釘。

法式二十八　二

套獸長一尺者，釘長四寸；如長六寸以上者，釘長三寸；月版及釘箔同。若長四寸以上者，釘長二寸。燕頷版牙子同。

泥作：

沙壁內麻花釘：長五寸。造泥假山釘同。

甎作：

井盤版釘：長三寸。

用釘數

大木作：

連檐隨飛子椽頭，每一條；營房隔間同。

大角梁，每一條；續角梁二枚，子角梁三枚。
托槫，每一條；
生頭，每長一尺；搏風版同。
搏風版，每長一尺五寸；
橫抹，每長二尺；
　右各一枚。
飛子，每一條；襻槫同。
遮椽版，每長三尺，雙使；難子每長五寸，一枚。
白版，每方一尺；
槫、枓，每一隻；

法式二十八　三

隔減，每一出入角；襻每條同。
　右各二枚。
椽，每一條；上架三枚，下架一枚。
平闇版，每一片；
柱礎，每一隻；
　右各四枚。
小木作：
门道立卧柣，每一條；平棊華、露籬、帳、經藏、猴面等榥之類同。帳上透栓、卧榥，隔縫用；井亭大連檐，隨椽隔間用。
烏頭门上如意牙頭，每長五寸；難子、貼絡牙脚、牌帶、簽面并楅、破子窗填心、水槽底版、胡梯促踏版、帳上山華貼及楅、角脊、瓦口、轉輪經藏鈿面版之類同。帳及經藏簽面版等隔間用；帳上合角并山華絡牙脚、帳頭楅用二枚。

鉤窗、檻面搏肘，每長七寸。
烏頭门并格子簽子桯，每長一尺；格子等搏肘版引檐不用，门簪、雞栖、平棊、梁抹瓣方、井亭等搏風版、地棚地面版、帳、經藏仰托榥、帳上混肚方、牙脚帳壓青牙子、壁藏枓槽版、簽面之類同。其裹栿，隨水路兩邊各用。
破子窗簽子桯，每長一尺五寸；
簽平棊桯，每長二尺；帳上槫同。
藻井背版，每廣二寸，兩邊各用；
水槽底版罨頭，每廣三寸；
帳上明金版，每廣四寸；帳、經藏、廈瓦版，隨椽隔間用。
隨楅簽门版，每廣五寸；帳及經藏坐面隨榥、背版，井亭廈瓦版隨椽隔間用；其山版用二枚。
平棊背版，每廣六寸；簽角蟬版，兩邊各用。

法式二十八　四

帳上山華蕉葉，每廣八寸；牙脚帳隨榥釘，頂版同。
帳上坐面版隨榥，每廣一尺；
鋪作，每枓一隻；
帳並經藏車槽等澀、子澀、腰華版，每瓣；壁藏坐、壺门、牙頭同。車槽坐腰面等澀、背版，隔瓣用；明金版，隔瓣用二枚。
　右各一枚。
烏頭门槍柱，每一條；獨扇门等伏兔、手栓、承拐楅，用门簪、雞栖、立牌牙子，平棊護縫，鬭四瓣方，帳上桿子，車槽等處卧榥、方子，壁帳馬銜、填心，轉輪經藏輞、頰子之類同。
護縫，每長一尺；井亭等脊、角梁，帳上仰陽、隔枓貼之類同。
　右各二枚。

七尺以下門楅，每一條；（垂魚、釘槫頭、版引檐、跳椽、鉤闌蜀柱、叉子、馬銜、井亭子搏脊、帳并經藏腰檐、抹角栿、曲剜椽子之類同。）

露籬上屋版，隨山子版，每一縫；

右各三枚。

七尺至一丈九尺門楅，每一條四枚。（平棊、華葉、料槽版、搭斗、主旗、版門等伏兔、槫柱、日月版、帳上角、果、隨間栿、牙脚帳格榥、經藏井口榥之類同。）

帳上腰檐、鼓坐、山華蕉葉、料槽版，每一間；

二丈以上門楅，每一條五枚。（隨圜橋子上促踏版之類同。）

鬬四井井亭子上料槽版，每一條；（帳帶、猴面榥、山華蕉葉、鑰匙頭之類同。）

右各六枚。

截間格子槫柱，每一條；（上面八枚，下面四枚。）

法式二十八　五

鬬八上料槽版，每片，一十枚。

小鬬四、鬬八、平棊上并鉤闌、門窗、雁翅版、帳并壁藏、天宫樓閣之類，隨宜計數。

雕木作：

寶牀，每長五寸；（脚并事件，每件三枚。）

雲盆，每長廣五寸；

右各一枚。

角神安脚，每一隻；（膝窠四枚，帶五枚，安釘每身六枚。）

扛坐神，（力士同。）每一身；

華版，每一片；（如通長造者，每一尺一枚；其華頭係貼釘者，每朵一枚；若一寸以上，加一枚。）

一四庫本改　丁本皆作「」

虛柱，每一條釘卯；

右各二枚。

混作真人童子之類，高二尺以上，每一身；（二尺以下二枚。）

柱頭人物之類，徑四寸以上，每一件；（如三寸以下，一枚。）

寶藏神臂膊，每一隻；（腿脚四枚，襜二枚，帶五枚，每一身安釘六枚。）

鶴子腿，每一隻；（每翅四枚，尾每段一枚，如施於華表柱頭者，加脚釘，每隻四枚。）

龍鳳之類接搭造，每一縫；（纏柱者，加一枚；如全身作浮動者，每長一尺，又加二枚；每長增五寸，加一枚。）

應貼絡，每一件；（以一尺為率，每增減五寸，各加減一枚，減至二枚止。）

椽頭盤子，徑六寸至一尺，每一箇；（徑五寸以下，三枚。）

右各三枚。

法式二十八　六

竹作：

雀眼網貼，每長二尺，一枚。

壓竹笆，每方一丈，三枚。

瓦作：

滴當子嬪伽，（甋瓦華頭同。）每一隻；

燕頷或牙子版，每長二尺；

右各一枚。

月版，每段，每廣八寸，二枚。

套獸，每一隻，三枚。

結瓦鋪箔係轉角處者，每方一丈，四枚。

施工

泥作：

沙泥畫壁披麻，每方一丈，五枚。

造泥假山，每方一丈，三十枚。

塼作：

井盤版，每一片，三枚。

通用釘料例

每一枚：

蔥臺頭釘，長一尺二寸，盖下方五分，重一十一兩；長一尺一寸，盖下方四分六厘，重八兩五錢。

猴頭釘，長九寸，盖下方四分，重五兩三錢；長八寸，盖下方三分八厘，重四兩八錢。

卷盖釘，長七寸，盖下方三分五厘，重三兩；長六寸，盖下方三分，重二兩；長五寸，盖下方二分五厘，重一兩四錢；長四寸，盖下方二分，重七錢。

圜盖釘，長五寸，盖下方二分三厘，重一兩二錢；長三寸五分，盖下方一分八厘，重六錢五分；長三寸，盖下方一分六厘，重三錢五分。

拐盖釘，長二寸五分，盖下方一分四厘，重二錢五分；長二寸，盖下方一分二厘，重一錢五分；長一寸三分，盖下方一分，重一錢；長一寸，盖下方八厘，重五分。

蔥臺長釘，長一尺，頭長四寸，脚長六寸，重三兩六錢；長八寸，頭長三寸，脚長五寸，重二兩三錢五分；長六寸，頭長二寸，脚長四寸，重一兩一錢。

兩入釘，長五寸，中心方二分二厘，重七錢七分；長四寸，中心方二分，重四錢三分；長三寸，中心方一分八厘，重二錢七分；長二寸，中心方一分五厘，重一錢二分；長一寸五分，中心方一分，重八分。

卷葉釘，長八分，重一分，每一百枚，重一兩。

諸作用膠料例

小木作：（彫木作同。）

每方一尺，（入細生活，十分中三分用鰾，每膠一斤，用木札二斤煎，下準此。）

縫，二兩。

法式二十八 七

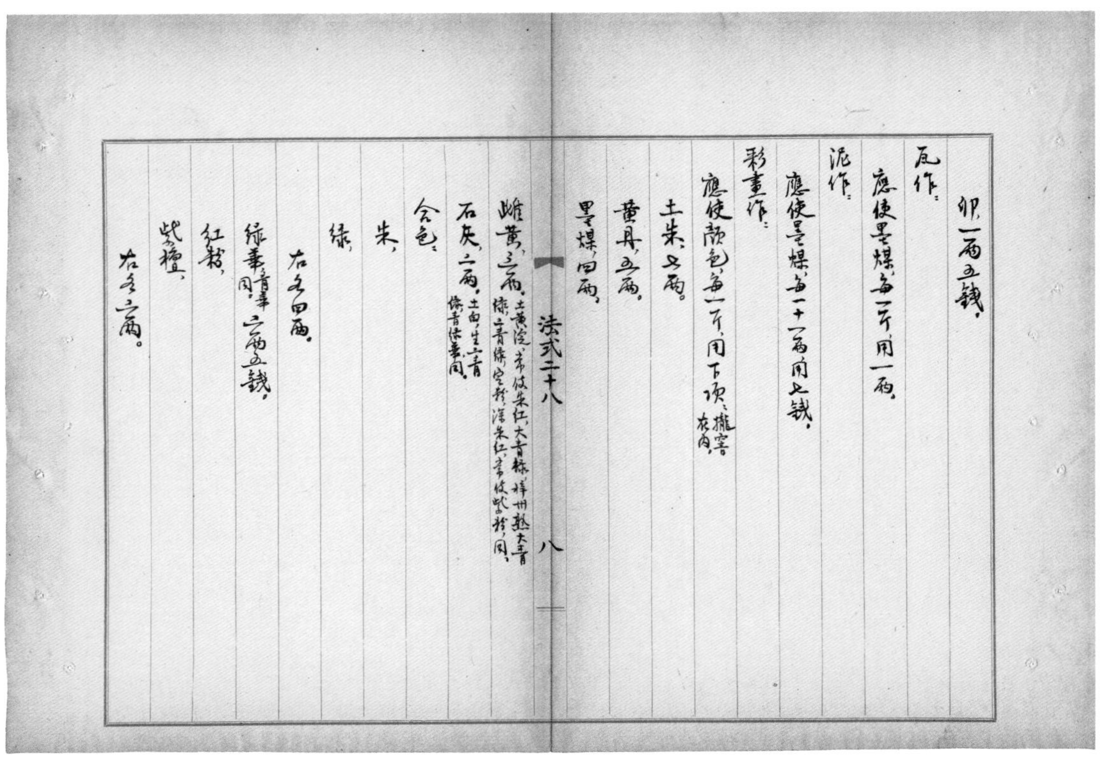
卯，一兩五錢。

瓦作：

應使墨煤，每一斤用一兩。

泥作：

應使墨煤，每一十一兩用七錢。

彩畫作：

應使顏色，每一斤，用下項。（攏窨在內。）

土朱，七兩。

黄丹，五兩。

墨煤，四兩。

雌黄，三兩。（土黄、淀、常使朱紅、大青綠、梓州熟大青綠、二青綠、定粉、深朱紅、常使紫粉同。）

石灰，二兩。（土朱、土黄、生二青綠、青綠華同。）

合色：

朱，

綠，

右各四兩。

綠華（青華同），二兩五錢。

紅粉，

紫檀，

右各二兩。

法式二十八 八

草色：
綠，四兩，
深綠，深青同。三兩。
綠華，青華同。
紅粉，
右各二兩五錢。
襯金粉，三兩。用鏢。
煎合桐油，每一斤，用四錢。
塼作：
應用墨煤，每一斤，用八兩。

施工

諸作等第

石作：
鐫刻混作，剔地起突及壓地隱起華或平鈒華。混作，謂螭頭或鉤闌之類。
右為上等。
柱礎素覆盆；階基，望柱，門砧，流盃之類，應素造者同。
地面，踏道，地栿同。
碑身，笏頭及坐同。
露明斧刃卷輂水窗；
水槽，井口，井蓋同。
右為中等。

鉤闌下螭子石，闇柱碇同。
卷輂水窗拽後底版，山棚鋜脚同。
右為下等。
大木作：
鋪作枓栱，角梁，昂，杪，月梁同。
絞割展拽地架；
右為上等。
鋪作所用槫，柱，栿，額之類，並安椽；
枓口跳，絞泥道栱或安側項方，及用把頭栱者同。所用枓栱；華駝峯，楷子，大連檐，飛子之類同。
右為中等。

疑脱「所」字。

枓口跳以下所用槫，柱，栿，額之類，並安椽。
凡平闇內所用草架栿之類；謂不事造者，其枓口跳以下所用者，駝峯，替[illegible]子，小連檐之類同。
右為下等。
小木作：
版門，牙縫透栓壘肘造；
格子門，闌檻鉤窗同。
毬文格子眼，四直方格眼，出線自一混，四攛尖以上造者同。
桯，出線造；
闘八藻井，小闘八藻井同。
叉子，內霞子，望柱，地栿，衮砧，隨本等造。下同。

法式二十八 十一

欞子：馬銜同。海石榴頭，其身瓣内單混、面上出心線以上造；

串：瓣内單混出線以上造；

重臺鈎闌：井亭子并胡梯同。

牌帶、貼絡彫華；

佛道帳：牙脚、九脊壁帳、轉輪經藏、壁藏同。

右為上等。

烏頭门：軟门及版门、牙縫同。

破子窗：井屋子同。

格子门：平棊及闌檻鈎窗同。

格子：方絞眼，平出線或不出線造；

柱：方直破瓣攛尖；素通混或壓邊線造同。

栱眼壁版；裏栿版、五尺以上，垂魚、惹草同。

照壁版：合版造；障日版同。

擗簾竿：六混以上造；

叉子：

欞子：雲頭、方直出心線或出邊線壓白造；

串：側面出心線或壓白造；

單鈎闌：撮項蜀柱、雲栱造；素欄、及棵籠子六瓣或八瓣造同。

版门：直縫造；版欞窗、睒電窗同。

右為中等。

批

法式二十八 十二

截间版帳：照壁障日版、牙頭護縫造，并屏風骨子及橫鈐立旌之類同。

版引檐：地棚并五尺以下垂魚、惹草同。

擗簾竿：通混、破瓣造；

叉子：拒馬叉子同。

欞子：挑瓣雲頭或方直笏頭造；

串：破瓣造；托根或曲根同。

單鈎闌：枓子蜀柱、青蜓頭造；棵籠子四瓣造同。

右為下等。

凡安卓上等门窗之類為中等，中等以下並為下等。其门并版壁、格子，以方一丈為率，於計定造作功限内，以加功二分作下等。每增減一尺，各加減一分功。烏頭门比版门合得下等功限加倍。破子窗以六尺為率，於計定功限内，以五分功作下等。每增減一尺，各加減五厘功。

彫木作：

混作：

角神：寶藏神同。

華牌浮動神仙、飛仙、昇龍、飛鳳之類；

柱頭或帶仰覆蓮荷臺坐造龍鳳師子之類；

帳上纏龍柱；纏寶山或牙魚，或間華；并扛坐神、力士、龍尾、嬪伽同。

半混：

彫插及貼絡寫生牡丹華、龍鳳師子之類；寶牀事件同。

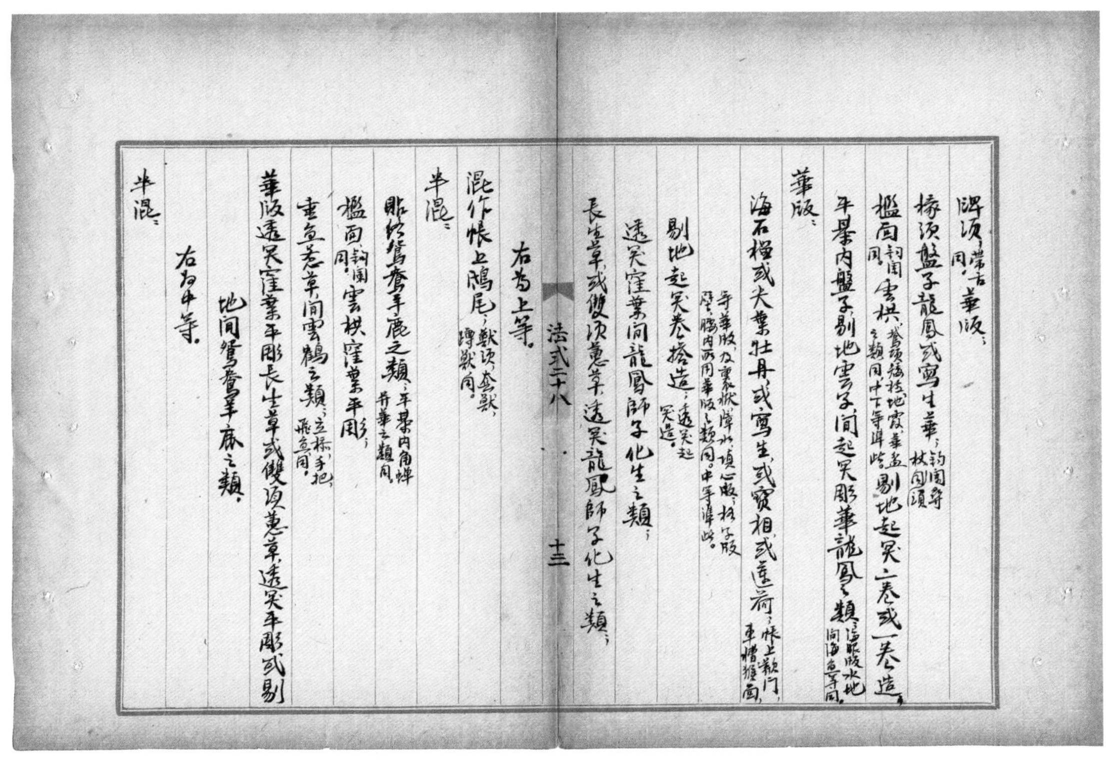

䘨項，帶牙華版，

椽頭盤子龍鳳或寫生華，鉤闌尋杖頭同。

櫨面，鉤闌同。雲栱，鵝項、撲枝地霞、華盆之類同，中下等準此。剔地起突二卷或一卷造，

平棊內盤子，剔地雲子間起突雕華龍鳳之類，海眼版、水地間海魚等同。

華版，

海石榴或尖葉牡丹或寫生或寶相或蓮荷，帳上欄門、車槽、猴面等華版，及裹栿、障水、填心版、格子版壁、腰內所用華版之類同。中等準此。

剔地起突卷搭造，透突起突造。

透突窪葉間龍鳳師子化生之類，

長生草或雙頭蕙草，透突龍鳳師子化生之類，

法式二十八　十三

右為上等。

混作帳上鴟尾，獸頭、套獸、蹲獸同。

貼絡鴛鴦羊鹿之類，平棊內角蟬并華之類同。

半混，

櫨面，鉤闌同。雲栱窪葉平雕，

垂魚惹草間雲鶴之類，立標、手把、飛魚同。

華版透突窪葉平雕長生草或雙頭蕙草，透突平雕或剔地間鴛鴦羊鹿之類。

右為中等。

半混，

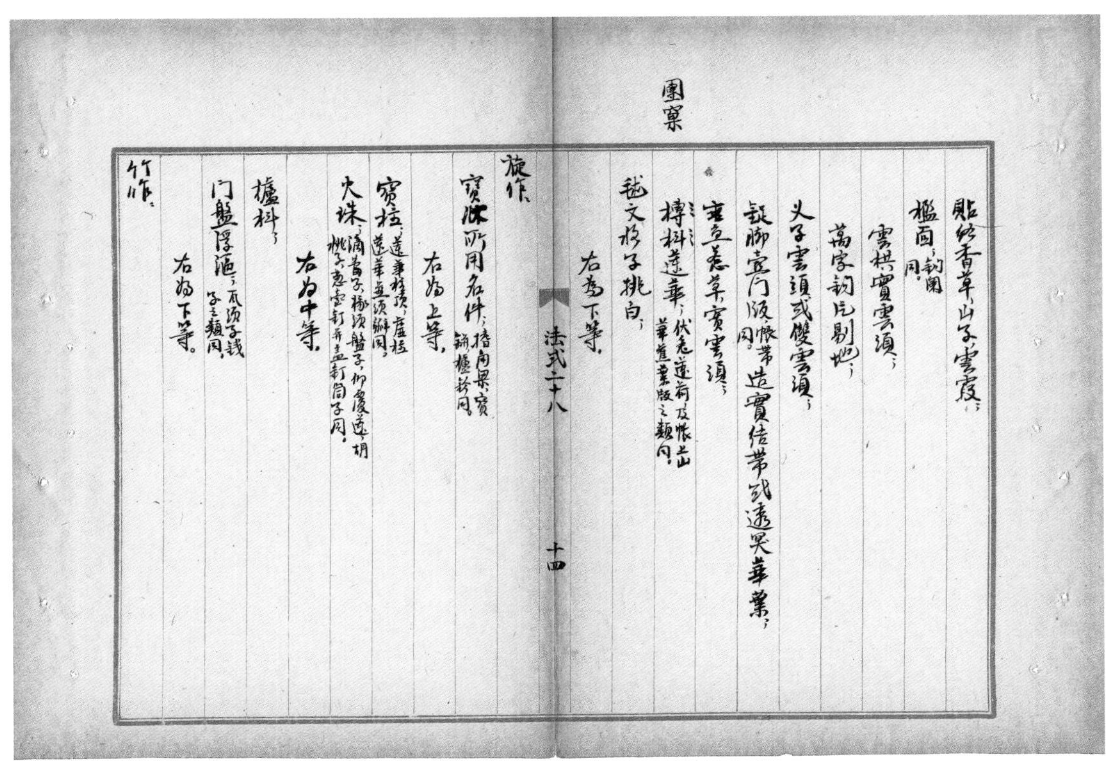

團窠

貼絡香草、山子、雲霞，

櫨面，鉤闌同。

雲栱實雲頭，

萬字鉤片剔地，

叉子雲頭或雙雲頭，

鋜脚壼門版，帳帶同。造實結帶或透突華葉，

垂魚惹草，實雲頭，

搏枓蓮華，伏兔蓮荷及帳上山華蕉葉版之類同。

毬文格子挑白，

右為下等。

法式二十八　十四

旋作，

寶牀所用名件，搘角梁、寶餅、櫨枓等同。

右為上等。

寶柱，蓮華柱頂、虛柱蓮華並頭瓣同。

火珠，滴當子、椽頭盤子、仰覆蓮胡桃子、葱臺釘並蓋釘筒子同。

右為中等。

櫨枓，

門盤浮漚，瓦頭子、錢子之類同。

右為下等。

竹作，

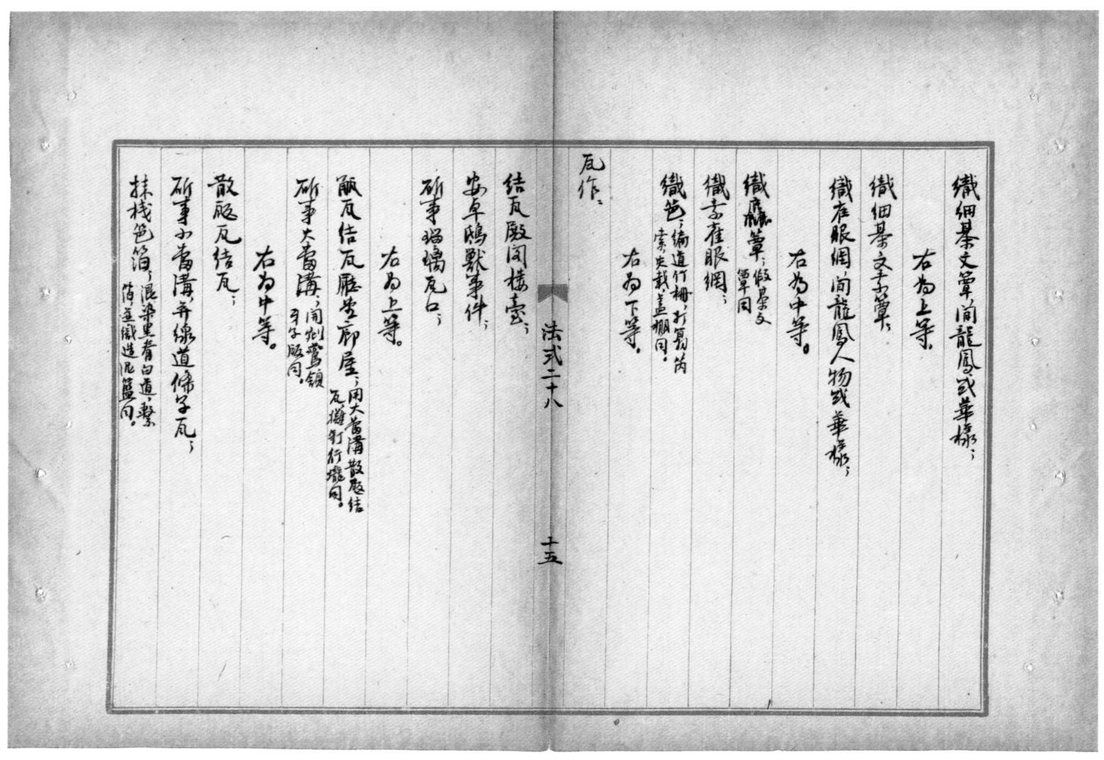

織細基文簟，間龍鳳或華樣；

右為上等。

織細基文素簟；

織粗眼篾，間龍鳳人物或華樣；

右為中等。

織麤簟；假基文簟同

織素粗眼篾；

織笆；編道竹栅，打篡，笍索，夹栽，盖棚同。

右為下等。

瓦作，

結瓦殿閣樓臺；

安卓鴟獸事件；

斫事琉璃瓦口；

右為上等。

甋瓦結瓦廳堂廊屋；用大當溝散瓪結瓦攤釘行壠同。

斫事大當溝；開剜燕頷牙子版同。

右為中等。

散瓪瓦結瓦；

斫事小當溝并線道條子瓦；

抹棧笆箔；混染黑脊白道，繫箔，並織造泥籃同。

法式二十八　十五

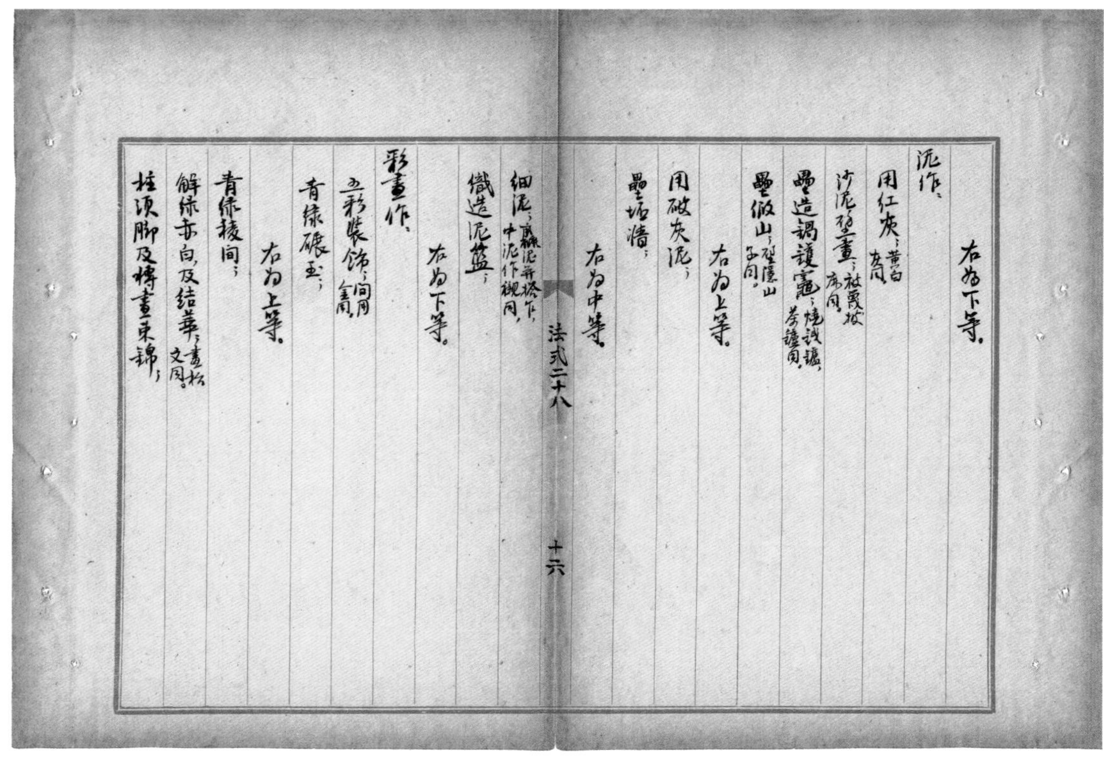

右為下等。

泥作，

用紅灰；黄白灰同。

沙泥畫壁；被篾席同。

壘造鍋鑊竈；燒錢爐，茶鑪同。

壘假山；壁隱山子同。

右為上等。

用破灰泥；

壘坯牆；

右為中等。

細泥；麤細泥并搭乍，中泥作襯同。

織造泥籃；

右為下等。

彩畫作，

五彩裝飾；間用金同。

青綠碾玉；

右為上等。

青綠棱間；

解綠赤白，及結華；畫松文同。

柱頭腳及槫畫束錦；

法式二十八　十六

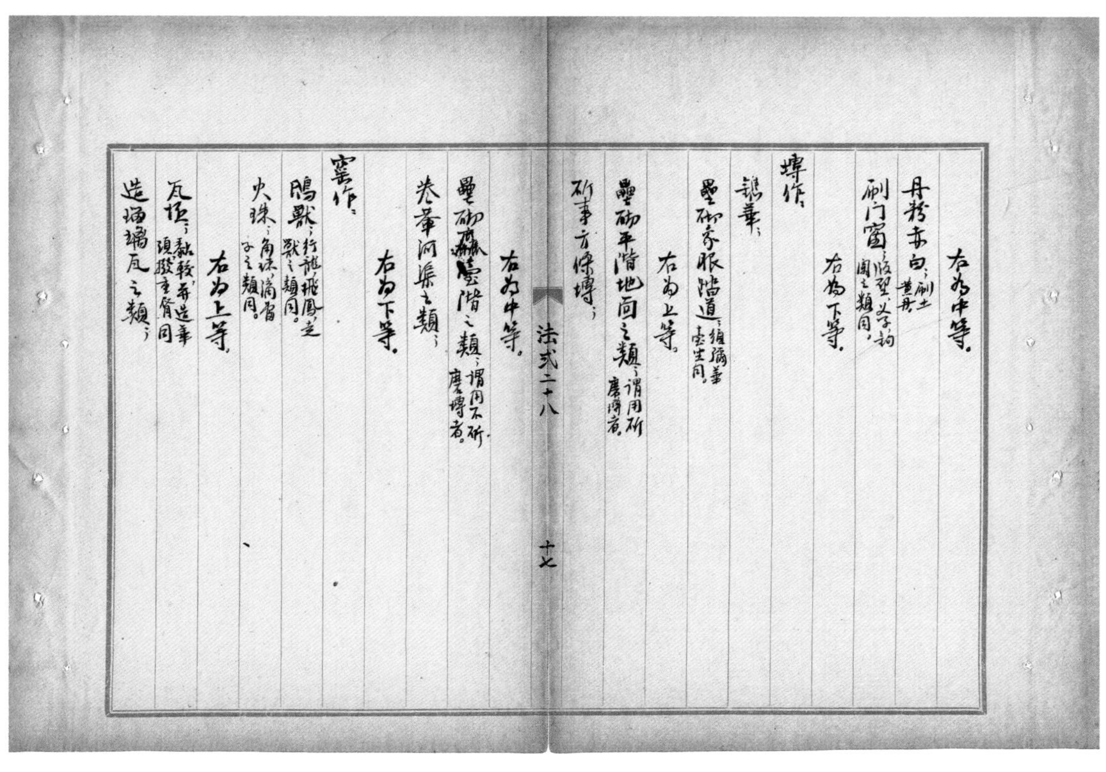

右為中等。
丹粉赤白；刷土黄丹。
刷門窗；版壁、叉子、鉤闌之類同。
右為下等。
塼作：
鐫華；
壘砌象眼踏道；須彌華臺坐同。
右為上等。
壘砌平階地面之類；謂用斫磨塼者。
斫事方條塼；
法式二十八　十七
右為中等。
壘砌麤臺階之類；謂用不斫磨塼者。
卷輂河渠之類；
右為下等。
窰作：
鴟獸；行龍、飛鳳、走獸之類同。
火珠；角珠、滴當子之類同。
右為上等。
瓦坯；黏絞并造華頭撥重脣同。
造瑠璃瓦之類；

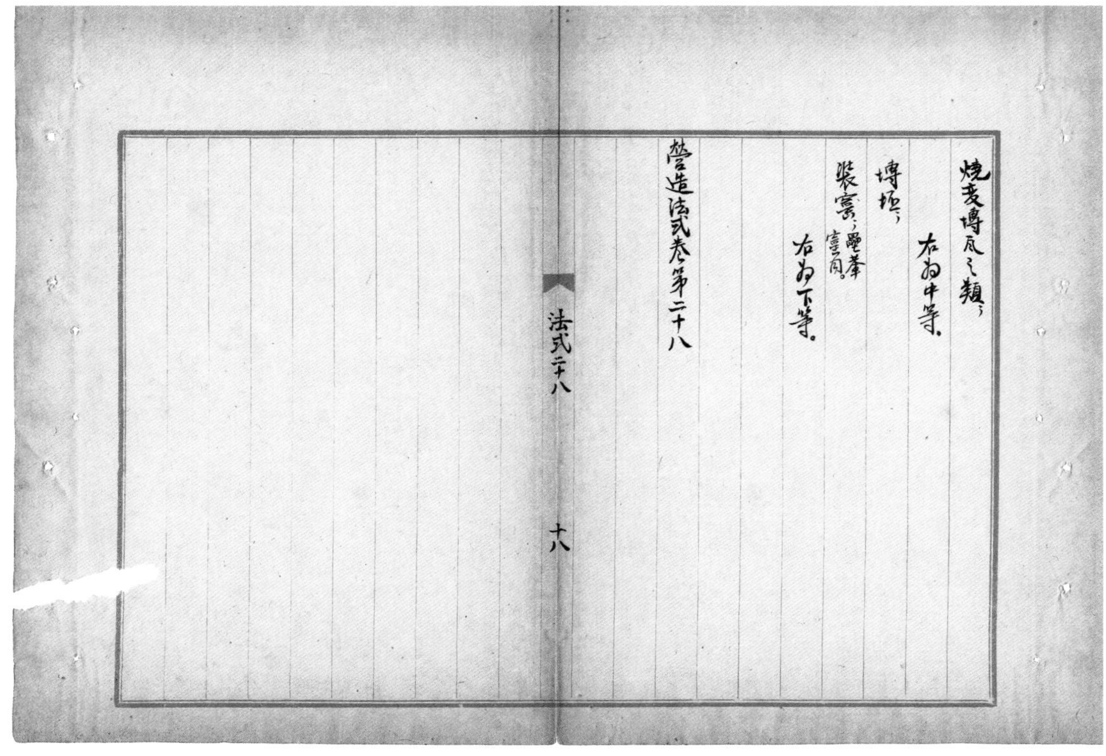

燒變塼瓦之類；
右為中等。
塼坯；
裝窰；壘攀窰同。
右為下等。
營造法式卷第二十八
法式二十八　十八

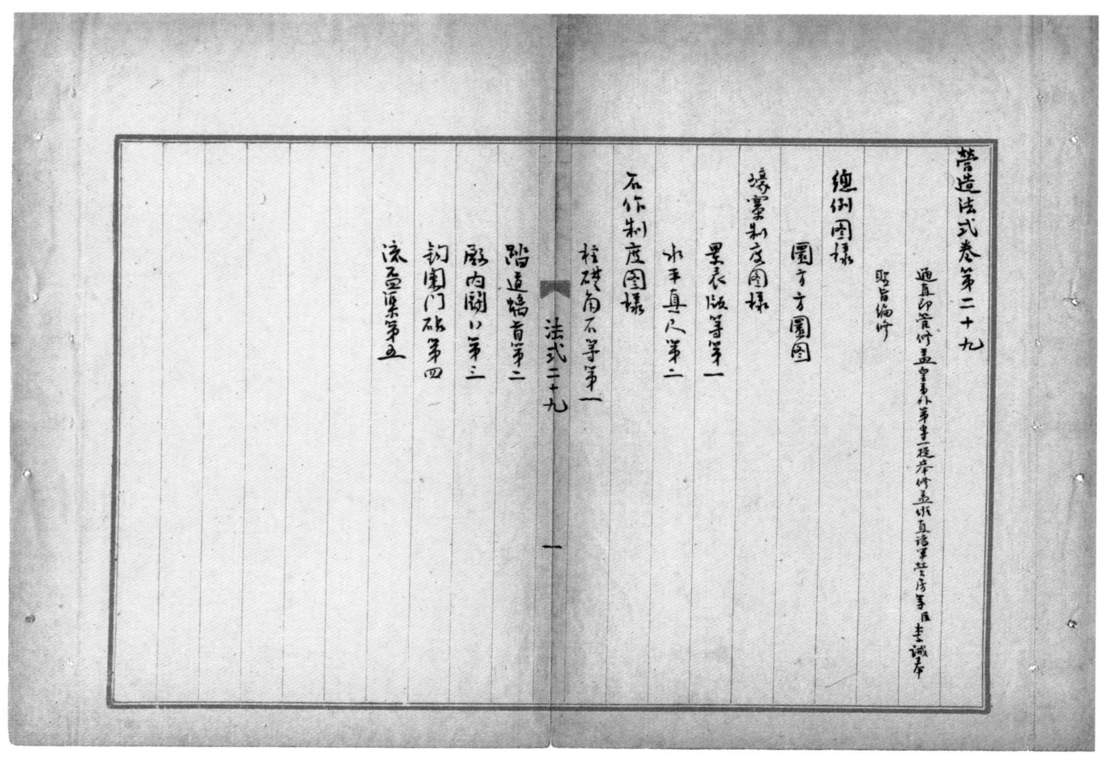

营造法式卷第二十九

通直郎管修盖皇弟外第专一提举修盖班直诸军营房等臣李诫奉

圣旨编修

總例圖樣

圜方方圜圖

壕寨制度圖樣

景表版等第一

水平真尺第二

石作制度圖樣

柱礎角石等第一

踏道螭首第二

殿内鬭八第三

鉤闌門砧第四

流盃渠第五

法式二十九 一

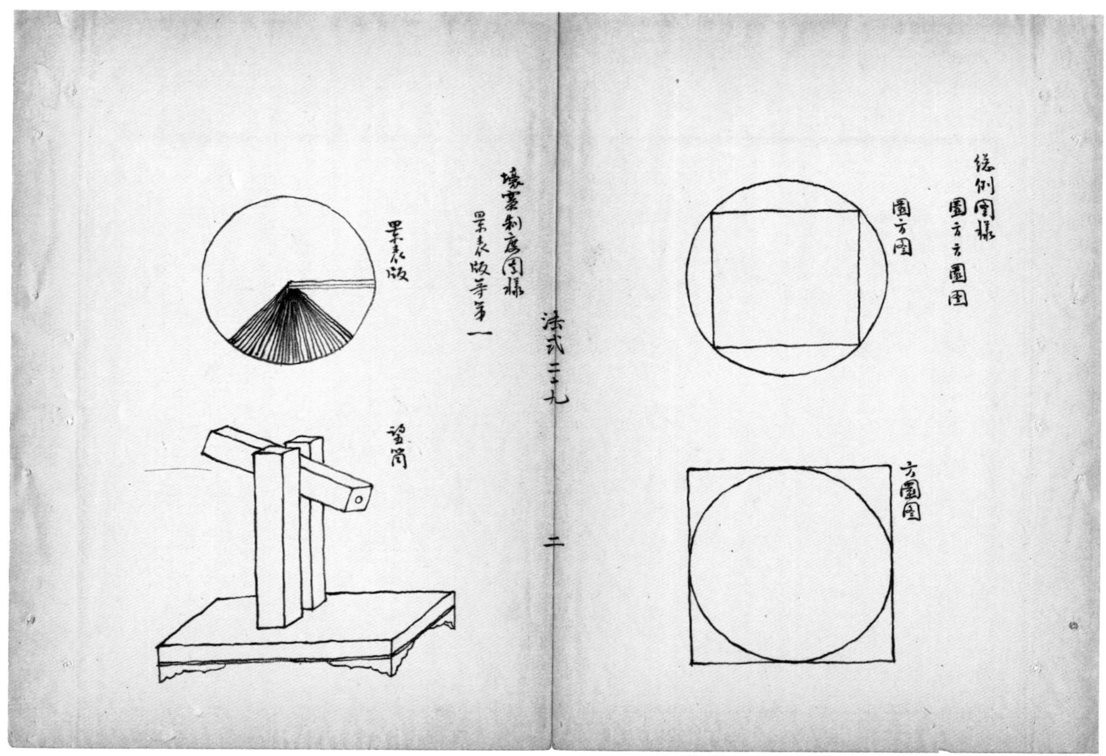

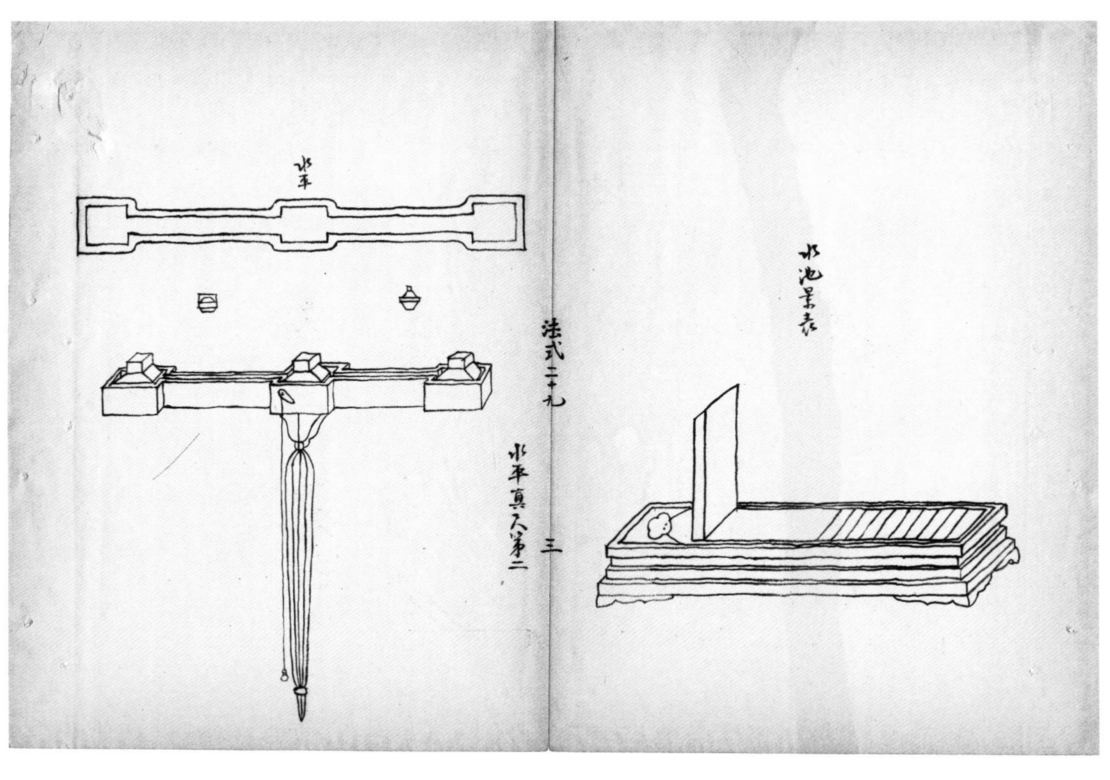
水平
水池景表
法式二十九
水平真尺第二
三

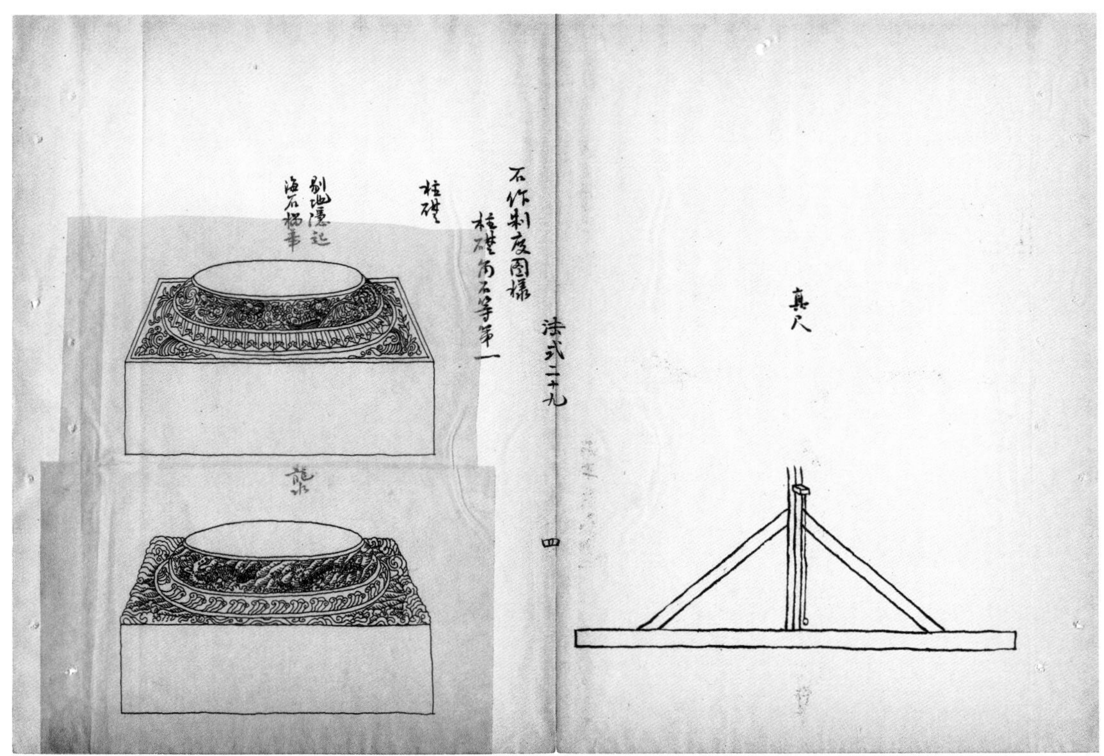
石作制度圖樣
柱礎角石等第一
柱礎
剔地起突
海石榴華
法式二十九
四
真尺

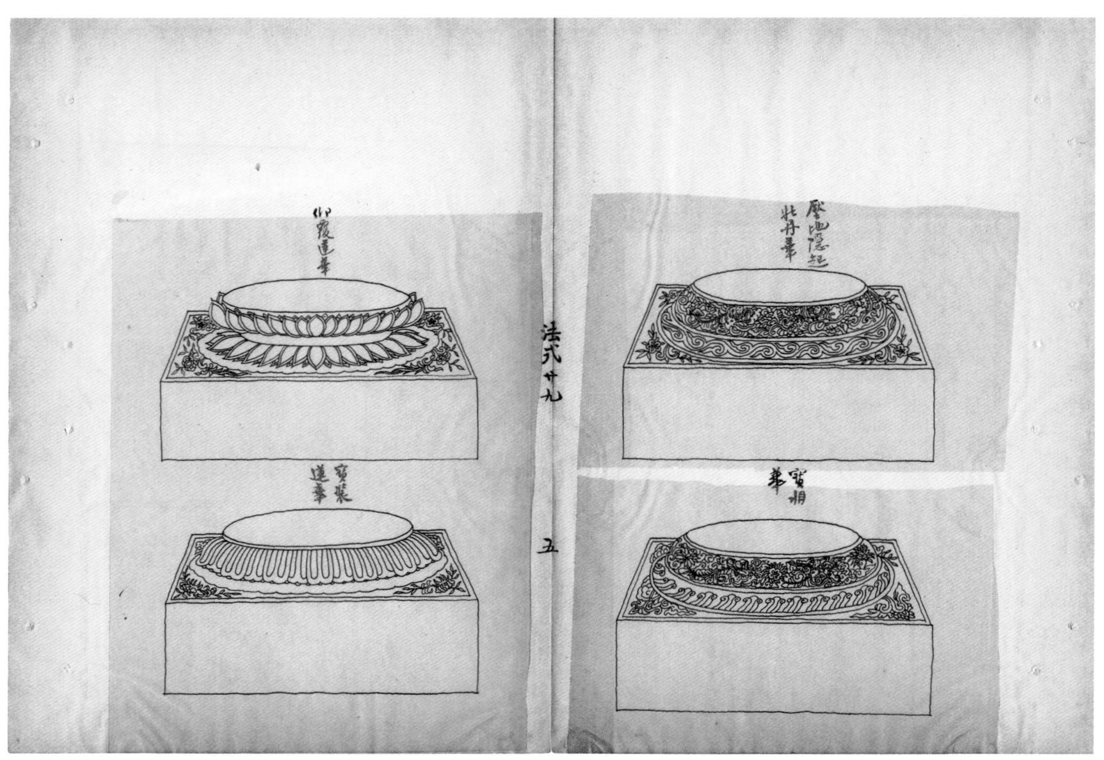
仰覆蓮華
壓地隱起牡丹華
法式廿九
寶裝蓮華
寶相華
五

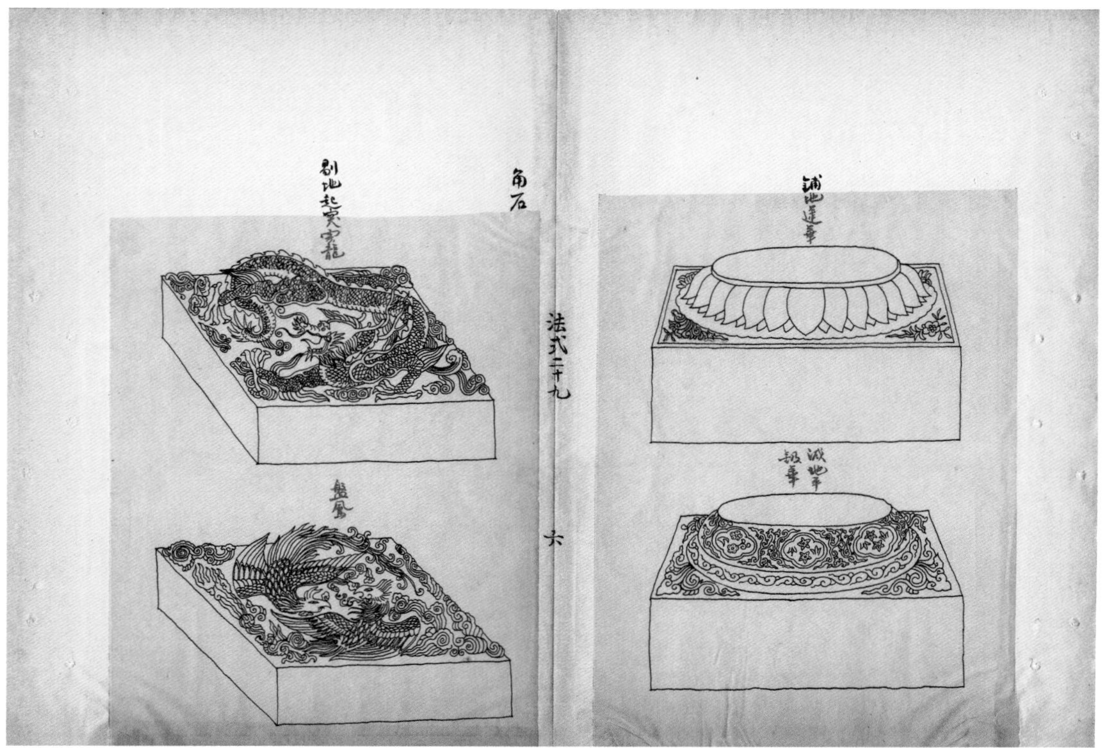
角石
剔地起突雲龍
鋪地蓮華
法式二十九
盤鳳
減地平鈒華
六

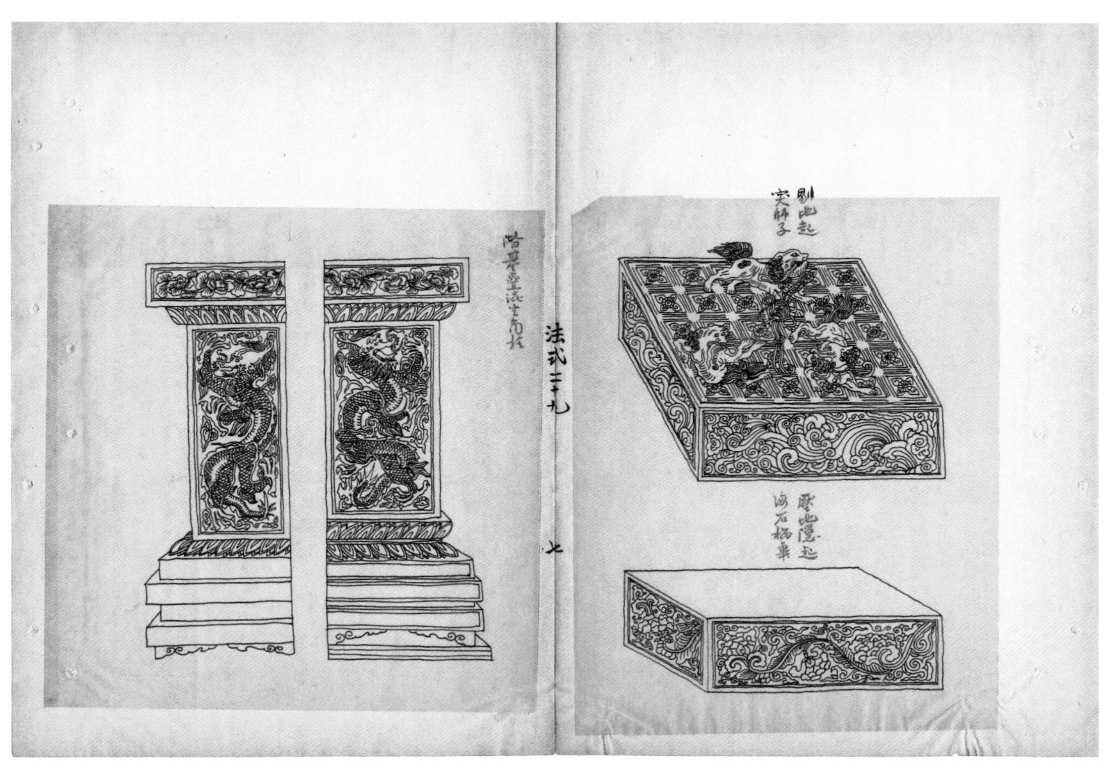
階基疊澁坐角柱
法式二十九
七
剔地起突師子
壓地隱起海石榴華

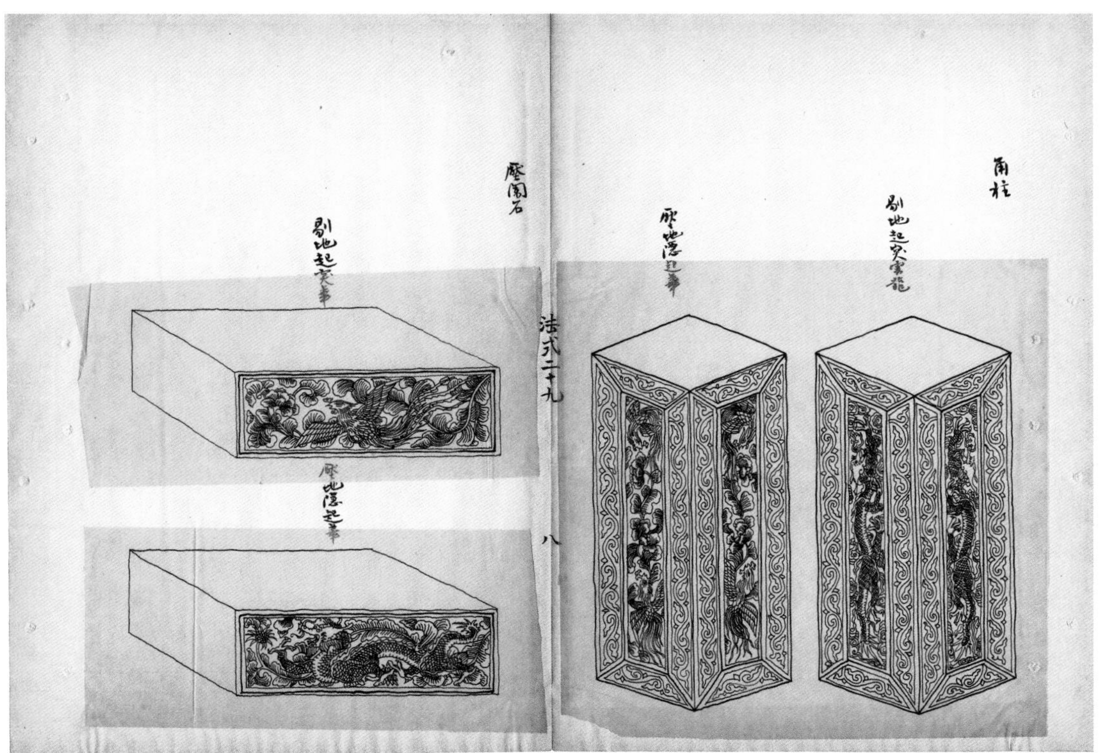
壓闌石
剔地起突華
壓地隱起華
法式二十九
八
角柱
壓地隱起華
剔地起突雲龍

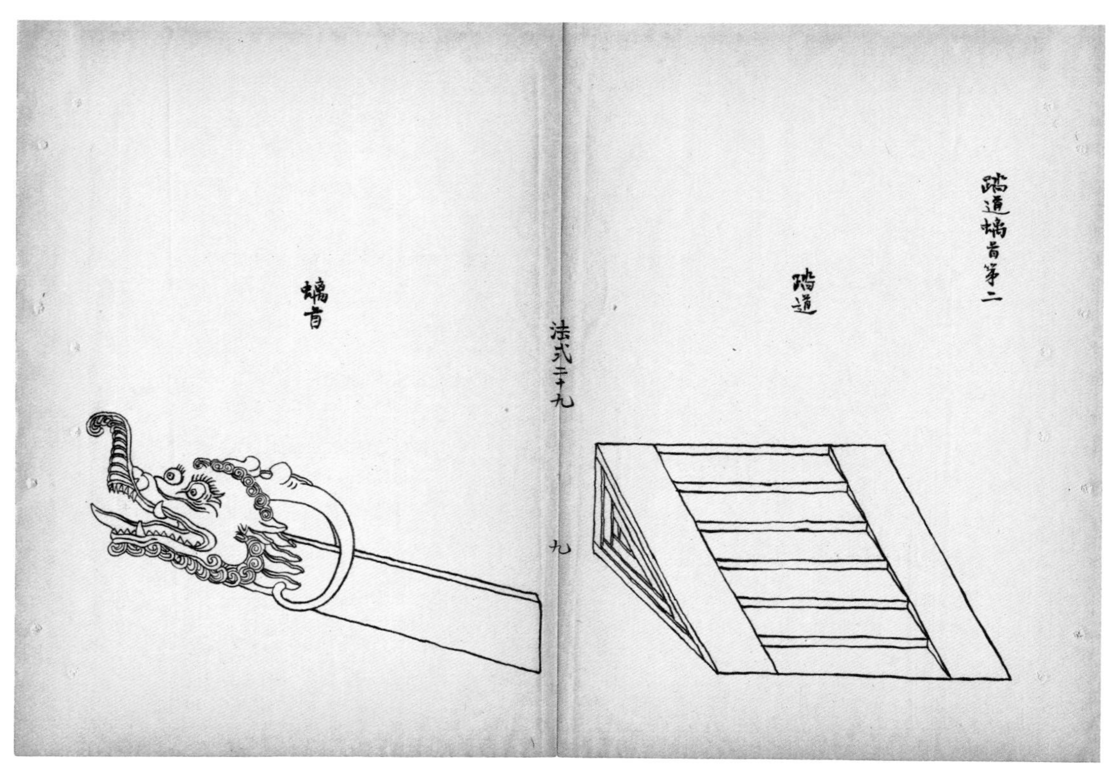
踏道螭首第二
踏道
螭首
法式二十九
九

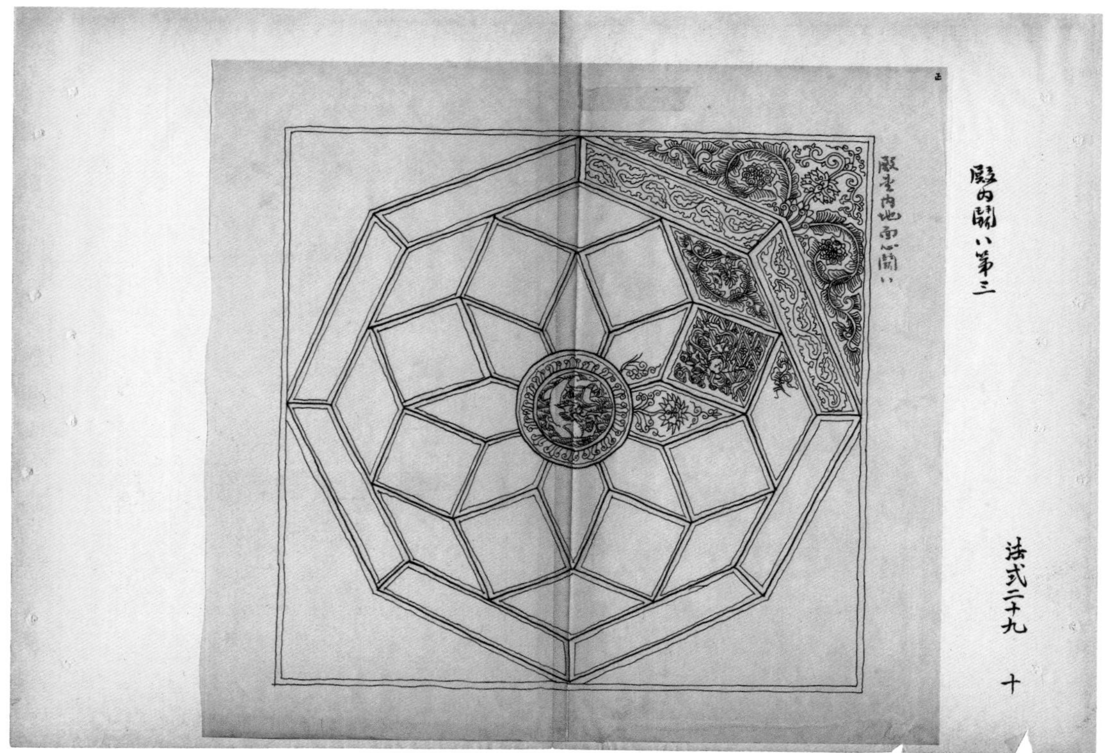
殿内鬬八第三
殿堂内地面心鬬八
法式二十九
十

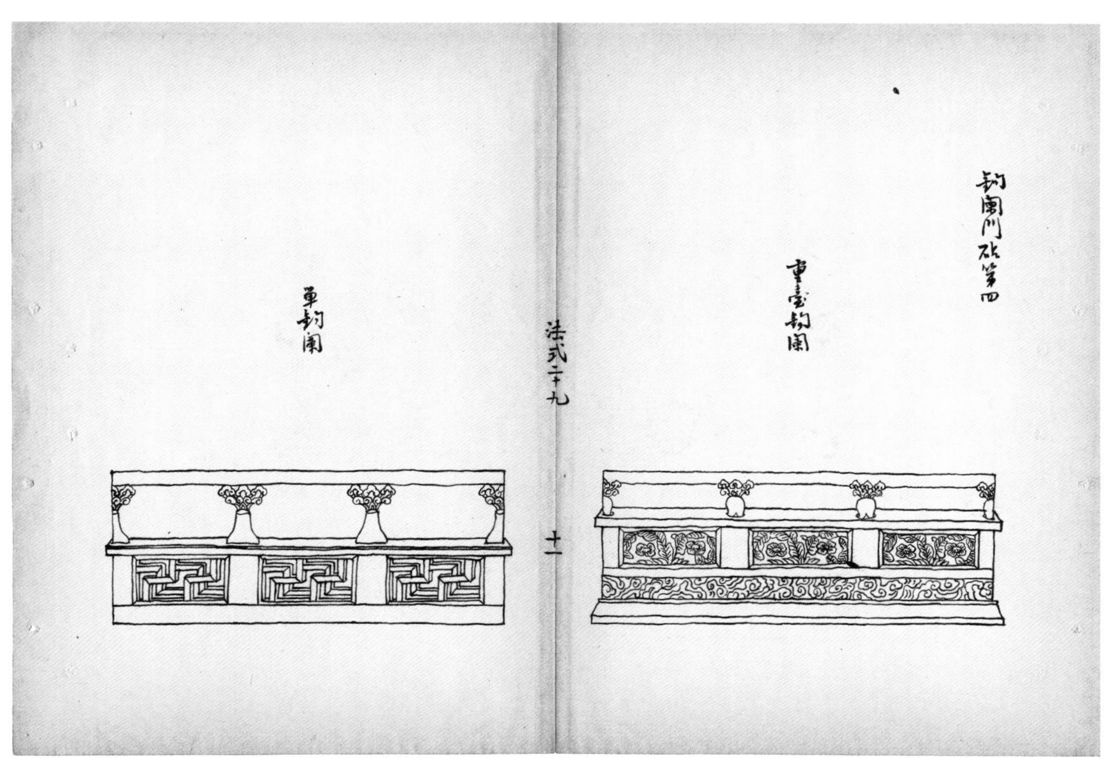

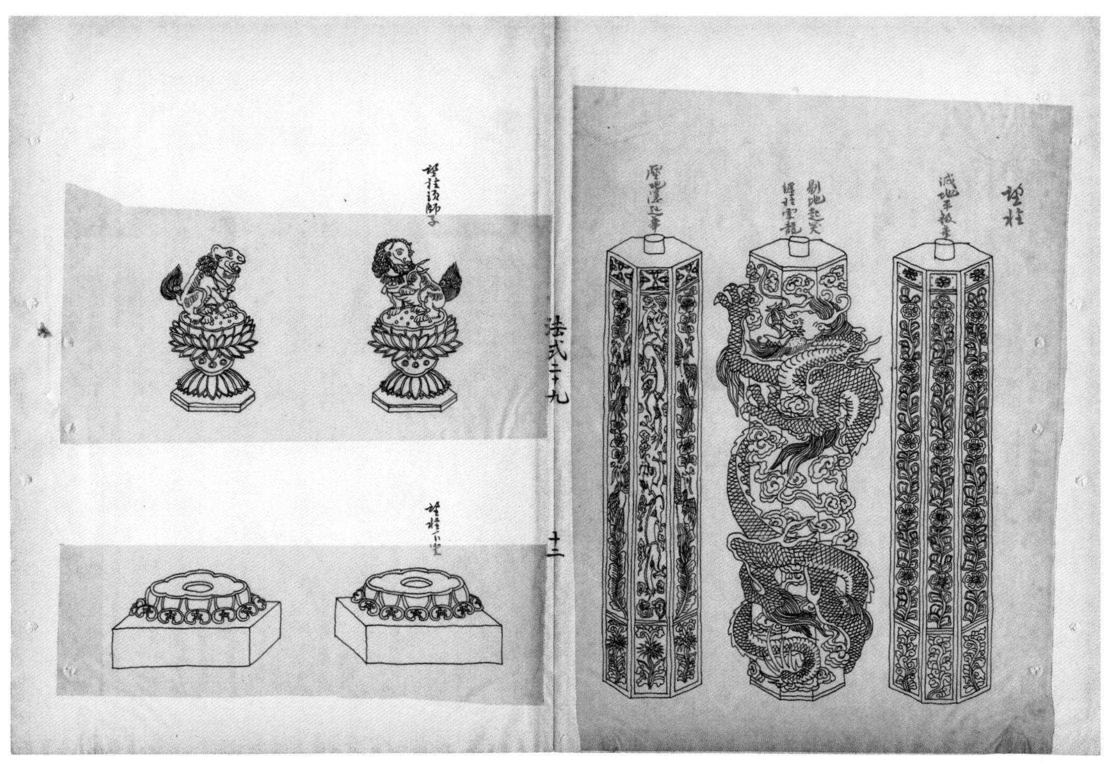

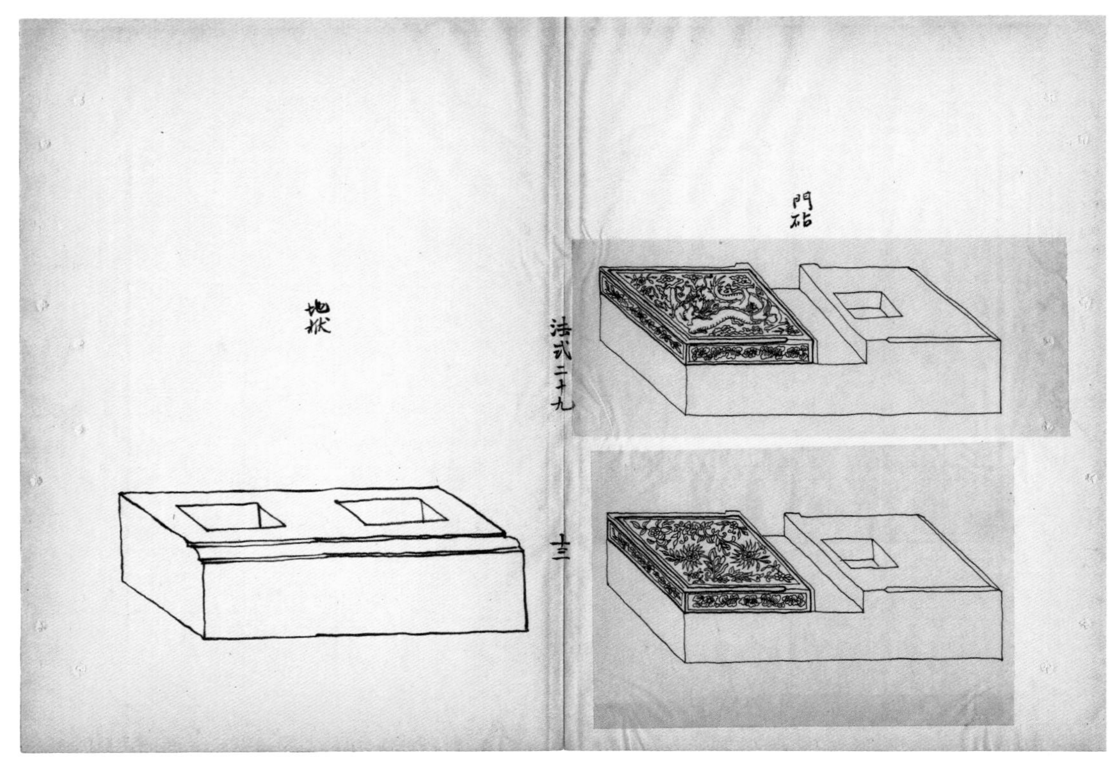
門砧
地栿
法式二十九

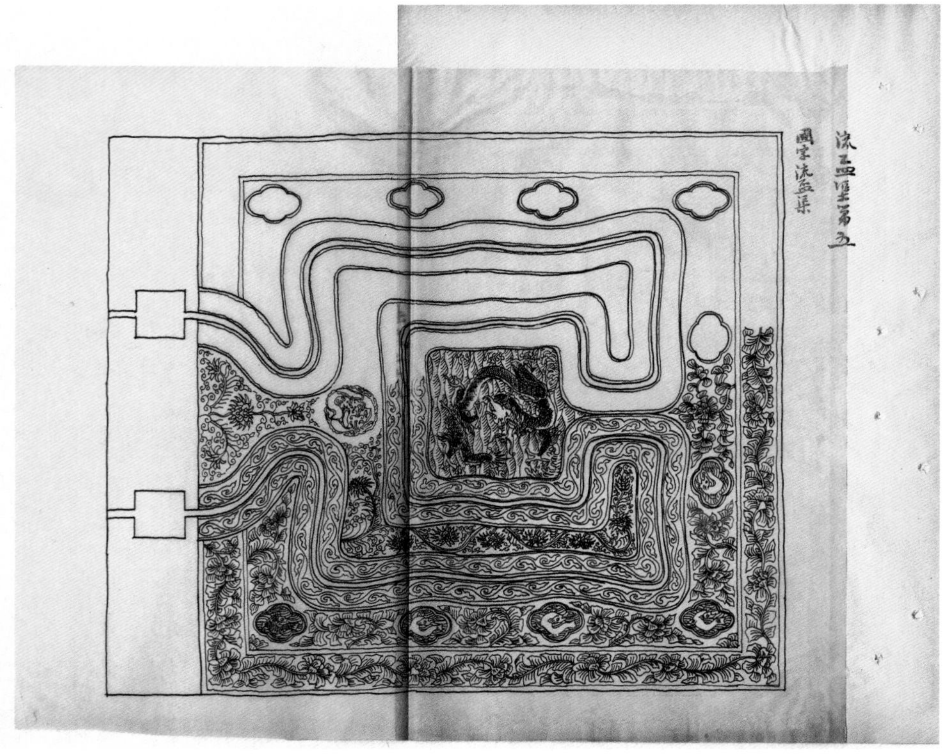
流盃渠第五
國字流盃渠

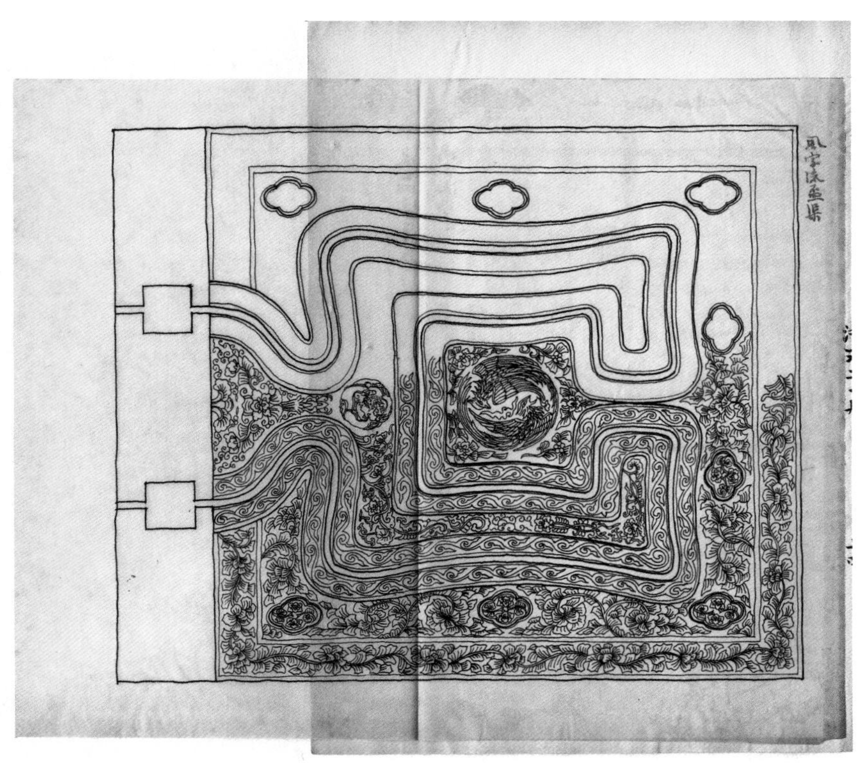

营造法式卷第二十九

法式二十九

十五

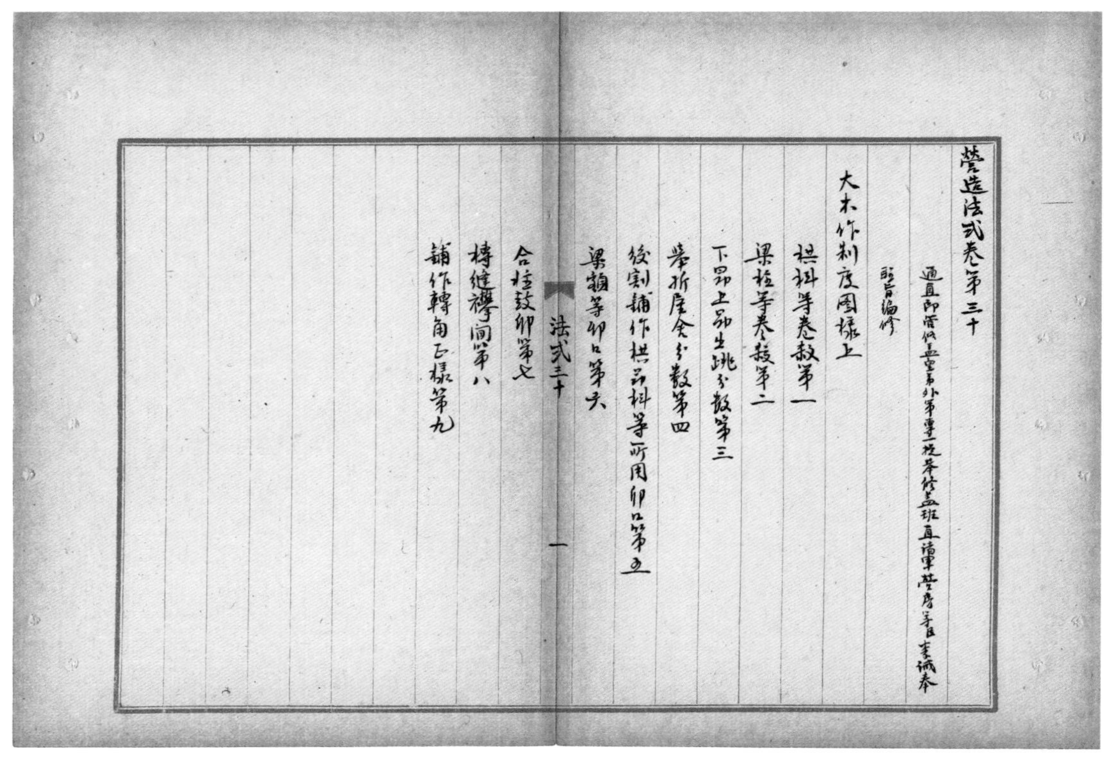

營造法式卷第三十

通直郎管修蓋皇弟外第專一提舉修蓋班直諸軍營房等臣李誡奉

聖旨編修

大木作制度圖樣上

法式三十 一

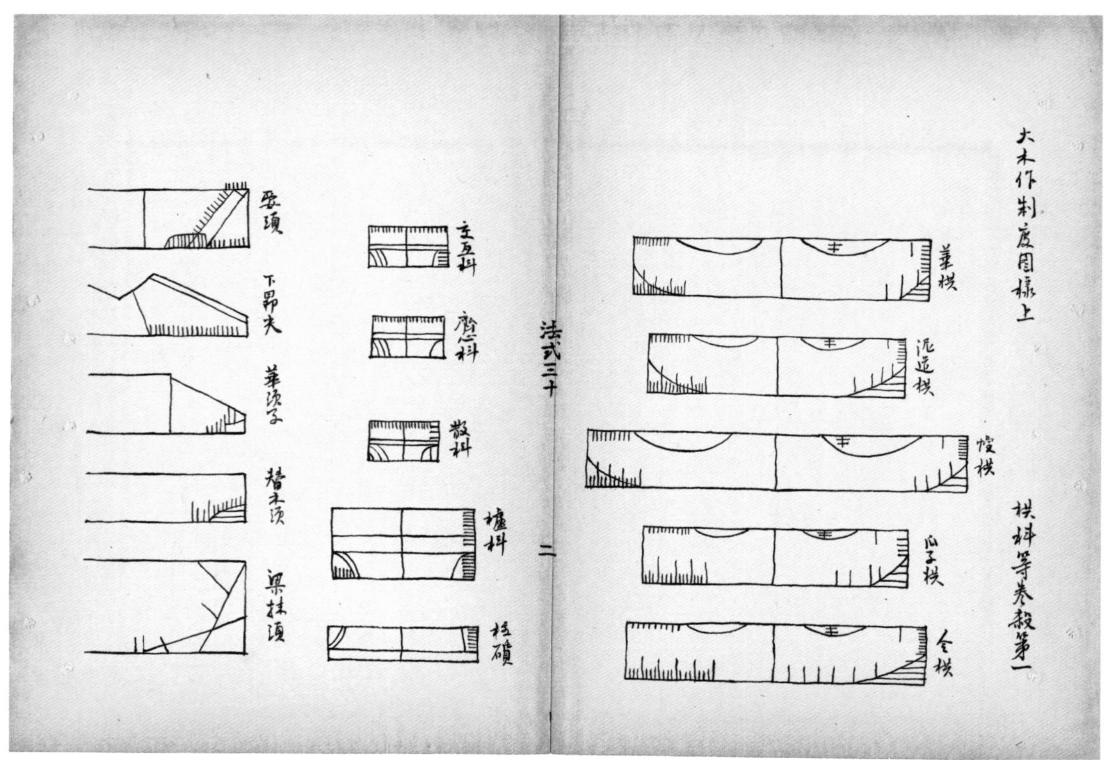

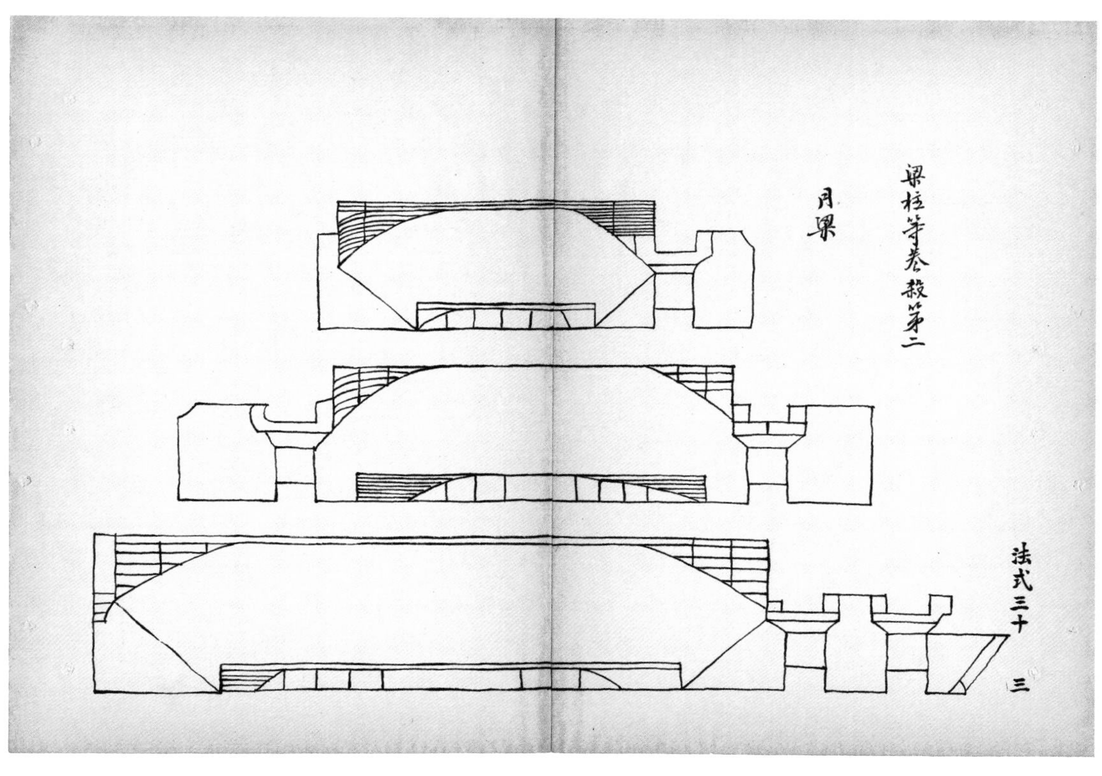
梁柱等卷殺第二
月梁
法式三十
三

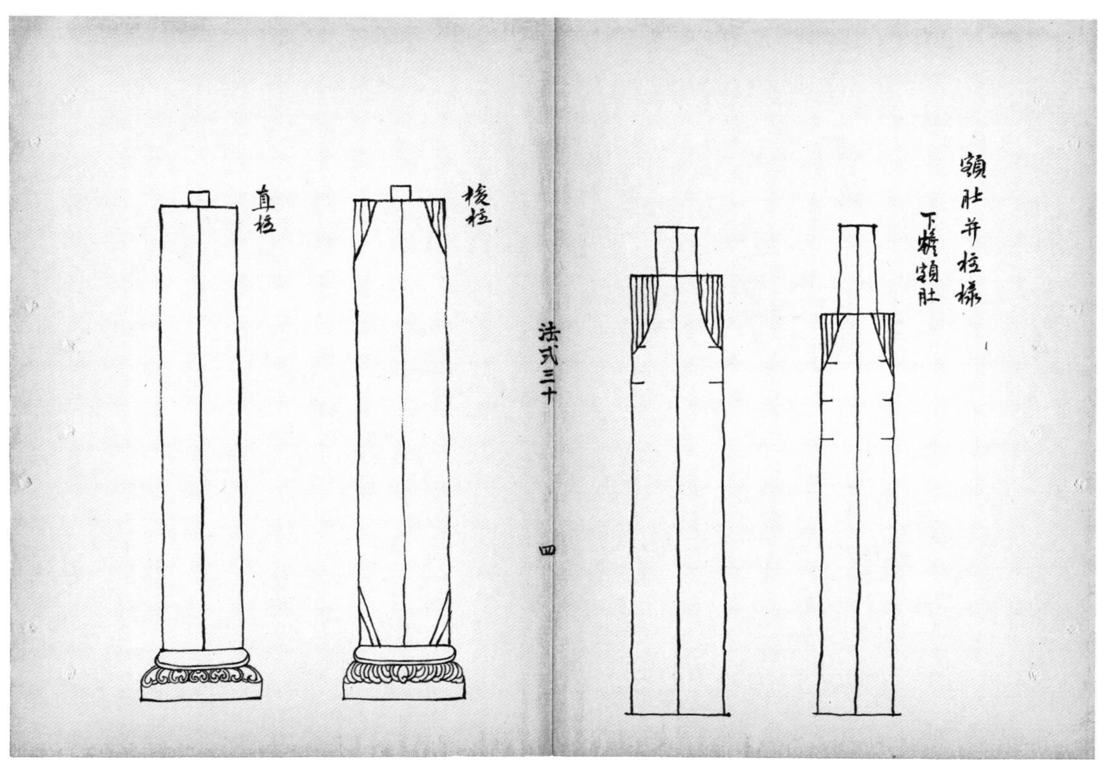
直柱
梭柱
法式三十
四
顱肚并柱様
下桥顱肚

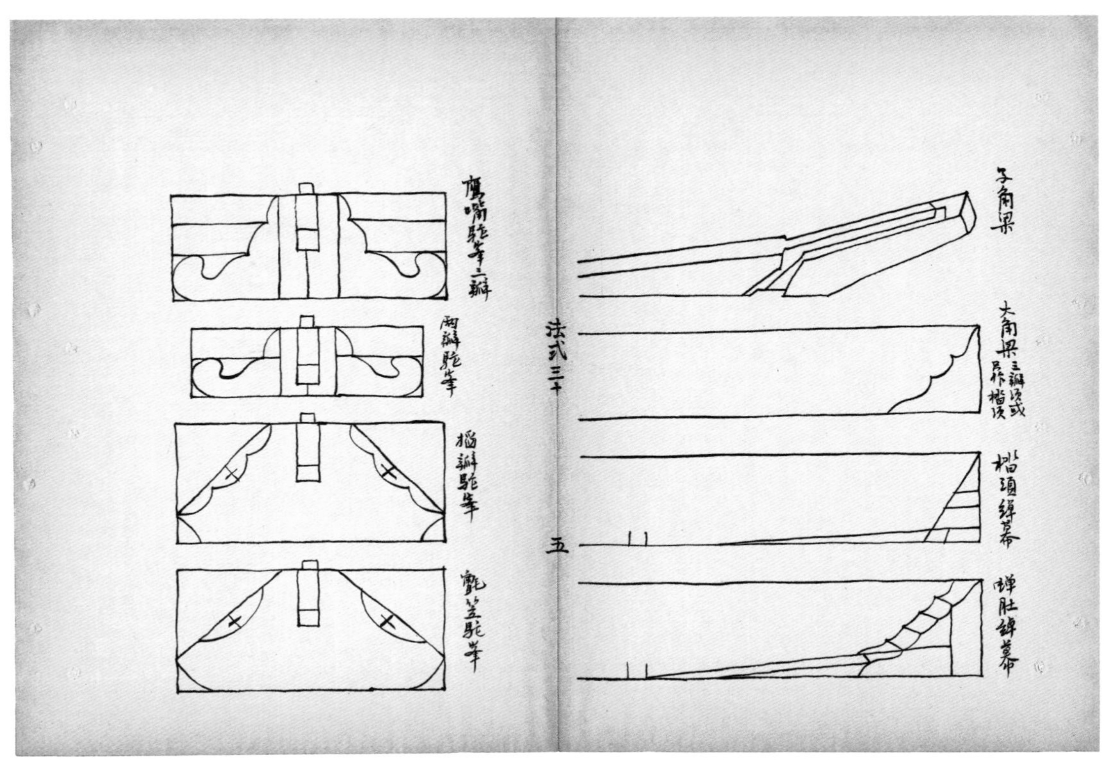
子角梁
大角梁
法式三十
五
鹰嘴駝峯三瓣
兩瓣駝峯
氈笠駝峯
蝉肚綽幕

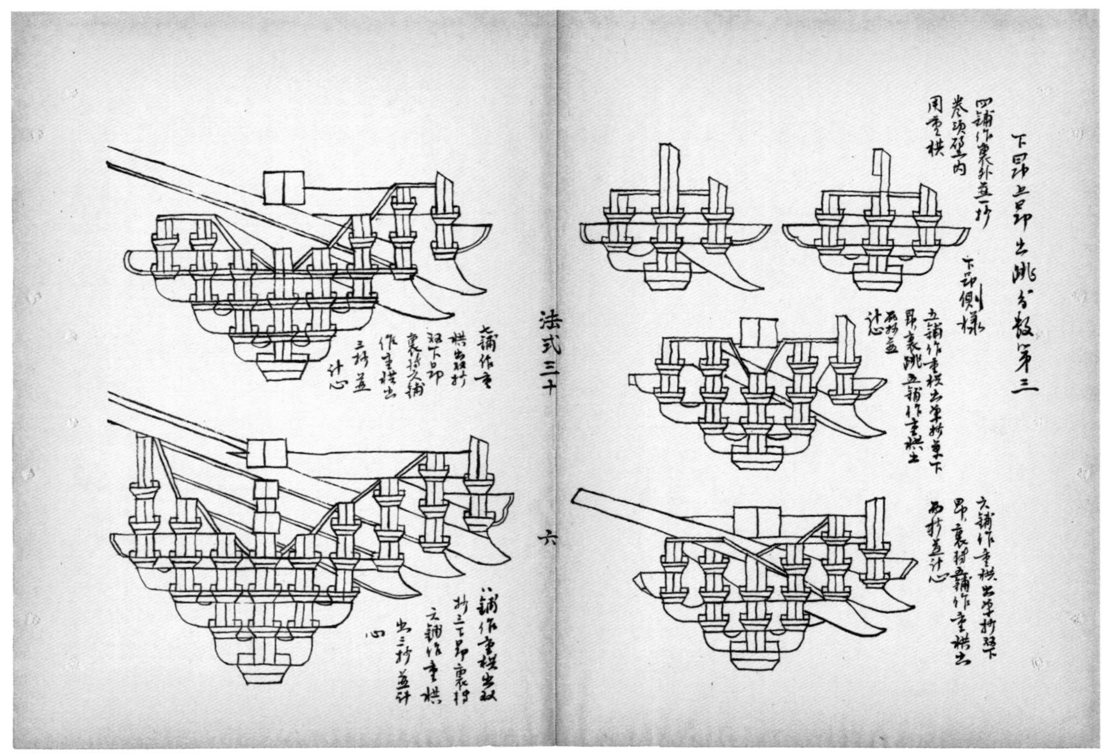
下昂上昂出跳分数第三
法式三十
六

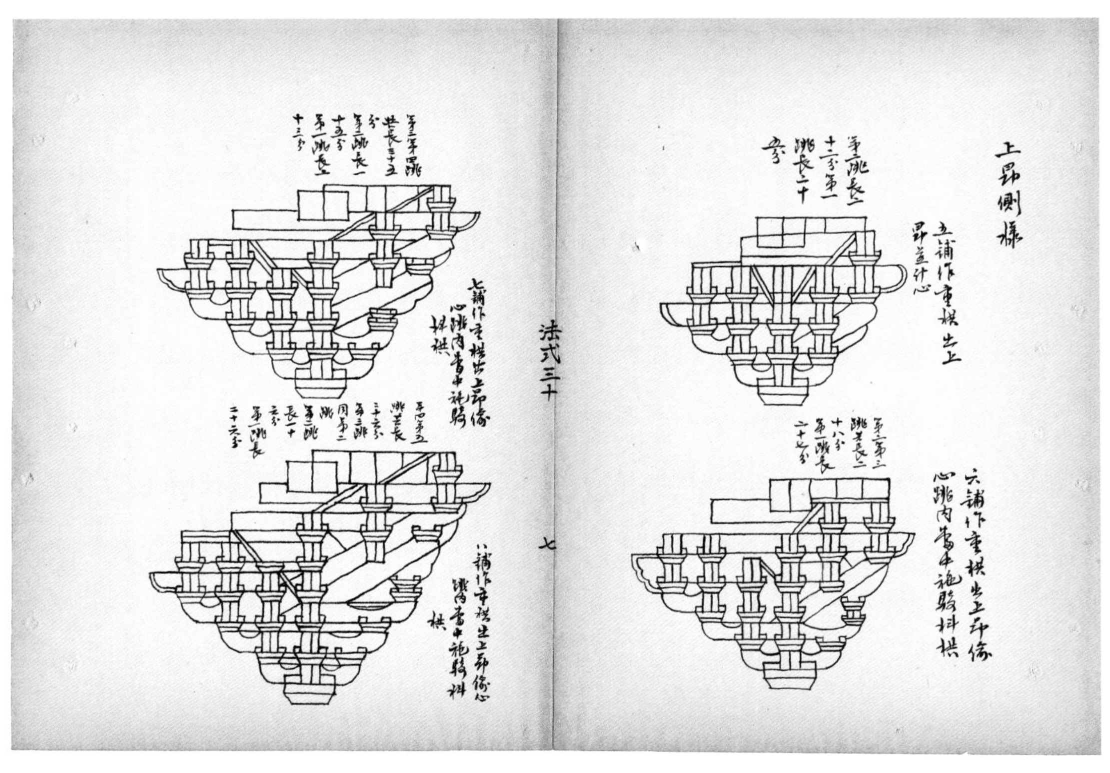
上昂側樣
五鋪作重栱出上昂並計心
六鋪作重栱出上昂偷心跳內當中施騎枓栱
法式三十
七

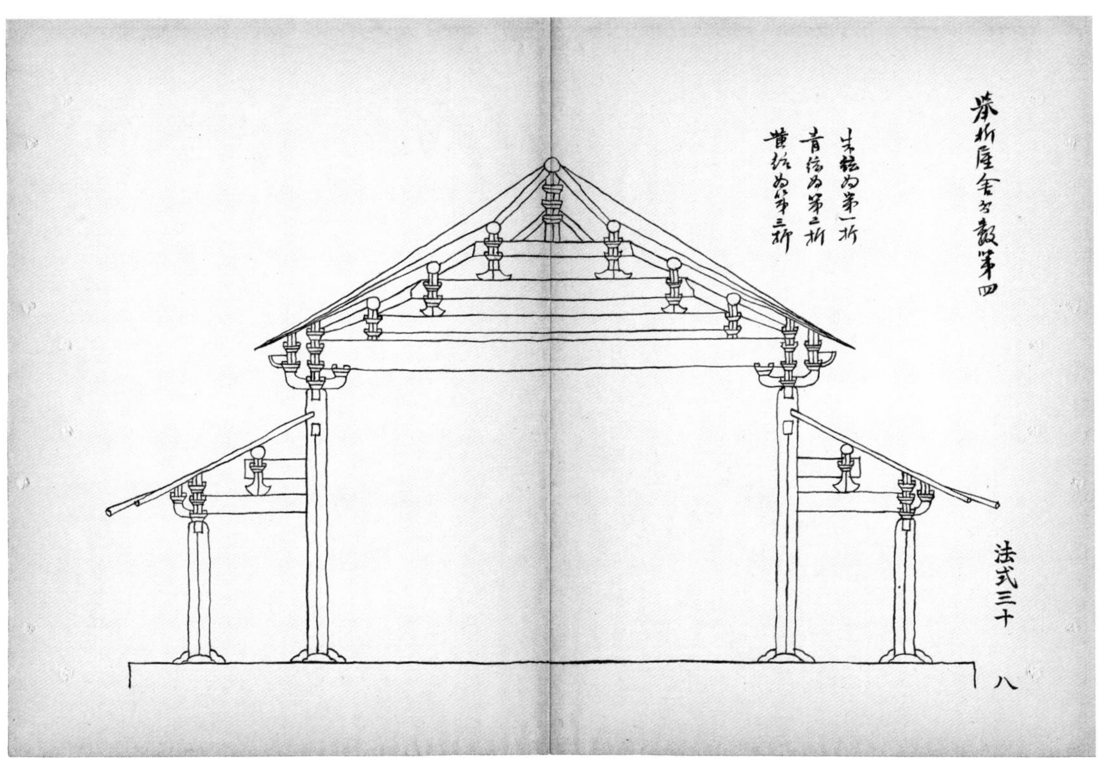
舉折屋舍分數第四
朱絃為第一折
青絃為第二折
黃絃為第三折
法式三十
八

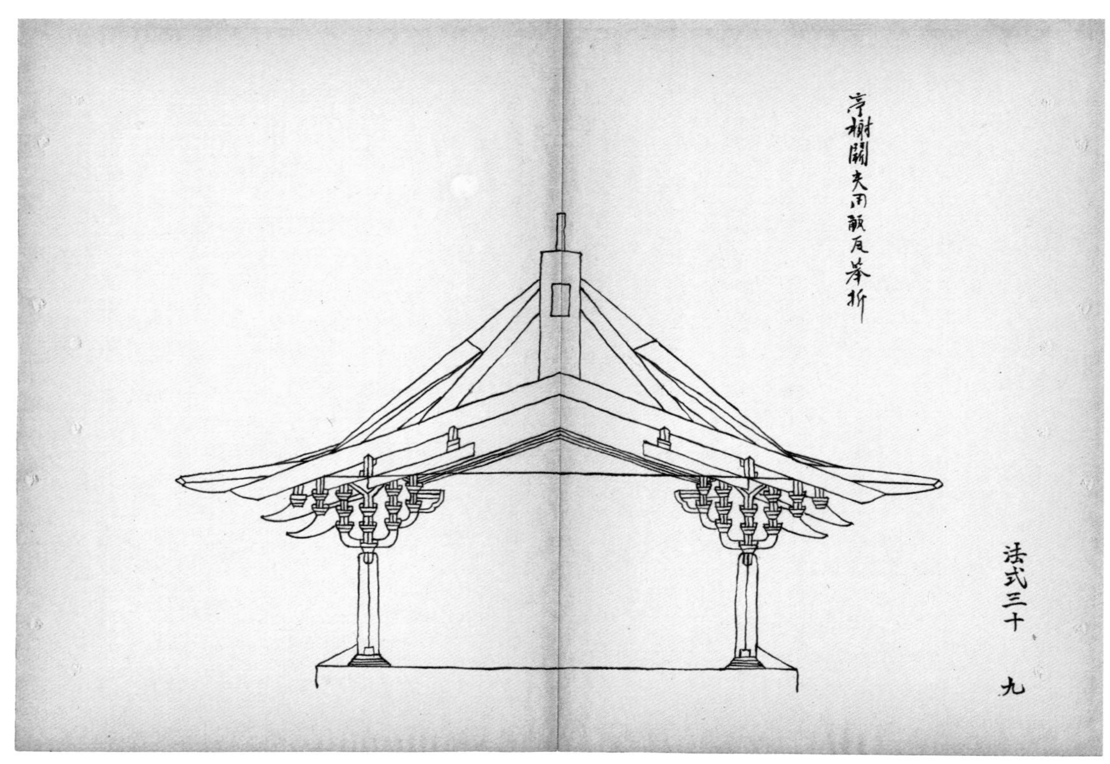
亭榭鬬尖用甋瓦举折
法式三十
九

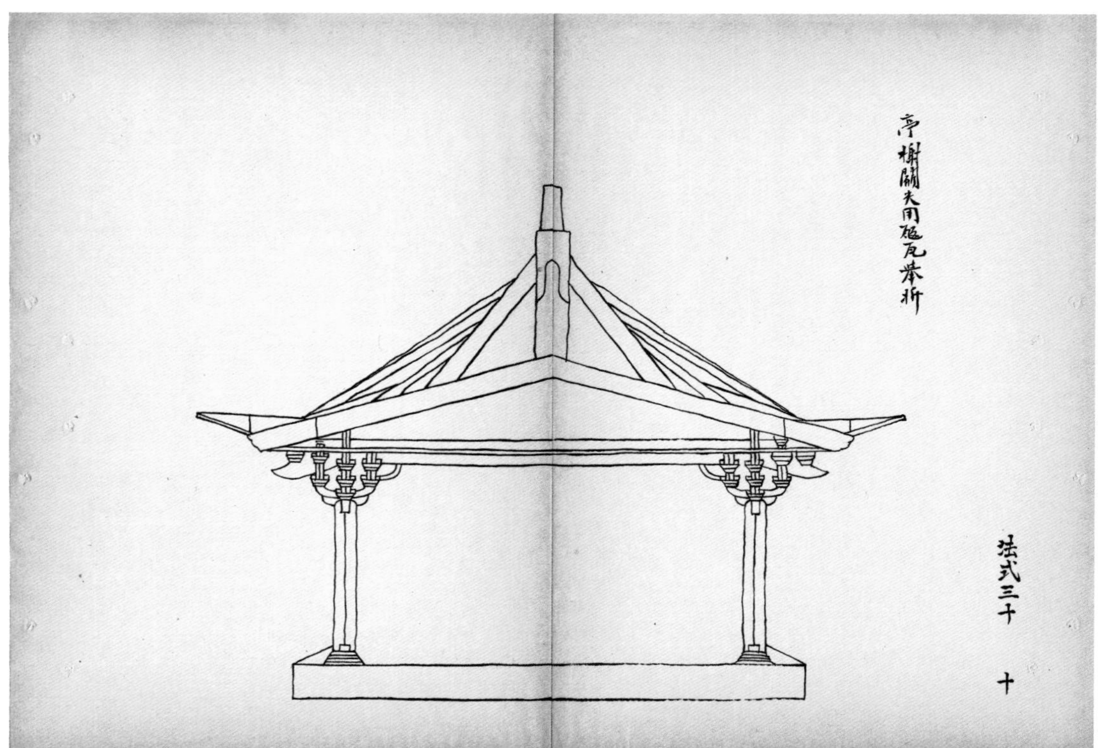
亭榭鬬尖用瓪瓦举折
法式三十
十

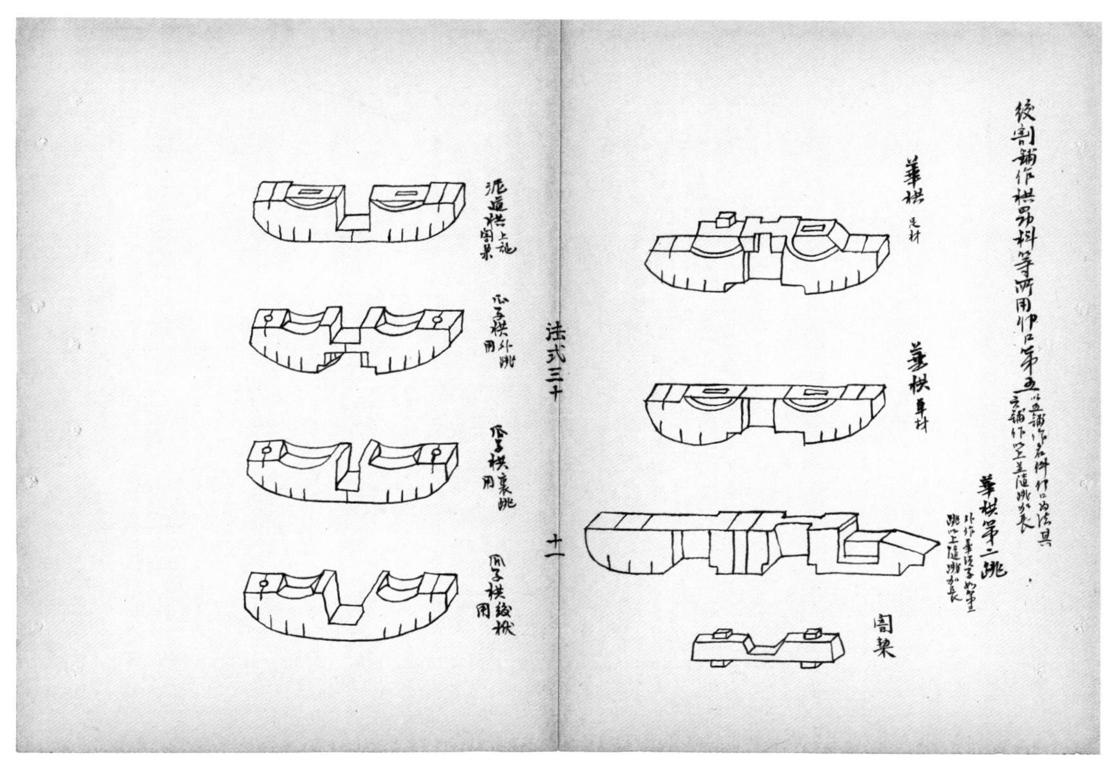
絞割鋪作栱昂枓等所用卯口第五
以五鋪作名件卯口為法其六鋪作以上並隨跳加長
華栱 足材
華栱 單材
華栱第二跳
外作華頭子內第三跳以上隨跳加長
闇栔
泥道栱 上施闇栔
瓜子栱 外跳用
瓜子栱 裏跳用
瓜子栱 絞栿用
法式三十
十一

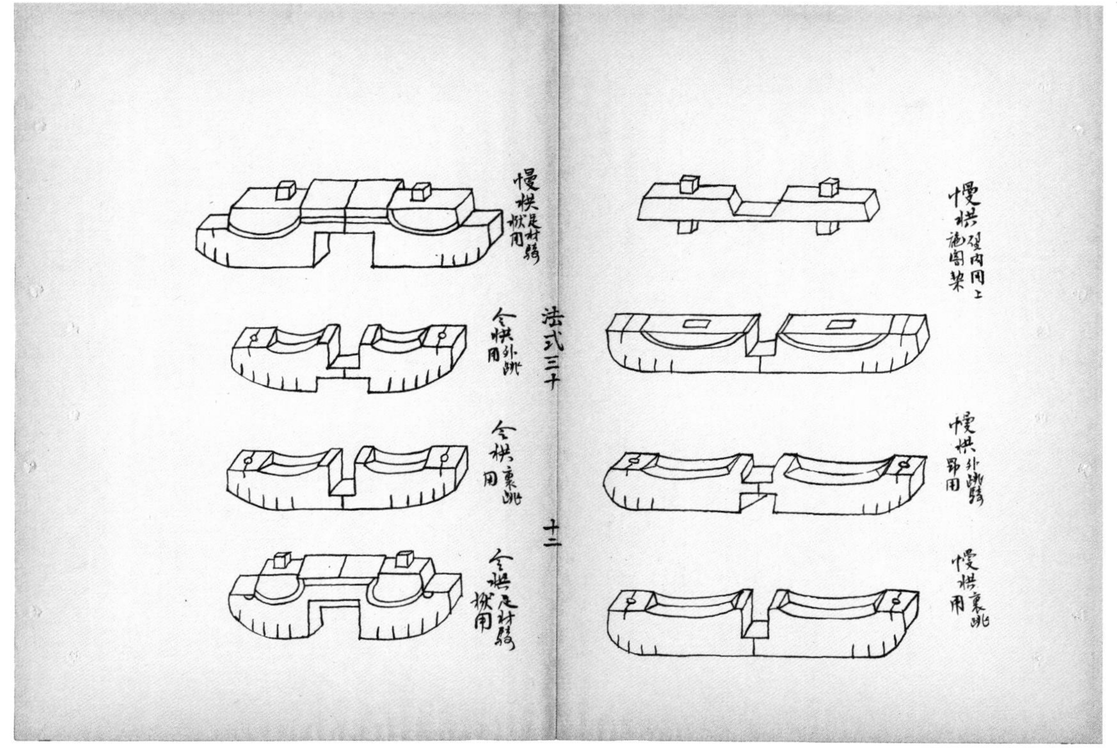
慢栱 裏內用上施闇栔
慢栱 外跳騎昂用
慢栱 裏跳用
慢栱 足材騎栿用
令栱 外跳用
令栱 裏跳用
令栱 足材騎栿用
法式三十
十二

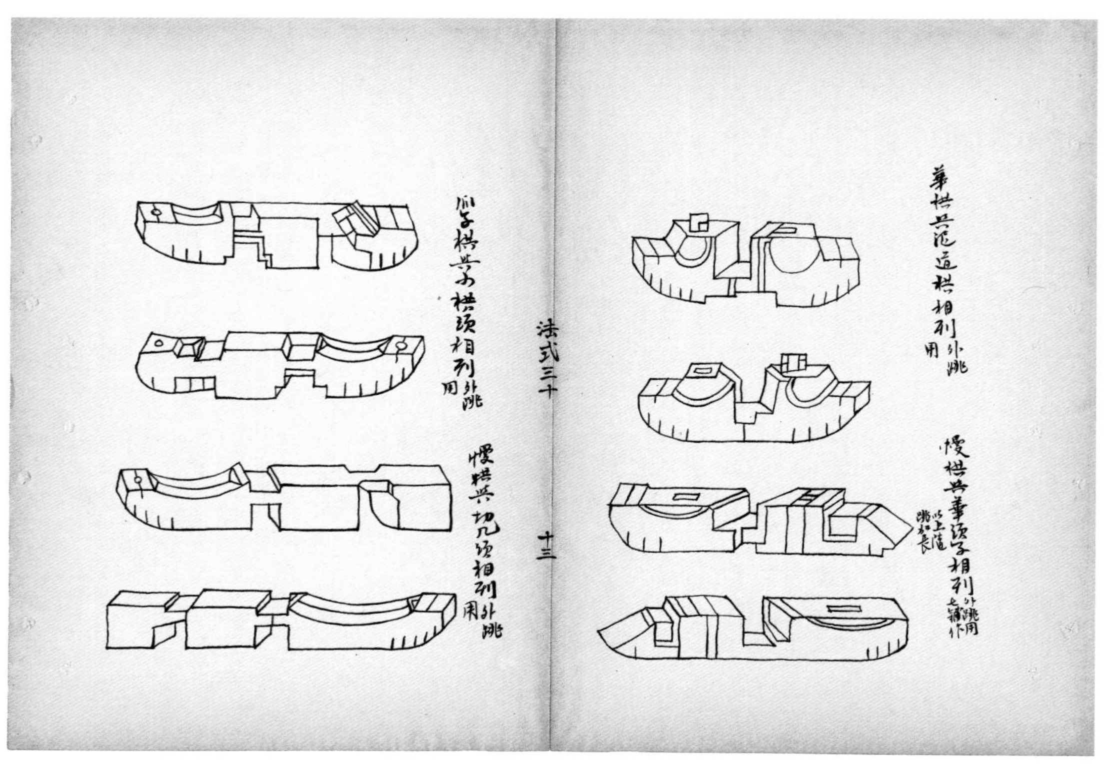

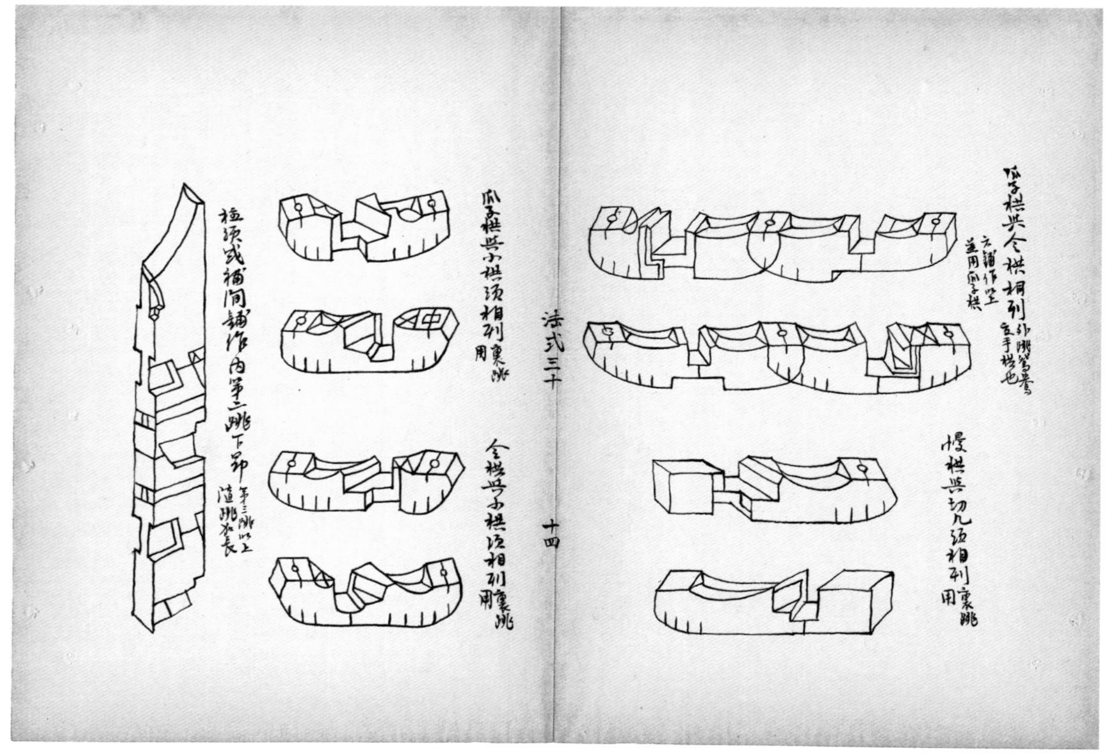

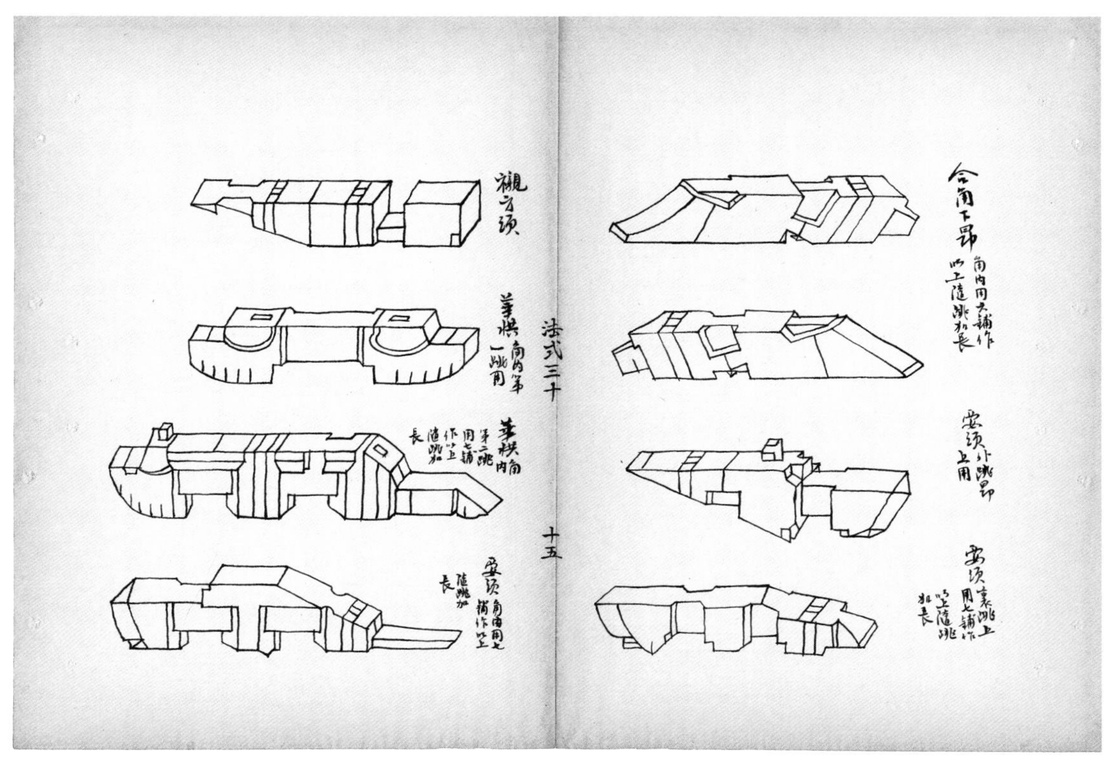
法式三十
十五

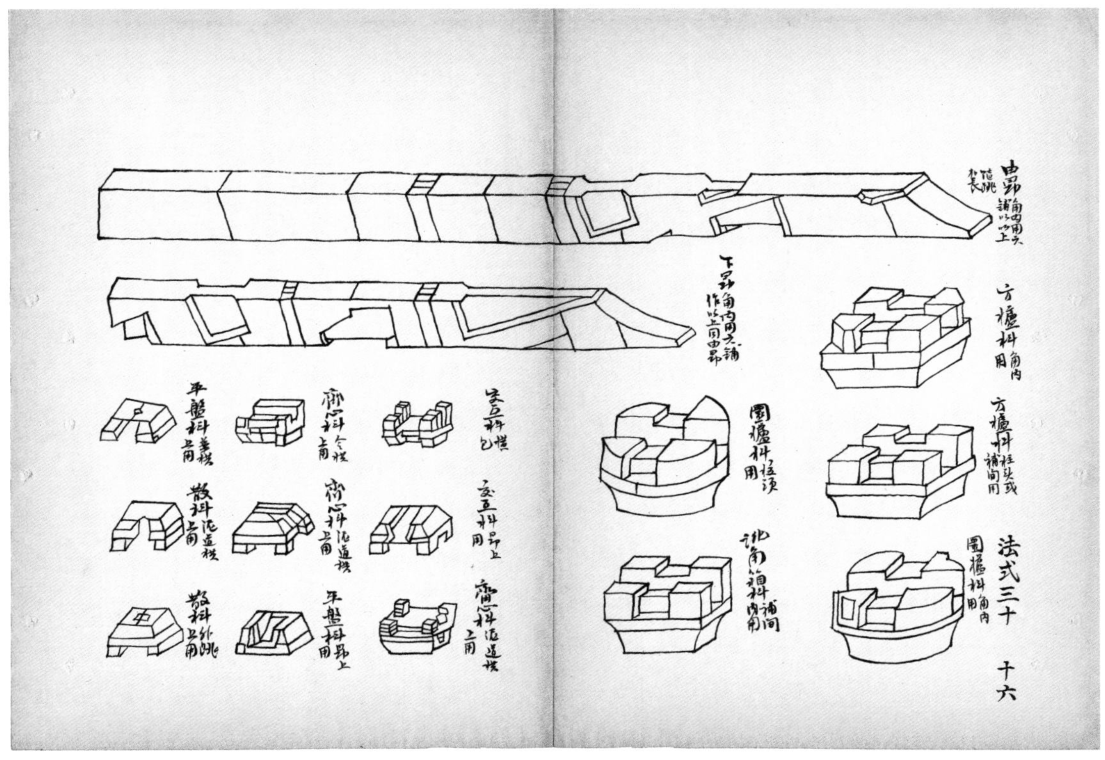
法式三十
十六

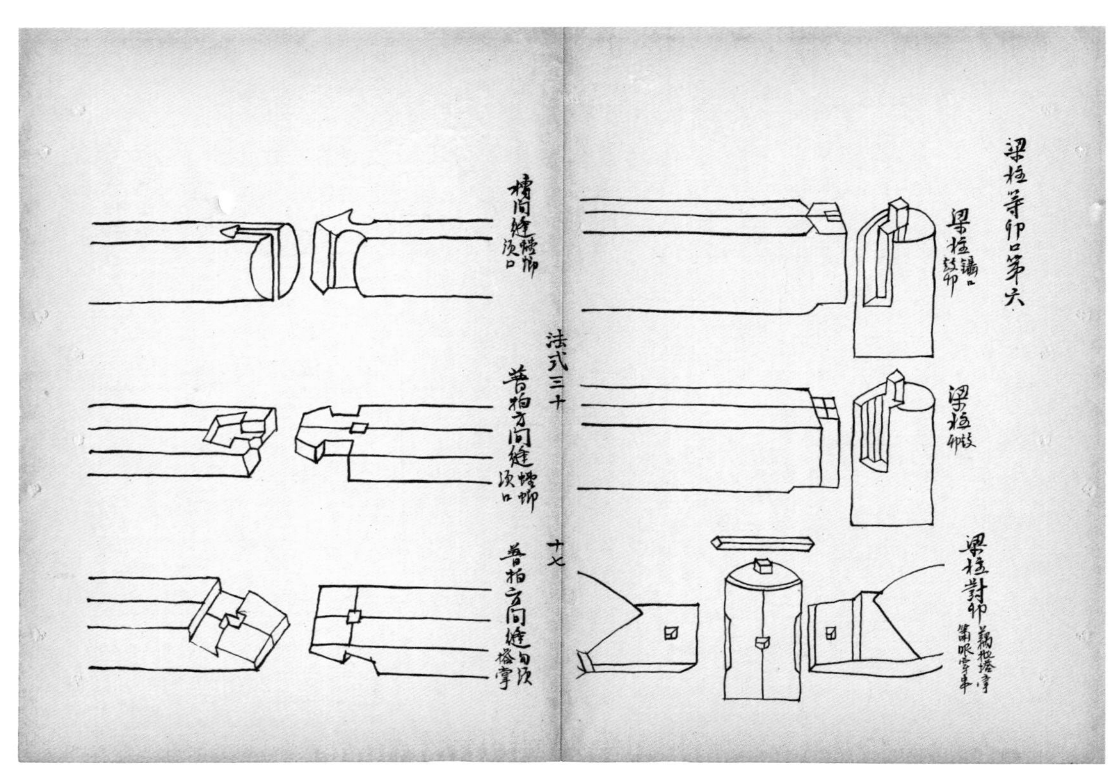

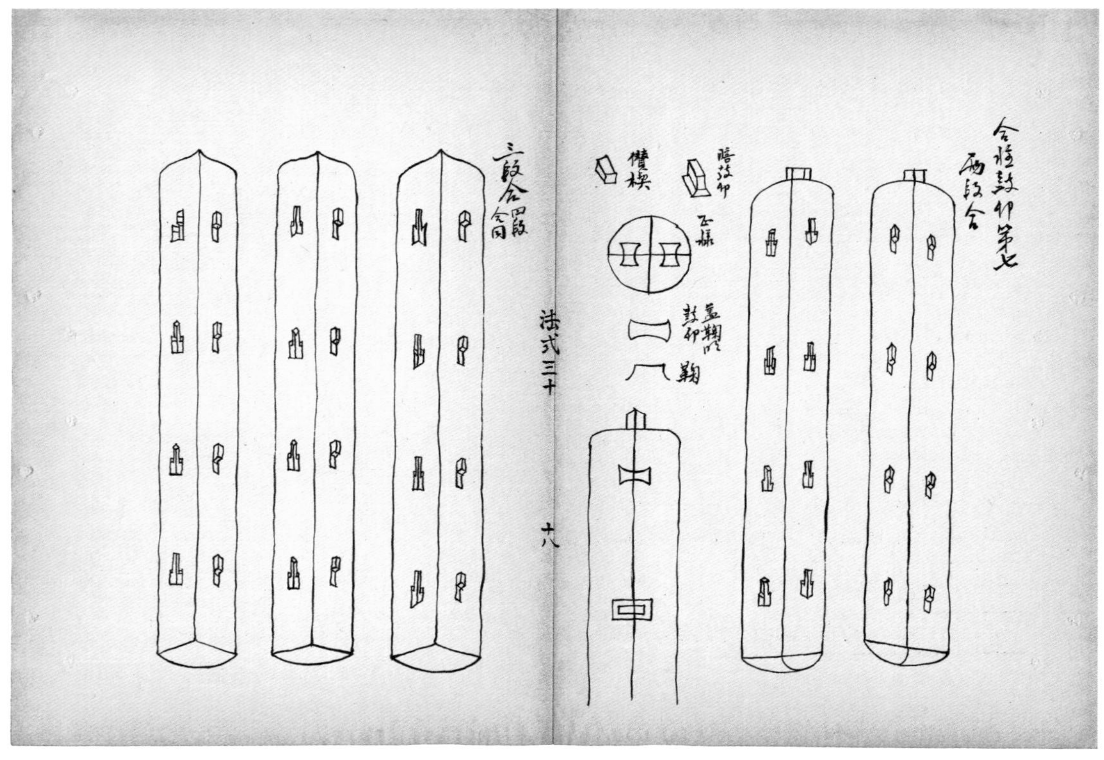

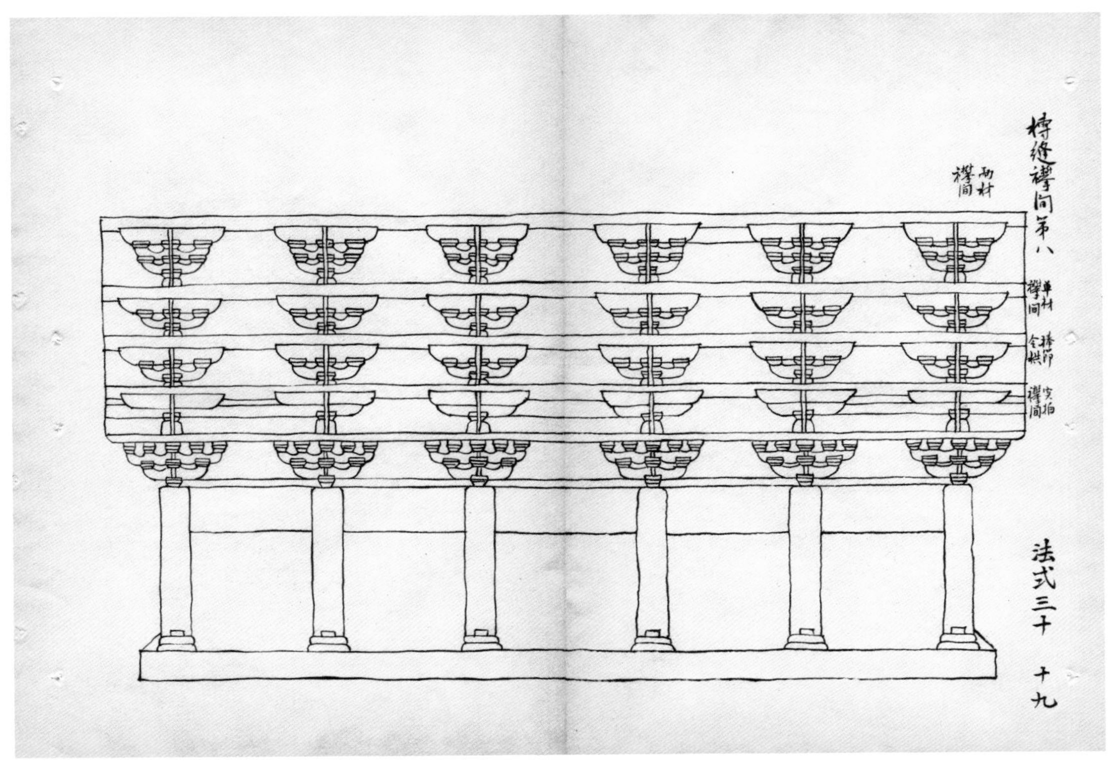

栱铺枓(?)间第八
法式三十 十九

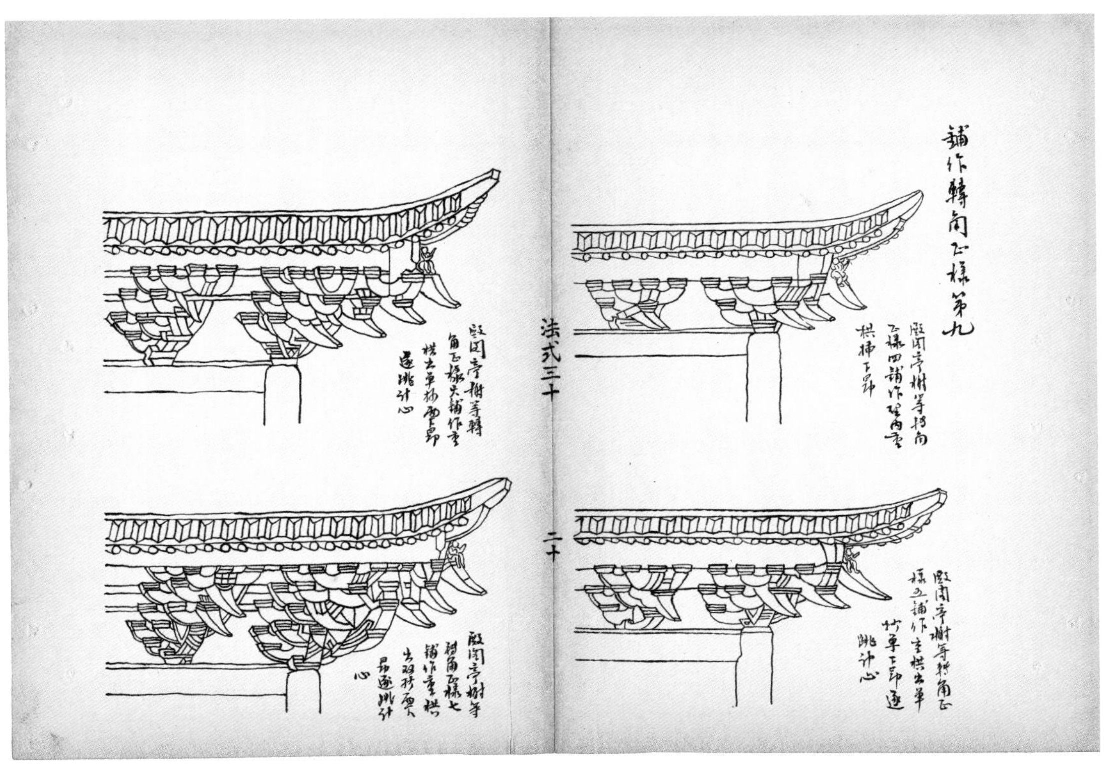

铺作转角正样第九
法式三十 二十

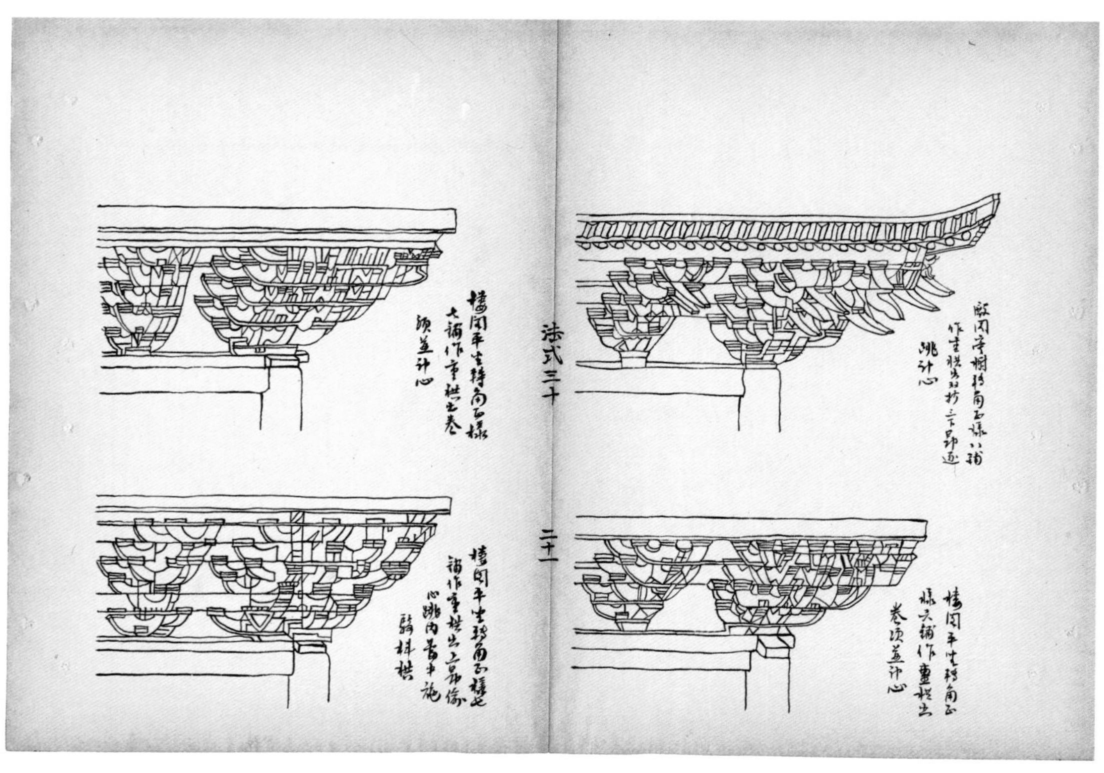

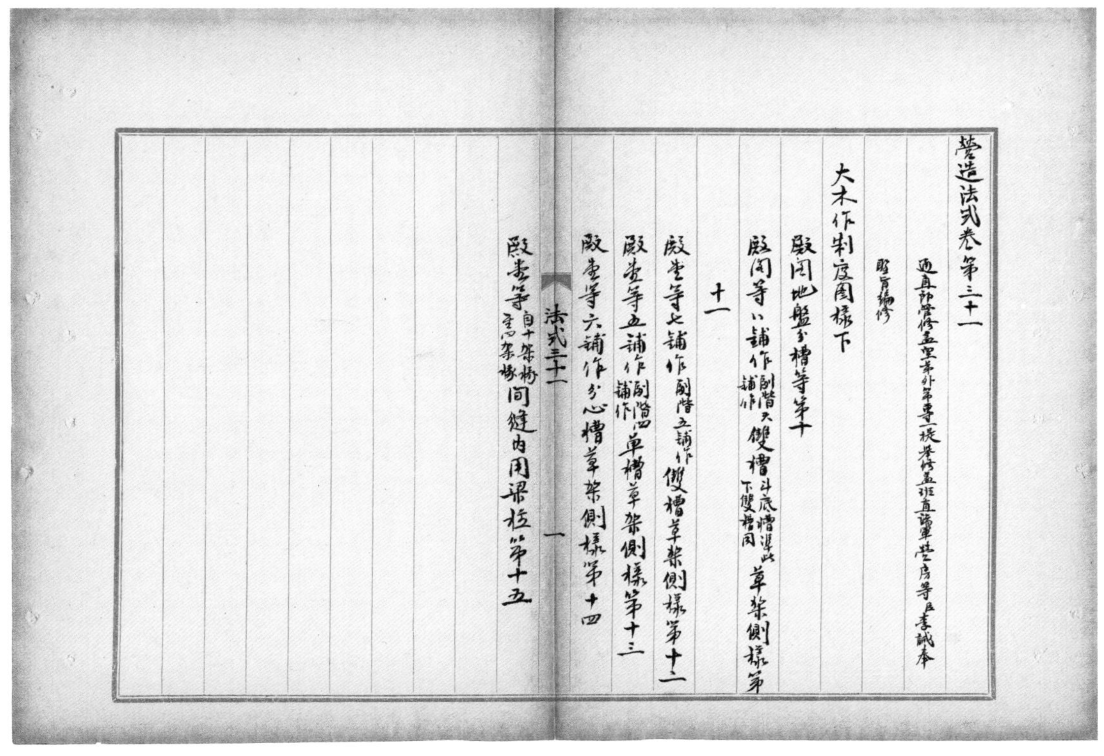

营造法式卷第三十一

通直郎管修盖皇弟外第专一提举修盖班直诸军营房等臣李诫奉圣旨编修

大木作制度图样下

殿阁地盘分槽等第十

殿阁等八铺作副阶六铺作双槽斗底槽准此下双槽同草架侧样第十一

殿堂等七铺作副阶五铺作双槽草架侧样第十二

殿堂等五铺作副阶四铺作单槽草架侧样第十三

殿堂等六铺作分心槽草架侧样第十四

厅堂等自十架椽至四架椽间缝内用梁柱第十五

法式三十一 一

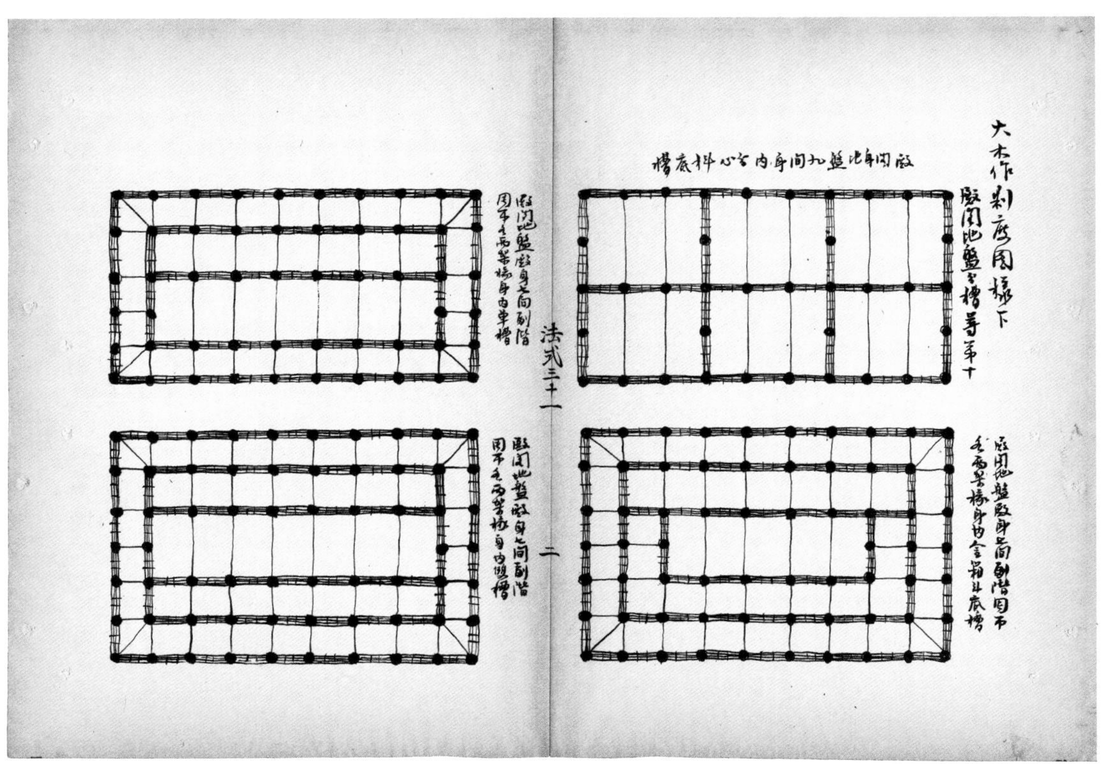

大木作制度图样下

殿阁地盘分槽等第十

殿阁身地盘九间身内分心斗底槽

殿阁地盘殿身七间副阶周帀各两架椽身内单槽

殿阁地盘殿身七间副阶周帀各两架椽身内双槽

殿阁地盘殿身七间副阶周帀各两架椽身内金箱斗底槽

法式三十一 二

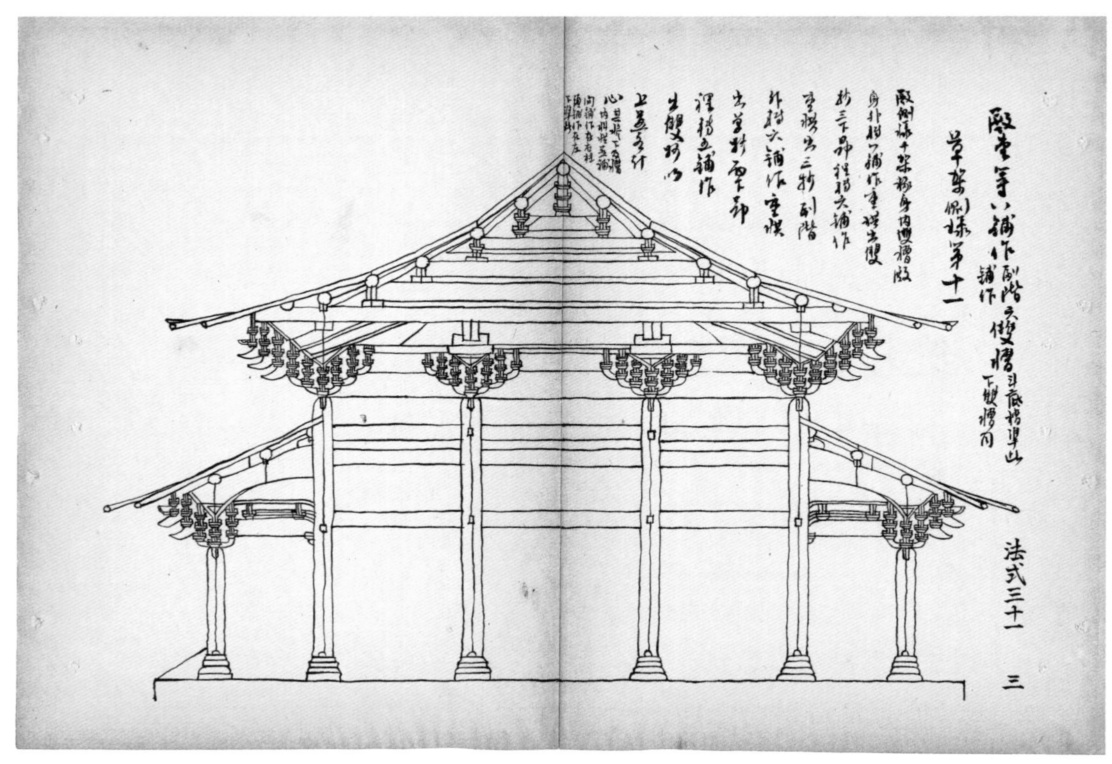
殿堂等八铺作副阶六铺作双槽草架侧样第十一
法式三十一
三

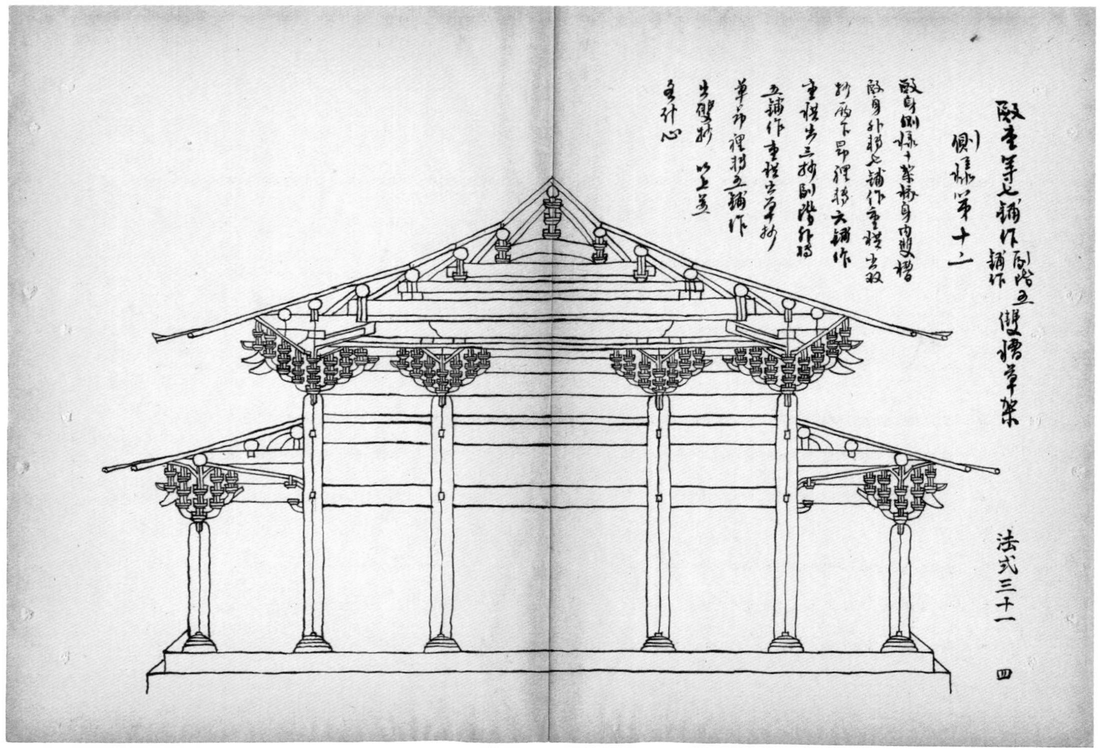
殿堂等七铺作副阶五铺作双槽草架侧样第十二
法式三十一
四

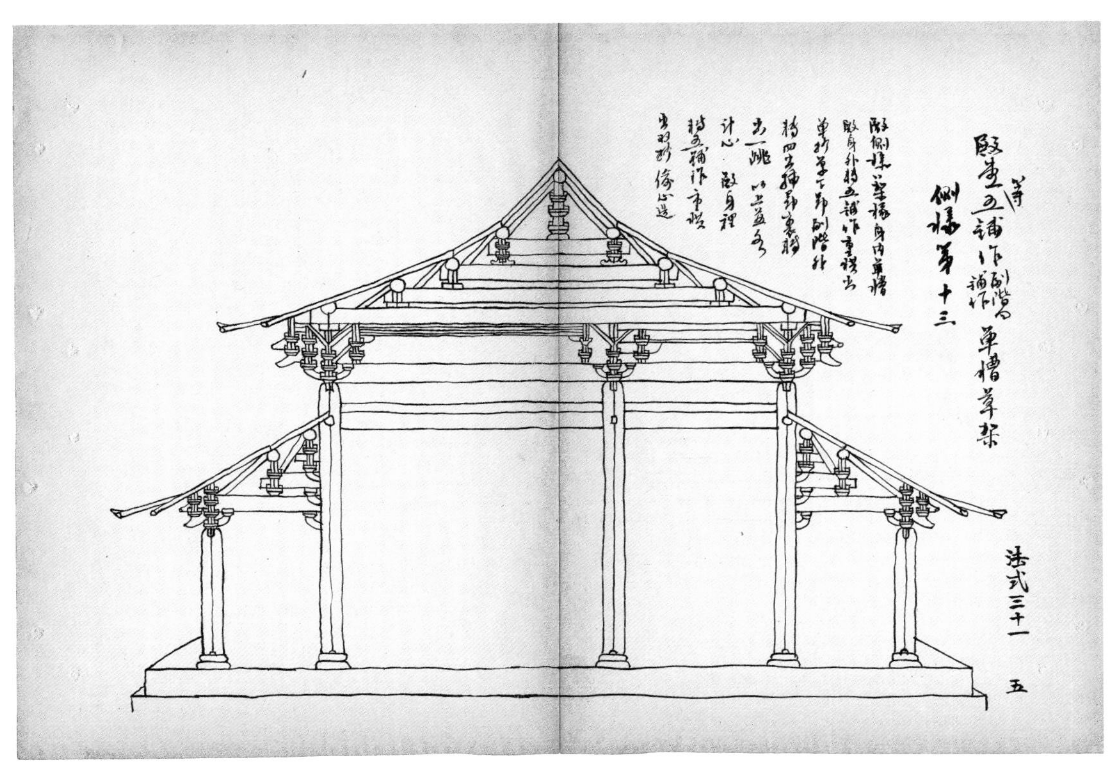
侧样第十三
法式三十一
五

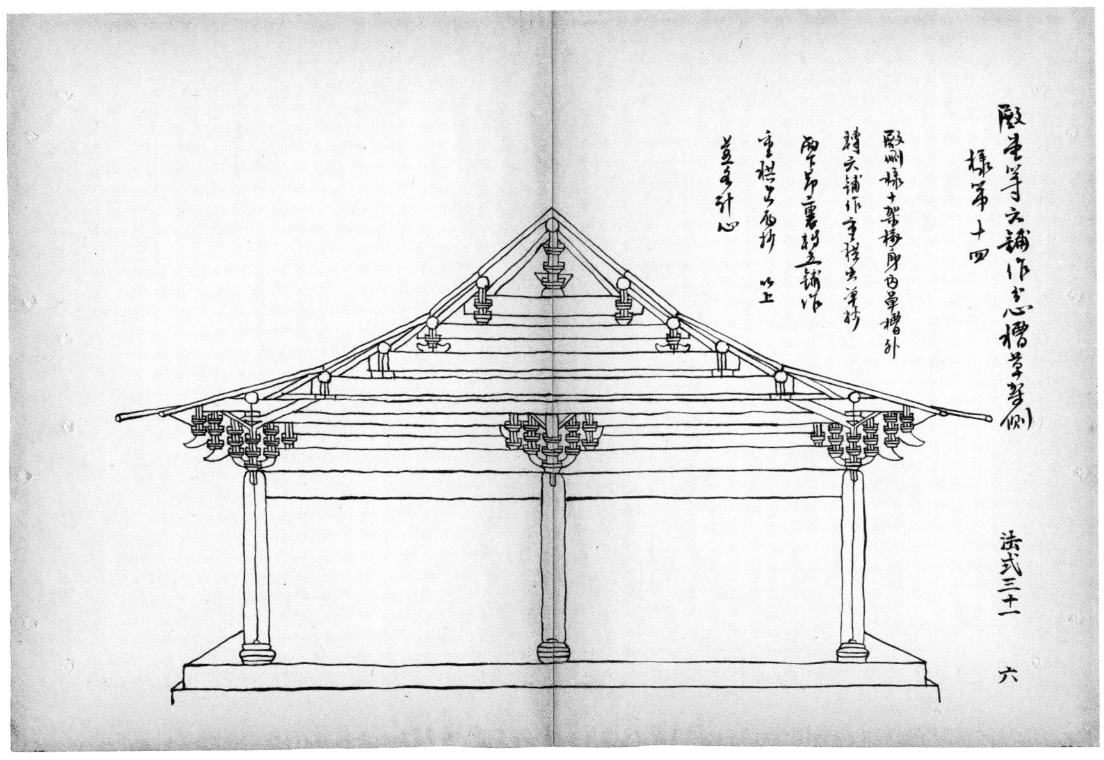
法式三十一
六

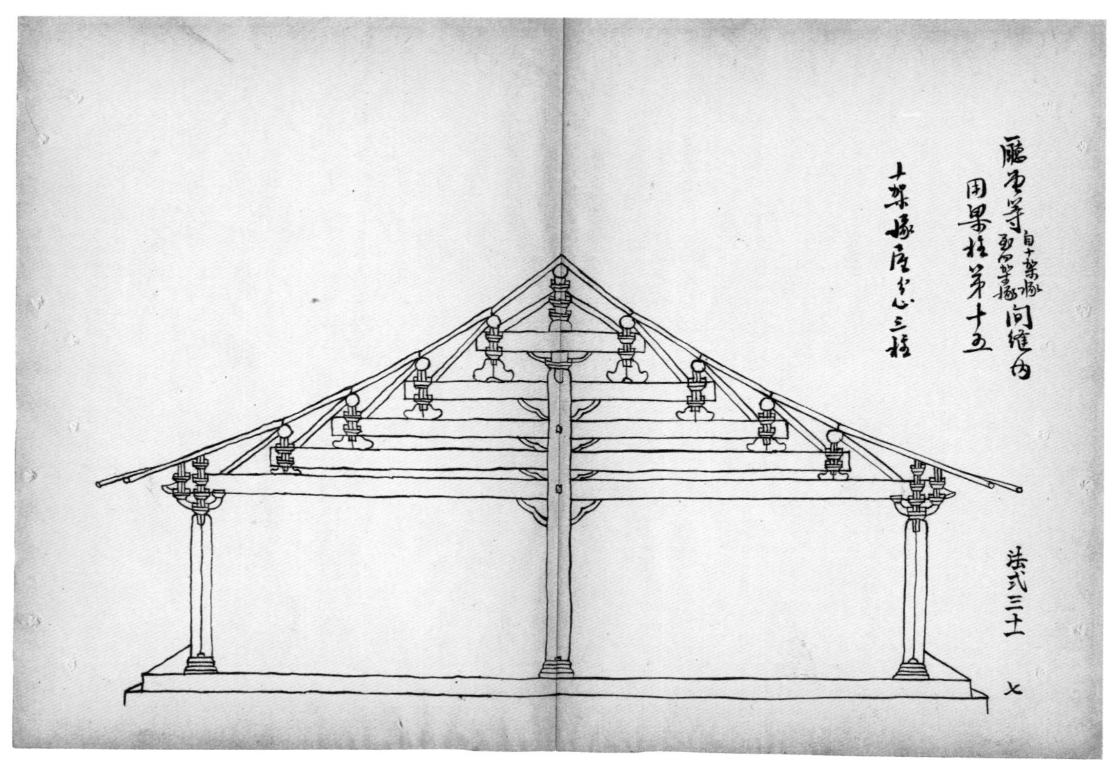
厅堂等自十架椽至四架椽间缝内用梁柱第十五
十架椽屋分心三柱
法式三十
七

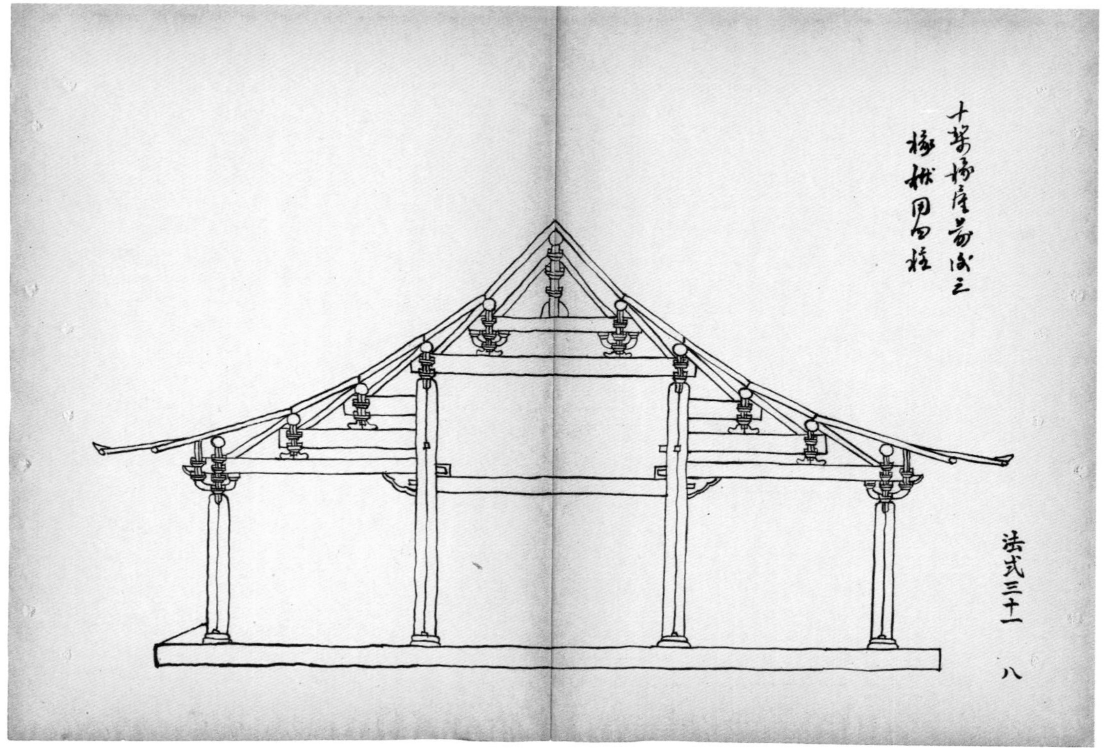
十架椽屋前后三椽栿用四柱
法式三十一
八

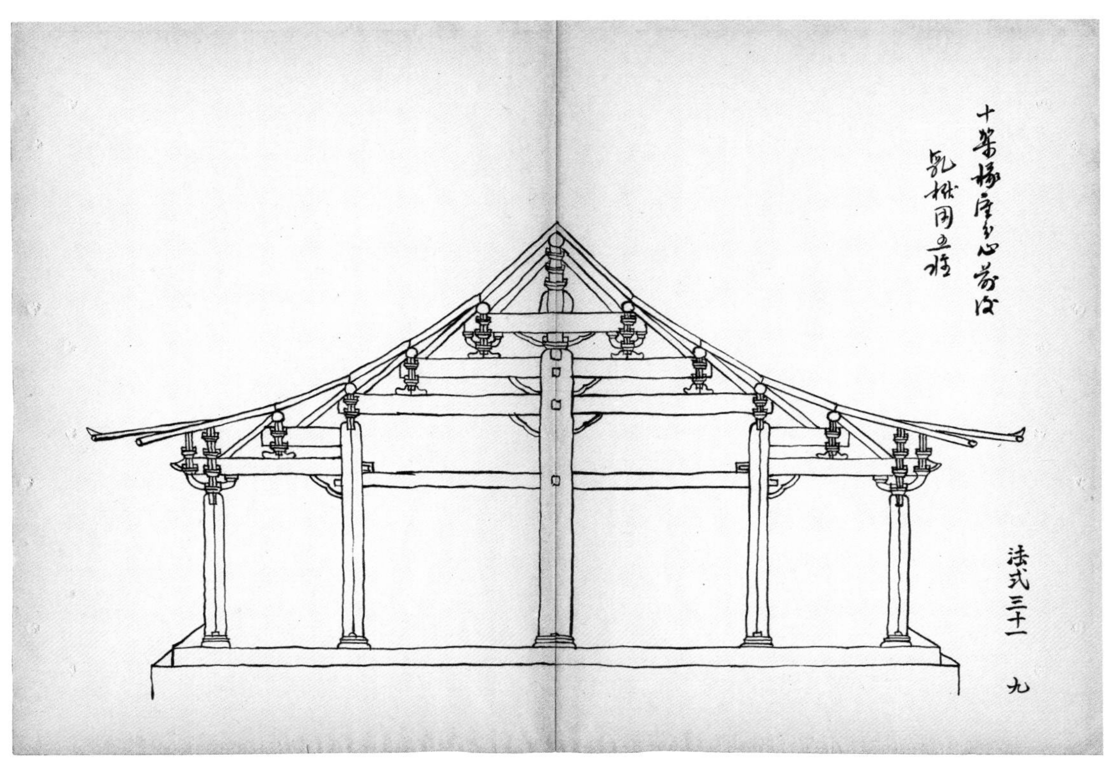
十架椽屋分心前後
乳栿用五柱
法式三十一
九

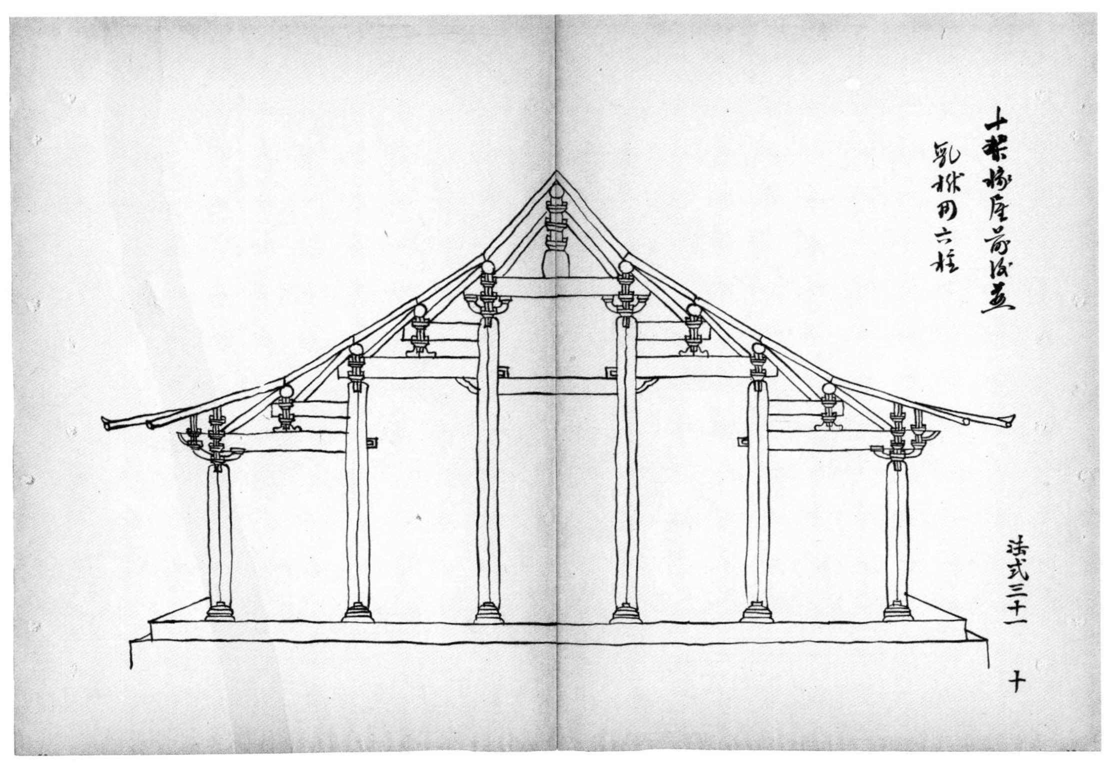
十架椽屋前後並
乳栿用六柱
法式三十一
十

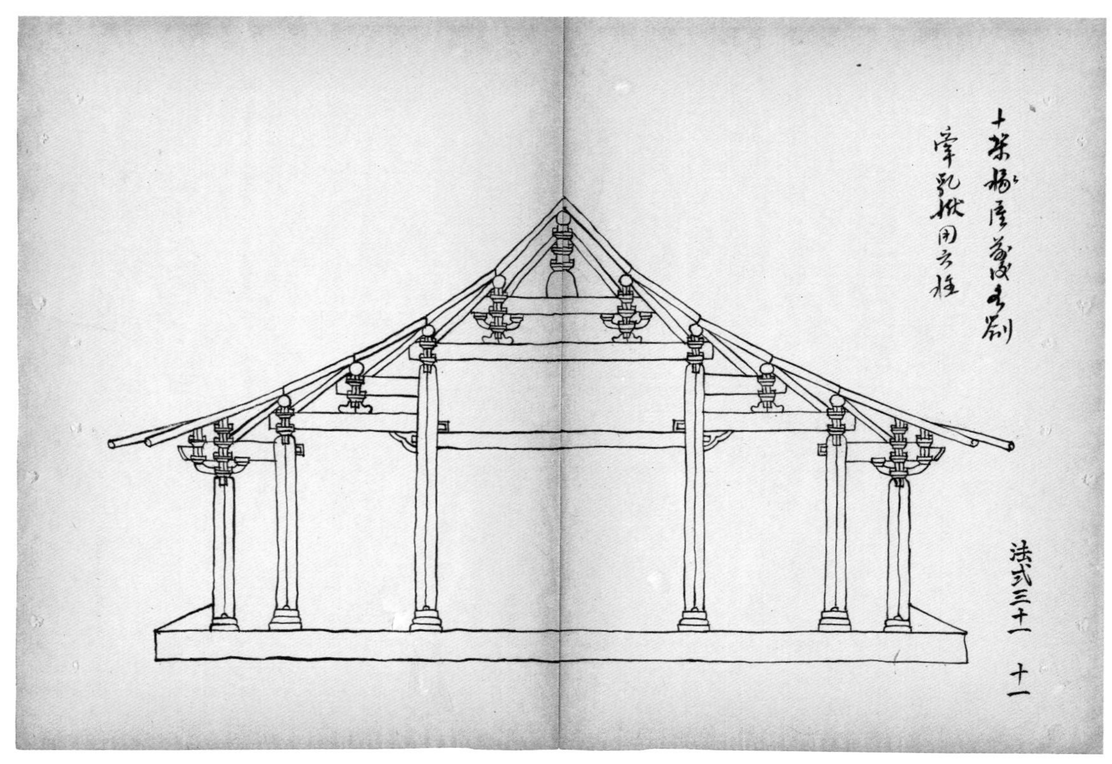
十架椽屋前後各劄
牽乳栿用六柱
法式三十一 十一

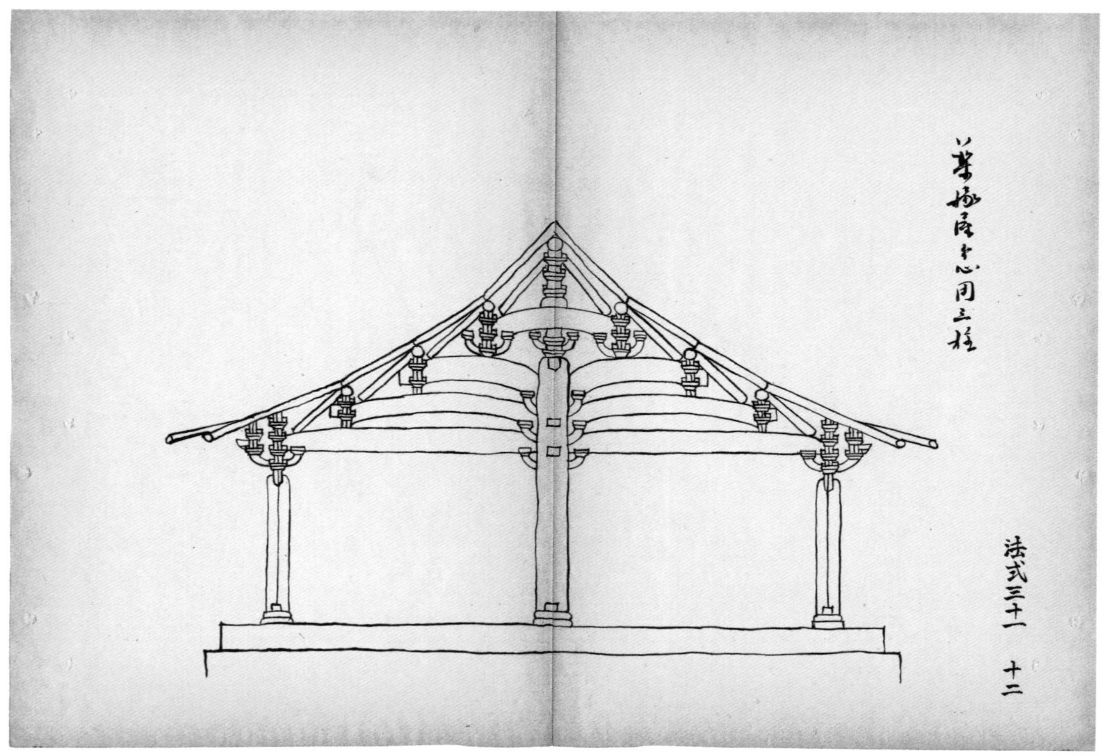
八架椽屋分心用三柱
法式三十一 十二

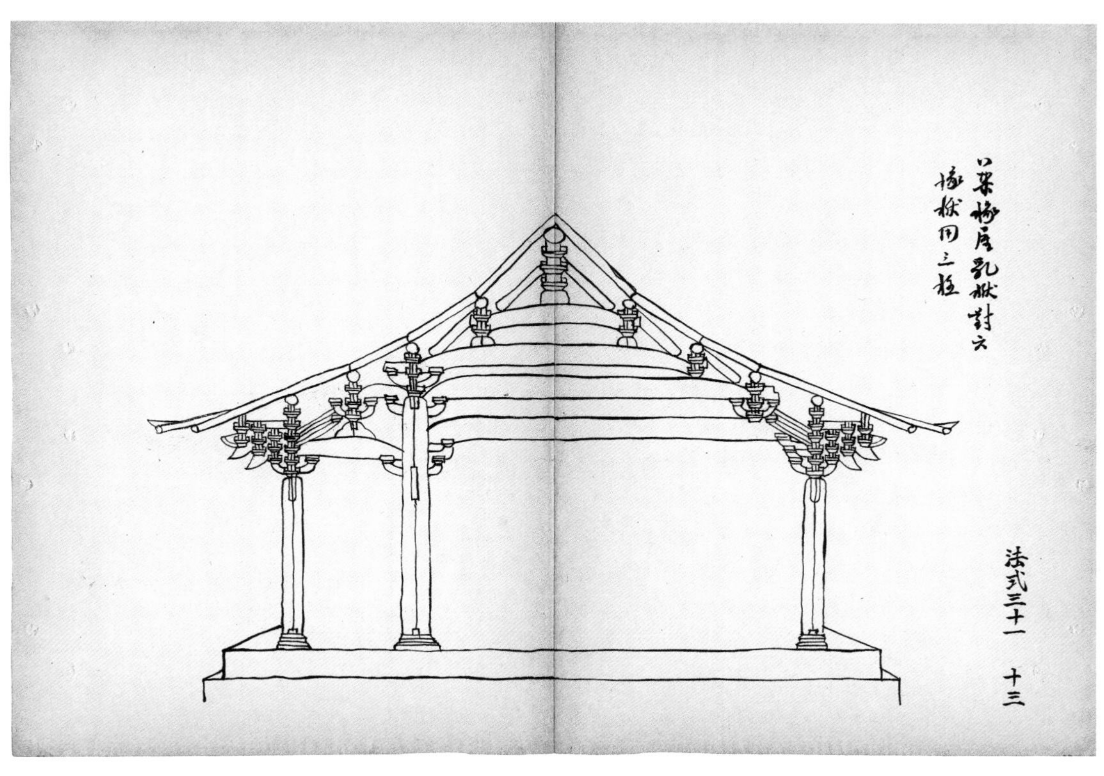
八架椽屋乳栿對六
椽栿用三柱
法式三十一　十三

八架椽屋前後乳栿用四柱
法式三十一　十四

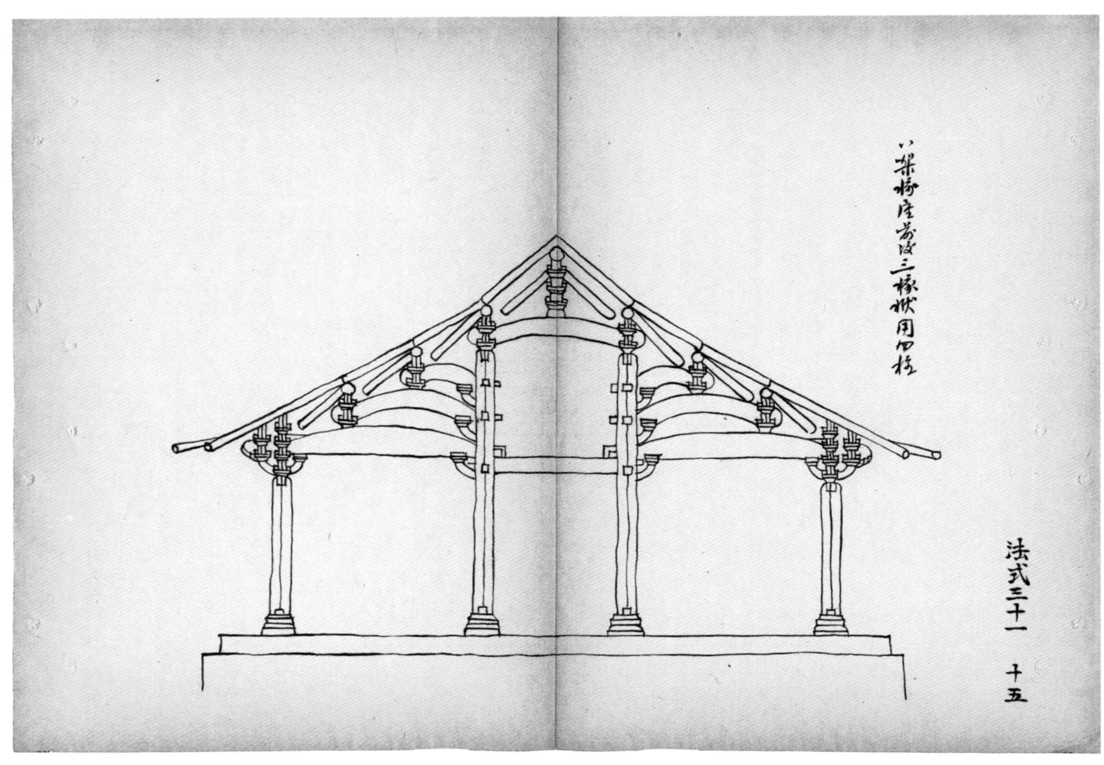
八架椽屋前後三椽栿用四柱
法式三十一
十五

八架椽屋分心乳栿用五柱
法式三十一
十六

架椽屋前後劄牽用六柱
法式三十一　十七

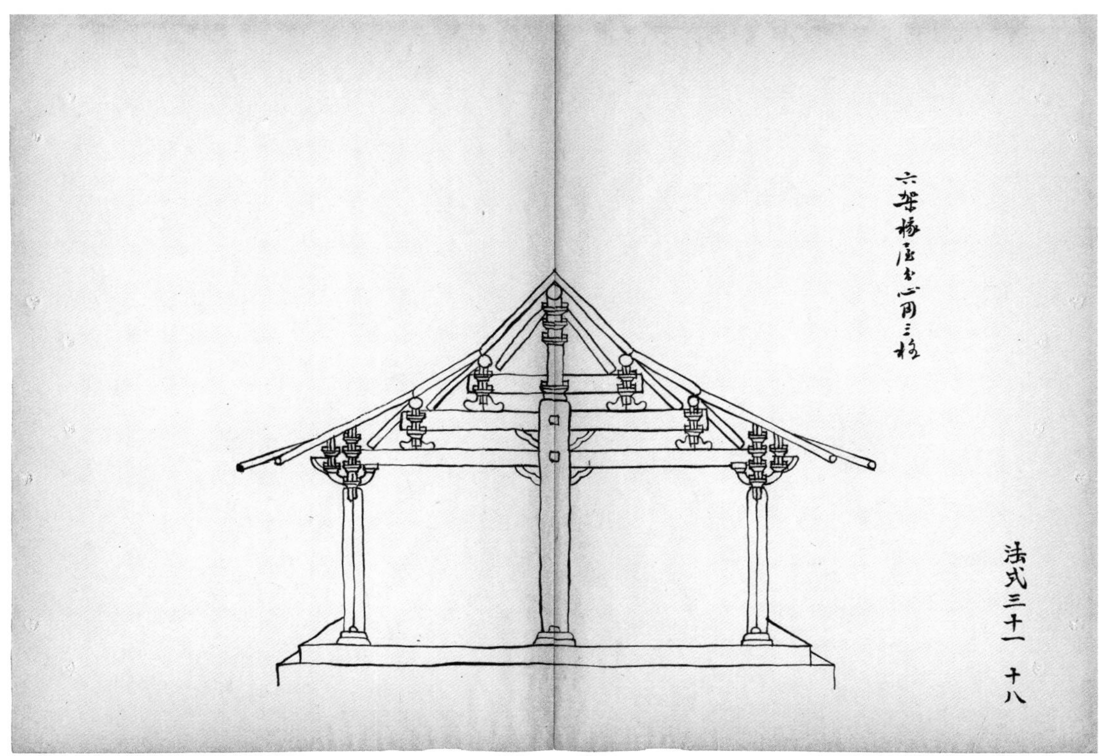
六架椽屋分心用三柱
法式三十一　十八

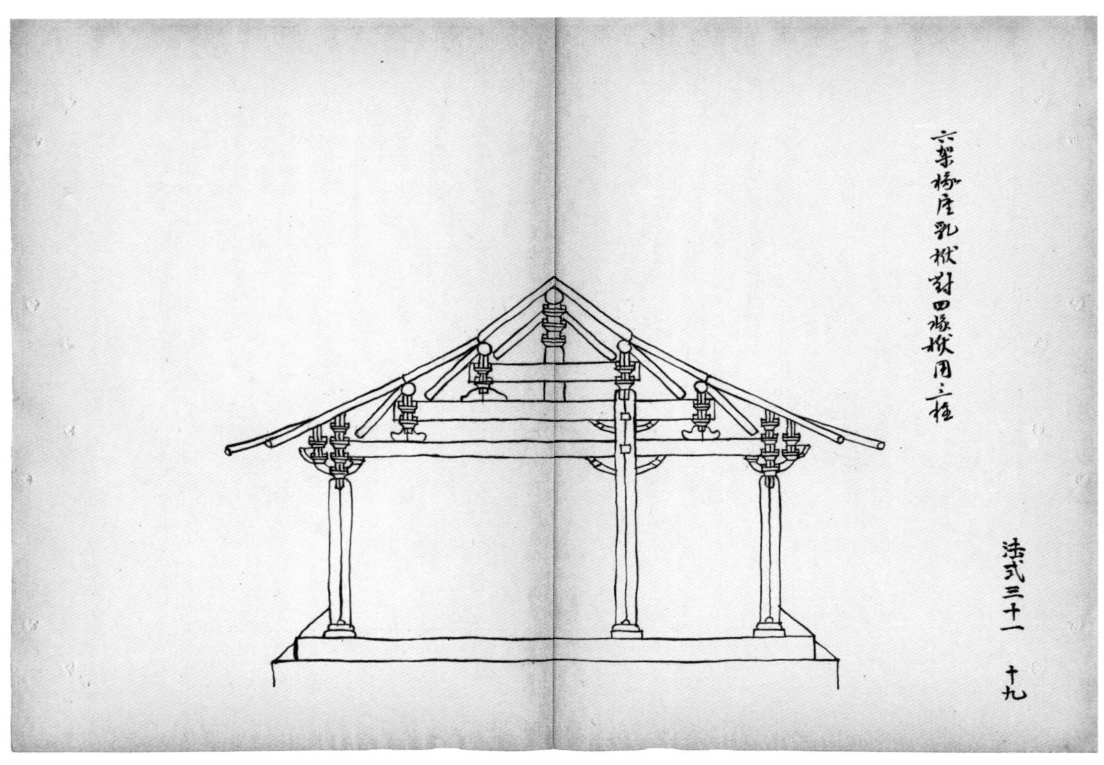
六架椽屋乳栿对四椽栿用三柱
法式三十一 十九

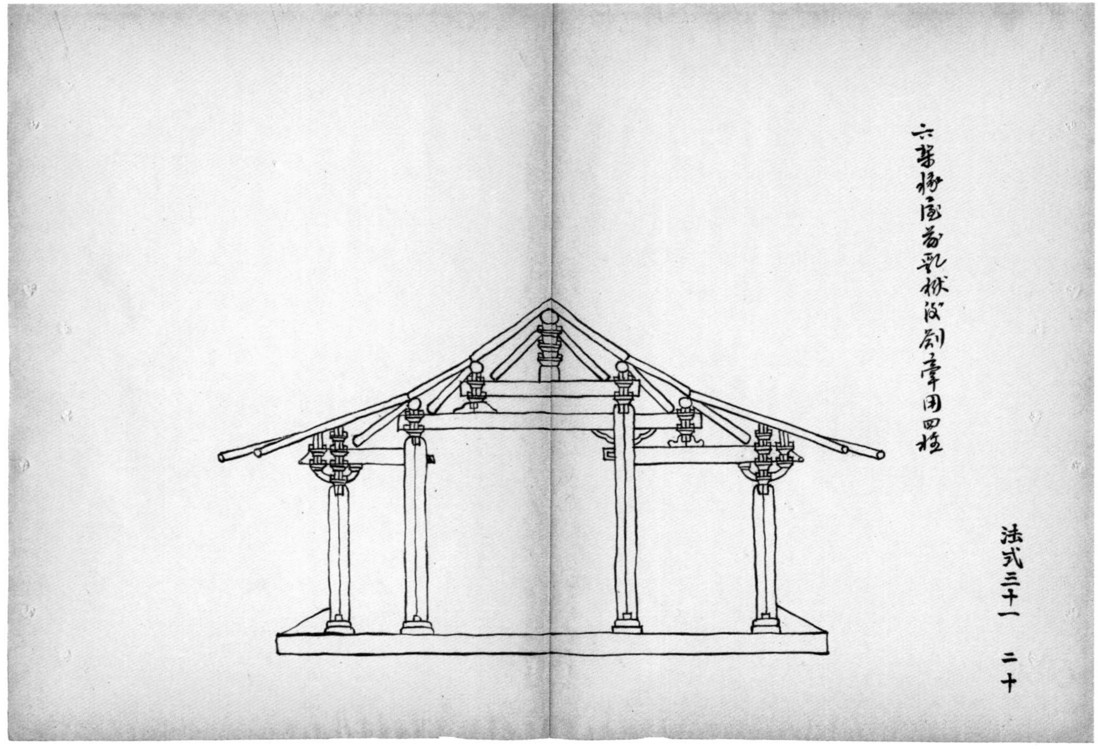
六架椽屋前乳栿后劄牵用四柱
法式三十一 二十

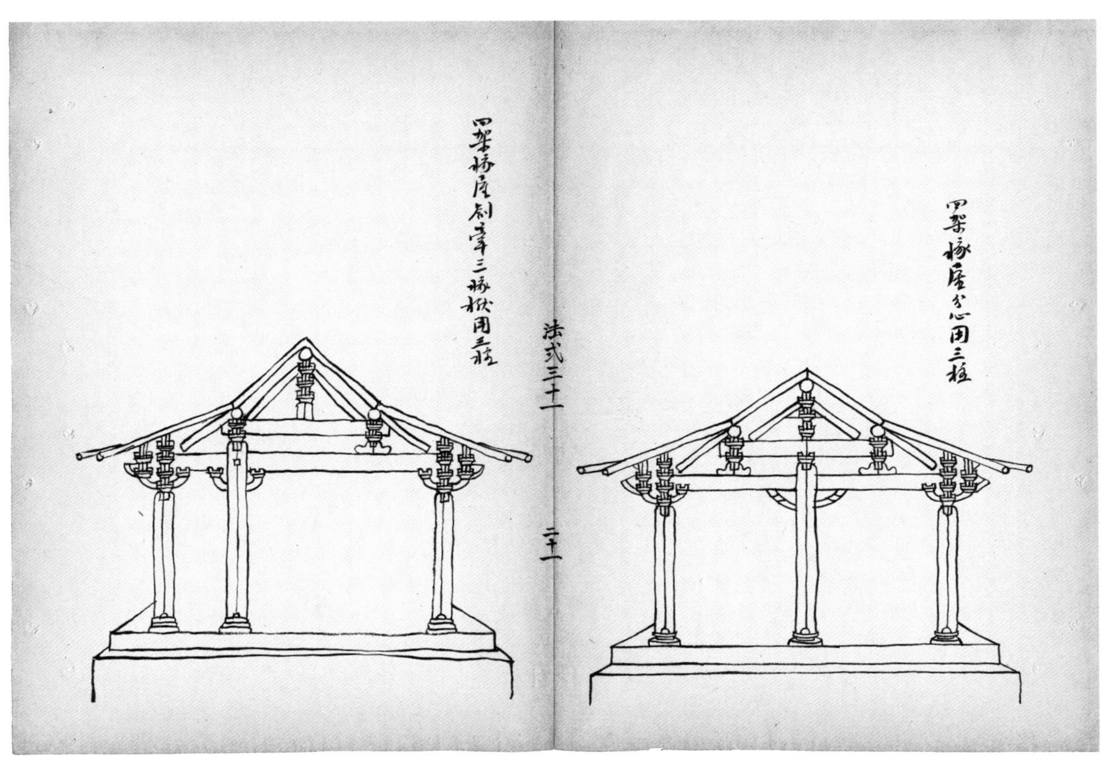
四架椽屋分心用三柱
法式三十一
二十一
四架椽屋劄牽三椽栿用三柱

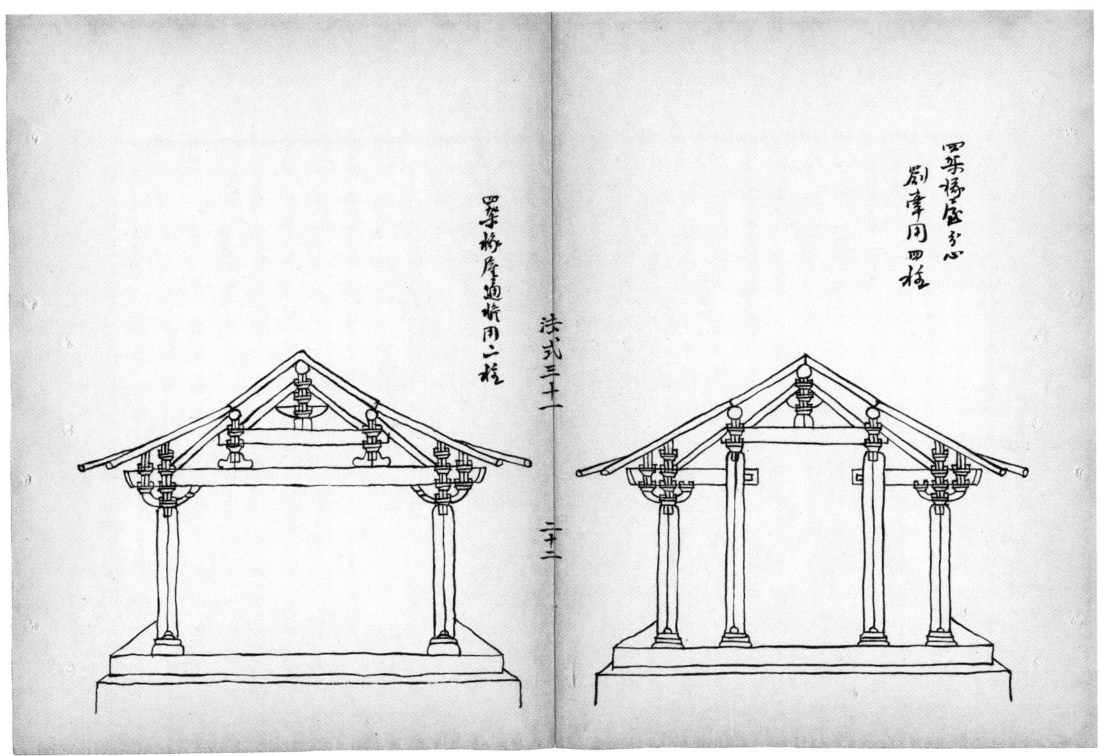
四架椽屋分心
劄牽用四柱
法式三十一
二十二
四架椽屋通檐用二柱

營造法式卷第三十一

法式三十一　二十三

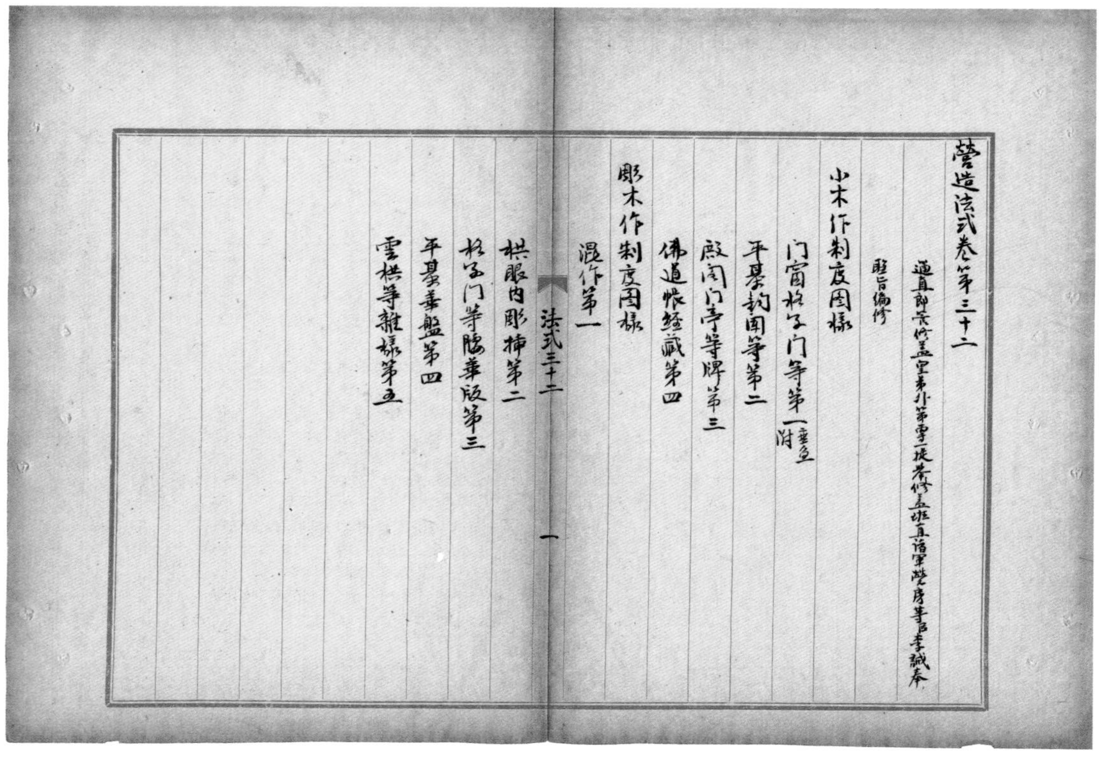

營造法式卷第三十二

通直郎管修蓋皇弟外第專一提舉修蓋班直諸軍營房等臣李誡奉

聖旨編修

小木作制度圖樣

门窗格子门等第一（垂魚附）

平棊鉤闌等第二

殿閣门亭等牌第三

佛道帳經藏第四

彫木作制度圖樣

混作第一

栱眼內彫插第二

格子门等腰華版第三

平棊華盤第四

雲栱等雜樣第五

法式三十二　一

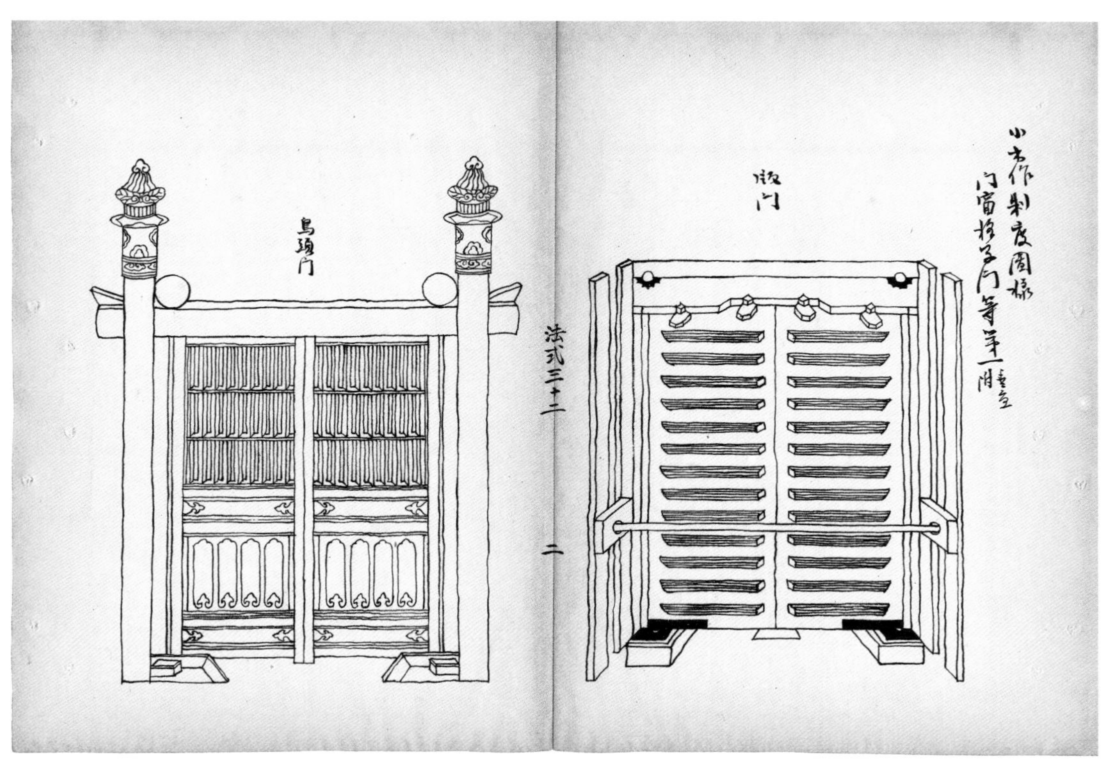
小木作制度图样
门窗格子门等第一
版门
乌头门
法式三十二
二

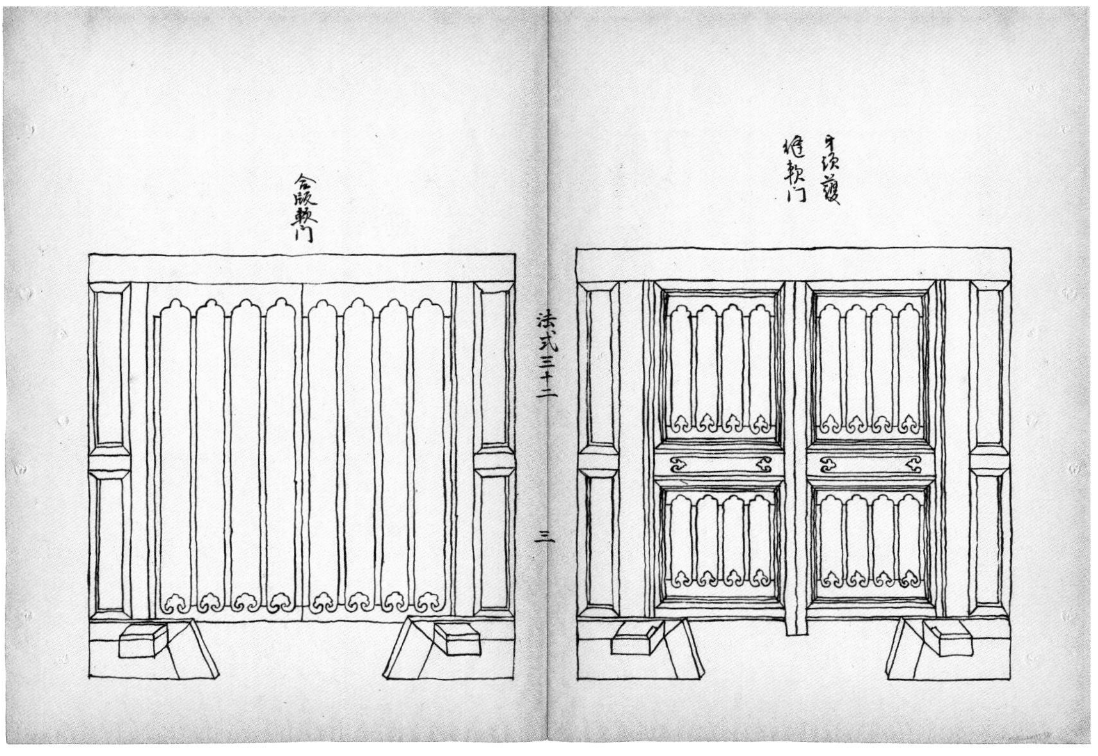
合版软门
牙头护缝软门
法式三十二
三

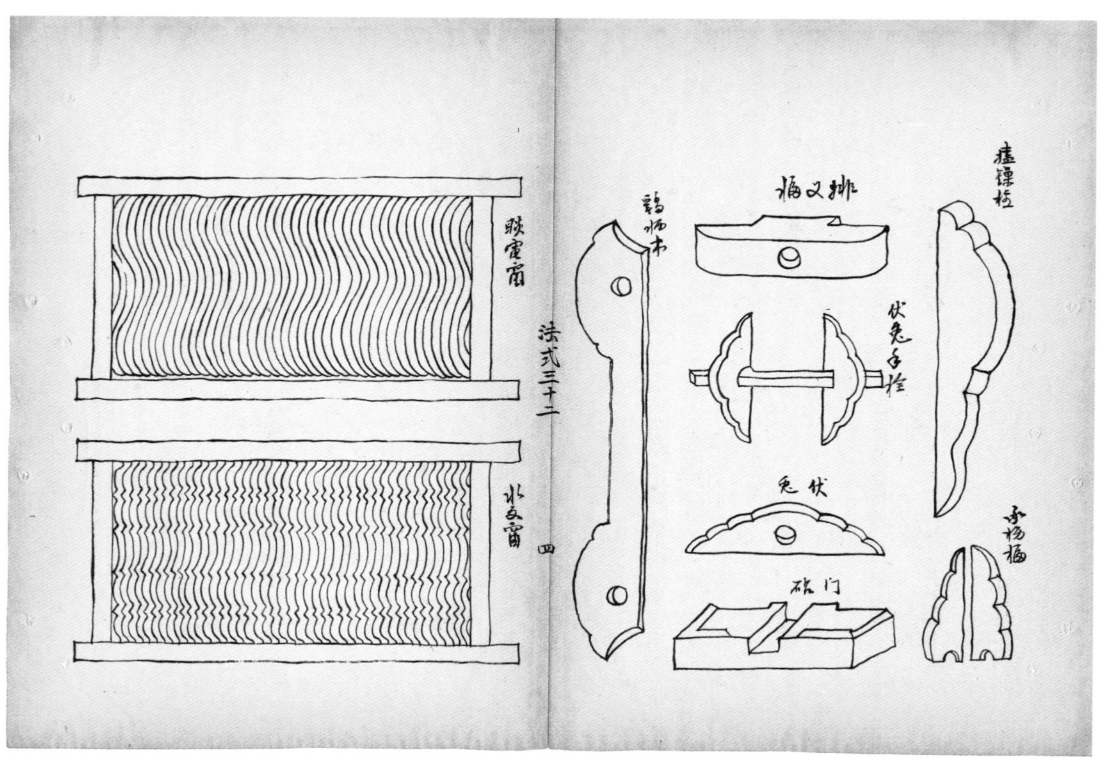
睒電窗
水文窗
法式三十二
四
伏兔
门砧

法式三十二
五

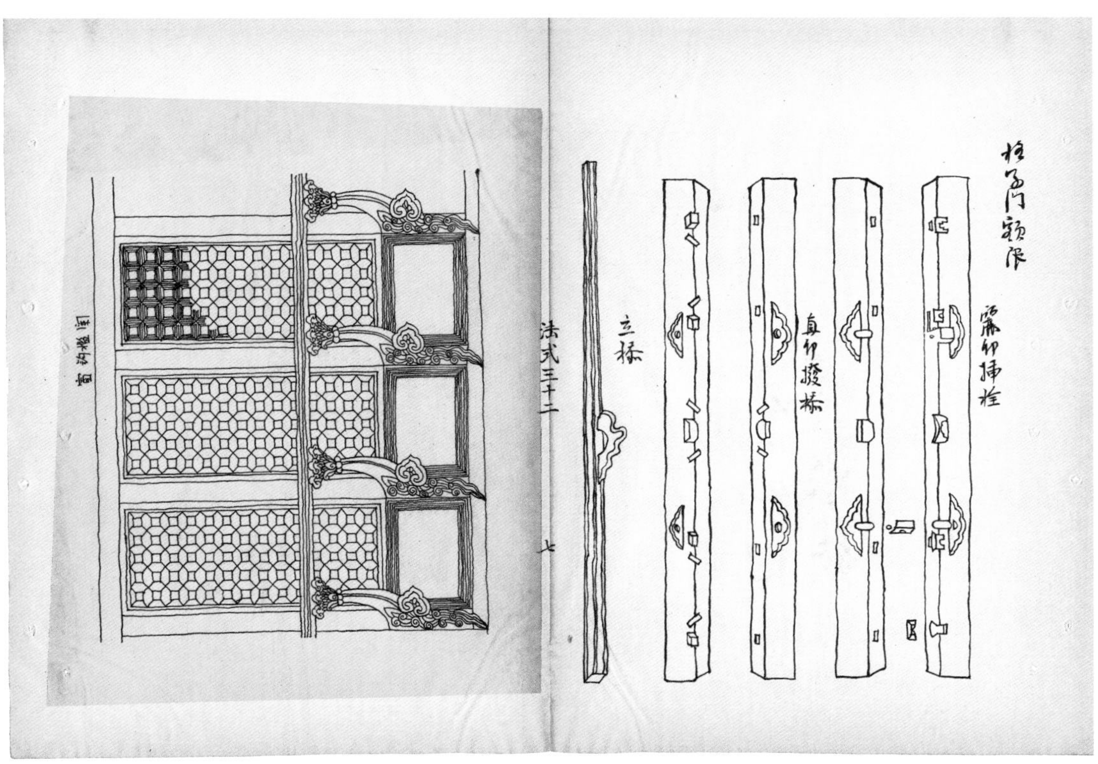

法式三十二
八

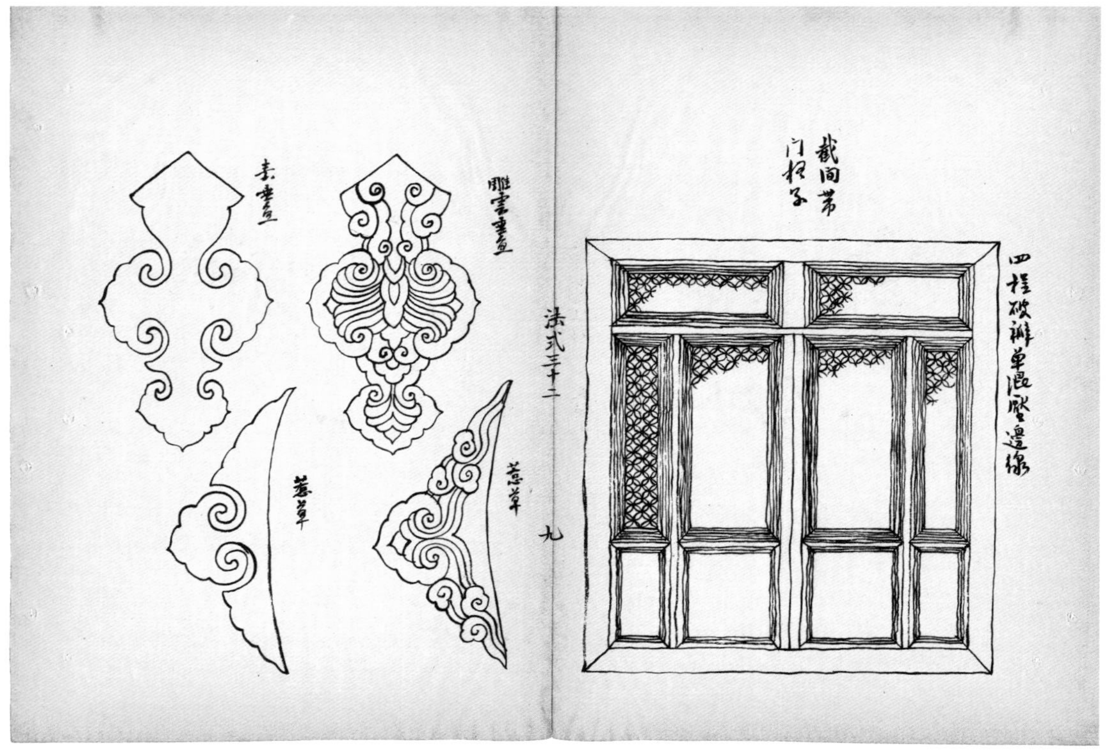
法式三十二
九

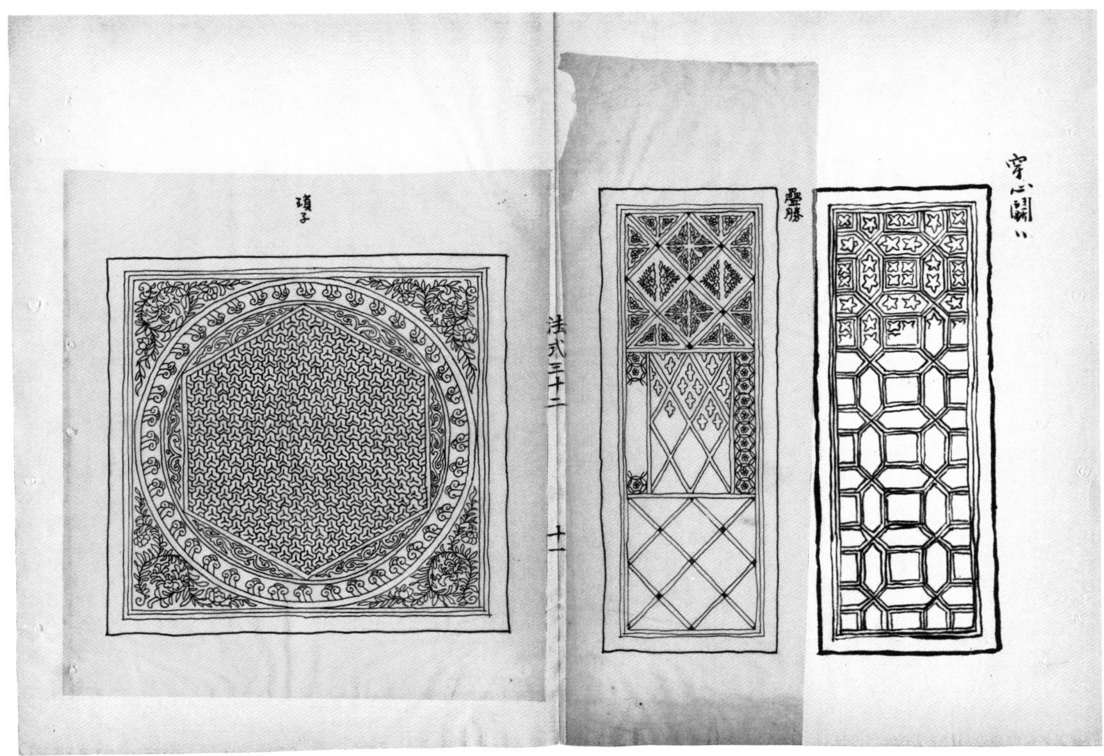

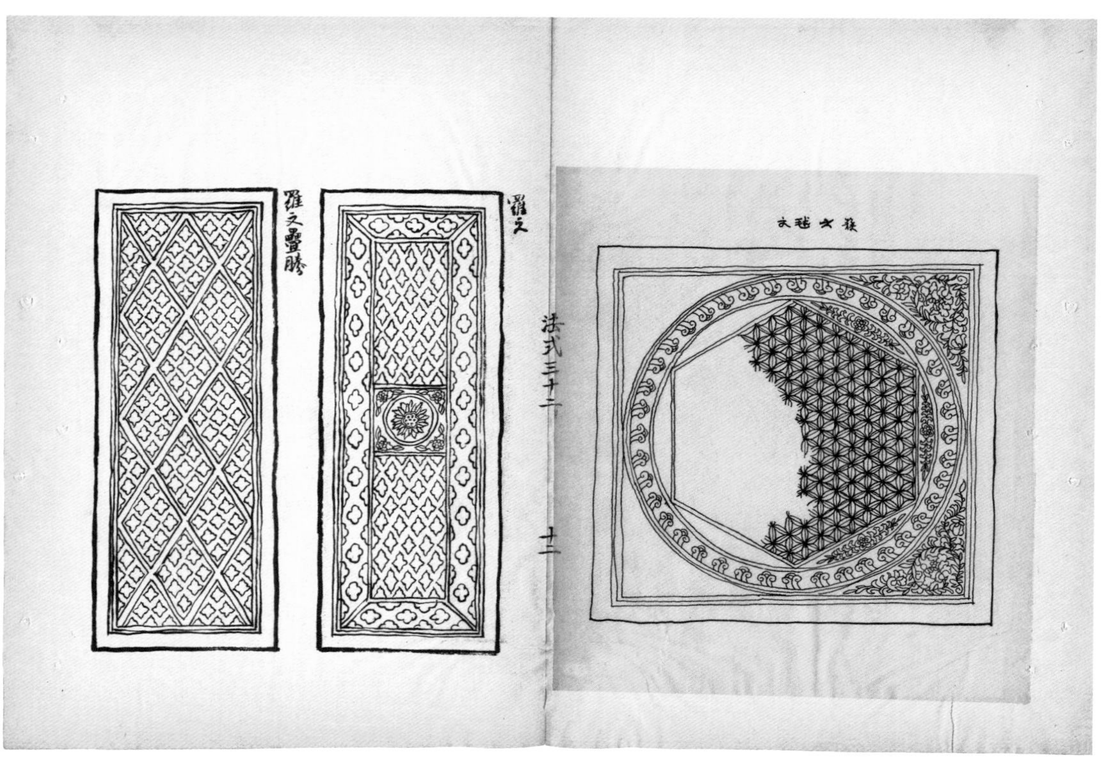

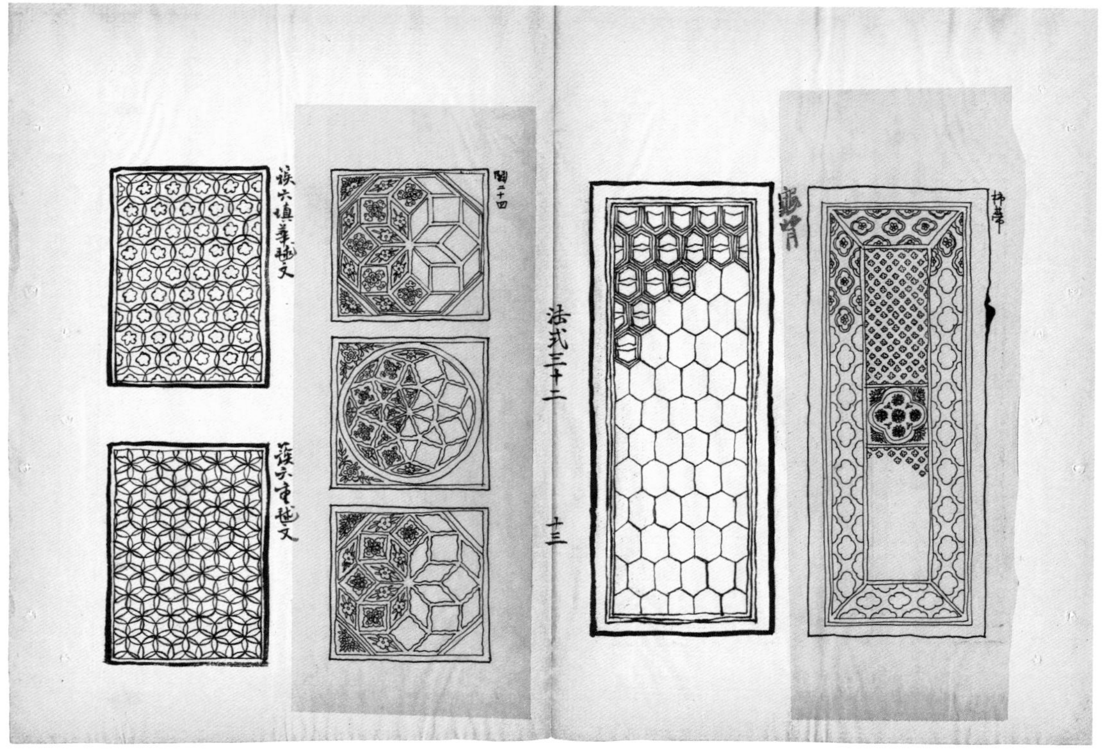

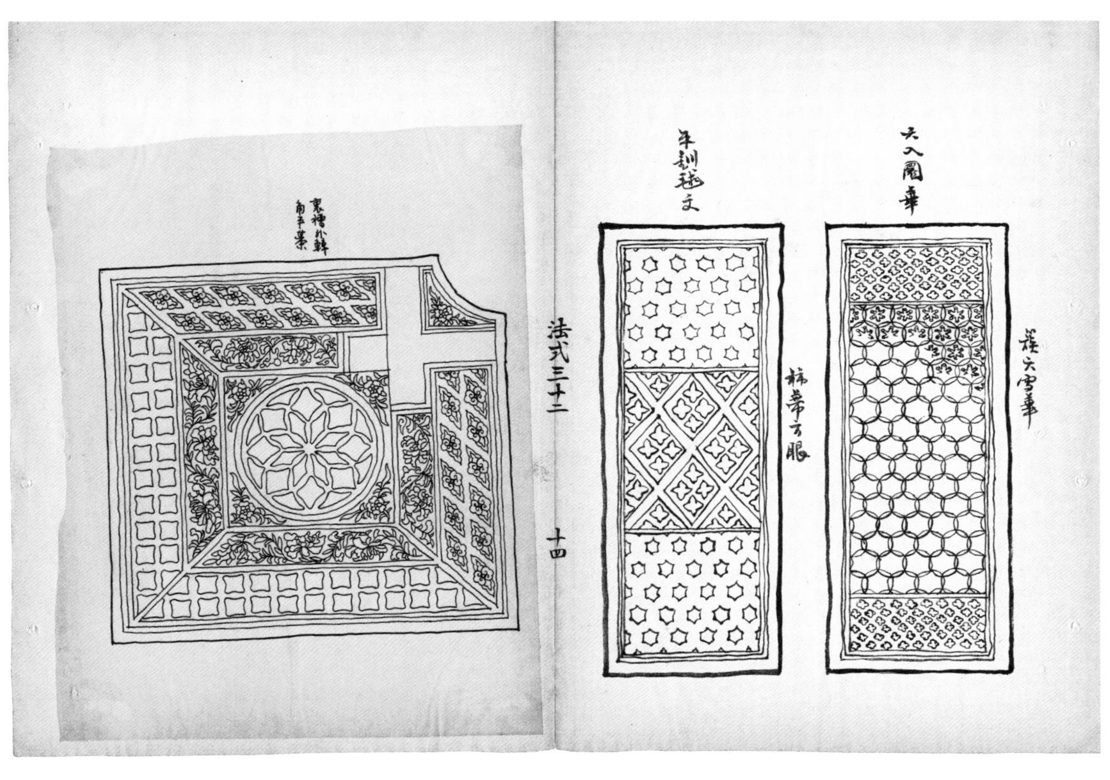
法式三十二
十四

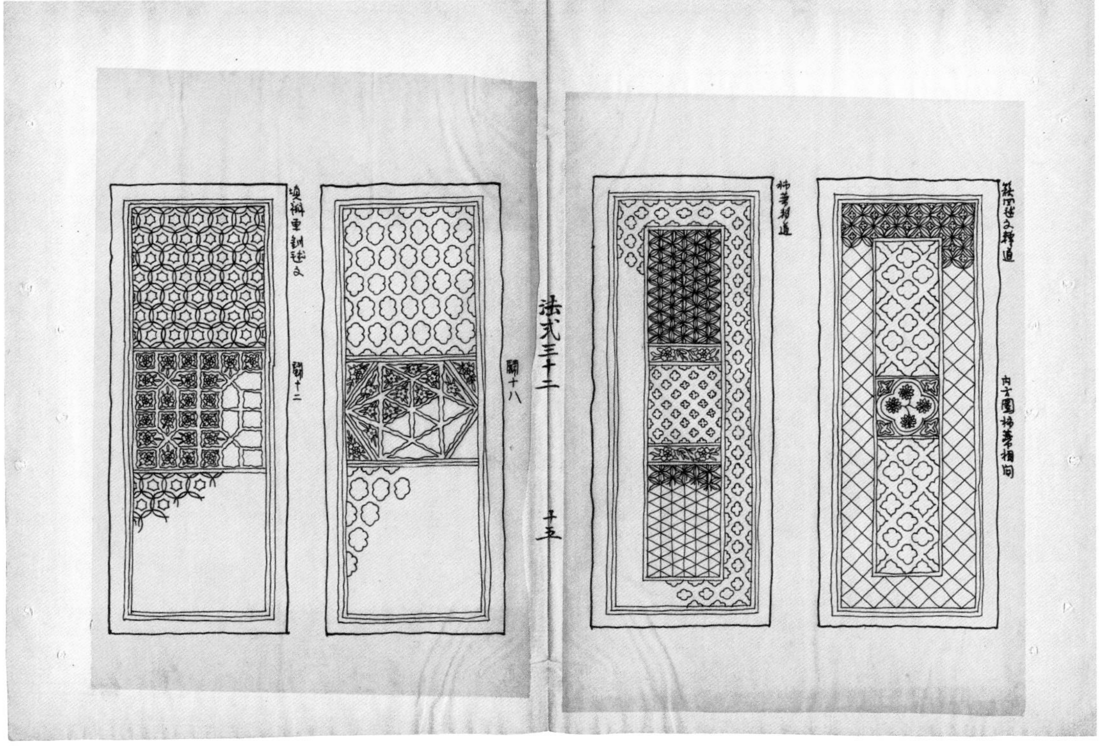
法式三十二
十五

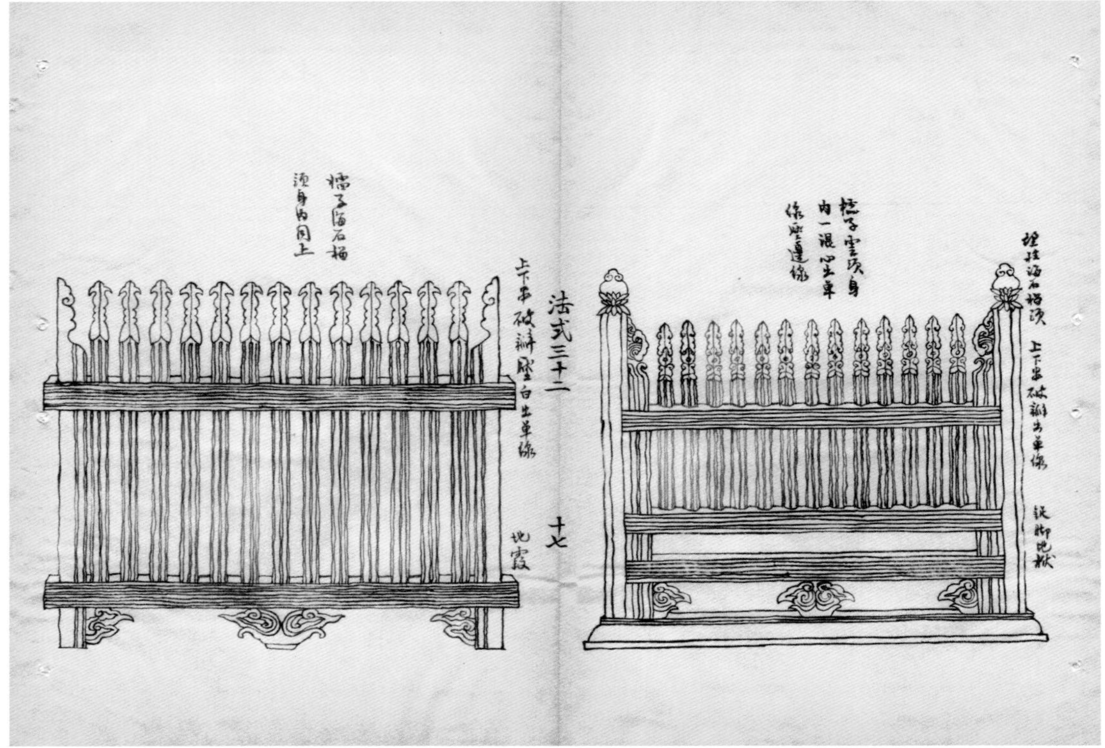

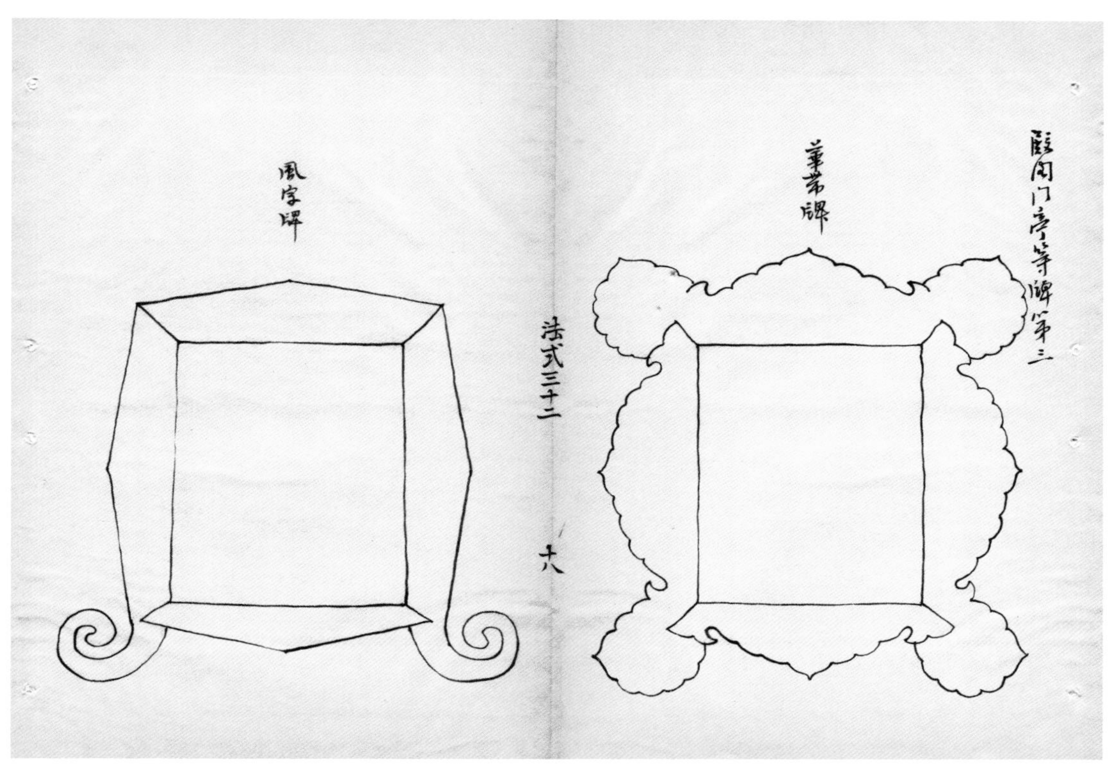
殿阁门亭等牌第三
華帶牌
風字牌
法式三十二
十八

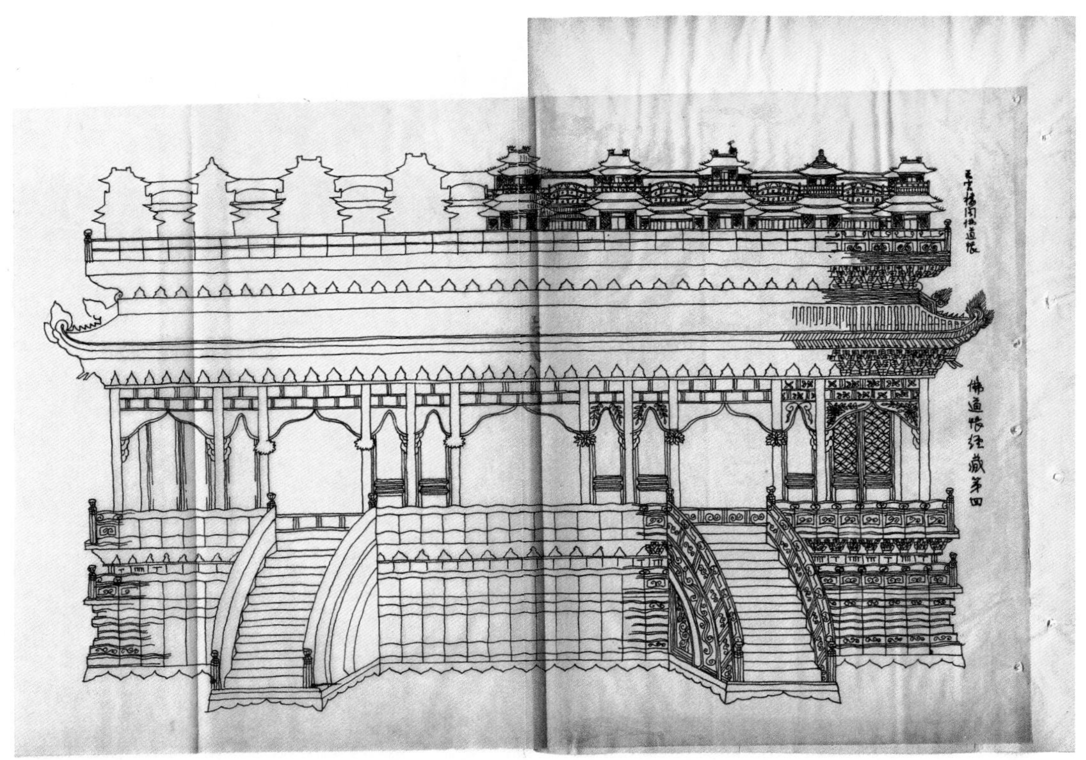
天宫楼阁佛道帐
佛道帐经藏第四

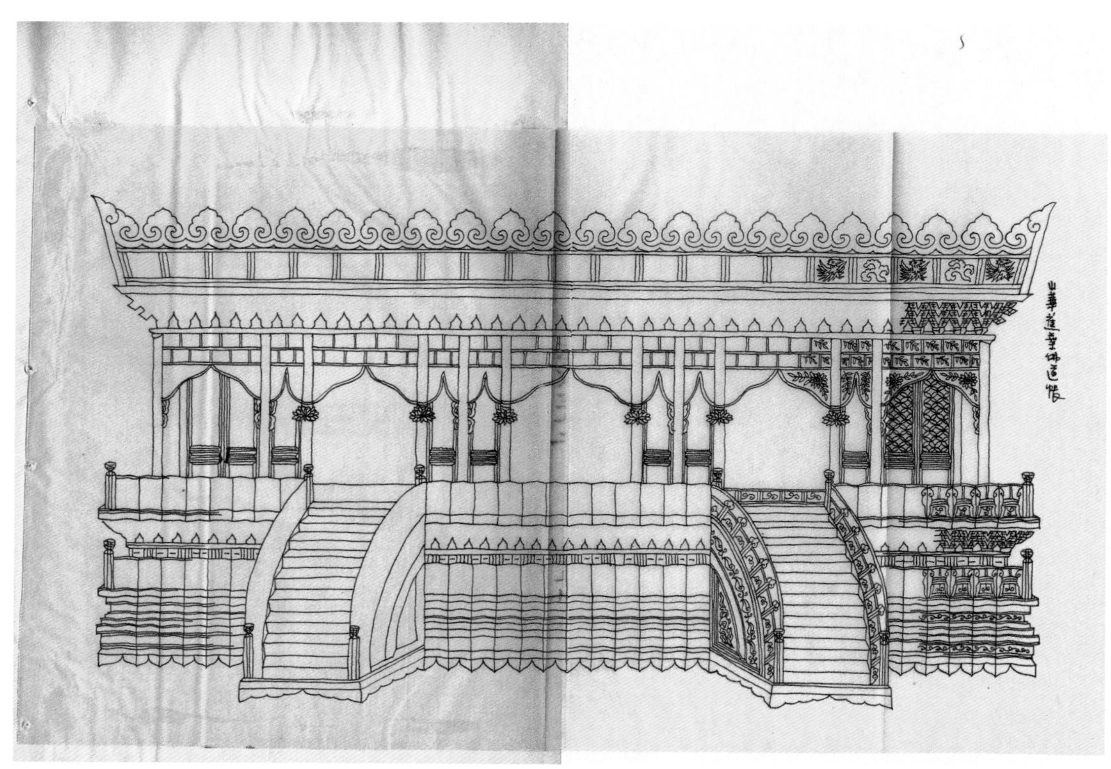
山華蕉葉佛道帳

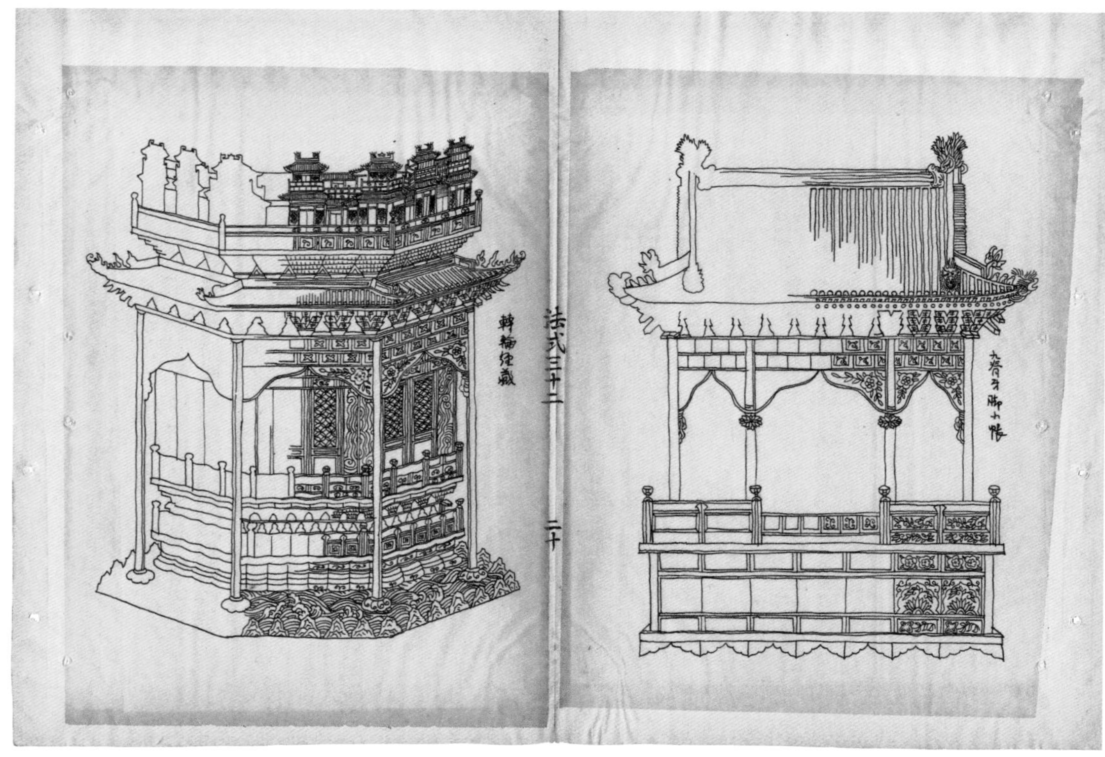
轉輪經藏
法式三十二
二十
九脊牙脚小帳

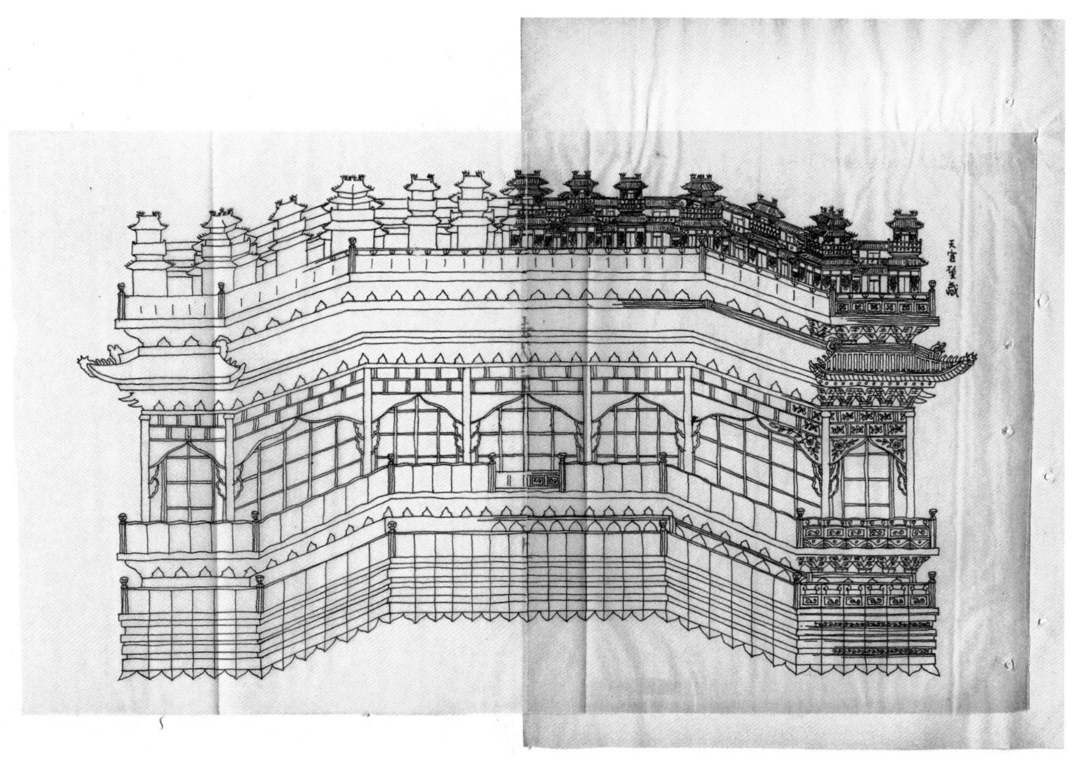
天宮壁藏

彫木作制度圖樣
混作第一
菩薩
化生
玉女
拂菻
師子
鳳

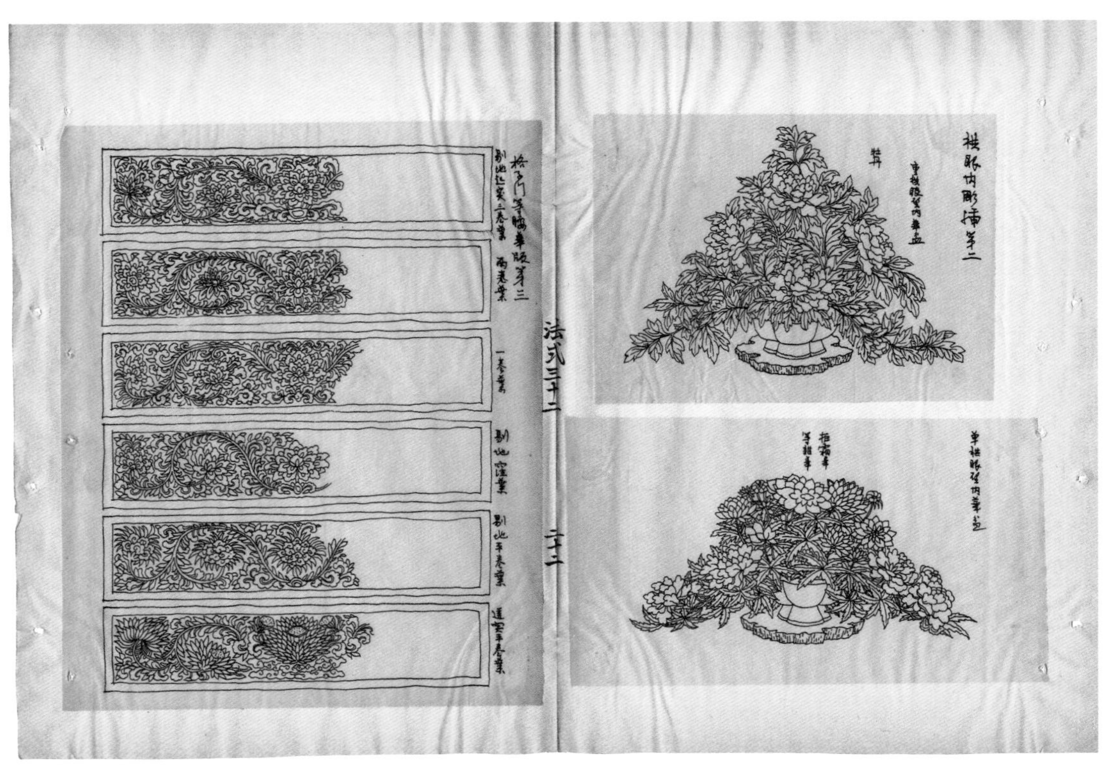

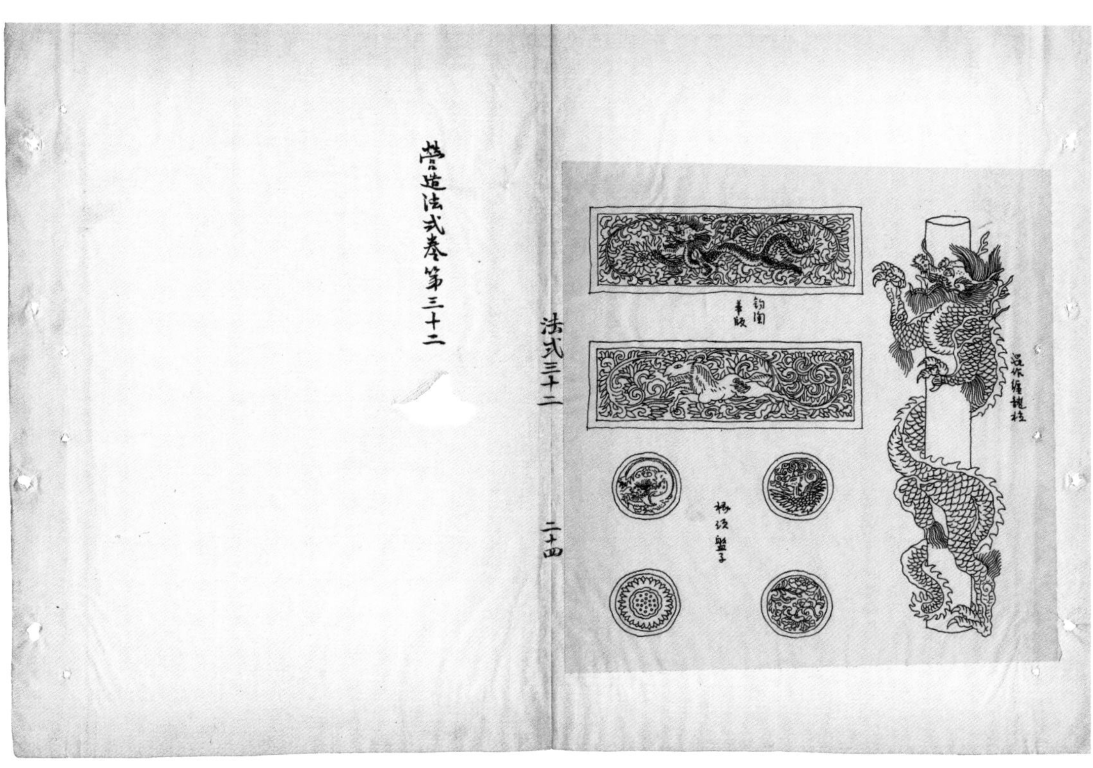

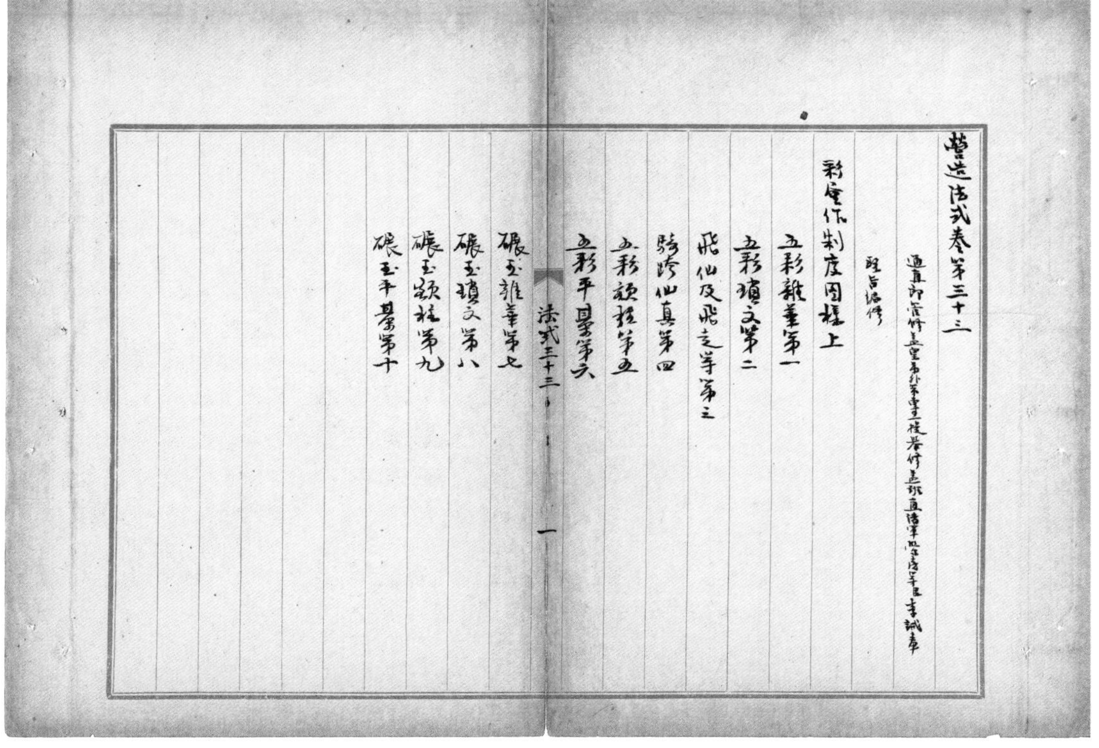

營造法式卷第三十三

通直郎管修蓋皇弟外第專一提舉修蓋班直諸軍營房等臣李誡奉

聖旨編修

彩畫作制度圖樣上

法式三十三　一

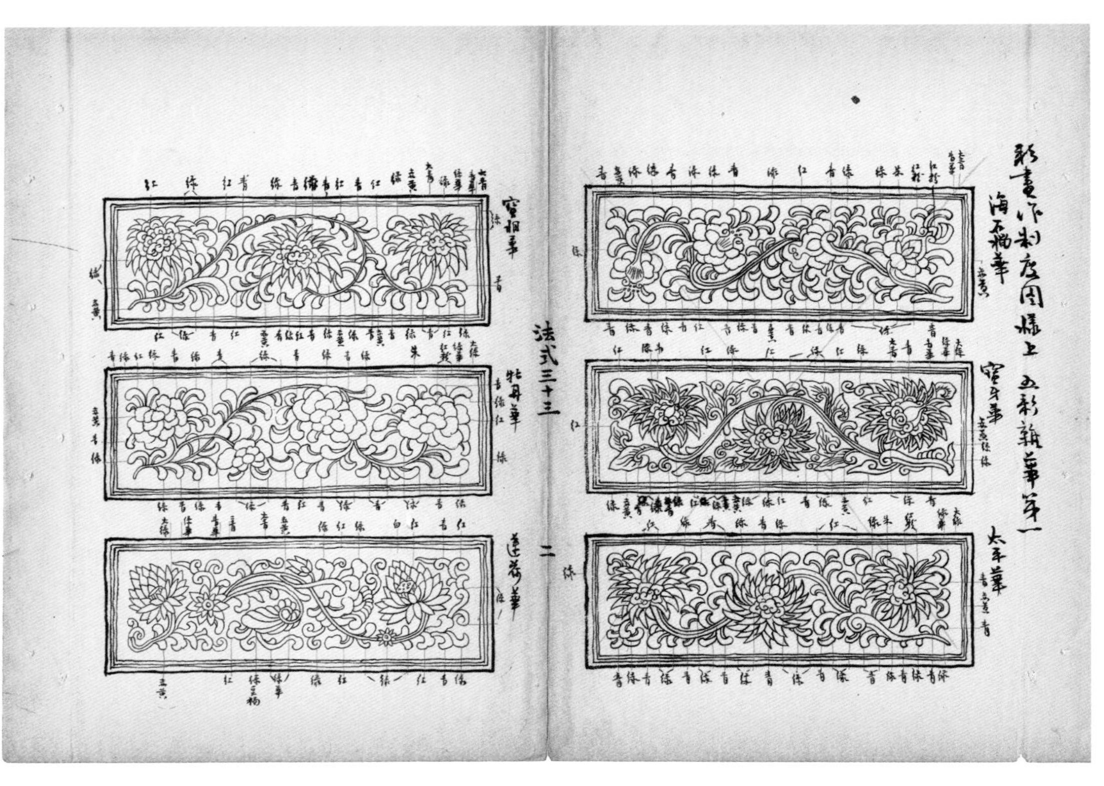

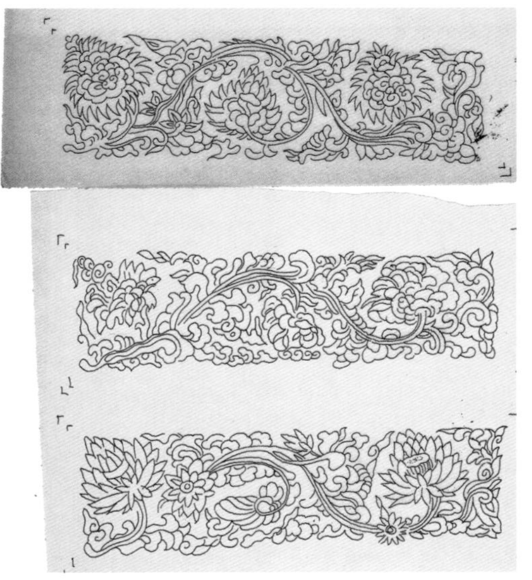

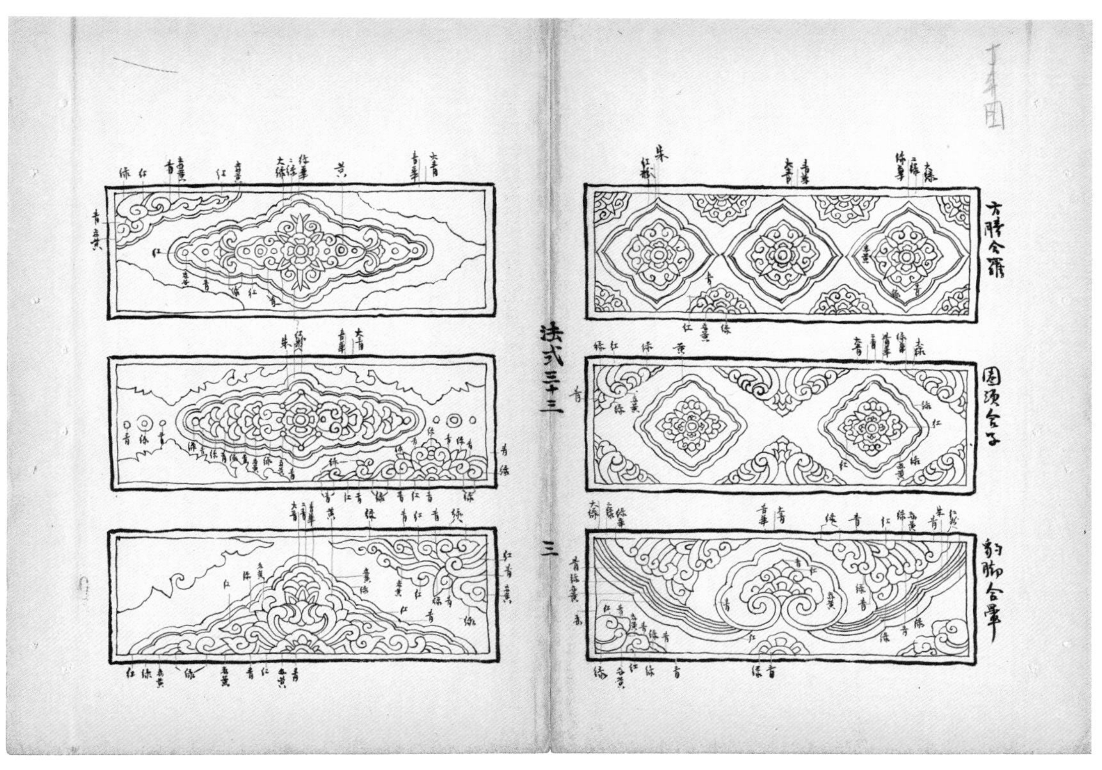
方勝合羅
法式三十三
三
豹脚合暈

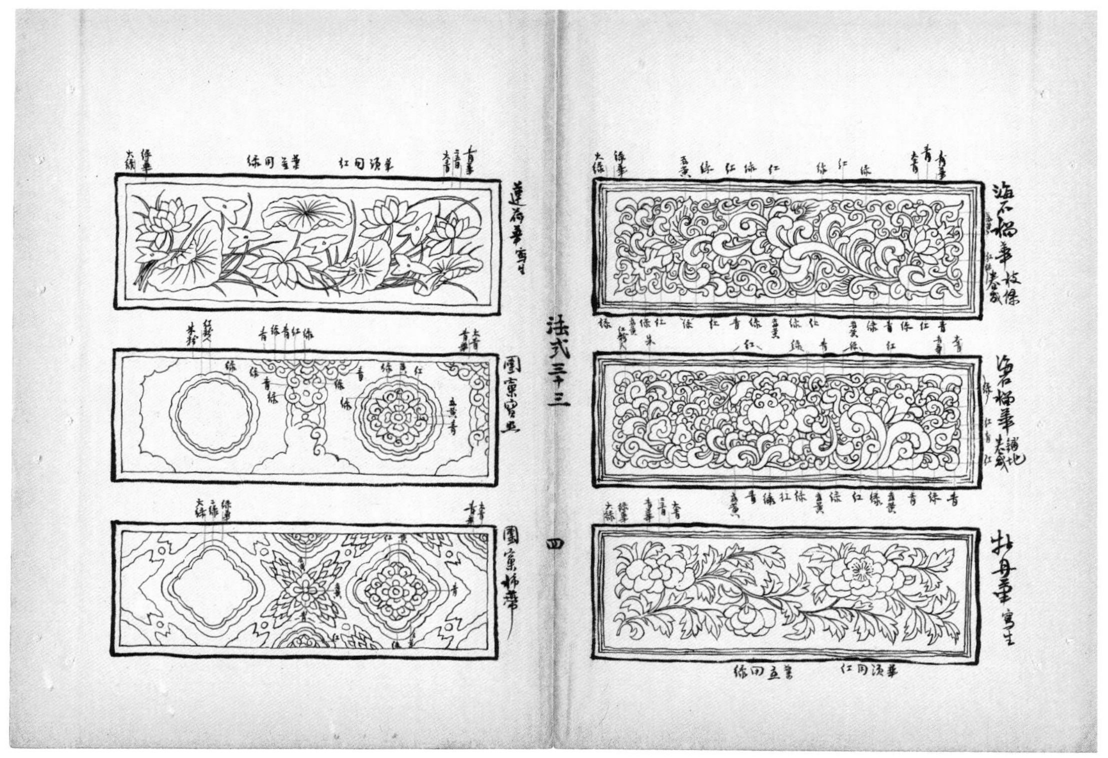
蓮荷華 寫生
法式三十三
四
牡丹華 寫生

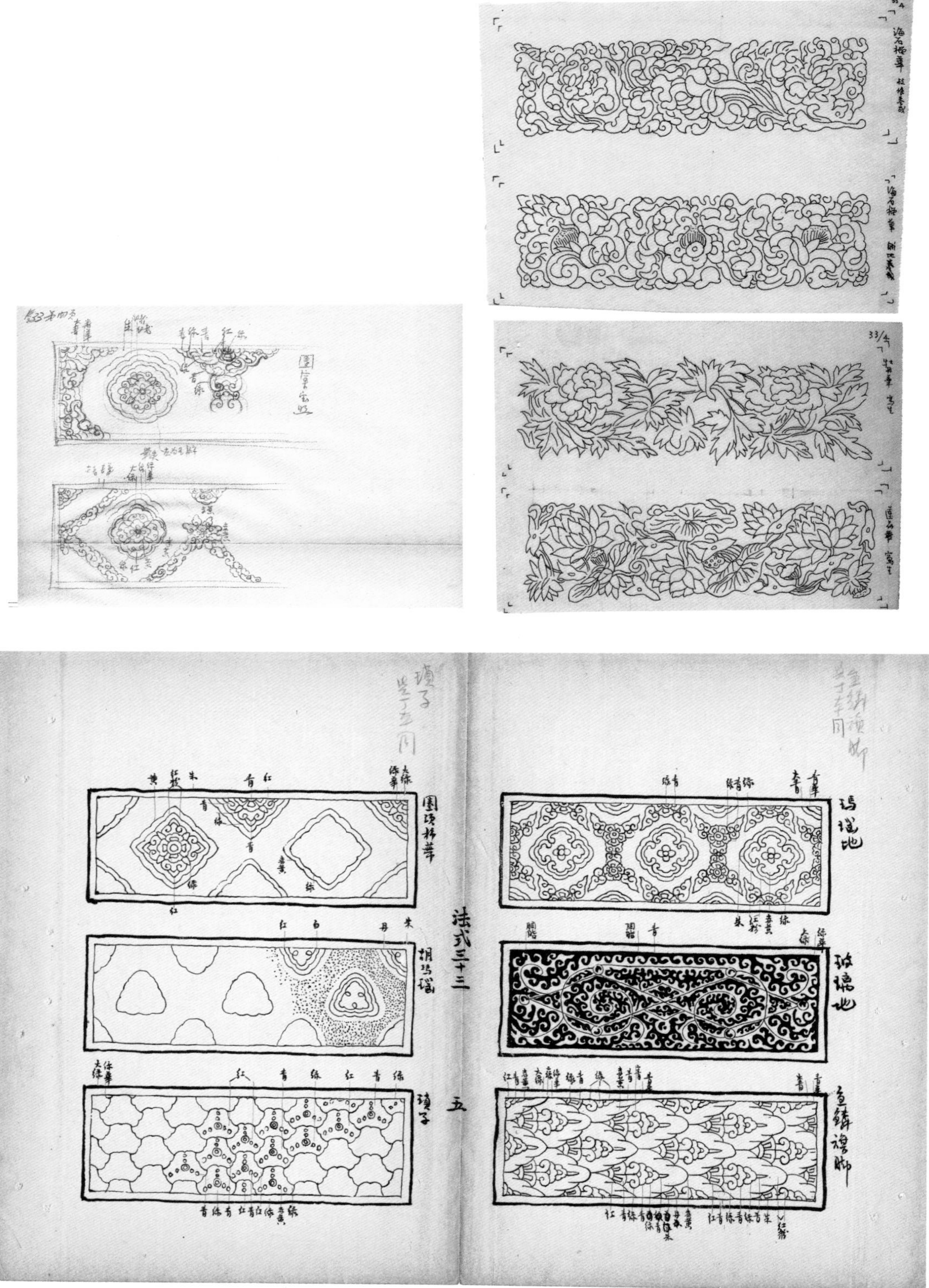
瑪瑙地
玻璃地
法式三十三
五
瑣子
魚鱗旗脚

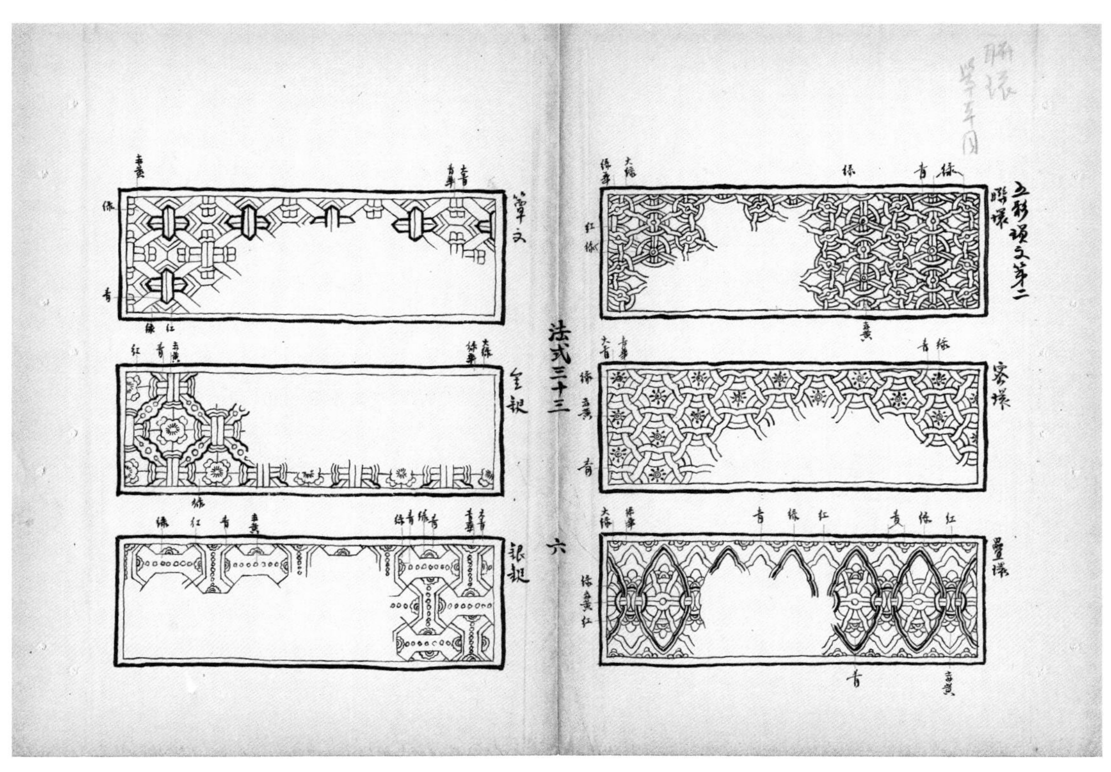

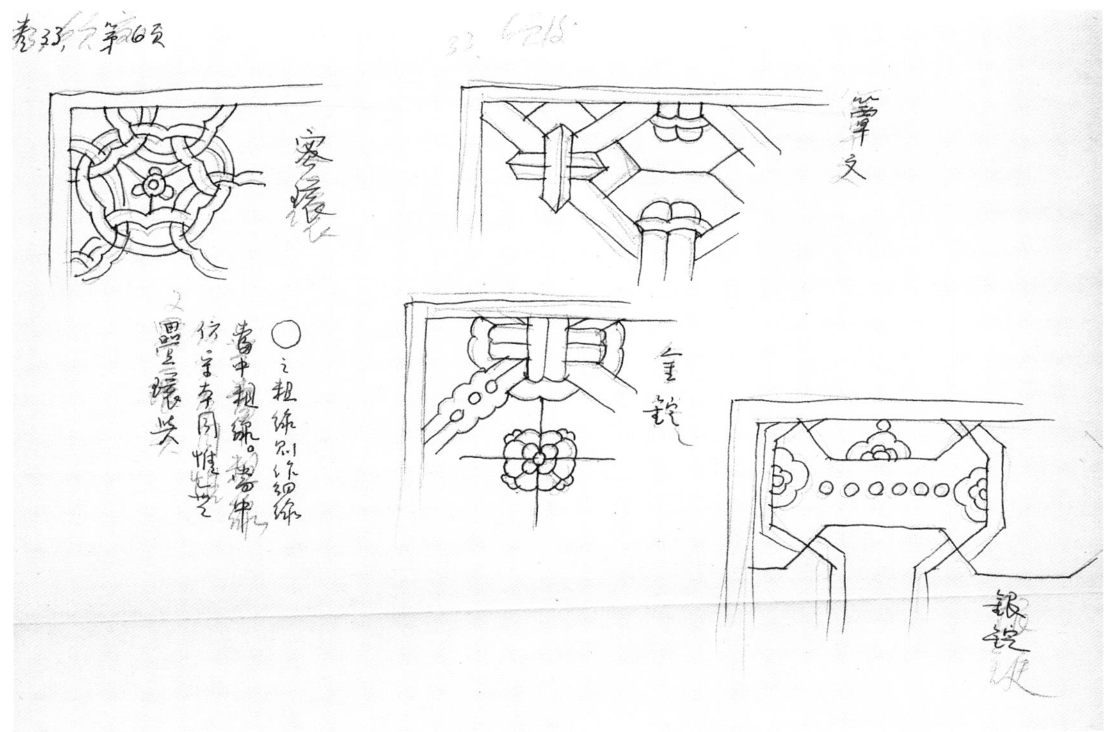

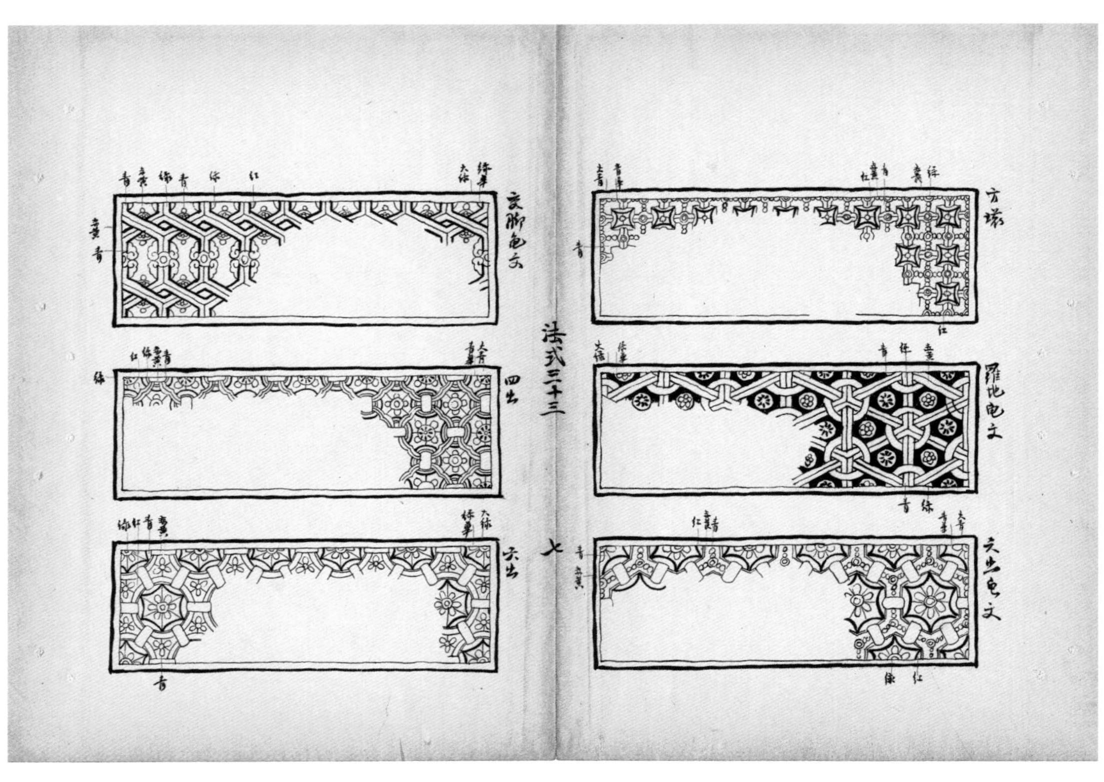

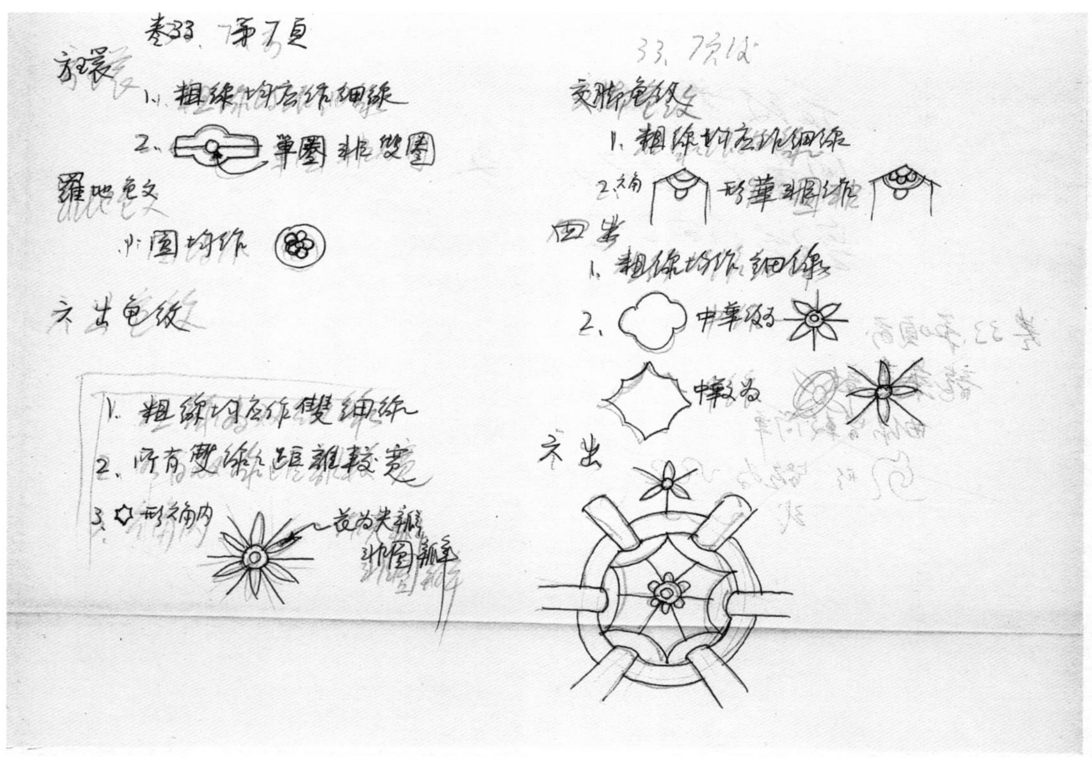

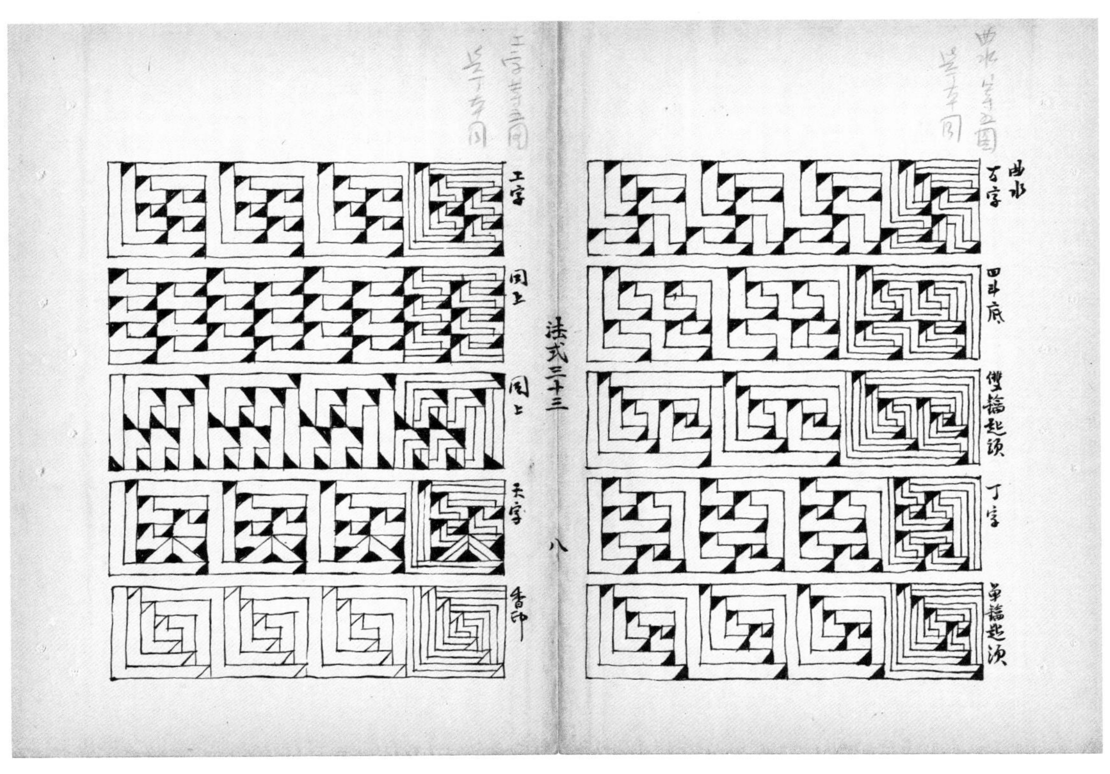
曲水
万字
四斗底
雙鈎起頭
丁字
單鈎起頭
工字
同上
同上
天字
香印
法式三十三
八

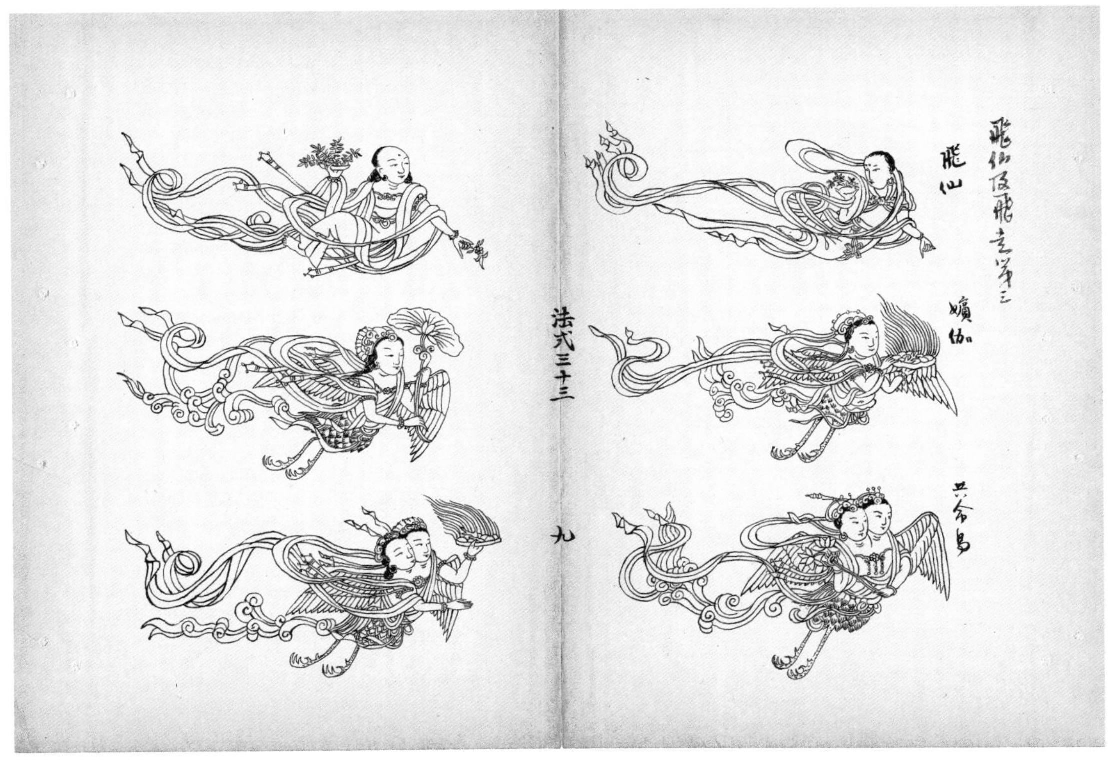
飛仙
嬪伽
共命鳥
法式三十三
九

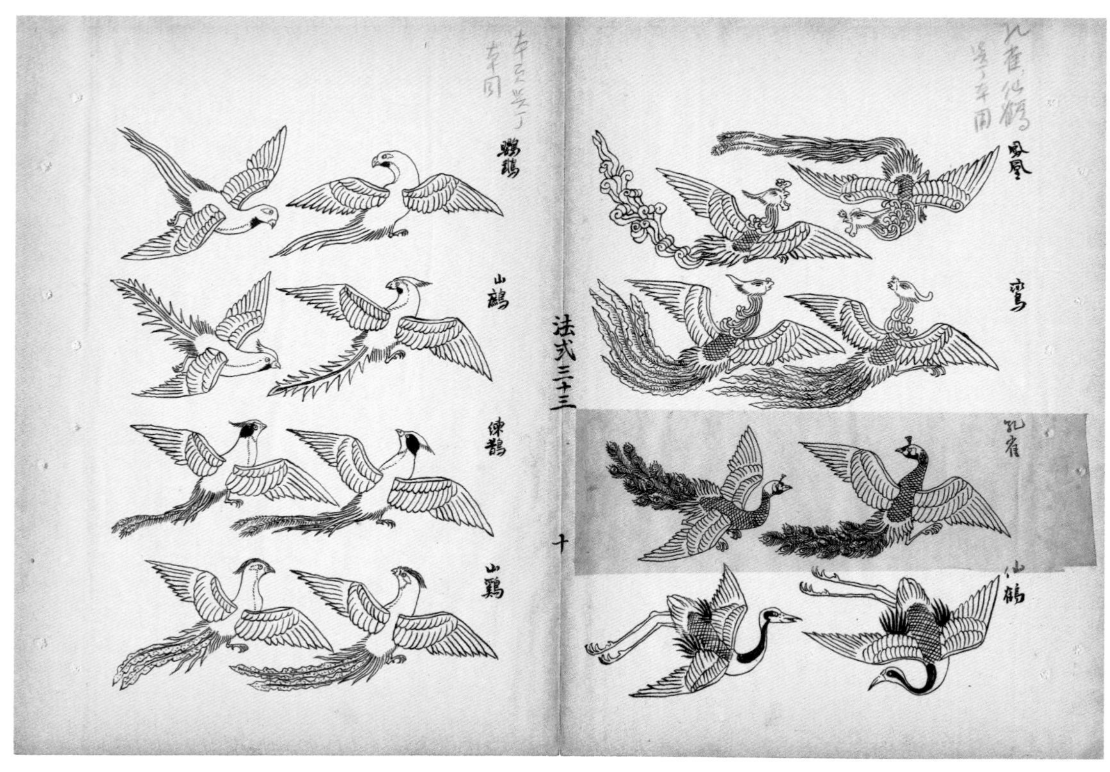

麒麟

山羊
象
犀牛
熊
法式三十三
十三
天馬
海馬
仙鹿
羚羊

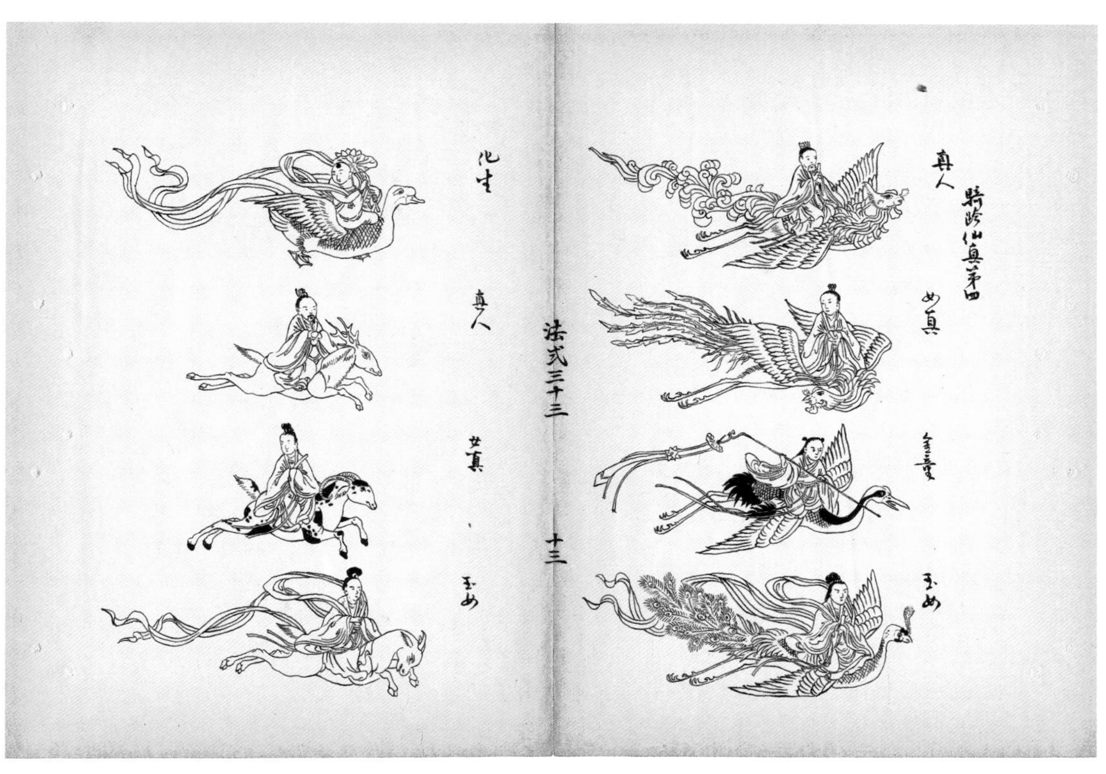
騎跨仙真第四
真人
女真
金童
玉女
法式三十三
十三
化生
真人
女真
玉女

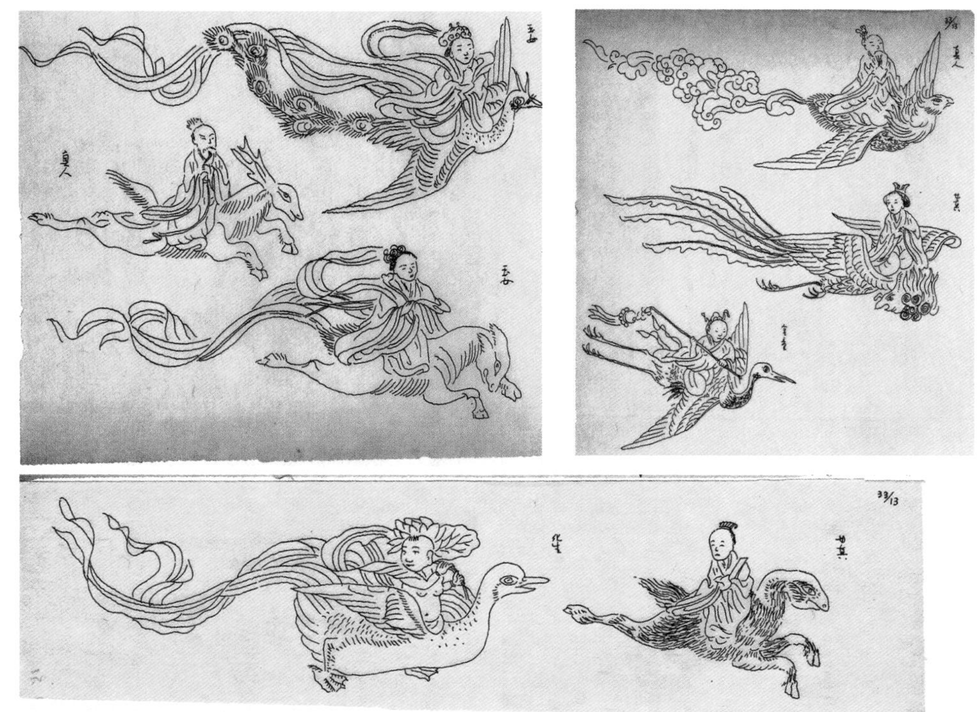

拂菻
法式三十三
十四
獠蠻
化生

33/14
拂菻

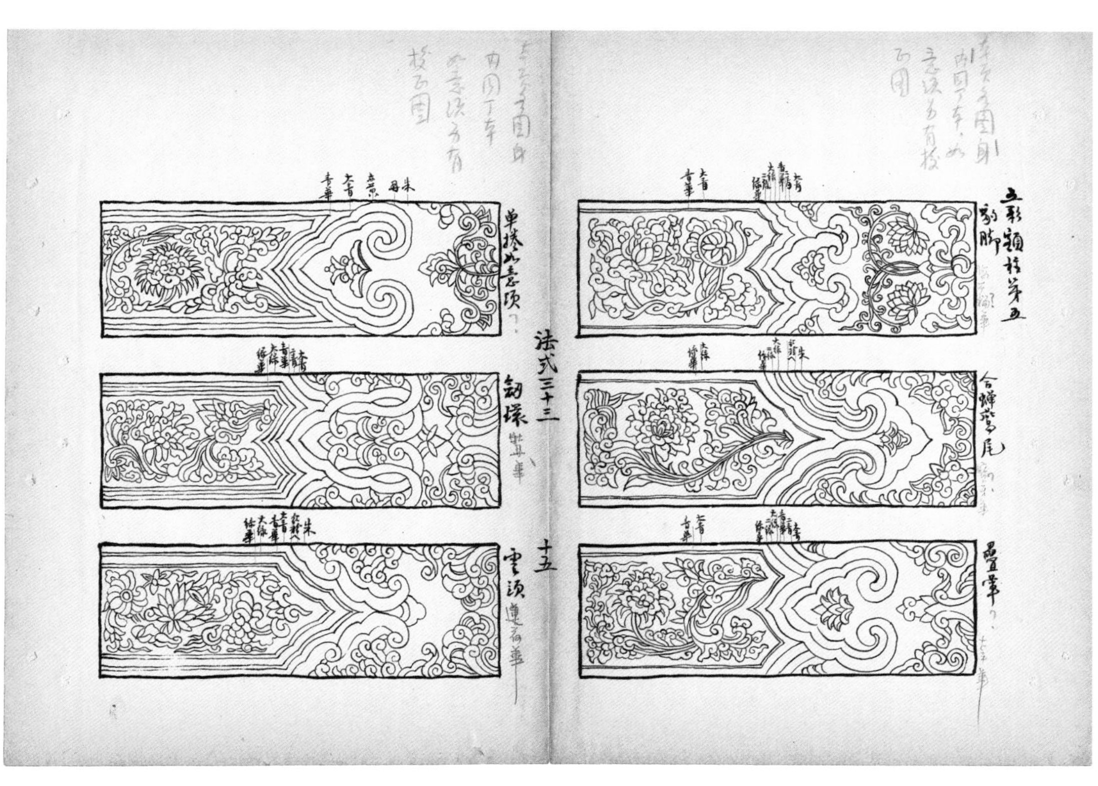

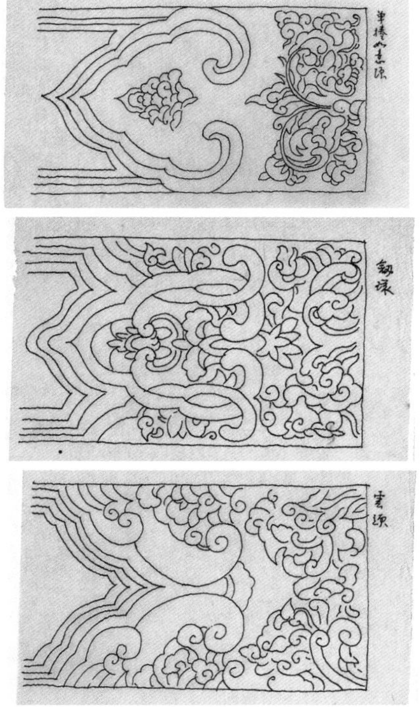

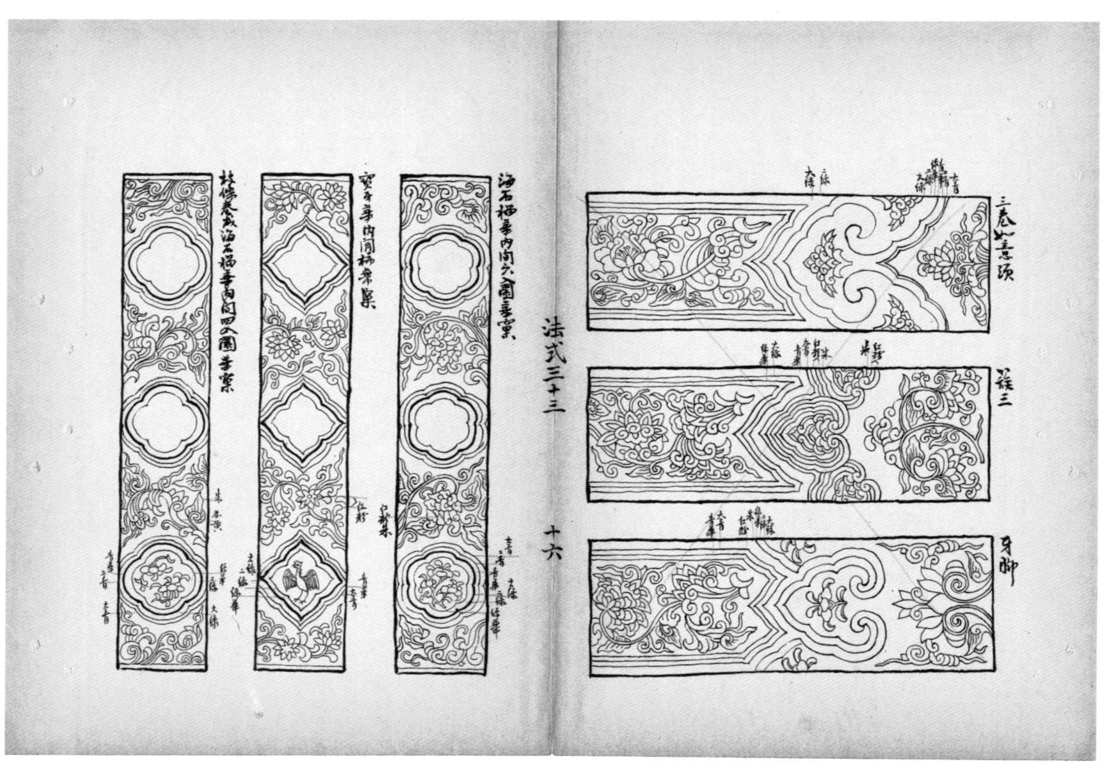

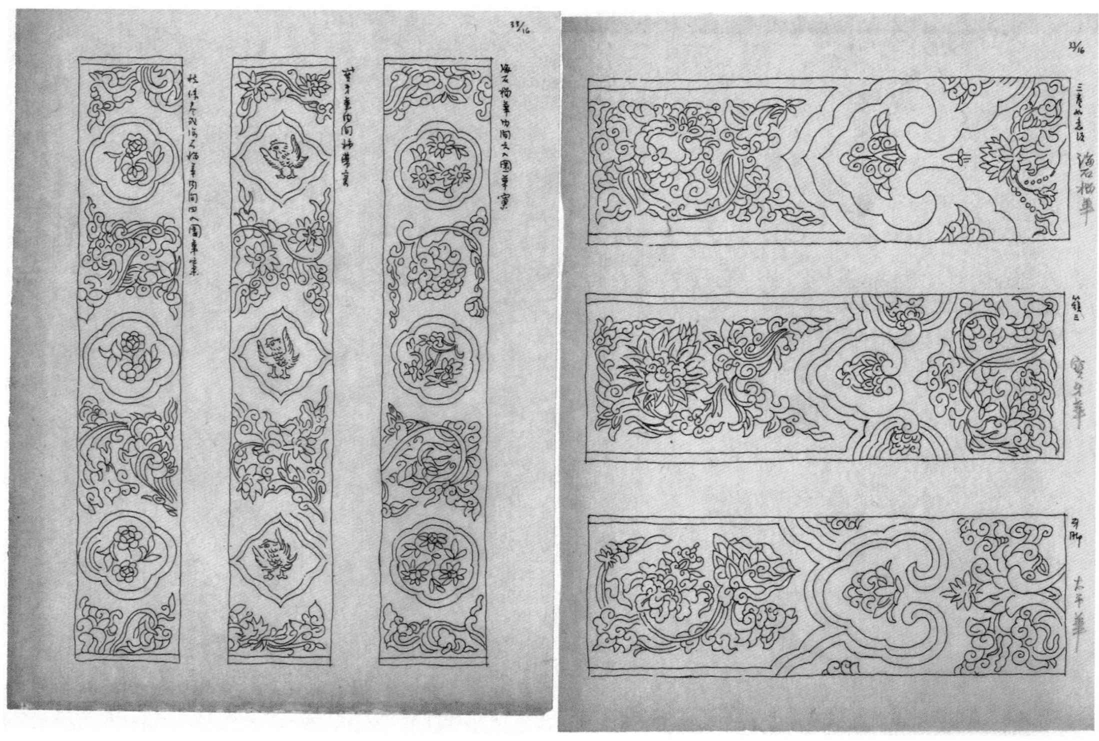

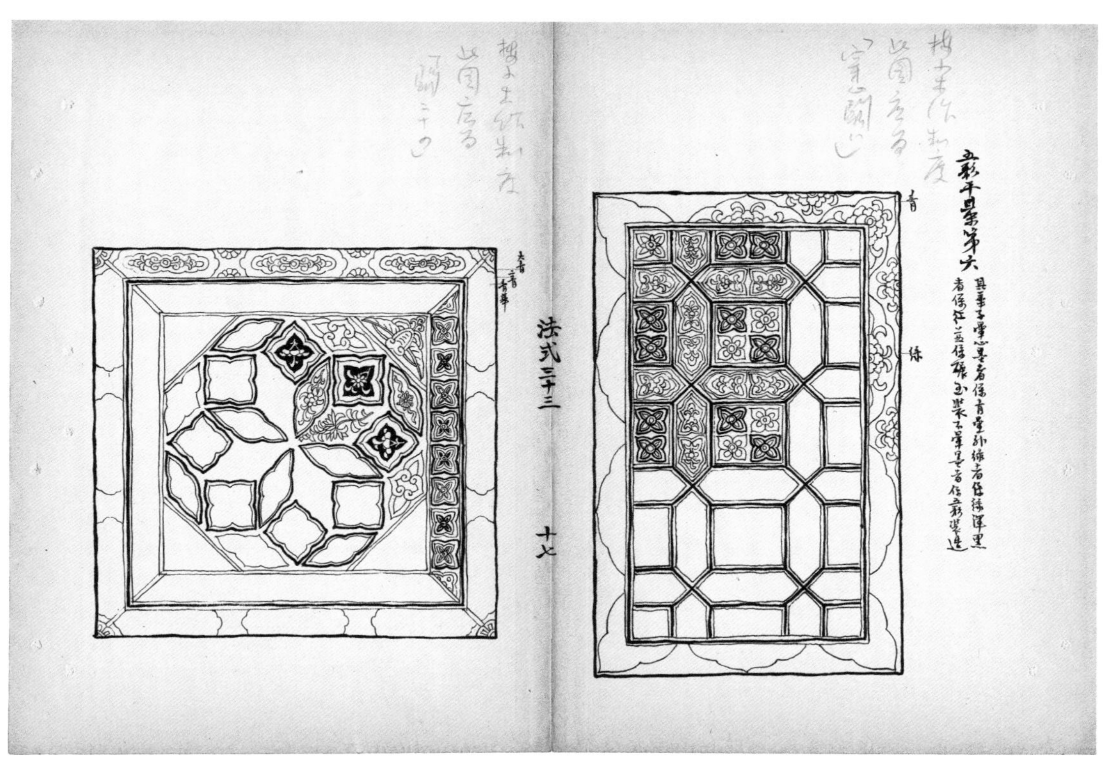

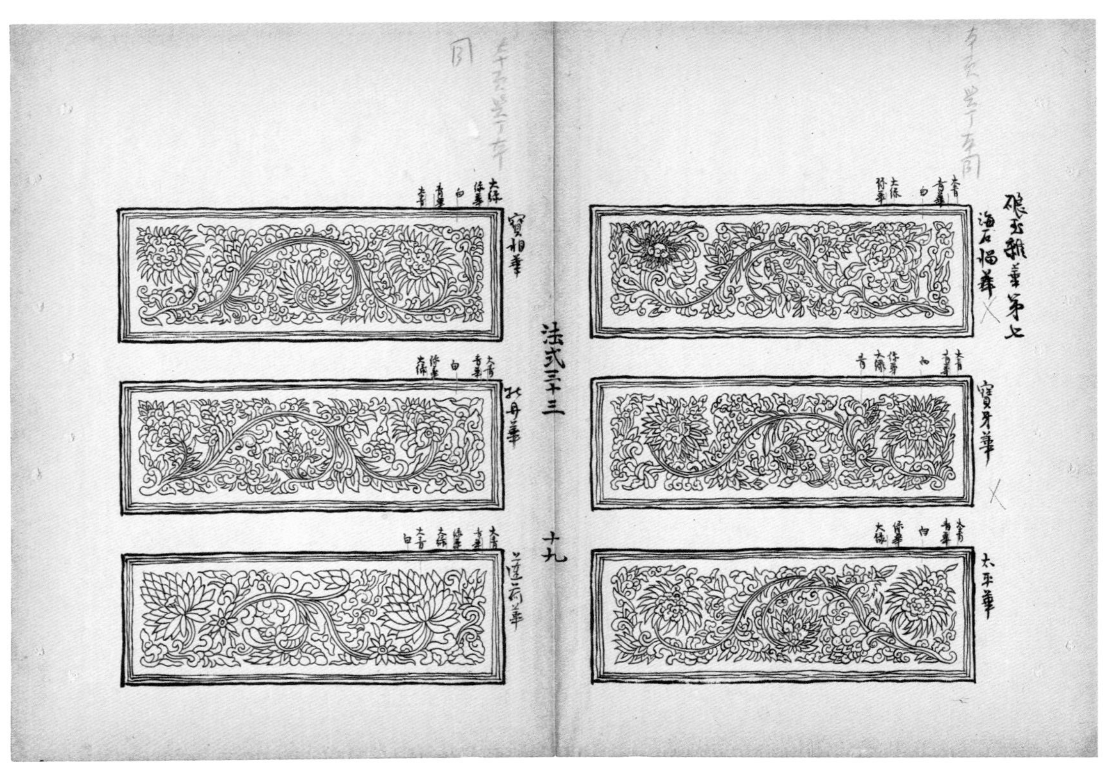

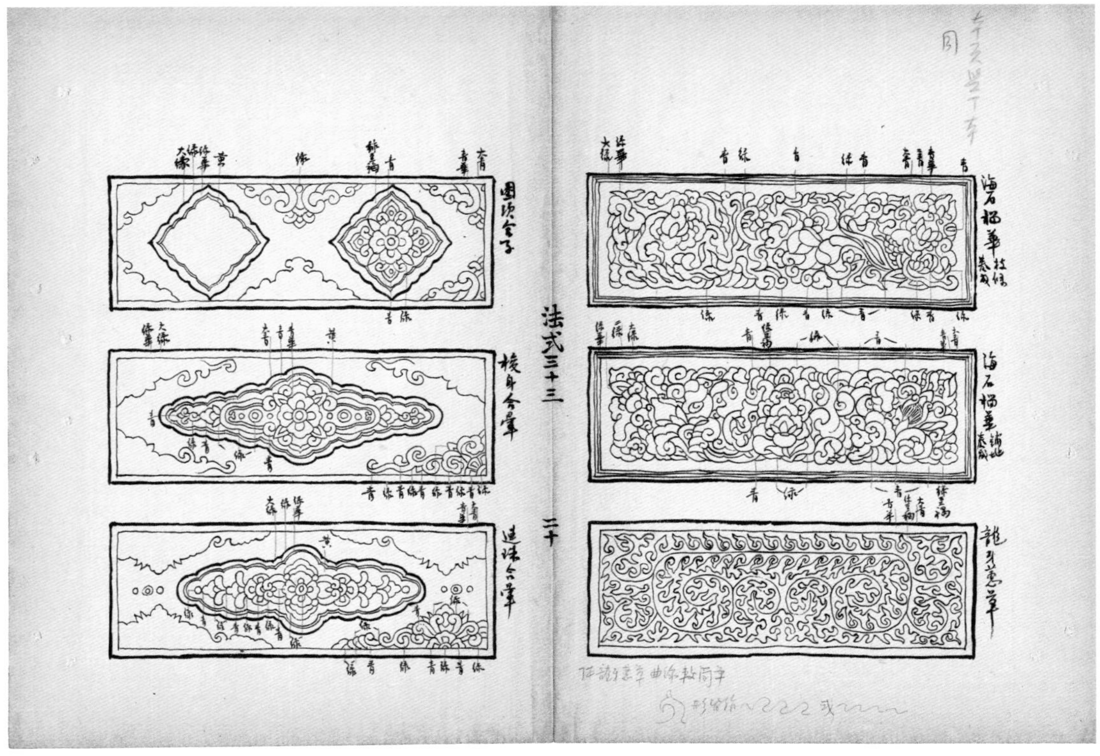

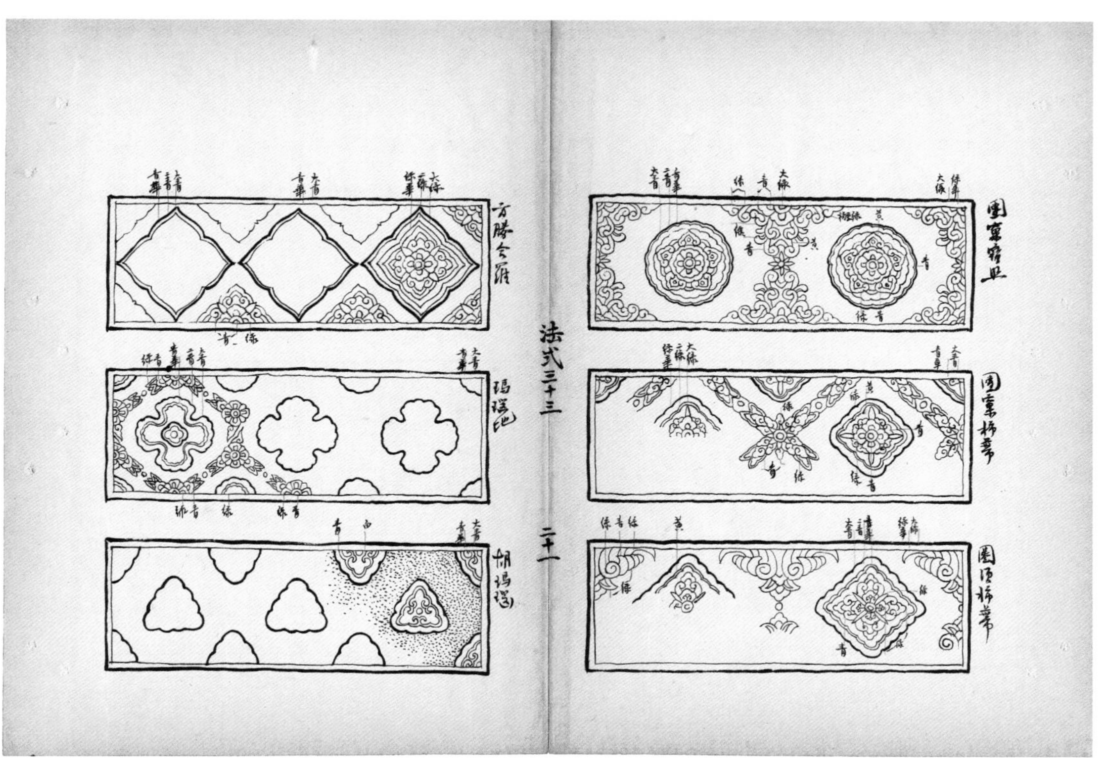
方勝合羅
瑪瑙地
胡瑪瑙
法式三十三
二十一
團窠寶照
團窠柿蒂
圍頭柿蒂

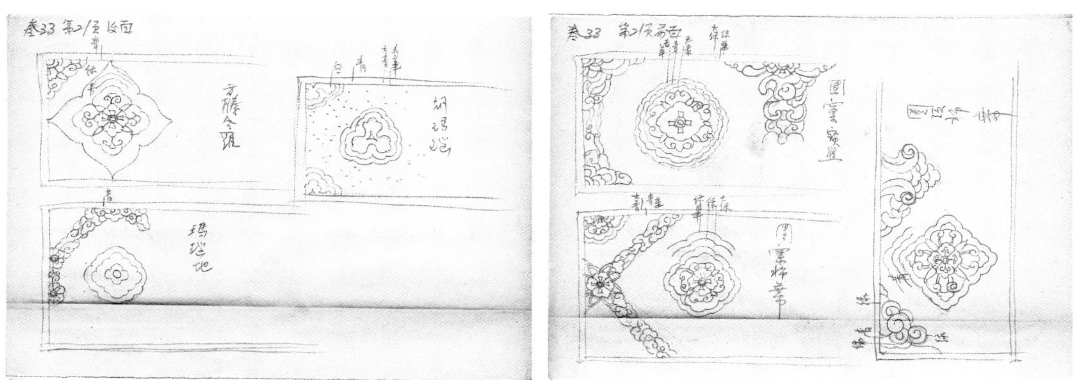

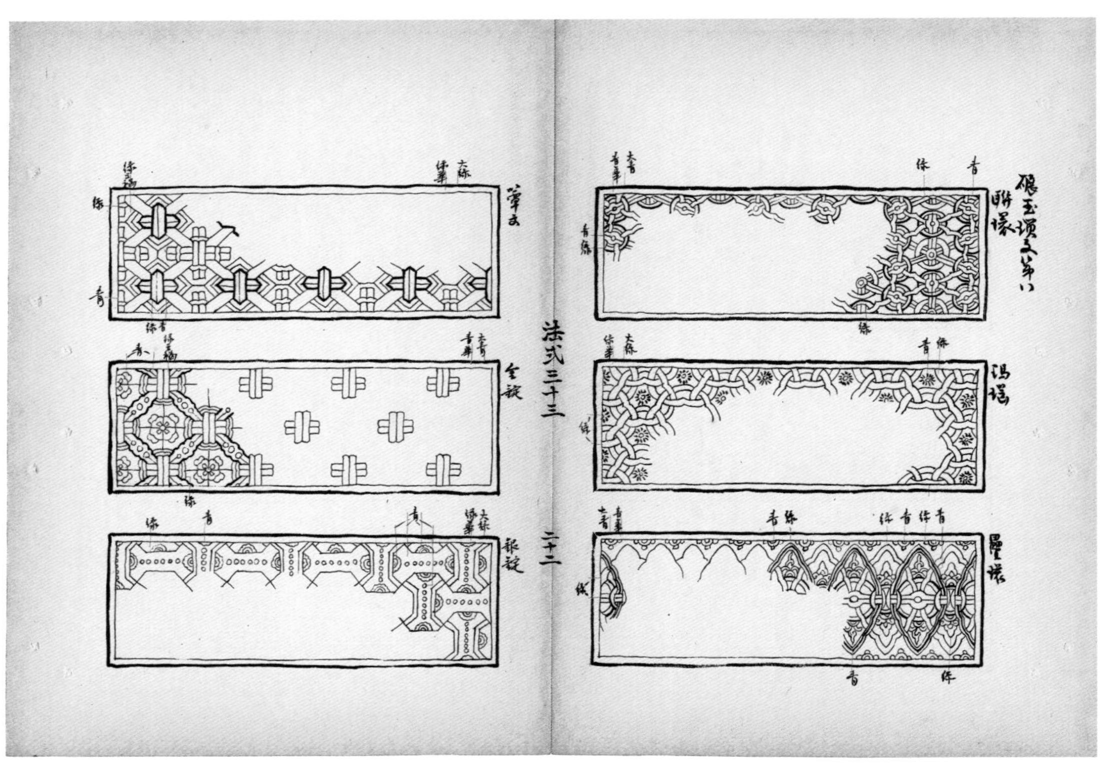

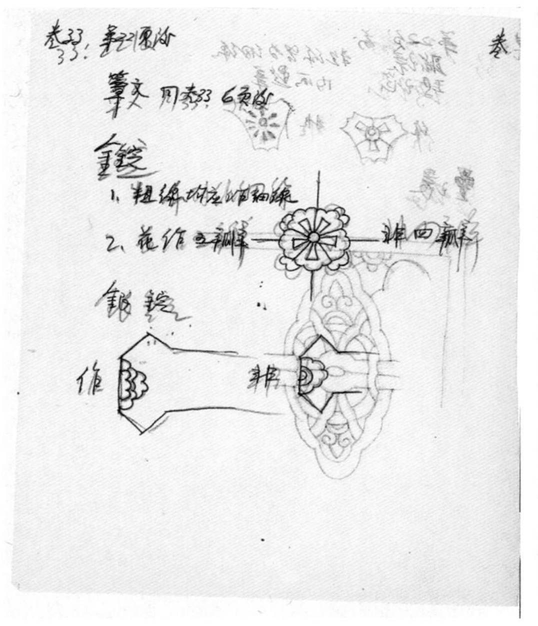

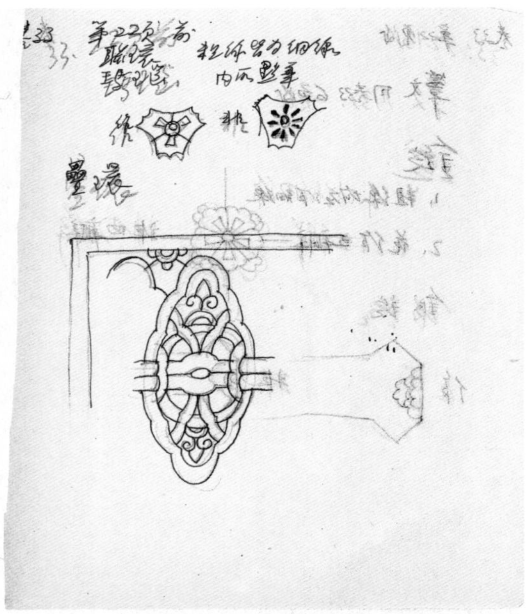

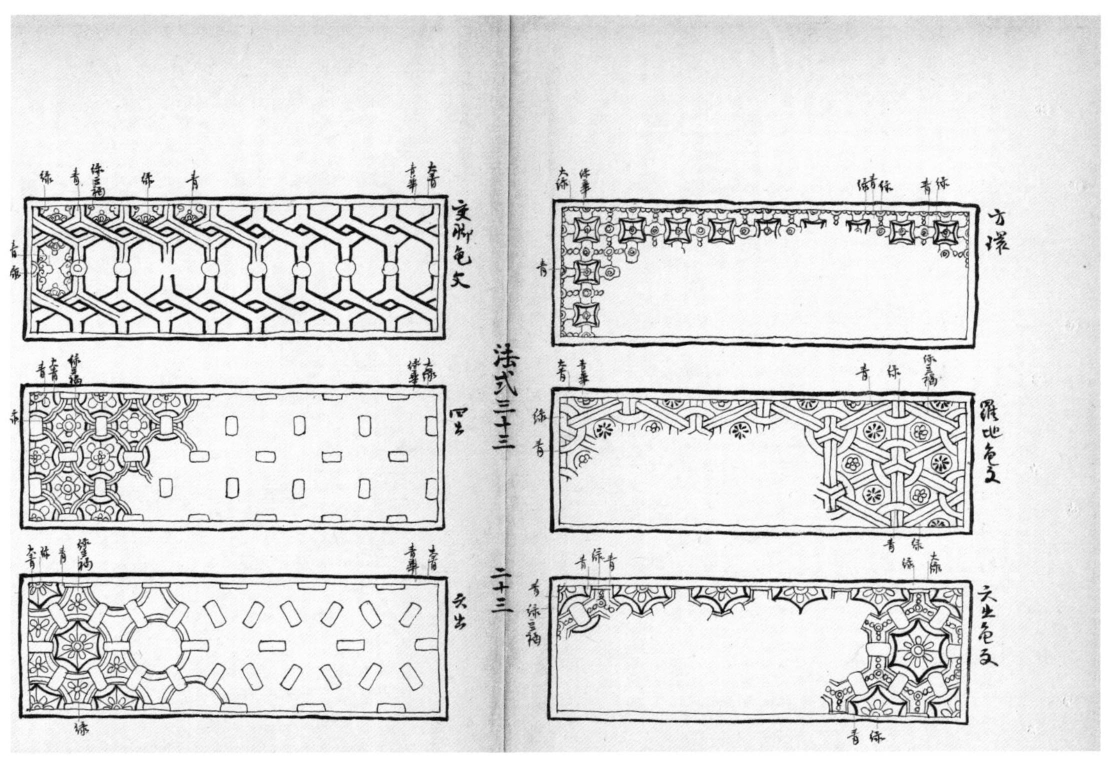
交脚龟文
方环
四出
罗地龟文
六出
六出龟文
法式三十三
二十三

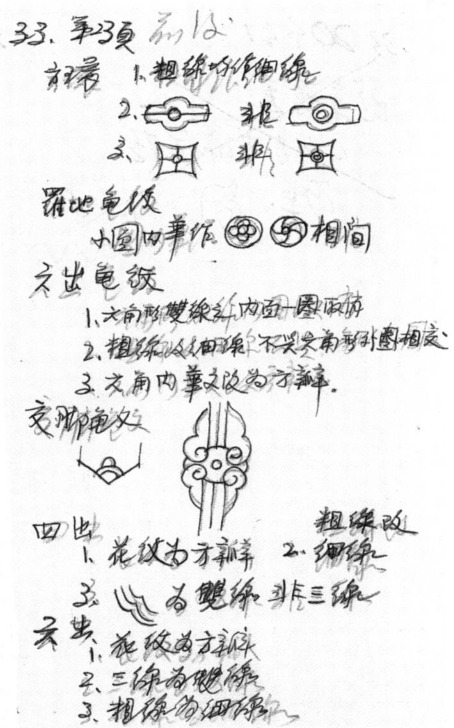
33. 第23页
方环 1. 粗線改作細線
2. 非
3. 非
羅地龟紋
小圓内華作 相间
六出龟紋
1. 六角形雙線之内畫一圈取消
2. 粗線改細線 不以六角形外圈相交
3. 六角内華文改為方辟.
交脚龟文
四出
1. 花紋為方辟 2. 粗線改細線
3. 為雙線 非三線
六出
1. 花紋為方辟
2. 三線為雙線
3. 粗線為細線

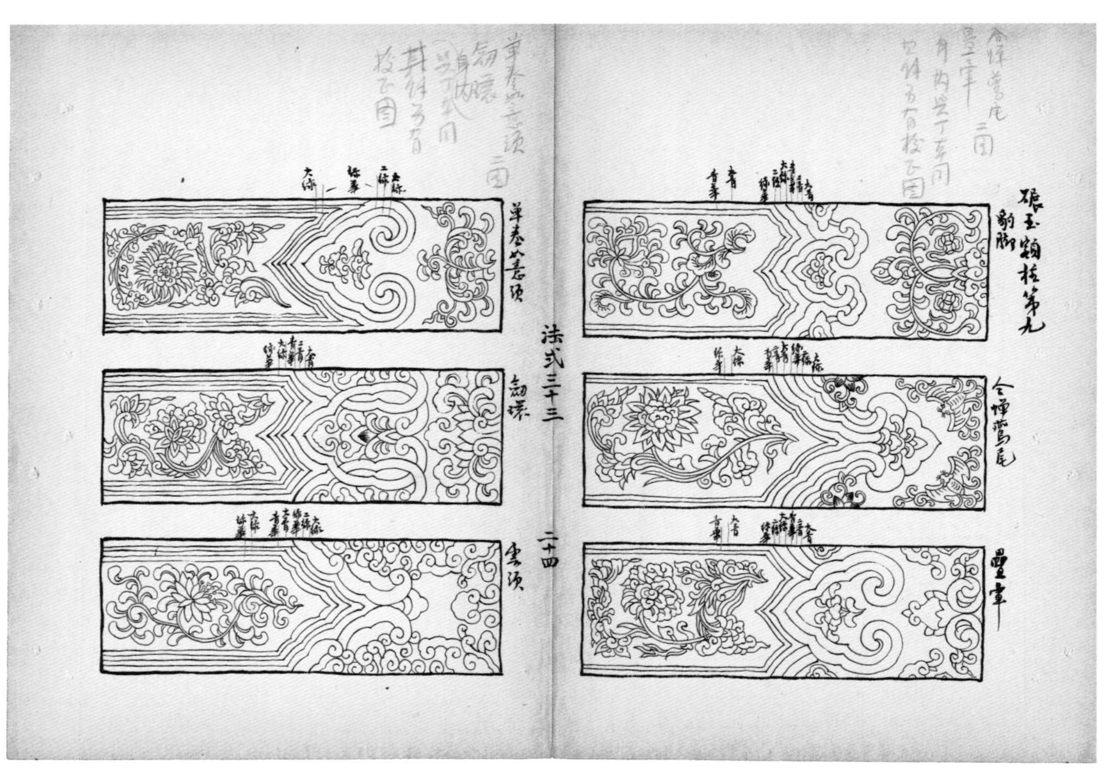
碾玉额柱第九
单卷如意头
剑环
云头
合蝉燕尾
叠晕
法式三十三
二十四

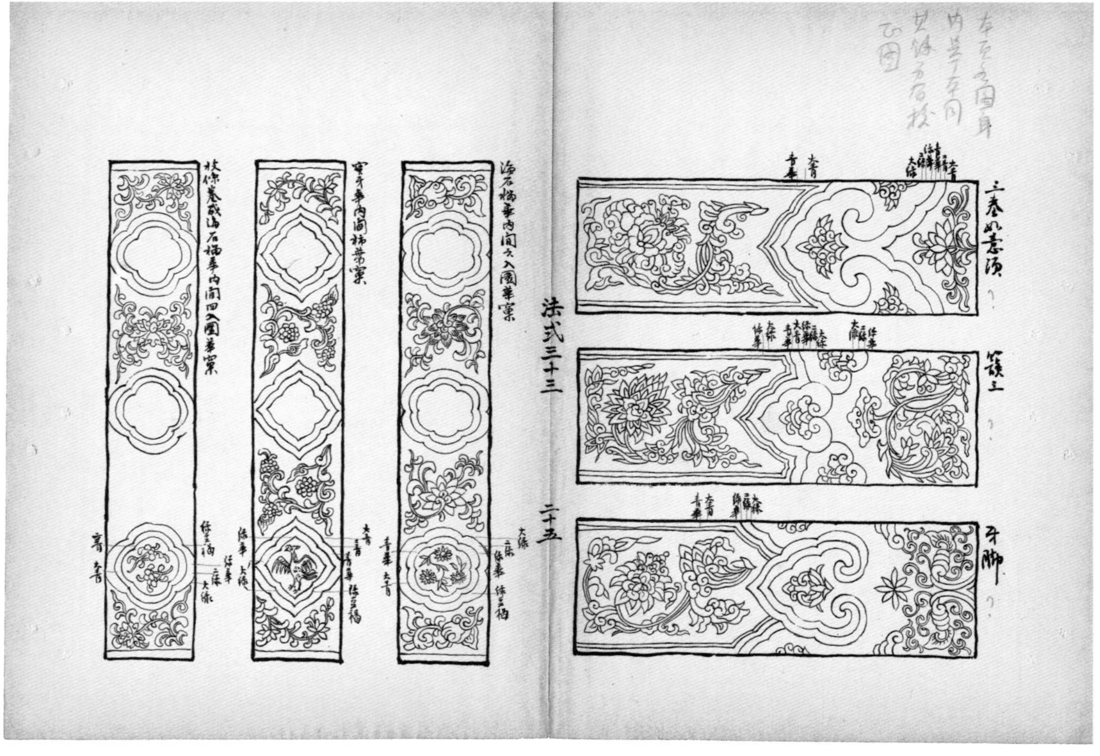
三卷如意头
簇三
牙脚
法式三十三
二十五

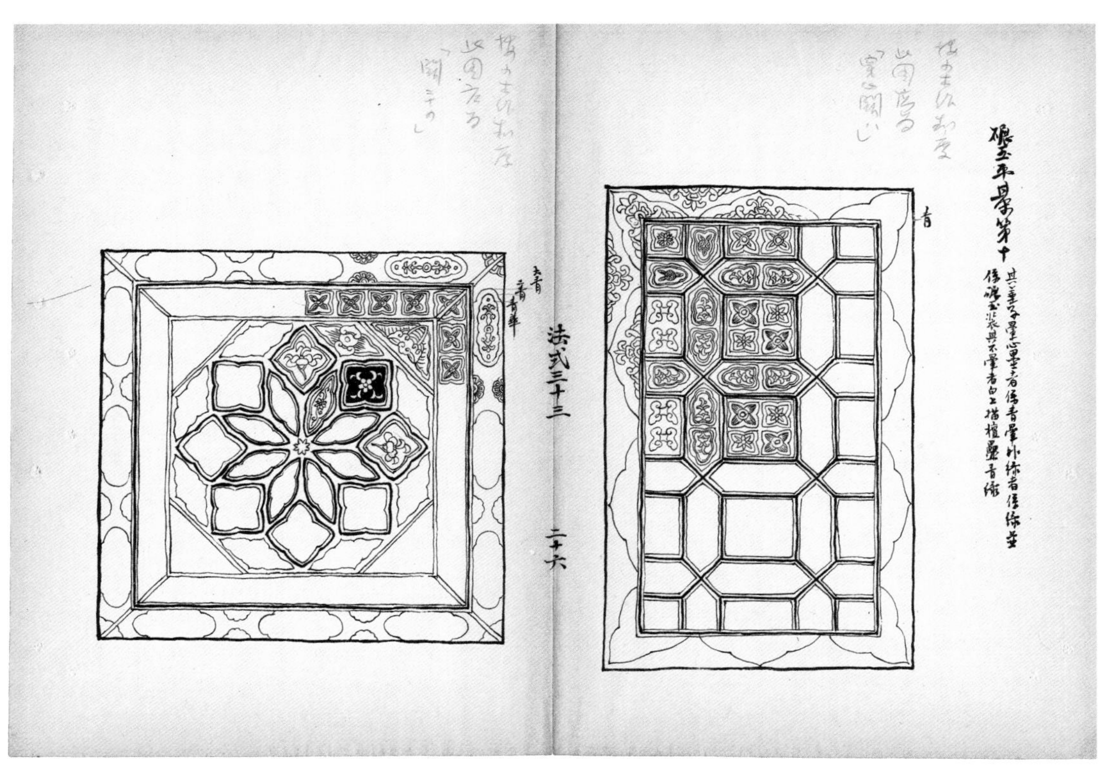
碾玉平棊第十
法式三十三
二十六

卷33.
第26页

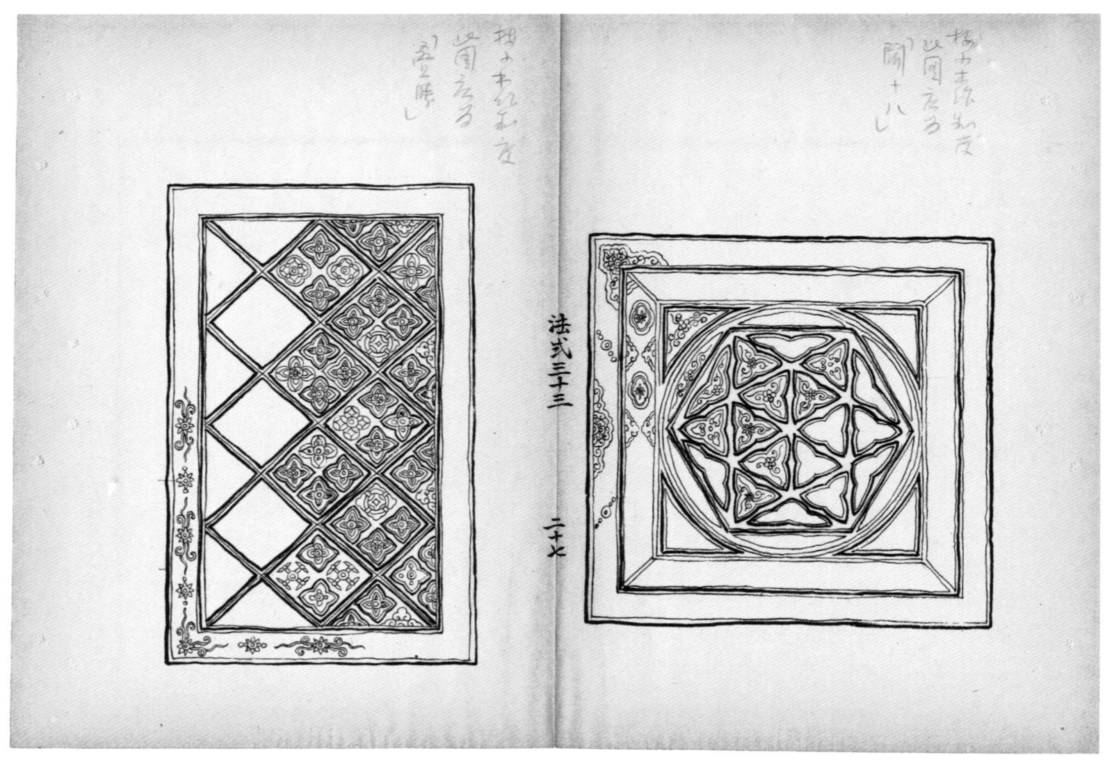

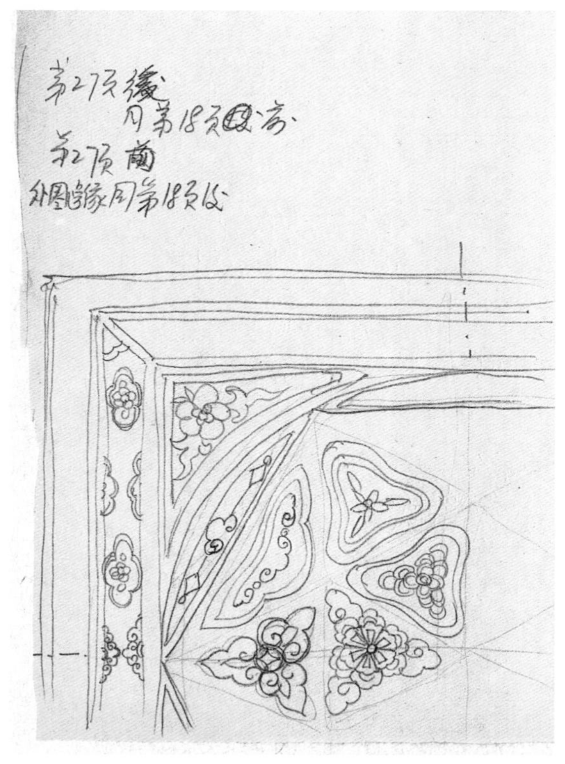

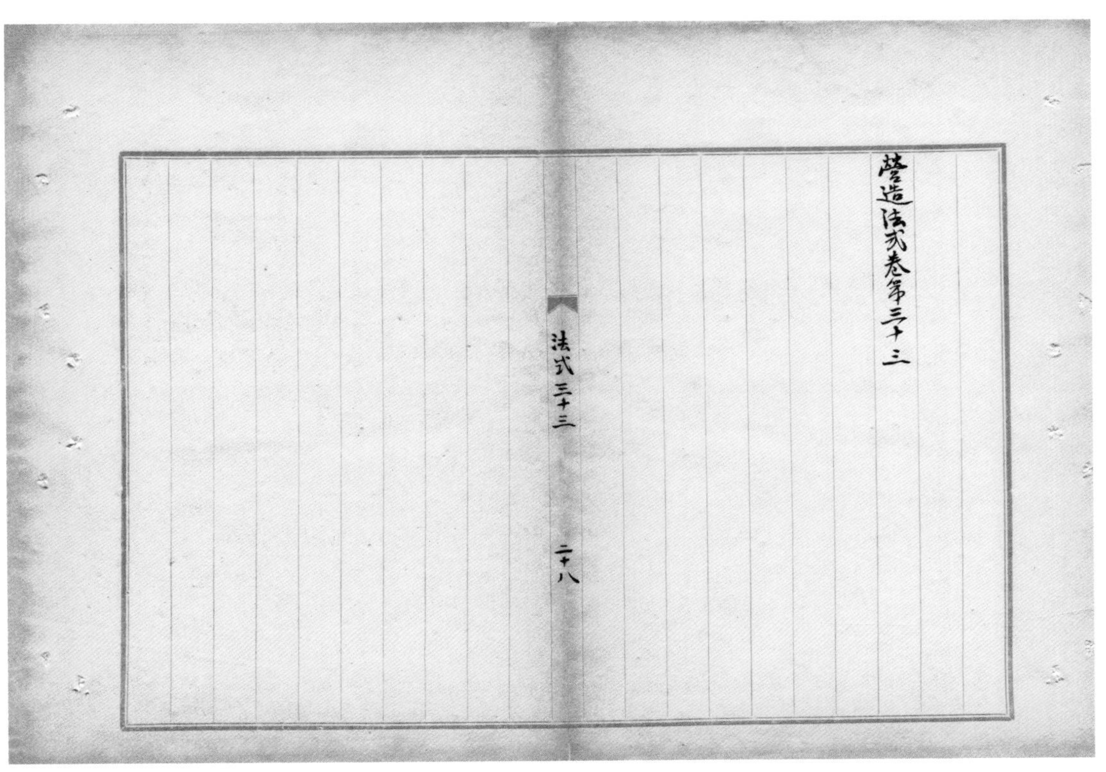

營造法式卷第三十三

法式三十三

二十八

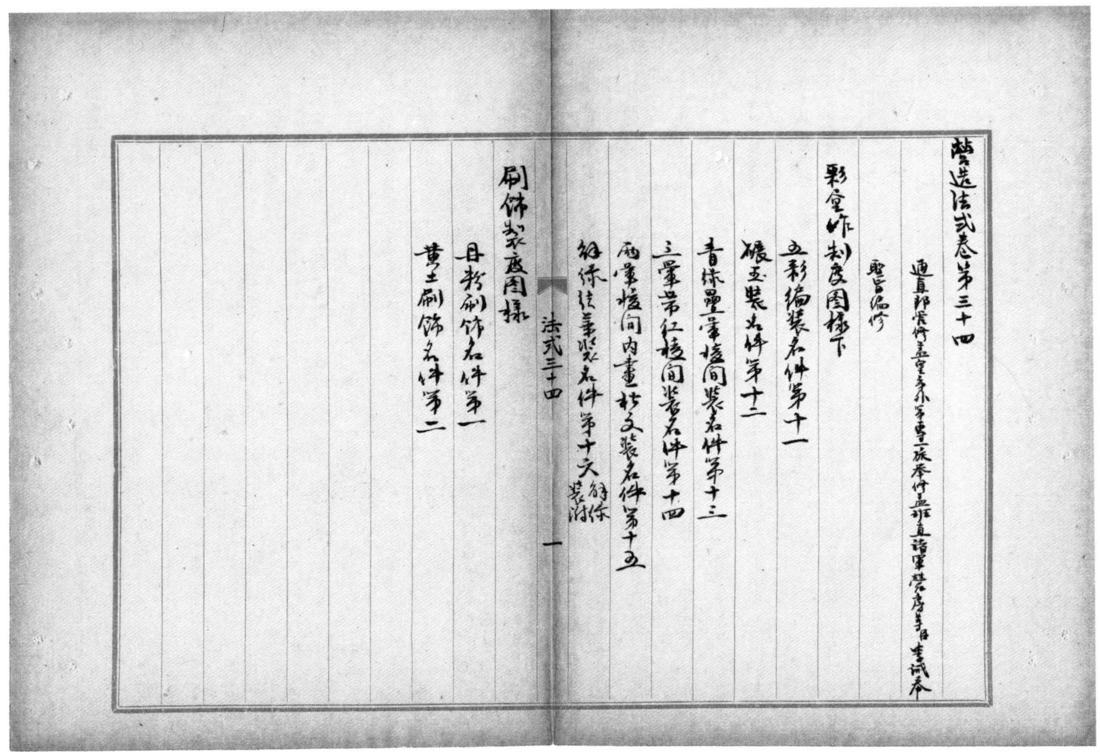

營造法式卷第三十四

通直郎管修蓋皇弟外第專一提舉修蓋班直諸軍營房等臣李誡奉

聖旨編修

彩畫作制度圖樣下

五彩徧裝名件第十一

碾玉裝名件第十二

青綠疊暈稜間裝名件第十三

三暈帶紅稜間裝名件第十四

兩暈稜間內畫松文裝名件第十五

解綠結華裝名件第十六 解綠裝附

刷飾制度圖樣

丹粉刷飾名件第一

黃土刷飾名件第二

法式三十四

一

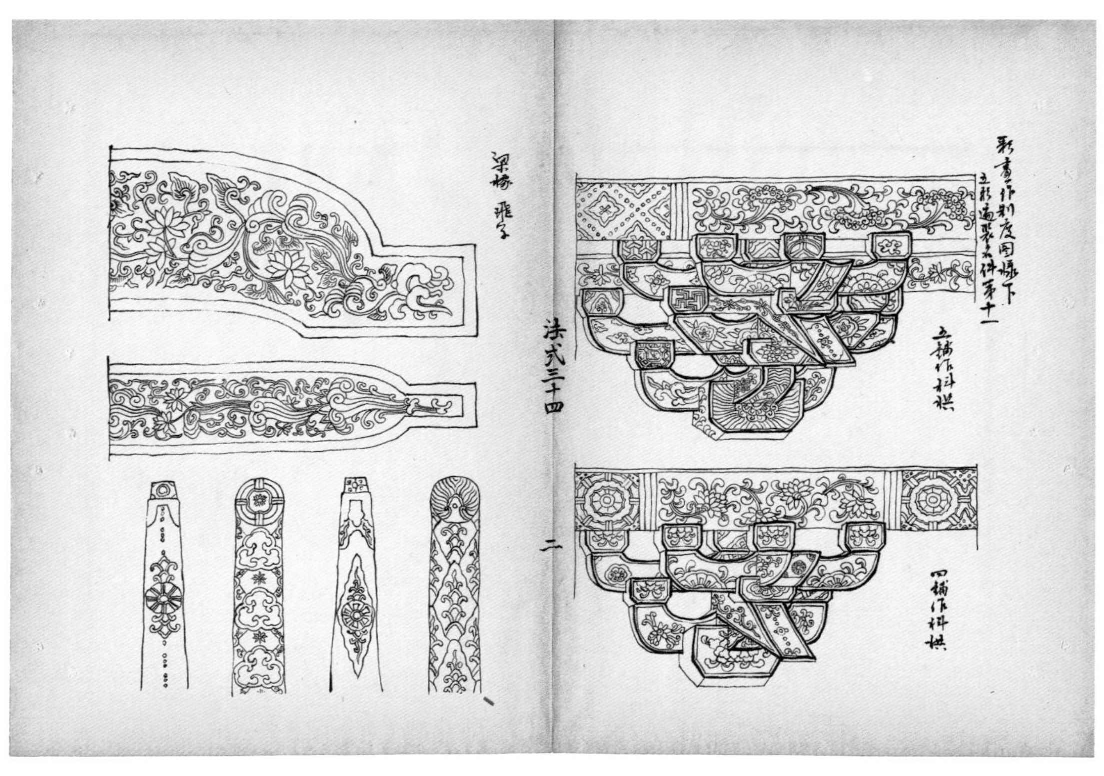
彩画作制度图样下
五彩遍装名件第十一
五铺作枓栱
四铺作枓栱
法式三十四
二
梁椽 飞子

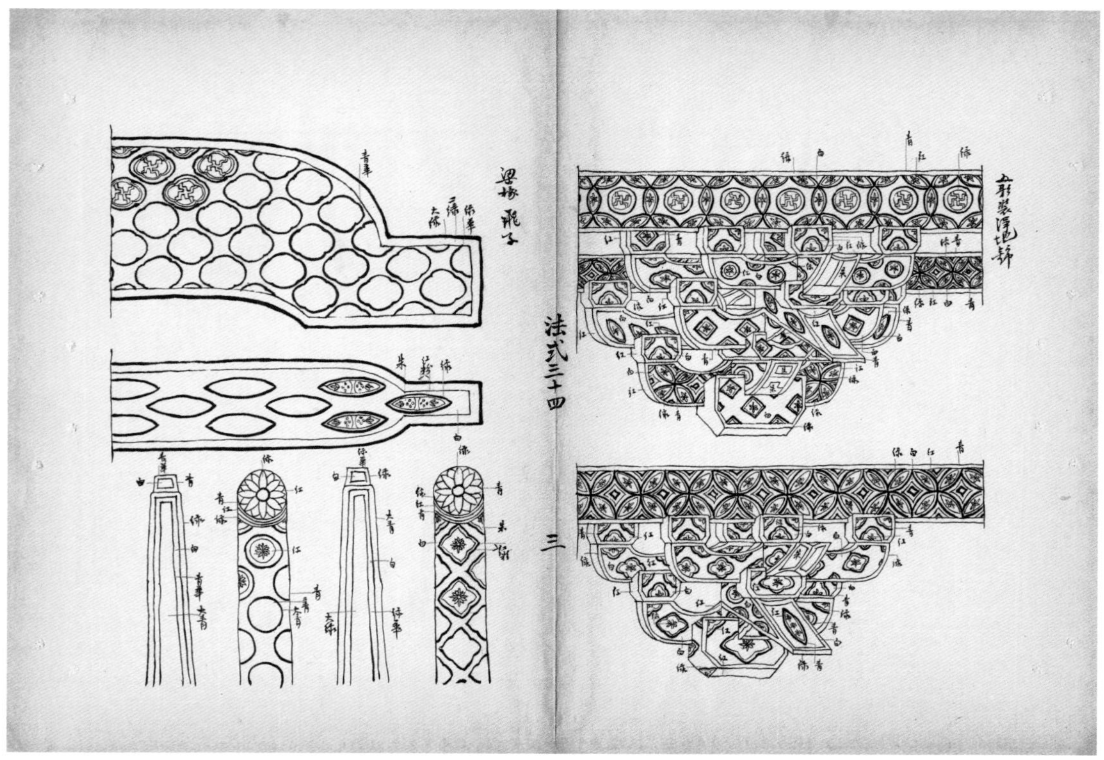
彩装浑地锦
法式三十四
三
梁椽 飞子

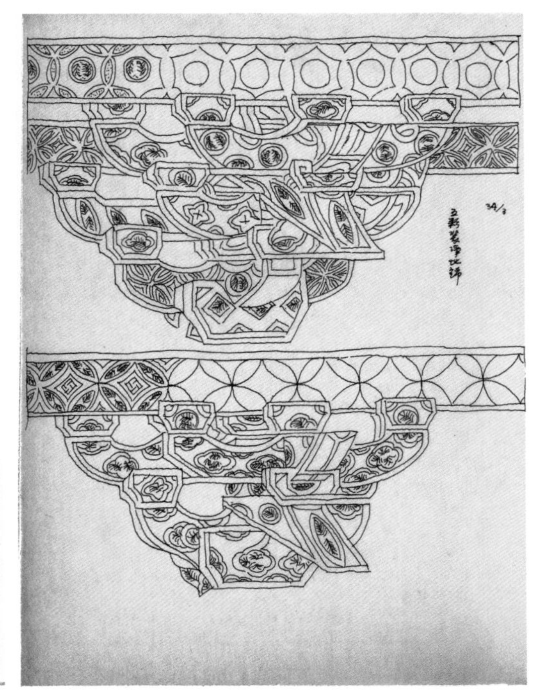

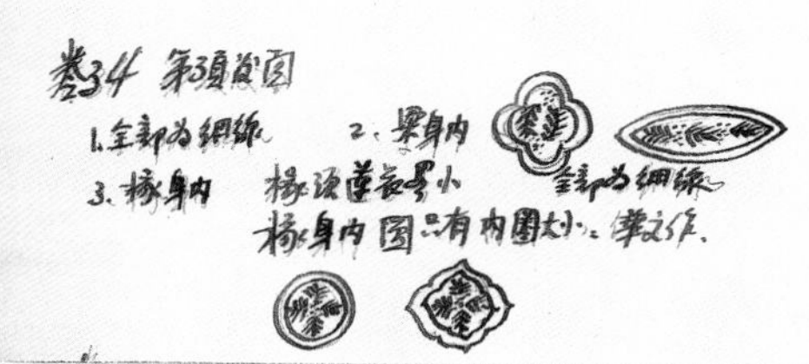
卷34 第3页後图
1.全部为细绵
2.梁身内
3.椽身内
全部为细绵

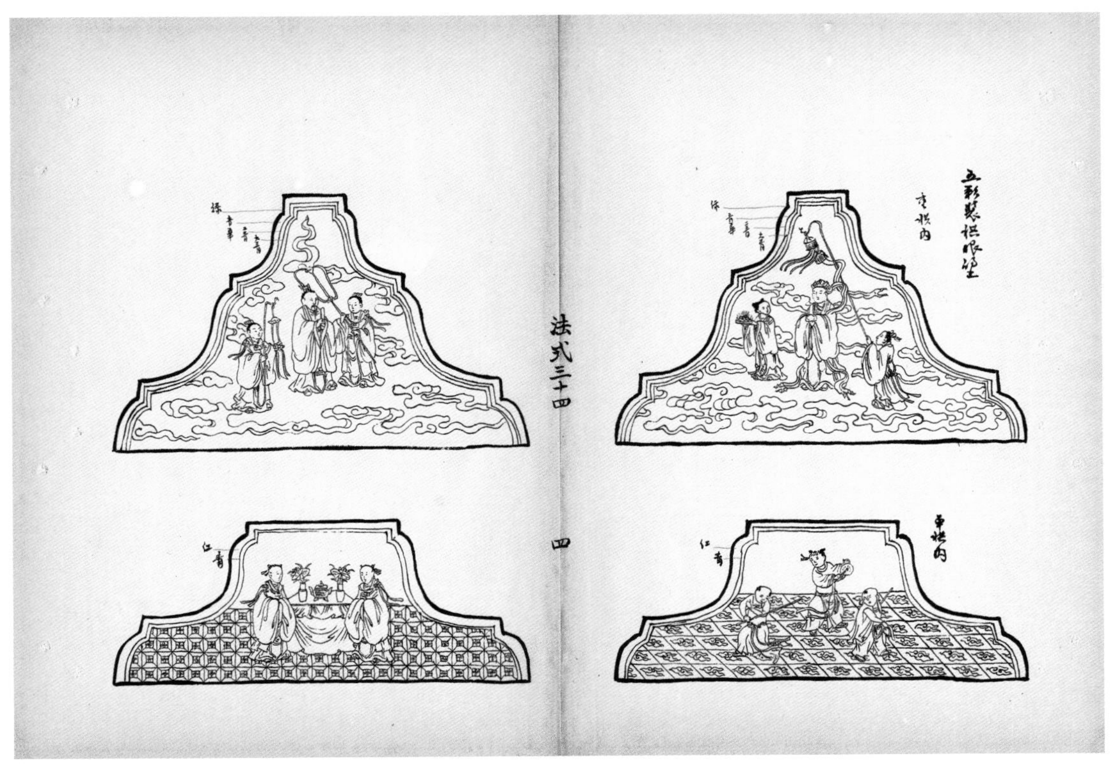
五彩装栱眼壁
法式三十四
四

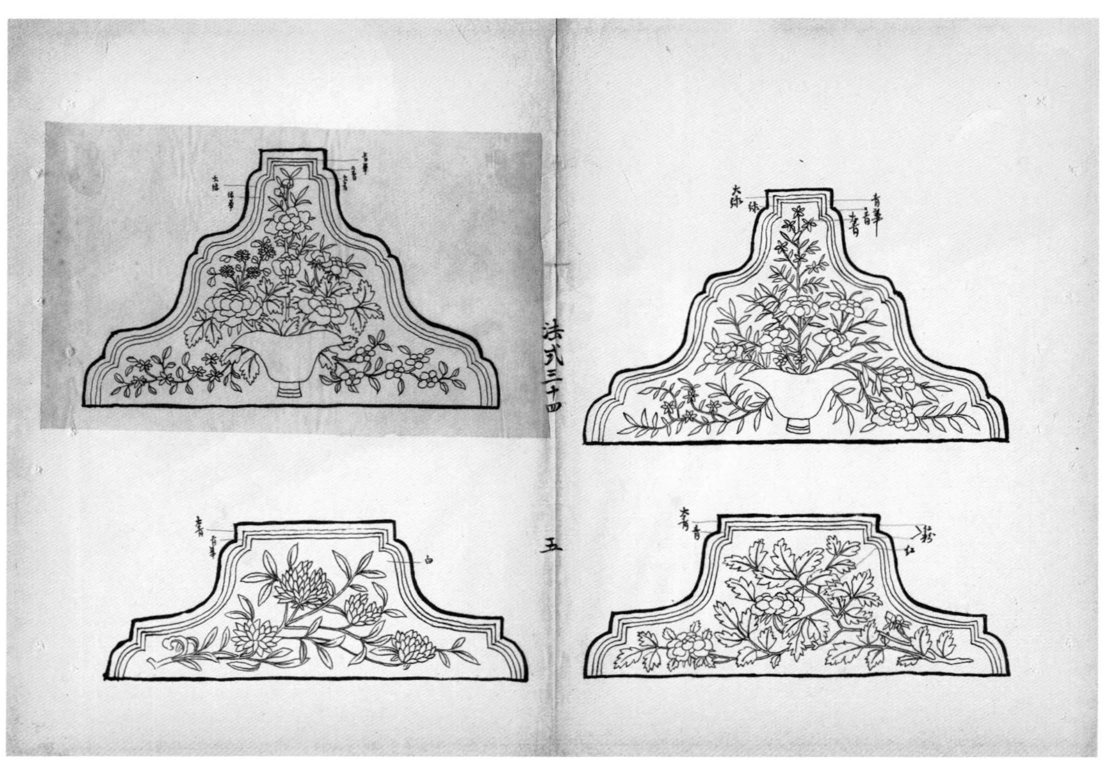
法式三十四
五

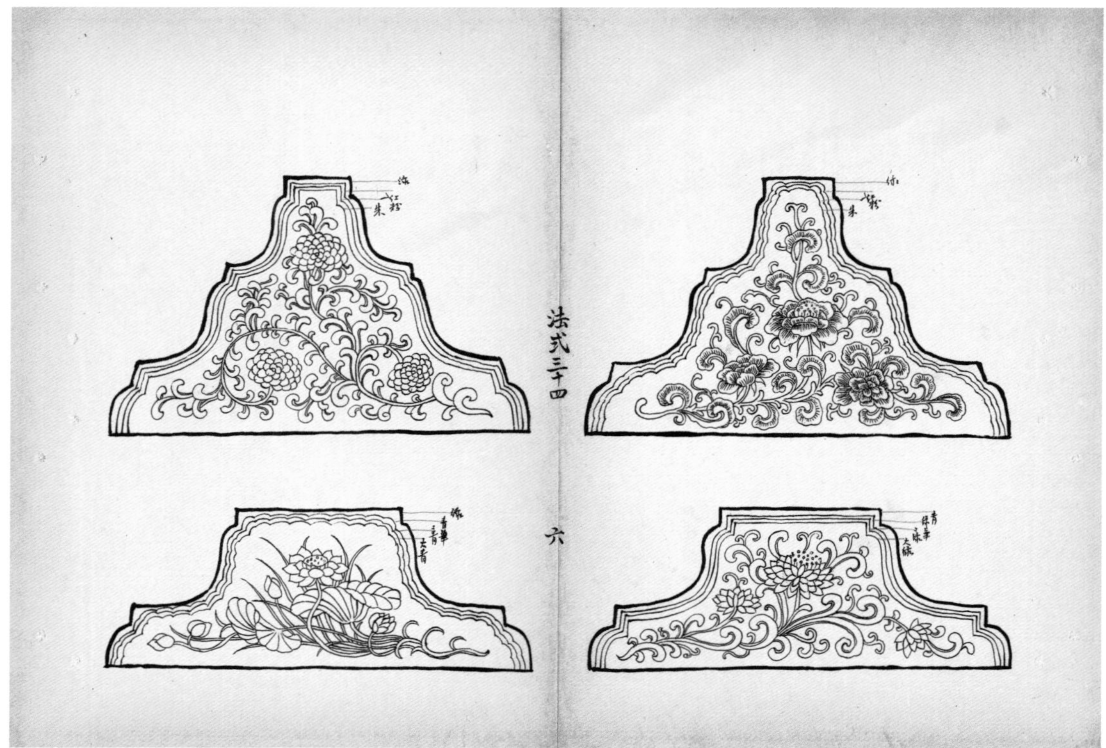
法式三十四
六

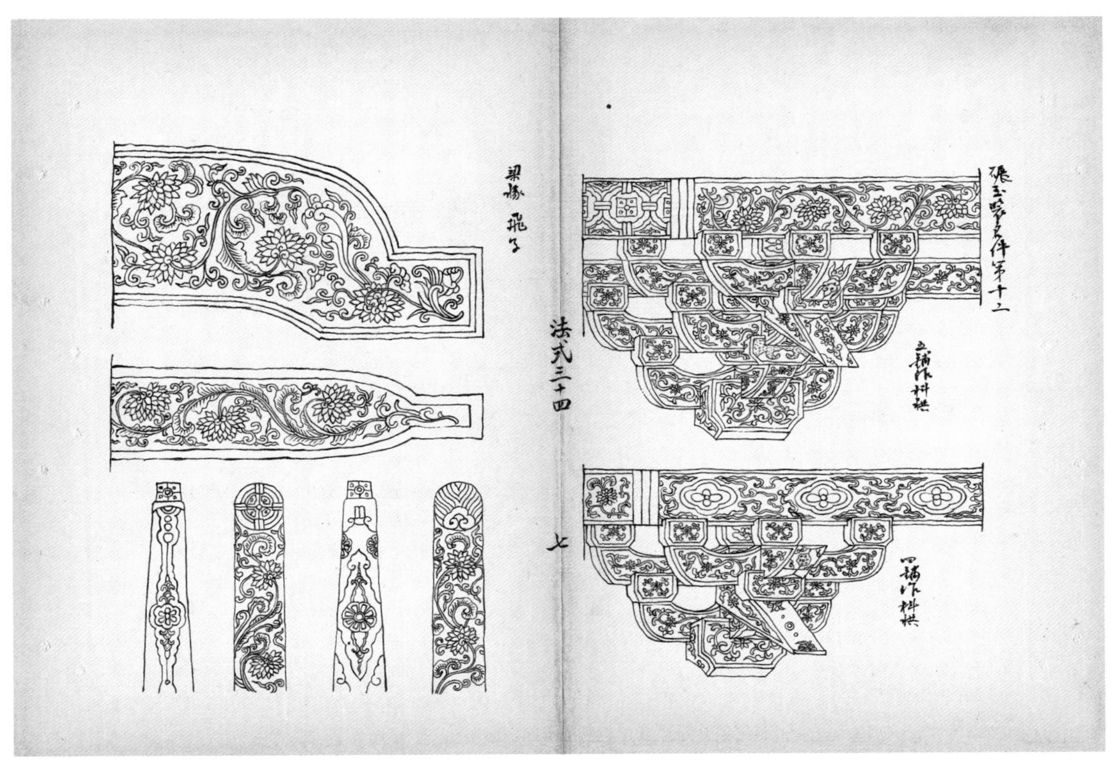

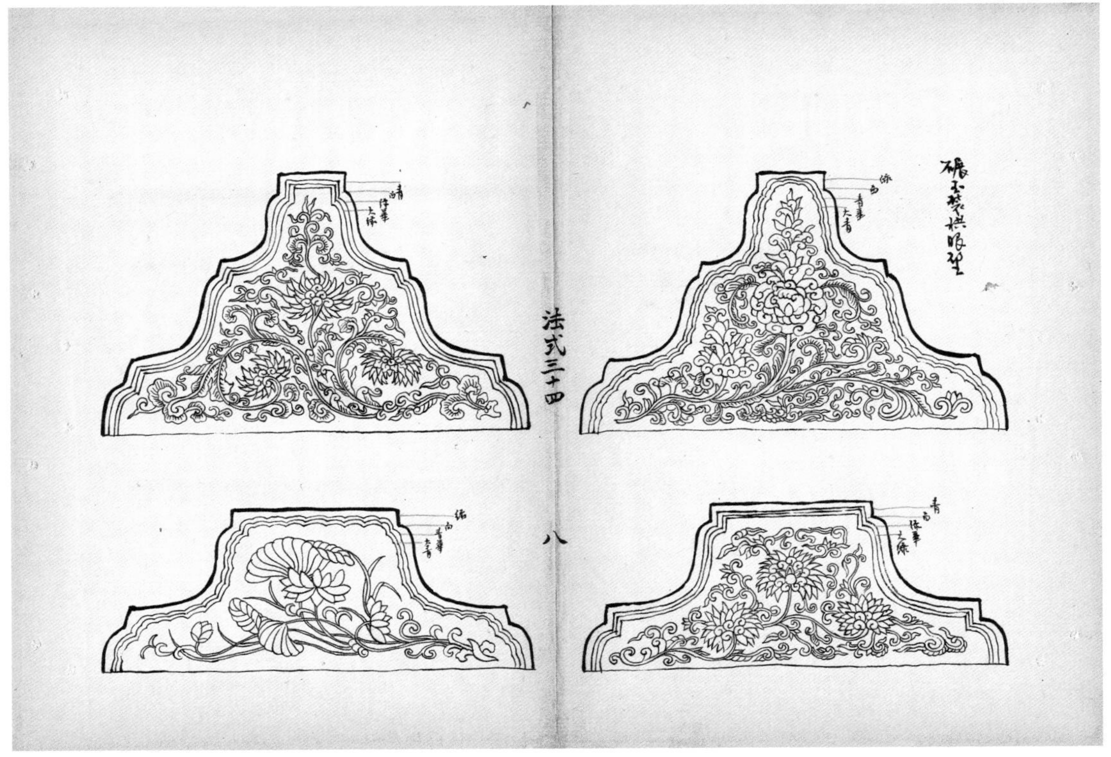

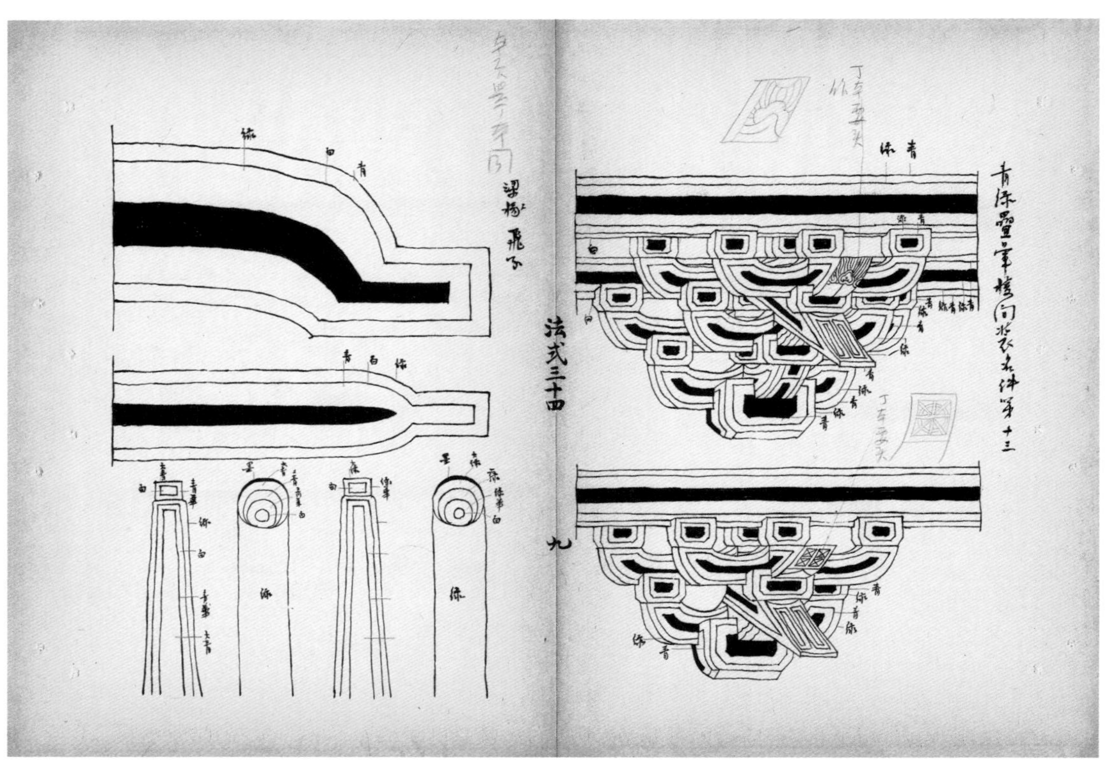

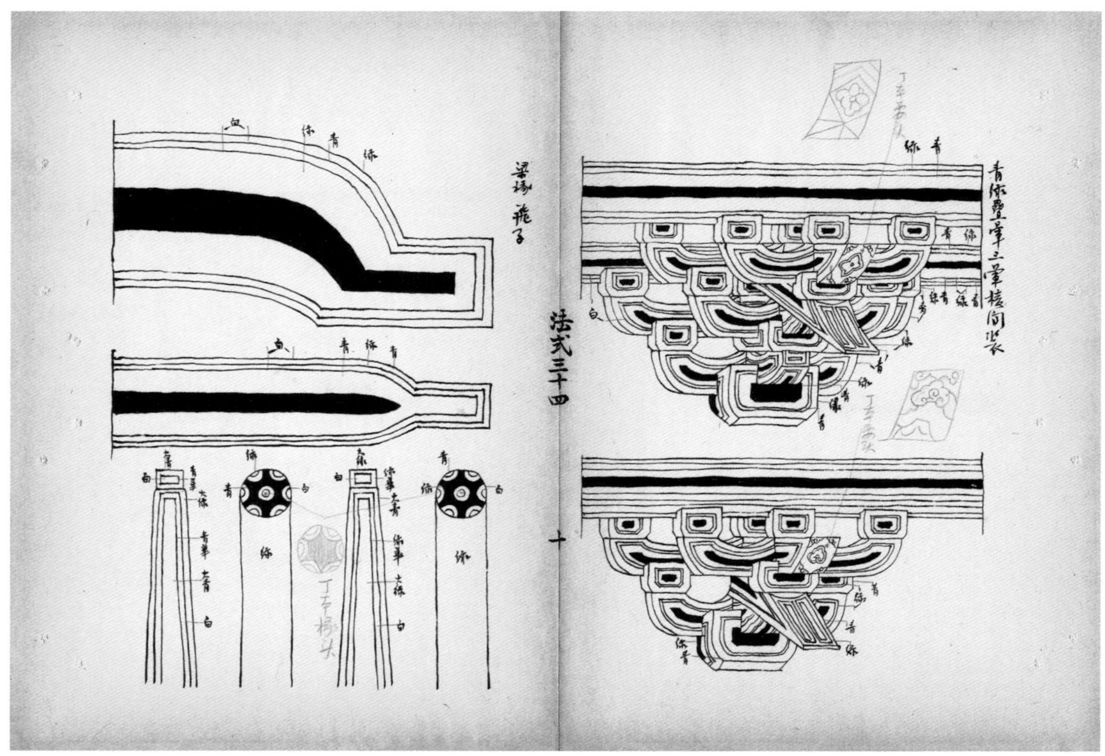

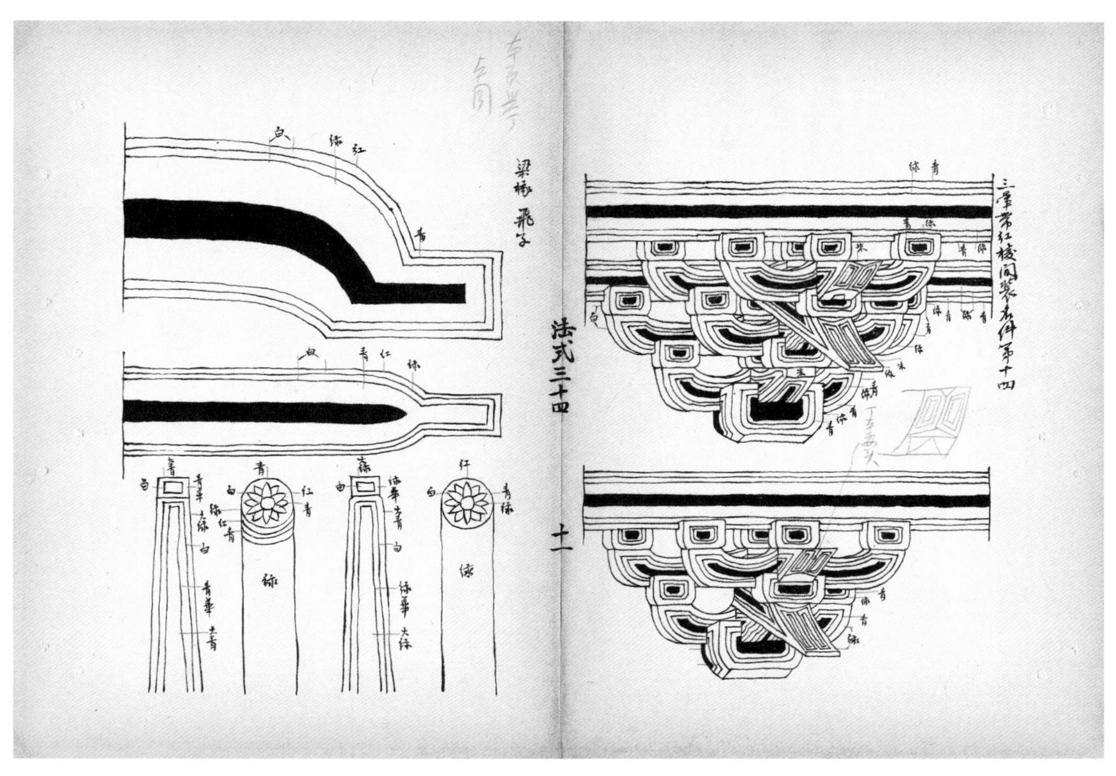

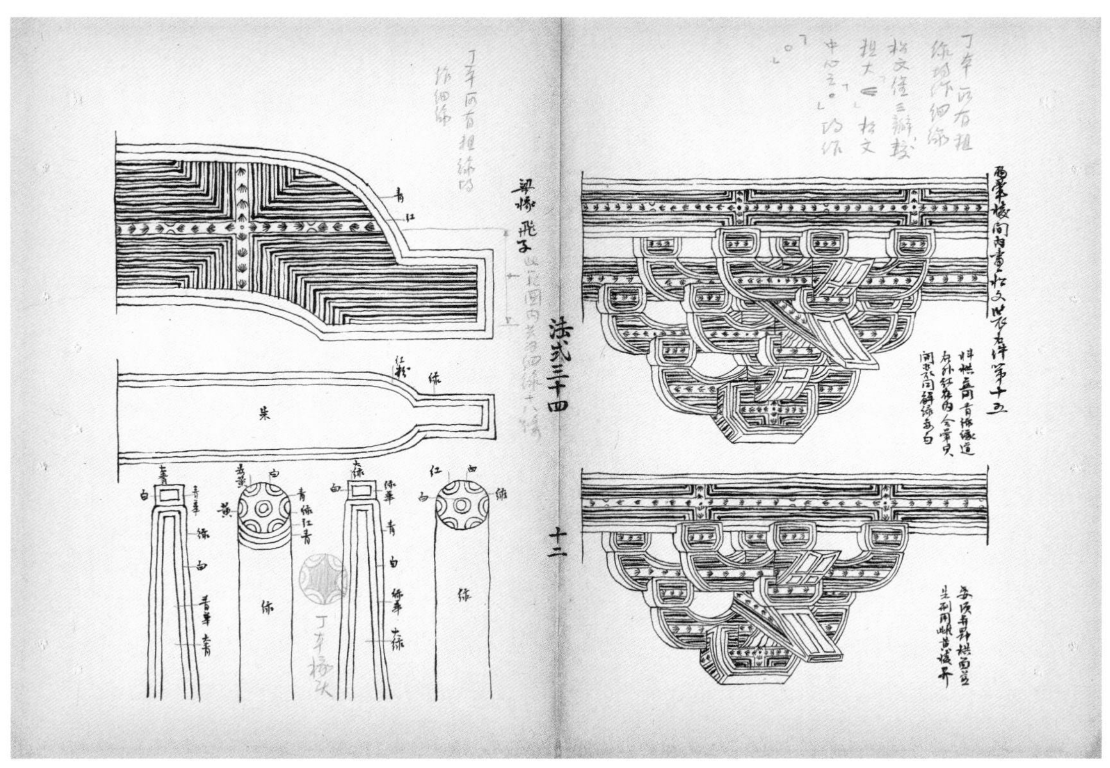

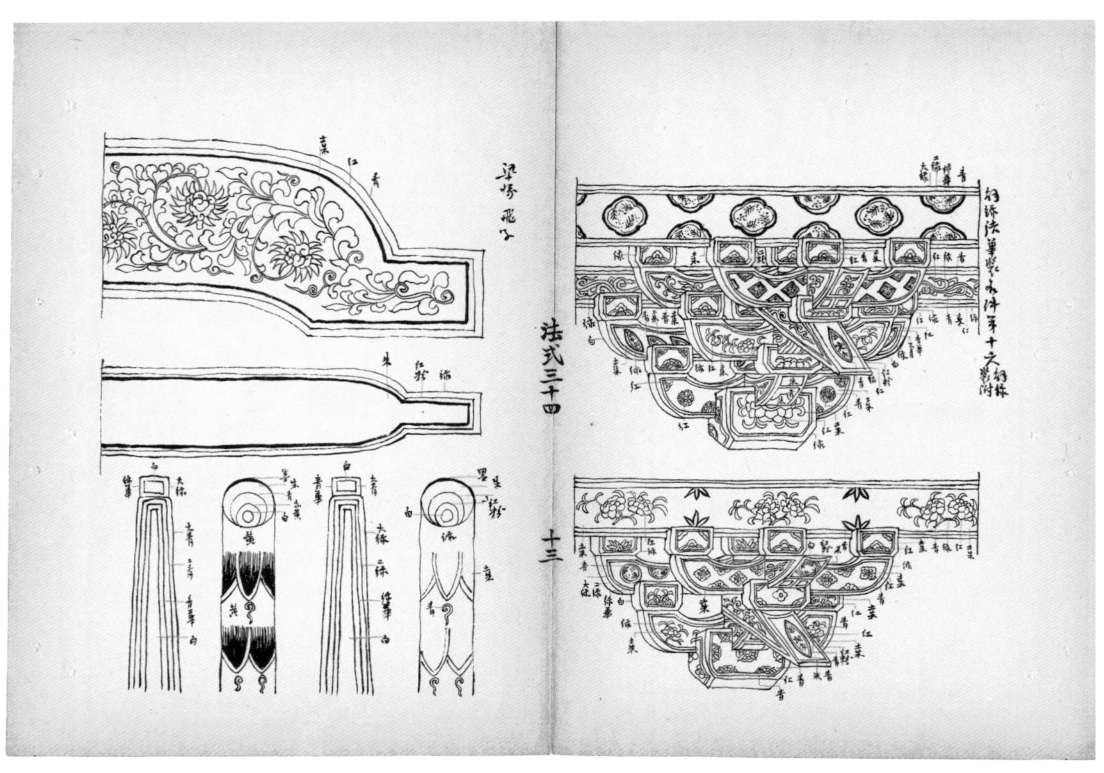
梁栿 飛子
法式三十四
十三

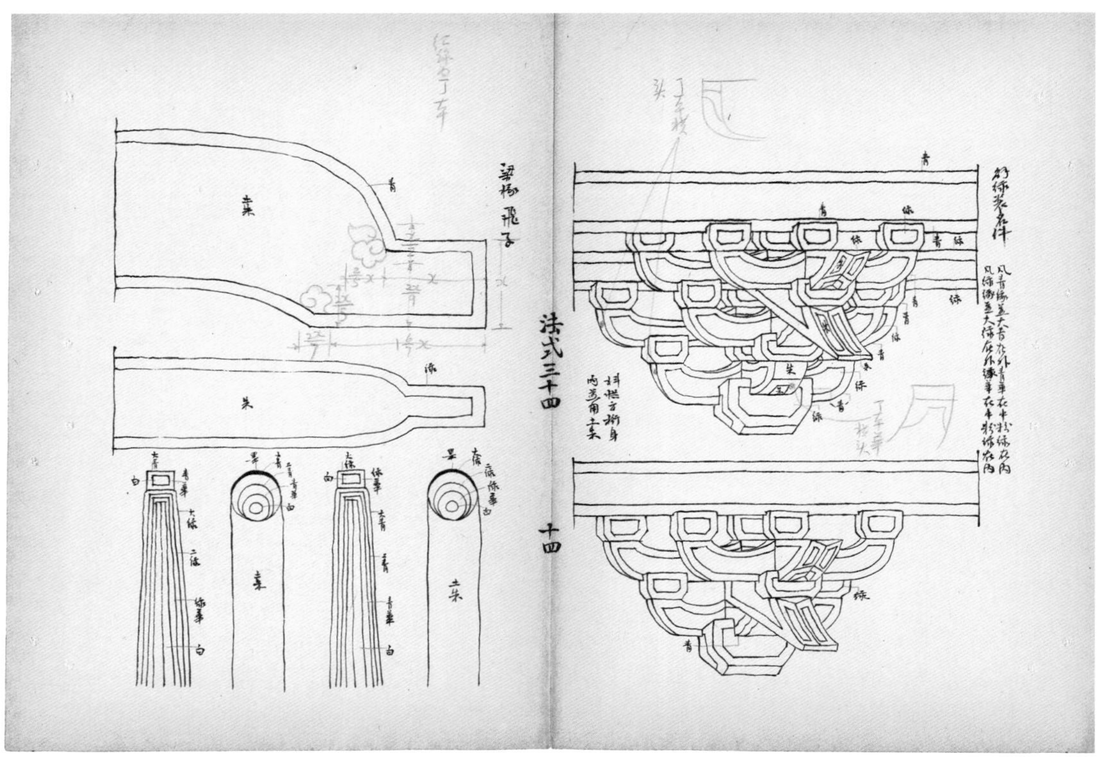
梁栿 飛子
法式三十四
十四

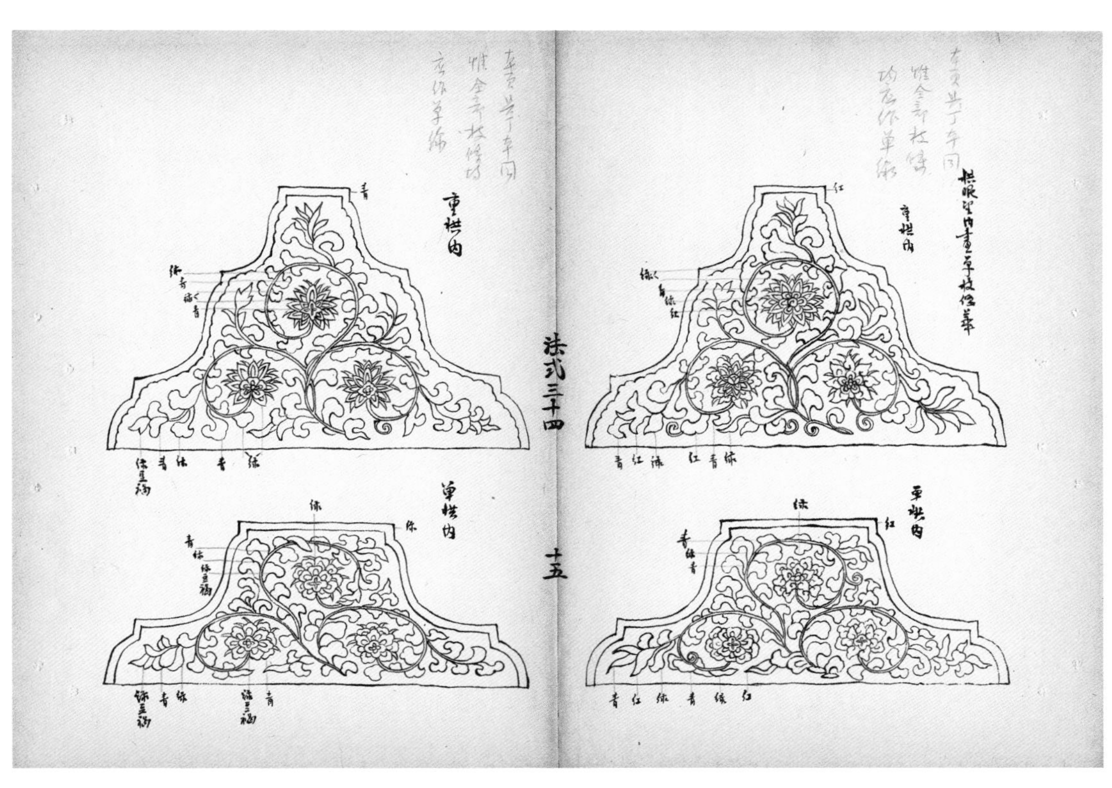
法式三十四
十五

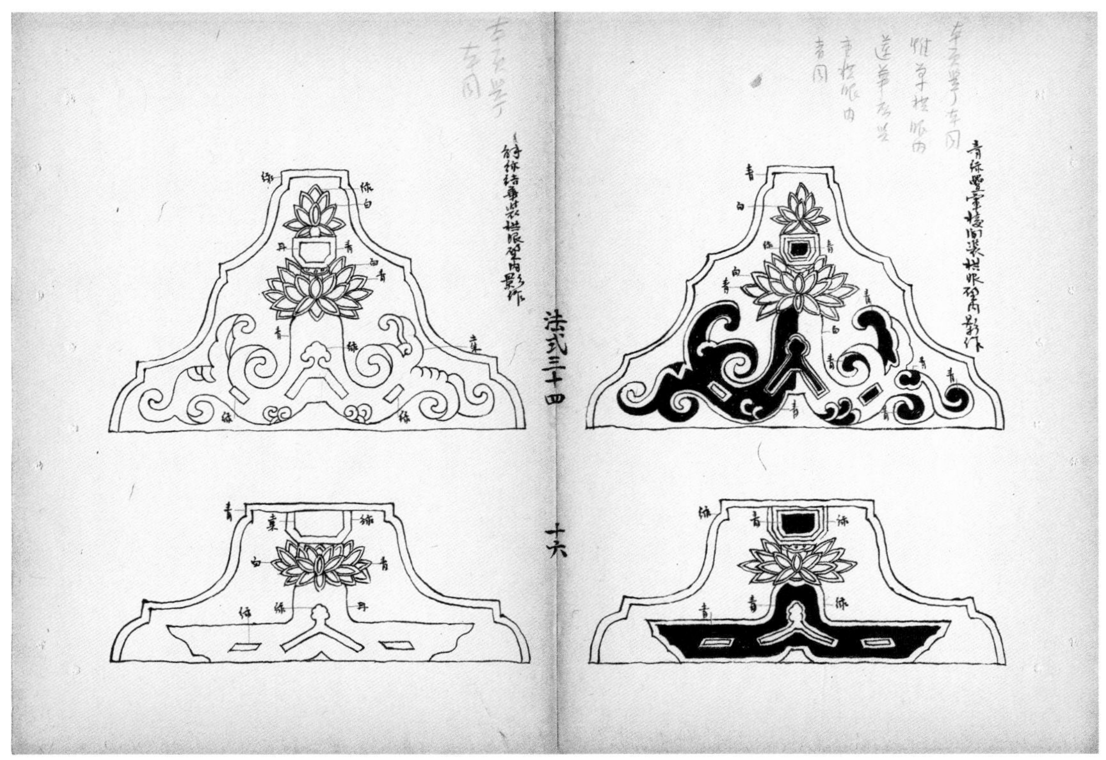
法式三十四
十六

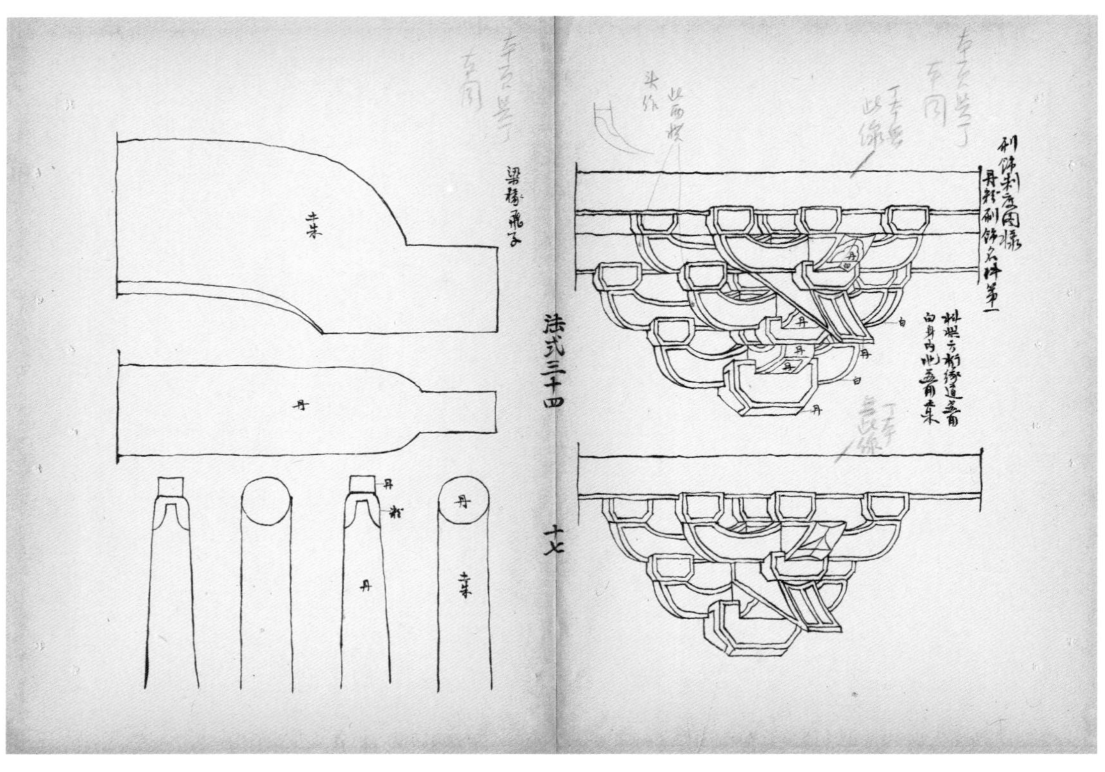
梁椽飛子
法式三十四
十七
丹
白

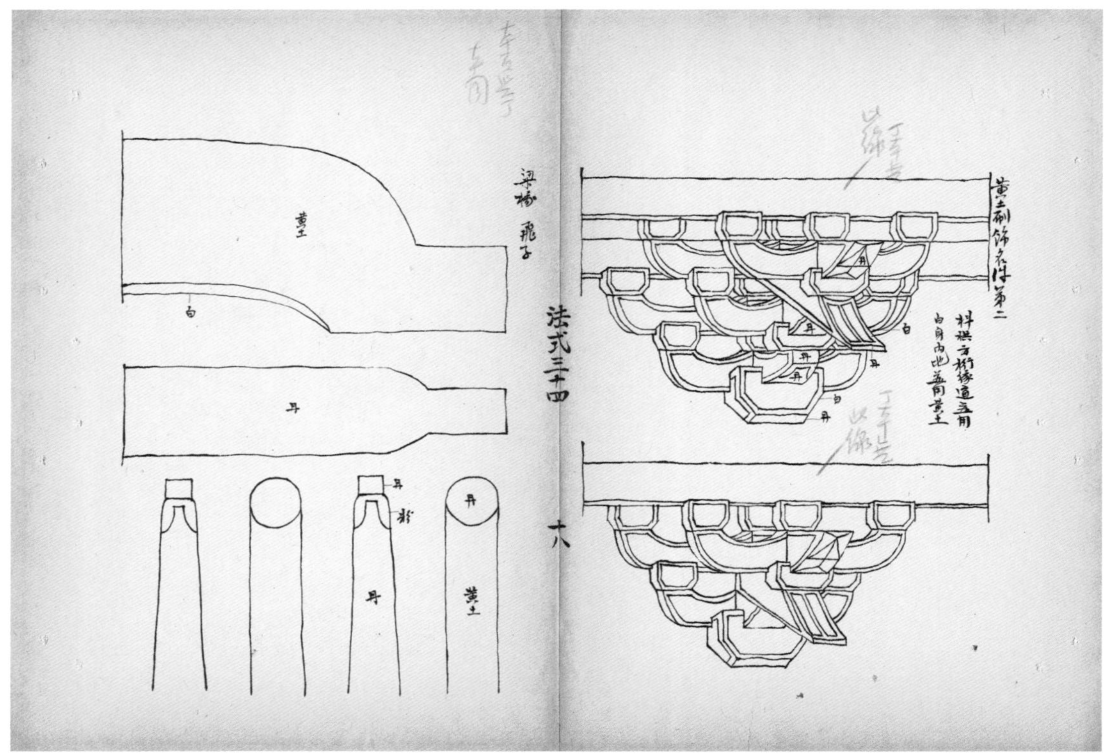
梁椽飛子
法式三十四
十八
黄土
丹
白

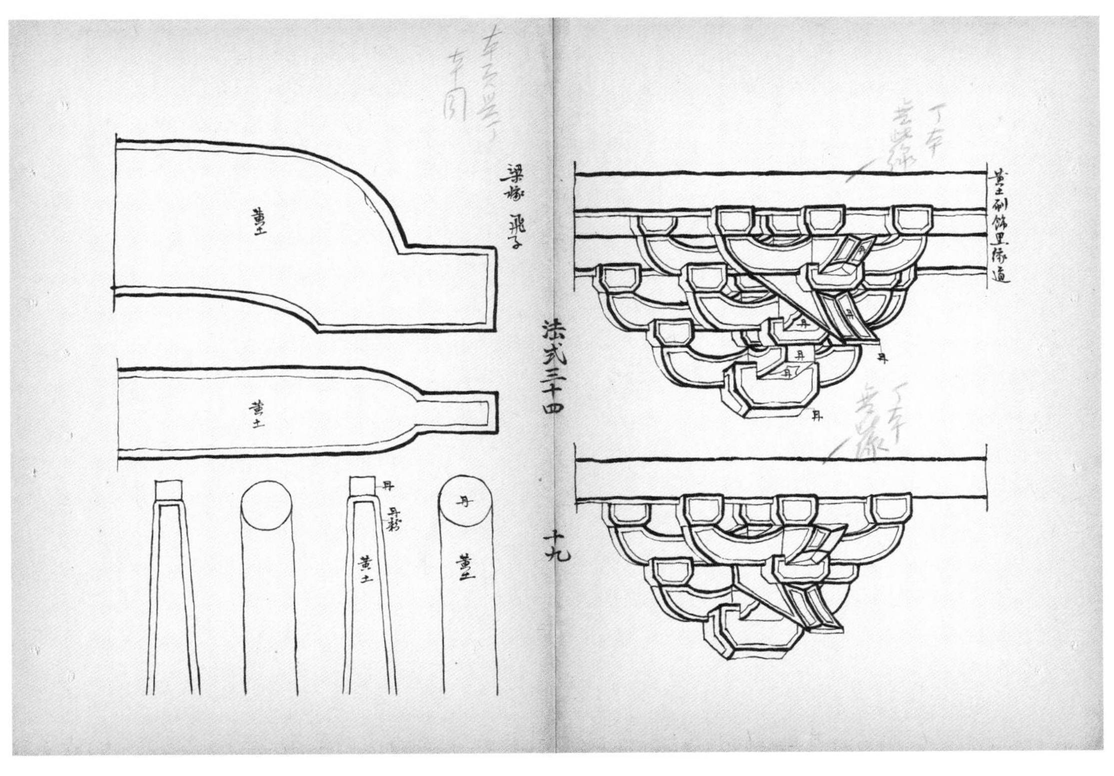
法式三十四
十九

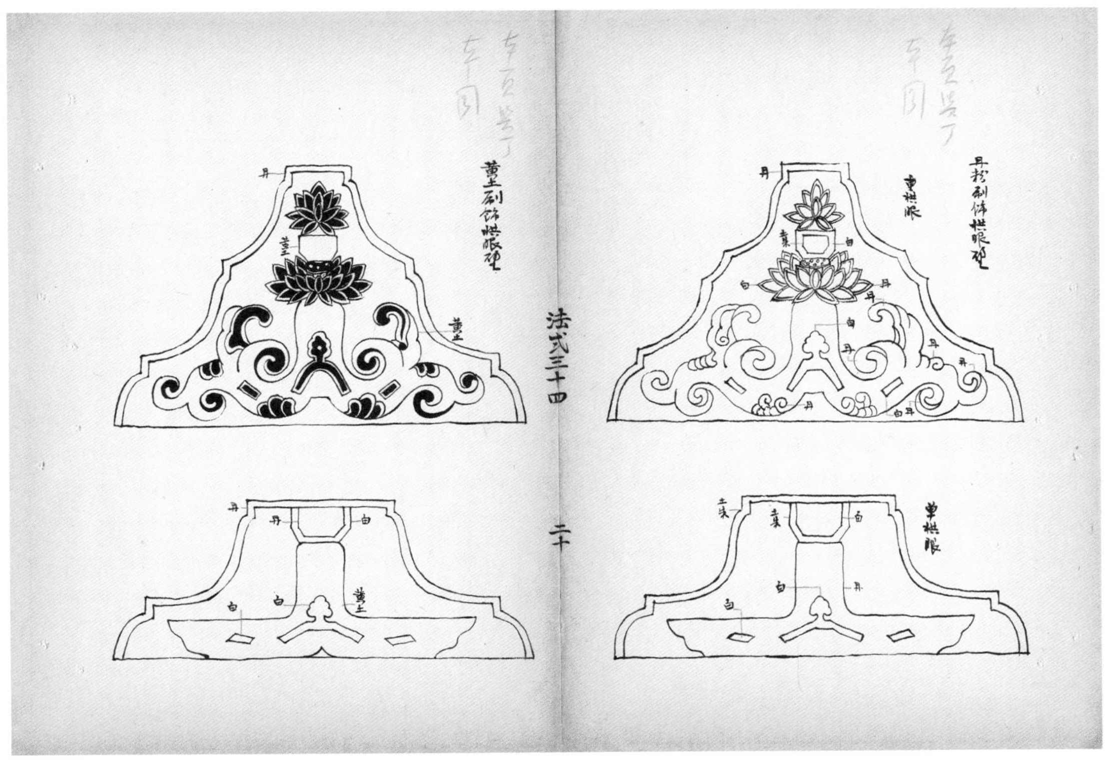
法式三十四
二十

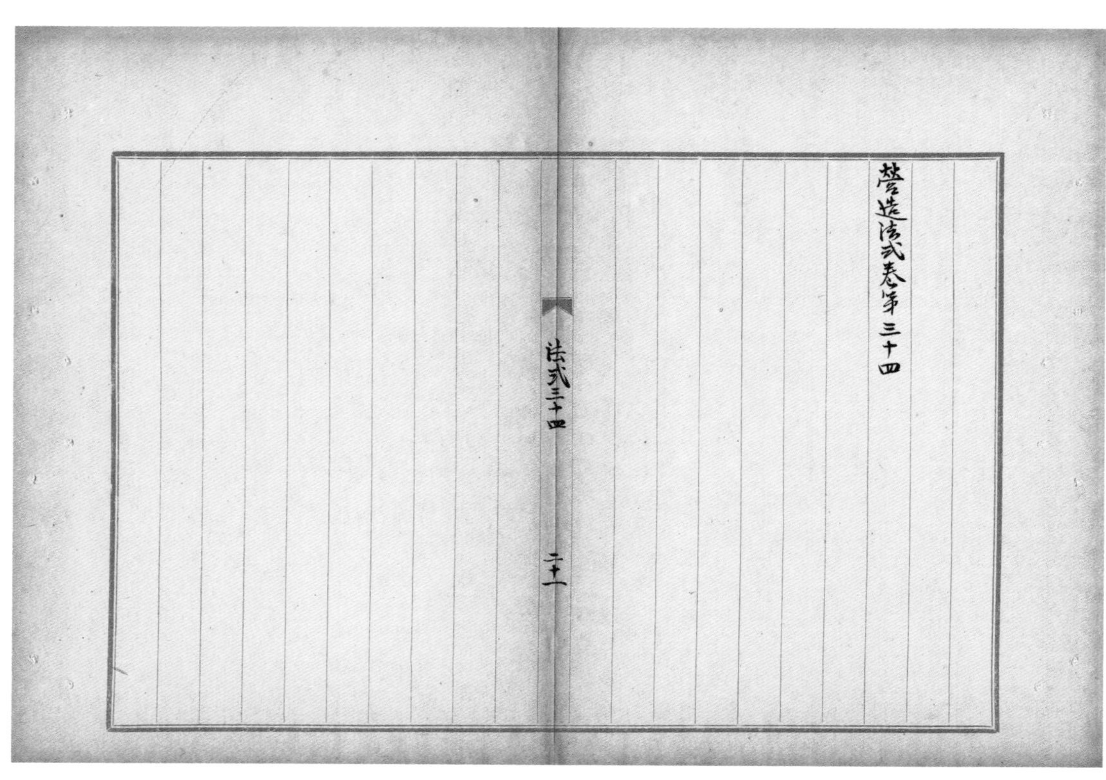
營造法式卷第三十四

法式三十四

二十一

營造法式附録目

宋故中散大夫李公墓誌銘

諸家記載並題跋

宋史職官志一則○晁載之續談助一則○晁公武郡齋讀書志一則○陳振孫書録解題一則○陸友仁研北雜志一則○唐順之稗編一則○錢曾讀書敏求記一則○四庫全書總目一則○又簡明目録一則○張蓉鏡跋○張金吾跋○孫原湘跋○黃丕烈跋○陳鑾跋○閩筆道人跋○褚逢春跋○邵淵耀跋○錢泳跋○瞿鏞鐵琴銅劍樓書目一則○丁丙藏書志一則○

石印營造法式齊耀琳序○朱啟鈐序

法式附録 一

營造法式附録目

宋故中散大夫知虢州軍州管句學事兼管內勸農使賜紫
金魚袋李公墓誌銘 為傅仲益作
大觀四年二月丁丑今龍圖閣直學士李公譓對垂拱上問弟誡
所在龍圖言方以中散大夫知虢州有旨趣召後十日龍圖復
奏事殿中既以虢州不祿聞上嗟惜久之詔別官其一子公之
卒二月壬申也越四月丙午其孤葬公鄭州管城縣之梅山從
先尚書之塋公諱誡字明仲鄭州管城縣人曾祖諱惟寅
故尚書虞部員外郎贈金紫光祿大夫祖諱惇裕故尚書
祠部員外郎秘閣校理贈司徒父諱南公故龍圖閣直
學士大中大夫贈左正議大夫元豐八年哲宗登大位正議

法式附錄 一

時為河北轉運副使以公奉表致方物恩補郊社齋郎
調曹州濟陰縣尉濟陰故盜區公至則練卒修武備嚴
賞罰廣方略得劇賊數十人縣以清淨遷承務郎元祐七年
以承奉郎為將作監主簿紹聖三年以承事郎為將作監
丞元符中建五王邸成遷宣義郎時公在將作且八年其
考工庀事必究利害堅窳之制堂構之方與繩墨之運皆
已了然於心遂被旨著營造法式書成凡三十四卷詔頒之
天下已而丁母安康郡夫人某氏喪崇寧元年以宣德
郎為將作少監二年冬請外以便養以通直郎為京西
轉運判官不數月復召入將作為少監辟雍成遷將作監

再入將作又五年其遷奉議郎以尚書省其遷承議郎以
龍德宮棣華宅其遷朝奉郎賜五品服以朱雀門其
遷朝奉大夫以景龍門九成殿其遷朝散大夫以開封
府廨其遷右朝議大夫賜三品服以修奉太廟其遷中
散大夫以欽慈太后佛寺成大抵自承務郎至中散大夫
凡十六等其以吏部年格遷者七官而已大觀某年
丁正議公憂初正議疾病公賜告歸又許挾國醫以行
至是上特賜錢百萬公曰敦匠事治葬具力足以自竭
然上賜不敢辭則以與浮屠氏為其所謂釋迦佛像者
以侑上恩而報罔極云服除知虢州獄有留繫彌年者

法式附錄 二

公以立談判未幾疾作遂不起吏民懷之如久被其澤
者蓋享年若干公資孝友樂善赴義喜周人之急又博
學多藝能家藏書數萬卷其手鈔者數千卷工篆籀
草隸皆入能品嘗書重修朱雀門記以小篆書丹以進有
旨勒石朱雀門下善畫得古人筆法上聞之遣中貴人諭
旨公以五馬圖進睿鑒稱善公喜著書有續山海經十
卷續同姓名錄二卷琵琶錄三卷馬經三卷六博經三
卷古篆說文十卷公配王氏封奉國郡君子男若干人女
若干人云云沖益觀虞所命九官而垂共工居其一時
咨而後命之蓋其慎且重如此誡以授法庀工修棟宇

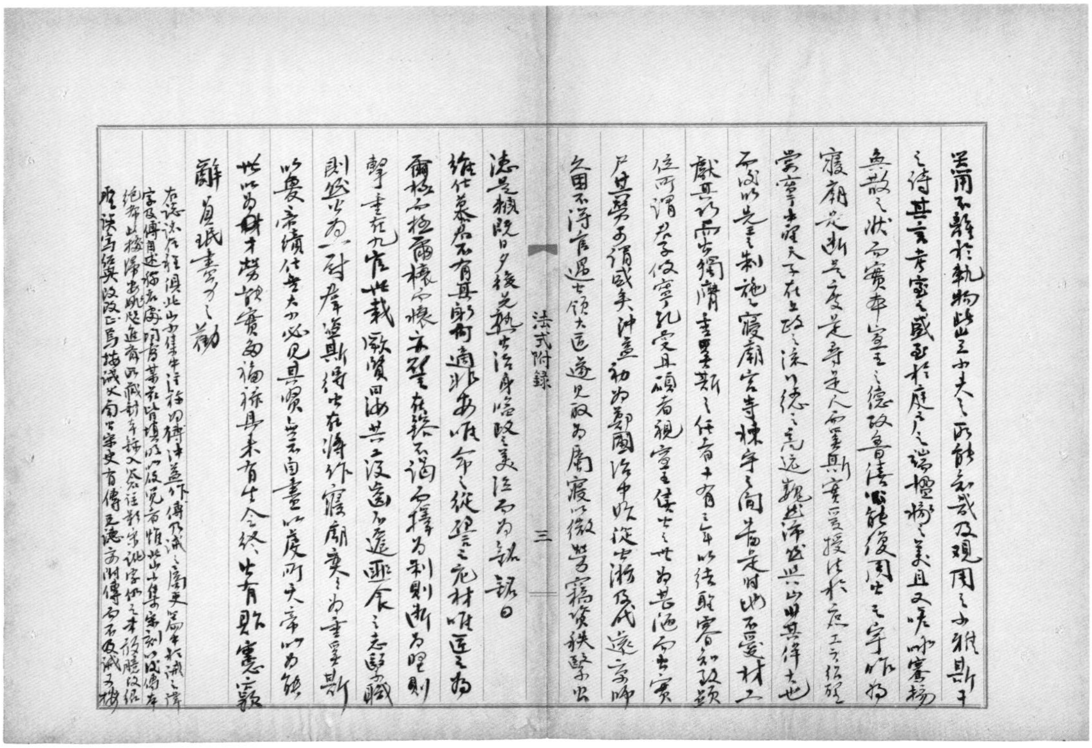

器用不離於軌物，然世之士大夫所能知哉？及觀周之小雅《斯干》
之詩，其言考室之盛，至於庭户之端，楹桷之美，且又咏嘆騫揚
無斁之狀，而寅奉宣王之德，以致魯僖能復周公之宇，作為
寢廟，見於歌頌。是亦足人而寓斯實，爰授法於庭工，言征
嘗寧之建，天子在上，改之注以德之光遠，觀然沛然興，其偉大也
而成以先王之制。總之寢廟宮寺棟宇之間，昔之時皆不暇，材工
獻其巧，而君獨濟，表罪斯之任，前十有三年，以後敢審知攻鑿
位所謂君子攸寧，孔安且碩者，觀宣王焉。生之世，為甚遇，而君實
尸其勞，可謂盛矣。沖益初為鄭圃，偕中收從君游，及君之遠，求銘
久留不得。官滿遂去，領大匠，遂見取為廟寢以徽，然而竊資秩緊，出

法式附録　三

德是賴。既日夕，後見執其治身臨政之美，治不為銘。銘曰：
維仕基而不有其名，術適於安，順命之從。理之宏材，惟匠之為。
爾極而極，爾棟而棟，示聲在終，不過而擇，為制則斷，為理則
擊。重在九宮，世載厥賢，四海共之，沒蓋不遠，惡食之志，既為職
則盛其為一。尉岸逢斯，得其在將作，寢廟奕奕，為重斯
以襄帝績，仕至大卿，必見其賢。無云宣畫以度，所大帝以為頗
世以為材，才勞賢而福祿具來，有生全終，其有聲憲家
辭，負珉書之，以勸

右誌……程俱北山小集中……傅沖益作傳，乃誠之……宋史……

楊仲良續資治通鑑長編紀事本末：崇寧四年七月二十七日，宰相蔡京等進呈庫部員外郎姚舜仁請即國丙巳之地建明堂，繪圖以獻。上曰：是嘗欲為之，有圖見在禁中，然考究未甚詳。如今將作監李誡同舜仁上殿。八月十六日，李誡、姚舜仁進明堂圖。上謂誡等曰云云。錄之備考

法式附録　四

法式附录　一

诸书记载并题跋

宋史○职官志将作监置监、少监各一人，监掌宫室城郭桥梁舟车营造之事，少监为之贰。○元祐七年诏颁将作监修成营造法式。○艺文志史部仪注类营造法式二百五十册（注曰元祐间）卷亡。○又子部艺术类李诫新集木书一卷（按宋史无李诫传，录此以徵李诫之误）。

晁载之续谈助○右钞崇宁二年正月通直郎试将作少监李诫所编营造法式，其宫殿佛道龛帐非常所用者皆不敢取，又四目卷第十六至二十五并土木等功限，自卷二十六至二十八并诸作用钉胶等料用例，自卷二十九至三十四并制度图样并无钞。五年十一月二十三日润州通判厅西楼北斋伯宇记（时摄晋陵通判润州事）。

晁公武郡斋读书志○将作营造法式三十四卷，皇朝李诫撰。熙宁中敕将作监编修营造法式，诫以为未备，乃考究经史并询匠工以成此书，颁于列郡。世谓喻皓木经极为精详，此书盖过之。

陈振孙书录解题○营造法式三十四卷，看详一卷，将作少监李诫编修。初熙宁中始诏修定，至元祐六年成书，绍圣四年命诫重修，元符三年上，崇宁二年颁印。前二卷为总释，其后曰制度，曰功限，曰料例，曰图样，而壕寨石作、大小木、雕、旋、锯作、泥瓦、彩画、刷饰，又各分类，匠事备矣。

陆友仁研北杂志○李明仲诫所著书有续山海经十卷、古篆说文十卷、续同姓名录二卷、营造法式三十四卷、琵琶录三

法式附录　二

卷、六博经三卷。

唐顺之稗编○李诫营造法式（内钞看详修目亦有录，此屋楹数一条为今本所无，录以备考）

楹数　王云孙传传宗述议云：太庙图孙议曰，故庙十一室二十三楹，楹十一梁，垣墉广袤称之。记两楹，知为两柱之间矣。然楹者柱也，自其奠两庙之所而言两楹，则间于两楹之中，于义易晓。故人记屋室，以若干楹言之，其将造数一柱为一楹，即抑以柱之一列为一楹也。此无详者，盖两孙此议，则以柱之一列为一楹也。

读书敏求记○李诫营造法式三十四卷、目录看详二卷，牧翁从天水长公图样界画，最为难事。己丑春，予以四十千从牧翁购归，牧翁又藏梁溪故家镂本，庚寅冬，不戒于火，缥囊缃帙，尽为六丁取去，独此本流传人间，真希世之宝也。诫字明仲，所著书有续山海经十卷、古篆说文十卷、续同姓名录二卷、琵琶录三卷、马经三卷、六博经三卷，今俱失传，附识此以示藏书家互蒐讨之。

四库全书总目○营造法式三十四卷（浙江范懋柱家天一阁藏本），宋通直郎试将作少监李诫奉敕撰。初熙宁中敕将作监官编修营造法式，至元祐六年成书。绍圣四年以所修之本祗是料状，别无变造制度，难以行用，命诫别加撰辑。诫乃考究群书，并与匠人讲说，分列类例，以元符三年

法式附錄 三

奏上〻崇寧二年復請用小字鏤版頒行誡所作總看詳
中稱今編修海行法式總釋總例共二卷制度十五卷功
限十卷料例并工作等三卷圖樣六卷目錄一卷總三十
六卷計三百五十七篇內四十九篇係於經史等群書中檢
尋考究其三百八篇係自來工作相傳經久可用之法與諸
作諳會匠詳悉講究蓋其書所言雖止藝事而能考證
經傳參會衆說以合於古者飭材庀事之義故陳振孫
書錄解題以為遠出喻皓木經之上考陳友仁所作新法載
誡所著有續山海經十卷古篆說文十卷續同姓名錄二卷
琵琶錄三卷馬經三卷六博經三卷則誡本博洽之士故所撰
述具有條理惟友仁稱誡字明仲而書其名作誡字從言
氏、闕影鈔本及宋史藝文志文獻通考俱作誡字疑友
仁誤也此本前有誡所奏劄子及進書序各一篇其第三十一卷
當為木作制度圖樣上篇原本已闕而以看詳一卷錯入
其中檢永樂大典內亦載有此書其所闕二十餘圖並在今
據以補足而移看詳於卷首又看詳內稱書總三十六卷而
今本制度一門較原目少六卷僅三十四卷永樂大典所載
不分卷數無可參校而核其前後篇目又別無脫漏疑為
後人所併今亦姑仍其舊云
四庫全書簡明目錄〇營造法式三十四卷宋李誡奉敕

法式附錄 四

撰原本頗殘失次今從永樂大典校正是書初修於熙
寧中紹聖中又詔誡重修撰所作總看詳中稱總釋總例
共二卷制度十五卷功限十卷料例並功作等共三卷圖
樣六卷目錄一卷舊為三十六卷此本無所佚脫而止三
十四卷蓋為後人所併其書共三百五十七篇內四十九篇皆
取據經史諸書法條三百八篇則自來工師所傳也
張蓉鏡跋〇營造法式自宋槧既軼世間傳本絕稀相傳
吾邑錢氏述古堂有影宋鈔本先祖理堂[illegible]以二十金
辛未得見庚辰歲家月霄先生得影寫述古本於郡城
陶氏五柳居重價購歸出以見示以先祖想望未見之書
一旦獲此欣喜過望假歸手自影寫圖樣界畫則
畢仲愷高弟王君某任其事焉自來攷晉秀之歸能
深於名宿博洽詳明深悉大匠飭材辨器之義者亦無踰此
書陳振孫直齋書錄解題以為遠越喻皓木經之上也
謹按四庫全書本係浙江范懋柱天一閣所進內缺三十一
卷木作制度圖樣補有永樂大典所載以補其缺則是
書之全讎蓋不徵矣至看詳內稱書凡三十六卷而此本
僅三十四卷今所藏宋本續後助亦載是書卷數[illegible]
是本同蓋自宋時已合併矣吾邑藏書家自汲古以揚
氏之宋遺有絳雲述古[illegible]其風

寖微，今得月霄之愛書好古，搜訪秘笈，不遺餘力，俾前〔?〕
之爲哉。與錢、毛兩家抗衡，以著有同好，每得奇籍，必以相
示，或假傳鈔，時無吝色。其書家〔?〕固未之見也，世俗所難，錄竣，
因書數語以識欣感，並以傷先祖之終不獲見也。道光之年
辛巳夏六月，琴川張蓉鏡識於小瑯環福地，時年二十歲。

張金吾跋○營造法式圖樣界畫工細，致密非良工不易措手，
故流傳絕少。同里家子和先生購訪二十年不獲，又孫芙川見
金吾藏本，驚爲得未曾有，假歸手自臨錄，圖繪之事，王君
某任之。既竣事，出以見示，精楷遠出金吾藏本上。語云：莫爲之
先，雖美弗彰；莫爲之後，雖盛弗傳。子和先生於是乎有功矣。

法式附錄　五

夫祖宗之手澤，子孫或不知世守，況能以先人之所好爲好乎？且
嗜好之不同，嗜其所癖，祖父之所好者在是，子孫所好者或不在
是，不能強而同也。今子和獲手澤一物之微，罔敢失隊，如
是者，蓋已不數覯矣，而必責以仰承先志，搜羅未備，其亦嘗
一究其所好何好，而極之以篤〔?〕其心者哉。雖然，曠百世而相感
者，同氣之求也；越千里而相通者，同聲之應也。況一體相承
者乎？聞浙家〔?〕學淵源，漸染有素，而必謂繼志述事不能
之子若孫者，非通論也。芙川以嗜古，畜邑〔?〕書益不多見，而金
吾家必推首，尤在善成先志，時道光七年八月上澣張金
吾書。

孫原湘跋○從來制器尚象，聖人之道寓焉。規矩準繩之用，
所以示人以法天象地、邪正曲直之辨，故作爲宮室臺榭，使居其
中者，觸目警心〔?〕，不至淫蕩之心，以遏邪直〔?〕爲本，功適觀而
已。宋李明仲營造法式，紹聖中奉敕重修，內分十九篇，原本經
傳，備求成法，深合古人飭材庀事之義。其三百餘篇，亦皆自來工
作相傳經久可用之法，非仲園〔?〕傳說之士〔?〕所述，雖藝事，而不
詭於道。如此類，宋槧既不可得，四庫全書本亦從范氏天一閣
所進影鈔宋本，內缺三十一卷，木作制度圖樣，從永樂大典
中補入。至人間傳本，絕少。向聞錢遵王家有影宋完本，海
虞〔?〕先世庋書之所〔?〕，子和孫伯元以此本見示，云假之張月霄，

法式附錄　六

月霄新得之郡城陶氏書肆者，伯元手自鈔錄，并倩名手
王生爲之圖樣界畫，從此人間秘笈，頓有兩本，爲之歎喜〔?〕。
虞〔?〕幸惜滿〔?〕如子和之不得見也。述古堂書目稱趙元度以營
造法式缺十餘卷，搜訪借鈔，二十餘年乃始爲完書，圖
樣界畫費錢五萬，命長安良工始能措手。前人一書之
艱得如此。今伯元年方少，愛書好古，每得奇籍，輒自鈔寫。
即此書之圖樣界畫，費已不貲，故精妙迥出月霄本上。噫，
世〔?〕子和積願未見之書，伯元能以勇猛精進之心成此美舉，子
和亦有孫矣。爲識於卷尾，以告後之讀是書者。嘉慶二
十五年七月望後，心青居士孫原湘跋。

黄丕烈跋〇余同年張子和有嗜書癖故與余訂交尤相得
猶憶乾隆癸丑間在京師琉璃廠眈讀坊市一時有兩
書淫之目後子和成進士由翰林改部曹出為觀察偶相
聚首必以蒐訪書籍為第一要事余亦因子和之有同嗜也
來其乞假及奉諱之歸里時輒呼舟過訪信宿盤桓蓋
我兩人之作合由科名而訂交則實由書籍也子和有二丈夫
子皆能繼其家學所謂能讀父書者今其冢孫伯元以手
鈔營造法式見示屬為跋尾余謂此書世鮮傳本而今
得此精鈔之本自娛固為美事然人所艱得者最在世
守一語得之易為之藏難美其彰之為之後誰或能傳今
伯元十八年勤學不但世守舊書而又能搜羅借寫以廣先人
所未備得不謂之有後乎余年已及耄嗜好漸淡所有不能
自保安問子孫諦讀伯元所藏之書其題識知其精進
不已於古書源流及藏弆諸家之始末明辨以哲子和為
有子孫矣他日當續從琴川之棹以冀博覽清秘其必父
何如耶道光元年正月十有一日宋廛一翁

陳鑾跋〇張君芙川持其所藏影鈔宋李誡營造法式
三十四卷是書宋槧久亡舊鈔亦鮮傳本好古之士一見為
幸芙川令祖子和觀察所贈之又獲芙川借得而手鈔之卷
現容像於卷首於此見芙川不惟善讀書且善繼志也自

昔共工命于虞攷工記于周後世設官工居六部之一營造之事
君子所當用心措識生平恒領將作嘗攷晉十六階咸以營
造敘勛其賞尤重降于後者乙官而已當明太廟鮮雜諸
德九成有書有序兆府國家大役事皆出其手故度材程
功詳審精密非文人紙上談兵比今讀其經進劄子有仁
保知審以天縱淵靜而百姓之偏舉一家目張宜得其人
事而之知其雕刻瑞淫巧既繁靡食畀官淳風斯後弦亦
有見於徽廟之侈心而志存規諷乎誡後於大觀四年自
設神霄艮嶽之役竟貫領局勞民朱勔運花石宋亡由是
南渡是書之存足以鼓鑒得失為以節料匠視之哉時道
光庚寅花朝鄞州陳鑾跋於琴川之石梅僊館

闇箏道人跋〇右李誡營造法式三十四卷看詳一卷目錄一卷
小鄉嬛福地影宋寫本小鄉嬛主人之所藏也用官弦造
意具見於此其中援引典籍至為賅博頗足以資攷訂即
以看詳卷內引通俗文云屋上平曰𢊍必林切按臧鏞堂刊
輯本通俗文止舉御覽所引屋加橋曰樓一條廣韻所引
屋平曰𢊍一條今當以屋上平曰𢊍一條增入又看詳卷
內引尚書大傳注云賁大也言大情正道直也今本尚書
大傳注云賁大也廣謂之唐大唐正直之唐其文微異
當兩存之又看詳卷內引周髀算經云矩出於九九八十

一萬物周事而圜方用焉大匠造制而規矩設焉或毀方
而為圜或破圜而為方方中為圜者謂之圜方圜中為方
者謂之方圜也人之本周髀算經九矩矩出於九九八十一之
下亡萬物周事至謂之方圜也四十九字是則可補今
本周髀之脫佚者矣以上數端若無書識斯編安能擴
發明之直于鄉後主人之珍秘也之道光丙戌重陽後
三日閑筆道人識跋

褚逢椿跋○右琴川張君美川所藏影宋鈔本明仲營造
法式三十四卷目錄看詳一卷僕寫工正界畫細密蓋倩名
手從月霄先生借鈔月霄邃於經學覆自精審藏書甚富

法式附錄　九

卷皆手自校勘經其鑒定必為善本而自謂此更精妙
出其上洵希世之珍矣是書刊於紹興年以仲為紹聖中以
通直郎奉敕編修徽宗朝官至中散大夫於時艮嶽之
榭之觀修靡日甚或為此來銅駝荊棘南渡偏安雖安
土木增飾崇觀再度若規法忠宣謂無益而原不無信
矣讀是書者當與孟元老夢華錄看有同慨也若美
川之好學嗜古善承先志則尤足欽仰者道光戊子季
冬長洲褚逢椿題跋

邵淵耀跋○宋李明仲營造法式一書攷古證今經營修
濟允推絕作宋槧本不可得矣其影宋傳錄者在前代

已極珍貴張君美川善承祖志不惜重貲勤求是編僕寫摹
繪二精妙誠藝林盛事也顧君心香有嘆者謂向在都門
見明人抄本十卷至二十四卷僅得之矣以議價不諧而
罷至今猶憂勞想予獨以為君之所見雖屬舊鈔而
同於全闕未審其工拙若何即如此書從覆自精審傳
寫而工緻轉展其上更無知今之不逾於昔耶書之可貴
者無過宋本而以校訂之善雕造之精再豈專右其時
代乎以是歸於君其或非饗言也道光八年春分後一日
昆山邵淵耀跋

錢泳跋○右影鈔宋槧李明仲營造法式三十四卷目錄看

法式附錄　十

詳一卷吾鄉張君美川所藏也余嘗論閱書全在諸物
雖察於所以為其間廢興得失實有關乎世道汪昌
則為寶書豈不僅文辭也此書海內未見高麗美川
付之剞劂氏將不朽不其快事耶梅華溪居士錢泳記
瞿鏞鐵琴銅劍樓書目○營造法式三十六卷舊鈔題通直
郎管修蓋皇弟外第專一提舉修蓋班直諸軍營房等
臣李誡奉聖旨編修前有進書序又請鏤版劄子書
錄解題云崇寧二年頒印此本序后有平江府今得紹
聖營造法式舊本并目錄看詳共一十四冊紹興十五年
五月十一日校勘重刊蓋始刻於崇寧繼刻於紹興也宋

目錄爲三十四卷而看詳內稱書總三十六卷或疑制度
一門缺二卷當爲後人所併其實目錄一卷看詳中已言
之殊未記本言目錄看詳各一卷合之正三十六卷也看詳
中制度十五卷五當作三傳鈔致誤此書雖展轉影鈔
實祖宋本圖樣界畫最爲清整遵王所見當不是過也
丁丙藏書志○營造法式三十六卷 影宋鈔本 李伯雨藏書 通直郎管修
蓋皇弟外第專一提舉修蓋班直諸軍營房等臣李誡奉
聖旨編修誡字明仲試將作少監著續山海經古篆說文等
書乃博洽之士先是熙寧中編營造法式紹聖四年以所修本別
無變造制度命誡別加撰輯乃考究羣書並與人匠講說分
別類例於元符三年奏上請用小字鏤版頒行乃奏旨誡自序
云總釋總例二卷制度十五卷功限十卷料例並工作等三
卷圖樣六卷目錄一卷陳氏書錄解題稱遠出喻皓木
經之上敏求記云虞山得之天水長公予從虞山購歸虞山
又藏梁谿故家鏤本忽六丁取去獨此本流傳人間真希
世之寶後張金吾得述古影寫本張蓉鏡又從而影出者
卷末有平江府今得紹聖營造法式舊本并目錄看詳
共一十四冊紹興十五年五月十一日校勘重刊左文林郎平江府
觀察推官陳綱校勘王晚重刊五行題即所謂鏤本也長
洲諸廷槐跋云明仲於徽宗朝官至中散大夫於時艮嶽

臺榭之觀侈靡崇麗以戎馬北來銅駝荊棘南渡偏安而曉出之
新土木再度表規紹興間平江郎鏤此書讀者可作東京夢
華觀也有竟陵李之郇藏書一印
石印營造法式有羅振序○宋李明仲營造法式刊本未見
今江南圖書館所藏爲張蓉鏡氏手鈔本卷帙完整致
稱瓌寶紫江朱桂辛先生奉使過寧瀏覽圖籍深以尊藏
秘笈不獲流播人間爲憾存古紹法之意蓋深汲焉竊爲棟
宇之作權輿遠古匠人設圖官與蓋備顧考工記所記朝
市溝洫制梁並而辨其飭材諸法獨從闕略豈當
時言世曾無作以述之無取辭費抑書缺有間官司之失守
伎既郎以仲仕宋徽宗朝崇政十六階咸以營造叙進紙
時太廟辟雍龍德九成尚書省京兆府國家大工皆出
其手將作本所親歷著錄成書將作專家斯爲巨擘即
傳鈔世寡名諸絕工業之散久矣海通以來高閣大廈競
襲歐風厥材之新輕毀舊制誠恐般況周文匠工
般爾之所留貽或將有莫能善其事者夫伎術有圖
壇進欸矩難言商曾古今中外形式雖有不同法守
並無或異是則此書之傳之尤不容緩也抑又聞之不通
夫朝廟宮室之制者不可以從祀觀於後世太室彝款
甑罍之屬攀栱芙楣圖像必求備物一朝建設何在

不與典章法度相關，然則苟有證汴宋之舊聞，稽趙宋

之故實者，奚未必無取焉。夫又非徒審美一端，資工業

家之考鏡。爰紀民國八年九月，官伊通齊耀琳

朱啟鈐序 ○ 制器尚象，由來久矣，凡物皆然，而於建

築則尤為我中華文明古國宮室之制，創自數千年以前，

煙華璀璨，遞演遞進，蔚為大觀。溯厥原始，要不外兩

大派別：黃河以北土厚水深，質壁堅凝，大率因土為屋，由穴居

制度遞而為今日之磚石建築，迄今山陝之民猶有太古遺

風者是也；長江流域上古洪水為災，地勢卑溼，人民多構

息於樹上，由巢居制度遞而為今日之樓榭建築。故中

法式附錄　十三

國營造之法，實兼土木石三者之原質而成，泰西建築則

以磚石為主，而以木為骨幹者絕稀，此其東方不同之點也。

惟印度天方參用中式而變其結構，佛教東來，我國廟宇

殿閣亦間取法焉。然積習輕藝，士夫不屑，僅賴工師

私相授受，輾轉以流傳，書闕有間，習焉不察，識者憾焉。

自歐風東漸，國人趨尚西式，棄舊制若土苴，不復措

意。乃歐美來游中土者，覩宮闕之輪奐，棟宇之翬飛，

驚為傑構，於是群起研究，以求所謂東方式者，如

飛瓦、複簷、科斗藻井諸式，以為其結構之精奇美麗，

迥出各國之上，競相則傚，特苦無專門圖籍可資參詢

之言，亦識其當然而不知其所以然。夫以數千年之專門

絕學，乃至不能與外人道，不惟匠氏之羞，抑亦士夫之責

也。啟鈐奉使南下，道出金陵，於江南圖

書館獲見影宋本營造法式一書，都三十四卷，為絳雲樓

劫餘，展轉流傳，歸之嘉惠堂丁氏，後復由端匋齋收

入圖書館。此書係宋李誡奉敕編進，內容分別部居，舉

凡木石土作及彩繪各制，至纖至悉，無不詳具，並附圖樣

顏色，尤極明晰。惜係鈔本，影繪原圖，不甚精審。古

鈔再傳，宋時原刻，校正或並以近今界畫比例之法，重加彩

繪，當更有可觀。至卷首釋名一篇，引證翔確，允為工學

法式附錄　十四

詞典之祖。自宋迄今，踰形勢不無變革，然大輅椎輪，

模範俱在，匠氏之所絕者，此書之秘笈也。爰商之震岩

省長，縮付石印，以廣其傳，俾有同好者備於斯編之外，

廣求博采，補所未備，參互考證，俾一線絕學發揮

光大，漸至泰西作者之林，尤所忻慕焉。書印成，震岩

省長索弁言。啟鈐嘉古籍之不湮，而工業之將日以發

皇也，因不辭而為之序。中華民國八年三月紫江朱啟鈐

右錄以外無關考訂者概無取焉。錢曾所稱牧翁藏

梁谿故家鏤本，未詳所自，疑從涵藏書記要稱近

時錢遵王有白描營造法式、營造正式，以趙美琪[illegible]脈

述假書目有營造正式一卷，亦趙氏所藏，均未列撰人姓氏。讀書敏求記有魯班營造正式六卷，錢曾跋稱規矩繩尺為千古良工模範，然非出於班手，亦未知與趙氏所藏是一是二。曾既贊美其規矩繩尺，必有圖樣，所以孫氏稱為內搨，惜未見是書耳。道光間楊氏連筠簃叢刊目錄中有李誡營造法式三十六卷，刊未畢工；莫郘亭見知書目即據以錄入，實未見印行也。均併識之，以俟博雅。武進陶湘

法式附錄　十五

營造法式附錄

識語

右營造法式三十六卷，宋將作少監李誡奉敕編修。初修於熙寧中，元祐六年成書；再修於紹聖四年，元符三年成書，崇寧二年鏤版頒行。南宋紹興十五年，知平江府王喚得紹聖舊本校勘重刊，是為紹興本。晁載之續談助、莊季裕雞肋篇各摘鈔法式若干條，一在崇寧五年，一在紹興三年，當時已互相傳鈔，足徵是書之珍重。陳振孫書錄解題載李誡（誡作誠，陳氏亦然，此類誤記，同四庫總目已詳明其誤）編修營造法式三十四卷，看詳一卷，未及目錄。晁公武郡齋讀書志作三十四卷，未及目錄、看詳。陶宗儀說郛摘鈔法式看詳諸條而題李誡，未經廣收之稗編摘鈔看詳條，同末有屋楹數一條，為今書所無，豈熙寧初修本歟。錢氏述古堂藏法式二十八卷，圖樣六卷，看詳一卷，目錄一卷，總三十六卷，前有李誡進書表序、崇寧二年鏤版頒行劄子，後有紹興十五年王喚校刊銜名，每葉二十二行，行二十二字，書中如極字注曰犯御名，構字注曰犯御名，即紹興本也。錢曾跋稱是書收藏四人，天水長古己丑春從牧翁購歸。牧翁又藏梁溪故家鏤本，庚寅不戒於火，獨此本流傳人間。孫原湘跋稱述古堂謂趙元度得營造法式缺十餘卷，先後搜訪借鈔，竭二十餘年之力始為完書，圖樣界畫費錢五萬。道光辛巳琴川張芙川蓉鏡手鈔跋曰：營造法式自宋槧既

法式識語　一

法式識語　二

軼，世間傳本絕稀，相傳錢氏述古堂有影宋鈔本，求之不得。庚辰歲家月霄得影寫述古本於郡城陶氏五柳居，假歸手自影寫，圖樣界畫則畢仲愷高弟王君某任其事。光緒丁未戊申間，浭陽端方總督兩江，建圖書館，收錢唐丁氏嘉惠堂藏書，有鈔本營造法式，稱為張芙川影宋本。民國八年己未，紫江朱桂辛氏於役道江南，獲見是書，縮印行世。上海商務印書館續之，人寸照鈔本原式，惟以孫黃諸跋語之。丁本係重鈔張氏者，亥豕魯魚，觸目皆是。與蔣氏密韻樓藏有鈔本，字雖圓工，首尾完整，可補丁氏脫誤數十條，惟仍非張氏原書本，與瞿氏鐵琴銅劍樓所藏舊鈔亦係此本。四庫全書內法式係據浙江范氏天一閣進呈影宋鈔本錄入，缺第三十一卷，係以永樂大典本補全。明文淵閣書目法式有五部，未詳卷數，存內閣書目有法式二冊又五冊，均不全，注曰宋崇寧間李誡等奉敕編，凡三十四卷，闕十六卷以下。清季遷內閣大庫書於國子監南學，民國初年由南學再遷於午門樓，旋又遷於京師圖書館舊址，印南學法式殘本七冊，因之。蒿選江安傅沅叔氏首於散出廢紙堆中檢得法式第八卷首葉之前半葉，李誡銜名具在，識字之誤更不待辨，又以卷內第五全葉宋槧宋印，每葉二十二行，行二十二字，小字雙行字數同，殆即崇寧本。故桂辛氏以為影印丁本未臻完美，屬湘蒐集諸家傳本

法式識語　三

詳校付梓。閣抄館本據天一閣鈔宋錄入，范氏舊有明仲葉依宋槧過錄，在述古之先，後經館臣以大典本補正，尤較諸家傳鈔為可據。惟四庫書分度文淵、文源、文宗、文匯，已遭兵燹；杭州文瀾亦毀其半；文淵藏大內，盛京之文溯，熱河之文津，借存京師圖書館，今均完整。以文淵、文溯、文津三本互勘，後以晁氏閣度摘刊本、蔣氏所藏舊鈔本對校，丁本之缺者補之，誤者正之，訛字縱不能無脫簡，庶幾可免。四庫總目云看詳稱總三十六卷，今本制度門據原目十二卷，僅三十四卷，核其篇目又無脫漏，疑為後人併省，非也。晁載之續談助節抄卷十六至二十五並土木作等功限，卷二十六至二十八並諸作料例、釘膠料、用例，卷二十九至三十四並制度圖樣，總卷一卷二為總釋總例，卷三為看詳，十五並諸作制度，是制度止十五卷，而云十五，五實三字之筆誤，瞿氏言之審矣。今書總三十六卷，合篇目三百五十八，與看詳所載相符，並無殘缺者。間有文義難通，明知訛誤，而各本相同，不敢臆改，則姑仍之，而存疑焉。至於行款字體，均仿崇寧刊本，精繕鋟木。書中篇目仿大觀本草體例，與刊除文，以清眉目；圖樣依紹興本重繪，因界畫不易分明，請致難於纖密，則將殿版進呈本放大，鉤繪成影，石縮印，如原式。又圖樣傳寫每易校勘，如石作、雕作、大木作諸制度圖樣，均以因時制宜，未作制度圖樣為之，繩墨比例，所依據毫厘之差，繫鈉立見。今北京宮殿建於明永樂年間，地為金元故址，而規模實宋代遺制，以明年來工匠相傳名式，不無變更，稽諸會典事例、工部備案，均有源流可溯，惟圖式缺如，世

退密驗署情事都水辨宜工之老匠師賀新賡等就現
今之圖樣按法式第三十、三十一兩卷大木作制度名目詳繪增
坿並注今名於上，俾與原圖對勘，得其間異觀，且今通既
可作依仿之模型，且以證名詞之沿革。又法式第三十三、三十四兩
卷爲彩畫作制度圖樣，原書僅注色名，深淺向背，學者
瞢焉。今按法填色，五彩套印，少者四五版，多者十餘版，定
興郭世五氏夙嫻藝術，於顏料紙質，覃精極思，尤有心得，
董督斯役，殫其能事。近年來彩印工藝精益求精，而合色之外，端
賴紙料。我國唐紙之匠注宣最著，緣錦連
英京庚受機軸之磨壓則伸縮參差，套色不能較齊；頻經石印之浸
潤則纖維鬆弛，再版即將破碎。近以彩印圖本，鮮有用我國紙者，是書
選閩紙中最良者，質堅理密，印次愈多，紙質轉練，着色不
浮，諭我國美術精進之一端，爰郭居初次發明者，特附識之。崇寧本

法式識語　四

殘本及紹興重刻之題名均影印附後，以存宋本之真。諸家
記載題跋有關考訂者亦附錄之。昔周櫟園亮工謂近人著
述，凡博古賞鑒飲食器具之類，均有成書，獨無言及營造
者。宋李誡營造法式皆徽廟朝宮室制度，閩海虞毛子
晉家有此書，式皆有圖，界畫精工，有劉松年筆法，字
畫得歐虞之體，紙版黑白分明，近世所不能及，子晉翻刻宋
人秘本甚多，惜不及此書一流布也（見書影卷一）。今距櫟園時又
將三百年矣，宋槧固不可得，述古初影本亦不能得，再寫於張
氏之不能得，僅得張氏一再傳寫之本，校字繪圖，增式彩印，
時閱七年，稿經十易，視錢氏所稱費錢五萬者，奚啻什百。

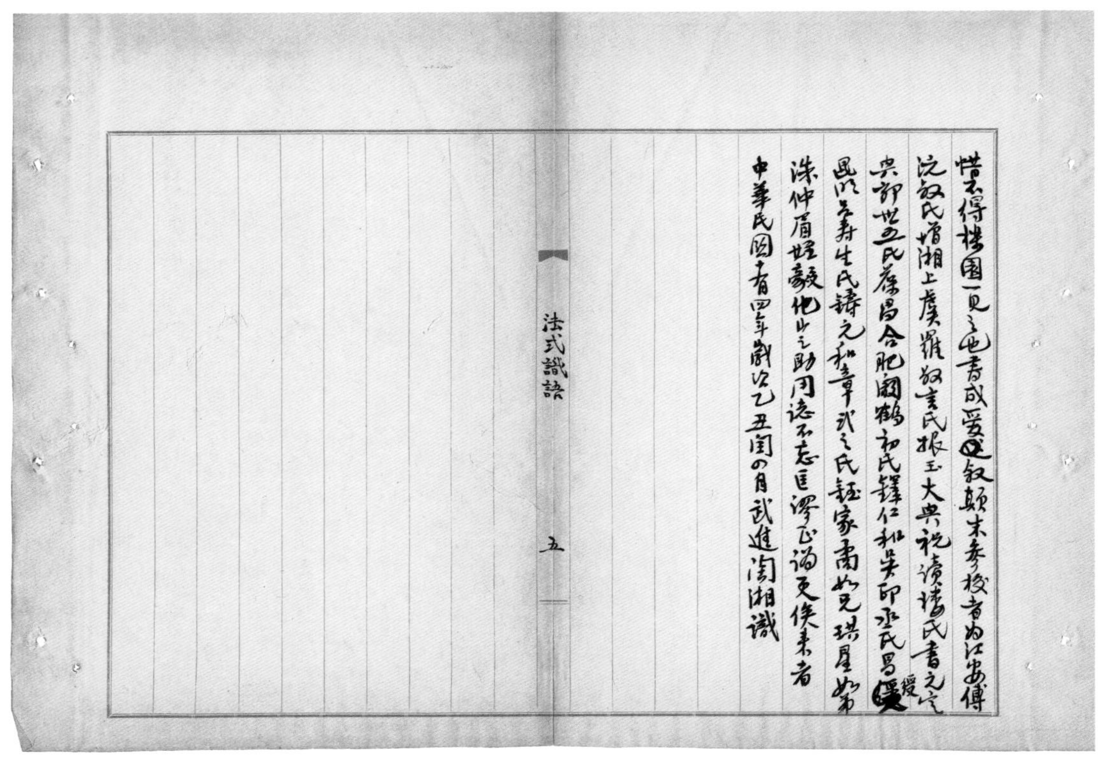
惜未得樓圖一見之也。書成，爰敘顛末。參校者爲江安傅
沅叔氏增湘、上虞羅叔言氏振玉、大興祝讀樓氏書元、宜
興郭世五氏葆昌、合肥闞霍初氏鐸、仁和吳印丞氏昌綬、
鳳沂吳壽生氏鑄之、和章式之氏鈺、家甫如兄琪、星如弟
洙、仲眉婿毅化山之助，用志不忘。匡謬正譌，更俟來者。
中華民國十有四年歲次乙丑閏四月武進陶湘識

法式識語　五

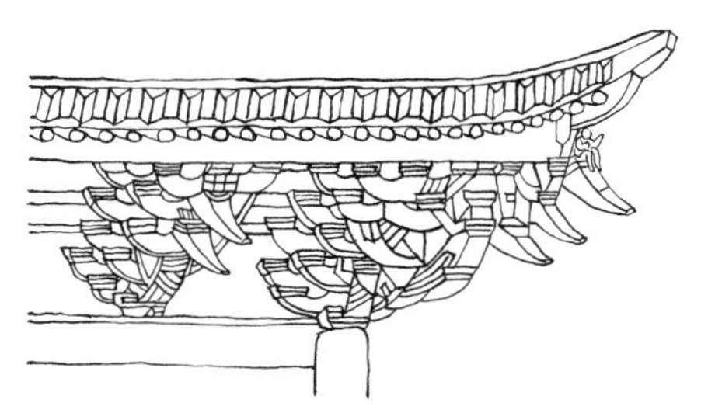

《營造法式（陳明達點注本）》校勘批注記録表

目 録

整理説明及凡例

在本卷上一單元的“整理説明及凡例”中，整理者對《營造法式（陳明達鈔本）》（簡稱“陳氏鈔本”）的基本情況已作簡介，兹不贅言。這裏强调一點：如果説“陳氏鈔本”偏重於記録校勘方面的工作進展，同樣是陳明達工作用書的《營造法式（陳明達點注本）》（簡稱“陳氏點注本”），則主要記録下陳明達先生的研究心得、思路和線索。因此，將“陳氏鈔本”與“陳氏點注本”合璧通攬，並參閲本卷下一單元所收録之《〈營造法式〉辭解》，方可完整體現陳明達在《營造法式》文本的校勘與設置研究方向等方面的全部工作進展，庶幾可視爲陳明達“《營造法式》研究”基礎工作之完璧。另外，陳明達先生逝世後，按其生前意願，整理者將“陳氏點注本”轉贈王其亨。王其亨先生在閲讀此書過程中也補充添加了若干條批注。初步統計，“陳氏點注本”總計批注 487 條（不包括下文體例説明第七條所説的“條目分類統計數目”在内），其中陳明達批注 444 條，王其亨補注 43 條。

囿於篇幅，本卷已不可能影印收録《營造法式（陳明達點注本）》，故整理一份“《營造法式（陳明達點注本）》校勘批注記録表”收録本卷，以饗讀者。正如陳明達的校勘批注可視爲在劉敦楨等校勘基礎上的繼續，王其亨的批注也可視爲此項研究工作的薪火相傳，故而也一並收録。

此表之編輯體例如下。

一、此記録表屬古籍整理、校勘性質，故使用繁體漢字排印，並盡量沿用《營造法式》成書時代的宋代用字。

二、本表列六欄，依次記録《營造法式》原書名目、卷目、在“陳氏點注本”中的頁碼、本卷收録之“陳氏鈔本”所對應的頁碼、所涉及的《營造法式》原文和所作批注。

三、《營造法式》原書爲正文下排雙行小字注文。本表在原書頁碼欄的標注分三種：僅涉及原書正文時，衹標注爲某頁某行；兼有正文和注文時，標注爲某頁某行正文及注；僅涉及注文時，標注爲某頁某行注。在原文一欄中，原書注文比正文小一字號排印。有校勘説明的文字，以字體加粗並加點標示。

四、批注一欄，對文字有校勘者排 10 磅字，作者批注文字排 8 磅字。王其亨補注和整理者注以［ ］號標示。

五、批注中所謂“丁本”，是丁氏八千卷樓舊藏清鈔本影印的石印本《營造法式》之簡稱；“陶本”，指陶湘等 1925 年仿宋刊行之《營造法式》；“四庫本”，係四庫全書所收《營造法式》之簡稱；“故宫本”，指故宫博物院藏清初影宋鈔本《營造法式》；而“竹本”，則指日本竹島卓一所著《營造法式研究》。

六、批注中對其他版本的參閲，以括號内小字標示。如：原文欄“一寸五分”，批注欄“一寸三分（竹本）”，即表示陶本“一寸五分”在竹島卓一《營造法式研究》中爲“一寸三分”。

七、“陳明達點注本”在第一册序目之“《營造法式》目録”的每頁行内紅筆標注大量的阿拉伯數字，在正文各卷的每頁行下也標注有大量的阿拉伯數字，因數量過多而無法一一統計入記録表。現作説明：陳明達先生以篇、條爲次序，對《營造法式》全書作篇目數量統計。“《營造法式》目録”行内的數字，係統計各卷下的篇的累計數量，自卷一之“宫”篇至卷三十四之“黄土刷飾名件第二”篇，累計 359 篇；正文各卷每頁行下標注的數字，是篇目下的條目次序；卷二十九至三十四圖樣部分作一獨立單元統計條目，在欄内圖樣上標注數字。例一：卷三“取正”篇下“取正之制……以正四方”一句，行下標注“1”，即此句爲卷三之第 1 條，對照目録内標注數字“50”，列爲全書第 50 篇第 1 條。例二：卷十四“五彩徧裝”篇下“五彩徧裝之制……與外緣道對暈”一句，行下標注“23”，對照目録内標注數字“170”，爲全書第 170 篇第 23 條。例三：卷三十四“五彩徧裝名件第十一”篇下“四鋪作枓栱”一圖，圖旁標注“418”，對照目録内標注數字“352”，爲全書第 352 篇、圖樣第 418 條。

整理者

原書名目	卷目	原書頁碼	參閱本卷頁碼	原文	批注
重刊《營造法式》後序／朱啟鈐		第一册序目第一頁第二行	第 16 頁	己未之春	1919 年
		同頁第三行	第 16 頁	庚辛之际	1919 年、1920 年 ［整理者注］此條批注頗費解，似對應第二、三行“己未之春曾以影宋鈔本付諸石印”一句，推測此書實際面世時間已在 1919 至 1920 年前後（農曆己未年對應公元 1919 年 2 月 1 日至 1920 年 2 月 19 日）。又，今查“丁本”最初印行情況，其中一種印本確有“民國九年十二月石印”之鈐印，現收藏於南京圖書館
		第一册序目第八頁第一行	第 17 頁	民國十四年	1925 年
李誡補傳／闞鐸		第一册序目第九頁第九行	第 18 頁	大觀四年	1110 年
		同頁第十行	第 18 頁	元豐八年	1085 年
		第一册序目第十頁第三行	第 18 頁	元祐七年	1092 年
		同頁第四行	第 18 頁	紹聖三年	1096 年
		同頁第五、六行	第 18 頁	崇寧元年……二年冬	1102 年、1103 年
		第一册序目第十一頁第六行	第 18 頁	紹聖四年	1097 年
		同頁第六行	第 18 頁	元祐	元祐，1086—1093 年
		同頁第七行	第 18 頁	元符三年	1100 年
		同頁第七行	第 18 頁	崇寧四年	1105 年
		第一册序目第十四頁第五行	第 19 頁	乙丑十月	1925 年
進新修《營造法式》序／李誡		第一册序目第十六頁	第 19 頁		崇寧二年，1103 年
劄子		第一册序目第十七頁	第 20 頁		政和，1111—1117 年
		同頁第二行	第 20 頁	崇寧二年	1103 年
		同頁第四行	第 20 頁	熙寧	1072 年
		同頁第四行	第 20 頁	元祐六年	1091 年
		同頁第五行	第 20 頁	紹聖四年	1097 年
		同頁第九行	第 20 頁	元符三年	1100 年

續表

原書名目	卷目	原書頁碼	參閱本卷頁碼	原文	批注
《營造法式》看詳	舉折	第一册序目第三十四頁第六行注	第24頁	若餘屋柱頭作……	梁　見卷五・舉折
		第一册序目第三十五頁第四行	第24頁	下屋	"屋"應作"至"
	諸作異名	第一册序目第四十頁第六行注	第26頁	五曰落	"落"四庫本作"箈"
	總諸作看詳	第一册序目第四十一頁第九行	第26頁	制度一十五卷	三
		同頁第十行	第26頁	目録一卷	下脱看詳一卷
		同頁第十一行	第26頁	計三百五十七篇	九
		第一册序目第四十二頁第一行	第26頁	二百八十三條	九
		同頁第三行	第26頁	其三百八篇	十
《營造法式》目録		第一册序目第四十三、四十五頁	第27頁		卷一、150條 卷二、143條，共［累計］293條 卷三、61條，［累計］354條 卷四、71條，［累計］425條 卷五、60條，［累計］485條 卷六、142條，［累計］627條 卷七、125條，［累計］752條 卷八、116條，［累計］868條 卷九、137條，［累計］1005條 卷十、156條，［累計］1161條 卷十一、194條，［累計］1355條 卷十二、64條，［累計］1419條 卷十三、90條，［累計］1509條 卷十四、65條，［累計］1574條 卷十五、70條，［累計］1644條 卷十六、150條，［累計］1794條 卷十七、161條，［累計］1955條 卷十八、144條，［累計］2099條 卷十九、151條，［累計］2250條 卷二十、163條，［累計］2413條 卷二十一、163條，［累計］2576條 卷二十二、192條，［累計］2768條 卷二十三、92條，［累計］2860條 卷二十四、89條，［累計］2949條 卷二十五、91條，［累計］3040條 卷二十六、78條，［累計］3118條 卷二十七、78條，［累計］3196條 卷二十八、109條，［累計］3304條

續表

原書名目	卷目	原書頁碼	參閱本卷頁碼	原文	批注
《營造法式》目録		第一冊序目第四十三、四十五頁	第 27 頁		卷二十九～三十四、50 篇，491 條 總共 3795 條 ［整理者注］據作者所分篇、條核對統計，總數似爲 359 篇、3796 條
	卷十三・瓦作制度	第一冊序目第五十三頁	第 29 頁	結瓦	⿱宀瓦　玉篇“⿱宀瓦，泥瓦屋也”。丁本及四庫本凡瓦作、結瓦用“瓦”，厦瓦、施瓦、瓦畢皆作“⿸厂瓦”。按“⿸厂瓦”爲“⿱宀瓦”之俗字，應改“⿱宀瓦”，餘仍作“瓦”。下同 ［整理者注］此條批注又見於“陳氏鈔本”卷十三正文
	卷二十八・諸作用釘料例	第一冊序目第六十四頁第九行	第 32 頁	諸作用膠料例	原多計兩篇
《營造法式》卷一・總釋上	卷一目録	第一冊第一頁	第 34 頁		槽　卷四、七十六頁，卷五、一百頁 ［整理者注］似乎批注者認爲“槽”是應予以重視的名詞，惜原書未列專條，可參閱卷四第七十六頁、卷五第一百頁
	宮	第一冊第二頁第十行	第 35 頁	禮儒	《禮記》儒有。見《禮記・儒行第四十一》
		第一冊第三頁第四行	第 35 頁	古之名未知爲宮室時	民
		同頁第五行	第 35 頁	爲宮室之法曰：宮高足以……	“故聖王作爲宮室，爲宮室之法曰：高足以辟潤濕，邊足以圉風寒……”見《墨子・辭過第六》
	鋪作	第一冊第十七頁第十行	第 38 頁	柱櫰	枅
		第一冊第十八頁第一行	第 38 頁	天矯而交結	蟜
	梁	第一冊第十九頁第二行	第 39 頁	委參差之糠梁	以
	侏儒柱	第一冊第二十一頁第七行	第 39 頁	謂之棁	棳
	斜柱	第一冊第二十二頁第四行	第 40 頁	釋名：梧在梁上，兩頭相觸牾也	《釋名》二字皆作“牾”，丁本前字作“迕”，後字亦然。按“梧”不僞，惟“牾”當作“啎”，見《漢書・王莽傳》“亡所啎意”，《後漢・桓典傳》“啎宦官” ［整理者注］此條批注又見於“陳氏鈔本”

續表

原書名目	卷目	原書頁碼	參閱本卷頁碼	原文	批注
《營造法式》卷二·總釋下、總例	棟	第一册第二十五頁第一行注	第 41 頁	前曰庋	庪
		同頁第六行	第 41 頁	所以隱桷也	“桷”疑應作“桷”
		同頁第九行正文及注	第 41 頁	謂之甍……又謂之㮰	甍，音萌。㮰 ［整理者注］丁本作㮰；陶本作榜，誤
	檐	第一册第二十八頁第九行	第 42 頁	禮：複廇重檐，天子之廟飾也	《禮記·明堂位第十四》　廟
	舉折	第一册第三十頁第五行	第 42 頁	刊謬正俗	匡
	門	第一册第三十二頁第六行	第 43 頁	爲捫幕障衛也	在外，爲人所捫摸也
	窗	第一册第三十四頁第十行注	第 43 頁	窗東户西者六	也
	鉤闌	第一册第三十六頁第十一行	第 44 頁	櫺檻披張	邳
	塗	第一册第四十一頁第四行正文及注	第 45 頁	黝堊烏故切垷峴又乎典切墐墀塈㥲奴回切㙰力奉切	胡　㦟　塈
	總例	第一册第四十五頁第三行	第 46 頁	其圍二十有一	二
		第一册第四十六頁第六行	第 46 頁	諸功稱尺者皆以方計	方，平方，立方
		第一册第四十八頁	第 46 頁		郭若虚，熙寧、元豐（1068—1085）間人。《圖畫見聞誌》卷一“叙製作楷模”： （1）……畫屋木者，折算無虧，筆畫匀壯，深遠透空，一去百斜。如隋唐五代以前，及國朝郭忠恕、王士元之流，畫樓閣多見四角，其斗栱逐鋪作爲之，向背分明，不失繩墨。今之畫者，多用直尺，一就界畫，分成斗栱，筆迹繁雜，無壯麗閑雅之意…… （2）……設或未識漢殿吴殿，梁柱斗栱，叉手替木，熟柱駝峰，方莖額道，抱間昂頭，羅花羅幔，暗製綽幕，猢猻頭，琥珀方，龜頭虎座，飛檐撲水，膊風化廢，垂魚惹草，當鉤曲脊之類，憑何以畫屋木也？畫者尚罕能精究，況觀者乎？

續表

原書名目	卷目	原書頁碼	參閱本卷頁碼	原文	批注
《營造法式》卷二·總釋下、總例	總例	第一册第四十八頁	第 46 頁		（宋 郭若虛，熙寧三年官供備庫使，尚永安縣主。見王圭《華陽集·東安郡王墓誌》） ［整理者注］批注者在此空頁抄録這兩段畫史文獻，似乎意在補充對前文所記相關建築術語的認識，並記録李誡同時代人對建築的認知。 又，批注者在家藏《圖畫見聞誌》中對郭若虛文中若干訛誤作如下勘誤： “熱柱”應爲“蜀柱” “方堃”應爲“方井” “膊風”應爲“博風” “化廢”應爲“華廢” “當鉤”應爲“當溝”
《營造法式》卷三·壕寨制度、石作制度	築基	第一册第五十四頁第四行	第 48 頁	築基之制：每方一尺用土二擔	卷十六：“諸土：乾重六十斤爲一擔”
	城	第一册第五十五頁第三行	第 48 頁	厚加高一十尺	二？ 斜度 25% 高增一尺，厚亦加一尺，則改面之廣亦隨之增加 《武經總要》：城高 50 尺，底寬 25 尺，頂寬 12.5 尺
	牆	第一册第五十六頁	第 48 頁		頂厚隨高加厚 若高一丈，收面廣一尺六寸六分六厘……斜度 16.6% 頂厚三尺，五分之一得二尺，固定不變，斜度 15% 同上，四分之一得二尺五寸，頂厚不變，斜度 12.5%
	築臨水基	同頁第十一行	第 48 頁	梢上用膠上	“上”應作“土”
	造作次序	第一册第五十七頁	第 49 頁		［王其亨補注］《世説新語·言語第二》第十條，劉孝標注引《文士傳》言劉楨（曹魏时）“配輪作部，使磨石”
		同頁第五行	第 49 頁	褊棱	［王其亨補注］應作“褊”，如卷十六《功限》
	殿階基	第一册第六十頁第二行	第 49 頁	長三尺、廣二尺、厚六寸	似爲定法
	踏道	第一册第六十一頁第十行注	第 50 頁	第三層以丅	下

續表

原書名目	卷目	原書頁碼	參閱本卷頁碼	原文	批注
《營造法式》卷三・壕寨制度、石作制度	重臺鉤闌	第一册第六十三頁第四行注	第50頁	兩肩各留十分中四厘	分？
		同頁第九行注	第50頁	及華盆大小華版皆同	無此字 ［整理者注］指“丁本”此處無此字
		同頁第十行	第50頁	一寸五分	一寸三分（竹本）
		第一册第六十四頁第一行	第50頁	長一寸三分五厘，廣一寸五分	廣　下“廣一寸三分”衍（竹本）
	門砧限	第一册第六十五頁第二行	第51頁	厚六分	“分”應作“寸”
		同頁第六行	第51頁		依故宫本增下條：“止扉石，其長二尺，方八寸，上露一尺，下栽一尺入地。”
	井口石	第一册第六十九頁第四行注	第52頁	安鋭角鐵手把	訛（故宫本）
	幡竿頰	同頁第九行	第52頁	一丈五尺	寸（竹本）
《營造法式》卷四・大木作制度一	材	第一册第七十三頁第十行	第53頁	材有八等，度屋之大小因而用之（1）（2）	（1）何以分八等 （2）副階及殿挾屋材減一等之意義
		第一册第七十五頁第九行	第53頁	各以其材之廣分爲十五分，以十分爲其厚（3），凡屋宇之高深（4），名物之短長（5），曲直舉折之勢（6），規矩繩墨之宜（7），皆以所用材之分以爲制度焉（8）	（3）何以用3∶2比例 （4）以材爲祖之意義
	栱	第一册第七十六頁第三行	第53頁		（5）爲何要減跳及減跳的規律
		同頁第九行	第53頁	若累鋪作數多	何謂累鋪作數多
		同頁第十行	第53頁	其騎槽檐栱皆隨所出之跳加之	槽① ［整理者注］此批注似指此爲“槽”字首次出現之處
		第一册第七十七頁第四行注	第54頁	則加二分五厘	寸
		同頁第五行	第54頁		（6）丁頭栱、蝦須栱使用位置
		第一册第七十八頁第七行	第54頁		據故宫本應補：“五曰慢栱，或謂之腎栱，施之於泥道瓜子栱之上，其長九十二分，每頭以四瓣卷殺，每瓣長三分，騎栿及至角則用足材。”

續表

原書名目	卷目	原書頁碼	參閱本卷頁碼	原文	批注
《營造法式》卷四·大木作制度一	栱	第一册第七十九頁第八行注	第 54 頁	下作面卷瓣	“下”“面”應爲“上”“兩”
		同頁第十行注	第 54 頁	乘替木頭	疑爲“承”
	飛昂	第一册第八十一頁	第 55 頁		（7）爲何要用華頭子 （8）歸平與不歸平的理由
		第一册第八十三頁第三行	第 55 頁		（24）上昂做法
		第一册第八十四頁第七行	第 56 頁	高七材六栔	據丁本，下補注文：“其騎枓栱與六鋪作同。”
		第一册第八十五頁第三行	第 56 頁		角内用足材。前篇“慢栱與切几頭相列，如角内足材下昂造……”
	爵頭	第一册第八十六頁第五行	第 56 頁	有礙昂勢處，即隨昂勢斜殺於放過昂身	故宫本無此二字
	枓	第一册第八十七頁第四行注	第 56 頁	補間鋪作用訛角枓	卷三十圖樣作“訛角箱枓”
		同頁第八行注	第 56 頁	其枓量柱材隨宜加減	疑爲“栿”
		同頁第十行注	第 56 頁	如施由昂	施之於由
	總鋪作次序	第一册第八十九頁第十行	第 57 頁		（9）當心間兩朶次梢間一朶是標準做法
		第一册第九十頁第一行	第 57 頁		（10）一丈五尺及一丈之材分
		第一册第九十一頁	第 57 頁		（11）裏跳太遠之意義 （12）何以平棊低? （13）扶壁栱之意義
		第一册第九十二頁	第 57 頁		（14）副階纏腰之區别
	平坐	同頁第九行	第 57 頁		（15）平坐做法。此叉柱、纏柱造指平坐上屋
《營造法式》卷五·大木作制度二	梁	第一册第九十六頁	第 58 頁		（16）檐栿含義 （17）六鋪作以上何以要加大，何以平栿小 （18）何以出跳要加大 （19）與鋪作關係?
		第一册第九十七頁	第 59 頁		（20）廳堂梁栿標準 （21）月梁加大之比例
		同頁第五行注	第 59 頁	若直梁狹……如月梁狹……	直梁　月梁

續表

原書名目	卷目	原書頁碼	參閱本卷頁碼	原文	批注
《營造法式》卷五・大木作制度二	梁	第一册第九十八頁第七行	第 59 頁	下高二十五分	一（故宫本）
		同上	第 59 頁	背上	上背。前條
		同頁第八行注	第 59 頁	去二分留一分	二?
		第一册第九十九頁第七行	第 59 頁		（22）壓槽方截面?
		同頁第十行	第 59 頁	㯩襯角栿	《康熙字典》“㯩”音痕，平量木也
		同頁第十一行	第 59 頁	兩椽材斜長	故宫本無此字
		第一册第一百頁第六行	第 59 頁		（23）平棊方，峻脚椽
	闌額	第一册第一百〇一頁第三行	第 60 頁		（25）闌額、檐額之區别
		同頁第十一行	第 60 頁	凡地栿廣如材二分至三分	“如”疑爲“加”。故宫本作“加”
	柱	第一册第一百〇二頁第三行	第 60 頁	若殿間	閣（故宫本）
		同頁第四行	第 60 頁		（26）柱高及生起 樓閣生起?
		第一册第一百〇三頁第一行	第 60 頁	柱項	頭
		同頁第十一行	第 60 頁	衹以柱以上	故宫本無此字
	陽馬	第一册第一百〇四頁第七行	第 60 頁		（27）隱角梁截面是扁的?
		第一册第一百〇五頁第二行	第 61 頁		（28）脊槫增長
		同頁第五行	第 61 頁	堂廳	廳堂 （29）轉過兩椽
	侏儒柱	第一册第一百〇六頁第一行	第 61 頁		（30）叉手截面 3 ： 1 托脚同
		同頁第五行	第 61 頁		襻間
		同頁第六行注	第 61 頁	抹頦栱	額?
		同頁第十行注	第 61 頁	以乘替木	承?
		第一册第一百〇七頁第一行	第 61 頁		（31）順脊串與順栿串

續表

原書名目	卷目	原書頁碼	參閱本卷頁碼	原文	批注
《營造法式》卷五・大木作制度二	侏儒柱	同頁第三行	第 61 頁	順脊串	栿
	棟	同頁第十行	第 61 頁		（32）出際之制
		第一册第一百〇八頁第三行注	第 61 頁	丁栿背方添闋頭栿	上　闋 闋，字彙補，丘帝切，音楔
		同頁第九行	第 62 頁		（33）牛脊槫之制
	搏風版	第一册第一百〇九頁第四行注	第 62 頁	轉角者，至曲脊内	卷八井亭子作曲闌、搏脊
	柎	同頁第六行	第 62 頁	造替木之制	（34）替木 10 ： 12
	椽	第一册第一百十頁第二行	第 62 頁		總釋上陽馬：景福殿賦注，屋四角引出以承短椽者
		同頁第三行	第 62 頁		（35）平不過六尺之材分
		同頁第九行注	第 62 頁	至次角補間鋪作心	次角柱　見下條
		同頁第十行	第 62 頁		（36）椽間距材分?
		同頁第十一行	第 62 頁		三等材
	檐	第一册第一百十一頁第四行注	第 62 頁	八曰聯櫋	[illegible]（故宮本）
		同頁第六行	第 62 頁		（37）檐尺寸? 材份? 生出之材份
		第一册第一百十二頁第三行	第 62 頁	上一瓣長五分	一（丁本）
		同頁第六行注	第 62 頁		飛魁又名大連檐，當清式裏口木，小連檐即閘擋板
	舉折	第一册第一百十三頁	第 63 頁		每一尺加八分即舉高 27%，加五分即 26.25%，加三分即 25.75%
		第一册第一百十四頁第四行	第 63 頁	四角闘尖	鬭
		同頁第四至六行正文及注	第 63 頁	五分中举一分……十分中举四分	25%，20%
《營造法式》卷六・小木作制度一	版門	第一册第一百二十頁第九行注	第 64 頁	長四尺，廣三寸二分	寸（竹本）
	烏頭門	第一册第一百二十一頁第八行	第 65 頁	各隨其長於上腰中心	腰串
	軟門	第一册第一百二十四頁第三行	第 65 頁	合扇軟門	版 又，目録卷二十作“合版用楅軟門”

續表

原書名目	卷目	原書頁碼	參閱本卷頁碼	原文	批注
《營造法式》卷六・小木作制度一	軟門	第一册第一百二十五頁第三行注	第 65 頁	隨其後	厚
	照壁屏風骨	第一册第一百三十二頁第十一行	第 67 頁	槫肘	搏
	露籬	第一册第一百三十五頁第三行注	第 68 頁	加五間	加五間，爲加至五間之義
		同頁第四行	第 68 頁	各減一分三厘	加（竹本）
	版引檐	同頁第七行	第 68 頁		屋垂
	水槽	第一册第一百三十七頁第四行	第 69 頁		屋檐
	井屋子	第一册第一百三十八頁第六行	第 69 頁	廣四分	四寸四分（故宫本）
	地棚	第一册第一百四十頁第六行注	第 69 頁	每間有三路	用
《營造法式》卷七・小木作制度二	格子門	第一册第一百四十三頁第七行	第 71 頁	厚四分	廣
	堂閣内截間格子	第一册第一百五十一頁第一行	第 73 頁	厚三分七厘	二（故宫本）
	胡梯	第一册第一百五十七頁第六行	第 74 頁		榥，首見於此
	栱眼壁版	第一册第一百五十九頁第十一行	第 75 頁	五寸四分	"寸"應作"十"
		第一册第一百六十頁第一行	第 75 頁	三寸四分	"寸四"應作"十三"
	裹栿版	第一册第一百六十一頁第一行	第 75 頁	及底版者	衍文可删
《營造法式》卷八・小木作制度三	平棊	第一册第一百六十四頁第十一行	第 76 頁	桯	"桯"下脱"長"字？
	鬭八藻井	第一册第一百六十五頁第十一行	第 76 頁	皆内安明鏡	背
		第一册第一百六十六頁第二行注	第 76 頁	材廣一寸八分，厚一寸二分	材，一寸八分
		第一册第一百六十七頁第一行	第 77 頁	隨辦方	瓣

續表

原書名目	卷目	原書頁碼	參閱本卷頁碼	原文	批注
《營造法式》卷八·小木作制度三	小鬬八藻井	第一册第一百六十八頁第四行	第77頁	皆内安明鏡	背
		同頁第五行	第77頁	八角并	“并”應作“井”
		同頁第六行注	第77頁	材廣六分厚四分	材，六分
		同頁第十一行	第77頁	高一尺	每高
	拒馬叉子	第一册第一百七十頁第三行	第77頁	下用櫳桯連梯	攏
	叉子	第一册第一百七十一頁第九行	第78頁	用二十七櫺	一？
		第一册第一百七十三頁第十一行注	第78頁		絞頭
	鉤闌	第一册第一百七十五頁第七行注	第79頁	十分中四厘	分？
	井亭子	第一册第一百七十九頁第十行注	第80頁	鶉尾在外	鴟
		同頁第十一行	第80頁		材，一寸二分
		第一册第一百八十頁第四行	第80頁		絞頭
		第一册第一百八十二頁第二行	第80頁	曲廣一寸六分	一分六厘
		同頁第三行	第80頁	曲廣一寸七分	一分七厘
		第一册第一百八十三頁第五行	第81頁	曲闌槫脊	搏
《營造法式》卷九·小木作制度四	佛道帳	第一册第一百八十七頁第八行	第82頁	一丈二尺五寸	三（竹本）
		同頁第九行	第82頁		用於一至三等材有副階殿身之内
		第一册第一百八十八頁第二行	第82頁	脚下施車槽	上（丁本）
		同頁第七行注	第82頁	材廣一寸八分	五鋪作卷頭，材一寸八分
		同頁第八行注	第82頁	並瘦項雲栱坐	造（竹本）
		第一册第一百八十九頁第十行注	第82頁	每面減三尺	每面減三尺，即平坐柱退入三尺？
		第一册第一百九十頁第三行	第82頁		普拍方？ ［整理者注］此眉批似批注者覺得此處可能應有“普拍方”條

續表

原書名目	卷目	原書頁碼	參閲本卷頁碼	原文	批注
《營造法式》卷九・小木作制度四	佛道帳	第一册第一百九十二頁第二行	第83頁	帳内外槽柱	内外槽
		第一册第一百九十三頁第一行	第83頁	鋜脚仰托幌	榥
		第一册第一百九十四頁第二行	第83頁		隨間栿
		同頁第十一行	第84頁	五鋪作重栱卷頭	五鋪作重栱卷頭，材六分
		第一册第一百九十五頁第三行	第84頁	六鋪作一抄兩昂	六鋪作一抄兩昂，材一寸八分
		第一册第一百九十六頁第一行	第84頁		抹角栿，卷十一二十四頁，又有抹角方
		同頁第五行注	第84頁	三尺六寸	八（竹本）
		第一册第一百九十七頁第一行	第84頁	長同科槽	槽版
		同頁第八行	第84頁	槫脊	搏
		第一册第一百九十八頁第一行	第84頁	六鋪作卷頭重栱	六鋪作卷頭重栱，材一寸八分
		同頁第四行注	第84頁	合用在外	角
		第一册第一百九十九頁第五至八行	第85頁		茶樓，角樓，殿挾，龜頭，行廊
		同頁第七至九行	第85頁		五鋪，四鋪，材六分
		第一册第二百頁第二行	第85頁		重檐
		同頁第九、十行	第85頁	刻瓔項	刻爲
		第一册第二百〇一頁第五行注	第85頁	合入	令？（竹本）
		第一册第二百〇二頁第二行	第85頁	自盆脣木上雲栱下	上至雲?
		第一册第二百〇三頁第一行	第85頁	長隨間廣	之廣
		第一册第二百〇六頁第三行	第86頁	卷殺	殺菻（四庫本、丁本）
《營造法式》卷十・小木作制度五	牙脚帳	第一册第二百〇九頁第七行	第87頁	長三分六厘	三寸六分？

續表

原書名目	卷目	原書頁碼	參閱本卷頁碼	原文	批注
《營造法式》卷十・小木作制度五	牙脚帳	第一册第二百十頁第五行	第 87 頁	長三寸	疑三寸五分或三寸六分
		同頁第六行	第 87 頁		虚柱
		第一册第二百十一頁第一行	第 88 頁	其廣二分	疑爲一寸二分或一寸五分
		第一册第二百十二頁第五行	第 88 頁	枓槽四周之内	枓槽四周之内，可知枓槽指面積
		第一册第二百十三頁第三、四行	第 88 頁	六鋪作單抄重昂……一寸五分	六鋪作，材一寸五分
		第一册第二百十四頁第二行	第 88 頁	長隨混肚方内	“長”下疑脱“廣”字
	九脊小帳	第一册第二百十六頁第九行	第 89 頁	減一寸五分，其廣一寸六分，厚二分四厘	注文應爲本文
		第一册第二百十七頁第五行注	第 89 頁	用三條	“條”作“路”
		第一册第二百十九頁第四行	第 90 頁	上下仰托榥	“榥”下疑脱“内”字
		同頁第十行	第 90 頁	平棊	平棊各件尺寸太大。例如桯之大竟過帳柱。疑全誤
		第一册第二百二十頁第八行	第 90 頁		五鋪作，材一寸二分
		同頁第九、十行	第 90 頁	五鋪作，下出一抄……材廣一寸二分	［王其亨補注］杪 ［整理者注］此眉批字體隸書，似爲王其亨所作，所據爲丁本。 又，有關用字方面的“抄”或“杪”，陳明達有專文，認爲各版本雖時見“抄”“杪”混用現象，但大致“抄”爲正字，“杪”是誤抄的可能性更大。王其亨在此處羅列丁本等其他版本用字，似意在統計具體的二字混用情况。類似情況又見於卷二十二等處
		同頁第十行	第 90 頁	壓厦板	版
		同頁第十一行	第 90 頁	結瓦	“瓦”作“瓩” ［整理者注］此眉批字體隸書，似爲王其亨所作。又用字方面的選擇，王其亨與陳明達似有微妙差異，陳明達傾向用“宼”。詳見《營造法式》目録部分之陳明達批注

續表

原書名目	卷目	原書頁碼	參閱本卷頁碼	原文	批注
《營造法式》卷十・小木作制度五	九脊小帳	第一册第二百二十二頁第三行注	第 90 頁	角同上	用（竹本）
		第一册第二百二十三頁第五行	第 91 頁	曲闌槫脊	摶
	壁帳	第一册第二百二十四頁第六、七行	第 91 頁	五鋪作……其材廣一寸二分	五鋪作，材一寸二分
		同頁第九行	第 91 頁		叉子栿
		同頁第十行	第 91 頁	每尺之高積而爲法	“高”作“廣”
		第一册第二百二十六頁第一行	第 91 頁	長隨仰陽版之廣	無“之”字
		同頁第四行	第 91 頁	桯隨背版	“桯”下疑脱“長”字
《營造法式》卷十一・小木作制度六	轉輪經藏	第二册第一頁第七行	第 92 頁	共高二丈	“二”作“三”。明按“二”不誤 ［整理者注］原書此處“二”被改爲“三”，眉批“‘二’作‘三’”似王其亨筆迹，而“明按‘二’不誤”則爲陳明達筆迹。此或説明，在“陳氏點注本”贈送王其亨先生之前，即曾借閲於他，也由此在用字勘誤方面有過交流
		同頁第九行	第 92 頁		一至三等材殿身内用
		第二册第二頁第八行	第 92 頁	結瓦	［王其亨補注］“瓦”作“瓪”
		同頁第九行	第 92 頁	六鋪作重栱，用一寸材	六鋪作，材一寸，厚六分六
		第二册第三頁第二行	第 93 頁	結瓦	［王其亨補注］“瓦”作“瓪”
		第二册第四頁第五行注	第 93 頁	每瓣用三條	［王其亨補注］“條”作“路”
		同頁第七、九行	第 93 頁	厦瓦版	［王其亨補注］“瓦”作“瓪”
		第二册第五頁第二、三行	第 93 頁	六鋪作卷頭重栱，用一寸材	六鋪作，材一寸
		第二册第六頁第三行	第 93 頁		四鋪作、五鋪作、六鋪作，材五分
		第二册第七頁第五行	第 94 頁	六鋪作卷頭，其材廣一寸	六鋪作，材一寸
		同頁第六行注	第 94 頁	壼門神龕	壼門
		第二册第十頁第三行	第 94 頁	厚二分	“二”作“一”
		第二册第十一頁第八、九行	第 95 頁	六鋪作……廣一寸	六鋪作，材一寸

續表

原書名目	卷目	原書頁碼	參閱本卷頁碼	原文	批注
《營造法式》卷十一・小木作制度六	轉輪經藏	同頁第十一行注	第95頁	絞頭在外	［王其亨補注］絞頭
		第二册第十六頁第二行	第96頁	結瓦	［王其亨補注］“瓦”作“瓪”
	壁藏	同頁第五行	第96頁	兩擺子	［王其亨補注］“子”作“手”
		同頁第六行	第96頁		一至三等材殿身内用
		第二册第十七頁第一、二行	第96頁	五鋪作卷頭，其材廣一寸	五鋪作，材一寸
		第二册第十八頁第七行	第96頁	神龕壼門	壼門
		第二册第二十頁第五行	第97頁	廣五分二厘	［王其亨補注］“五”作“二”
		第二册第二十一頁第二行	第97頁		似缺“裏槽下錠脚外貼”一項
		第二册第二十三頁第一行	第98頁	高一尺	［王其亨補注］“一”作“二”
		同頁第二、三行	第98頁	六鋪作單抄雙昂，材廣一寸	六鋪作，材一寸
		同頁第三行	第98頁	結瓦	［王其亨補注］“瓦”作“瓪”
		同頁第五行注	第98頁	減八寸	尺（故宫本）
		同頁第七行注	第98頁	減六寸	加（竹本）
		第二册第二十四頁第一行	第98頁		抹角方，卷九一百九十六頁有抹角栿
		同頁第三行注	第98頁	用三條	［王其亨補注］“三”作“二”
		同頁第五行注	第98頁	減九尺	六（故宫本）
		同頁第七行	第98頁	厦瓦版	［王其亨補注］“瓦”作“瓪”
		第二册第二十五頁第七行	第98頁	六鋪作卷頭	六鋪作，材一寸
		第二册第二十七頁第二行	第99頁	其材並廣五分	材廣五分
《營造法式》卷十二・彫作制度、旋作制度、鋸作制度、竹作制度	混作	第二册第三十一頁第三行注	第100頁	羜羊	羚
		同頁第八行	第100頁		大木：出入轉角
	起突卷葉華	第二册第三十三頁第二行注	第100頁	谓皆卷葉者	背

續表

原書名目	卷目	原書頁碼	參閲本卷頁碼	原文	批注
《營造法式》卷十二·彫作制度、旋作制度、鋸作制度、竹作制度	起突卷葉華	同頁第五行注	第 100 頁	裹帖同	“裹”應作“裏”，“帖”作“貼”
	剔地窪葉華	第二册第三十四頁第三行	第 100 頁	七品	六（竹本）
		同頁第六行注	第 100 頁	胡雲	彩畫作制度作“吴雲”
		第二册第三十五頁第一行	第 101 頁	華等皆用之	草
	殿堂等雜用名件	同頁第五行	第 101 頁		大木
		同頁第八行	第 101 頁	搘角梁	大木 搘，音支
		第二册第三十六頁第五行	第 101 頁	徑一分	［王其亨補注］“一”作“二”
	照壁版寳牀上名件	第二册第三十七頁第四行	第 101 頁	徑一寸	［王其亨補注］“一”作“二”
		第二册第三十八頁第三行	第 101 頁	蓮蓓蕾	“蓓蕾”作“菩藟”
	佛道帳上名件	同頁第十一行	第 101 頁	其長倍柱之廣	［王其亨補注］“柱”作“徑”
		第二册第三十九頁第四行	第 102 頁	廣一分	［王其亨補注］“一”作“二”
	抨墨	第二册第四十一頁第二行	第 102 頁	須合大面在下	令？
	就餘材	同頁第十行	第 102 頁	即留餘材於心内	［王其亨補注］“留”作“那”
	造笆	第二册第四十二頁第四行注	第 102 頁	廣一寸	［王其亨補注］“寸”作“尺”
		同頁第八行注	第 102 頁	並椎破用之	推（竹本）
	隔截編道	第二册第四十三頁第六行	第 103 頁	徑一寸	寸五分（竹本）
	竹柵	同頁第八行注	第 103 頁	與編道同	［王其亨補注］“與”下有“竹”字
	地面棊文簟	第二册第四十五頁第一行	第 103 頁		簟，徒玷切
	障日篛等簟	同頁第六行	第 103 頁		篛，音蹋
	竹笍索	同頁第十行	第 103 頁		笍，音綴
		第二册第四十六頁第一行	第 103 頁	作五股瓣之	［王其亨補注］“瓣”作“辮”
		同頁第二行注	第 103 頁	合青篾在外	令？

續表

原書名目	卷目	原書頁碼	參閱本卷頁碼	原文	批注
《營造法式》卷十三·瓦作制度、泥作制度	卷十三目録	第二册第四十七頁第四、五行	第104頁	瓦作制度 結瓦	［王其亨補注］“瓦”作“瓦”
	結瓦	第二册第四十八頁第二、三行	第104頁	瓦作制度 結瓦	［王其亨補注］“瓦”作“瓦”
		第二册第四十九頁第一行注及正文	第104頁	結瓦 瓦	［王其亨補注］“瓦”皆作“瓦”
		同頁第三、七行	第104頁	結瓦	［王其亨補注］“瓦”作“瓦”
	用瓦	第二册第五十一頁第七行注	第105頁	結瓦	［王其亨補注］“瓦”作“瓦”
		同頁第八行	第105頁	瓦下補襯	鋪　據文義
		第二册第五十二頁第二、三行正文及注	第105頁	施瓦 結瓦	［王其亨補注］“瓦”作“瓦”
	壘屋脊	第二册第五十四頁第四行	第105頁	結瓦	［王其亨補注］“瓦”作“瓦”
		同頁第六行注	第105頁	狻獅	［王其亨補注］“獅”作“猊”
		同頁第八行注	第105頁	棚架	［王其亨補注］“棚”作“棚”
	用獸頭等	第二册第五十七頁第七行	第106頁	殿間	閣
		第二册第五十八頁第九行	第106頁	枓口挑	跳
		第二册第五十九頁第四行注	第106頁	枓口挑	［王其亨補注］“挑”作“跳”
		同頁第八行	第107頁	殿間	［王其亨補注］“間”作“閣”
		第二册第六十頁第三行	第107頁	徑一尺	［王其亨補注］“一”作“二”
	壘牆	第二册第六十一頁第一行	第107頁		壘墼，牾也。參功限、壕寨
		同頁第二行	第107頁	二尺五寸	應爲“寸”“分”
	用泥	同頁第四行	第107頁	泥塗	［王其亨補注］“塗”作“壁”
		第二册第六十二頁第九行注	第107頁	石灰	炭（竹本）
	畫壁	第二册第六十三頁第一行	第107頁		篾
	釜鑊竈	第二册第六十六頁第九行	第108頁	後駝頂突	［王其亨補注］“頂”作“項”

續表

原書名目	卷目	原書頁碼	參閲本卷頁碼	原文	批注
《營造法式》卷十四·彩畫作制度	總制度	第二册第七十二頁第八行注	第 109 頁	令著寔	實
		第二册第七十三頁第九行注	第 110 頁	用稍濃水和成劑	膠水（竹本）
	五彩徧裝	第二册第七十七頁第十一行注	第 111 頁	團科柿蒂	帶（竹本）
		第二册第七十九頁第六行	第 111 頁	鳳皇	凰
		同頁第八行注	第 111 頁	仙童	圖樣作“金”
		第二册第八十頁第二行	第 111 頁	吴雲	彫作作“胡”
		第二册第八十一頁第二行注	第 111 頁	加華文緣道等	如
		同頁第六行	第 111 頁	疊暈之法	用疊（竹本）
		第二册第八十二頁第七行	第 112 頁	一作	或（丁本）
		第二册第八十三頁第一行注	第 112 頁	以朱彩圈之	粉（竹本）
		同頁第二行注	第 112 頁	團枓方	科
		同頁第七行	第 112 頁	两尖枓	科
	碾玉裝	第二册第八十四頁第九行注	第 112 頁	或只碾王	玉
	青緑疊暈棱間裝	第二册第八十五頁第三行	第 112 頁	廣二分	一（丁本）
		同頁第五行注	第 112 頁	道壓粉線	通（竹本）
		第二册第八十六頁第五行	第 113 頁	共頭作明珠蓮華	“共”應作“其”
	解緑裝飾屋舍	第二册第八十七頁第三行	第 113 頁	通用土黄	刷（丁本）
		同頁第十行注	第 113 頁	緣頭或作青緑暈明珠	“緣”應作“椽”
	丹粉刷飾屋舍	第二册第八十九頁第三行注	第 113 頁	上其長隨高三分之二	“上其”應作“其上”
	雜間裝	第二册第九十二頁第二行注	第 114 頁	碾玉裝二分	三（竹本）
		同頁第五行注	第 114 頁	三暈棱間裝一分	二（竹本）

續表

原書名目	卷目	原書頁碼	參閱本卷頁碼	原文	批注
《營造法式》卷十五・塼作制度、窰作制度	用塼	第二册第九十六頁第十一行	第 115 頁	二寸七分	五（竹本）
		第二册第九十七頁第二行注	第 115 頁	如階脣	階脣
	壘階基	第二册第九十八頁第五行	第 115 頁		三等材六十、七十份
	須彌坐	第二册第一百〇一頁第五行	第 116 頁		方塼厚（3、2.8、2.7 寸），條塼（2.5 寸）
		同頁第七行注	第 116 頁	比身脚出三分	牙
		同頁第九行正文及注	第 116 頁	次上壼門 壼門比柱子	壼門
	井	第二册第一百〇五頁第八行	第 117 頁	兑	脱?
	瓦	同頁第十一行注	第 117 頁	二曰甍	甍（四庫本）
		第二册第一百〇六頁第五行	第 117 頁	厚八分	六（丁本）
	燒變次序	第二册第一百十一頁第六行注	第 119 頁	止於曝露内搭……羊屎	窰　糞
		同頁第七行	第 119 頁	羊屎	糞
	壘造窰	第二册第一百十二頁第八行注	第 119 頁	一丈八尺	寸（竹本）
		同頁第十行注	第 119 頁	一丈八尺	寸（竹本）
		第二册第一百第十三頁第二行注	第 119 頁	一丈八尺	寸（竹本）
		同頁第十一行	第 119 頁	踏外圍道皆並二砌	外圍踏道（竹本）
《營造法式》卷十六・壕寨功限、石作功限	總雜功	第二册第一百十七頁第二行	第 120 頁		卷三築基：每方一尺用土二擔
		第二册第一百十八頁第二行	第 120 頁	紐計	“紐”應爲“細”。參閱“築城”篇
		同頁第十、十一行注	第 120 頁	装一百三十擔	“一”，安諸六十步内攏土般功比例，應爲“二”
		第二册第一百十九頁第二行注	第 121 頁	一尺五寸方塼八口，壓門塼一寸口， 一尺三寸方塼	七　闌　十　五
		同頁第四、五行	第 121 頁	每一百口一功	二（四庫本）

續表

原書名目	卷目	原書頁碼	參閱本卷頁碼	原文	批注
《營造法式》卷十六·壕寨功限、石作功限	總雜功	同頁第四行	第 121 頁		墼
	築基	同頁第八行	第 121 頁		方，立方
	築城	第二册第一百二十頁第四行注	第 121 頁	準此細計	細
	柱礎	第二册第一百二十六頁第二行	第 122 頁	彫鐫功	其彫鐫功並於素覆盆所得功上加之
		第二册第一百二十七頁第一行注	第 122 頁	方一尺	“一”應作“三”
	角石	第二册第一百二十八頁第一行注	第 123 頁	城門确柱同	角?
		同頁第七行	第 123 頁	方一尺	一尺六寸
	單鉤闌	第二册第一百三十二頁第十、十一行	第 124 頁	櫻項	癭
		第二册第一百三十三頁第三行	第 124 頁	六瓣望柱	八
	幡竿頰	第二册第一百四十二頁第九行	第 127 頁	共十六功	五十（竹本）
《營造法式》卷十七·大木作功限一	殿閣外檐補間鋪作用栱枓等數	第二册第一百五十一頁第二行	第 129 頁		按散枓數及六鋪作只有第二抄内慢栱外華頭子裏轉應爲五鋪
		同頁第七行	第 129 頁		（38）裏外跳鋪數的關係
		第二册第一百五十二頁第一行	第 129 頁		（39）此昂栓用途? 長度如何解釋?
		第二册第一百五十三頁第五行	第 129 頁	六鋪作四隻	三。按散枓數衹三隻
		同頁第十行	第 129 頁	六鋪作五隻	四。按散枓數衹四隻
		第二册第一百五十四頁第三行	第 129 頁	八鋪作三隻	出跳加一架之數
		同頁第十一行	第 129 頁	六鋪作五隻	六 裏跳五鋪數
		第二册第一百五十五頁第三行	第 130 頁	齊心枓	與昂相交各栱及昂上栱均不用
		同頁第六行	第 130 頁	六鋪作五隻	泥道、瓜子、令栱各一 六隻
		同頁第七行	第 130 頁	四鋪作三隻	用插昂如柱頭不用，泥道栱、令栱心各一隻

續表

原書名目	卷目	原書頁碼	參閱本卷頁碼	原文	批注
《營造法式》卷十七·大木作功限一	殿閣外檐補間鋪作用栱枓等數	同頁第十一行	第 130 頁	六鋪作二十隻	裏跳六鋪、裏跳五鋪應爲二十四數
	樓閣平坐補間鋪作用栱枓等數	第二册第一百六十頁第七行	第 131 頁	耍頭一隻	出跳加一架之數
		同頁第九行注	第 131 頁	一鋪作身長	“一”應作“六”
		第二册第一百六十一頁第九行	第 131 頁	七鋪作四隻	裏轉長三十分
	枓口跳每縫用栱枓等數	第二册第一百六十四頁第六行	第 132 頁		何以無齊心枓?
		同頁第八行	第 132 頁	闇栔二條	方桁一，橑檐方一，三鋪作
	把頭絞項作每縫用栱枓等數	第二册第一百六十五頁第三行	第 132 頁	齊心枓一隻	何以有齊心枓?
		同頁第五行	第 132 頁	闇栔二條	方桁一
	鋪作每間用方桁等數	同頁第十一行	第 133 頁	六鋪作六條	裏轉五鋪作衹五條
		第二册第一百六十六頁第四行注	第 133 頁	方一寸爲定	定法
		同頁第十行	第 133 頁	八鋪作至四鋪作	“八”應作“七”
		第二册第一百六十七頁第十一行	第 133 頁	八鋪作至四鋪作	“八”應作“七”
		第二册第一百六十九頁第八行注	第 134 頁	闇枓	開
《營造法式》卷十八·大木作功限二	殿閣外檐轉角鋪作用栱枓等數	第二册第一百七十二頁第二行	第 134 頁	角内耍頭一隻	?
		同頁第六行注	第 134 頁	三十一分	六（竹本）
		同頁第九行正文及注	第 134 頁	分首二隻身長二十八分	分首身長指兩栱頭間之長
		第二册第一百七十三頁第七、八行	第 135 頁	令栱列小栱頭二隻 瓜子栱列小栱頭分首四隻	?
		第二册第一百七十四頁第二行	第 135 頁	慢栱列切几頭二隻	?
		同頁第五、六行	第 135 頁	第二抄華栱一隻 第三抄外華頭子内華栱一隻	? 此二條應有“角内”二字
		第二册第一百七十五頁第一行注	第 135 頁	斜一百一十七分	身長

續表

原書名目	卷目	原書頁碼	參閱本卷頁碼	原文	批注
《營造法式》卷十八・大木作功限二	殿閣身内轉角鋪作用栱枓等數	第二册第一百七十九頁第三行	第136頁	華栱列泥道栱三隻	二（竹本）
		同頁第六行	第136頁		七鋪作長288 六鋪作長218 五鋪作長148 四鋪作長78
		同頁第九行注	第136頁	二條長三十一分	六（竹本）
		第二册第一百八十一頁第七行注	第137頁	身長二十分	三（竹本）
	樓閣平坐轉角鋪作用栱枓等數	第二册第一百八十四頁第十行	第138頁	襯方三條	（40）襯方用單材或足材之分
		第二册第一百八十五頁第七行注	第138頁	身長六十三分	二（竹本）
		同頁第八行正文及注	第138頁	第三抄……身長六十三分	二　二（竹本）
		同頁第十一行注	第138頁	身長九十一分	二
		第二册第一百八十七頁第二行注	第138頁	身長二十六分	一百二十六
《營造法式》卷十九・大木作功限三	殿堂梁柱等事件功限	第二册第一百九十四頁第四行	第140頁	襻間脊串順身串並同材	（41）順身串 卷十七，材長四十尺一功
	城門道功限	第二册第一百九十七頁第五行	第141頁	涎衣木	夜叉？
	倉廒庫屋功限	第二册第一百九十八頁第九行注	第141頁	每功加一分功	一功
	常行散屋功限	第二册第二百〇二頁第六行	第142頁	椽共長三百六十尺	四十八條 ［整理者注］批注指此條與批注者所劃分之本卷第四十八條相同，見第二册第一百九十九頁第三行
		同頁第七行	第142頁	連椽	檐
		第二册第二百〇三頁第十一行	第143頁	楷子每一隻	二〇一頁，仰合楷子一隻六厘功 ［整理者注］見第二册第二百〇一頁第八行
	營屋功限	第二册第二百〇八頁第四行注	第144頁	虿翅三分中減二分功	虿翅？
	薦拔抽換柱栿等功限	第二册第二百十頁第九行	第145頁	兩下栿	丁

續表

原書名目	卷目	原書頁碼	參閱本卷頁碼	原文	批注
《營造法式》卷二十・小木作功限一	版門	第二册第二百十八頁第三行	第 146 頁	一分二厘功	三？（竹本）
		第二册第二百十九頁第五行	第 147 頁	搕鎖柱	鏁
	截間版帳	第二册第二百三十頁第六行注	第 149 頁	添槫柱加三分功	槏（丁本）
《營造法式》卷二十一・小木作功限二	殿内截間格子	第二册第二百四十三頁第三行注	第 153 頁	心枓、槫柱等在内	“枓”應作“柱”
	栱眼壁版	第二册第二百四十七頁第五行注	第 154 頁	於第一等材栱内用	“一”應爲“四”
	裹栿版	第二册第二百四十八頁第一、二行	第 154 頁	長一丈六尺五寸、廣二尺五寸、厚一尺四寸	375（份），一等（材），三等（材），五等材 375 份，每份四分四
		同頁第三行	第 154 頁		六等材 300 份，每份四分
	鬭八藻井	第二册第二百五十頁第五行	第 154 頁	下鬭四方井	層
	叉子	第二册第二百五十三頁第一行	第 155 頁	瓣裹	裏
		同頁第四行	第 155 頁	仰覆蓮華	單
	井亭子	第二册第二百五十八頁第十一行	第 157 頁		一寸二分材
	牌	第二册第二百五十九頁第四行注	第 157 頁	安卓功	掛（竹本）
《營造法式》卷二十二・小木作功限三	佛道帳	第二册第二百六十四頁第五行	第 158 頁	裹槽	裏
		第二册第二百六十五頁第二行	第 158 頁	每長五尺	丈（竹本）
		同頁第十一行	第 158 頁	深一丈	一丈二尺（竹本）
		第二册第二百六十六頁第七行	第 159 頁	貼身	生
		同頁第十行注	第 159 頁	槫脊同	搏
		第二册第二百六十七頁第四行	第 159 頁		抹角栿

續表

原書名目	卷目	原書頁碼	參閱本卷頁碼	原文	批注
《營造法式》卷二十二·小木作功限三	佛道帳	第二册第二百六十九頁第一行	第159頁	天宫樓閣	卷九：共高七尺二寸 ［整理者注］參閱“陳氏點注本”第一册第一百九十九頁
		第二册第二百七十頁第九行	第160頁	望柱	立（竹本）
		同頁第十一行	第160頁	月版長	每長
		第二册第二百七十一頁第二行	第160頁	望柱	立（竹本）
	九脊小帳	第二册第二百八十一頁第三行	第163頁	仰托幌	榥
		第二册第二百八十二頁第四行	第163頁	右各二功	各共
		同頁第十一行	第163頁	一抄一下昂	杪
	壁帳	第二册第二百八十三頁第十一行	第163頁	共廣一丈五尺	高
		第二册第二百八十四頁第二行	第163頁	一抄一下昂	杪
《營造法式》卷二十三·小木作功限四	轉輪經藏	第三册第三頁第五行	第164頁	白版紐計	約?
		同頁第七行	第164頁	榑脊	搏?
		第三册第九頁第二行	第166頁	帳身版紐計	約?
		第三册第十一頁第四行	第166頁	挾木每二十條	頰?
	壁藏	第三册第十三頁第七行	第167頁	立榥每十二條	一十
		第三册第十四頁第四行	第167頁	面版紐計	約?
		第三册第十五頁第十行	第167頁	紐計	約?
		第三册第十六頁第九行	第168頁	紐計	約?
		第三册第十七頁第九行	第168頁	紐計	約?
		第三册第十九頁第六行	第168頁	紐計	約?
		同頁第九行	第169頁	單鉤闌共七寸	“共”應作“高”
		第三册第二十頁第三行	第169頁	行廊	廊屋（竹本）

續表

原書名目	卷目	原書頁碼	參閱本卷頁碼	原文	批注
《營造法式》卷二十四·諸作功限一	彫木作	第三册第二十三頁第十一行注	第 169 頁	竇料	窠
		第三册第二十八頁第六行注	第 170 頁	嬪伽類	同（竹本）
		第三册第三十一頁第三行	第 171 頁	一尺五寸	二（竹本）
		第三册第三十二頁第五行	第 171 頁	搏料	團窠?
	旋作	第三册第三十三頁第九行	第 171 頁	蓮華柱	蓮華柱（虛柱）
		第三册第三十七頁第三行	第 172 頁	每一鉤	釣（竹本）
	鋸作	第三册第三十八頁第二行注	第 172 頁	椵木之類	椴（竹本）
		同頁第三行	第 173 頁	榆黄松水松	榇（竹本）
《營造法式》卷二十五·諸作功限二	瓦作	第三册第四十一頁第九行	第 174 頁	斫事甋瓦口	甋瓪（竹本）
		第三册第四十二頁第九行	第 174 頁	瑠璃瓪瓦	竹本無此二字
	泥作	第三册第四十六頁第七行注	第 175 頁	至一十椽上	“上”應作“止”
		第三册第四十八頁第一行	第 175 頁	貼壘兊落	脱
		同頁第四行注	第 175 頁	紐計	約?
	塼作	第三册第五十四頁第四行注	第 177 頁	長一尺二寸者	其長（竹本）
		第三册第五十五頁第四行注	第 177 頁	每一枚用塼百口	四（竹本）
	窰作	第三册第五十六頁第六行	第 177 頁		塼作制度　用條塼長一尺二寸，廣六寸，厚二寸
《營造法式》卷二十六·諸作料例一	大木作	第三册第六十二頁	第 179 頁		一等材，每架九尺，八架七十二尺 五等材，十二架（四寸四分），長七十九尺二寸

續表

原書名目	卷目	原書頁碼	參閲本卷頁碼	原文	批注
《營造法式》卷二十六·諸作料例一	大木作	第三册第六十三頁第二、三行	第179頁	大檐頭	額
	竹作	第三册第六十九頁第二行注	第181頁	次竹	次頭（竹本）
	瓦作	第三册第七十二頁第五行正文及注	第181頁	甋瓦以仰瓪瓦爲計	此爲甋瓪瓦結宼
		同頁第六行	第181頁	長一尺六寸每一尺	即瓪瓦長一尺六寸者，每隴長一尺用一口。下同
		第三册第七十三頁第一行	第181頁		此爲散瓪瓦結宼
《營造法式》卷二十七·諸作料例二	泥作	第三册第八十頁第四行	第183頁	十二两	一十
		第三册第八十四頁第三行注	第184頁	組計	約?
	彩畫作	第三册第八十六頁第十一行注	第185頁	即楷華之類準折計之	描　析
		第三册第八十七頁第九行注	第185頁	並用	同
		同頁第十一行注	第185頁	大青	緑
		第三册第九十頁第九行	第186頁	槐花	華
		同頁第十一行注	第186頁	槐花	華
		第三册第九十二頁五行注	第187頁	描金	揾（竹本）
		同頁第八行	第187頁	木扎二斤	札
	塼作	第三册第九十三頁第七行注	第187頁	三两	二（竹本）
		第三册第九十四頁第一行	第187頁	壘並	“並”應作“井”
	窰作	同頁第九行	第187頁	方二丈	尺
《營造法式》卷二十八·諸作用釘料例、諸作用膠料例、諸作等第	用釘料例	第三册第一百〇三頁第十行注	第189頁	並長一尺二尺	“尺”應作“寸”
	用釘數	第三册第一百〇五頁第十行	第190頁	槫料	搏（竹本）

續表

原書名目	卷目	原書頁碼	參閱本卷頁碼	原文	批注
《營造法式》卷二十八·諸作用釘料例、諸作用膠料例、諸作等第	用釘數	同頁第十一行	第190頁		版?
		第三册第一百十一頁第六行注	第191頁	每長二尺	一（丁本）
		同頁第九行注	第191頁	以下三枚	二（竹本）
	諸作等第	第三册第一百二十三頁第二行	第194頁	槫子跳	挑
		第三册第一百二十五頁第六行注	第195頁	透突起突造	同（竹本）
		第三册第一百二十七頁第四行	第195頁	槫枓蓮華	團窠?
《營造法式》卷三十一·大木作制度圖樣下	卷三十一目録	第四册第一頁第五行	第217頁	殿閣地盤分槽等第一	十
	殿堂五鋪作（副階四鋪作）單槽草架側樣第十三	第四册第七頁文字	第219頁	殿側樣十架椽	八
		同頁圖樣	第219頁		［整理者注］校注者對此圖中左起第三柱紅筆打叉，注云“無此柱”
	殿堂等六鋪作分心槽草架側樣第十四	第四册第八頁文字	第219頁	殿側樣十架椽身内單槽外轉八鋪作	分心　六
	廳堂等（自十架椽至四架椽）間縫内用梁柱第十五	第四册第十五頁文字	第223頁	八架椽屋乳栿對六椽栿用二柱	三
		同頁圖樣	第223頁		［整理者注］校注者在此圖中墨筆補加一柱
		第四册第二十一頁文字	第226頁	六架椽屋乳栿對四椽栿用四柱	三
		同頁圖樣	第226頁		［整理者注］校注者對此圖中左起第二柱紅筆打叉，注云“無此柱”
		第四册第二十二頁文字	第226頁	六架椽屋前後乳栿劄牽用四柱	前乳栿後劄牽
		同頁圖樣	第226頁		［整理者注］校注者對此圖中左起第二柱墨筆打叉，注云“無此柱”，又在此柱左側墨筆補加一柱
		第四册第二十四頁文字	第227頁	四架椽屋劄牽二椽栿用三柱	三
		第四册第二十五頁文字	第227頁	四架椽屋分心劄牽用四柱	前後

續表

原書名目	卷目	原書頁碼	參閱本卷頁碼	原文	批注
《營造法式》卷三十一附	殿堂等八鋪作（副階六鋪作）雙槽（斗底槽準此下雙槽同）草架側樣第十一	第四册第三十一頁			［王其亨補注］此類附，歷史上首次宋、清名詞比照，意義不容低估！
《營造法式》卷三十二·小木作制度圖樣、彫木作制度圖樣	門窗格子門等第一	第四册第六十一頁	第229頁		［整理者注］校注者在此圖面上作三處標示：雞棲木、門關（横關）、排叉楅
	平棊鉤闌等第三	第四册第七十七頁	第233頁	平棊鉤闌等第三	二
《營造法式》附録	宋故中散大夫知虢州軍州管句學士兼管内勸農使賜紫金魚袋李公墓誌銘／傅冲益	第四册第二百十一頁	第275頁		［王其亨補注］據影宋鈔本？
		同頁第六、七行	第275頁	公之卒二月壬申也，越四月丙子其孤葬公鄭州管城縣之梅山	［王其亨補注］按葬於四月，墓誌銘應在二月至四月間撰也
	諸書記載並題跋	第四册第二百十九頁第七行	第277頁		《續談助》成於崇寧五年
		第四册第二百二十頁第三行	第277頁	晁公武郡齋讀書誌	成於紹興二十一年，公元1151年
		同頁第八行	第277頁	李誡	誡
		同頁第十一行	第277頁	鋸作	竹
		第四册第二百二十一頁第二行	第277頁	李明仲誡	誡
識語／陶湘		第四册第二百五十五頁第一至三行	第286頁	爰倩京都承辦官工之老匠師賀新賡等就現今之圖樣按法式第三十、三十一兩卷大木作制度名目詳繪增坿，並注今名於上	［王其亨補注］首次宋、清名詞對照，粱《則例》先範
		同頁第九行注	第286頁	紙料	［王其亨補注］國産紙料
		第四册第二百五十七頁第一行	第286頁	江安傅沅叔氏增湘……眉姪毅	［王其亨補注］參校者

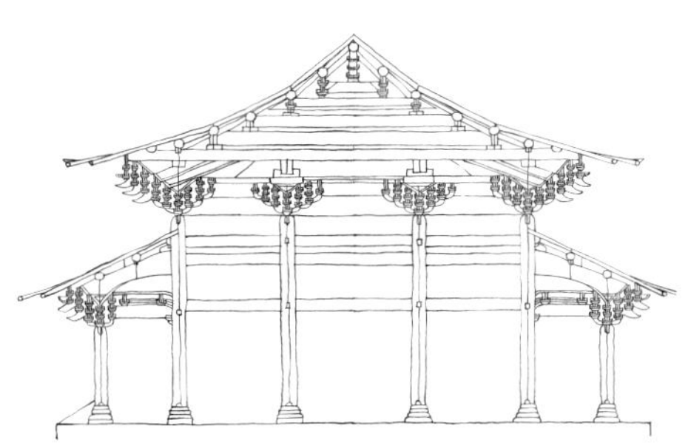

《營造法式》辭解

目録

整理説明及凡例

一、本卷所收録的《〈營造法式〉辭解》（以下簡稱“辭解”），曾於2010年由天津大學出版社發行單行本。該版本由丁垚率天津大學建築學院各級本科生、碩士博士研究生數十人次，歷時十餘年完成整理工作，並爲詞條選配插圖。此次收録本卷，僅保留文字部分（並作再次校訂），而插圖部分則囿於篇幅而割捨，有需要進一步瞭解詳情者，可參閲“辭解”天津大學出版社2010年版（本卷節選收録該單行本之《整理前言》爲附録，大致説明相關情況）。

二、“辭解”係據作者原稿排印，共收録1082個詞條，除規範字詞標點外，未做任何删改。本“辭解”以《營造法式（陳明達點注本）》爲參照底本，並參考以下版本：

《營造法式（陳明達鈔本）》（見本卷）；

《營造法式》（全四册，世稱“陶本”或“小陶本”）。上海：商務印書館，1954年重印本；

《石印宋李明仲營造法式》（1919年商務印書館據丁丙“八千卷樓”藏本石印，世稱“丁本”）。杭州：浙江攝影出版社，2020年版；

《營造法式》（故宫博物院藏清初影印宋鈔本，世稱“故宫本”）。北京：故宫出版社，2017年版；

文津閣四庫全書本《營造法式》（世稱“四庫本”）。中國建築圖書館館藏本；

（日）竹島卓一《營造法式研究》（全三册，陳明達點注本中簡稱其爲“竹本”）。日本中央公論美術出版，1997年版。

三、“辭解”原稿各條依首字筆畫爲序，但筆畫計數所依據的是當時的文字規範。現依此原則，參照現行漢字繁體字規範重新調整編排（囿於整理時間有限，可能有所疏漏）。此外，原稿在某筆畫内各字的排列没有以起筆的横竪撇捺爲序，當時所按規則不詳，此次不作調整，特此説明。

四、“辭解”原稿用字爲繁體字正書、行書，且多遵仿宋本《營造法式》（陶本）。本卷爲天津大學建築學院對原稿所作之整理本，凡《營造法式》用語皆依照“陶本”與中華書局影印南宋刻本。釋文中的其他現代漢語，則使用常用的漢語繁體字。

五、全部詞條均按《漢語拼音方案》的規定，用漢語拼音字母以普通話語音注音，按四聲標調，輕聲衹注音不標調。有異讀的字詞一律按《普通話異讀詞審音表》審定，未經審定的，參考《漢語大字典》以及《現代漢語規範詞典》，按約定俗成的原則注音。

六、“辭解”原稿在一些詞條釋文末尾的右側頁邊，用小字注出該詞條在《營造法式》原文出現的卷數與商務印書館影印“小陶本”的頁數，卷數在前，頁數在後。現以“（　）”附於詞條釋文末尾，列出此條在《營造法式》中首次出現或較重要之處的條目以及在《營造法式（陳明達鈔本）》與《營造法式（陳明達點注本）》（全四册，杭州：浙江攝影出版社，2020 年版）中的頁碼。

例 1：

丁華抹頦栱 [dīng huā mǒ kē gǒng]

屋架最上，蜀柱上坐大枓，兩面出耍頭，其上承叉手的構件。（卷五・侏儒柱。本卷第 61 頁上；“陳氏點注本”第一册第 106 頁）

“（　）”内的文字即是説，此詞條的出處在《營造法式》卷五之“侏儒柱”條内，可查閲《陳明達全集》第七卷第 61 頁上半，並可參閲《營造法式（陳明達點注本）》第一册第 106 頁。

例 2：

角柱 [jiǎo zhù]

殿閣身、殿堂階頭角石下、鉤闌轉角處等所用木柱或石柱，均名角柱。（卷三・角柱，卷五・柱。本卷第 49 頁下、第 60 頁上；“陳氏點注本”第一册第 59、102 頁）

“（　）”内的文字即是説，詞條出處見《營造法式》卷三之“角柱”、卷五之“柱”條内，可查閲《陳明達全集》第七卷第 49 頁下、第 60 頁上，並可參閲《營造法式（陳明達點注本）》第一册第 59、102 頁。

另有一點需要説明：《營造法式（陳明達點注本）》的頁碼與小陶本《營造法式》（全四册，上海：商務印書館，1954年重印本）的頁碼是相同的。

七、此次對“辭解”的校訂，主要是依據《營造法式（陳明達點注本）》和《營造法式（陳明達鈔本）》，補充各詞條在《營造法式》原書中的出處，另有個别用字的勘誤校讎。“原稿”未注明出處的詞條，爲便於讀者查閲，現由整理者按原稿體例補齊出處。

八、因作者生前未及對此文稿作終稿審定，文内留有若干疏漏或存疑，整理者酌加説明性按語，作爲脚注。

限於整理者的水平，難免修訂失當，懇請指正。

整理者

筆畫檢索

（凡1082條）

二畫

入 八 十 丁 七 九

三畫

口 土 大 子 小 山 三 上 下 叉

四畫

五畫

六畫

七畫

八畫

金 長 昂 門 青 侏 乳 並 取 卷 制 瓪 刷 兩 夜 卓 定 空 官 底 坯 固 枓 松 枝 抽 抹 抱 抨 披 拆 版 泥 承 斧 明 直 表 垂 臥

九畫

飛　茶　重　要　亭　促
屋　城　柱　柎　架　柍
柏　拽　挑　掙　映　洪
涎　胡　背　皇　盆　斫
看　虹　紅　退　計　穿
草　神　蚩

十畫

十一畫

十二畫

十三畫

十四畫

十五畫

衝 徹 影 幡 樓 横 槽 椿 榑 擷 撩 墨 窰 熟 蕙 碾 線 編 緣 蝦 篆 踏 錠 鋪 餘 駝 闇

十六畫

薦 鴟 鴛 鏨 壇 壁 橑 圜 獨 磨 擗 舉 營 縫 螭 築 頰 輻 錐 鋸 龍 燕 隱

十七畫

闌　闇　簇　壓　壕　檐
爵　龜　氈　牆　點　螳
鞠　嬪　總

十八畫

壘　櫼　檻　擺　藕　雙
覆　斷　礎　蟬　雞　雜
鎮　額　䪼　轉　鵝　騎

十九畫

櫍　曝　羅　藻　寶　獸
瀝　瓣　蹲　繳　鏂　鵲
鞾　簫　難

二十畫

櫨 護 鐙

二十一畫

櫺 攛 續 襯 竈 歡 纏 贔 露 鐵 鑊

二十二畫及以上

癭 疊 鼇 鷹 襻 廳 鬬 鑷 鑔 麤

二　畫

入角（出角）[rù jiǎo（chū jiǎo）]

建築物的正側兩面，平面互相垂直相接，其外觀成爲 270 度，室内則成爲 90 度，稱出角造。如使外觀成 90 度，室内成 270 度，則稱爲入角造。（卷八・鬭八藻井，卷十・壁帳。本卷第 76 頁下、第 91 頁上；“陳氏點注本”第一册第 166、224 頁）

入瓣（出瓣）[rù bàn（chū bàn）]

構件的邊沿，做成若干連續的直線或曲線，每一段稱爲瓣。每瓣做成向内凹曲稱入瓣，反之向外凸曲稱出瓣。（卷五・梁。本卷第 59 頁下；“陳氏點注本”第一册第 99 頁）

入混 [rù hún]

門窗裝修所用木條，面上裝飾的線脚，斷面略作半圓形，凸稱混，凹入名入混。（卷七・格子門。本卷第 70 頁下；“陳氏點注本”第一册第 142 頁）

入柱白 [rù zhù bái]

彩畫之一種，詳“七朱八白”條。（卷十四・丹粉刷飾屋舍。本卷第 113 頁下；“陳氏點注本”第二册第 89 頁）

八白 [bā bái]

彩畫作“七朱八白”的簡稱，詳“七朱八白”條。（卷十四・丹粉刷飾屋舍。本卷第 113 頁下；“陳氏點注本”第二册第 89 頁）

八架椽屋 [bā jià chuán wū]

總進深爲八椽的廳堂房屋，側面的椽和面廣的間大致有一定的比例關係，正面宜用七間。其屋架梁柱有六種組合形式。（卷三十一・大木作制度圖樣下。本卷第 222～225 頁；“陳氏點注本”第四册第 14～19 頁）

八椽栿 [bā chuán fú]

通長八椽的大梁，其截面最大四材。（卷五・梁。本卷第 58 頁下；“陳氏點注本”

第一册第 96 頁）

八椽栿項柱 [bā chuán fú xiàng zhù]

受八椽栿尾的柱。參閲“栿項柱”條。（卷十九•倉廒庫屋功限。本卷第 141 頁下；“陳氏點注本”第二册第 198 頁）

八角井 [bā jiǎo jǐng]

殿内鬭八藻井的第二層（第一層爲方井），平面正八邊形。（卷八•鬭八藻井。本卷第 76 頁下；“陳氏點注本”第一册第 165 頁）

八鋪作 [bā pū zuò]

最大的鋪作（基本做法出五跳，疊壘八層構件，總高八足材 168 份）。（卷四•總鋪作次序。本卷第 57 頁上；“陳氏點注本”第一册第 89 頁）

十架椽屋 [shí jià chuán wū]

總進深爲十椽的房屋。正面宜用九間，其屋架梁柱組合有五種形式。（卷三十一•大木作制度圖樣下。本卷第 220～222 頁；“陳氏點注本”第四册第 9～13 頁）

丁栿 [dīng fú]

四阿或厦兩頭房屋，承山面屋蓋所用大梁，與横向屋架上的大梁成丁字相疊壘，故名丁栿。（卷五•梁。本卷第 59 頁下；“陳氏點注本”第一册第 99 頁）

丁華抹頦栱 [dīng huā mǒ kē gǒng]

屋架最上，蜀柱上坐大枓，兩面出耍頭，其上承叉手的構件。（卷五•侏儒柱。本卷第 61 頁上；“陳氏點注本”第一册第 106 頁）

丁頭栱 [dīng tóu gǒng]

半截栱，一頭做成華栱，一頭出榫入柱（或方）。如在轉角位置則稱“蝦須栱”。（卷四•栱。本卷第 54 頁上；“陳氏點注本”第一册第 77 頁）

七朱八白 [qī zhū bā bái]

彩畫之一種——“丹粉刷飾屋舍”。檐額或大額正面，上下邊刷朱色，又從兩柱邊外直刷七條朱色，將額方分成七段矩形，刷成白色，故柱子兩端的白色直接與柱相接，又名爲“入柱白”。（卷十四•丹粉刷飾屋舍。本卷第 113 頁下；“陳氏點注本”第二册第 89 頁）

七鋪作 [qī pū zuò]

較八鋪作小一等的鋪作。基本做法出四跳，壘疊七層構件，總高七足材。（卷四•總鋪作次序。本卷第 57 頁上；“陳氏點注本”第一册第 89 頁）

九脊殿 [jiǔ jǐ diàn]

屋蓋上共有長短脊九條的殿。屋蓋上部爲前後兩坡，其下最外一間轉過兩椽變爲四面坡，故又稱爲“轉角造”“厦兩頭造”。又稱爲“曹殿”或“漢殿”。（卷五•陽馬。本卷第 61 頁上；“陳氏點注本”第一册第 105 頁）

九脊小帳 [jiǔ jǐ xiǎo zhàng]

宗教祠祀寺廟中安置神像的木龕，均做成各式房屋的屋蓋及裝修，做成九脊屋蓋形式的即爲九脊小帳。（卷十•九脊小帳。本卷第 89 頁上；“陳氏點注本”第一册第 215 頁）

三　畫

口襻 [kǒu pàn]

聯係木製水槽槽口兩壁的小木條，長隨水槽口，廣 1.5 寸 ×1.5 寸。（卷六•水槽。本卷第 68 頁下；“陳氏點注本”第一册第 137 頁）

土襯石 [tǔ chèn shí]

塼石砌築的構造物的階基、牆、踏道等的外側砌一層與地面平的條石，即名“土襯石”。（卷三•殿階基。本卷第 49 頁下；“陳氏點注本”第一册第 60 頁）

大木作 [dà mù zuò]

宋代房屋建築分爲十三個工種（詳“營造法式”條），每個工種有管理機構，即“作”。大木作下又分爲十八個項目：材、栱、飛昂、爵頭、枓、總鋪作次序、平坐、梁、闌額、柱、陽馬、侏儒柱（斜柱附）、棟、搏風版、柎、椽、檐、舉折。均詳見各專條。（卷四、五、十七、十八、十九、三十、三十一）

大角梁 [dà jiǎo liáng]

又名觚棱、陽馬、闕角、梁抹。吴殿、厦兩頭屋蓋四角上所用、成45度放置的大梁，架在屋蓋槫上，並隨出檐深度懸挑與檐齊，共有上下兩層，下層的爲大角梁，其上又疊置一較小的梁名“子角梁”。廣28～30份，厚18～20份，長自下平槫至出檐檐頭。（卷五•陽馬。本卷第60頁下；“陳氏點注本”第一册第104頁）

大連檐 [dà lián yán]

又名“飛魁”。約一材，長隨間總廣，安於檐椽出檐頭上，隨身開口，以安飛子。（卷五•檐。本卷第62頁下；“陳氏點注本”第一册第112頁）

大料模方 [dà liào mó fāng]

木料名稱。長60～80尺，高2.5～3.5尺，厚2～2.5尺，可用作八椽至十二椽栿。（卷二十六•大木作。本卷第179頁上；“陳氏點注本”第三册第62頁）

大華版 [dà huā bǎn]

石製重臺鉤闌，盆脣之下、束腰之上安裝的彫華版，厚爲鉤闌高的1.3%，小木作名“上華版”，見專條。（卷三•重臺鉤闌。本卷第50頁下；“陳氏點注本”第一册第63頁）

大當溝瓦 [dà dāng gōu wǎ]

屋面瓦隴上端，每兩隴之間的“⌒⌒”形瓦件。每隴瓦盡端於瓦頭上刻一條溝槽，以與當溝瓦吻合。有大小兩種，大當溝瓦用瓪瓦一枚打製，小當溝瓦用㼧瓦一枚造成二枚。瓪㼧瓦尺寸見“瓦”條。（卷十三•結瓦，卷二十六•瓦作。本卷第104頁下、第181頁上；“陳氏點注本”第二册第49頁、第三册第70頁）

大窰 [dà yáo]

燒製塼瓦的一種較大的窰。（卷十五•壘造窰。本卷第119頁上；“陳氏點注本”

第二册第 111 頁）

大難子 [dà nán zi]

詳“難子”條。（卷七・堂閣内截間格子。本卷第 73 頁下；“陳氏點注本”第一册第 153 頁）

子口（版）[zǐ kǒu（bǎn）]

小木作經匣等，匣身内四面安裝的薄版，略高出匣身二三分，使匣蓋扣合穩固。（卷十一・轉輪經藏。本卷第 96 頁上；“陳氏點注本”第二册第 15 頁）

子角梁 [zǐ jiǎo liáng]

安於大角梁上的較小的梁，長同飛櫓，廣 18～20 份，厚較大角梁小 3 份。參閲“大角梁”條。（卷五・陽馬。本卷第 60 頁下；“陳氏點注本”第一册第 104 頁）

子垛 [zǐ duǒ]

詳“射垛”條。射垛兩側各建一垛牆，略低於射垛，牆下方建踏步及踏臺。（卷十三・壘射垛。本卷第 109 頁上；“陳氏點注本”第二册第 68 頁）

子桯 [zǐ tīng]

貼附於桯内，略小於桯的木條，名“子桯”。參閲“桯”條。（卷六・烏頭門。本卷第 65 頁上；“陳氏點注本”第一册第 122 頁）

子澁 [zǐ sè]

疊澁坐等，上澁之上又增加的疊澁。詳“疊澁坐”條。（卷九・佛道帳。本卷第 82 頁上；“陳氏點注本”第一册第 188 頁）

子廕 [zǐ yìn]

因卯口小而附加的淺卯口。（卷四・栱。本卷第 54 頁下；“陳氏點注本”第一册第 80 頁）

小木作 [xiǎo mù zuò]

小木作爲宋代房屋建築十三個工種之一（詳“營造法式”條）。小木作下又分爲二十餘項目，大致可分爲五大類。

1. 爲門窗、裝修：室内隔斷、平棊、藻井及地棚。

2. 爲室内設備：胡梯、叉子、栱眼壁版、裹栿版。

3. 爲室外設備：擗簾竿、引檐、水槽子、護殿閣檐竹網木貼、垂魚惹草、鉤闌、棵籠子、牌、井屋子、井亭子、拒馬叉子。

4. 供佛道宗教造像的神龕、佛道帳、牙脚帳、九脊小帳、壁帳。

5. 收藏經典的書櫥：轉輪經藏、壁藏。

參閲各項專條。（卷六、十一、二十、二十一、二十二、二十三、二十六、三十二）

小枓 [xiǎo dǒu]

即散枓，詳“散枓”條。（卷四·枓。本卷第56頁下；“陳氏點注本”第一册第88頁）

小松方 [xiǎo sōng fāng]

木料名稱。長22～25尺，高1.2～1.3尺，厚0.8～0.9尺。（卷二十六·大木作。本卷第179頁下；“陳氏點注本”第三册第64頁）

小栱頭 [xiǎo gǒng tóu]

轉角鋪作列栱上所用，多與瓜子栱相列，從跳中計長23份，以三瓣卷殺，每瓣長3份，上施散枓。（卷四·栱。本卷第54頁下；“陳氏點注本”第一册第79頁）

小連檐 [xiǎo lián yán]

在飛子頭之上，高8或9份。其上安燕頷版以承重脣瓪瓦。（卷五·檐，卷十三·結瓦。本卷第62頁下、第104頁下；“陳氏點注本”第一册第112頁、第二册第49頁）

小華版 [xiǎo huā bǎn]

石製重臺鉤闌，盆脣之下、華盆之間安裝的華版，小木作中稱“下華版”。（卷三·重臺鉤闌。本卷第50頁下；“陳氏點注本”第一册第64頁）

小當溝瓦 [xiǎo dāng gōu wǎ]

詳“大當溝瓦”條。（卷十三·壘屋脊。本卷第105頁下；“陳氏點注本”第二册第53頁）

小難子 [xiǎo nán zi]

詳“難子”條。（卷七•堂閣內截間格子。本卷第 73 頁下；“陳氏點注本”第一冊第 153 頁）

小鬭八藻井 [xiǎo dòu bā zǎo jǐng]

簡稱“小藻井”。用於副階內，其製作較鬭八藻井小而略簡。參閲“鬭八藻井”條。（卷八•小鬭八藻井。本卷第 77 頁上；“陳氏點注本”第一冊第 168 頁）

山子版 [shān zi bǎn]

小木作中露籬、井亭子、佛道帳等，木製房屋屋蓋中所用的三角形木版。簡稱“山版”。（卷六•露籬，卷八•井亭子，卷九•佛道帳。本卷第 68 頁上、第 80 頁下、第 84 頁上；“陳氏點注本”第一冊第 134、182、196 頁）

山版 [shān bǎn]

詳上條。（卷八•井亭子。本卷第 80 頁下；“陳氏點注本”第一冊第 182 頁）

山棚鋜脚石 [shān péng zhuó jiǎo shí]

方二寸，厚七寸，中心鑿孔方一尺二寸，用以插立杆柱的石塊。（卷三•山棚鋜脚石。本卷第 52 頁上；“陳氏點注本”第一冊第 69 頁）

山華子 [shān huā zi]

立竈後方，煙匱之上的矮牆，斜高一尺五寸至二尺，長隨煙匱子。（卷十三•立竈。本卷第 108 頁上；“陳氏點注本”第二冊第 64 頁）

山華版 [shān huā bǎn]

“山華蕉葉版”之簡稱。（卷九•佛道帳。本卷第 86 頁下；“陳氏點注本”第一冊第 205 頁）

山華蕉葉版 [shān huā jiāo yè bǎn]

小木作中的佛道帳等多做成殿閣外形，而不做屋頂，只於鋪作之上安裝彫刻華飾的木版，稱山華蕉葉版或簡稱“山華版”。（卷二十四•彫木作。本卷第 171 頁上；“陳氏點注本”第三冊第 29 頁）

三門 [sān mén]

寺廟官府的大門。（卷十九 • 薦拔抽換柱栿等功限。本卷第 144 頁下；"陳氏點注本"第二册第 209 頁）

三暈帶紅棱間裝 [sān yùn dài hóng léng jiàn zhuāng]

彩畫之一種。枓栱之類外緣用青疊暈，次以紅疊暈，心内用緑疊暈。（卷十四 • 青緑疊暈棱間裝。本卷第 112 頁下；"陳氏點注本"第二册第 85 頁）

三暈棱間裝 [sān yùn léng jiàn zhuāng]

彩畫之一種。枓栱之類外緣用緑疊暈，次用青疊暈，心内又用緑疊暈。（卷十四 • 雜間裝。本卷第 114 頁下；"陳氏點注本"第二册第 92 頁）

三椽栿 [sān chuán fú]

長三椽的梁，梁高兩材一栔，厚 24 份，草栿廣兩材。（卷五 • 梁。本卷第 58 頁下；"陳氏點注本"第一册第 96 頁）

三瓣頭 [sān bàn tóu]

檐額下綽幕方，出柱長至補間鋪作（即間廣的三分之一），其端部之下緣輪廓線做成三瓣頭。（卷五 • 闌額。本卷第 60 頁上；"陳氏點注本"第一册第 101 頁）

上折簇角梁（上折簇梁）[shàng zhé cù jiǎo liáng（shàng zhé cù liáng）]

一種特殊的屋架，只用於八角或四角鬬尖亭榭的轉角中線上，用三條簇角梁構成。自下第一條下折簇角梁下端立於大角梁背二分之一處，依舉高斜舉向上。以上依次中折簇角梁、上折簇角梁，依次立於下一梁背二分之一處，按制度舉高。（卷五 • 舉折。本卷第 63 頁上；"陳氏點注本"第一册第 114 頁）

上串 [shàng chuàn]

拒馬叉子所用横木，兩端入馬銜木，叉子所用櫺子均穿過上串。（卷八 • 拒馬叉子。本卷第 77 頁下；"陳氏點注本"第一册第 170 頁）

上昂 [shàng áng]

用於鋪作裹跳或平坐鋪作的構件。每跳挑出長度短，舉高大，取得增加鋪作高度而

縮短挑出距離的效果。（卷四・飛昂。本卷第55頁下；“陳氏點注本”第一册第83頁）

上屋 [shàng wū]

樓閣的上層。（卷四•總鋪作次序。本卷第57頁下；“陳氏點注本”第一册第92頁）

上楹 [shàng yíng]

即侏儒柱或蜀柱。詳“蜀柱”條。（卷一・侏儒柱。本卷第39頁下；“陳氏點注本”第一册第21頁）

上華版 [shàng huā bǎn]

即大華版。詳“大華版”條。（卷八・鉤闌。本卷第79頁上；“陳氏點注本”第一册第176頁）

上澁 [shàng sè]

詳“疊澁坐”條。（卷九•佛道帳。本卷第82頁上；“陳氏點注本”第一册第188頁）

上鑻 [shàng zuǎn]

版門最外一塊版名肘版。此版須較副肘版加長，做出上下鑻（即軸），以便上安入雞棲木，下安入石砧，轉動開閉。（卷六・版門。本卷第64頁下；“陳氏點注本”第一册第121頁）

下平槫 [xià píng tuán]

屋蓋上每距一椽用槫一條以承椽子。自檐柱中線以内，最下一椽名下平槫。槫徑一材一栔至兩材。（卷五・侏儒柱。本卷第61頁上；“陳氏點注本”第一册第106頁）

下牙頭 [xià yá tóu]

門扉障水版，用數版拼合，接縫處釘小木條，名“護縫”，護縫上下兩端另用彎曲木條連接成圖案，即“上牙頭”“下牙頭”。（卷六・烏頭門。本卷第65頁上；“陳氏點注本”第一册第121頁）

下折簇角梁 [xià zhé cù jiǎo liáng]

詳“上折簇角梁”條。（卷五・舉折。本卷第63頁上；“陳氏點注本”第一册第114頁）

下串 [xià chuàn]

叉子每間兩壁馬銜木間用串兩條，在下者名下串。（卷八・叉子。本卷第 78 頁上；“陳氏點注本”第一册第 171 頁）

下昂 [xià áng]

用於鋪作外跳的構件，與上昂相較，每跳挑出的長度較大，而舉高較小，取得增加鋪作挑出長度而縮減鋪作高度的效果。（卷四・飛昂。本卷第 55 頁上；“陳氏點注本”第一册第 80 頁）

下昂桯 [xià áng tīng]

未見實例，其外形及功能尚待研究。（卷四・飛昂。本卷第 55 頁下；“陳氏點注本”第一册第 82 頁）

下屋 [xià wū]

樓閣的下層。（卷四・總鋪作次序。本卷第 57 頁下；“陳氏點注本”第一册第 92 頁）

下桯 [xià tīng]

門、窗等的合成框架的木條，以其位置名上、下邊桯。（卷六・烏頭門。本卷第 65 頁上；“陳氏點注本”第一册第 121 頁）

下華版 [xià huā bǎn]

即小華版，詳“小華版”條。（卷八・鉤闌。本卷第 79 頁上；“陳氏點注本”第一册第 176 頁）

下澁 [xià sè]

詳“疊澁坐”條。（卷九・佛道帳。本卷第 82 頁上；“陳氏點注本”第一册第 188 頁）

下檐柱 [xià yán zhù]

房最外一周柱均稱“下檐柱”。（卷五・柱。本卷第 60 頁上；“陳氏點注本”第一册第 102 頁）

叉子 [chā zi]

密櫺做成的高欄，俗稱叉子。（卷八・叉子。本卷第 78 頁上；“陳氏點注本”第一册第 171 頁）

叉子栿 [chā zi fú]

見卷十“小木作制度”五“壁帳”篇，不詳。（卷十 • 壁帳。本卷第 91 頁上；“陳氏點注本”第一册第 224 頁）

叉手 [chā shǒu]

蜀柱兩邊的斜撑。或不用蜀柱只用人字形兩斜撑支撑脊槫。（卷五 • 侏儒柱。本卷第 61 頁上；“陳氏點注本”第一册第 106 頁）

叉柱造 [chā zhù zào]

樓閣平坐等上層柱脚與柱下鋪作的結合方式之一：柱脚開十字口，叉立於下層鋪作中心，柱脚至櫨枓之上。（卷四 • 平坐。本卷第 58 頁上；“陳氏點注本”第一册第 92 頁）

叉瓣造 [chā bàn zào]

小木作的格子門等邊桯的榫卯形式之一，横桯端部與直桯平接即“叉瓣造”。如横桯端做成尖形叉入直桯，名“攛尖入卯”。（卷七 • 格子門。本卷第 70 頁下；“陳氏點注本”第一册第 142 頁）

四　畫

心柱 [xīn zhù]

小木作中，隔牆、窗、坐、版望、編竹等類做法，其内部用支承骨架，每間當中多用立柱，稱心柱。（卷六 • 破子櫺窗，卷七 • 闌檻鈎窗。本卷第 66 頁上、第 72 頁上；“陳氏點注本”第一册第 127、147 頁）

手把飛魚 [shǒu bà fēi yú]

格子門的直立門關，名“立㮇”，㮇上手把彫各種紋飾，總名“手把飛魚”。（卷二十四 • 彫木作。本卷第 171 頁下；“陳氏點注本”第三册第 32 頁）

手拴 [shǒu shuān]

或名“伏兔手拴”。各種門上用的門關，可以左移動的短横木即手拴，兩側開卯口受拴的直木即“伏兔”。（卷六·版門。本卷第 64 頁下；“陳氏點注本”第一册第 120 頁）

斗子 [dǒu zi]

出入水口外的聚水斗。（注意此“斗”字是指容器“升、斗”，鋪作所用各種料均加木字旁。）（卷三·流盃渠。本卷第 51 頁上；“陳氏點注本”第一册第 66 頁）

方八方 [fāng bā fāng]

木料名稱，長 13～15 尺，高 0.9～1.1 尺，厚 0.4～0.6 尺。（卷二十六·大木作。本卷第 180 頁上；“陳氏點注本”第三册第 65 頁）

方八子方 [fāng bā zi fāng]

木料名稱，長 12～15 尺，高 0.5～0.7 尺，厚 0.4～0.5 尺。（卷二十六·大木作。本卷第 180 頁上；“陳氏點注本”第三册第 65 頁）

方子 [fāng zi]

地版下的龍骨。長同進深，高 4.8～ 6 寸，厚 4～5.1 寸。（卷六·地棚。本卷第 69 頁下；“陳氏點注本”第一册第 140 頁）

方井 [fāng jǐng]

藻井最下部分。平面正方形，四邊安鋪作，名方井。（卷八·鬬八藻井。本卷第 76 頁下；“陳氏點注本”第一册第 165 頁）

方木 [fāng mù]

大木構件。只需尺寸適合、不作任何加工的均稱爲方木。（卷五·梁。本卷第 59 頁上；“陳氏點注本”第一册第 97 頁）

方坐 [fāng zuò]

碑碣下的石座。（卷三·笏頭碣。本卷第 52 頁下；“陳氏點注本”第一册第 71 頁）

方直混棱造 [fāng zhí hún léng zào]

石製構件，僅將棱角略磨圓，不作任何彫飾。（卷三·門砧限。本卷第 51 頁上；

"陳氏點注本"第一册第 65 頁）

方柱 [fāng zhù]

柱斷面爲方形，較圓柱省功 20%。（卷十九•殿堂梁柱等事件功限。本卷第 140 頁下；"陳氏點注本"第二册第 193 頁）

方塼 [fāng zhuān]

塼的類型之一，宋代方塼有五種規格：方二尺、厚五寸，方一尺七寸、厚二寸八分，方一尺五寸、厚二寸七分，方一尺三寸、厚二寸五分，方一尺二寸、厚二寸。（卷十五•塼。本卷第 118 頁上；"陳氏點注本"第二册第 108 頁）

方澁平塼 [fāng sè píng zhuān]

須彌坐各層疊澁塼各有專名，此爲其一。詳"須彌坐"條。（卷十五•須彌坐。本卷第 116 頁下；"陳氏點注本"第二册第 101 頁）

日月版 [rì yuè bǎn]

烏頭門額上、挾門柱兩側的裝飾構件，作日月形。（卷六•烏頭門。本卷第 65 頁下；"陳氏點注本"第一册第 123 頁）

月梁 [yuè liáng]

藝術加工的梁，梁背上凸，梁底内凹，成曲線，梁兩側亦略外凸。房屋徹上明造，或平棊以下用之。（卷五•梁。本卷第 59 頁上；"陳氏點注本"第一册第 97 頁）

月版 [yuè bǎn]

小木作"佛道帳"篇"天宫樓閣"條内有月版，其形式及用途不詳。用釘料例、瓦作中有月版，其形式、用途亦不詳。（卷九•佛道帳。本卷第 86 頁上；"陳氏點注本"第一册第 204 頁）

木貼 [mù tiē]

薄長的木條，寬二寸，厚六分，用以壓蓋地衣、竹綱等邊沿。（卷七•護殿閣檐竹網木貼。本卷第 75 頁下；"陳氏點注本"第一册第 161 頁）

木浮漚 [mù fú ōu]

門扉上的木製釘帽。（卷十二·殿堂等雜用名件。本卷第 101 頁上；“陳氏點注本”第二册第 36 頁）

木橛子 [mù jué zi]

徑一寸、長一尺的小樁子。（卷三·城。本卷第 48 頁下；“陳氏點注本”第一册第 55 頁）

止扉石 [zhǐ fēi shí]

埋於門中線裏側地面下，上露高約一尺的石塊，用以阻止門扉外閃。（卷三·門砧限。本卷第 51 頁上；“陳氏點注本”第一册第 65 頁）

水槽子 [shuǐ cáo zi]

或通稱“水槽”，有石製、木製兩種。石製者長七尺，方二尺，唇厚二寸，底厚二寸五分，用於飲馬或井臺旁輸水。木製水槽直高一尺，口廣一尺四寸，長隨間廣，懸於屋檐瓦頭之下，承接屋面雨水。（卷三·水槽子，卷六·水槽。本卷第 51 頁下、第 68 頁下；“陳氏點注本”第一册第 68、136 頁）

水平 [shuǐ píng]

宋代測量水準的儀器，木製長二尺四寸，廣二寸五分，高二寸，横於立樁上（樁長四尺）。水平上兩頭或身内當中開水池，方一寸七分，深一寸三分。池内各用水浮子一枚，方一寸五分，高一寸二分，浮於池内，望水浮子之首於立表上畫記，即知地面高低。（卷三·定平。本卷第 47 頁下；“陳氏點注本”第一册第 52 頁）

水池景表 [shuǐ chí yǐng biǎo]

測量方位的儀器，包括圓版、望筒、立頰、立表、池版。（卷三·取正。本卷第 47 頁下；“陳氏點注本”第一册第 51 頁）

水地飛魚（牙魚）[shuǐ dì fēi yú（yá yú）]

石作彫刻的紋樣之一，用於殿内鬬八。（卷三·殿内鬬八。本卷第 50 頁上；“陳氏點注本”第一册第 61 頁）

水地魚獸（水地雲龍）[shuǐ dì yú shòu（shuǐ dì yún lóng）]

石作彫刻的紋樣之一，用於柱礎。（卷十六・柱礎。本卷第 122 頁下；“陳氏點注本”第二册第 126 頁）

水浪 [shuǐ làng]

石作制度十一品華文制度[①]之一。（卷三・造作次序。本卷第 49 頁上；“陳氏點注本”第一册第 58 頁）

水浮子 [shuǐ fú zi]

水平儀器上的附件，詳“水平”條。（卷三・定平。本卷第 48 頁上；“陳氏點注本”第一册第 52 頁）

水文窗 [shuǐ wén chuāng]

窗櫺形式之一，曲折如水浪。（卷三十二・小木作制度圖様。本卷第 230 頁上；“陳氏點注本”第四册第 66 頁）

水窗 [shuǐ chuāng]

石砌過水洞、引水洞、橋洞。（卷三・卷輂水窗。本卷第 51 頁下；“陳氏點注本”第一册第 67 頁）

火珠 [huǒ zhū]

房屋正脊之上或四角八角亭子屋蓋頂上所用的裝飾構件，桃形兩面彫出火焰。徑一尺五寸至三尺五寸，亦有彫瓦檐頭最末一枚瓦背上者，高三寸至八寸，名“滴當火珠”。（卷十三・用獸頭等。本卷第 106 頁下；“陳氏點注本”第二册第 57 頁）

牙子 [yá zi]

小木作門扇、障水版等上的裝飾圖案或構件。（卷八・棵籠子，卷二十六・瓦作。本卷第 79 頁下、第 181 頁下；“陳氏點注本”第一册第 178 頁、第三册第 71 頁）

① “華文”今寫作“花紋”。

牙魚 [yá yú]

石作彫飾紋樣之一。（卷三・殿内鬬八。本卷第 50 頁上；“陳氏點注本”第一册第 61 頁）

牙脚帳 [yá jiǎo zhàng]

殿内神龕之一種，形制待考。（卷十・牙脚帳。本卷第 87 頁上；“陳氏點注本”第一册第 207 頁）

牙脚塼 [yá jiǎo zhuān]

須彌坐用十三層塼疊砌，每層各有專名，從下起第三層名。（卷十五・須彌坐。本卷第 116 頁下；“陳氏點注本”第二册第 101 頁）

牙頭護縫 [yá tóu hù fèng]

小木作門窗扉上障水版等用薄版拼合的版面，版四周與柱相交處用“難子”遮縫，面上合縫處貼小木條“護縫”，又將護縫上下端横用小木條連接使成裝飾圖案，上面的木條名牙頭，下面的名牙脚，總名“牙頭護縫”造或冠於所作門窗等之前，如“牙頭護縫軟門”。（卷六・烏頭門。本卷第 65 頁上；“陳氏點注本”第一册第 121 頁）

牙縫造 [yá fèng zào]

厚木版，用高低榫拼接名牙縫造，如不做榫卯稱直縫造。（卷六・版門。本卷第 64 頁上；“陳氏點注本”第一册第 119 頁）

牛頭塼 [niú tóu zhuān]

特種塼之一：長一尺三寸，廣六寸五分，一側厚二寸五分，另一側厚二寸二分。（卷十五・用塼。本卷第 115 頁下；“陳氏點注本”第二册第 97 頁）

牛脊槫 [niú jǐ tuán]

外檐使用下昂鋪作，柱頭縫上不安槫，而在鋪作外轉第一跳心上用槫承椽，此槫名牛脊槫。（卷五・棟。本卷第 62 頁上；“陳氏點注本”第一册第 108 頁）

中平槫 [zhōng píng tuán]

位於下平槫上、脊槫以下的槫。（卷五・侏儒柱。本卷第 61 頁上；“陳氏點注本”

第一册第106頁）

中折簇梁（中折簇角梁）[zhōng zhé cù liáng（zhōng zhé cù jiǎo liáng）]

詳“上折簇角梁”條。（卷五·舉折。本卷第63頁上；“陳氏點注本”第一册第114頁）

中泥 [zhōng ní]

較粗的泥，用於粉刷牆面的底層。用土三擔（每擔乾重60斤），加麲八斤。（卷十三·用泥，卷二十七·泥作。本卷第107頁上、第184頁上；“陳氏點注本”第二册第61頁、第三册81頁）

中庭 [zhōng tíng]

庭院、院子。（卷三·立基。本卷第48頁上；“陳氏點注本”第一册第54頁）

井口木 [jǐng kǒu mù]

井屋子中，安於井匱上沿的木方。（卷六·井屋子。本卷第69頁下；“陳氏點注本”第一册第139頁）

井口石 [jǐng kǒu shí]

蓋於井口上的石塊，其大視井徑言，但最小方二尺五寸，厚一尺。石上鑿出井口徑一尺，並可彫華文裝飾。（卷三·井口石。本卷第52頁上；“陳氏點注本”第一册第68頁）

井屋子 [jǐng wū zi]

井外的版屋，方五尺，高八尺，井口周邊用井匱子圍護。（卷六·井屋子。本卷第69頁上；“陳氏點注本”第一册第137頁）

井亭子 [jǐng tíng zi]

井外的木亭，較井屋子大且華麗。方七尺，高一丈一尺，並用五鋪作枓栱。（卷八·井亭子。本卷第80頁上；“陳氏點注本”第一册第179頁）

井階 [jǐng jiē]

井屋子及井亭子下的階基。（卷六·井屋子。本卷第69頁下；“陳氏點注本”第一册第139頁）

井蓋子 [jǐng gài zi]

井口上的蓋子。徑一尺二寸，下做子口，上鑿二竅，安鐵手把。（卷三・井口石。本卷第 52 頁上；“陳氏點注本”第一册第 69 頁）

井匱 [jǐng guì]

井屋子柱間，於地栿上、井口木下安版，名井匱。（卷六・井屋子。本卷第 69 頁上；“陳氏點注本”第一册第 137 頁）

天宫樓閣 [tiān gōng lóu gé]

佛道帳、轉輪經藏等的最上層，完全按大木作規制製作的成組的小殿閣群，是極華嚴崇高的裝飾。（卷九・佛道帳，卷十一・轉輪經藏。本卷第 82 頁上、第 93 頁下；“陳氏點注本”第一册第 187 頁、第二册第 6 頁）

五叉拒鵲子 [wǔ chā jù què zi]

殿閣正鴟尾上安裝的鐵製構件，加强鴟尾的穩固，並可使猛禽不能落脚。（卷十三・用鴟尾。本卷第 106 頁上；“陳氏點注本”第二册第 55 頁）

五彩地 [wǔ cǎi dì]

彩畫均先作襯底色，名“地”；又據彩畫種類，底色做法亦不同，五彩地即五彩徧裝的襯地做法。（卷十四・總制度。本卷第 109 頁下；“陳氏點注本”第二册第 72 頁）

五彩徧裝 [wǔ cǎi biàn zhuāng]

彩畫之一種，最精工華麗的彩畫裝鑾。（卷十四・五彩徧裝。本卷第 110 頁下；“陳氏點注本”第二册第 77 頁）

五脊殿 [wǔ jǐ diàn]

用五脊頂的殿閣，即四面坡屋頂，又名“吴殿”“四阿殿”。（卷五・陽馬。本卷第 61 頁上；“陳氏點注本”第一册第 105 頁）

五峯 [wǔ fēng]

射粑的形式。詳“射垜”條。（卷十三・壘射垜。本卷第 109 頁上；“陳氏點注本”第二册第 67 頁）

五椽栿 [wǔ chuán fú]

長五椽的大梁。高兩材兩梨（42份），厚28份。（卷五•梁。本卷第58頁下；“陳氏點注本”第一册第96頁）

五鋪作 [wǔ pū zuò]

出兩跳的鋪作，疊壘五層構件，總高五足材（105份）。（卷四•總鋪作次序。本卷第57頁上；“陳氏點注本”第一册第89頁）

不厦兩頭 [bù shà liǎng tóu]

屋蓋形式之一。兩面坡屋蓋，全部槫在兩山均懸挑至山牆外50～100份，即“懸山頂”。（卷十三•用獸頭等。本卷第107頁上；“陳氏點注本”第二册第59頁）

内外槽 [nèi wài cáo]

殿堂分槽平面，屋内柱以内的空間稱爲内槽或裹槽，屋内柱以外、檐柱以内稱爲外槽。（卷九•佛道帳，卷十•牙脚帳。本卷第83頁上、第87頁下；“陳氏點注本”第一册第192、209頁）

内槽柱 [nèi cáo zhù]

即屋内柱。參閲“屋内柱”條。（卷九•佛道帳。本卷第83頁上；“陳氏點注本”第一册第192頁）

内輞 [nèi wǎng]

轉輪經藏可轉動的輪用兩層輞，分爲内輞、外輞，其具體做法不詳。（卷十一•轉輪經藏。本卷第95頁下；“陳氏點注本”第二册第13頁）

丹粉刷飾屋舍 [dān fěn shuā shì wū shè]

宋代彩畫刷飾之一種。全部構件用土朱通刷，用白粉刷出邊沿輪廓（緣道），門窗等並刷土朱色。（卷十四•丹粉刷飾屋舍。本卷第113頁下；“陳氏點注本”第二册第88頁）

六架椽屋 [liù jià chuán wū]

總進深爲六椽的廳堂房屋，正面宜用五間，其屋架梁柱有三種組合方式。（卷三十一•大木作制度圖樣下。本卷第225～226頁；“陳氏點注本”第四册第20～22頁）

六椽栿 [liù chuán fú]

通長六椽的大梁，其截面最大高四材（60份），厚40份。（卷五•梁。本卷第58頁下；“陳氏點注本”第一册第96頁）

六鋪作 [liù pū zuò]

大小適中的鋪作。出三跳，疊壘六層構件，總高126份（六足材）。（卷四•總鋪作次序。本卷第57頁上；“陳氏點注本”第一册第89頁）

分心斗底槽 [fēn xīn dǒu dǐ cáo]

四種殿堂結構形式之一。四周用檐柱一周，在面寬方向從當中向兩側每三間橫用屋内柱一列，又在當中縱用屋内柱一列。（卷三十一•大木作制度圖樣下。本卷第217頁下；“陳氏點注本”第四册第3頁）

分脚如意頭 [fēn jiǎo rú yì tóu]

彩畫作，兩額頭彩畫圖案之一，其形不詳。（卷十四•五彩徧裝。本卷第112頁上；“陳氏點注本”第二册第82頁）

勾頭搭掌 [gōu tóu dā zhǎng]

大木作構件，兩横構件連接之榫卯。（卷三十•大木作制度圖樣上。本卷第214頁上；“陳氏點注本”第三册第195頁）

尺 [chǐ]

有三義：一、長度；二、平方尺；三、立方尺。須據原文所述内容判斷。現存宋尺每尺長度有十種左右，《營造法式》時期最多見的在31.6～32.9厘米之間，爲研究方便，現習慣均用每尺合32厘米。每尺十寸，每寸十分。（卷二•總例。本卷第46頁下；“陳

氏點注本”第一册第 46 頁）

引檐 [yǐn yán]

用以加深屋檐，懸掛於原有屋檐外端之下。用木版製成，故又名“版引檐”。可以隨時裝卸。（卷六・版引檐。本卷第 68 頁下；“陳氏點注本”第一册第 135 頁）

化生 [huà shēng]

彩畫、彫飾等題材之一。花卉圖案中間雜的小兒。（卷十二・混作。本卷第 100 頁上；“陳氏點注本”第二册第 30 頁）

切几頭 [qiē jī tóu]

1. 轉角鋪作上的栱至角相交出跳名爲“列栱”。但正面出跳上的瓜子栱、慢栱過角遇側面栱方不能出跳，即改爲瓜子栱與小栱頭相列，慢栱與切几頭相列，不與前面栱方相交。切几頭即至前面的方而止，齊頭切短，僅在材上角刻出兩卷瓣，名爲切几頭。

2. 屋内徹上明造，梁頭相疊處下用駝峯，駝峯上坐櫨枓，櫨枓側面承襻間、替木與槫，櫨枓正面安切几頭承上一梁梁頭。（卷四・栱，卷五・梁。本卷第 54 頁下、第 59 頁下；“陳氏點注本”第一册第 79、99 頁）

瓦 [wǎ]

瓦有兩種類型：甋瓦、㼧瓦。甋瓦每隴頭一口做瓦當，名爲“華頭瓦”；㼧瓦每隴頭一口沿邊做華邊一條，名爲“重脣㼧瓦”。又“線道瓦”，每甋瓦一口分爲兩條條子瓦，十字分爲四片。甋瓦、㼧瓦規格（單位爲尺）：

名稱	長	徑	厚
甋瓦	1.4	0.6	0.08
	1.2	0.5	0.05
	1.0	0.4	0.04
	0.8	0.35	0.035
	0.6	0.3	0.03
	0.4	0.25	0.025

名稱	長	大頭廣	小頭廣	大厚	小厚
瓪瓦	1.60	0.95	0.10	0.10	0.08
	1.40	0.70	0.07	0.06	0.06
	1.30	0.65	0.06	0.055	0.055
	1.20	0.60	0.06	0.054	0.05
	1.00	0.50	0.05	0.040	0.04
	0.80	0.45	0.04	0.040	0.035
	0.60	0.40	0.04	0.035	0.03

（卷十三•瓦作制度，卷十五•瓦。本卷第 104 頁上、第 117 頁下；“陳氏點注本”第二册第 48、105 頁）

瓦口子 [wǎ kǒu zi]

小木作佛道帳、井亭子之類，木製屋蓋上所用小連檐、燕頷版用一木彫成，名瓦口子。（卷八•井亭子。本卷第 81 頁上；“陳氏點注本”第一册第 183 頁）

瓦作 [wǎ zuò]

《營造法式》中十三個工種之一。瓦作只做打造、修整瓦件，宼瓦，壘屋脊，安鴟尾、獸頭、火珠等工；同時也包括開燕頷版、織泥籃子等附屬工。塼作、泥灰不包括在內。（卷十三、卷二十五、卷二十六）

五　畫

瓜子栱 [guā zǐ gǒng]

鋪作出跳的第一跳至最外一跳之裏各跳，華栱頭（或下昂）上横出之短栱。栱下爲下跳頭上交互枓，栱兩端上坐散枓，上承慢栱。瓜子栱長 62 份，每頭以四瓣卷殺，每瓣長 4 份。（卷四•栱。本卷第 54 頁上；“陳氏點注本”第一册第 77 頁）

生起 [shēng qǐ]

柱子自當心間向左右轉角逐漸加高，即生起。當心間兩柱名平柱，梢間最後一柱名角柱。面廣三間，角柱比平柱高二寸；每增加兩間，生起加高二寸，至十三間生起高一尺二寸。平坐生起減半。（卷四·平坐，卷五·柱。本卷第58頁上、第60頁上；“陳氏點注本”第一册第93、102頁）

生頭木 [shēng tóu mù]

屋面用槫至兩梢間，於槫背上安生頭木，長同梢間廣，以高一材的木方斜角解爲兩條，使屋面逐漸增高，屋脊兩端向上稍彎起。（卷五·棟。本卷第61頁下；“陳氏點注本”第一册第108頁）

用泥 [yòng ní]

即“粉刷”。先用粗泥打底，次用中泥襯底（或不用中泥），再用細泥抹面，最後用石灰泥收壓五遍，乾後厚一分三厘。（卷十三·用泥。本卷第107頁上；“陳氏點注本”第二册第61頁）

石札 [shí zhá]

即碎石碴。夯築基礎每平方尺用碎塼瓦石札二擔，每層厚三寸，築實厚一寸五分。（卷三·築基。本卷第48頁上；“陳氏點注本”第一册第54頁）

石色 [shí sè]

即礦物顔料。主要爲石青[1]、石绿、朱砂。（卷十四·總制度。本卷第110頁下；“陳氏點注本”第二册第75頁）

石灰泥 [shí huī ní]

粉刷牆面等的最後一道。有紅、黄、青、白四種顔色。每石灰三十斤，用麻擣二斤。（卷十三·用泥。本卷第107頁上；“陳氏點注本”第二册第61頁）

石作 [shí zuò]

《營造法式》中十三個工種之一。製作、安裝、壘砌各種石構件及其彫刻的工種。重要項目有階基、踏道、鉤闌、壇、流盃渠、水窗、馬臺、水槽、碑碣。石料加工工

[1] 原文如此。“石青”或爲“生青”之筆誤，或宋代之“生青”即後世所謂“石青”。待考。

序有六，即打剥、鑱搏、細漉、褊棱、斫砟、磨礲。彫鐫形式有四種，即剔地起突、壓地隱起、減地平鈒、素平。（卷三、十六、二十六、二十九）

立表 [lì biǎo]

測量用的標尺。（卷三 • 取正。本卷第 47 頁下；"陳氏點注本"第一册第 51 頁）

立柣 [lì zhì]

斷砌門兩立頰下，安臥柣、立柣。木製或石製，中開口，插入地栿版。（卷三 • 門砧限，卷六 • 版門。本卷第 51 頁上、第 64 頁下；"陳氏點注本"第一册第 65、120 頁）

立旌 [lì jīng]

編竹或木版牆壁内所用骨架直立的構件。（卷六 • 版櫺窗、露籬。本卷第 66 頁下、第 68 頁上；"陳氏點注本"第一册第 129、134 頁）

立基 [lì jī]

施工前先在設計的院位置中建立的基臺。高 75～85 份，記録測量方位、水平的結果，以作爲施工的標準。大如北京城的中心臺、小至四合院中的中敦子均爲此物。（卷三 • 立基。本卷第 48 頁上；"陳氏點注本"第一册第 53 頁）

立軸 [lì zhóu]

小木作轉輪經藏中心所用轉軸。（卷十一 • 轉輪經藏。本卷第 95 頁下；"陳氏點注本"第二册第 13 頁）

立㮇 [lì tiàn]

直立的門關。（卷六 • 軟門。本卷第 65 頁下；"陳氏點注本"第一册第 124 頁）

立榥 [lì huàng]

小木作基座、屋蓋等内部框架的支撑構件，外部不可見。（卷九 • 佛道帳。本卷第 84 頁下；"陳氏點注本"第一册第 197 頁）

立樁 [lì zhuāng]

可插入地面的木樁，用以支承測量儀器。（卷三 • 定平。本卷第 47 頁下；"陳氏點注本"第一册第 52 頁）

立頰 [lì jiá]

左右對稱安裝的直立木方，用以安裝門窗。（卷三 • 取正，卷六 • 版門。本卷第 47 頁下、第 64 頁下；"陳氏點注本"第一册第 51、119 頁）

立竈 [lì zào]

炊食用竈之一種。形制不明。（卷十三 • 立竈。本卷第 108 頁上；"陳氏點注本"第二册第 63 頁）

平 [píng]

鋪作用枓立面分耳、平、欹三部分，中部爲平，上部爲耳，下部爲欹。（卷四 • 枓。本卷第 56 頁下；"陳氏點注本"第一册第 87 頁）

平柱 [píng zhù]

房正面當中一間左右二柱名平柱。（卷五 • 柱。本卷第 60 頁上；"陳氏點注本"第一册第 102 頁）

平梁 [píng liáng]

屋蓋内梁架最上一梁名平梁。上立蜀柱承脊槫，長兩椽，高 30～34 份，厚 20～22 份。或稱"平栿"。（卷五 • 梁。本卷第 59 頁上；"陳氏點注本"第一册第 98 頁）

平栿 [píng fú]

即"平梁"。見上條。（卷五 • 侏儒柱。本卷第 61 頁上；"陳氏點注本"第一册第 105 頁）

平屋槫 [píng wū tuán]

小規模房屋不厦兩頭造，平栿兼作山華下槫。（卷八 • 井亭子。本卷第 80 頁下；"陳氏點注本"第一册第 181 頁）

平坐 [píng zuò]

1. 自地立柱，柱上安鋪作、鉤闌的建築物。單獨建造的較少，一般多在坐上建樓閣或建於樓閣上下層之間，則柱子立於下層鋪作之上，名"叉柱造"及"纏柱造"。平坐用於樓閣時，出跳數應較上屋減少一或兩跳。

2. 塼瓦燒的大窰的下截，高五尺六寸，亦名平坐。（卷一・平坐，卷四・平坐。本卷第 39 頁上、第 57 頁下；“陳氏點注本”第一册第 18、92 頁）

平砌 [píng qì]

塼砌階基、牆等，令上下塼表面平直不露齦，無收分。（卷十五・壘階基。本卷第 115 頁下；“陳氏點注本”第二册第 98 頁）

平棊 [píng qí]

方或長方大塊版製頂棚。其版可大至長等間廣，寬一椽。於版上再用貼分隔成小塊。（卷二・平棊，卷八・平棊。本卷第 43 頁下、第 76 頁上；“陳氏點注本”第一册第 35、163 頁）

平棊椽 [píng qí chuán]

平棊與鋪作相接處的小方椽，高二寸五分，寬一寸五分，上安薄版。（卷五・梁。本卷第 59 頁下；“陳氏點注本”第一册第 100 頁）

平棊方 [píng qí fāng]

承托平棊或平闇的方子，安於梁背上，每架用一條（上與槫相對）。又鋪作裏轉最外跳頭上用算桯方，又名平棊方。（卷四・飛昂。本卷第 55 頁下；“陳氏點注本”第一册第 83 頁）

平棊錢子 [píng qí qián zi]

佛道帳上的名件，其形制不詳。（卷二十四・旋作。本卷第 172 頁下；“陳氏點注本”第三册第 37 頁）

平盤枓 [píng pán dǒu]

齊心枓如用於轉角鋪作由昂及轉角出跳上，即不用耳，名平盤枓。（卷四・枓。本卷第 56 頁下；“陳氏點注本”第一册第 87 頁）

平闇 [píng àn]

小方格上鋪版的天花。（卷五・梁。本卷第 59 頁下；“陳氏點注本”第一册第 100 頁）

平闇椽 [píng àn chuán]

拼鬬平闇小方格的木條，高二寸五分，寬一寸五分。（卷五・梁。本卷第 59 頁下；

“陳氏點注本”第一册第 100 頁）

出角 [chū jiǎo]

房屋正側兩面相交成的夾角，大於 180 度的名出角，小於 180 度的名入角。參閱“入角”條。（卷十・壁帳。本卷第 91 頁上；“陳氏點注本”第一册第 224 頁）

出際 [chū jì]

厦兩頭及不厦兩頭造屋蓋，兩山面懸挑伸出牆外的部分。又名“屋廢”。（卷五・棟。本卷第 61 頁下；“陳氏點注本”第一册第 107 頁）

出頭木 [chū tóu mù]

平坐鋪作外轉，襯方頭出頭長 30 份，延伸至跳外用以安裝雁翅版。（卷四・枓。本卷第 56 頁下；“陳氏點注本”第一册第 87 頁）

出瓣 [chū bàn]

向外凸起的連續弧形邊線，每一凸出稱一瓣。參閱“入瓣”條。（卷五・梁。本卷第 59 頁下；“陳氏點注本”第一册第 99 頁）

半混 [bàn hún]

立體彫刻名混作，即圓彫。半混應即不完善的混作。（卷二十四・彫木作。本卷第 170 頁上；“陳氏點注本”第三册第 27 頁）

正屋 [zhèng wū]

一組建築中的主屋，多坐北朝南。（卷五・棟。本卷第 61 頁下；“陳氏點注本”第一册第 107 頁）

正脊 [zhèng jǐ]

一座殿堂屋蓋上最上的横脊。（卷十三・壘屋脊。本卷第 105 頁上；“陳氏點注本”第二册第 52 頁）

正脊獸 [zhèng jǐ shòu]

正脊兩端的獸頭。（卷十三・用獸頭等。本卷第 106 頁上；“陳氏點注本”第二册

第56頁）

正樣 [zhèng yàng]

正立面圖。（卷三十·大木作制度圖樣上。本卷第215頁下、第216頁上；“陳氏點注本”第三册第199～202頁）

永定柱 [yǒng dìng zhù]

1. 自地面立起的平坐柱。（卷十九·城門道功限。本卷第141頁下；“陳氏點注本”第二册第197頁）

2. 立於城牆夯土内徑一尺二寸的木柱，爲加固構件之一。（卷三·城。本卷第48頁下；“陳氏點注本”第一册第55頁）

令栱 [lìng gǒng]

鋪作最外一跳上的横栱，或名“單栱”。外在橑檐方下，内在算桯方下。長72份，每頭以五瓣卷殺，每瓣長4份。若用於裏跳騎栿，則用足材。（卷四·栱。本卷第54頁上；“陳氏點注本”第一册第78頁）

由昂 [yóu áng]

轉角鋪作在角昂之上另加一昂名由昂，上用平盤枓安角神。（卷四·飛昂。本卷第55頁上；“陳氏點注本”第一册第82頁）

由額 [yóu é]

用於闌額之下的額，位於副階峻脚椽下。較闌額小2～3份。（卷五·闌額。本卷第60頁上；“陳氏點注本”第一册第101頁）

四入瓣科 [sì rù bàn kē]

彩畫圖案之一種，由四個圓弧組成。（卷十四·五彩徧裝。本卷第112頁上；“陳氏點注本”第二册第82頁）

四出尖科 [sì chū jiān kē]

彩畫圖案之一種，由四個尖瓣組成。（卷十四・五彩徧裝。本卷第 112 頁上；“陳氏點注本”第二册第 82 頁）

四直大方格眼 [sì zhí dà fāng gé yǎn]

屏風邊框内劃分成的方空。（卷六・照壁屏風骨。本卷第 67 頁上；“陳氏點注本”第一册第 131 頁）

四直方格眼 [sì zhí fāng gé yǎn]

格子門的格眼，較屏風格眼小數成。（卷七・格子門。本卷第 71 頁上；“陳氏點注本”第一册第 144 頁）

四阿 [sì ē]

即五脊殿。詳“五脊殿”條。（卷五・陽馬。本卷第 61 頁上；“陳氏點注本”第一册第 105 頁）

四架椽屋 [sì jià chuán wū]

即總進深爲四椽的房屋。其梁柱組合有四種形式。（卷三十一・大木作制度圖樣下。本卷第 227 頁；“陳氏點注本”第四册第 23～26 頁）

四扇屏風骨 [sì shàn píng fēng gǔ]

可分爲四扇折疊的屏風。（卷六・照壁屏風骨。本卷第 67 頁下；“陳氏點注本”第一册第 132 頁）

四斜毬文格子 [sì xié qiú wén gé zi]

格子門菱花格眼之一種。（卷七・格子門。本卷第 71 頁上；“陳氏點注本”第一册第 142 頁）

四椽栿 [sì chuán fú]

長四椽的梁，高 42 份，厚 28 份。（卷五・梁。本卷第 58 頁下；“陳氏點注本”第一册第 96 頁）

四裴回轉角 [sì péi huí zhuǎn jiǎo]

即殿閣轉角處椽子逐向角斜出的做法。（卷五・椽。本卷第 62 頁下；“陳氏點注本”第一册第 110 頁）

四鋪作 [sì pū zuò]

出一跳的鋪作，疊壘四層構件，總高四足材（84 份）。（卷四・總鋪作次序。本卷第 57 頁上；“陳氏點注本”第一册第 89 頁）

功 [gōng]

工作日，按季節分爲長、中、短功。二、三、八、九月爲中功，計算工程用功定額以中功爲標準。以中功爲十份；四、五、六、七月爲長功，較中功加一份；十、十一、十二、一月爲短功，較中功減一份。（卷二・總例。本卷第 46 頁上；“陳氏點注本”第一册第 45 頁）

功限 [gōng xiàn]

即工程用工定額。（卷十六至二十五）

外棱 [wài léng]

彩畫的邊沿。（卷十四・五彩徧裝。本卷第 110 頁下；“陳氏點注本”第二册第 77 頁）

外跳 [wài tiào]

鋪作自櫨料口向兩面出跳，向柱中線外伸出的爲外跳，也稱爲“外轉”。（卷四・栱，卷三十・大木作制度圖樣上。本卷第 53 頁下、第 208 頁下；“陳氏點注本”第一册第 76 頁、第三册第 176 頁）

外槽 [wài cáo]

殿堂分槽平面，屋内柱以外空間稱“外槽”。參閱“内槽”條。（卷九・佛道帳。本卷第 83 頁上；“陳氏點注本”第一册第 192 頁）

外輞 [wài wǎng]

轉輪經藏可轉動的輪，用内外兩層輞。其具體做法不詳。（卷十一・轉輪經藏。本卷第 95 頁下；“陳氏點注本”第二册第 13 頁）

布細色 [bù xì sè]

在彩畫作“總制度”規定的彩畫工序中，上最後一道顏色稱爲布細色。（卷十四·總制度。本卷第 109 頁下；“陳氏點注本”第二册第 72 頁）

打剥 [dǎ bāo]

石料加工的第一道工序。用鏨揭去石面凸起最高部分。（卷三·造作次序。本卷第 49 頁上；“陳氏點注本”第一册第 57 頁）

六 畫

竹作 [zhú zuò]

《營造法式》中十三個工種之一。竹作下又分爲七個主要項目，即造笆、隔截編道、竹柵、護殿檐雀眼網、地面棊文簟、障日篛等簟、竹笍索。一切用竹及葦、荻爲原料的工作，包括搭蓋涼棚，均屬竹作。（卷十二、二十四、二十六）

竹笍索 [zhú ruì suǒ]

竹篾條編成的繩索。（卷十二·竹笍索。本卷第 103 頁下；“陳氏點注本”第二册第 45 頁）

竹柵 [zhú zhà]

即竹籬。（卷十二·竹柵。本卷第 103 頁上；“陳氏點注本”第二册第 43 頁）

竹笆 [zhú bā]

椽背上覆蓋的笆箔，上托泥背。用竹編成的名笆，用葦、荻編成的名箔。（卷十二·造笆。本卷第 102 頁下；“陳氏點注本”第二册第 42 頁）

竹雀眼網 [zhú què yǎn wǎng]

用竹編織成的網，並可於網眼間織各種華文，用於窗櫺内、出檐下鋪作外，以防

鳥雀進入。（卷十二•護殿檐雀眼網。本卷第 103 頁上；“陳氏點注本”第二册第 43 頁）

竹篾 [zhú miè]

1. 用竹材表層製成的薄片。

2. 一切竹材加工時刮下的細竹絲。（卷十三•畫壁。本卷第 107 頁下；“陳氏點注本”第二册第 63 頁）

耳（枓耳）[ěr（dǒu ěr）]

鋪作構件，各種大小枓都分爲三段，上段爲耳，開口以容栱。（卷四•枓。本卷第 56 頁下；“陳氏點注本”第一册第 87 頁）

色額等第 [sè é děng dì]

竹材的規格，分上、中、下三等，每等又分三四品。

等第	名稱	長	徑
上等	漏三	二丈	二寸一分
	漏二	一丈九尺	一寸九分
	漏一	一丈八尺	一寸七分
中等	大竿條	一丈六尺	一寸五分
	次竿條	一丈五尺	一寸三分
	頭竹	一丈二尺	一寸二分
	次頭竹	一丈一尺	一寸
下等	笪竹	一丈	八分
	大管	九尺	六分
	小管	八尺	四分

（卷二十六•竹作。本卷第 180 頁上；“陳氏點注本”第三册第 66 頁）

行廊 [xíng láng]

即走廊。（卷九•佛道帳。本卷第 85 頁上；“陳氏點注本”第一册第 199 頁）

行龍 [xíng lóng]

彩畫中龍的形態之一。（卷十四・五彩徧裝。本卷第 111 頁上；“陳氏點注本”第二册第 78 頁）

全條方 [quán tiáo fāng]

大小規格與需要相近的木方，不作任何表面加工，多用於平棊以上的草架。（卷五・侏儒柱。本卷第 61 頁下；“陳氏點注本”第一册第 106 頁）

合角鴟尾 [hé jiǎo chī wěi]

廊屋轉角相連，正脊上鴟尾亦相連造。（卷十三・用鴟尾。本卷第 106 頁上；“陳氏點注本”第二册第 55 頁）

合角鐵葉 [hé jiǎo tiě yè]

房屋上所用小構件，至轉角處不宜用榫卯連接時，使用鐵葉包釘。（卷二十六・瓦作。本卷第 181 頁下；“陳氏點注本”第三册第 71 頁）

合版造 [hé bǎn zào]

用小木版拼合成大版的做法。（卷七・殿閣照壁版。本卷第 73 頁下；“陳氏點注本”第一册第 154 頁）

合版軟門 [hé bǎn ruǎn mén]

軟門做法之一。門扉用木版拼合，外釘牙頭護縫。即“牙頭護縫軟門”。（卷六・軟門。本卷第 65 頁下；“陳氏點注本”第一册第 125 頁）

合版用楅軟門 [hé bǎn yòng bī ruǎn mén]

同合版軟門，但於門扉背後加楅。（卷六・軟門。本卷第 65 頁下；“陳氏點注本”第一册第 125 頁）

合脊甋瓦 [hé jǐ tǒng wǎ]

屋脊壘砌至最上，用甋瓦扣合的瓦。（卷十三・壘屋脊。本卷第 105 頁下；“陳氏點注本”第二册第 54 頁）

合楷 [hé tà]

平梁背用以承受蜀柱的墊木，長不過平梁長之半。（卷五・侏儒柱。本卷第 61 頁上；“陳氏點注本”第一册第 106 頁）

合暈 [hé yùn]

彩畫疊暈之一種。（卷十四・碾玉裝。本卷第 112 頁下；“陳氏點注本”第二册第 84 頁）

合蓮塼 [hé lián zhuān]

塼砌疊澁坐或須彌坐疊澁塼之一，上彫合蓮。詳“疊澁坐”條。（卷十五・須彌坐。本卷第 116 頁下；“陳氏點注本”第二册第 101 頁）

伏兔 [fú tù]

安於門窗上下或門扉上之短木。中開方、圓卯口，以受門栓或轉軸。（卷六・版門。本卷第 64 頁下；“陳氏點注本”第一册第 120 頁）

伏兔荷葉 [fú tù hé yè]

彫成荷葉形的伏兔，多用於承立軸。（卷二十四・彫木作。本卷第 171 頁下；“陳氏點注本”第三册第 32 頁）

仰合楷子 [yǎng hé tà zi]

楷頭及合楷的總稱。詳“楷頭”或“合楷”條。（卷十九・倉廒庫屋功限。本卷第 142 頁下；“陳氏點注本”第二册第 201 頁）

仰托榥 [yǎng tuō huàng]

佛道帳等内部框架的構件。（卷九・佛道帳。本卷第 83 頁上；“陳氏點注本”第一册第 192 頁）

仰陽版 [yǎng yáng bǎn]

佛道帳等帳身之上不做屋蓋，僅於鋪作上安裝向外傾斜的華版。（卷十・牙脚帳。本卷第 87 頁上；“陳氏點注本”第一册第 207 頁）

仰蓮塼 [yǎng lián zhuān]

塼須彌坐、疊澁坐之疊澁塼之一。詳"疊澁坐"條。（卷十五·須彌坐。本卷第116頁下；"陳氏點注本"第二册第101頁）

仰覆蓮華 [yǎng fù lián huā]

塼、石作最常使用的裝飾造型。如石柱礎，礎石高出地面分兩層，彫成一周蓮瓣，上層蓮瓣向上，仰托柱脚，下層蓮瓣向下蓋，覆於礎石面。（卷八·棵籠子。本卷第79頁下；"陳氏點注本"第一册第178頁）

交互枓 [jiāo hù dǒu]

用於華栱或昂出跳頭上的小枓。又名"長開枓"。長18份（正面），廣16份（側面）。偷心造只正面開口，計心造十字開口。（卷四·枓。本卷第56頁下；"陳氏點注本"第一册第87頁）

交栿枓 [jiāo fú dǒu]

用於屋内梁栿下的枓，名交栿枓。其長24份，廣18份。（卷四·枓。本卷第56頁下；"陳氏點注本"第一册第87頁）

交角昂 [jiāo jiǎo áng]

轉角鋪作正面、側面所出的昂，至柱中後均不上齊，與柱頭方相交。（卷十八·殿閣外檐轉角鋪作用栱枓等數。本卷第135頁下；"陳氏點注本"第二册第175頁）

安 [ān]

即安裝工作，依具體工作情況，有安卓、安砌、安搭的名稱。如安鬬八藻井稱安搭。（卷十六·供諸作功，卷十七·鋪作每間用方桁等數。本卷第122頁上、第134頁上；"陳氏點注本"第二册第124、169頁）

次間 [cì jiān]

房屋正面當中一間左右至梢間之内的各間均稱次間。（卷四·總鋪作次序。本卷第57頁上；"陳氏點注本"第一册第89頁）

如意頭 [rú yì tóu]

各作中最常見的裝飾圖案，尖桃形，下兩角向内旋轉。（卷六・軟門。本卷第 65 頁下；“陳氏點注本”第一册第 124 頁）

地面棊文簟 [dì miàn qí wén diàn]

鋪地用的竹蓆。（卷十二・地面棊文簟。本卷第 103 頁上；“陳氏點注本”第二册第 44 頁）

地面心石鬬八 [dì miàn xīn shí dòu bā]

或名“殿内鬬八”，殿堂屋内當中地面的石鬬八，彫飾極華麗，方一丈二尺，彫刻需三百四十功。（卷三・殿内鬬八，卷十六・殿内鬬八。本卷第 50 頁上、第 123 頁下；“陳氏點注本”第一册第 61 頁、第二册第 130 頁）

地面石 [dì miàn shí]

鋪墁地面的石塊。長三尺，寬二尺，厚六寸。（卷三・壓闌石。本卷第 49 頁下；“陳氏點注本”第一册第 60 頁）

地面方 [dì miàn fāng]

平坐上内外槽鋪作的木方，每架一條。（卷四・平坐。本卷第 58 頁上；“陳氏點注本”第一册第 93 頁）

地栿 [dì fú]

大木作柱脚間的木方，上與闌額相對。又凡石作、小木作鉤闌、大華版之下的構件均名地栿。而小木作各種門扇均上用門額，下用地栿。（卷三・重臺鉤闌，卷五・闌額，卷六・版門。本卷第 50 頁上、第 60 頁上、第 64 頁下；“陳氏點注本”第一册第 62、101、120 頁）

地栿版 [dì fú bǎn]

斷砌門於兩臥柣、立柣上開槽口，安版以代地栿，可隨時裝卸。（卷六・版門。本卷第 64 頁下；“陳氏點注本”第一册第 121 頁）

地釘 [dì dīng]

較短、較密的基樁。（卷三•卷輂水窗。本卷第 51 頁下；“陳氏點注本”第一册第 67 頁）

地棚 [dì péng]

即屋内地面版。（卷六•地棚。本卷第 69 頁下；“陳氏點注本”第一册第 140 頁）

地盤分槽 [dì pán fēn cáo]

殿閣柱頭鋪作的平面布置。有四種形式，即分心斗底槽、金箱斗底槽、單槽、雙槽。（卷三十一•大木作制度圖樣下。本卷第 217 頁下；“陳氏點注本”第四册第 3、4 頁）

地霞 [dì xiá]

鉤闌、叉子等地栿之上、束腰之下的裝飾構件。（卷八•叉子，卷三十二•大木作制度圖樣下。本卷等 78 頁上、第 236 頁下；“陳氏點注本”第一册第 171 頁、第四册第 92 頁）

曲尺 [qū chǐ]

即短尺，木工的主要工具之一。（卷三•定平。本卷第 48 頁上；“陳氏點注本”第一册第 53 頁）

曲脊 [qū jǐ]

九脊殿兩山出際之下、搏風版以内的屋脊。（卷五•搏風版。本卷第 62 頁上；“陳氏點注本”第一册第 109 頁）

曲闌搏脊 [qū lán bó jǐ]

即曲脊，詳“曲脊”條。（卷八•井亭子。本卷第 81 頁上；“陳氏點注本”第一册第 183 頁）

曲枤 [qū zhì]

斷砌門所用立柣、卧柣，石作亦可相連造成 L 形，即曲枤。（卷三•門砧限。本卷第 51 頁上；“陳氏點注本”第一册第 65 頁）

曲棖 [qū chéng]

不詳。（卷二十一・叉子。本卷第 155 頁下；“陳氏點注本”第二册第 254 頁）

曲椽 [qū chuán]

小木作佛道帳、九脊小帳等，腰檐屋面用椽，自内與出檐相連製作。（卷九・佛道帳。本卷第 84 頁上；“陳氏點注本”第一册第 196 頁）

朴柱 [pǔ zhù]

木料名稱。長 30 尺，徑 2.5～3.5 尺。（卷二十六・大木作。本卷第 179 頁下；“陳氏點注本”第三册第 64 頁）

托棖 [tuō chéng]

小木作轉輪經藏構件。其形式、功能不詳。（卷十一・轉輪經藏。本卷第 96 頁上；“陳氏點注本”第二册第 14 頁）

托柱 [tuō zhù]

闌檻鉤窗檻面下的短立柱。又叉子相連或轉角或加望柱，或用托柱、短柱。（卷七・闌檻鉤窗。本卷第 72 頁上；“陳氏點注本”第一册第 148 頁）

托脚木 [tuō jiǎo mù]

梁首安向上托上槫縫之斜方。簡稱“托脚”。（卷五・梁。本卷第 59 頁下；“陳氏點注本”第一册第 100 頁）

托槫 [tuō tuán]

即“托脚木”。（卷二十八・用釘數。本卷第 190 頁上；“陳氏點注本”第三册第 105 頁）

扛坐神 [káng zuò shén]

轉角鋪作由昂平盤枓上的坐角神，又名“寶藏神”或“寶瓶”。（卷二十四・彫木作。本卷第 170 頁上；“陳氏點注本”第三册第 25 頁）

池版 [chí bǎn]

測量儀器上的部件。（卷三・取正。本卷第 47 頁下；“陳氏點注本”第一册第 52 頁）

池槽 [chí cáo]

木版安入邊框的細長卯口。（卷七・格子門。本卷第 71 頁上；“陳氏點注本”第一册第 143 頁）

列栱 [liè gǒng]

轉角鋪作上之正出華栱，過角即轉爲出跳上橫栱，這種栱稱爲列栱。如第一跳華栱與泥道栱相列，即自柱中以外爲半隻華栱，另一半爲泥道栱。（卷四・栱。本卷第 54 頁下；“陳氏點注本”第一册第 79 頁）

列栱分首 [liè gǒng fēn shǒu]

列栱過角中線後，如第一跳華栱上之瓜子栱與小栱頭相列，則正出第一跳心外爲半隻瓜子栱，角華栱心外爲半隻小栱頭。而華栱至角華栱間尚有 28 份距離。即此栱總長 82 份，一頭爲半隻瓜子栱長 31 份，另一頭爲小栱頭長 23 份，其中尚有栱身長 28 份。此即“列栱分首”。（卷十八・殿閣外檐轉角鋪作用栱枓等數。本卷第 134 頁下；“陳氏點注本”第二册第 172 頁）

朶 [duǒ]

鋪作以櫨枓爲底座所組合成的單元。（卷四・總鋪作次序。本卷第 57 頁上；“陳氏點注本”第一册第 89 頁）

七　畫

束腰 [shù yāo]

1. 殿階基、壇、須彌坐、疊澁坐等立面中部向内收小的部分。

2. 鉤闌中部（尋杖以下、地栿以上）通長構件亦名束腰。（卷三・殿階基，卷八・鉤闌。本卷第 49 頁下、第 79 頁上；"陳氏點注本"第一册第 60、176 頁）

束腰塼 [shù yāo zhuān]

用於砌束腰的塼。（卷十五・須彌坐。本卷第 116 頁下；"陳氏點注本"第二册第 101 頁）

束錦 [shù jǐn]

彩畫作柱頭畫細錦，又名束錦。（卷二十八・諸作等第。本卷第 196 頁下；"陳氏點注本"第三册第 132 頁）

角内 [jiǎo nèi]

轉角的室内部分。（卷十八・殿閣外檐轉角鋪作用栱枓等數。本卷第 134 頁下；"陳氏點注本"第二册第 172 頁）

角石 [jiǎo shí]

殿階頭轉角處所用塊石，上多作剔地起突彫角獸。（卷三・角石。本卷第 49 頁下；"陳氏點注本"第一册第 59 頁）

角柱 [jiǎo zhù]

殿閣身、殿堂階頭角石下、鉤闌轉角處等所用木柱或石柱，均名角柱。（卷三・角柱，卷五・柱。本卷第 49 頁下、第 60 頁上；"陳氏點注本"第一册第 59、102 頁）

角昂 [jiǎo áng]

轉角鋪作斜縫上所用的昂。（卷四・栱。本卷第 54 頁上；"陳氏點注本"第一册第 77 頁）

角脊 [jiǎo jǐ]

四阿、厦兩頭屋蓋上，轉角斜角上的脊。（卷八・井亭子。本卷第 81 頁上；“陳氏點注本”第一册第 183 頁）

角栿 [jiǎo fú]

亦稱角梁，轉角處所用。一端在外檐角柱上，另一端在屋内角柱上。（卷十一・轉輪經藏。本卷第 95 頁上；“陳氏點注本”第二册第 12 頁）

角栱 [jiǎo gǒng]

即角華栱。轉角鋪作上，用於轉角斜縫上的栱。（卷四・栱。本卷第 54 頁上；“陳氏點注本”第一册第 77 頁）

角梁 [jiǎo liáng]

即角栿。詳“角栿”條。（卷五・梁。本卷第 58 頁下；“陳氏點注本”第一册第 96 頁）

角葉 [jiǎo yè]

彩畫作用於闌額兩端之圖案。（卷十四・五彩徧裝。本卷第 112 頁上；“陳氏點注本”第二册第 82 頁）

角蟬 [jiǎo chán]

藻井最下爲方井，方井四角用隨瓣方抹四角，使成八邊形，隨瓣方外所成之三角形即角蟬。（卷八・鬬八藻井。本卷第 76 頁下；“陳氏點注本”第一册第 166 頁）

角神 [jiǎo shén]

坐於轉角鋪作由昂平盤枓上，上承大角梁。（卷四・飛昂。本卷第 55 頁上；“陳氏點注本”第一册第 82 頁）

角樓子 [jiǎo lóu zi]

在建築組群中，配置於主要殿堂左右兩側或與之以廊屋連接的建築物，多爲方形平面鬬尖屋蓋。（卷十一・轉輪經藏。本卷第 93 頁下；“陳氏點注本”第二册第 6 頁）

步間鋪作 [bù jiān pū zuò]

即補間鋪作，詳“補間鋪作”條。（卷四・總鋪作次序。本卷第 57 頁上；“陳氏點

注本”第一册第 89 頁）

走趄塼 [zǒu jū zhuān]

特型塼之一。長一尺二寸，面廣五寸五分，底廣六寸，厚二寸。（卷十五・塼。本卷第 118 頁下；“陳氏點注本”第二册第 109 頁）

走獸 [zǒu shòu]

彩畫、瓦件、石作彫刻等的裝飾題材。瓦作屋脊上走獸有九品，即行龍、飛鳳、行師、天馬、海馬、飛魚、牙魚、狻師、獬豸。彩畫作所用有四種，即師子、天馬、羜、白象。（卷十三・壘屋脊，卷十四・五彩徧裝。本卷第 105 頁下、第 111 頁下；“陳氏點注本”第二册第 54、79 頁）

足材 [zú cái]

單材（15×10 份）加高一栔即足材（21×10 份）。（卷四・材。本卷第 53 頁下；“陳氏點注本”第一册第 75 頁）

足材栱 [zú cái gǒng]

高 21×10 份的栱。（卷四・栱。本卷第 53 頁下；“陳氏點注本”第一册第 76 頁）

身口版 [shēn kǒu bǎn]

版門以木版拼合而成，門扉裏側一木稱“肘版”，連上下钃，較長；外側一木稱“副肘版”，略短，其長在肘版與身口版之間；中間各木名身口版，最短，其長恰爲門扇之高。（卷六・版門。本卷第 64 頁上；“陳氏點注本”第一册第 118 頁）

身内 [shēn nèi]

任一構件的範圍之内。（卷十八・殿閣身内轉角鋪作用栱枓等數。本卷第 136 頁下；“陳氏點注本”第二册第 180 頁）

身長 [shēn cháng]

任一構件的長度。（卷十八・殿閣身内轉角鋪作用栱枓等數。本卷第 136 頁下；“陳氏點注本”第二册第 180 頁）

身連 [shēn lián]

兩構件相連用一木製成，即某一構件身連另一構件。（卷十八・殿閣外檐轉角鋪作用栱枓等數。本卷第 135 頁上；“陳氏點注本”第二册第 173 頁）

車槽 [chē cáo]

小木作佛道帳、壁藏等大型器物之下均有基座。名件之一，形制不詳。（卷九・佛道帳，卷十一・轉輪經藏。本卷第 82 頁上、第 94 頁上；“陳氏點注本”第一册第 188 頁、第二册第 7 頁）

車槽澁 [chē cáo sè]

大型木製器物坐之構件，其形制不詳。（卷九・佛道帳。本卷第 82 頁上；“陳氏點注本”第一册第 188 頁）

串 [chuàn]

1. 門扉邊框以中部的短横木分爲上下兩部分，此横木即串，或稱腰串。

2. 如全間上部安窗坐，坐上安窗者，其坐上通間木方即爲腰串。

3. 凡小木作邊框以内，另加横木劃分上下或加强槫子等聯係，亦均名串。（卷六・烏頭門。本卷第 65 頁上；“陳氏點注本”第一册第 121 頁）

夾腰華版 [jiā yāo huā bǎn]

門窗扉扇中以串劃分出的横長空間，又於中間立椿子，分爲左右兩份，安版彫華，名夾腰華版。（卷六・烏頭門。本卷第 65 頁上；“陳氏點注本”第一册第 121 頁）

夾際柱子 [jiā jì zhù zi]

厦兩頭造屋蓋，兩際槫挑出一架，於丁栿上立柱支撑懸空挑出的槫頭，此柱即夾際柱子。（卷五・棟。本卷第 61 頁下；“陳氏點注本”第一册第 108 頁）

佛道帳 [fó dào zhàng]

宗教寺廟殿内的神龕，用以安設神佛塑像。（卷九・佛道帳。本卷第 82 頁上；“陳

氏點注本”第一册第 187 頁）

坐面版 [zuò miàn bǎn]

佛道帳等帳坐上平鋪的版。（卷九・佛道帳。本卷第 82 頁下；“陳氏點注本”第一册第 190 頁）

坐面澁 [zuò miàn sè]

坐面版下的（疊澁）逐層伸出或收入的版條。（卷九・佛道帳。本卷第 82 頁下；“陳氏點注本”第一册第 189 頁）

坐腰 [zuò yāo]

疊澁或須彌坐立面中部收小的部位。（卷九・佛道帳。本卷第 82 頁下；“陳氏點注本”第一册第 189 頁）

坐龍 [zuò lóng]

裝飾題材之一。詳“彫作”條。（卷十二・混作。本卷第 100 頁上；“陳氏點注本”第二册第 31 頁）

吴殿 [wú diàn]

即四阿殿、五脊殿。詳“五脊殿”條。（卷五・陽馬。本卷第 61 頁上；“陳氏點注本”第一册第 105 頁）

抄栱 [chāo gǒng]

即華栱。詳“華栱”條。（卷四・栱。本卷第 53 頁下；“陳氏點注本”第一册第 76 頁）

批竹昂 [pī zhú áng]

下昂形制之一。自昂上坐枓向昂外端殺成平直尖形昂面。（卷四・飛昂。本卷第 55 頁上；“陳氏點注本”第一册第 81 頁）

扶壁栱 [fú bì gǒng]

鋪作中凡在柱頭縫上，普拍方以上、柱頭方以下的栱方，總名扶壁栱，又名“影栱”。影栱按鋪作數各有不同的布置。（卷四 • 總鋪作次序。本卷第 57 頁下；“陳氏點注本”第一册第 91 頁）

折屋 [zhé wū]

定屋面曲線，先定脊槫舉高，然後依次折低以下各槫高度。詳“舉折”條。（卷五 • 舉折。本卷第 63 頁上；“陳氏點注本”第一册第 113 頁）

折檻 [zhé kǎn]

殿堂局部鉤闌處理形式。殿堂鉤闌當中兩雲栱上不施尋杖。又名“龍池”。（卷二 • 鉤闌，卷八 • 鉤闌。本卷第 44 頁上、第 79 頁下；“陳氏點注本”第一册第 37、178 頁）

把頭絞項作 [bǎ tóu jiǎo xiàng zuò]

柱梁的結合方式之一。櫨枓口内用泥道栱一隻，與耍頭相交；栱兩端各用散枓一隻，中心用齊心枓一隻，上施柱頭方（承椽方）。（卷十七 • 把頭絞項作每縫用栱枓等數。本卷第 132 頁下；“陳氏點注本”第二册第 164 頁）

拒馬叉子 [jù mǎ chā zi]

攔阻交通的路障。主要以交叉的櫺子組成，每間長約一丈，高四至六尺，可以移動。（卷八 • 拒馬叉子。本卷第 77 頁下；“陳氏點注本”第一册第 169 頁）

材 [cái]

宋代建築設計施工的模數。材高的十五分之一爲份，厚 10 份。材的實際尺寸有八等，自第一等至第八等，每份值爲（宋尺）六分、五分五厘、五分、四分八厘、四分四厘、四分、三分五厘、三分。高 × 厚恰爲 15×10 份，名單材；高 6 份、厚 4 份，名栔；高 1 材 1 栔、厚 10 份（21×10 份），爲足材。小木作仿大木作做枓栱等，也據大木作材份比例，但實際用材可按具體情況定。據《營造法式》記録小木作用材有六等，其實際尺寸爲：

廣一寸八分，厚一寸二分。

廣一寸五分，厚一寸。

廣一寸二分，厚八分。

廣一寸，厚六分六厘。

廣六分，厚四分。

廣五分，厚三分三厘。（卷四・材。本卷第 53 頁上；“陳氏點注本”第一册第 73 頁）

材子方 [cái zi fāng]

木料名稱。長一丈六尺至一丈八尺，廣九寸至一尺二寸，厚四寸至五寸。（卷二十六・大木作。本卷第 180 頁上；“陳氏點注本”第三册第 65 頁）

材植 [cái zhí]

即木料。宋代木料有十四種規格：方料四種，即大料模方、廣厚方、長方、松方；圓料兩種，即朴柱、松柱；就上列方料又分割爲八種，即小松方、常使方、官樣方、截頭方、材子方、方八方、常使方八方、方八子方。（卷十二・用材植。本卷第 102 頁上；“陳氏點注本”第二册第 40 頁）

沙泥 [shā ní]

壁畫所用壁面最上一層粉刷。其成分爲：每白沙二斤，加膠土一斤、麻擣（洗擇净者）七兩。粉後稍乾，收壓十遍。（卷十三・畫壁。本卷第 107 頁下；“陳氏點注本”第二册第 63 頁）

沙泥畫壁地 [shā ní huà bì dì]

用粗泥一重稍乾，上用泥披竹篾一重，以泥蓋平稍乾；釘麻華以泥分披均匀，又用泥蓋平。以上共粗泥五重，厚一分五厘。再用中泥細襯，最後用沙泥。（卷十四・總制度。本卷第 110 頁上；“陳氏點注本”第二册第 73 頁）

肘 [zhǒu]

烏頭門等門扉裏邊安設的木軸。（卷六・烏頭門。本卷第 65 頁上；“陳氏點注本”第一册第 122 頁）

肘版 [zhǒu bǎn]

版門等用木版拼合的門扉，加長最邊一版設上下軸，名肘版。（卷六・版門。本卷第 64 頁上；“陳氏點注本”第一册第 118 頁）

牡丹華 [mǔ dān huā]

石作、彫作、彩畫作最常使用的題材。（卷三・造作次序。本卷第 49 頁上；“陳氏點注本”第一册第 58 頁）

芙蓉瓣 [fú róng bàn]

經藏、轉輪藏以及佛道帳等均作芙蓉瓣造。其形制不詳。（卷十一・轉輪經藏。本卷第 96 頁上；“陳氏點注本”第二册第 16 頁）

附角枓 [fù jiǎo dǒu]

轉角鋪作纏柱造用櫨枓三枚，即在轉角櫨枓兩側各加一枚，每面互見兩枚。此增加的兩枓稱附角枓。（卷四・平坐。本卷第 58 頁上；“陳氏點注本”第一册第 93 頁）

八 畫

金箱斗底槽 [jīn xiāng dǒu dǐ cáo]

四種殿堂結構形式之一，作檐柱一周，屋内與外檐柱相距兩椽，用屋内柱一周。但屋内柱後排上闌額普拍方延長兩椽與檐柱相接。（卷三十一・大木作制度圖樣下。本

卷第 217 頁下；“陳氏點注本”第四册第 3 頁）

長方 [cháng fāng]

木料名稱，長 30～40 尺，廣 1.5～2 尺，厚 1.2～1.5 尺。（卷二十六•大木作。本卷第 179 頁下；“陳氏點注本”第三册第 63 頁）

長功 [cháng gōng]

詳“功”條。（卷二•總例。本卷第 46 頁上；“陳氏點注本”第一册第 45 頁）

長開枓 [cháng kāi dǒu]

即交互枓。詳“交互枓”條。（卷四•枓。本卷第 56 頁下；“陳氏點注本”第一册第 87 頁）

昂 [áng]

鋪作上出挑構件之一。有兩種：

1. 用於外跳。昂身斜置向下，名“下昂”，亦稱“飛昂”，簡稱“昂”。用單材或足材。外長隨鋪作出跳，裏長可至下平榑下。如徹上明造即用挑斡。

2. “上昂”用於裏跳或平坐鋪作。昂身自鋪作中心第一跳上斜向上出，至外跳平棊方（算桯方）下。（卷四•飛昂。本卷第 54 頁下；“陳氏點注本”第一册第 80 頁）

昂尖 [áng jiān]

下昂自昂頭交互枓下至端出長 23 份，名爲昂尖。依其形式又有琴面昂、批竹昂之分。（卷十七•栱枓等造作功，卷三十•大木作制度圖樣上。本卷第 128 頁下、第 208 頁下；“陳氏點注本”第二册第 150 頁，第三册第 176、177 頁）

昂身 [áng shēn]

昂兩端出跳或榑中線間總稱昂身。中線以外爲昂頭（昂尖）或昂尾。（卷四•飛昂。本卷第 55 頁上；“陳氏點注本”第一册第 80 頁）

昂栓 [áng shuān]

用下昂的鋪作不論共用幾昂，均於鋪作第一或第二跳之上方用暗籥穿過各昂直至下面栱高的一半，是爲昂栓。（卷四•飛昂。本卷第 55 頁上；“陳氏點注本”第一册第

82 頁）

門砧 [mén zhēn]

門左右用以承地栿的構件，木或石製。地栿之内並於砧上開孔，入門鑱。（卷三 • 門砧限。本卷第 51 頁上；“陳氏點注本”第一册第 64 頁）

門砧限 [mén zhēn xiàn]

砧即“門砧”，限即“地栿”，石作中合名爲門砧限。（卷三 • 門砧限。本卷第 51 頁上；“陳氏點注本”第一册第 64 頁）

門樓 [mén lóu]

即門樓屋。詳“門樓屋”條。（卷十三 • 壘屋脊。本卷第 105 頁上；“陳氏點注本”第二册第 52 頁）

門樓屋 [mén lóu wū]

安設全組建築總入口的房屋。簡稱“門樓”。一間四椽或三間六椽，但不能超過組群中的正屋。（卷十三 • 壘屋脊。本卷第 105 頁上；“陳氏點注本”第二册第 52 頁）

門横關（門關）[mén héng guān（mén guān）]

版門用的横關，徑四寸。（卷六 • 版門。本卷第 64 頁下；“陳氏點注本”第一册第 120 頁）

門簪 [mén zān]

將雞棲木固定於門額上的構件。於門外額上用四枚穿過額及雞棲木，留出頭整長（約一尺或過之）做成六邊、八邊出入角，並彫飾。（卷六 • 版門。本卷第 64 頁下；“陳氏點注本”第一册第 119 頁）

青灰 [qīng huī]

泥作用泥之一種。用石灰及軟石灰各半合成（如無軟石灰，每石灰十斤用粗墨一斤或墨煤十一兩，膠七錢）。（卷十三 • 用泥。本卷第 107 頁下；“陳氏點注本”第二册第 61 頁）

青掍瓦 [qīng hùn wǎ]

特别加工的瓦。於乾瓦坯正面加磨光，用洛河石並加滑石末掍壓，再入窰燒製。出窰後表面成光滑的深青色。（卷十五 • 青掍瓦。本卷第 119 頁上；“陳氏點注本”第二册第 110 頁）

青緑棱間地 [qīng lǜ léng jiàn dì]

彩畫襯地之一種。各種彩畫襯地方法不同，有貼真金地、五彩地、青緑疊暈地、青緑棱間地。襯地先通刷膠水，候乾，用青淀一分和茶土二分刷之（碾玉裝地同）。（卷十四 • 總制度。本卷第 110 頁上；“陳氏點注本”第二册第 72 頁）

青緑疊暈地 [qīng lǜ dié yùn dì]

先通用膠水刷；候乾，以白土徧刷；候乾，又以鉛粉刷之（五彩徧裝同）。（卷十四 • 總制度。本卷第 109 頁下；“陳氏點注本”第二册第 72 頁）

青緑疊暈棱間裝 [qīng lǜ dié yùn léng jiàn zhuāng]

即“青緑棱間裝”，彩畫之一種。以青緑兩色疊暈爲主的裝鑾。（卷十四 • 青緑疊暈棱間裝。本卷第 112 頁下；“陳氏點注本”第二册第 85 頁）

侏儒柱 [zhū rú zhù]

又名“蜀柱”。屋架最上平梁之上所立短柱，用以承脊槫。（卷五 • 侏儒柱。本卷第 61 頁上；“陳氏點注本”第一册第 105 頁）

乳栿 [rǔ fú]

屋架中位於最下長兩椽的梁。一端在外檐鋪作上，另一端或在屋内柱鋪作上，或栿項入柱。（卷五 • 梁。本卷第 58 頁下；“陳氏點注本”第一册第 96 頁）

並……砌 [bìng …… qì]

塼作以“並……砌”計壘砌之厚，如並二砌即兩條塼廣一尺三寸。最厚可用六塼相並，即三尺九寸（如階基高四丈以上並六）。（卷十五 • 壘階基，卷二十七 • 塼作。本卷第 115 頁下、第 187 頁上；“陳氏點注本”第二册第 98 頁、第三册第 93 頁）

取正 [qǔ zhèng]

房屋施工前的準備工作。測量方位，確定擬建房屋組群的中線位置。（卷三•取正。本卷第 47 頁下；“陳氏點注本”第一册第 51 頁）

卷殺 [juǎn shā]

栱頭、月梁兩頭上下按一定規則做成弧線形，即卷殺。其法爲欲卷殺部分按方角之横直長度各均分爲若干份，將横向份之起點與直向份之終點對直割去，依次成折線，或更抹去折線上各棱角。（卷四・栱。本卷第 53 頁下；“陳氏點注本”第一册第 76 頁）

卷頭 [juǎn tóu]

華栱又名卷頭。詳“華栱”條。（卷四・栱。本卷第 53 頁下；“陳氏點注本”第一册第 76 頁）

卷輂 [juǎn jú]

卷輂即券、券洞。（卷三・卷輂水窗。本卷第 51 頁下；“陳氏點注本”第一册第 67 頁）

卷輂水窗 [juǎn jú shuǐ chuāng]

又名卷輂河渠口，即橋、涵洞，有單眼或雙眼卷輂，塼或石砌。（卷三•卷輂水窗。本卷第 51 頁下；“陳氏點注本”第一册第 66 頁）

制度 [zhì dù]

宋《營造法式》的内容主要分爲四項，即制度、功限、料例、圖様，每一項又按十三個工種分别論述。制度包括結構形式設計的原則、具體尺度的標準及其允許變動的伸縮範圍、做法及其應取得的效果。（卷三至十五）

瓪瓦 [bǎn wǎ]

較寬的四分之一圓的瓦。有七種規格：

長一尺六寸　大頭廣九寸五分　厚一寸　小頭廣八寸五分　厚八分

長一尺四寸　大頭廣七寸　厚七分　小頭廣六寸　厚六分

長一尺三寸　大頭廣六寸五分　厚六分　小頭廣五寸五分　厚五分五厘

長一尺二寸　大頭廣六寸　厚六分　小頭廣五寸　厚五分

長一尺　大頭廣五寸　厚五分　小頭廣四寸　厚四分

長八寸　大頭廣四寸五分　厚四分　小頭廣四寸　厚三分五厘

長六寸　大頭廣四寸　厚四分　小頭廣三寸五分　厚二分

（卷十三·結瓦。本卷第 104 頁下；“陳氏點注本”第二册第 49 頁）

刷土黄 [shuā tǔ huáng]

彩畫之一種。所用華文簡單，以全部木結構部分刷成土黄色、用粉勾勒邊沿輪廓爲要點。（卷十四·丹粉刷飾屋舍。本卷第 114 頁上；“陳氏點注本”第二册第 90 頁）

刷土黄解墨緣道 [shuā tǔ huáng jiě mò yuán dào]

即刷土黄用墨勾勒邊沿輪廓。（卷十四·丹粉刷飾屋舍。本卷第 114 頁上；“陳氏點注本”第二册第 91 頁）

刷飾 [shuā shì]

彩畫分兩大類：一爲裝飾、裝鑾，一爲刷飾。刷飾單純粗放，以土朱、土黄爲主色；裝飾細緻，華文題材豐富多樣，色彩以青、绿爲主，間以朱红、貼金。（卷十四·丹粉刷飾屋舍。本卷第 114 頁上；“陳氏點注本”第二册第 91 頁）

兩材襻間 [liǎng cái pàn jiān]

在各槫縫下加强槫和各縫屋架的構造，有單材襻間和兩材襻間之分。兩材襻間即每間用一條襻間，隔間上下錯開，下一條襻間兩頭伸出半隻令栱，托住上一條襻間的端部。（卷三十·大木作制度圖樣上。本卷第 215 頁上；“陳氏點注本”第三册第 198 頁）

兩明格子門 [liǎng míng gé zi mén]

格子門上格眼等，均正背兩面各用一層（兩面均爲正面），又名“重格眼”，其格眼一重固定，一重可裝卸。（卷七·格子門。本卷第 71 頁下；“陳氏點注本”第一册第

145 頁）

兩肩 [liǎng jiān]

駝峯除上承櫨枓處留出平面外，自枓底兩側以外稱爲兩肩。兩肩多卷殺成出或入瓣。（卷五・梁。本卷第 59 頁上；“陳氏點注本”第一册第 98 頁）

兩椽栿 [liǎng chuán fú]

長兩椽的梁，但不包括平梁、乳栿、丁栿。（卷十九・常行散屋功限。本卷第 143 頁上；“陳氏點注本”第二册第 202 頁）

兩頰 [liǎng jiá]

凡左右對稱的構件多名兩頰。如踏道兩側的副子、樓梯兩側的梯梁、門窗兩側的門框均同。又稱“頰子”，或簡稱“頰”。（卷十五・踏道。本卷第 116 頁上；“陳氏點注本”第二册第 100 頁）

兩擺手 [liǎng bǎi shǒu]

凡一物左右兩側折轉延伸的部分均稱“擺手”。如壁帳正面廣三丈，兩側折轉九十度各延伸六尺。又如石作卷輂水窗，兩側順岸平砌厢壁版，至卷輂兩側轉向河岸斜砌護岸，亦名“擺手”。（卷十一・壁藏。本卷第 96 頁上；“陳氏點注本”第二册第 16 頁）

兩暈棱間裝 [liǎng yùn léng jiàn zhuāng]

青緑疊暈棱間裝彩畫之一種，外棱用青疊暈，身内用緑疊暈，稱兩暈棱間裝。參閱“青緑疊暈棱間裝”。（卷十四・青緑疊暈棱間裝。本卷第 112 頁下；“陳氏點注本”第二册第 85 頁）

兩瓣駝峯 [liǎng bàn tuó fēng]

兩肩各做成兩卷瓣的駝峯。（卷三十・大木作制度圖樣上。本卷第 208 頁上；“陳氏點注本”第三册第 175 頁）

夜叉木 [yè chā mù]

城牆夯土内所加木筋之一。（卷三・城。本卷第 48 頁下；“陳氏點注本”第一册第 55 頁）

卓柏装 [zhuó bǎi zhuāng]

彩畫之一種。解緑裝飾於丹地，内用墨或紫檀點簇六毬文與松文名件相雜。（卷十四・解緑裝飾屋舍。本卷第 113 頁上；“陳氏點注本”第二册第 87 頁）

定平 [dìng píng]

建造房屋於施工前測量水平，並確定擬建房屋室内外水準高程。（卷三・定平。本卷第 47 頁下；“陳氏點注本”第一册第 52 頁）

定側様 [dìng cè yàng]

按 1∶10 比例，畫出擬建房屋的横斷面圖（側様），據以量出欹斜部位或欹斜構件的具體尺寸。（卷五・舉折。本卷第 63 頁上；“陳氏點注本”第一册第 112 頁）

空緣 [kòng yuán]

彩畫梁方中部畫華文之外周酌所預留的空白，以使梁方邊緣作對暈。（卷十四・五彩徧裝。本卷第 111 頁上；“陳氏點注本”第二册第 77 頁）

官府廊屋 [guān fǔ láng wū]

辦公房屋在主要廳堂的庭院四周的房屋，通稱廊屋，至轉角處均相連建造。（卷十九・常行散屋功限。本卷第 142 頁下；“陳氏點注本”第二册第 202 頁）

官様方 [guān yàng fāng]

木料名稱。長 14～20 尺，廣 0.9～1.2 尺，厚 0.4～0.7 尺。（卷二十六・大木作。本卷第 179 頁下；“陳氏點注本”第三册第 65 頁）

底版 [dǐ bǎn]

器物底用版。如水槽底、裹栿版底。（卷六・水槽，卷七・裹栿版。本卷第 68 頁下、第 75 頁下；“陳氏點注本”第一册第 136、160 頁）

底版石 [dǐ bǎn shí]

並砌流盃渠的底版的石塊。（卷三 • 流盃渠。本卷第 51 頁上；“陳氏點注本”第一冊第 66 頁）

底盤版 [dǐ pán bǎn]

甃井至底，隨水面直徑鋪塼名底盤版。（卷十五 • 井。本卷第 117 頁下；“陳氏點注本”第二冊第 105 頁）

坯 [pī]

燒製塼瓦的泥坯。與墼有區別，參閱“墼”條。（卷十三 • 壘牆，卷十五 • 瓦。本卷第 107 頁上、第 117 頁下；“陳氏點注本”第二冊第 61、106 頁）

固濟 [gù jì]

動詞，使穩固也。（卷五 • 梁。本卷第 59 頁下；“陳氏點注本”第一冊第 100 頁）

枓 [dǒu]

鋪作之類所用枓形構件有櫨枓（大枓）、交互枓、平盤枓、齊心枓、散枓五種。詳見各條。（卷四 • 枓。本卷第 56 頁下；“陳氏點注本”第一冊第 86 頁）

枓口跳 [dǒu kǒu tiào]

柱梁的結合方式之一。梁頭做成出跳華栱頭，與泥道栱相交，納於柱上櫨枓口中。泥道栱上用單材方一條，出跳栱頭上用交互枓承橑檐方。（卷四 • 栱，卷十七 • 鋪作每間用方桁等數。本卷第 54 頁上、第 133 頁下；“陳氏點注本”第一冊第 77 頁、第二冊第 169 頁）

枓子蜀柱 [dǒu zi shǔ zhù]

單鉤闌構件之一。位於尋杖之下、盆脣木之上，與盆脣木下之蜀柱相對。多與蜀柱相連製作。（卷九 • 佛道帳。本卷第 85 頁下；“陳氏點注本”第一冊第 202 頁）

枓栱 [dǒu gǒng]

枓和栱是組成鋪作之主要構件，故習稱鋪作爲“枓栱”。（卷一 • 鋪作。本卷第 38

頁下；“陳氏點注本”第一册第17頁）

枓槽版 [dǒu cáo bǎn]

小木作佛道帳、壁藏等上部多作殿閣形，所用鋪作以通間長木版，外嵌入鋪作外半，即名枓槽版。（卷九・佛道帳。本卷第82頁下；“陳氏點注本”第一册第189頁）

枓槽臥榥 [dǒu cáo wò huàng]

支承枓槽版的内部構件。其做法不詳。（卷九・佛道帳。本卷第84頁下；“陳氏點注本”第一册第197頁）

松方 [sōng fāng]

木料名稱。長23～28尺，高1.4～2尺，厚0.9～1.2尺。（卷二十六・大木作。本卷第179頁下；“陳氏點注本”第三册第63頁）

松柱 [sōng zhù]

木料名稱。長23～28尺，徑1.5～2尺。（卷二十六・大木作。本卷第179頁下；“陳氏點注本”第三册第64頁）

枝條卷成 [zhī tiáo juǎn chéng]

彩畫華文圖案形式之一。凡華葉肥大微露枝條者稱爲“枝條卷成”；如不見枝條，稱“鋪地卷成”。（卷十四・五彩徧裝。本卷第111頁上；“陳氏點注本”第二册第77頁）

枝樘 [zhī chēng]

大木作斜置構件的通稱。梁架之柱間加固的構件，僅用於平棊以上，徹上明造不用。又爲“叉手”的别名。（卷五・梁。本卷第59頁下；“陳氏點注本”第一册第100頁）

抽絍牆 [chōu rèn qiáng]

夯土牆的一種。厚爲高的二分之一，兩面向上收分共高的五分之一。（卷三・牆。本卷第48頁下；“陳氏點注本”第一册第56頁）

抹角栿 [mǒ jiǎo fú]

四阿或厦兩頭屋架轉角部位 45 度斜安於正面、側面夾角外，一端在草栿上，一端在丁栿上。（卷五 • 梁。本卷第 59 頁下；“陳氏點注本” 第一册第 99 頁）

抹角方 [mǒ jiǎo fāng]

同抹角栿而改用方。（卷十一 • 壁藏。本卷第 98 頁上；“陳氏點注本” 第二册第 24 頁）

抱槫口 [bào tuán kǒu]

梁頭上開的安槫的卯口。（卷五 • 梁。本卷第 59 頁上；“陳氏點注本” 第一册第 97 頁）

抱寨 [bào zhài]

長榫透出卯口外，又於榫上穿孔插入木栓，這種做法名抱寨。（卷七 • 胡梯。本卷第 74 頁下；“陳氏點注本” 第一册第 157 頁）

抨墨 [pēng mò]

大、小木作，據設計要求在木料上彈墨線的工作。（卷十二 • 抨墨。本卷第 102 頁下；“陳氏點注本” 第二册第 41 頁）

披麻 [pī má]

在牆面粉刷地上，用泥披麻華一重，爲防止牆面裂縫而采取的措施。（卷二十五 • 泥作。本卷第 175 頁下；“陳氏點注本” 第三册第 47 頁）

拆修挑拔 [chāi xiū tiǎo bá]

大木作修理工程之一：揭去瓦面，修正滚動槫木、傾斜柱木；飛檐沉陷，重新宽瓦、調正飛檐。另一工程稱“薦拔抽換柱栿”，即抽去已損傷的柱梁。（卷十九 • 拆修挑拔舍屋功限。本卷第 144 頁下；“陳氏點注本” 第二册第 208 頁）

版引檐 [bǎn yǐn yán]

即引檐。詳“引檐”條。（卷六·版引檐。本卷第 68 頁下；“陳氏點注本”第一册第 135 頁）

版門 [bǎn mén]

用厚木版拼合成的門，多用於城門或大建築組群的主要大門。高七尺至二丈四尺，廣與高方，分作兩扇。亦有“獨扇版門”，即高不過七尺。（卷六·版門。本卷第 64 頁上；“陳氏點注本”第一册第 118 頁）

版屋造 [bǎn wū zào]

凡井屋子、露籬等上用木製屋蓋者，稱版屋造。參閱“屋子版”條。（卷六·露籬。本卷第 68 頁上；“陳氏點注本”第一册第 134 頁）

版棧 [bǎn zhàn]

在椽背鋪版名“版棧”，鋪柴名“柴棧”。其上皆用泥以白灰宼瓦。（卷十三·用瓦。本卷第 105 頁上；“陳氏點注本”第二册第 51 頁）

版壁 [bǎn bì]

同格子做法，但於安格眼處亦用障水版。（卷七·格子門。本卷第 71 頁下；“陳氏點注本”第一册第 145 頁）

版櫺窗 [bǎn líng chuāng]

版櫺斷面爲矩形，廣二寸，厚七分，兩櫺間净距一寸。用安版櫺的窗名版櫺窗。窗高二尺至六尺，窗下隔減窗坐造。（卷六·版櫺窗。本卷第 66 頁下；“陳氏點注本”第一册第 128 頁）

泥作 [ní zuò]

《營造法式》中十三個工種之一。主做用灰泥的工作，計有壘牆（指用墼、坯，用塼屬塼作）、用泥、畫壁（粉刷）、立竈、釜鑊竈、茶鑪、疊射垜、疊石山、泥假山等。（卷十三、二十五、二十七）

泥道 [ní dào]

凡間内安裝版門、截間格子等，若兩側尚有餘地，以及鋪作間餘地均名泥道，安版或編竹造。（卷七·堂閣内截間格子。本卷第 73 頁上；“陳氏點注本”第一册第 152 頁）

泥道版 [ní dào bǎn]

泥道上所安版。（卷六·版門。本卷第 64 頁下；“陳氏點注本”第一册第 119 頁）

泥道栱 [ní dào gǒng]

鋪作櫨枓上與華栱相交之栱，其長 62 份，每頭以四瓣卷殺，每瓣長 3 份半。（卷四·栱。本卷第 53 頁下；“陳氏點注本”第一册第 77 頁）

泥籃子 [ní lán zi]

施工中盛灰漿傳遞的籃子。（卷二十五·泥作。本卷第 175 頁下；“陳氏點注本”第三册第 48 頁）

承拐楅 [chéng guǎi bī]

軟門或較小的門（高一丈以下）承門關的木構件。（卷六·軟門。本卷第 66 頁上；“陳氏點注本”第一册第 126 頁）

承椽方 [chéng chuán fāng]

承受椽子代替槫。亦名“承椽串”。（卷四·總鋪作次序。本卷第 57 頁下；“陳氏點注本”第一册第 91 頁）

承椽串 [chéng chuán chuàn]

即“承椽方”。（卷十九·殿堂梁柱等事件功限。本卷第 141 頁上；“陳氏點注本”第二册第 195 頁）

承櫺串 [chéng líng chuàn]

烏頭門腰上櫺子當中，横用承櫺串一或二條。（卷六·烏頭門。本卷第 65 頁上；“陳氏點注本”第一册第 122 頁）

斧刃石 [fǔ rèn shí]

發券當中用楔形石。（卷三·卷輂水窗。本卷第 51 頁下；“陳氏點注本”第一册第 67 頁）

明金版 [míng jīn bǎn]

小木作轉輪藏坐上所用，其做法不詳。（卷十一·轉輪經藏。本卷第 94 頁上；“陳氏點注本”第二册第 8 頁）

明栿 [míng fú]

平棊以下或徹上明造所用梁栿，通爲明栿，明栿表面須加工使平整。又名“明梁”。（卷五·梁。本卷第 59 頁上；“陳氏點注本”第一册第 97 頁）

明梁 [míng liáng]

即明栿。詳“明栿”條。（卷五·梁。本卷第 59 頁下；“陳氏點注本”第一册第 99 頁）

明鏡 [míng jìng]

鬭八藻井於頂心之下，施垂蓮或彫華雲捲，皆内安明鏡。（卷八·鬭八藻井。本卷第 76 頁下；“陳氏點注本”第一册第 165 頁）

直卯撥柡 [zhí mǎo bō tiàn]

格子門上下於地栿、額上下安裝可轉動的小木片，以代門關。（卷三十二·小木作制度圖樣。本卷第 231 頁下；“陳氏點注本”第四册第 71 頁）

直梁 [zhí liáng]

方直平整的梁，與略作彎曲之勢的月梁相對。（卷五·梁。本卷第 59 頁上；“陳氏點注本”第一册第 97 頁）

直縫造 [zhí fèng zào]

木作拼合木版的接縫，平直不作榫卯，名直縫造。（卷二十八·諸作等第。本卷第 194 頁上；“陳氏點注本”第三册第 122 頁）

表 [biǎo]

測量用的標尺。（卷三·取正。本卷第 47 頁下；“陳氏點注本”第一册第 51 頁）

表楬 [biǎo jié]

即櫺星門，又名烏頭門。詳“烏頭門”條。（卷二·烏頭門。本卷第 43 頁上；“陳氏點注本”第一册第 33 頁）

垂尖華頭瓪瓦 [chuí jiān huā tóu bǎn wǎ]

瓪瓦華頭重脣做成垂尖形。（卷十三·用瓦。本卷第 105 頁上；“陳氏點注本”第二册第 51 頁）

垂脊 [chuí jǐ]

四阿屋蓋瓦面上自正脊兩端鴟獸向四角斜下，或厦兩頭造沿屋面直下的四條脊，均稱爲垂脊。（卷十三·壘屋脊。本卷第 105 頁上；“陳氏點注本”第二册第 52 頁）

垂脊獸 [chuí jǐ shòu]

垂脊端部扣脊瓦上安置的獸形裝飾，有嬪伽、蹲獸、滴當火珠、套獸等。套獸用於子角梁頭，每角一枚。滴當火珠在檐頭華頭瓦之上。嬪伽在脊之盡端。蹲獸依次排列在嬪伽之後，數量據房屋規模而不同，計：四阿殿七間、九脊殿九間，六枚；四阿殿五間、九脊殿五至七間，四枚；九脊殿三間、廳堂三至五間，兩枚。（卷十三·用獸頭等。本卷第 106 頁上；“陳氏點注本”第二册第 56 頁）

垂魚惹草 [chuí yú rě cǎo]

厦兩頭造兩山搏風版上所加的裝飾部件。左右兩搏風版合尖之下用垂魚，沿搏風版下沿用惹草。（卷七·垂魚惹草。本卷第 75 頁上；“陳氏點注本”第一册第 158 頁）

垂蓮 [chuí lián]

鬭八藻井頂心所用裝飾部件。（卷八·鬭八藻井。本卷第 76 頁下；“陳氏點注本”第一册第 165 頁）

垂檐 [chuí yán]

即出檐。（卷六·井屋子。本卷第 69 頁上；“陳氏點注本”第一册第 137 頁）

垂脚 [chuí jiǎo]

棵籠子等柱内所安串或棍，距地面五分爲止，此五分空檔即柱之垂脚。（卷八·棵籠子。本卷第 79 頁下；“陳氏點注本”第一册第 178 頁）

臥柣 [wò zhì]

門用斷砌造，即用臥柣、立柣（或相連爲曲柣）及地栿版。詳“斷砌造”條，參閲“立柣”“曲柣”條。（卷三·門砧限，卷六·版門。本卷第 51 頁上、第 64 頁下；“陳氏點注本”第一册第 65、120 頁）

臥棍 [wò huàng]

參閲“拽後棍”條。（卷十·牙脚帳。本卷第 88 頁下；“陳氏點注本”第一册第 214 頁）

臥關 [wò guān]

即横用的門關。（卷七·闌檻鈎窗。本卷第 72 頁上；“陳氏點注本”第一册第 148 頁）

臥櫺 [wò líng]

單鈎闌若不用華版，於兩蜀柱間横施櫺子三條，名臥櫺。（卷七·胡梯。本卷第 74 頁下；“陳氏點注本”第一册第 158 頁）

九　畫

飛子 [fēi zi]

爲增加出檐深度，於出檐處椽之上再加一重椽子，名爲飛子，所加長之檐名爲“飛檐”，每檐出一尺，加飛檐六寸。椽子斷面爲圓形，飛子斷面爲方形，椽徑 10 份，飛子高 8 份，厚 7 份，長爲檐出加飛檐。（卷五·檐。本卷第 62 頁下；“陳氏點注本”第一册第 112 頁）

飛仙 [fēi xiān]

彩畫、彫飾題材之一。（卷十二・混作，卷十四・五彩徧裝。本卷第 100 頁上、第 111 頁上；“陳氏點注本”第二册第 30、79 頁）

飛昂 [fēi áng]

即下昂，鋪作出跳構件。鋪作可用華栱出跳，也可用昂出跳。鋪作數多時兩者並用，華栱用於下跳，昂用於上跳。（卷四・飛昂。本卷第 54 頁下；“陳氏點注本”第一册第 80 頁）

飛魁 [fēi kuí]

即“大連檐”。安於椽頭上，承於飛子下。（卷五・檐。本卷第 62 頁下；“陳氏點注本”第一册第 112 頁）

飛檐 [fēi yán]

檐上用飛子所增加的檐。（卷五・檐。本卷第 62 頁下；“陳氏點注本”第一册第 111 頁）

茶樓子（茶樓） [chá lóu zi（chá lóu）]

佛道帳等最上作天宫樓閣，其中殿身有挾屋者名茶樓子。（卷九・佛道帳，卷十一・轉輪經藏。本卷第 85 頁上、第 93 頁下；“陳氏點注本”第一册第 199 頁、第二册第 6 頁）

重栱 [chóng gǒng]

鋪作跳頭上加重疊的兩層栱名重栱，下一栱爲瓜子栱，上一栱爲慢栱。（卷四・總鋪作次序。本卷第 57 頁上；“陳氏點注本”第一册第 90 頁）

重栱眼壁版 [chóng gǒng yǎn bì bǎn]

重栱鋪作的栱眼壁版。（卷七・栱眼壁版。本卷第 75 頁上；“陳氏點注本”第一册第 159 頁）

重格眼造 [chóng gé yǎn zào]

詳“兩明格子門”條。（卷二十一・格子門。本卷第 151 頁下；“陳氏點注本”第

二册第 237 頁）

重脣甋瓦 [chóng chún tǒng wǎ]

即華頭甋瓦。詳“華頭甋瓦”條。（卷十三·用瓦。本卷第 105 頁上；“陳氏點注本”第二册第 51 頁）

重脣㼧瓦 [chóng chún bǎn wǎ]

用於每隴瓦之檐端，沿㼧瓦一頭加出一條華邊。（卷十三·壘屋脊。本卷第 105 頁下；“陳氏點注本”第二册第 54 頁）

重臺鉤闌 [chóng tái gōu lán]

鉤闌橫構件。尋杖之下用盆脣，盆脣之下用束腰，束腰上下各用華版，名爲重臺鉤闌；如不用束腰，只於盆脣下用華版，名“單鉤闌”。（卷三·重臺鉤闌，卷八·鉤闌。本卷第 50 頁上、第 78 頁下；“陳氏點注本”第一册第 62、174 頁）

重檐 [chóng yán]

房屋（非樓閣）外觀有上下兩重屋檐，名重檐。（卷九·佛道帳。本卷第 85 頁上；“陳氏點注本”第一册第 200 頁）

耍頭 [shuǎ tóu]

鋪最上一跳之上用耍頭與令栱相交，又名“爵頭”，俗名“螞蚱頭”。鋪作至此不再出跳，螞蚱頭伸出令栱外 25 份，鋸成規定形狀。其上鋪疊襯方頭與橑檐方相接。（卷四·爵頭。本卷第 56 頁上；“陳氏點注本”第一册第 85 頁）

亭榭 [tíng xiè]

泛指庭園等内小建築，用厦兩頭或鬭尖屋蓋者，多用六至八等材。（卷四·材。本卷第 53 頁下；“陳氏點注本”第一册第 75 頁）

促版（促踏版）[cù bǎn（cù tà bǎn）]

梯級立置的版爲促版（或寫作“錠”），平置的版名“踏版”。（卷七·胡梯，卷九·佛道帳。本卷第 74 頁下、第 86 頁上；“陳氏點注本”第一册第 157、204 頁）

屋子版 [wū zi bǎn]

木製版屋上用木版做的屋蓋，每一坡用一木製成，此木即名屋子版。（卷六•露籬。本卷第 68 頁上；“陳氏點注本”第一册第 134 頁）

屋内額 [wū nèi é]

房屋内部柱頭間或駝峯間所用的額方。（卷五•闌額。本卷第 60 頁上；“陳氏點注本”第一册第 101 頁）

屋内柱 [wū nèi zhù]

房屋内部的立柱。（卷五•柱。本卷第 60 頁上；“陳氏點注本”第一册第 102 頁）

屋垂 [wū chuí]

房屋出檐部位。（卷六•版引檐。本卷第 68 頁下；“陳氏點注本”第一册第 135 頁）

屋蓋 [wū gài]

自構造言，房屋槫以上，自椽至瓦面、脊、獸，統稱屋蓋；屋頂外觀最上部分亦可稱爲屋蓋。（卷五•梁。本卷第 59 頁下；“陳氏點注本”第一册第 100 頁）

屋廢 [wū fèi]

厦兩頭或不厦兩頭造的兩際，懸挑於山牆以外的部分。（卷五•棟。本卷第 61 頁下；“陳氏點注本”第一册第 107 頁）

城 [chéng]

城市的圍牆，夯土築成，高約 40 丈，厚約 60 尺。每面斜收 10 尺，每面有門，門上建樓，有護門甕城，城外壁每隔一段築馬面。每城身長 7 尺 5 寸，栽永定柱夜叉木，每築高 5 尺横用紝木一條。（卷三•城。本卷第 48 頁下；“陳氏點注本”第一册第 55 頁）

城門道 [chéng mén dào]

宋代城門尚不用塼石發券，而用木架支承，門洞上築城樓。（卷十九•城門道功限。本卷第 141 頁上；“陳氏點注本”第二册第 196 頁）

城基 [chéng jī]

城牆的基礎。隨城厚開地深五尺。（卷三・城。本卷第 48 頁下；“陳氏點注本”第一册第 55 頁）

城壁水道 [chéng bì shuǐ dào]

自城面沿牆排水至城外地道的水槽。廣一尺一寸，深六寸，沿高分成若干級，高二尺，廣六寸。用趄模塼砌成，兩邊各廣一尺八寸，至地面側砌塼散水方六尺。（卷十五・城壁水道。本卷第 116 頁下；“陳氏點注本”第二册第 102 頁）

柱 [zhù]

又名“楹”。木結構房屋主要的垂直構件。高不超過間廣。一般截面爲圓形，如用方形，則另名“方柱”。徑 42 至 45 份，一般房屋亦可小至 21 份。以使用位置不同，分爲“平柱”“下檐柱”“角柱”“屋内柱”（或“内槽柱”）。柱由平柱至角柱依次加高，爲“生起”。立柱向内略傾側，爲“側脚”。柱又以外形有直柱、梭柱之别。詳見各專條。（卷五・柱。本卷第 60 頁上；“陳氏點注本”第一册第 102 頁）

柱首 [zhù shǒu]

柱的上端。（卷五・柱。本卷第 60 頁下；“陳氏點注本”第一册第 103 頁）

柱梁作 [zhù liáng zuò]

房屋結構主要由柱梁組成，間用枓子，不用鋪作，名柱梁作。（卷五・舉折。本卷第 63 頁上；“陳氏點注本”第一册第 113 頁）

柱脚 [zhù jiǎo]

柱的下端。（卷五・柱。本卷第 60 頁下；“陳氏點注本”第一册第 103 頁）

柱脚方 [zhù jiǎo fāng]

平坐柱頭鋪作上的大料，用以承受上層柱脚。又小木作殿内帳坐等内部所用方木，用以承上部帳柱。（卷四・平坐，卷九・佛道帳。本卷第 58 頁上、第 83 頁上；“陳氏點注本”第一册第 93、191 頁）

柱頭方 [zhù tóu fāng]

鋪作扶壁栱所用方木均名柱頭方。（卷四・總鋪作次序。本卷第 57 頁上；“陳氏點

注本”第一册第 90 頁）

柱頭鋪作 [zhù tóu pū zuò]

外檐鋪作之位於柱頭之上的鋪作。（卷四•總鋪作次序。本卷第 57 頁上；“陳氏點注本”第一册第 88 頁）

柱頭壁栱 [zhù tóu bì gǒng]

即扶壁栱或影栱。詳“扶壁栱”條。（卷四•總鋪作次序。本卷第 57 頁下；“陳氏點注本”第一册第 91 頁）

柱頭仰覆蓮華胡桃子 [zhù tóu yǎng fù lián huā hú táo zi]

用於方亭或八角亭頂棖桿下端裝飾。多由旋作旋製，大木安裝。（卷十二•殿堂等雜用名件。本卷第 101 頁上；“陳氏點注本”第二册第 36 頁）

柱礎 [zhù chǔ]

安於基礎之上承柱脚的礎石。方爲柱徑的一倍。方一尺四寸以下，每方一尺厚八寸；方三尺以上，厚爲方之半，最厚三尺止。柱礎面上造覆盆或仰覆蓮華，並可造多種華飾。（卷三•柱礎。本卷第 49 頁上；“陳氏點注本”第一册第 58 頁）

柎 [fū]

即替木。詳“替木”條。（卷二•柎，卷五•柎。本卷第 41 頁上、第 62 頁上；“陳氏點注本”第一册第 26、109 頁）

架 [jià]

屋架上兩槫之間的距離，亦即椽子的水平長度。房屋側面的總深度（屋架的總長）均以架或椽計量。（卷五•椽。本卷第 62 頁上；“陳氏點注本”第一册第 110 頁）

柍棖 [yǎng chéng]

即出際或屋廢。詳“出際”條。（卷二•兩際。本卷第 41 頁上；“陳氏點注本”第一册第 26 頁）

柏木樁 [bǎi mù zhuāng]

瓦作正脊鴟獸内所用木樁。（卷十三·用鴟尾。本卷第 106 頁上；“陳氏點注本”第二册第 56 頁）

拽後榥 [zhuài hòu huàng]

經帳等大型設施，其基座等内部框架的構件，各種部位使用的木構件通稱爲“榥”，依其使用部位有各種不同名稱。詳細做法不詳。（卷十一·轉輪經藏。本卷第 97 頁上；“陳氏點注本”第二册第 9 頁）

拽脚 [zhuài jiǎo]

各種斜置構件的底長。（卷三·重臺鉤闌，卷七·胡梯，卷十五·慢道。本卷第 50 頁上、第 74 頁下、第 116 頁上；“陳氏點注本”第一册第 62、157 頁，第二册第 100 頁）

拽勘 [zhuài kān]

即試安裝。如瓦瓦須先在屋面上逐隴排放，勘查每隴行是否恰當，每瓦兩頭與上下瓦銜接是否緊密，細加修整後始能用灰瓦實。（卷十三·結瓦。本卷第 104 頁下；“陳氏點注本”第二册第 49 頁）

挑白 [tiǎo bái]

在木版上做透空的華文。如在木版上做格子門毬文格眼，而不是用木條拼做格眼。（卷二十四·彫木作。本卷第 171 頁下；“陳氏點注本”第三册第 33 頁）

挑斡 [tiǎo wò]

凡下面懸空、上面承受荷重的形式，均名挑斡。如下昂後部懸空尾端承受荷重，名“昂尾挑斡”；樓版下部懸空版面荷重，名“棚栿挑斡”。（卷四·飛昂，卷六·版引檐。本卷第 55 頁下、第 68 頁下；“陳氏點注本”第一册第 82、136 頁）

掙昂 [zhèng áng]

即插昂。詳“插昂”條。（卷四・飛昂。本卷第 55 頁上；“陳氏點注本”第一册第 82 頁）

映粉碾玉 [yìng fěn niǎn yù]

彩畫碾玉裝的變體。即在碾玉裝圖案華文用墨線處又加白線描畫。（卷十四・碾玉裝。本卷第 112 頁下；“陳氏點注本”第二册第 84 頁）

洪門栿 [hóng mén fú]

城門道所用大梁。長 25 尺，廣 1.5 尺，厚 1 尺。其具體構造尚不詳。（卷十九・城門道功限。本卷第 141 頁上；“陳氏點注本”第二册第 196 頁）

涎衣木 [xián yī mù]

木造城門道頂架的構件。其制不詳。（卷十九・城門道功限。本卷第 141 頁下；“陳氏點注本”第二册第 197 頁）

胡梯 [hú tī]

即樓梯。（卷七・胡梯。本卷第 74 頁下；“陳氏點注本”第一册第 157 頁）

背版 [bèi bǎn]

凡面露明的版皆名背版。如平棊、平闇上所用。（卷十・牙脚帳。本卷第 87 頁下；“陳氏點注本”第一册第 209 頁）

皇城内屋[①] [huáng chéng nèi wū]

（卷二十五・彩畫作。本卷第 176 頁上；“陳氏點注本”第三册第 50 頁）

盆脣（盆脣木）[pén chún（pén chún mù）]

鉤闌尋杖下方的通間長構件，上坐癭項雲栱以承尋杖，下接蜀柱。木製者名盆脣木。（卷三・重臺鉤闌，卷八・鉤闌。本卷第 50 頁下、第 79 頁上；“陳氏點注本”第一册第 63、176 頁）

斫砟 [zhuó zhà]

石料加工的第五個工序。用斧剁石面使平。（卷三・造作次序。本卷第 49 頁上；“陳氏點注本”第一册第 57 頁）

看窗 [kàn chuāng]

泛指位置較低、便於向外瞭望的窗。（卷六・睒電窗。本卷第 66 頁下；“陳氏點注本”第一册第 128 頁）

虹面壘砌 [hóng miàn lěi qì]

即塼鋪道路使路面中心略微曲凸向上。（卷十五・露道。本卷第 116 下；“陳氏點注本”第二册第 102 頁）

紅灰 [hóng huī]

紅色灰漿。每石灰 15 斤、土朱 5 斤、赤土 11 斤半合成。（卷十三・用泥。本卷第 107 頁下；“陳氏點注本”第二册第 61 頁）

[①] 此條僅列名目，未作解釋。

紅或搶金碾玉 [hóng huò qiǎng jīn niǎn yù]

彩畫作碾玉裝的變體，於青綠碾玉裝中間以紅色和貼金。（卷二十五・彩畫作。本卷第 176 頁上；“陳氏點注本”第三册第 49 頁）

退暈 [tuì yùn]

彩畫疊暈方式之一。疊暈一般深色在外、淺色在内。兩道疊暈並行則兩疊暈中的淺色相接爲“疊暈”，如内側疊暈的深色在外，與外側的淺色相接，即爲退暈。（卷十四・碾玉裝。本卷第 112 頁下；“陳氏點注本”第二册第 84 頁）

計心（計心造）[jì xīn（jì xīn zào）]

鋪作跳頭上用橫栱、昂稱“計心造”，不用橫栱、昂稱“偷心造”。（卷四・總鋪作次序。本卷第 57 頁上；“陳氏點注本”第一册第 90 頁）

穿心串 [chuān xīn chuàn]

拒馬叉子於馬銜木上用串聯係密排的櫺子，名穿心串。（卷八・拒馬叉子。本卷第 77 頁下；“陳氏點注本”第一册第 170 頁）

穿串上層柱身 [chuān chuàn shàng céng zhù shēn]

平坐鋪作裏跳，不用栱枓只用外跳延伸方木疊壘。或挑斡上面棚栿，或穿過上層柱身。（卷十七・樓閣平坐補間鋪作用栱枓等數。本卷第 131 頁下；“陳氏點注本”第二册第 160 頁）

穿鑿 [chuān záo]

動詞，即開鑿接榫的卯眼。（卷十九・殿堂梁柱等事件功限。本卷第 140 頁上；“陳氏點注本”第二册第 192 頁）

草色 [cǎo sè]

植物顏料之通稱。（卷十四・總制度。本卷第 109 頁下；“陳氏點注本”第二册第 71 頁）

草架側樣 [cǎo jià cè yàng]

參閲“定側樣”條。草架側樣即横斷面圖，“草架”指屋内平棊、平闇以上的屋架。（卷三十一 • 大木作制度圖樣下。本卷第 218、219 頁；“陳氏點注本”第四册第 5～8 頁）

草栿（草牽梁、草欅間）[cǎo fú（cǎo qiān liáng、cǎo pàn jiān）]

凡大木構件名稱前加“草”字，均指用於平棊、平闇以上的構件，此類構件隱蔽在天花版之上，故不作精細加工。（卷四 • 平坐，卷五 • 梁、侏儒柱。本卷第 58 頁上下、第 61 頁下；“陳氏點注本”第一册第 93、96、106 頁）

草葽 [cǎo yāo]

以麥草、稻草隨手打成的短繩，隨用隨打。（卷三 • 城。本卷第 48 頁下；“陳氏點注本”第一册第 55 頁）

神龕壼門 [shén kān kǔn mén]

佛道帳等的正門，做成壼門形。（卷十一 • 壁藏。本卷第 96 頁下；“陳氏點注本”第二册第 18 頁）

虻翅[①] [méng chì]

最簡略的房屋（如營屋）所用蜀柱兩側，用小方木立平梁上支斜撐於蜀柱中下段（即叉手之簡化），所用小橕名“虻翅”。（卷十九 • 營屋功限。本卷第 144 頁上；“陳氏點注本”第二册第 208 頁）

① “虻”通常寫作“蝱”。

十　畫

馬面 [mǎ miàn]

城牆外側每隔百米左右凸出一段，寬、深約與城寬相等，高亦與城相等，名馬面。爲防衛攻城所必需。（卷三・城。本卷第 48 頁下；“陳氏點注本”第一册第 55 頁）

馬臺 [mǎ tái]

石臺，兩三級高，爲便於上馬所設。多位於大門之外，兩側各一。（卷三・馬臺。本卷第 52 頁上；“陳氏點注本”第一册第 68 頁）

馬銜木 [mǎ xián mù]

拒馬叉子每間兩邊所用。參閲“拒馬叉子”條。（卷八・拒馬叉子。本卷第 78 頁上；“陳氏點注本”第一册第 170 頁）

馬頭 [mǎ tóu]

河岸邊築的梯級臺挑，便於上下船隻。（卷三・築臨水基。本卷第 48 頁下；“陳氏點注本”第一册第 56 頁）

馬槽 [mǎ cáo]

塼砌飼馬的料槽。（卷十五・馬槽。本卷第 117 頁上；“陳氏點注本”第二册第 104 頁）

柴梢 [chái shāo]

臨水邊的房屋基礎，先開深一丈八尺，用柴鋪壘厚一丈五尺，名柴梢。每岸長五尺，打徑五至六寸、長一丈七尺樁一條，柴梢上再用膠土夯打令實。（卷三・築臨水基。本卷第 48 頁下；“陳氏點注本”第一册第 56 頁）

柴棧 [chái zhàn]

屋面宼瓦鋪襯之一，先在椽子上鋪疊木柴，名爲柴棧。其上用膠泥編抹均匀，再用純石灰宼瓦。（卷十三・用瓦。本卷第 105 頁上；“陳氏點注本”第二册第 51 頁）

庯峻 [bū jùn]

即舉折。詳“舉折”條。（卷二・舉折。本卷第 42 頁下；“陳氏點注本”第一册第 30 頁）

荻箔 [dí bó]

椽上鋪箔，用以托泥宽瓦。箔有荻箔、葦箔之分。詳“竹笆”條。（卷十三・用瓦。本卷第 105 頁上；“陳氏點注本”第二册第 52 頁）

荼土掍 [tú tǔ hùn]

一種特殊的加工瓦。與青掍瓦做法相同，而所用原料稍異，僅將洛河石改用荼土。參閲“青掍瓦”條。（卷十五・青掍瓦。本卷第 119 頁上；“陳氏點注本”第二册第 111 頁）

徑圍斜長 [jìng wéi xié cháng]

各種幾何形平面的周長、邊長、直徑等，宋代建築實踐中規定的標準数據。計有六項。

圓：徑七，其圍二十有一（圍即周長）。

方：一百，其斜（對角線）一百四十有一。

八棱：徑六十，每面二十有五，其斜六十有五。

六棱：徑八十有七，每面五十，其斜一百。

圓徑内取方：一百中得七十一。

方内取圓：徑一得一（八棱、六棱取圓同）。（卷二・總例。本卷第 46 頁上；“陳氏點注本”第一册第 45 頁）

真尺 [zhēn chǐ]

測定短距離内水平的工具。於長一丈八尺的木尺上立一垂直的木版，版上定出垂

直黑線，用繩垂懸吊正，則尺得水平。（卷三・定平。本卷第 48 頁上；“陳氏點注本”第一册第 53 頁）

真金地 [zhēn jīn dì]

彩畫貼真金的襯地。先刷鰾膠水，候乾，刷白鉛粉，候乾又刷，共五遍。又刷土朱鉛粉，候乾又刷，共五遍。然後可用熟薄膠水貼金。（卷十四・總制度。本卷第 109 頁下；“陳氏點注本”第二册第 72 頁）

剗削 [chǎn xuē]

動詞。夯築城牆等，築完後須將牆表面修刮平整，名剗削。（卷三・牆。本卷第 48 頁下；“陳氏點注本”第一册第 56 頁）

剔地起突 [tī dì qǐ tū]

石作彫刻形式之一，在石塊上彫作禽獸等。近於現代高浮彫或圓彫。（卷三・造作次序。本卷第 49 頁上；“陳氏點注本”第一册第 57 頁）

剔地 [tī dì]

又名“剔填”。五彩徧裝等梁額中先畫華文，然後剔填華文內地色，令淺色在外，與外棱對暈。（卷十四・五彩徧裝。本卷第 111 頁下；“陳氏點注本”第二册第 81 頁）

剔填 [tī tián]

詳“剔地”條。（卷十四・總制度。本卷第 109 頁下；“陳氏點注本”第二册第 72 頁）

剜鑿流盃 [wān záo liú bēi]

流盃渠有兩種做法，於石塊剜鑿渠道者爲剜鑿流盃，用石塊壘砌出渠道名壘造流盃。（卷三・流盃渠。本卷第 51 頁上；“陳氏點注本”第一册第 65 頁）

條子瓦 [tiáo zi wǎ]

疊脊用瓦，以瓪瓦一口，十字分爲四片。（卷二十六・瓦作。本卷第 181 頁下；

“陳氏點注本”第三册第 71 頁）

條桱 [tiáo jìng]

鉤闌、照壁屏風骨所用，拼鬬各種格眼、透空圖案的欞條。（卷六•照壁屏風骨，卷八•鉤闌。本卷第 67 頁下、第 79 頁下；“陳氏點注本”第一册第 131、177 頁）

條塼 [tiáo zhuān]

宋代條塼有三種規格：

長一尺三寸、廣六寸五分、厚二寸五分；

長一尺二寸、廣六寸、厚二寸（以上兩種是一般常用塼）；

長二尺一寸、廣一尺一寸、厚二寸五分，專用於階頭，名“壓闌塼”。（卷十五•塼。本卷第 118 頁下；“陳氏點注本”第二册第 109 頁）

展拽 [zhǎn zhuài]

動詞，大木作鋪作試安裝工作。（卷十七•鋪作每間用方桁等數。本卷第 134 頁上；“陳氏點注本”第二册第 169 頁）

狼牙栿（狼牙版）[láng yá fú（láng yá bǎn）]

城門道木梁架構件，其制不詳。（卷十三•結瓦，卷十九•城門道功限。本卷第 104 頁下、第 141 頁上；“陳氏點注本”第二册第 49、196 頁）

峻脚 [jùn jiǎo]

殿堂構造，屋内每槽四周平棊與鋪作相接處，用椽承版做成斜面，名峻脚，所用小料名“峻脚椽”。（卷五•梁。本卷第 59 頁下；“陳氏點注本”第一册第 100 頁）

峻脚椽 [jùn jiǎo chuán]

詳“峻脚”條。（卷五•梁。本卷第 59 頁下；“陳氏點注本”第一册第 100 頁）

挾門柱 [xié mén zhù]

烏頭門兩側之柱。上冠烏頭，下栽入地。（卷六•烏頭門。本卷第 65 頁下；“陳氏

點注本”第一册第 123 頁）

挾屋 [xié wū]

殿閣廳堂兩側規格較小的房屋。用材較殿身減小一等（後代稱“朶殿”）。（卷四・材。本卷第 53 頁上；“陳氏點注本”第一册第 74 頁）

栔 [qì]

宋代建築設計用模數“材”之分模數。高 6 份，厚 4 份。（卷四・材。本卷第 53 頁下；“陳氏點注本”第一册第 75 頁）

栿 [fú]

即梁。詳“梁”條。（卷五・梁。本卷第 58 頁下；“陳氏點注本”第一册第 96 頁）

栿項 [fú xiàng]

角梁的梁頭、梁尾，或做成出跳栱，或入柱，均自下留高 21 份，自枓心下量長 38 份，斜至栿背卷殺盡處。故此一段名“斜項”，又名“栿項”。（卷五・梁。本卷第 59 頁下；“陳氏點注本”第一册第 99 頁）

栿項柱 [fú xiàng zhù]

即柱身開卯口，承受梁栿項之柱。（卷十九・營屋功限。本卷第 144 頁上；“陳氏點注本”第二册第 206 頁）

栽、榦[①] [zāi、gàn]

築牆長版名“栽”，又名“膊版”“膊椽”。夯土的木杵名“榦”，又名“牆師”。（卷一・牆。本卷第 37 頁上；“陳氏點注本”第一册第 11 頁）

栱 [gǒng]

鋪作組成構件之一。栱有五種，即華栱、泥道栱、瓜子栱、慢栱、令栱。栱之斷

[①] 原文如此，似應拆分爲“栽”“榦”兩個詞條。

面華栱爲一足材，後四種均爲一單材，栱頭上留 6 份，下殺 9 份。參閲各栱專條。（卷四·栱。本卷第 53 頁下；“陳氏點注本”第一册第 76 頁）

栱口 [gǒng kǒu]

各栱與華栱相交之卯口。華栱於底面開口深 5 份，寬 20 份，口上當中兩面各開子口；通栱身寬 10 份，深 1 份。泥道栱、瓜子栱、慢栱均上開口深 10 份，寬 8 份。（卷四·栱。本卷第 54 頁下；“陳氏點注本”第一册第 79 頁）

栱眼 [gǒng yǎn]

栱身上面除安枓部位留出平面外，兩枓之間的外棱均鑿去 3 份，名爲栱眼。（卷四·栱。本卷第 54 頁下；“陳氏點注本”第一册第 78 頁）

栱眼壁（栱眼壁版） [gǒng yǎn bì（gǒng yǎn bì bǎn）]

兩朵鋪作間的空當用版封閉（或編竹抹灰造），即栱眼壁版，其上亦須作彩畫。（卷七·栱眼壁版。本卷第 75 頁上；“陳氏點注本”第一册第 159 頁）

栱頭 [gǒng tóu]

栱的兩端。其下角卷殺（斫造）成圓角。（卷四·栱，卷七·栱眼壁版。本卷第 54 頁上、第 75 頁上；“陳氏點注本”第一册第 78、159 頁）

格眼 [gé yǎn]

門窗上部在邊框内用木條拼成透空的多種圖案華文，名爲格眼，所用木條名“條桱”。（卷七·格子門。本卷第 70 頁下；“陳氏點注本”第一册第 142 頁）

格子門 [gé zi mén]

帶格眼的門。（卷七·格子門。本卷第 70 頁下；“陳氏點注本”第一册第 142 頁）

格身版柱 [gé shēn bǎn zhù]

疊澁坐，上下澁之間爲束腰，束腰露明部分較高，多用柱分隔成若干段，每段中做成壺門，柱子凸出不高，故名版柱。（卷三·壇。本卷第 51 頁下；“陳氏點注本”第一册第 66 頁）

流盃渠 [liú bēi qú]

亭榭等地面石塊疊砌或剜鑿的小水渠，迂迴曲折成圖案。（卷三·流盃渠。本卷第51頁上；"陳氏點注本"第一册第65頁）

海石榴華 [hǎi shí liú huā]

石作常用華文之一。即"石榴華"。（卷三·造作次序。本卷第49頁上；"陳氏點注本"第一册第57頁）

被篾 [bèi miè]

畫壁底層上用竹篾一道。參閱"畫壁""沙泥"條。（卷二十五·泥作。本卷第175頁下；"陳氏點注本"第三册第47頁）

衮砧 [gǔn zhēn]

用於叉子望柱下。木製方直，或彫雲頭。（卷八·叉子。本卷第78頁下；"陳氏點注本"第一册第174頁）

連身對隱 [lián shēn duì yǐn]

凡襻間等全間長方木，其兩出頭做成半令栱、另一半在方身上刻出栱的輪廓，是爲連身對隱。（卷五·侏儒柱。本卷第61頁上；"陳氏點注本"第一册第106頁）

連珠枓 [lián zhū dǒu]

用上昂的鋪作，昂下華栱頭上須以兩枓重疊，名爲連珠枓。（卷四·飛昂。本卷第55頁下；"陳氏點注本"第一册第84頁）

連栱交隱 [lián gǒng jiāo yǐn]

轉角鋪作與補間鋪作相距過近，跳頭上横栱抵觸，即相連製作刻出兩栱頭交叉之形，即連栱交隱。（卷四·總鋪作次序。本卷第57頁下；"陳氏點注本"第一册第91頁）

連梯 [lián tī]

小木作中殿堂内佛道帳等的基座内部構造，最底層鋪於地面的木盤座多爲長條形，兩條邊框間用横木如梯形。（卷八・拒馬叉子。本卷第 77 頁下；“陳氏點注本”第一册第 170 頁）

造作 [zào zuò]

動詞，即製造。（卷十九・殿堂梁柱等事件功限。本卷第 140 頁上；“陳氏點注本”第二册第 192 頁）

造作功 [zào zuò gōng]

即製造所用的功數，宋代各作計算功數多按製造、彫鐫、安裝、拽勘等分别計算。（卷十九・殿堂梁柱等事件功限。本卷第 140 頁上；“陳氏點注本”第二册第 192 頁）

通用釘料例 [tōng yòng dīng liào lì]

《營造法式》“料例”中的一章，詳例宋代用釘的種數規格。計有八種釘，最大的釘長一尺二寸，重八兩三錢；最小的釘長八分，每一百枚重一兩。（卷二十八・通用釘料例。本卷第 192 頁上；“陳氏點注本”第三册第 113 頁）

透空氣眼 [tòu kōng qì yǎn]

牆内柱脚四周留出空道，於牆外砌透空華文塼，即透空氣眼。（卷二十五・塼作。本卷第 177 頁上；“陳氏點注本”第三册第 54 頁）

透栓 [tòu shuān]

版門門縫内的小木栓。（卷六・版門。本卷第 64 頁下；“陳氏點注本”第一册第 120 頁）

倉廒庫屋 [cāng áo kù wū]

房屋類型之一。倉廒即糧倉，存放兵器及其他物品的均稱庫。（卷十九・倉廒庫屋功限。本卷第 141 頁下；“陳氏點注本”第二册第 198 頁）

套獸 [tào shòu]

套掛在子角梁頭上的裝飾獸頭。（卷十三・用獸頭等。本卷第106頁下；“陳氏點注本”第二册第57頁）

師子 [shī zi]

即獅子，石作華文裝飾題材之一。（卷十六・角石。本卷第123頁上；“陳氏點注本”第二册第127頁）

射垛 [shè duǒ]

練習射箭的靶子。用墼壘成，其上分爲五個峯頭，左右又各建較低的垛牆，名“子垛”。參閱“子垛”條。（卷十三・壘射垛。本卷第109頁上；“陳氏點注本”第二册第67頁）

烏頭（烏頭門）[wū tóu (wū tóu mén)]

又名“烏頭綽楔門”，俗稱“欞星門”，一種不用門樓屋獨立的“門”。只用兩條立柱，各用兩條搶柱建立穩固，柱上套瓦製柱頭帽，名爲烏頭。兩柱間安裝兩扇上半裝欞子的門。（卷二・烏頭門，卷六・烏頭門。本卷第43頁上、第65頁上；“陳氏點注本”第一册第33、121頁）

釜竈（釜鑊竈）[fǔ zào (fù huò zào)]

烹飪專用竈，大鍋安於竈口中。泥作用墼壘砌。（卷十三・釜鑊竈。本卷第108頁下；“陳氏點注本”第二册第65頁）

脊槫 [jǐ tuán]

屋蓋正脊下的槫，在屋架的最高處。（卷五・舉折。本卷第63頁上；“陳氏點注本”第一册第113頁）

脊串 [jǐ chuàn]

又稱“順脊串”。在蜀柱間與脊槫平行。（卷八·井亭子。本卷第 80 頁下；“陳氏點注本”第一册第 181 頁）

料例 [liào lì]

《營造法式》主要内容之一。包括各項工作使用材料的定額，各種材料的種類、規格，各種灰泥、顔料的配合比例。（卷二十六～二十八）

破子櫺（破子櫺窗）[pò zi líng（pò zi líng chuāng）]

窗櫺之一種。以四分方形木條，斜角鋸成兩條三角形，寬五分八、厚二分六，用作窗櫺，尖面向外，寬面在内。（卷六·破子櫺窗。本卷第 66 頁上；“陳氏點注本”第一册第 126 頁）

破灰 [pò huī]

粉刷用灰之一種。每石灰一斤，加白蔑土四斤八兩，每石灰十斤，用麥麪九斤，合成。（卷十三·用泥。本卷第 107 頁下；“陳氏點注本”第二册第 62 頁）

粉暈 [fěn yùn]

彩畫華文於襯地上用赭筆起稿，並於赭筆旁再用粉筆描道，即爲粉暈。（卷十四·總制度。本卷第 109 頁下；“陳氏點注本”第二册第 72 頁）

粉地 [fěn dì]

即白色地，彩畫中五彩徧裝疊暈用。（卷十四·五彩徧裝。本卷第 111 頁上；“陳氏點注本”第二册第 79 頁）

粉道 [fěn dào]

彩畫中碾玉裝疊暈淺色之外用粉描道。（卷十四·碾玉裝。本卷第 112 頁下；“陳氏點注本”第二册第 84 頁）

笏首（笏頭碣）[hù shǒu（hù tóu jié）]

碑碣的一種形式。上爲笏首，下爲方座。是較小型、不加彫飾的碑。（卷三·笏頭碣。本卷第 52 頁下；“陳氏點注本”第一册第 71 頁）

素方 [sù fāng]

即高廣一材的木方。（卷四·總鋪作次序。本卷第 57 頁上；“陳氏點注本”第一册第 90 頁）

素平 [sù píng]

石作彫鐫制度之四。石面斫砟，磨礲光平，不加任何彫飾。（卷三·造作次序。本卷第 49 頁上；“陳氏點注本”第一册第 57 頁）

素覆盆 [sù fù pén]

石柱礎上僅造出覆盆形式，不加彫飾。（卷十六·柱礎。本卷第 122 頁下；“陳氏點注本”第二册第 125 頁）

起突卷葉華 [qǐ tū juǎn yè huā]

一種彫刻形式，在彫作中自成一項。但如何“卷葉”，其形不詳。更有“每一葉之上三卷者爲上，兩卷者次之，一卷者又次之”，如何三卷、兩卷、一卷均不詳。（卷十二·起突卷葉華，卷三十二·彫木作制度圖樣。本卷第 100 頁上、第 240 頁上；“陳氏點注本”第二册第 32 頁、第四册第 105 頁）

華子 [huā zi]

平棊、藻井背版上的華文，有兩種做法：

1. 用彩畫畫出；

2. 用薄版彫出，着色後貼於背版。

後一方法由彫作彫出“華”，名爲華子。（卷八·鬭八藻井。本卷第 77 頁上；“陳氏點注本”第一册第 167 頁）

華文 [huā wén]

彩畫制度所用華文圖案等有六種主題，即“華文”九品、“瑣文”六品、“飛仙”二品、“飛禽”三品、“走獸”四品、“雲文”二品。九品華文爲海石榴華、寶相華、蓮荷華、團科寶照、圈頭合子、豹脚合暈、瑪瑙地、魚鱗旗脚、圈頭柿蒂。（卷十四•五彩徧裝。本卷第111頁上；“陳氏點注本”第二册第77頁）

華心枓 [huā xīn dǒu]

即齊心枓。詳“齊心枓”條。（卷四•枓。本卷第56頁下；“陳氏點注本”第一册第87頁）

華托柱 [huā tuō zhù]

折檻鉤闌於蜀柱内另加的小柱。（卷八•鉤闌。本卷第79頁下；“陳氏點注本”第一册第177頁）

華版 [huā bǎn]

腰華版的簡稱。參閱“大華版”“小華版”條。（卷六•烏頭門。本卷第65頁上；“陳氏點注本”第一册第121頁）

華盆地霞 [huā pén dì xiá]

石作重臺鉤闌束腰下的裝飾構件。（卷三•重臺鉤闌。本卷第50頁下；“陳氏點注本”第一册第63頁）

華栱 [huā gǒng]

櫨枓口内的出跳栱，自一跳重疊至五跳。柱頭鋪作上用足材，補間鋪作上用單材，每跳之長最大30份。每頭以四瓣卷殺，每瓣長4份，與泥道栱相交。於底面開口深5份，廣20份，口上兩面開子廕通栱身，廣10份，深1份。又名“卷頭”“跳頭”“抄栱”。（卷四•栱。本卷第53頁下；“陳氏點注本”第一册第76頁）

華塼 [huā zhuān]

表面有華文的塼。用於鋪砌慢道。（卷十五•慢道。本卷第116頁下；“陳氏點注本”第二册第101頁）

華頭子 [huā tóu zi]

華栱頭跳之上如出下昂，則第二跳華栱頭改作華頭子（只長9份），托於昂底。

（卷四•栱。本卷第 54 頁下；“陳氏點注本”第一册第 79 頁）

華頭瓻瓦 [huā tóu tǒng wǎ]

檐頭第一口有瓦當的瓦。（卷十三•結瓦。本卷第 104 頁下；“陳氏點注本”第二册第 49 頁）

華廢 [huā fèi]

厦兩頭屋蓋兩山垂脊之外，横向排列的短瓦隴。清代名“排山溝滴”。（卷十三•結瓦。本卷第 104 頁下；“陳氏點注本”第二册第 49 頁）

十一畫

偷心（偷心造）[tōu xīn（tōu xīn zào）]

鋪作出跳上交互枓口内，只承上一跳，不用横栱，即爲偷心。（卷四•總鋪作次序。本卷第 57 頁下；“陳氏點注本”第一册第 91 頁）

側脚 [cè jiǎo]

殿閣廳堂所用立柱，自心間起均向屋内及左右傾側，名爲側脚。正面所見側脚爲 1%，側面所見爲 8‰，至角柱兩面同。（卷五•柱。本卷第 60 頁下；“陳氏點注本”第一册第 103 頁）

側様 [cè yàng]

即房屋横斷圖。參閲“定側様”“草架側様”條。（卷五•舉折。本卷第 63 頁上；“陳氏點注本”第一册第 112 頁）

琉璃瓦 [liú li wǎ]

瓦露明面上燒琉璃釉。其規格同一般瓦。（卷十五•琉璃瓦等。本卷第 118 頁下；“陳氏點注本”第二册第 110 頁）

副子 [fù zi]

階基踏道兩邊的石條。清稱“垂帶石”。（卷三・踏道。本卷第 50 頁上；“陳氏點注本”第一册第 61 頁）

副肘版 [fù zhǒu bǎn]

大型門扉用厚版拼合成，所用木版厚薄不同，木版最裏上下帶門軸的最厚，最外一版稍薄，當中各版最薄。最厚的稱肘版，其次稱副肘版。（卷六・版門。本卷第 64 頁上；“陳氏點注本”第一册第 118 頁）

副階 [fù jiē]

殿閣廳堂等房屋，在緊靠殿身之外加建深兩椽、總高不超過殿堂檐柱、一面坡屋蓋的獨立附屬房屋，即爲副階。副階之内可作平棊、平闇、小鬭八藻井；用材應較殿身小一等；所用鋪作可以與殿身同，也可減一鋪。（卷四・總鋪作次序。本卷第 57 頁下；“陳氏點注本”第一册第 92 頁）

廂壁版 [xiāng bì bǎn]

1. 石作券洞兩側的券脚。

2. 小木作水槽、裏栿版等兩側直立的木版。（卷三・卷輂水窗，卷六・水槽。本卷第 51 頁下、第 68 頁下；“陳氏點注本”第一册第 67、136 頁）

彩畫（彩畫作） [cǎi huà（cǎi huà zuò）]

《營造法式》中十三個工種之一。在柱梁鋪作上，以青、緑、朱三色爲主作彩畫，又稱“裝鑾”，僅用粉、朱、丹三色刷染屋宇門窗，名“刷飾”。彩畫裝鑾有四種，即五彩徧裝、碾玉裝、青緑疊暈棱間裝、解緑裝。刷飾有丹粉刷飾及黄土刷飾兩種。（卷二、十四、二十五、二十七、三十三、三十四）

階脣 [jiē chún]

階基最外的邊緣。（卷十五・用塼。本卷第 115 頁下；“陳氏點注本”第二册第

97 頁）

階基 [jiē jī]

殿門廳堂等最下用塼石壘砌的基座。（卷十五・壘階基。本卷第 115 頁下；“陳氏點注本”第二册第 98 頁）

階頭 [jiē tóu]

階基自下檐柱以外的深度，60～70 份。（卷三・殿階基。本卷第 49 頁下；“陳氏點注本”第一册第 60 頁）

虛柱 [xū zhù]

虛懸的柱子，即“垂柱”。（卷九・佛道帳。本卷第 83 頁上；“陳氏點注本”第一册第 192 頁）

虛柱頭 [xū zhù tóu]

虛柱柱頭，彫刻成各種裝飾形象。（卷二十四・旋作。本卷第 172 頁下；“陳氏點注本”第三册第 37 頁）

虛柱蓮華蓬 [xū zhù lián huā péng]

虛柱柱頭最常用的裝飾形式，作成蓮華形。（卷二十四・彫木作。本卷第 170 頁上；“陳氏點注本”第三册第 25 頁）

剪邊 [jiǎn biān]

不廈兩頭造，屋面垂脊之外順坡用㼧瓦一隴，稱剪邊。（卷十三・壘屋脊。本卷第 105 頁下；“陳氏點注本”第二册第 54 頁）

廊屋 [láng wū]

建築組群中正屋、副階、挾屋以外的房屋通稱廊屋。（卷四・材。本卷第 53 頁上；“陳氏點注本”第一册第 74 頁）

廊庫屋 [láng kù wū]

廊屋、倉庫的合稱。（卷五・椽。本卷第 62 頁下；“陳氏點注本”第一册第 110 頁）

麻華 [má huā]

整齊的麻絲，用泥披布於粉刷壁面上，防止開裂。（卷十三・畫壁。本卷第 107 頁下；"陳氏點注本"第二册第 63 頁）

麻擣 [má dǎo]

亂麻，和石灰泥用。（卷十三・畫壁。本卷第 108 頁上；"陳氏點注本"第二册第 63 頁）

堂 [táng]

即"堂屋"。（卷四・材。本卷第 53 頁上；"陳氏點注本"第一册第 74 頁）

堂屋 [táng wū]

規模質量次於殿的房屋。（卷十三・壘屋脊。本卷第 105 頁上；"陳氏點注本"第二册第 52 頁）

堂閣 [táng gé]

多層的廳堂。詳"廳堂"條。（卷七・堂閣内截間格子。本卷第 72 頁下；"陳氏點注本"第一册第 150 頁）

堂閣内截間格子 [táng gé nèi jié jiān gé zi]

廳堂等屋内的隔斷，上部安格眼，中用腰華，下用障水版。亦可於其中做兩扇可以開閉的格子門。（卷七・堂閣内截間格子。本卷第 72 頁下；"陳氏點注本"第一册第 150 頁）

雀眼網 [què yǎn wǎng]

安掛於窗内或檐下鋪作外，防鳥雀的竹網。亦稱"竹雀眼網"。網内並可相向織出龍鳳人物。（卷二十四・竹作。本卷第 173 頁上；"陳氏點注本"第三册第 39 頁）

彫作 [diāo zuò]

《營造法式》十三個工種之一。亦稱爲"彫木作""彫混作"。混作即立體彫刻成形之物，包括多種神仙、飛禽走獸及纏龍柱。彫刻華文有三大類，即彫插寫生華、起突卷葉華、剔地窪葉華。又於某些構件局部彫刻成一定形式或外形輪廓，如叉子頭、垂魚、惹草、雲栱、撮項等，名爲“實彫”，或有貼絡事件。（卷十二、二十四、三十二）

彫鐫 [diāo juān]

石作彫刻。詳“石作”條。（卷三・造作次序。本卷第 49 頁上；“陳氏點注本”第一册第 57 頁）

彫雲垂魚 [diāo yún chuí yú]

即彫製成雲頭紋的垂魚。（卷三十二・小木作制度圖樣。本卷第 232 頁下；“陳氏點注本”第四册第 76 頁）

彫華雲捲 [diāo huā yún juǎn]

鬭八藻井頂的彫飾。（卷八・鬭八藻井。本卷第 76 頁下；“陳氏點注本”第一册第 165 頁）

從角椽 [cóng jiǎo chuán]

檐至角向角梁散開斜向排列的椽子。（卷八・井亭子。本卷第 80 頁下；“陳氏點注本”第一册第 182 頁）

常行散屋 [cháng xíng sǎn wū]

一般房屋。其質量次於官府廊屋。（卷十三・壘屋脊。本卷第 105 頁下；“陳氏點注本”第二册第 53 頁）

常使方 [cháng shǐ fāng]

木料名稱。長 16～27 尺，廣 0.8～1.2 尺，厚 0.4～0.7 尺。（卷二十六・大木作。本卷第 179 頁下；“陳氏點注本”第三册第 64 頁）

常使方八方 [cháng shǐ fāng bā fāng]

木料名稱。長 13～15 尺，廣 0.6～0.8 尺，厚 0.4～0.5 尺。（卷二十六・大木作。本卷第 180 頁上；“陳氏點注本”第三册第 65 頁）

帳坐 [zhàng zuò]

佛道帳等的基座，多爲木製疊澁坐上安鉤闌，或疊澁坐上加平坐、鋪作、鉤闌。（卷九 • 佛道帳。本卷第 82 頁上；“陳氏點注本”第一册第 188 頁）

帳身 [zhàng shēn]

佛道帳等的主体。或一間，或數間，分内外槽，内槽用平棊藻井，柱上用鋪作。（卷九 • 佛道帳。本卷第 82 頁上；“陳氏點注本”第一册第 187 頁）

帳頭 [zhàng tóu]

佛道帳等的上部。或作九脊屋蓋，或作山華蕉葉，或於腰檐上作天宫樓閣。（卷十 • 牙脚帳。本卷第 88 頁下；“陳氏點注本”第一册第 213 頁）

梧 [wú]

即叉手，又名“斜柱”。詳“叉手”條。（卷一 • 斜柱。本卷第 40 頁上；“陳氏點注本”第一册第 22 頁）

梐枑 [bì hù]

即拒馬叉子。詳“拒馬叉子”條。（卷二 • 拒馬叉子。本卷第 44 頁上；“陳氏點注本”第一册第 37 頁）

梁 [liáng]

承受屋蓋重量的主要構件。《營造法式》中習稱爲栿。以外形不同分“直梁”“月梁”，以加工精粗分“明栿”“草栿”。梁的長度一般以椽數約計：長一椽名“劄牽”，長兩椽名“乳栿”“平梁”，兩椽以上均以椽數稱，如長五椽即名“五椽栿”。（卷五 • 梁。本卷第 58 頁下；“陳氏點注本”第一册第 95 頁）

梁首 [liáng shǒu]

梁的外端，與鋪作相結合的一端，習稱“梁頭”。（卷五 • 梁。本卷第 59 頁上；“陳氏點注本”第一册第 97 頁）

梁尾 [liáng wěi]

梁的裏端，或做榫入柱的一端。（卷五・梁。本卷第 59 頁上；“陳氏點注本”第一册第 98 頁）

梁抹 [liáng mǒ]

即大角梁。詳“大角梁”條。（卷八・鬭八藻井。本卷第 77 頁上；“陳氏點注本”第一册第 167 頁）

梁栿項 [liáng fú xiàng]

即栿項。詳“栿項”條。（卷四・枓。本卷第 56 頁下；“陳氏點注本”第一册第 87 頁）

梢間 [shāo jiān]

房屋正面兩頭最外的一間。（卷四・總鋪作次序。本卷第 57 頁上；“陳氏點注本”第一册第 89 頁）

梭柱 [suō zhù]

柱子上下段加工收小，使成梭形。（卷五・柱。本卷第 60 頁下；“陳氏點注本”第一册第 102 頁）

桯 [tīng]

門窗隔扇等的邊框。（卷六・烏頭門，卷八・平棊。本卷第 65 頁上、第 76 頁下；“陳氏點注本”第一册第 121、164 頁）

梯盤 [tī pán]

佛道帳等大型設備基座内的骨架。（卷十・牙脚帳。本卷第 87 頁下；“陳氏點注本”第一册第 209 頁）

渠道 [qú dào]

流盃渠之渠道。用石鑿成或壘砌成，盤曲成“風”字或“國”字。（卷三·流盃渠。本卷第51頁上；“陳氏點注本”第一册第66頁）

望山子 [wàng shān zi]

彩畫作丹粉刷飾等的一種圖案。（卷十四·丹粉刷飾屋舍。本卷第113頁下；“陳氏點注本”第二册第89頁）

望火樓 [wàng huǒ lóu]

城市中監視火警的小高樓。（卷十九·望火樓功限。本卷第143頁下；“陳氏點注本”第二册第204頁）

望柱 [wàng zhù]

鉤闌分間或轉角處所用柱。其高超過尋杖柱頭，上或作獅子。（卷三·重臺鉤闌。本卷第50頁下；“陳氏點注本”第一册第62頁）

望筒 [wàng tǒng]

測量儀上的部件，用軸安於兩立頰之內。（卷三·取正。本卷第47頁下；“陳氏點注本”第一册第51頁）

斜柱 [xié zhù]

即叉手。詳“叉手”條。（卷五·侏儒柱。本卷第61頁上；“陳氏點注本”第一册第105頁）

斜項 [xié xiàng]

即栿項。詳“栿項”條。（卷五·梁。本卷第59頁上；“陳氏點注本”第一册第97頁）

曹殿 [cáo diàn]

即厦兩頭造。詳“厦兩頭造”條。（卷五·陽馬。本卷第61頁上；“陳氏點注本”

第一册第 105 頁）

毬文 [qiú wén]

格子門格眼之一種，全由半圓弧組成。（卷七・格子門。本卷第 70 頁下；"陳氏點注本"第一册第 142 頁）

混 [hún]

裝飾線脚之一，凸出的圓弧線脚。小木、塼、石等作通用。（卷七・格子門。本卷第 70 頁下；"陳氏點注本"第一册第 142 頁）

混作 [hún zuò]

彫作之一，即圓彫。（卷十二・混作。本卷第 99 頁下；"陳氏點注本"第二册第 30 頁）

混肚方 [hún dù fāng]

表面做成混形的方子。（卷九・佛道帳。本卷第 86 頁下；"陳氏點注本"第一册第 205 頁）

混肚塼 [hún dù zhuān]

塼須彌坐下第二層疊澁塼。（卷十五・須彌坐。本卷第 116 頁下；"陳氏點注本"第二册第 101 頁）

軟門 [ruǎn mén]

用邊框、楅（或腰串）、薄版造成。較版門輕便，多用於組群内部，面上牙頭護縫造。（卷六・軟門。本卷第 65 頁下；"陳氏點注本"第一册第 124 頁）

旋作 [xuán zuò]

《營造法式》十三個工種之一。用車床旋製圓形飾件的工種。（卷十二、二十四）

菉豆褐 [lǜ dòu hè]

彩畫作碾玉裝的顏色處理方式之一。青緑二色相並難於分辨之處，在緑暈上加罩藤黄。（卷十四・碾玉裝。本卷第 112 頁下；“陳氏點注本”第二册第 84 頁）

著蓋腰釘 [zhuó gài yāo dīng]

屋蓋瓦壟於正脊下第四及第八口瓪瓦背用釘，每釘上均加釘帽，故名“著蓋腰釘”。（卷十三・結瓦。本卷第 104 頁下；“陳氏點注本”第二册第 49 頁）

排叉柱 [pái chā zhù]

城門道兩側密排的柱子。（卷三・地栿，卷十九・城門道功限。本卷第 51 頁上、第 141 頁上；“陳氏點注本”第一册第 65 頁、第二册第 196 頁）

捧節令栱 [pěng jié lìng gǒng]

襻間形式之一。每縫梁架，只用令栱、替木托於槫下，不用通間長方。（卷三十・大木作制度圖樣上。本卷第 215 頁上；“陳氏點注本”第三册第 198 頁）

將軍石 [jiāng jūn shí]

用於城門的止扉石。參閱“止扉石”條。（卷三・門砧限。本卷第 51 頁上；“陳氏點注本”第一册第 65 頁）

細色 [xì sè]

彩畫於襯地上所畫的正色，多爲石色。（卷十四・總制度。本卷第 109 頁下；“陳氏點注本”第二册第 72 頁）

細泥 [xì ní]

粉刷牆面的第三道泥。每方一丈用土三擔，和蒴十五斤。（卷十三・用泥。本卷第 107 頁下；“陳氏點注本”第二册第 61 頁）

細棊文素簟 [xì qí wén sù diàn]

竹簟的編織形式之一。其形制不詳。（卷二十四•竹作。本卷第 173 頁上；“陳氏點注本”第三册第 38 頁）

細漉 [xì lù]

石作造作次序之三，用鏨遍鏨。（卷三•造作次序。本卷第 49 頁上；“陳氏點注本”第一册第 57 頁）

細錦 [xì jǐn]

彩畫作五彩徧裝，柱頭額入處所用圖案。（卷十四•五彩徧裝。本卷第 112 頁上；“陳氏點注本”第二册第 81 頁）

細壘 [xì lěi]

塼作壘砌階基，表面用細塼高十層，裏用粗壘塼高八層填設。細塼即經過斫磨的塼。（卷二十七•塼作。本卷第 187 頁上；“陳氏點注本”第三册第 93 頁）

訛角枓（訛角箱枓）[é jiǎo dǒu (é jiǎo xiāng dǒu)]

如柱頭用圓櫨枓，即用於補間鋪作。訛角，即將方枓四角加工成圓角。（卷三十•大木作制度圖樣上。本卷第 213 頁下；“陳氏點注本”第三册第 193 頁）

黄土刷飾 [huáng tǔ shuā shì]

彩畫“丹粉刷飾”之變體，以黄土代土朱。參閱“丹粉刷飾屋舍”條。（卷十四•丹粉刷飾屋舍。本卷第 114 頁上；“陳氏點注本”第二册第 91 頁）

黄灰 [huáng huī]

泥作用黄色的灰。每石灰三斤加黄土一斤。（卷十三•用泥。本卷第 107 頁下；“陳氏點注本”第二册第 62 頁）

牽 [qiān]

即劄牽。詳“劄牽”條。（卷十九•薦拔抽换柱栿等功限。本卷第 145 頁上；“陳氏點注本”第二册第 210 頁）

牽尾 [qiān wěi]

劄牽的尾端。做榫入柱的一端。（卷五・梁。本卷第 59 頁下；“陳氏點注本”第一册第 98 頁）

牽首 [qiān shǒu]

劄牽的首。與鋪作結合的一端。（卷五・梁。本卷第 59 頁上；“陳氏點注本”第一册第 98 頁）

象眼 [xiàng yǎn]

踏道副子石下的三角形部分。（卷三・踏道，卷十五・踏道。本卷第 50 頁上、第 116 頁上；“陳氏點注本”第一册第 61 頁、第二册第 100 頁）

陽馬 [yáng mǎ]

1. 即大角梁。詳“大角梁”條。

2. 鬬八藻井八個角上所用的斜方。（卷一・陽馬，卷五・陽馬，卷八・鬬八藻井。本卷第 39 頁下、第 60 頁下、第 77 頁上；“陳氏點注本”第一册第 20、104、167 頁）

瓪瓦 [tǒng wǎ]

斷面半圓形的瓦，有六種規格。詳“瓦”條。（卷十三・結瓦。本卷第 104 頁上；“陳氏點注本”第二册第 48 頁）

瓪瓪結瓦 [tǒng bǎn jié wà]

房屋宦瓦，仰瓦用瓪瓦，合瓦用瓪瓦。（卷二十八・諸作等第。本卷第 196 頁上；“陳氏點注本”第三册第 129 頁）

十二畫

葦箔 [wěi bó]

椽上鋪箔以托泥瓦，參閲“竹笆”條。（卷十三·用瓦。本卷第 105 頁上；“陳氏點注本”第二册第 51 頁）

惹草 [rě cǎo]

搏風版中部的裝飾。詳“搏風版”條。（卷七·垂魚惹草。本卷第 75 頁上；“陳氏點注本”第一册第 158 頁）

萬字版 [wàn zì bǎn]

單鉤闌華版，多作萬字版，或透空或不透空。以其透空處形成“ㄴ”形，又稱爲“鉤片造”。重臺鉤闌不用。（卷三·重臺鉤闌。本卷第 50 頁下；“陳氏點注本”第一册第 64 頁）

雁翅版 [yàn chì bǎn]

平坐鋪作外圍遮擋雨水的木版，釘於跳上出頭木之外。（卷四·平坐。本卷第 58 頁上；“陳氏點注本”第一册第 93 頁）

雁脚釘 [yàn jiǎo dìng]

釘椽方式。屋内用平棊，椽頭皆取齊釘於槫上，椽尾長短不齊不加裁截釘於槫上。（卷五·椽。本卷第 62 頁下；“陳氏點注本”第一册第 111 頁）

搭頭木 [dā tóu mù]

平坐柱頭間的闌額。（卷四·平坐。本卷第 58 頁上；“陳氏點注本”第一册第 93 頁）

插昂 [chā áng]

只做昂尖插在枓下，内無昂身的昂。又名爲“挣昂”或“矮昂”。（卷四·飛昂。本卷第 55 頁上；“陳氏點注本”第一册第 82 頁）

項子 [xiàng zi]

瓦頭開刻的槽口，深三分，用以與當溝瓦相銜合。（卷十三·壘屋脊。本卷第 105 頁下；“陳氏點注本”第二册第 54 頁）

補間鋪作 [bǔ jiān pū zuò]

在兩柱之間，坐於闌額或普拍方上的鋪作。《營造法式》標準：每間至多祇能用補間鋪作兩朵，每朵中距 125 份，可增減 25 份。（卷四·總鋪作次序。本卷第 57 頁上；“陳氏點注本”第一册第 89 頁）

順身串 [shùn shēn chuàn]

屋内柱柱身間，中下平槫之下的木方。（卷十九·殿堂梁柱等事件功限。本卷第 140 頁下；“陳氏點注本”第二册第 194 頁）

順栿串 [shùn fú chuàn]

屋内柱柱身間，大梁之下與梁平行方向的木方。（卷五·侏儒柱。本卷第 61 頁下；“陳氏點注本”第一册第 107 頁）

順脊串 [shùn jǐ chuàn]

蜀柱柱身之間，脊槫之下的木方，簡稱脊串。（卷五·侏儒柱。本卷第 61 頁下；“陳氏點注本”第一册第 107 頁）

順桁枓 [shùn héng dǒu]

即散枓。詳“散枓”條。（卷四·枓。本卷第 56 頁下；“陳氏點注本”第一册第 88 頁）

畫松文裝 [huà sōng wén zhuāng]

彩畫雜間裝中“解緑裝飾屋舍”的變體，身内土黄地上畫松紋。（卷十四·雜間裝。本卷第 114 頁下；“陳氏點注本”第二册第 92 頁）

畫壁 [huà bì]

作壁畫的壁面。用粗泥、竹篾、麻華等五重，中泥一重，面上再用沙泥一重壓光。詳“沙泥畫壁地”及“沙泥”條。（卷十三·畫壁。本卷第 107 頁下；“陳氏點注本”第二册第 62 頁）

須彌坐 [xū mí zuò]

以十三層塼疊砌：自下一層塼與地面平，單混肚塼一層，牙脚塼一層，罨牙塼一層，合蓮塼一層，束腰塼一層，仰蓮塼一層，壼門柱子塼三層，罨澁塼一層，方澁平塼兩層。每塼厚二寸五分，共高三尺二寸五分。（卷十五·須彌坐。本卷第 116 頁下；“陳氏點注本”第二册第 101 頁）

尋杖 [xún zhàng]

鉤闌最上的扶手，至角入望柱。如木鉤闌可不用望柱，尋杖至角合角或絞角。（卷三·重臺鉤闌。本卷第 50 頁上；“陳氏點注本”第一册第 62 頁）

尋杖合角 [xún zhàng hé jiǎo]

木鉤闌尋杖至角不用望柱，尋杖於癭項雲栱上相交成方角。（卷八·鉤闌。本卷第 79 頁上；“陳氏點注本”第一册第 174 頁）

尋杖絞角 [xún zhàng jiǎo jiǎo]

木鉤闌至角或未用望柱，尋杖於癭項雲栱上十字相交，出絞頭。（卷八·鉤闌。本卷第 79 頁上；“陳氏點注本”第一册第 174 頁）

單托神 [dān tuō shén]

石作單鉤闌，如尋杖長，則每間尋杖下增加彫飾承托。有單托神、雙托神兩種形

式。（卷三·重臺鉤闌。本卷第 50 頁上；“陳氏點注本”第一册第 62 頁）

單材 [dān cái]

即每材 15×10 份。（卷四·栱。本卷第 53 頁下；“陳氏點注本”第一册第 76 頁）

單材襻間 [dān cái pàn jiān]

每間只用一條襻間的做法。參閲“兩材襻間”。（卷三十·大木作制度圖樣上。本卷第 215 頁上；“陳氏點注本”第三册第 198 頁）

單枓隻替 [dān dǒu zhī tì]

梁柱構造的房屋不用鋪作，僅在必要處加用枓、替木。（卷十九·薦拔抽換柱栿等功限。本卷第 145 頁上；“陳氏點注本”第二册第 211 頁）

單栱 [dān gǒng]

1. 令栱又名單栱。

2. 鋪作跳上，每跳只用一枚令栱，名單栱造。參閲“重栱”條。（卷四·栱。本卷第 54 頁上；“陳氏點注本”第一册第 77 頁）

單栱眼壁版 [dān gǒng yǎn bì bǎn]

用單栱鋪作的栱眼壁版。（卷七·栱眼壁版。本卷第 75 頁上；“陳氏點注本”第一册第 160 頁）

單眼卷輂 [dān yǎn juǎn jú]

即單券。（卷三·卷輂水窗。本卷第 51 頁下；“陳氏點注本”第一册第 67 頁）

單腰串 [dān yāo chuàn]

門框之内僅用一條腰串的做法。（卷六·烏頭門。本卷第 65 頁上；“陳氏點注本”第一册第 121 頁）

單鉤闌 [dān gōu lán]

鉤闌身内盆脣之下、地栿之上用華版一重，即單鉤闌。（卷三·重臺鉤闌。本卷第 50 頁上；“陳氏點注本”第一册第 62 頁）

單槽 [dān cáo]

四種殿堂結構形式之一。平面形式爲外檐柱一周，屋内柱一列，將屋内劃分爲深約兩椽的外槽（單槽）和深約四椽的外槽。（卷三十一·大木作制度圖樣下。本卷第

217 頁下；“陳氏點注本”第四册第 4 頁）

棼 [fén]

即替木。詳“替木”條。（卷二・柎。本卷第 41 頁下；“陳氏點注本”第一册第 26 頁）

塔 [tǎ]

卷五有記：“若樓閣柱側脚，衹以柱以上爲則，側脚上更加側脚，逐層仿此。塔同。”（備用）[1]（卷五・柱。本卷第 60 頁下；“陳氏點注本”第一册第 103 頁）

楷頭 [tà tóu]

凡蜀柱等脚下墊方木，或綽幕方等出頭仰托檐額，均將方木頭部割削成折線形狀，通稱楷頭。（卷四・栱。本卷第 54 頁上；“陳氏點注本”第一册第 77 頁）

棖桿 [chéng gǎn]

鬪尖屋蓋下中心所用垂柱（清代又名“雷公柱”）。（卷五・舉折。本卷第 63 頁上；“陳氏點注本”第一册第 114 頁）

棟 [dòng]

即槫。清代名“檩”或“桁”。（卷五・棟。本卷第 61 頁下；“陳氏點注本”第一册第 107 頁）

棵籠子 [kē lóng zi]

圍護庭院中樹木的木籠。（卷八・棵籠子。本卷第 79 頁下；“陳氏點注本”第一册第 178 頁）

[1] 此爲作者工作卡片，衹列舉《營造法式》中有關記載，未及作正式的辭解。

棚閣 [péng gé]

房屋施工的脚手架。（卷二十五 • 泥作。本卷第 175 頁上；“陳氏點注本”第三册第 46 頁）

綦文簟 [qí wén diàn]

殿閣等鋪屋内地面的竹席，又名“地衣簟”。竹篾織成，四邊織水路，水路外摺邊。當心織方勝等圖案，或龍鳳華文。（卷十二 • 地面綦文簟。本卷第 103 頁上；“陳氏點注本”第二册第 44 頁）

普拍方 [pǔ pāi fāng]

在柱頭闌額之上，鋪作櫨枓多坐於普拍方上。方厚一材，廣盡所用方木。即清“平版枋”。（卷四 • 平坐。本卷第 58 頁上；“陳氏點注本”第一册第 93 頁）

替木 [tì mù]

又名“柎”，高 12 份，厚 10 份。單枓上用者，長 96 份；令栱上用者，長 104 份；重栱上用者，長 126 份。兩頭下殺 4 份，上留 8 份，以三瓣卷殺，每瓣長 4 份。多用於槫頭及兩槫相接處，上不用枓。（卷五 • 栜。本卷第 61 頁下；“陳氏點注本”第一册第 108 頁）

景表 [yǐng biǎo]

測量儀器，水池景表之簡稱。詳“水池景表”條。（卷三 • 取正。本卷第 47 頁下；“陳氏點注本”第一册第 51 頁）

減地平鈒 [jiǎn dì píng sà]

石作彫鐫制度之一。其法爲將石面斫砟、磨平，於上描出華文，鈒去華文以外空地，使華文高出地面。（卷三 • 造作次序。本卷第 49 頁上；“陳氏點注本”第一册第

57 頁）

散子木 [sǎn zi mù]

城門道盝頂版上所布木椽。（卷十九・城門道功限。本卷第 141 頁下；“陳氏點注本”第二册第 197 頁）

散水 [sàn shuǐ]

凡沿階基、壇等外圍所鋪地面塼石，皆作斜坡向外，外緣與地面平，以利排水。故名“散水”。（卷十五・鋪地面。本卷第 116 頁上；“陳氏點注本”第二册第 99 頁）

散枓 [sǎn dǒu]

各種横栱兩頭所用的枓。又名“小枓”“順桁枓”“騎互枓”。長 16 份，廣 14 份（以廣爲面）。（卷四・枓。本卷第 56 頁下；“陳氏點注本”第一册第 88 頁）

散瓪瓦結瓦 [sǎn bǎn wǎ jié wà]

屋面所宼仰瓦、合瓦，均用瓪瓦。（卷十三・用瓦。本卷第 105 頁上；“陳氏點注本”第二册第 51 頁）

敦桥 [dūn tiàn]

即不拘形式大小的方木。見“方木”條。（卷五・梁，卷六・地棚。本卷第 59 頁下、第 69 頁下；“陳氏點注本”第一册第 100、140 頁）

琴面 [qín miàn]

凡木構件表面加工成微凸的曲面，即琴面。（卷五・梁。本卷第 59 頁上；“陳氏點注本”第一册第 98 頁）

琴面昂 [qín miàn áng]

昂尖面上訛殺成微凸的曲面，即琴面昂。（卷四・飛昂。本卷第 55 頁上；“陳氏點注本”第一册第 81 頁）

欹 [qī]

各種枓的向下斜殺至底分位。櫨枓四面斜殺各 4 份，其他各枓 2 份，並使斜面向裏䫜半份。（卷四・枓。本卷第 56 頁下；“陳氏點注本”第一册第 87 頁）

貼 [tiē]

在四周邊框外護縫的小木條。小於難子，在難子外側。（卷八・平棊。本卷第 76 頁上；“陳氏點注本”第一册第 163 頁）

貼生 [tiē shēng]

即在槫頭上加生頭木。（卷八・井亭子。本卷第 80 頁下；“陳氏點注本”第一册第 181 頁）

貼絡 [tiē luò]

平棊、藻井等上的華文等，是用薄版做成、貼於背版的，故名貼絡；佛道帳、經藏及其天宫樓閣等所用鉤闌、門窗也是粘貼的。這些預製的零件則名“貼絡事件”和“貼絡華文”。（卷八・平棊。本卷第 76 頁上；“陳氏點注本”第一册第 164 頁）

貼絡事件 [tiē luò shì jiàn]

詳“貼絡”條。（卷二十四・彫木作。本卷第 170 頁下；“陳氏點注本”第三册第 28 頁）

貼絡華文 [tiē luò huā wén]

詳“貼絡”條。（卷八・平棊。本卷第 76 頁上；“陳氏點注本”第一册第 164 頁）

等第 [děng dì]

《營造法式》内容之一。各工種按工作具體項目的難易分爲上、中、下三等，名等第，以便據工作性質選擇適當工師。（卷二十五・諸作等第。本卷第 193～197 頁；“陳氏點注本”第三册第 117～134 頁）

絍木 [rèn mù]

城牆夯土内加固的横木筋。（卷三·城。本卷第 48 頁下；“陳氏點注本”第一册第 55 頁）

結瓦 [jié wà]

鋪蓋瓦面的工作稱結瓦。（卷十三·結瓦。本卷第 104 頁上；“陳氏點注本”第二册第 48 頁）

結角交解 [jié jiǎo jiāo jiě]

凡尖斜構件，均用方料斜角破爲兩件，名結角交解。（卷十二·抨墨。本卷第 102 頁下；“陳氏點注本”第二册第 41 頁）

絞井口 [jiǎo jǐng kǒu]

凡方木數條，縱横相交成若干等大的正方形，名絞井口。（卷五·梁。本卷第 59 頁下；“陳氏點注本”第一册第 100 頁）

絞昂栿 [jiǎo áng fú]

其他構件（如栱）與梁栿或昂作榫卯相交，名絞昂（或栿）。（卷四·栱。本卷第 54 頁下；“陳氏點注本”第一册第 80 頁）

絞割 [jiǎo gē]

大木作鋸造榫卯的工作。（卷十七·鋪作每間用方桁等數。本卷第 134 頁上；“陳氏點注本”第二册第 169 頁）

絞頭 [jiǎo tóu]

木材縱横相交，延伸出卯口外的出頭。（卷八·叉子。本卷第 78 頁下；“陳氏點注本”第一册第 173 頁）

趄條塼 [jū tiáo zhuān]

塼的形制之一，面長一尺一寸五分，底長一尺二寸，廣六寸，厚二寸。（卷

十五·用塼。本卷第 115 頁下；“陳氏點注本”第二册第 97 頁）

趄面塼 [jū miàn zhuān]

塼的形制之一，其規格不詳。（卷二十五·塼作。本卷第 177 頁上；“陳氏點注本”第三册第 53 頁）

趄模塼 [jū mó zhuān]

塼的形制之一，其規格不詳。（卷十五·城壁水道。本卷第 117 頁上；“陳氏點注本”第二册第 102 頁）

趄塵盝頂 [jū chén lù dǐng]

盒、匣等的一種蓋，四面斜坡，中爲平頂。（卷十一·轉輪經藏。本卷第 96 頁上；“陳氏點注本”第二册第 15 頁）

觚棱 [gū léng]

即大角梁。詳“大角梁”條。（卷五·陽馬。本卷第 60 頁下；“陳氏點注本”第一册第 104 頁）

雲文 [yún wén]

石作、彩畫作裝飾華文中均有雲文。彩畫作又細别爲吴雲、曹雲、蕙草雲、蠻雲。（卷三·造作次序，卷十四·五彩徧裝。本卷第 49 頁上、第 111 頁下；“陳氏點注本”第一册第 58 頁、第二册第 80 頁）

雲栱 [yún gǒng]

承托於鉤闌尋杖下的雲形托座。下連癭項，穿過盆脣與蜀柱相連。（卷三·重臺鉤闌，卷七·闌檻鉤窗，卷三十二·彫木作制度圖樣。本卷第 50 頁下、第 72 頁上、第 240 頁下；“陳氏點注本”第一册第 63、147 頁，第四册第 107 頁）

雲捲（雲捲水地）[yún juǎn（yún juǎn shuǐ dì）]

石作中地面石鬬八當心的彫飾題材。（卷八·小鬬八藻井，卷十六·殿内鬬八。本卷第 77 頁上、第 124 頁上；“陳氏點注本”第一册第 168 頁、第二册第 131 頁）

雲頭 [yún tóu]

垂魚惹草的彫飾題材有華瓣、雲頭二種。（卷七•垂魚惹草。本卷第 75 頁上；“陳氏點注本”第一册第 158 頁）

雲盤 [yún pán]

1. 平棊内華文題材之一。

2. 碑頭下碑身上作雲盤，用以承碑首——盤龍及篆額天宫。（卷三•贔屓鼇坐碑，卷八•平棊。本卷第 52 頁下、第 76 頁上；“陳氏點注本”第一册第 70、164 頁）

開基址 [kāi jī zhǐ]

開挖基址。視地層虚實，深自四尺、五尺至一丈。清稱爲“挖基槽”。（卷三•築基。本卷第 48 頁上；“陳氏點注本”第一册第 54 頁）

開閉門子 [kāi bì mén zi]

殿内截間格子，於腰串下障水版間可開的門，門不高，僅便於傳遞物件。（卷七•殿内截間格子。本卷第 72 頁下；“陳氏點注本”第一册第 149 頁）

間 [jiān]

房屋大小規模以間、椽計。正面兩柱之間的距離爲間廣，最大可至十三間。間廣以用補間鋪作兩朵爲標準，每朵廣 100～125 份。側面以椽計，最大可至十二椽，每椽最大 150 份，而每兩椽應不大於一間之廣。（卷四•材。本卷第 53 頁上；“陳氏點注本”第一册第 74 頁）

間裝 [jiàn zhuāng]

彩畫作各色配置的原則，《營造法式》“五彩徧裝”篇列有專項間裝之法。（卷十四•五彩徧裝。本卷第 112 頁上；“陳氏點注本”第二册第 83 頁）

間縫内用梁柱 [jiān fèng nèi yòng liáng zhù]

每一間縫内每一屋架的“梁”“柱”配合形式，《營造法式》圖樣中的重要内容之一。圖中共列舉了十架椽屋五式、八架椽屋六式、六架椽屋三式、四架椽屋四式，共十八式。（卷三十一•大木作制度圖樣下。本卷第 220～227 頁；“陳氏點注本”第四册

第 9～26 頁）

隔口包耳 [gé kǒu bāo ěr]

大木作櫨枓開口形式。即開口之内須預留暗榫。（卷四・枓。本卷第 56 頁下；“陳氏點注本”第一册第 88 頁）

隔身版柱 [gé shēn bǎn zhù]

石造殿階基作疊澁坐形，其束腰部分用柱分隔爲若干小段，名隔身版柱。每段作突起的壼門爲裝飾。此版柱及壼門都是在石面上彫出的。（卷三・殿階基。本卷第 49 頁下；“陳氏點注本”第一册第 60 頁）

隔枓版 [gé dǒu bǎn]

小木作佛道帳、壁藏等鋪作内的横版。（卷十・牙脚帳。本卷第 87 頁下；“陳氏點注本”第一册第 210 頁）

隔減窗坐 [gé jiǎn chuāng zuò]

簡稱“隔減”。牆的基座及窗下的塼砌窗坐。（卷六・破子櫺窗。本卷第 66 頁上；“陳氏點注本”第一册第 127 頁）

隔截編道 [gé jié biān dào]

用編竹抹灰做的隔斷牆。（卷十二・隔截編道。本卷第 102 頁下；“陳氏點注本”第二册第 42 頁）

隔截横鈐立旌 [gé jié héng qián lì jīng]

編竹牆内部的木骨架。（卷六・隔截横鈐立旌。本卷第 67 頁下；“陳氏點注本”第一册第 133 頁）

牌 [pái]

殿堂門樓屋等外檐下的懸掛的匾。由五塊木版合成。上下左右四塊，皆向外傾斜。當中一塊平面刻字，名牌面；上一塊爲牌首；下一塊爲牌舌；左右兩塊名牌帶。（卷八・牌，卷三十二・小木作制度圖樣。本卷第 81 頁上、第 237 頁上；“陳氏點注本”第一册第 184 頁，第四册第 93、94 頁）

厦瓦版 [shà wǎ bǎn]

小木作井亭子上用以代替瓦屋面的木版，内外護縫造。（卷六・井屋子，卷八・井亭子。本卷第69頁上、第80頁下；“陳氏點注本”第一册第137、182頁）

厦兩頭 [shà liǎng tóu]

即“九脊殿”或“曹殿”，亦稱“轉角造”。參閲各條。（卷五・陽馬。本卷第61頁上；“陳氏點注本”第一册第105頁）

厦頭下架椽 [shà tóu xià jià chuán]

位於厦兩頭造兩山出際之下的椽子。或稱“厦頭椽”。（卷八・井亭子。本卷第80頁下；“陳氏點注本”第一册第182頁）

就餘材 [jiù yú cái]

用圓木鋸解方料後，所鋸下的邊料爲餘材，此意爲鋸作工應利用餘材鋸解成適當的小料。（備用）[①]（卷十二•就餘材。本卷第102頁下；“陳氏點注本”第二册第41頁）

就璺解割 [jiù wèn jiě gē]

鋸作，解割圓料應避裂縫。（備用）[②]（卷十二•就餘材。本卷第102頁下；“陳氏點注本”第二册第41頁）

十 三 畫

壼門 [kǔn mén]

尖栱形出入瓣門框，彫刻裝飾最常用的外框。（卷三・殿階基，卷十・牙脚帳。本卷第49頁下、第89頁上；“陳氏點注本”第一册第60、215頁）

---

① 此爲作者工作卡片，衹列舉《營造法式》中有關記載，未及作正式的辭解。

② 同上。

壼門牙頭 [kǔn mén yá tóu]

壼門形的牙頭版。（卷十一・壁藏。本卷第 96 頁下；“陳氏點注本”第二册第 18 頁）

壼門柱子塼 [kǔn mén zhù zi zhuān]

塼須彌坐第八至第十層疊澁塼。（卷十五・須彌坐。本卷第 116 頁下；“陳氏點注本”第二册第 101 頁）

壼門神龕 [kǔn mén shén kān]

神龕的門，門頭做成壼門形。（卷十一・轉輪經藏。本卷第 94 頁上；“陳氏點注本”第二册第 7 頁）

蓋口拍子 [gài kǒu pāi zi]

即“井蓋子”。詳“井蓋子”條。（卷十六・井口石。本卷第 126 頁下；“陳氏點注本”第二册第 141 頁）

蓮華坐 [lián huā zuò]

射垛峯上安蓮華坐、火珠。（卷十三・壘射垛。本卷第 109 頁上；“陳氏點注本”第二册第 69 頁）

蓮華柱頂 [lián huā zhù dǐng]

垂柱頭多彫飾蓮華，故俗名“垂蓮柱”。（卷十二・殿堂等雜用名件。本卷第 101 頁上；“陳氏點注本”第二册第 36 頁）

蜀柱 [shǔ zhù]

1. 大木作屋架最上平梁正中用蜀柱，承脊槫。

2. 下昂尾在平棊之上，用短柱支承於昂尾上槫間，名蜀柱叉昂尾。（1、2 義，又名“侏儒柱”“上楹”。）

3. 鉤闌地栿（單鉤闌）或束腰（重臺鉤闌）上用短柱穿過盆脣做成癭項雲栱等，承尋杖，亦名蜀柱。（卷三・重臺鉤闌，卷四・飛昂。本卷第 50 頁下、第 55 頁下；“陳

氏點注本”第一册第 63、83 頁）

甃井 [zhòu jǐng]

即疊砌塼井筒。（卷十五 • 井。本卷第 117 頁下；“陳氏點注本”第二册第 104 頁）

填心 [tián xīn]

門窗等腰串以下安版四周用難子護縫，版上不另作裝飾，稱填心難子造。（卷六 • 破子櫺窗。本卷第 66 頁上；“陳氏點注本”第一册第 127 頁）

當心間 [dāng xīn jiān]

即當中的一間，簡稱“心間”，又稱“明間”。（卷四 • 總鋪作次序。本卷第 57 頁上；“陳氏點注本”第一册第 89 頁）

當溝瓦 [dāng gōu wǎ]

脊下瓦隴與瓦隴之間的瓦，嵌砌入瓦頭上的槽口中。有大當溝瓦、小當溝瓦之分。大當溝以甋瓦一口造，小當溝以瓪瓦一口造二枚。（卷十三 • 壘屋脊。本卷第 105 頁下；“陳氏點注本”第二册第 53 頁）

罨頭版 [yǎn tóu bǎn]

木槽等頭上的擋版。（卷六 • 水槽。本卷第 68 頁下；“陳氏點注本”第一册第 137 頁）

罨牙塼 [yǎn yá zhuān]

塼須彌坐自下至上之第四層疊澁。（卷十五 • 須彌坐。本卷第 116 頁下；“陳氏點注本”第二册第 101 頁）

罨澁塼 [yǎn sè zhuān]

塼須彌坐自下至上之第十一層疊澁。（卷十五 • 須彌坐。本卷第 116 頁下；“陳氏點注本”第二册第 101 頁）

罩心 [zhào xīn]

彩畫作疊暈，中心石色之上用草色加深，名“罩心”。（卷十四・五彩徧裝。本卷第 111 頁下；“陳氏點注本”第二册第 81 頁）

搘角梁寶缾 [zhī jiǎo liáng bǎo píng]

坐於轉角鋪作由昂上的寳缾。屬旋作。缾上作仰蓮胡桃子，下坐合蓮。參閱“寳缾”“角神”條。（卷十二・殿堂等雜用名件。本卷第 101 頁上；“陳氏點注本”第二册第 35 頁）

搏肘 [bó zhǒu]

照壁屏風格子門等安於邊桯背面的木軸。（卷六・照壁屏風骨。本卷第 67 頁下；“陳氏點注本”第一册第 132 頁）

搏風版 [bó fēng bǎn]

厦兩頭、不厦兩頭屋蓋，兩山槫頭上的擋版。上以垂魚、惹草爲飾。（卷五・搏風版。本卷第 62 頁上；“陳氏點注本”第一册第 109 頁）

搏脊 [bó jǐ]

厦兩頭造，兩山出際之下、搏風版以裏的屋脊，又稱“曲脊”。參閱“曲脊”條。（卷九・佛道帳。本卷第 84 頁下；“陳氏點注本”第一册第 197 頁）

搶柱 [qiāng zhù]

烏頭門等挾門柱兩側的斜柱。（卷六・烏頭門。本卷第 65 頁下；“陳氏點注本”第一册第 123 頁）

搕鏁柱 [kē suǒ zhù]

版門等受横關的短柱。（卷六・版門。本卷第 64 頁下；“陳氏點注本”第一册第 120 頁）

搯瓣駝峯 [tāo bàn tuó fēng]

駝峯兩肩作兩（三）入瓣。（卷三十・大木作制度圖樣上。本卷第 208 頁上；“陳氏點注本”第三册第 175 頁）

椽 [chuán]

1. 屋蓋最上構件。斷面圓形，徑 6～10 份。釘於兩槫之上，鋪笆、版用灰泥宧瓦。椽水平投影長最大 150 份。

2. 梁長的概數，如四椽栿即四個椽平長的梁。

3. 表示房屋總進深或屋架的規模，如四椽屋即總進深四個椽平長的房屋。又名“桷”“榱”“橑”。（卷五・椽，卷十九・殿堂梁柱等事件功限。本卷第 62 頁上、第 140 頁上；“陳氏點注本”第一册第 110 頁、第二册第 192 頁）

椽頭盤子 [chuán tóu pán zi]

椽頭上加用旋作的圓盤，上彫華文。（卷十二・殿堂等雜用名件。本卷第 101 頁上；“陳氏點注本”第二册第 35 頁）

楅 [bī]

版門背面的橫木。凡厚版拼合，於版背上開槽，嵌楅，並下釘，於正面安釘帽。（卷六・版門。本卷第 64 頁下；“陳氏點注本”第一册第 119 頁）

禁楄 [jìn pián]

用於檐角的短椽。檐角的一種做法，椽至角仍與槫正角排列，椽尾直安於大角梁，故逐椽減短，爲較古老的做法。（卷二・椽。本卷第 41 頁下；“陳氏點注本”第一册第 28 頁）

照壁 [zhào bì]

殿堂等屋内局部隔斷。

1. 門窗額上截隔，用版或編竹造。

2. 殿堂屋内心間後，兩屋内柱間的隔斷牆，或用版、編竹造，或於版上貼絡“寶牀”等裝飾，或分四扇，亦名“屏風”。（卷六・照壁屏風骨。本卷第 67 頁上；“陳氏點注本”第一册第 131 頁）

照壁方（照壁版）[zhào bì fāng (zhào bì bǎn)]

殿堂内照壁屏風的構件。（卷七・殿閣照壁版，卷十九・殿堂梁柱等事件功限。本卷第 73 頁下、第 141 頁上；“陳氏點注本”第一册第 154 頁、第二册第 195 頁）

照壁版上寶牀 [zhào bì bǎn shàng bǎo chuáng]

照壁上最華麗的裝飾。均由彫作、旋作製出，貼絡於照壁版上，其名件有二十餘種。（卷十二・照壁版寶牀上名件。本卷第 101 頁上；“陳氏點注本”第二册第 36 頁）

照壁屏風骨 [zhào bì píng fēng gǔ]

另一種照壁，分爲四扇，各扇做成大方格骨架，於格上裝裱名家書畫。（卷六・照壁屏風骨。本卷第 67 頁上；“陳氏點注本”第一册第 131 頁）

殿 [diàn]

規模最大、質量標準最高的房屋。《營造法式》所録宋代單體建築，按規模、質量分爲殿閣、堂屋、廳屋、門樓屋、廊屋、常行散屋、營房屋七等；宋代建築規範按殿閣、廳堂（包括堂屋、廳屋、門樓屋等）、餘屋（包括廊屋、常行散屋、營房屋）三類，分别制定；宋代結構形式按殿堂、廳堂兩類制定。（卷一・殿，卷四・材。本卷第 35 頁下、第 53 頁下；“陳氏點注本”第一册第 6、74 頁）

殿内鬬八 [diàn nèi dòu bā]

即地面鬬八。詳“地面鬬八”條。（卷三・殿内鬬八。本卷第 50 頁上；“陳氏點注本”第一册第 60 頁）

殿挾屋 [diàn xié wū]

簡稱“殿挾”。殿左右的朶殿。（卷四・材。本卷第 53 頁上；“陳氏點注本”第一册第 74 頁）

殿堂 [diàn táng]

結構形式之一種，其地盤分槽有四種標準形式。（卷三十一・大木作制度圖樣下。本卷第 217 頁下～第 219 頁下；"陳氏點注本"第四册第 3～8 頁）

殿階螭首 [diàn jiē chī shǒu]

殿階基邊的石製排水口，做成龍頭形伸出階脣之外，從口中出水。階角及對柱處各一隻，長七尺。（卷三・殿階螭首。本卷第 49 頁下；"陳氏點注本"第一册第 60 頁）

殿閣 [diàn gé]

殿臺樓閣之合稱，或殿之有樓閣者。（卷五・闌額。本卷第 60 頁上；"陳氏點注本"第一册第 101 頁）

腰串 [yāo chuàn]

槅扇門等於四周邊桯之内劃分上下的横木。用一條即"單腰串"，串上安格眼，串下安障水版；用兩條即"雙腰串"，兩串之間安腰華版。（卷六・烏頭門。本卷第 65 頁上；"陳氏點注本"第一册第 121 頁）

腰華（腰華版）[yāo huā (yāo huā bǎn)]

槅扇門等用雙腰串，兩串之間即腰華版，簡稱腰華。（卷六・烏頭門。本卷第 65 頁上；"陳氏點注本"第一册第 121 頁）

腰檐 [yāo yán]

樓閣下層的屋檐或副階、纏腰的屋檐。（卷九・佛道帳，卷十一・轉輪經藏。本卷第 82 頁上、第 92 頁下；"陳氏點注本"第一册第 187 頁、第二册第 1 頁）

碑身 [bēi shēn]

碑的主體，立於座上，刻碑文。（卷三・贔屓鼇坐碑。本卷第 52 頁上；"陳氏點注本"第一册第 70 頁）

碑首 [bēi shǒu]

碑的頭部，上彫碑額，盤龍。（卷三・贔屓鼇坐碑。本卷第 52 頁下；"陳氏點注本"第一册第 70 頁）

鼓卯 [gǔ mǎo]

即榫卯。（卷三十・大木作制度圖樣上。本卷第 214 頁下；"陳氏點注本"第三册第 196 頁）

暗鼓卯 [àn gǔ mǎo]

拼合木構件在内部所用的榫卯。（卷三十・大木作制度圖樣上。本卷第 214 頁下；"陳氏點注本"第三册第 196 頁）

盝頂 [lù dǐng]

1. 房屋屋蓋之一種。中心作平頂、四邊作斜坡的屋蓋。

2. 器物如盒匣之蓋，亦作此形，名"超塵盝頂"。（卷八・平棊，卷十一・轉輪經藏。本卷第 76 頁上、第 96 頁上；"陳氏點注本"第一册第 164 頁、第二册第 15 頁）

矮柱 [ǎi zhù]

平闇以上，草架栿背或用短柱，承上架梁首。（卷五・梁。本卷第 59 頁下；"陳氏點注本"第一册第 100 頁）

矮昂 [ǎi áng]

即插昂。參閲"插昂"條。（卷四・飞昂。本卷第 55 頁上；"陳氏點注本"第一册第 82 頁）

睒電窗 [shǎn diàn chuāng]

窗櫺反覆彎曲的窗。（卷六・睒電窗。本卷第 66 頁下；"陳氏點注本"第一册第 127 頁）

裏跳 [lǐ tiào]

鋪作出跳，自柱中向屋外伸出爲"外跳"，向屋内伸出爲"裏跳"。又稱"外

轉”“裏轉”。（卷四・總鋪作次序。本卷第 57 頁下；“陳氏點注本”第一册第 91 頁）

裏槽 [lǐ cáo]

殿堂分槽，由内柱劃分的裏槽即“内槽”，屋内柱外側爲“外槽”，屋内柱裏側爲裏槽。[①]（卷十・牙脚帳。本卷第 88 頁上；“陳氏點注本”第一册第 211 頁）

裝鑾 [zhuāng luán]

彩畫之一種。詳“彩畫”條。（卷二・彩畫。本卷第 45 頁下；“陳氏點注本”第一册第 42 頁）

跳 [tiào]

華栱或昂自枓口内懸挑出的水平長度，每跳可挑出 30 份，可減短，不能增長。出跳之上可連續出跳，以出五跳共 150 份爲最高限度。出一跳的鋪作又名爲“四鋪作”，依次增至出五跳爲“八鋪作”。（卷四・栱。本卷第 53 頁下；“陳氏點注本”第一册第 76 頁）

跳椽 [tiào chuán]

挑承“版引檐”的椽子。（卷六・版引檐。本卷第 68 頁下；“陳氏點注本”第一册第 136 頁）

跳頭 [tiào tóu]

出跳栱昂的端部。（卷四・栱。本卷第 53 頁下；“陳氏點注本”第一册第 76 頁）

解割 [jiě gē]

鋸作分解木料，謂之解割。（卷十二・用材植。本卷第 102 頁上；“陳氏點注本”第二册第 40 頁）

解撟 [jiě jiǎo]

瓦作斫修瓦邊棱，使四角平穩，謂之解撟。[②]（卷十三・結瓦。本卷第 104 頁上；

[①] 參閲卷三十一《大木作制度圖樣下》之“殿閣地盤分槽等第十”。

[②] 故宫本作“橋”，似爲誤抄。

“陳氏點注本”第二册第 48 頁）

解緑裝飾屋舍 [jiě lǜ zhuāng shì wū shè]

材昂枓栱之類，身内通刷土朱，緣道用青緑疊暈相間。又名“解緑刷飾”，是刷飾的第一種。亦名“解緑赤白裝”。（卷十四 • 解緑裝飾屋舍。本卷第 113 頁上；“陳氏點注本”第二册第 86 頁）

解緑結華裝 [jiě lǜ jié huā zhuāng]

即在解緑裝飾屋舍緣道内朱地上間畫諸華。（卷十四 • 解緑裝飾屋舍。本卷第 113 頁上；“陳氏點注本”第二册第 87 頁）

鉤片 [gōu piàn]

單鉤闌用“卐”字組成的華版圖案，習稱爲鉤片，又名“萬字版”。（卷八 • 鉤闌。本卷第 79 頁下；“陳氏點注本”第一册第 177 頁）

鉤窗 [gōu chuāng]

即闌檻鉤窗。詳“闌檻鉤窗”條。（卷七 • 闌檻鉤窗。本卷第 71 頁下；“陳氏點注本”第一册第 146 頁）

鉤闌 [gōu lán]

即欄杆，分“單鉤闌”“重臺鉤闌”兩種。詳各專條。（卷八 • 鉤闌。本卷第 78 頁下；“陳氏點注本”第一册第 174 頁）

障水版 [zhàng shuǐ bǎn]

烏頭門、格子門腰串以下柱内所安木版。一般多牙頭護縫造。（卷六 • 烏頭門。本卷第 65 頁上；“陳氏點注本”第一册第 122 頁）

障日版 [zhàng rì bǎn]

殿内照壁、門窗等上方，由額以上截隔版。（卷七 • 障日版。本卷第 74 頁上；“陳氏點注本”第一册第 155 頁）

障日篛 [zhàng rì tà]

竹編的蓆片，夏日用於窗外、檐口遮陽。（卷十二 • 障日篛等簟。本卷第 103 頁下；

"陳氏點注本"第二册第 45 頁）

十四畫

齊心枓 [qí xīn dǒu]

又名"華心枓"，用於栱中心的枓，其長 16 份，廣 16 份。（卷四·枓。本卷第 56 頁下；"陳氏點注本"第一册第 87 頁）

裹栿版 [guǒ fú bǎn]

包於梁栿底及兩側的裝飾木版，其上彫刻各種華文。（卷七·裹栿版。本卷第 75 頁上；"陳氏點注本"第一册第 160 頁）

實拍襻間 [shí pāi pàn jiān]

枓口内用單材襻間，但不用小枓，與替木重疊"實拍"托於槫下。（卷三十·大木作制度圖様上。本卷第 215 頁上；"陳氏點注本"第三册第 198 頁）

實彫 [shí diāo]

凡就已製作成形之物上，隨其形象彫出華文，名爲實彫。如鉤闌上之雲栱、地霞、叉子頭、垂魚、惹草等物皆爲實彫。（卷十二·剔地窪葉華。本卷第 101 頁上；"陳氏點注本"第二册第 34 頁）

遮羞版 [zhē xiū bǎn]

屋内地棚邊沿正對門道處的擋版。（卷六·地棚。本卷第 69 頁下；"陳氏點注本"第一册第 140 頁）

遮椽版 [zhē chuán bǎn]

鋪作上兩跳之間素方上的蓋版，或平鋪或斜鋪。（卷四·總鋪作次序。本卷第 57

頁上；“陳氏點注本”第一册第 90 頁）

劄牽 [zhá qiān]

長一椽的梁，廣一材一栔至兩材。（卷五 • 梁。本卷第 59 頁上；“陳氏點注本”第一册第 98 頁）

對暈 [duì yùn]

彩畫作疊暈方式之一。即相鄰兩色疊暈，均以深色在外，兩暈的淺色均在内、相對。（卷十四 • 五彩徧裝。本卷第 111 頁上；“陳氏點注本”第二册第 77 頁）

綽幕方 [chuò mù fāng]

檐額之下與檐額重疊的構件，用於次、梢間延至心間伸出作楷頭或三瓣頭。（卷五 • 闌額。本卷第 60 頁上；“陳氏點注本”第一册第 101 頁）

慢栱 [màn gǒng]

鋪作重栱造，泥道栱、瓜子栱上用慢栱。慢栱用單材長 92 份，每頭以四瓣卷殺，每瓣長 3 份。騎栿及至角用足材。（卷四 • 栱。本卷第 54 頁上；“陳氏點注本”第一册第 78 頁）

慢道 [màn dào]

即清代的礓礤。不用踏步而代以塼石砌的斜坡道，其斜度爲 5：1 或 4：1。（卷三 • 重臺鉤闌，卷十五 • 慢道。本卷第 50 頁上、第 116 頁上；“陳氏點注本”第一册第 62 頁、第二册第 100 頁）

塼 [zhuān]

《營造法式》記録宋代用塼有八種規格，即方塼、塼碇、條塼、壓闌塼、走趄塼、趄條塼、牛頭塼、鎮子塼。（卷十五 • 塼。本卷第 118 頁上；“陳氏點注本”第二册第 108 頁）

塼作 [zhuān zuò]

《營造法式》十三個工種之一。其工作項目有十五，即用塼、壘階基、鋪地面、牆下隔減、踏道、慢道、須彌坐、塼牆、露道、城壁水道、卷輂河渠口、接甑口、馬臺、馬槽、井。（卷十五、二十五、二十七）

塼碇 [zhuān dìng]

八種塼之一，方一尺一寸五分，厚四寸三分。其用法不詳。（卷十五·塼。本卷第118頁下；"陳氏點注本"第二册第109頁）

塼牆 [zhuān qiáng]

塼作每高一尺，底厚五寸。每面斜收一寸，如粗砌斜收一寸五分。参閲"牆"條。（卷十五·塼牆。本卷第116頁下；"陳氏點注本"第二册第102頁）

廣厚方 [guǎng hòu fāng]

木料名稱之一。長50～60尺，廣2～3尺，厚1.8～2尺。（卷二十六·大木作。本卷第179頁下；"陳氏點注本"第三册第63頁）

甍 [méng]

即棟。詳"棟"條。（卷二·棟。本卷第41頁上；"陳氏點注本"第一册第25頁）

圖樣 [tú yàng]

建築圖樣見於文字的有三種：

1. 地盤圖，即房屋平面圖；

2. 正樣圖，即正立面圖；

3. 側樣圖，即横斷面圖。

另有一種見於圖而不知其名，即近似現代的軸測圖，是使用最多的圖。（卷二十九～三十四）

團科 [tuán kē]

彩畫形式之一。於華文地上圈出一定的幾何形式，其内另畫一種華文，這圈出的面積，即爲“團科”，有六入、四入、四出尖等形式。（卷十四 • 五彩徧裝。本卷第 111 頁上；“陳氏點注本”第二册第 77 頁）

榭 [xiè]

完全敞開、没有門窗牆壁的房屋。（卷一 • 臺榭。本卷第 36 頁下；“陳氏點注本”第一册第 8 頁）

榮 [róng]

即搏風版。詳“搏風版”條。（卷二 • 搏風。本卷第 41 頁上；“陳氏點注本”第一册第 26 頁）

榥 [huàng]

木製器物内部框架的小木方。（卷七 • 胡梯。本卷第 74 頁下；“陳氏點注本”第一册第 157 頁）

槏柱 [qiǎn zhù]

分間上的小方柱。（卷六 • 截間版帳。本卷第 67 頁上；“陳氏點注本”第一册第 130 頁）

榻頭木 [tà tóu mù]

承露籬屋檐的木方。（卷六 • 露籬。本卷第 68 頁上；“陳氏點注本”第一册第 134 頁）

膊椽 [bó chuán]

築打夯土所用欄木，又名“栽”。參閱“栽、榦”條。（卷三・城。本卷第 48 頁下；“陳氏點注本”第一册第 55 頁）

截間版帳 [jié jiān bǎn zhàng]

殿堂内分間隔斷的木版牆。（卷六・截間版帳。本卷第 67 頁上；“陳氏點注本”第一册第 129 頁）

截間屏風骨 [jié jiān píng fēng gǔ]

殿堂内照壁形式之一。屏風形式的大方格眼木骨架上裱裝書畫。（卷六・照壁屏風骨。本卷第 67 頁下；“陳氏點注本”第一册第 131 頁）

截間格子 [jié jiān gé zi]

殿堂内分間隔斷牆，上段做毬文格子。（卷七・殿内截間格子。本卷第 72 頁上；“陳氏點注本”第一册第 148 頁）

截間開門格子 [jié jiān kāi mén gé zi]

殿堂内隔斷牆間留出一段，做兩扇格子門。（卷七・堂閣内截間格子。本卷第 73 頁上；“陳氏點注本”第一册第 152 頁）

截頭方 [jié tóu fāng]

木料名稱，長 18～20 尺，廣 1.1～1.3 尺，厚 0.75～0.9 尺。（卷二十六・大木作。本卷第 180 頁上；“陳氏點注本”第三册第 65 頁）

摺疊門子 [zhé dié mén zi]

可摺疊的門。（卷十一・壁藏。本卷第 97 頁下；“陳氏點注本”第二册第 22 頁）

瑣文 [suǒ wén]

彩畫題材之一，由幾何圖案組成，有六品，即瑣子、簟文、羅底龜文、四出、劒環、曲水。每一品下又有兩三種變化，總計有十餘種形象。（卷十四・五彩徧裝。本卷

第 111 頁上；“陳氏點注本”第二册第 78 頁）

滴當火珠 [dī dāng huǒ zhū]

簡稱“滴當子”，用於華頭瓦上的火珠。參閲“火珠”條。（卷十三·用獸頭等。本卷第 106 頁下；“陳氏點注本”第二册第 57 頁）

漢殿 [hàn diàn]

即九脊殿。參閲“九脊殿”條。（卷五·陽馬。本卷第 61 頁上；“陳氏點注本”第一册第 105 頁）

葱臺釘（葱臺頭釘） [cōng tái dīng (cōng tái tóu dīng)]

釘之一種。長一尺、一尺一寸或一尺二寸，有蓋，蓋下方四分六厘、四分八厘、五分。鉤闌上用的木釘。（備用）[①]（卷十二·殿堂等雜用名件。本卷第 101 頁上；“陳氏點注本”第二册第 36 頁）

褊棱 [biǎn léng]

石作加工的第四個工序。用褊鏨鏨出四周邊棱。（卷三·造作次序。本卷第 49 頁上；“陳氏點注本”第一册第 57 頁）

閥閲 [fá yuè]

即“烏頭門”。詳“烏頭門”條。（卷二十五·瓦作。本卷第 175 頁上；“陳氏點注本”第三册第 45 頁）

隨瓣方 [suí bàn fāng]

鬭八藻井、方井與八角井内的構件。詳“角蟬”條。（卷八·鬭八藻井。本卷第

[①] 此爲作者工作卡片，衹列舉《營造法式》中有關記載，未及作正式的辭解。

77 頁上；“陳氏點注本”第一册第 167 頁）

算桯方 [suàn tīng fāng]

鋪作裏跳最上一跳之頭上的單材方。方下爲令栱，方上承平棊，故又名平棊方。（卷四·栱。本卷第 54 頁上；“陳氏點注本”第一册第 78 頁）

十五畫

衝脊柱 [chōng jǐ zhù]

倉廒等房屋縱中線上的柱子，上對脊槫。（卷十九·倉廒庫屋功限。本卷第 141 頁下；“陳氏點注本”第二册第 198 頁）

徹上明造 [chè shàng míng zào]

屋内不用平棊，全部構架顯露可見的形式。因此要求全部構件均作較細緻的加工，如全部梁栿至少做成規整的直梁，最高應做月梁，梁頭相疊處必用駝峯，昂尾必作挑斡，等等。（卷四·飛昂，卷五·梁。本卷第 55 頁下、第 59 頁上；“陳氏點注本”第一册第 82、97 頁）

影作 [yǐng zuò]

彩畫作在不用補間鋪作的栱眼栱分位，畫出人字栱等形象，稱影作。（卷十四·解緑裝飾屋舍。本卷第 113 頁下；“陳氏點注本”第二册第 88 頁）

影栱 [yǐng gǒng]

即“扶壁栱”。詳“扶壁栱”條。（卷四·總鋪作次序。本卷第 57 頁下；“陳氏點注本”第一册第 91 頁）

幡竿頰 [fān gān jiá]

石作，固定旗杆等的石頰。（卷三·幡竿頰。本卷第 52 頁上；“陳氏點注本”第一册第 69 頁）

樓閣 [lóu gé]

多層殿堂的泛稱。（卷四·總鋪作次序。本卷第 57 頁下；“陳氏點注本”第一册第 92 頁）

樓臺 [lóu tái]

多層殿堂的泛稱。（卷五·舉折。本卷第 63 頁上；“陳氏點注本”第一册第 113 頁）

橫鈐 [héng qián]

版壁、編竹等内部所用木骨架。橫用的爲橫鈐，直用的爲立旌。（卷六·睒電窗。本卷第 66 頁下；“陳氏點注本”第一册第 128 頁）

橫關 [héng guān]

厚重的版門門關。（卷二十·版門。本卷第 146 頁下；“陳氏點注本”第二册第 217 頁）

槽 [cáo]

1. 殿堂由柱、額、鋪作劃分的空間。參閱“地盤分槽”條，有裏槽（内槽）、外槽之分。

2. 鋪作的中線，外檐鋪作中線爲“外槽”，屋内鋪作中線爲“内槽”。（卷二十一·裏栿版，卷三十一·大木作制度圖様下。本卷第 154 頁上、第 217 頁下；“陳氏點注本”第二册第 248 頁，第四册第 3、4 頁）

槽内 [cáo nèi]

殿堂分槽之内。（卷三十一·大木作制度圖様下。本卷第 217 頁下；“陳氏點注本”第四册第 3、4 頁）

椿子 [zhuāng zi]

凡門扉廣在七尺五寸以上（如烏頭門），用雙腰串夾腰華版，須於腰華中心用短桯（椿子）分爲兩份。（卷六・烏頭門。本卷第 65 頁上；“陳氏點注本”第一册第 121 頁）

槫 [tuán]

屋蓋上層截面圓形的承重構件，安於梁頭上，上承椽子，每架用一條。屋架檐柱縫以裏名下平槫，以上爲中平槫、上平槫，最上爲脊槫。（卷五・梁。本卷第 59 頁上；“陳氏點注本”第一册第 97 頁）

槫柱 [tuán zhù]

版隔牆内的骨架構件，立於地栿上、闌額下。（卷六・截間版帳。本卷第 67 頁上；“陳氏點注本”第一册第 130 頁）

撮項造 [cuō xiàng zào]

單鉤闌，盆脣上癭項云栱較簡朴的做法，名撮項造。（卷三・重臺鉤闌。本卷第 50 頁下；“陳氏點注本”第一册第 63 頁）

撩風槫 [liáo fēng tuán]

鋪作最外一跳上所用之槫，亦即爲屋架最下的槫。槫徑一材一栔至兩材。（卷五・棟。本卷第 61 頁下；“陳氏點注本”第一册第 108 頁）

墨道 [mò dào]

彩畫華文底稿，五彩徧裝、碾玉裝均以赭色描畫，其餘裝鑾用墨描畫，故稱墨道。最後應以粉筆蓋壓墨道。（卷十四・總制度。本卷第 109 頁下；“陳氏點注本”第二册第 72 頁）

窰作 [yáo zuò]

《營造法式》十三個工種之一。以燒製塼瓦爲主，其義共有六項，即瓦、塼、琉璃瓦（包括製配釉等）、青掍瓦（包括滑石掍、茶土掍）、燒變（裝窰、燒窰、出窰）、壘造窰。（卷十五、二十五、二十七）

熟材 [shú cái]

尺寸準確，並包括出榫在内的材料。（卷二·總例。本卷第 46 頁上；"陳氏點注本"第一册第 45 頁）

蕙草 [huì cǎo]

石作華文之四。其形制不詳。（卷三·造作次序。本卷第 49 頁上；"陳氏點注本"第一册第 58 頁）

碾玉地 [niǎn yù dì]

彩畫碾玉裝的襯底色。先以膠水遍刷，候乾，用青淀一份和茶土二份刷之。（卷十四·總制度。本卷第 110 頁上；"陳氏點注本"第二册第 72 頁）

碾玉裝 [niǎn yù zhuāng]

彩畫裝鑾中僅次於五彩徧裝的品類。梁栱等外棱用青（或緑）疊暈，緑緣内於淡緑地上描華。用深青剔地，外留空緣，與緣道對暈。（卷十四·總制度。本卷第 110 頁上；"陳氏點注本"第二册第 72 頁）

線道 [xiàn dào]

凡塼石鋪砌地面，其邊緣立砌塼（或石）一或二周，皆名爲線道。（卷三·卷輂水窗，卷十五·鋪地面。本卷第 51 頁下、第 116 頁上；"陳氏點注本"第一册第 67 頁、第二册第 99 頁）

线道瓦 [xiàn dào wǎ]

以瓦一口改作兩片，用於脊下當溝瓦之上。（卷十三•結瓦。本卷第 104 頁下；“陳氏點注本”第二册第 49 頁）

編竹 [biān zhú]

隔截編道的簡稱。詳“隔截編道”條。（卷六•破子櫺窗。本卷第 66 頁上；“陳氏點注本”第一册第 127 頁）

緣道 [yuán dào]

彩畫於梁栿枓栱四周所畫的疊暈，用石色由深至淺平行疊壓。（卷十四•五彩徧裝。本卷第 110 頁下；“陳氏點注本”第二册第 77 頁）

蝦須栱 [xiā xū gǒng]

指裏跳轉角的鋪作，用丁頭栱代角栱，稱蝦須栱。參閱“丁頭栱”條。（卷四•栱。本卷第 54 頁上；“陳氏點注本”第一册第 77 頁）

篆額天宫 [zhuàn é tiān gōng]

碑首盤龍間題字的部位。（卷三•贔屓鼇坐碑。本卷第 52 頁下；“陳氏點注本”第一册第 70 頁）

踏 [tà]

樓梯等，每一級稱爲踏。（卷十五•馬臺。本卷第 117 頁上；“陳氏點注本”第二册第 104 頁）

踏版 [tà bǎn]

樓梯等每級平安的版。（卷七•胡梯。本卷第 74 頁下；“陳氏點注本”第一册第 157 頁）

踏版榥 [tà bǎn huàng]

踏下的横木，兩端入梯梁，並出榫抱寨。（卷九·佛道帳。本卷第 86 頁上；“陳氏點注本”第一册第 204 頁）

踏道 [tà dào]

房屋階基前塼石砌的梯級。（卷三·踏道。本卷第 50 頁上；“陳氏點注本”第一册第 61 頁）

踏道圜橋子 [tà dào yuán qiáo zi]

佛道帳、經藏等頂上天宫樓閣的圓弧形踏道。（卷九·佛道帳。本卷第 86 頁上；“陳氏點注本”第一册第 203 頁）

鋜脚（鋜脚版）[zhuó jiǎo（zhuó jiǎo bǎn）]

門扉障水牌下或叉安窄版；叉子等近地處的窄版。（卷三·幡竿頰，卷六·烏頭門。本卷第 52 頁上、第 65 頁上；“陳氏點注本”第一册第 69、122 頁）

鋪 [pū]

本爲動詞，鋪蓋、鋪放之義，由此引申出一些專門名詞術語。如鋪作，成爲建築中最重要的名稱。（卷四·總鋪作次序。本卷第 57 頁下；“陳氏點注本”第一册第 91 頁）

鋪地面 [pū dì miàn]

用塼石鋪砌的地面。（卷十五·鋪地面。本卷第 115 頁下；“陳氏點注本”第二册第 98 頁）

鋪地卷成 [pū dì juǎn chéng]

彩畫、彫刻華文的一種形式，以華、葉卷鋪成圖案，但絕不顯露枝梗。（卷十四·五彩徧裝。本卷第 111 頁上；“陳氏點注本”第二册第 77 頁）

鋪地蓮華 [pū dì lián huā]

又名覆蓮。蓮花瓣向下覆於地面。多用於柱礎，於柱外周彫成覆蓋向下的蓮瓣。（卷三·造作次序。本卷第 49 頁上；“陳氏點注本”第一册第 58 頁）

鋪作 [pū zuò]

即由枓栱組合成的構造單元，每一單元成爲一朵。枓栱出一跳，共鋪疊四層構件，故稱四鋪作，每增出一跳即增一鋪，增至出五跳八鋪作。（卷四·飞昂、總鋪作次序。本卷第55頁上、第57頁上；“陳氏點注本”第一册第81、88頁）

鋪版方 [pū bǎn fāng]

平坐鋪作上承受上層地面版的素方。即清代的楞木。（卷四·平坐。本卷第58頁上；“陳氏點注本”第一册第93頁）

餘屋 [yú wū]

殿堂、廳堂以外的各種房屋，如廊屋、常行散屋、營房屋等。（卷五·柱。本卷第60頁上；“陳氏點注本”第一册第102頁）

駝峯 [tuó fēng]

1. 坐於下面的梁上，承托上一梁梁頭的構件。加工成各種外形，如鷹嘴駝峯[①]、氈笠駝峯、掐瓣駝峯等等。

2.《營造法式》卷三《石作制度》，“贔屓鼇坐碑”之鼇坐中部凸出承碑身之狹長形平臺。（卷三·贔屓鼇坐碑，卷五·梁，卷十九·殿堂梁柱等事件功限。本卷第52頁上、第59頁下、第140頁下；“陳氏點注本”第一册第70、99頁，第二册第193頁）

闟頭栿 [qì tóu fú]

厦兩頭屋蓋，承受兩山出際部位重量的大梁，安於兩山丁栿上。（卷五·棟。本卷第61頁下；“陳氏點注本”第一册第108頁）

① “鷹嘴駝峯”在《營造法式》陶本、故宫本等中均寫作“鷹觜駝峯”，學界普遍認定此“觜”爲“嘴”的俗寫。後“鷹嘴駝峯”條同此例。

十 六 畫

薦拔抽换 [jiàn bá chōu huàn]

房屋修理方式。用杠杆吊起部分梁柱，抽换個别損壞梁柱。（卷十九・薦拔抽换柱栿等功限。本卷第 144 頁下；“陳氏點注本”第二册第 209 頁）

鴟尾 [chī wěi]

殿堂等正脊兩端的彫飾品，或作龍尾或作獸頭，清代稱正吻。（卷十三・用鴟尾。本卷第 105 頁下；“陳氏點注本”第二册第 55 頁）

鴛鴦交手栱 [yuān yāng jiāo shǒu gǒng]

轉角鋪作上，兩栱相距不足栱長，即相連製作，於栱身中間刻出兩個相交的栱頭。（卷四・栱。本卷第 54 頁下；“陳氏點注本”第一册第 80 頁）

墼 [jī]

用新挖出的潮土入模夯打成的土墫，陰乾後不入窰燒結即使用。（卷十三・壘牆。本卷第 107 頁上；“陳氏點注本”第二册第 61 頁）

壇 [tán]

墫石砌築的露天臺座。（卷三・壇。本卷第 51 頁上；“陳氏點注本”第一册第 66 頁）

壁帳 [bì zhàng]

寺廟殿内沿牆面安放的佛龕。（卷十・壁帳。本卷第 91 頁上；“陳氏點注本”第一册第 224 頁）

壁隱假山 [bì yǐn jiǎ shān]

依附牆壁壘砌的假山。（卷二十五・泥作。本卷第 175 頁下；"陳氏點注本"第三册第 47 頁）

壁藏 [bì zàng]

寺廟殿内沿牆安放的經櫥。（卷十一・壁藏。本卷第 96 頁上；"陳氏點注本"第二册第 16 頁）

橑檐方 [liáo yán fāng]

鋪作最外一跳上如不用榑，即以橑檐方代榑。方廣兩材。（卷五・梁。本卷第 59 頁下；"陳氏點注本"第一册第 99 頁）

圜枓 [yuán dǒu]

櫨枓之做成圓形者。（卷四・枓。本卷第 56 頁下；"陳氏點注本"第一册第 86 頁）

圜淵方井 [yuán yuān fāng jǐng]

即"鬭八藻井"。詳"藻井"條。（卷二・鬭八藻井。本卷第 44 頁上；"陳氏點注本"第一册第 36 頁）

獨扇版門 [dú shàn bǎn mén]

門道窄、衹能容一扇的版門。（卷六・版門。本卷第 64 頁上；"陳氏點注本"第一册第 118 頁）

磨礲 [mó lóng]

石料加工的第六個工序，參閱"石作"條。用砂石水磨石面令光平。（卷三・造作次序。本卷第 49 頁上；"陳氏點注本"第一册第 57 頁）

擗石樁 [pǐ shí zhuāng]

卷輂水窗上下游出入水處，於鋪石地面線道外緣竪砌的石樁。（卷三・卷輂水窗。

本卷第 51 頁下；“陳氏點注本”第一册第 68 頁）

擗簾竿 [pǐ lián gān]

安於殿堂等出跳栱或椽頭之下。其使用方法及形制尚不詳。（卷七・擗簾竿。本卷第 75 頁下；“陳氏點注本”第一册第 161 頁）

舉折 [jǔ zhé]

確定屋蓋瓦面斜坡曲線的方法。先定舉高（詳“舉屋”條），然後自脊槫以下，每一槫縫降低並逐槫減少降低數，名爲折。總名舉折。自脊槫以下各槫縫依次爲第△縫[①]。自脊槫背至橑檐方背引一斜線與第一縫槫中相交，自此交點向下量舉高之半即得第一槫背高，此向下量之數即爲折數。再自第一槫背至橑檐方背引一斜線與第二縫槫中相交，由此以一折數之半爲本折折數，向下量爲第二縫槫背高，循此向下至得出最下一折數，即得出全屋面曲線。（卷五・舉折。本卷第 62 頁下；“陳氏點注本”第一册第 112 頁）

舉屋 [jǔ wū]

確定屋蓋結構最高點的方法，即自橑檐方背至脊槫背的垂直高度。先測（或計算）前後檐橑檐方中線的水平距離，據此距離長度的三分之一至四分之一，即爲脊槫背應高於橑檐方背的高度，即“舉高”。（卷五・舉折。本卷第 63 頁上；“陳氏點注本”第一册第 113 頁）

營房屋（營屋）[yíng fáng wū (yíng wū)]

規模質量最低的房屋。（卷十九・營屋功限。本卷第 144 頁上；“陳氏點注本”第二册第 206 頁）

營造法式 [yíng zào fǎ shì]

宋李誡編，宋元符三年（公元 1100 年）編，崇寧二年（公元 1103 年）刊印頒行。共三十六卷，總説總例二卷，制度十二卷，料例三卷，制度、功限、料例都是按十三

① 原稿此處手寫“△”形，意思不明，存疑。

個工種編述其内容的。制度多卷，詳列了多種設計原則、標準規範及其增減幅度。功限多卷，包括各種工程的限額、記功原則。料例詳列各種原材料的規格。在全書各項分門别類的記述中還常常涉及施工細節。

縫 [fèng]

縫即中線之義。如間縫即每間屋架的中線，槫縫即槫的中線，等等。（卷五·棟。本卷第 62 頁上；"陳氏點注本"第一册第 108 頁）

螭子石 [chī zi shí]

殿階棱鉤闌蜀柱下的石塊，上鑿方口以受鉤闌榫。（卷三·螭子石。本卷第 50 頁下；"陳氏點注本"第一册第 64 頁）

築城 [zhù chéng]

城的基本高厚是高 40 尺，底厚 60 尺，頂厚 40 尺，兩面各斜收 10 尺。牆高如有變更，底厚隨之增减，而頂厚保持不變，所以若高增一尺，底厚亦增一尺。城基開深五尺。（卷三·城。本卷第 48 頁下；"陳氏點注本"第一册第 55 頁）

築牆 [zhù qiáng]

壕寨築牆（夯土）有三種規格。

1. 牆，高九尺，厚三尺，其上斜收爲厚的二分之一；高增三尺，厚加一尺。

2. 露牆，牆高一丈，厚五尺，牆頂厚二尺；高增一尺，厚加三寸。

3. 抽絍牆，牆高一丈，厚五尺，牆頂厚二尺五寸；高增一尺，厚加二寸五分。（卷三·牆。本卷第 48 頁下；"陳氏點注本"第一册第 56 頁）

築基 [zhù jī]

築基每一立方尺用土二擔（每擔乾重 60 斤），隔層用碎塼瓦、石札二擔。每次布土厚五寸，築實厚三寸；布塼瓦石札等厚三寸，築實厚一寸五分。築基開挖深四尺至一丈，視基址土層情况酌定。（卷三·築基。本卷第 48 頁上；"陳氏點注本"第一册第 54 頁）

頰 [jiá]

即兩頰。詳“兩頰”條。（卷七·格子門。本卷第71頁上；“陳氏點注本”第一册第143頁）

輻 [fú]

輪中直木。（卷十一·轉輪經藏。本卷第95頁下；“陳氏點注本”第二册第13頁）

錐眼 [zhuī yǎn]

鋪作要頭兩面上，又名“龍牙口”。其位置不詳。（卷四·爵頭。本卷第56頁上；“陳氏點注本”第一册第86頁）

鋸作 [jù zuò]

《營造法式》十三個工種之一。主要承擔鋸解木材的工作。其項目僅用材植、抨墨及就餘材三項。（卷十二、二十四）

龍牙口 [lóng yá kǒu]

於要頭兩面，廣半份，又名“錐眼”，其位置不詳。（卷四·爵頭。本卷第56頁上；“陳氏點注本”第一册第86頁）

龍池 [lóng chí]

即折檻。詳“折檻”條。（卷八·鉤闌。本卷第79頁下；“陳氏點注本”第一册第178頁）

龍尾 [lóng wěi]

正脊兩端的彫飾物，有鴟尾、龍尾、獸頭各種形象。清代爲正吻。（卷十三·用鴟尾。本卷第106頁上；“陳氏點注本”第二册第56頁）

龍鳳間華 [lóng fèng jiān huā]

石作彫刻形式，華文間插龍鳳或雲文。（卷十六·角石。本卷第123頁上；“陳氏

點注本”第二册第 127 頁）

燕尾 [yàn wěi]

彩畫丹粉刷飾屋舍，於栱頭用白粉畫“冂”形圖案，一般闌額刷八白，栱頭多刷燕尾。（卷十四・丹粉刷飾屋舍。本卷第 113 頁下；“陳氏點注本”第二册第 89 頁）

燕頷版 [yàn hàn bǎn]

又名“牙子版”，即明清的“瓦口”。（卷十三・結瓦。本卷第 104 頁下；“陳氏點注本”第二册第 49 頁）

隱角梁 [yǐn jiǎo liáng]

於大角梁上，前接子角梁，後接續角梁。（卷五・陽馬。本卷第 60 頁下，“陳氏點注本”第一册第 104 頁）

十七畫

闌額 [lán é]

柱頭間的聯係材。亦有製成月梁形者，兩肩各以四瓣卷殺，每瓣長 8 份。（卷五・闌額。本卷第 60 頁上；“陳氏點注本”第一册第 100 頁）

闌檻鉤窗 [lán kǎn gōu chuāng]

外檐裝修之一種，宜用於園林。在走廊外側距地二尺設有可供坐憩的檻面版，下用障水版。檻面上每間分作鉤窗三扇，外裝鵝項鉤闌（有彎曲靠背的鉤闌）。（卷七・闌檻鉤窗。本卷第 71 頁下；“陳氏點注本”第一册第 146 頁）

闇柱 [àn zhù]

包砌在牆内的柱。（卷十九・殿堂梁柱等事件功限。本卷第 140 頁下；“陳氏點注

本”第二册第 193 頁）

闇栔 [àn qì]

單材栱加一栔，做成足材，此增加的栔名闇栔。（卷四・材。本卷第 53 頁下；“陳氏點注本”第一册第 75 頁）

簇角梁 [cù jiǎo liáng]

圓形或正多邊形平面的房屋，鬭尖屋蓋的梁架做法。在大角梁上層層用斜戧形的角梁。（卷五・舉折。本卷第 63 頁上；“陳氏點注本”第一册第 114 頁）

壓心 [yā xīn]

彩畫疊暈之法，青華、三青、二青、大青、淡墨壓心，如緑最後用緑色草汁壓心。（卷十四・五彩徧裝。本卷第 111 頁下；“陳氏點注本”第二册第 80 頁）

壓地隱起華 [yā dì yǐn qǐ huā]

石作彫鐫制度之二，近於今之淺浮彫。（卷三・造作次序。本卷第 49 頁上；“陳氏點注本”第一册第 57 頁）

壓脊 [yā jǐ]

小木作版屋造屋蓋上的脊。（卷六・露籬，卷八・井亭子。本卷第 68 頁上、第 81 頁上；“陳氏點注本”第一册第 135、183 頁）

壓厦版 [yā shà bǎn]

小木作木製殿堂等所用鋪作的頂版。（卷八・鬭八藻井。本卷第 77 頁上；“陳氏點注本”第一册第 167 頁）

壓跳 [yā tiào]

柱頭鋪作裹跳在栿下者做成頭，其長可兩跳，名壓跳。（卷四・栱。本卷第 54 頁上；“陳氏點注本”第一册第 77 頁）

壓槽方 [yā cáo fāng]

鋪作柱頭方上作梁墊的大方。（卷五・梁。本卷第 59 頁下；“陳氏點注本”第一册第 99 頁）

壓闌塼 [yā lán zhuān]

塼的類型之一，用於階脣。（卷十五 • 用塼。本卷第 115 頁下；“陳氏點注本”第二册第 97 頁）

壓闌石 [yā lán shí]

用於階脣。長三尺，廣二尺，厚六寸。（卷三 • 壓闌石。本卷第 49 頁下；“陳氏點注本”第一册第 60 頁）

壕寨 [háo zhài]

《營造法式》十三個工種之一。其工作具體内容有取正、定平、立基、築基、城、牆、築臨水基等七項，而功限中還包括車船運輸、供各作小工等，實際都是勞務，相當於清時的小工。（卷三 • 壕寨制度。本卷第 47 頁下；“陳氏點注本”第一册第 50 頁）

檐 [yán]

即出檐，自橑檐方以外的部分，包括檐和飛檐。（卷二 • 檐，卷四 • 栱，卷五 • 檐。本卷第 41 頁下、第 53 頁下、第 62 頁下；“陳氏點注本”第一册第 28、76、111 頁）

檐門方 [yán mén fāng]

城門道上的横方。（卷十九 • 城門道功限。本卷第 141 頁下；“陳氏點注本”第二册第 197 頁）

檐柱 [yán zhù]

房屋最外一周柱均爲檐柱。（卷五 • 柱。本卷第 60 頁上；“陳氏點注本”第一册第 102 頁）

檐版 [yán bǎn]

小木作版引檐的主体。（卷六 • 版引檐。本卷第 68 頁下；“陳氏點注本”第一册第 135 頁）

檐栿 [yán fú]

長四椽以上的大梁。（卷五 • 梁。本卷第 58 頁下；“陳氏點注本”第一册第 96 頁）

檐額 [yán é]

大於闌額的外檐額方。廣兩材一栔至三材三栔。額下用綽幕方，較額廣減小三分之一。（卷五 • 闌額。本卷第 60 頁上；“陳氏點注本”第一册第 101 頁）

爵頭 [jué tóu]

即耍頭。詳“耍頭”條。（卷一 • 爵頭，卷四 • 爵頭。本卷第 38 頁下、第 56 頁上；“陳氏點注本”第一册第 16、85 頁）

龜脚 [guī jiǎo]

佛道帳、壁藏等基座最下的木脚，與地面相接。（卷九 • 佛道帳。本卷第 86 頁上；“陳氏點注本”第一册第 203 頁）

龜頭（龜頭殿） [guī tóu（guī tóu diàn）]

殿堂等於立面當心向外凸出的小殿。明清名爲抱厦。（卷九 • 佛道帳，卷十一 • 壁藏，卷二十二 • 佛道帳。本卷第 85 頁上、第 98 頁下、第 159 頁下；“陳氏點注本”第一册第 199 頁，第二册第 26、269 頁）

氈笠駝峯 [zhān lì tuó fēng]

駝峯形式之一種。（卷三十 • 大木作制度圖樣上。本卷第 208 頁上；“陳氏點注本”第三册第 175 頁）

牆下隔減 [qiáng xià gé jiǎn]

牆下的基座。詳“隔減窗坐”條。（卷十五 • 牆下隔減。本卷第 116 頁上；“陳氏點注本”第二册第 99 頁）

點草架 [diǎn cǎo jià]

即定側樣。詳“定側樣”條。（卷五 • 舉折。本卷第 63 頁上；“陳氏點注本”第一册第 113 頁）

螳螂頭口 [táng láng tóu kǒu]

榫卯之一種，用於横木對接拉長。（卷三十•大木作制度圖樣上。本卷第 214 頁上；“陳氏點注本”第三册第 195 頁）

鞠 [jū]

即鐵鍋子。（卷二十六・瓦作，卷三十・大木作制度圖樣上。本卷第 182 頁下、第 214 頁下；“陳氏點注本”第三册第 75、196 頁）

嬪伽 [pín qié]

1. 彩畫作、彫木作等常用的裝飾題材，或作人首鳥身形。

2. 屋蓋角脊端的一個裝飾，其後即刻走獸。（卷十三•用獸頭等。本卷第 106 頁下；“陳氏點注本”第二册第 57 頁）

總例 [zǒng lì]

《營造法式》總釋之一章，列舉全書的共同習用原則。計有：

1. 幾何形的直徑、對角線、邊長等的常用概數；
2. 材料的長均不帶出卯；
3. 全年各月的工作日長；
4. 用功的計算方法；
5. 用料增減的方式等等。（卷二・總例。本卷第 46 頁上；“陳氏點注本”第一册第 44 頁）

十八畫

壘造流盃 [lěi zào liú bēi]

用石塊砌築的流盃渠。參閲“流盃渠”條。（卷三 • 流盃渠。本卷第 51 頁上；“陳氏點注本”第一册第 65 頁）

檼襯角栿 [yǐn chèn jiǎo fú]

大角梁之下、鋪作明梁之上，轉角處的草栿。（卷五 • 梁。本卷第 59 頁下；“陳氏點注本”第一册第 99 頁）

檻面（檻面版）[kǎn miàn（kǎn miàn bǎn）]

闌檻鉤窗的檻面版。可供坐息，上安鉤窗。詳“闌檻鉤窗”條。（卷七 • 闌檻鉤窗。本卷第 71 頁下；“陳氏點注本”第一册第 146 頁）

擺手（兩擺手）[bǎi shǒu（liǎng bǎi shǒu）]

凡照壁、門外斜牆、橋頭、護岸等，向兩側斜延伸的八字護牆，均名擺手或兩擺手。（卷三 • 卷輂水窗。本卷第 51 頁下；“陳氏點注本”第一册第 68 頁）

藕批搭掌 [ǒu pī dā zhǎng]

榫卯之一種。橫木對接拉長，兩木端均開半卯、留半榫對搭的形式。（卷三十 • 大木作制度圖樣上。本卷第 214 頁上；“陳氏點注本”第三册第 194 頁）

雙托神 [shuāng tuō shén]

石作重臺鉤闌，如鉤闌間廣大，尋杖過長，即於尋杖下加雙托神或單托神。（卷三 • 重臺鉤闌。本卷第 50 頁上；“陳氏點注本”第一册第 62 頁）

雙卷眼造 [shuāng juǎn yǎn zào]

石作卷輂水窗有單卷輂、雙卷輂之分，即一個券洞或兩個券洞。（卷三•卷輂水窗。本卷第 51 頁下；“陳氏點注本”第一册第 67 頁）

雙扇版門 [shuāng shàn bǎn mén]

版門一般要求是廣與高方，每門分爲兩扇。如遇門廣不足，也可單扇造。（卷六•版門。本卷第 64 頁上；“陳氏點注本”第一册第 118 頁）

雙腰串 [shuāng yāo chuàn]

版門、軟門、格子門、殿堂内截間閣子等，均可用單腰串或雙腰串，腰串上安格子，下安障水版。如雙腰串則於上腰串安格子，兩腰串間安腰華版，下腰串下安障水版。（卷六•烏頭門。本卷第 65 頁上；“陳氏點注本”第一册第 121 頁）

雙槽 [shuāng cáo]

殿堂結構分槽形式之一。在一周外檐柱内用兩列内柱，劃分爲前後各一個外槽（深各兩椽），當中一個内槽（深四椽）。（卷三十一•大木作制度圖樣下。本卷第 217 頁下；“陳氏點注本”第四册第 4 頁）

覆盆 [fù pén]

柱礎上凸出的部位，形如覆地的盆，故名。其上亦可加彫華文。（卷三•柱礎。本卷第 49 頁上；“陳氏點注本”第一册第 58 頁）

覆背塼 [fù bèi zhuān]

塼券背上附加的一層塼，又名繳背，清名“伏”。（卷十五•卷輂河渠口。本卷第 117 頁上；“陳氏點注本”第二册第 103 頁）

覆蓮 [fù lián]

柱礎上的覆盆彫成蓮華形，華瓣向下覆。（卷三•柱礎。本卷第 49 頁上；“陳氏點注本”第一册第 58 頁）

斷砌（斷砌門）[duàn qì（duàn qì mén）]

版門，不用地栿而用立柣、臥柣及地栿版。爲便於車馬的出入，可隨時取去地栿

版。（卷三·門砧限，卷六·版門。本卷第 51 頁上、第 64 頁下；“陳氏點注本”第一册第 65、121 頁）

礎 [chǔ]

即柱礎。詳“柱礎”條。（卷一·柱礎。本卷第 37 頁上；“陳氏點注本”第一册第 12 頁）

蟬肚綽幕 [chán dù chuò mù]

綽幕方的藝術加工形式，用細密的混線殺去出頭處的方角。（卷三十·大木作制度圖樣上。本卷第 208 頁上；“陳氏點注本”第三册第 174 頁）

蟬翅 [chán chì]

廳堂等慢道下邊展寬的部分。（卷十五·慢道。本卷第 116 頁下；“陳氏點注本”第二册第 100 頁）

雞棲木 [jī qī mù]

門内上方與額平行的構件。兩頭穿孔，以受門扇上鑲。自額外用門簪固定於額内側。（卷六·版門。本卷第 64 頁下；“陳氏點注本”第一册第 119 頁）

雜間裝 [zá jiàn zhuāng]

彩畫作裝鑾之一。混合兩種形式於一處的畫法，如五彩徧裝間碾玉裝、碾玉裝間畫松文裝等等。（卷十四·雜間裝。本卷第 114 頁上；“陳氏點注本”第二册第 91 頁）

鎮子塼 [zhèn zi zhuān]

一種最小的方塼。方六寸五分，厚二寸。（卷十五·塼。本卷第 118 頁下；“陳氏點注本”第二册第 109 頁）

額 [é]

凡門窗之上，固定於兩柱頭之間的橫木，均名爲額。又“闌額”“檐額”等的簡稱。（卷六 • 版門。本卷第 64 頁下；“陳氏點注本”第一冊第 119 頁）

䫜 [āo]

凡物件的表面似成凹進的曲面，均名爲䫜。（卷一 • 飛昂，卷四 • 飛昂。本卷第 38 頁上、第 55 頁上；“陳氏點注本”第一冊第 16、80 頁）

轉角造 [zhuǎn jiǎo zào]

即“厦兩頭造”，屋蓋形式之一，以其屋面至角轉過兩椽，故名轉角造。（卷五 • 棟。本卷第 61 頁下；“陳氏點注本”第一冊第 108 頁）

轉角鋪作 [zhuǎn jiǎo pū zuò]

角柱上的鋪作名轉角鋪作。（卷四 • 總鋪作次序。本卷第 57 頁下；“陳氏點注本”第一冊第 91 頁）

轉輪 [zhuàn lún]

轉輪經藏中心竪立的輪軸。（卷十一 • 轉輪經藏。本卷第 92 頁下；“陳氏點注本”第二冊第 1 頁）

轉輪經藏 [zhuàn lún jīng zàng]

寺廟中經廚的一種，周圍安經屜，中用輪軸，便於轉動，以查閱經書。（卷十一 • 轉輪經藏。本卷第 92 頁下；“陳氏點注本”第二冊第 1 頁）

鵝項 [é xiàng]

闌檻鈎窗檻面外側的鈎闌。尋杖下用彎曲如鵝頸的靠背，以代蜀柱。（卷七 • 闌檻鈎窗。本卷第 72 頁上；“陳氏點注本”第一冊第 147 頁）

鵝臺 [é tái]

版門等門扉下鐵製的下鑲。（卷六 • 版門。本卷第 64 頁下；“陳氏點注本”第一冊

第 121 頁）

騎互枓 [qí hù dǒu]

即散枓。詳“散枓”條。（卷四 • 枓。本卷第 56 頁下；“陳氏點注本”第一册第 88 頁）

騎枓栱 [qí dǒu gǒng]

騎在上昂身上的栱。（卷四 • 飛昂。本卷第 56 頁上；“陳氏點注本”第一册第 85 頁）

騎栿（騎栿令栱）[qí fú (qí fú lìng gǒng)]

鋪作用栱適在梁栿背上、與梁栿正交謂之“騎栿”，如“騎栿令栱”。（卷四 • 栱。本卷第 54 頁上；“陳氏點注本”第一册第 78 頁）

騎槽檐栱 [qí cáo yán gǒng]

跨越鋪作柱頭中線，内外皆出跳的華栱，名騎槽檐栱。（卷四 • 栱。本卷第 53 頁下；“陳氏點注本”第一册第 76 頁）

十 九 畫

櫍 [zhì]

石柱礎上另加木盤名櫍，上承柱脚。亦有用石櫍的做法。（卷五 • 柱。本卷第 60 頁下；“陳氏點注本”第一册第 103 頁）

曝窰 [pù yáo]

燒製塼瓦的一種較小的窰。參閱“大窰”條。（卷十五•壘造窰。本卷第 119 頁上；“陳氏點注本”第二册第 111 頁）

羅文楅 [luó wén bī]

凡方形邊框内，於對角線上加十字斜栱，名羅文楅。（卷六・烏頭門。本卷第 65 頁下；“陳氏點注本”第一册第 123 頁）

羅漢方 [luó hàn fāng]

鋪作出跳之上，橑檐方或算程方以裏，各出跳上方均名羅漢方。（卷四・總鋪作次序。本卷第 57 頁上；“陳氏點注本”第一册第 90 頁）

藻井 [zǎo jǐng]

又名“鬭八藻井”或“圜泉方井”。位於殿堂内平棊或平闇中部向上凸起的裝飾性構造，規定用八等材。自下至上分方井、八角井、鬭八三段構造合成。用於副階内者爲“小藻井”或“小鬭八藻井”，下無方井。（卷八・鬭八藻井。本卷第 76 頁下；“陳氏點注本”第一册第 165 頁）

寶山 [bǎo shān]

石作華文制度之七。（卷三・造作次序。本卷第 49 頁上；“陳氏點注本”第一册第 58 頁）

寶柱 [bǎo zhù]

小木作佛道帳等帳坐上的飾件。（卷九・佛道帳。本卷第 82 頁上；“陳氏點注本”第一册第 188 頁）

寶相華 [bǎo xiàng huā]

彩畫彫刻等華文之一。（卷三・造作次序。本卷第 49 頁上；“陳氏點注本”第一册第 58 頁）

寶階 [bǎo jiē]

石作華文制度之八。（卷三・造作次序。本卷第 49 頁上；“陳氏點注本”第一册第 58 頁）

寳缾 [bǎo píng]

由昂上承托大角梁的構件。詳“角神”條。（卷四·飛昂。本卷第 55 頁上；“陳氏點注本”第一册第 82 頁）

寳裝蓮華 [bǎo zhuāng lián huā]

各種蓮華題材，在每個蓮瓣上又加圖飾圖案，謂之寳裝蓮華。（卷三·造作次序。本卷第 49 頁上；“陳氏點注本”第一册第 58 頁）

寳藏神 [bǎo zàng shén]

由昂上承托大角梁的構件。詳“角神”條。（卷四·飛昂。本卷第 55 頁上；“陳氏點注本”第一册第 82 頁）

獸頭 [shòu tóu]

殿堂等正脊兩端或垂脊頭上的飾件。（卷十三·用獸頭等。本卷第 106 頁上；“陳氏點注本”第二册第 56 頁）

瀝水版（瀝水牙子）[lì shuǐ bǎn（lì shuǐ yá zi）]

小木作中露籬、井屋子等，版屋檐口的導流雨水的版。（卷六·露籬、井屋子。本卷第 68 頁上、第 69 頁下；“陳氏點注本”第一册第 135、139 頁）

瓣 [bàn]

1. 栱頭、月梁等卷殺處均先分爲若干小段，名爲瓣，按瓣依次斜殺。

2. 小木作佛道帳等座均分爲若干段製作，亦名爲瓣。（卷四·栱。本卷第 53 頁下；“陳氏點注本”第一册第 76 頁）

蹲獸 [dūn shòu]

屋蓋上轉角處脊上用蹲獸等。第一枚爲嬪伽，以後爲蹲獸二至八枚。（卷十三·用獸頭等。本卷第 106 頁下；“陳氏點注本”第二册第 57 頁）

繳貼 [jiǎo tiē]

大木作梁栿料小，可以於梁背另加一木，名爲“繳背”。如月梁不足高大，亦可上加繳背，下貼兩梁頬，故總名繳貼。（卷五·梁。本卷第 59 頁上；“陳氏點注本”第一册第 97 頁）

繳背 [jiǎo bèi]

塼石作发券，於拱券背上又加層較券石薄的券，名繳背。（卷三·卷輂水窗，卷五·梁。本卷第 51 頁下、第 59 頁上；“陳氏點注本”第一册第 67、97 頁）

鏂 [ōu]

門扉上浮漚釘。（卷二·門。本卷第 43 頁上；“陳氏點注本”第一册第 32 頁）

鵲臺 [què tái]

鋪作耍頭上三角形斜面。（卷四·爵頭。本卷第 56 頁上；“陳氏點注本”第一册第 85 頁）

鞾楔 [xuē xiē]

鋪作用上昂，裏跳連珠枓口内增加的承托上昂尾的構件，做成裝飾性的輪廓。（卷四·飛昂。本卷第 56 頁上；“陳氏點注本”第一册第 85 頁）

簫眼穿串 [xiāo yǎn chuān chuàn]

柱額等用藕批搭掌、勾頭搭掌等榫卯，並鑿卯眼穿過柱身，用木簫，謂之簫眼穿串。（卷三十·大木作制度圖樣上。本卷第 214 頁上；“陳氏點注本”第三册第 194 頁）

難子 [nán zi]

薄版與四周邊框相接處，用小木條護縫，用於桯内的名大難子，用於子桯内的名小難子。（卷六·版門、烏頭門。本卷第 64 頁下、第 65 頁上；“陳氏點注本”第一册

第 119、123 頁）

二 十 畫

櫨枓 [lú dǒu]

鋪作最下面大枓，坐柱頭或闌額、普拍方上。一般爲方形，也可圓形，則補間鋪作須用訛角枓。（卷四・枓。本卷第 56 頁下；“陳氏點注本”第一册第 86 頁）

護縫 [hù fèng]

掩護版縫的木條。參閱“牙頭護縫”條。（卷六・烏頭門。本卷第 65 頁上；“陳氏點注本”第一册第 121 頁）

鐙口 [dèng kǒu]

與昂身相銜合的榫卯，均須隨昂身斜向製作，特名爲“鐙口”。（卷四・飛昂。本卷第 55 頁上；“陳氏點注本”第一册第 81 頁）

二十一畫

欞子 [líng zi]

門窗叉子等所用木條。多爲垂直密集的排列。（卷六・破子欞窗，卷八・拒馬叉子。本卷第 66 頁上、第 77 頁下；“陳氏點注本”第一册第 126、170 頁）

欞首 [líng shǒu]

叉子所用欞子的上端，彫製成各種華樣。（卷八・拒馬叉子。本卷第 77 頁下；“陳

氏點注本”第一册第 170 頁）

櫺星門 [líng xīng mén]

即烏頭門。詳“烏頭門”條。（卷六 • 烏頭門。本卷第 65 頁上；“陳氏點注本”第一册第 121 頁）

攛窠 [cuān kē]

瓦作核查瓪瓦規格。瓪瓦解撟後，於平版上按與瓪瓦外圍等大的半圈，將瓦放入圈内測試。（卷十三 • 結瓦。本卷第 104 頁上；“陳氏點注本”第二册第 48 頁）

攛尖入卯 [cuān jiān rù mǎo]

小木作門窗結構榫卯之一種。腰串等與桯結合，腰串榫頭成三角尖，插入桯内。（卷七 • 格子門。本卷第 70 頁下；“陳氏點注本”第一册第 142 頁）

續角梁 [xù jiǎo liáng]

四阿屋蓋隱角梁後，逐架接續至脊，均爲續角梁。（卷十九 • 殿堂梁柱等事件功限。本卷第 140 頁下；“陳氏點注本”第二册第 194 頁）

襯方頭 [chèn fāng tóu]

鋪作構件之一。在耍頭之上，前至橑檐方，後至昂背或平棊方。（卷五 • 梁。本卷第 59 頁下；“陳氏點注本”第一册第 100 頁）

襯石方 [chèn shí fāng]

卷輂水窗的券脚，最下先於木樁上鋪三層條石，名襯石方，其上再砌券脚廂壁版。（卷三 • 卷輂水窗。本卷第 51 頁下；“陳氏點注本”第一册第 67 頁）

襯地 [chèn dì]

彩畫作首先須襯地。襯地之法，先用膠水遍刷，次按五彩以白土遍刷碾玉（或青緑棱間），以青淀和茶土刷沙泥壁畫，以好白土縱横刷之。（卷十四 • 總制度。本卷第 109 頁下；“陳氏點注本”第二册第 71 頁）

襯色 [chèn sè]

彩畫作襯地之上，先以草色畫出圖案華文，爲襯色。按所畫之物用色而不同：青以螺青一份合鉛粉二份爲襯，緑以螺青鉛粉（比例同上）加槐華熬汁，紅以紫粉合黄丹爲襯（或衹用黄丹）。（卷十四・總制度。本卷第 109 頁下；“陳氏點注本”第二册第 71 頁）

竈突 [zào tū]

即煙筒。（卷十三・立竈。本卷第 108 頁上；“陳氏點注本”第二册第 65 頁）

歡門 [huān mén]

用於小木作牙角帳等帳上。其形制不詳。（卷十・牙脚帳。本卷第 87 頁下；“陳氏點注本”第一册第 210 頁）

纏柱造 [chán zhù zào]

樓閣平坐等上層柱與柱下鋪作的結合方式之一。於柱下鋪作上用柱角方，上層柱立於下層鋪作櫨枓裏側、柱角方之上。至轉角加附角櫨枓二枚並各加角華栱一縫，其裏轉穿過並挑斡上層角柱。（卷四・平坐。本卷第 58 頁上；“陳氏點注本”第一册第 93 頁）

纏柱龍 [chán zhù lóng]

彫混作纏繞柱身之龍。（卷十二・混作。本卷第 100 頁上；“陳氏點注本”第二册第 31 頁）

纏柱邊造 [chán zhù biān zào]

即纏柱造。詳“纏柱造”條。（卷四・平坐。本卷第 58 頁上；“陳氏點注本”第一册第 93 頁）

纏腰 [chán yāo]

緊貼屋身檐柱，又加一周立柱、鋪作及檐，使房屋外觀爲兩重檐，這增加的檐即爲纏腰。（卷四・總鋪作次序。本卷第 57 頁下；“陳氏點注本”第一册第 92 頁）

贔屓盤龍 [bì xì pán lóng]

碑首彫刻。雲盤之上彫盤龍六條，其心内刻出篆額天宫。（卷三・贔屓鼇坐碑。本卷第 52 頁上；"陳氏點注本"第一册第 70 頁）

贔屓鼇坐碑 [bì xì áo zuò bēi]

碑身立於鼇坐上，故名。（卷三・贔屓鼇坐碑。本卷第 52 頁上；"陳氏點注本"第一册第 70 頁）

露齦砌 [lù yín qì]

壘砌塼每層塼退進一分，即每塼外露出邊沿一分。（卷十五・壘階基。本卷第 115 頁下；"陳氏點注本"第二册第 98 頁）

露道 [lù dào]

塼砌露天道路。路面平鋪，兩邊各側砌雙線道；路面虹面砌，兩邊各側砌四塼線道。（卷十五・露道。本卷第 116 頁下；"陳氏點注本"第二册第 102 頁）

露臺 [lù tái]

城門慢道轉折處的小平臺。（卷十五・慢道。本卷第 116 頁上；"陳氏點注本"第二册第 100 頁）

露牆 [lù qiáng]

夯土牆之一種。詳"牆"條。（卷三・牆。本卷第 48 頁下；"陳氏點注本"第一册第 56 頁）

露籬 [lù lí]

用於室外的隔牆。以木作骨架，編竹抹灰或版壁，上作版屋。（卷二・露籬。本卷第 44 頁下；"陳氏點注本"第一册第 38 頁）

鐵鐧（鐵釧） [tiě jiàn（tiě chuàn）]

版門等附件。門高二丈以上，用鐵製的門上鑲名鐵鐧，安於門肘版上；門高二丈以上，安鐵釧於雞棲木上，以受鐵鐧。（卷六・版門。本卷第 64 頁下；"陳氏點注本"

第一册第 121 頁）

鐵桶子 [tiě tǒng zi]

版門附件。門高一丈二尺以上，上鑲外套鐵桶子。（卷六・版門。本卷第 64 頁上；“陳氏點注本”第一册第 118 頁）

鐵鵝臺 [tiě é tái]

版門附件。門高二丈以上的鐵釧下鑲。（卷六・版門。本卷第 64 頁下；“陳氏點注本”第一册第 121 頁）

鐵鞾臼 [tiě xuē jiù]

版門附件。門高二丈以上，於門砧上安鐵鞾臼以承鐵鵝臺。（卷六・版門。本卷第 64 頁下；“陳氏點注本”第一册第 121 頁）

鐵燎杖 [tiě liáo zhàng]

泥作茶爐中燒火的鐵柵。（卷十三・茶鑪。本卷第 109 頁上；“陳氏點注本”第二册第 67 頁）

鐵索 [tiě suǒ]

瓦作正脊當溝瓦下垂鐵索，備修整繫脚架棚架。（卷十三・壘屋脊。本卷第 105 頁下；“陳氏點注本”第二册第 54 頁）

鑊竈 [huò zào]

鑊口徑三至八尺，烹煮的大竈。（卷十三・釜鑊竈。本卷第 108 頁下；“陳氏點注本”第二册第 65 頁）

二十二畫及以上

癭項 [yǐng xiàng]

鉤闌蜀柱穿出盆脣，做成癭項，上承雲栱。（卷三・重臺鉤闌，卷八・鉤闌。本卷

第 50 頁上、第 79 頁上；“陳氏點注本”第一册第 62、175 頁）

瘿項雲栱造 [yǐng xiàng yún gǒng zào]

指鉤闌盆脣上用瘿項雲栱托尋杖的做法。（卷九·佛道帳。本卷第 82 頁上；“陳氏點注本”第一册第 188 頁）

疊暈 [dié yùn]

以一種顔色（青或绿或朱）、同等寬度層層加深或減淡，畫成的色帶爲疊暈。一般製石色，自然成深淺；以青爲例，色最淡的名青華，色稍深的名三青，再深名二青，最深的名大青，梁栿外緣由深至淺疊暈。绿及朱同此法。（卷十四·五彩徧裝。本卷第 110 頁下；“陳氏點注本”第二册第 77 頁）

疊澁坐 [dié sè zuò]

用石、塼壘砌，全高分三段，中段垂直而高，上段、下段又層層挑出的塼、石座。彫飾精細、輪廓優雅的，又名須彌坐。詳“須彌坐”條。（卷三·角柱。本卷第 49 頁下；“陳氏點注本”第一册第 59 頁）

鼇坐 [áo zuò]

即龜坐。碑下的基座。（卷三·贔屓鼇坐碑。本卷第 52 頁上；“陳氏點注本”第一册第 70 頁）

鷹架 [yīng jià]

施工脚手架。（卷十二·竹笍索。本卷第 103 頁下；“陳氏點注本”第二册第 45 頁）

鷹嘴駝峯 [yīng zuǐ tuó fēng]

駝峯形式之一。兩肩三卷瓣下又捲回尖嘴。（卷三十·大木作制度圖樣上。本卷第 208 頁上；“陳氏點注本”第三册第 175 頁）

襻竹 [pàn zhú]

泥作壘牆，每用墼三重，鋪襻竹一重，加固竹筋也。（卷十三·壘牆。本卷第 107

頁上；“陳氏點注本”第二册第 61 頁）

襻間 [pàn jiān]

聯係左右屋架及加强槫的構件，有單材襻間、兩材襻間、實拍襻間、捧節令栱等形式。詳各專條。（卷五・侏儒柱。本卷第 61 頁上；“陳氏點注本”第一册第 106 頁）

廳屋 [tīng wū]

規模質量次於堂屋的建築。（卷十三・壘屋脊。本卷第 105 頁上；“陳氏點注本”第二册第 52 頁）

廳堂 [tīng táng]

1. 堂屋、廳屋的總稱。

2.《營造法式》結構形式之一種，其屋架構造有十八類。詳“間縫内用梁柱”條。（卷四・材。本卷第 53 頁上；“陳氏點注本”第一册第 74 頁）

廳堂梁栿

廳堂結構形式使用的梁栿，其截面規格小於殿堂。（卷五・梁。本卷第 59 頁上；“陳氏點注本”第一册第 97 頁）

鬬八 [dòu bā]

平面正八邊形，用八條陽馬向上斜收成凸起穹窿形。（卷八・鬬八藻井。本卷第 76 頁下；“陳氏點注本”第一册第 165 頁）

鬬八藻井 [dòu bā zǎo jǐng]

簡稱“藻井”。詳“藻井”條。（卷八・鬬八藻井。本卷第 76 頁下；“陳氏點注本”第一册第 165 頁）

鬬尖 [dòu jiān]

屋蓋形式之一。平面圖形成正多邊形的房屋屋蓋，做成尖錐形，上加火珠。（卷五・舉折。本卷第 63 頁上；“陳氏點注本”第一册第 114 頁）

鑷口鼓卯 [niè kǒu gǔ mǎo]

榫卯形式之一。一端卯口内作榫，另一端榫上又開卯口。（卷三十・大木作制度圖樣上。本卷第214頁上；“陳氏點注本”第三册第194頁）

鑽 [zuǎn]

版門、軟門等肘版上加做啓閉的軸。在上的爲上鑽，在下的稱下鑽。（卷六・版門。本卷第64頁上；“陳氏點注本”第一册第118頁）

麤泥 [cū ní]

每方一丈，用土七擔（每擔乾重60斤），麥䴭八斤。（卷十三・用泥。本卷第107頁上；“陳氏點注本”第二册第61頁）

麤搏 [cū bó]

石料加工的第二步，用鏨略找平石面。（卷三・造作次序。本卷第49頁上；“陳氏點注本”第一册第57頁）

麤壘 [cū lěi]

較粗糙的砌塼。塼不加工，每塼露齦大，牆面收分大。如壘階基，外表細塼十層，其後背麤砌衹需八層。（卷十五・壘階基[1]。本卷第115頁下；“陳氏點注本”第二册第98頁）

麤砌 [cū qì]

即用粗塼壘砌。參閲“細壘”條。（卷十五・塼牆。本卷第116頁下；“陳氏點注本”第二册第102頁）

[1]《營造法式》原書中“麤”“粗”二字並用，而“卷十五・壘階基”之用字爲“粗壘”。

附　録

《〈營造法式〉辭解》整理前言（節選）[①]

丁垚

《〈營造法式〉辭解》（以下簡稱《辭解》）是對我國古代建築經典《營造法式》中一千餘個詞條的解釋，是建築史學家陳明達先生晚年研究《營造法式》的遺著。作爲陳先生的學生，王其亨、殷力欣先生一起承擔了整理《辭解》的工作，王其亨教授領導的天津大學建築學院建築歷史與理論研究所的師生也多與其間。[②] 值此中國營造學社成立八十週年之際，在各方人士的共同推動下，將十餘年來整理和學習這部著作的階段性成果付梓，以饗學界同人，并告慰陳先生在天之靈。筆者受王老師和殷先生所囑，謹將陳明達先生的生平和學術成就、這部著作的内容和價值以及我們整理工作的有關情況略作介紹，以供讀者參考。

（一）生平與學術事迹[③]

（二）《辭解》的寫作背景

縱覽陳先生畢生著述，有一條主綫貫穿其中，這就是對研究中國建築的“必不可少的參考書”[④]《營造法式》的深入研究。不論是體現古建築初步調查成果的描述性報告，如《兩年來山西省新發現的古建築》《敦煌石窟勘察報告》，還是深入建築設計層面的個案研究，如《應縣木塔》和《獨樂寺觀音閣、山門的大木制度》，或是像《中國

[①] 本文係丁垚先生爲天津大學出版社2010年出版的《〈營造法式〉辭解》單行本所撰。此文對這部《辭解》的學術意義、編輯體例、校勘原則等有較詳細的闡述，同時記録了天津大學建築學院師生爲整理這份遺稿所做的不懈努力，展示了學術傳統之薪火相傳。基於上述緣由，特節選相關章節，列爲本卷之附録，以饗讀者。——殷力欣按

[②] 這項工作由丁垚領銜，率天津大學在校學生百餘人次完成，王其亨、殷力欣審閲書稿。——殷力欣按

[③] 此節省略。有關陳明達生平，可參閲本書第十卷之《陳明達年譜》。——殷力欣按

[④] 梁思成在《營造法式注釋（卷上）》的序中所説。

古代木結構建築技術》這樣跨越時代和地域、針對中國建築整體的通論性著作，更毋論主題與《營造法式》直接相關的《從〈營造法式〉看北宋的力學成就》《營造法式大木作制度研究》等，可以説，陳先生的學術人生就是孜孜不倦地解讀《營造法式》、探究中國建築史的一生，他在梁思成、劉敦楨等先賢開創的道路上躬行踐履，掀開了一頁又一頁嶄新的學術篇章。正如傅熹年先生所評，“對《營造法式》的研究是陳先生在建築史研究上的最傑出的貢獻”①。

因此，陳先生遺稿中最完整的兩部都與《營造法式》相關也就在情理之中了。雖然陳先生未能完成計劃研究的30個專題，是學界的重大損失，但他留下了數萬言的研究《營造法式》的札記和包含千餘詞條的《〈營造法式〉辭解》，都極具學術價值。其中，《〈營造法式〉研究札記》文字已整理發表，其内容及整理情况請讀者查閲原書及殷力欣先生所撰附記②，這裏不再贅述，僅將《辭解》的情况略作介紹。

《辭解》原稿寫於16開信紙上，每頁400格，共109頁，總計42000餘字。詞條依首字筆畫數爲序，自兩畫的“入”字始，至三十三畫的“麤”字終，其間於筆畫變更處皆前後空行，居中標出“三畫”“四畫”，諸如此類。詞條的名稱都用下劃綫標出，以示與釋文的區别。如：“坐面版　佛道帳等帳坐上平鋪的版。”原稿多在詞條釋文末尾的右側頁邊，用小字注出該詞條在《營造法式》原文出現的卷數。如：“曲脊　九脊殿兩山出際之下、搏風版以内的屋脊。卷五　109”，其中，“卷五”在上，“109”在下，分居兩行。陳先生晚年研究多用商務印書館影印“萬有文庫”的四册《營造法式》（即所謂“小陶本”）作爲工作本，這裏的“卷五　109”指的就是“曲脊”這一詞條出現在小陶本的第五卷、該册的第109頁。注明出處的在全稿前後各處有所不同，總的來説有三類。首先，從開頭到三畫“上華版”，各詞條均出注；接下來，直到原稿第52頁“馬面”，則并非逐條標出，間有省略；再往後，到原稿第59頁十畫的詞條“起突卷葉華”，這部分詞條末尾注出卷數者就越來越少，往往每頁僅有一條甚至空缺；十一畫以後的部分，約占全文的一半篇幅，除了“階脣”一條外，皆未注明卷數。依照這

① 傅熹年:《陳明達古建築與雕塑史論·序》，載陳明達《陳明達古建築與雕塑史論》，文物出版社，1998，第2頁。
② 載賈珺主编《建築史》第23輯，清華大學出版社，2008，第31～32頁。

些標注一一核查原文，可發現相當一部分情況都是關涉該詞條含義或詳細做法的語句。

原稿中文字的寫法基本依照仿宋的陶本，尤其是詞條名稱以及釋文中所涉及的《營造法式》原文詞、句，遵從較爲嚴格。同時，也存在使用異體字、簡化字和前後用字不一致的情況。數字的寫法有兩種情況。在意爲材份數的“分”之前表示有多少份的數字，以及上文提到的在頁邊標注的原書頁碼，基本都寫成阿拉伯數字；其他的數字均寫成漢字。另外，原稿中還存在幾個詞共用一條釋文的做法，將幾個詞（大多爲兩個詞）并列，兩詞之間以頓號間隔或後一詞加括號，共用一條釋文。這樣的做法有兩種情況。一種是幾個詞的意義相同或相近，故繫於一條解釋。如：

盆脣、盆脣木　鉤闌尋杖下方的通間長構件，上坐瘿項雲栱以承尋杖，下接蜀柱。木製者名盆脣木。卷三　63，卷八　176

另一種情況是幾個詞同類，釋文僅指出其所屬的類别，未作進一步區分，故放在一起解釋。如：

水地魚獸、水地雲龍　石作彫刻的紋様之一，用於柱礎。卷十六　126

有很多詞條，也是含義相近，但未采取這種并列共出一條釋文的形式，而是單獨列出一個詞條，在釋文中説明含義互見。如：“版引檐　即引檐，詳‘引檐’條。”

值得一提的是，《辭解》中有不少表物件名稱的詞條，釋文都稱“做法不詳”“形制不詳”或“形制及用途不詳”。如：“内輞　轉輪經藏可轉動的輪用兩層輞，分爲内輞、外輞，其具體做法不詳。”更有“皇城内屋”一條，僅列詞名，未作任何釋文，僅於右側頁邊注“卷二十五　50”。

以上是《辭解》原稿的大致情況。因其未在陳先生生前發表，也没有像《應縣木塔》再版的“附記”或是《營造法式大木作制度研究》的“緒論”那様由作者親自撰寫的介紹本書寫作緣由、論述主旨以及研究方法之類的文稿存世，故作爲整理者，僅就我們歷年學習，整理所得到的一些認識略述於此，供讀者參考。

《辭解》編寫的緣由有兩條綫索，其一是編寫建築詞典，其二是研究《營造法式》，特别是對其名詞術語進行解讀。

首先説第一條綫索。從名稱、内容、體例等方面看，《辭解》繼承了梁思成先生二十世紀三十年代初研究清代建築及工部《工程做法》、編寫《清式營造辭解》的做法。

梁先生在爲1932年3月脱稿的《清式營造則例》作的序中寫道：

> 清式營造專用名詞中有許多怪誕無稽的名稱，混雜無序，難於記憶，兹選擇最通用者約五百項，編成《辭解》，并注明圖版或插圖號數，以便參閱。[①]

事實上，早在營造學社成立之前的民國八年（1919年），後來成爲學社創辦人兼研究主要策劃者的朱啟鈐先生在倡議重印新發現的丁本《營造法式》[②]時，即認爲此書卷首之《總釋》"允爲工學詞典之祖"[③]，對此書的發現以及如此的定位也成爲其矢志不渝研究中國建築的重要契機，從此以後，以《營造法式》爲先導、編纂中國營造用語的詞典即作爲一大研究要務一直深受其關注。[④]1925年，朱先生爲陶湘受其囑托主持校勘、刊印的仿宋本《營造法式》（即陶本）撰寫《重刊〈營造法式〉後序》時特別提到：

> 亟應本此[⑤]義例，合古今中外之一物數名及術語名詞，續爲整比，附以圖解，纂成《營造辭典》。[⑥]

尤其到了1929、1930年營造學社成立前後，朱先生更是一再强調此事的重要性。如在1929年3月爲文昭示學社旨趣時説道：

> 中國之營造學，在歷史上，在美術上，皆有歷劫不磨之價值。啟鈐自刊行宋李明仲《營造法式》，而海内同志，始有致力之塗轍……營造所用名詞術語，或一物數名，或名隨時異，亟應逐一整比，附以圖釋，纂成《營造辭彙》……[⑦]

---

① 梁思成：《清式營造則例·序》，中國營造學社，1934，第2頁。

② 現存《營造法式》的幾種版本，名稱已爲學界熟知，包括較爲完整的丁本（石印本）、張本、故宫本、陶本和文淵閣、文溯閣、文津閣等幾種四庫全書本以及不完整的南宋刊本（紹興本、紹定本）、《永樂大典》抄録的部分（永樂大典本）等。

③ 朱啟鈐：《營造法式·序》，載李誡《營造法式》第四册《附録》，商務印書館，1954，第246頁。

④ 這部分背景及有關學者對《營造法式》研究的情况，參看王其亨指導，成麗：《宋〈營造法式〉研究史初探》，學位論文，天津大學建築學院，2009。

⑤ 即《營造法式》。

⑥ 朱啟鈐：《重刊〈營造法式〉後序》，載李誡《營造法式》第一册《序目》，商務印書館，1954，第4頁。

⑦ 朱啟鈐：《中國營造學社緣起》，《中國營造學社彙刊》1930年第一卷第一期。

闡明學社任務時，又將編纂《營造辭彙》列在計劃的第一項“屬於溝通儒匠、濬發智巧者”之中：

> 學社使命，不一而足……一、屬於溝通儒匠、濬發智巧者……纂輯《營造辭彙》，於諸書所載及口耳相傳，一切名詞術語，逐一求其理解。製圖攝影，以歸納方法，整理成書。期與世界各種科學辭典，有同一之效用。[①]

同年6月致信“中華教育文化基金董事會”介紹學社未來的研究設想時，重申了這一計劃[②]。

1930年2月16日，在學社於北平舉行開幕會議時，朱先生發表演講，言及近期即將完成的研究成果，亦首推《營造辭彙》一書：

> 草創之際，端緒甚紛……今茲所擬克期成功，首先奉獻於學術界者，是曰《營造辭彙》。是書之作，即以關於營造之名詞，或源流甚遠，或訓釋甚艱，不有詞典以御其繁，則徵書固難，考工亦不易。故擬廣據群籍、兼訪工師，定其音訓、考其源流，圖畫以彰形式，翻譯以便援用。立例之初，所采頗廣，一年後當可具一長編，以奉教於當世專門學者。[③]

學社正式成立以後，整理《營造法式》與編纂《辭彙》的工作同時展開。[④]正如負責編纂《辭彙》工作的闞鐸所説：“中國營造學社，以纂輯《營造辭彙》爲重要使命。”[⑤]從1930年9月開始，每星期舉行兩次例會商討編纂事宜，爲加快進度，自1931年2月改爲每周三次，并決定先就清工部《工程做法》詳細研究。又由闞鐸搜集瞭解日本編纂營造辭典之類的工作成果，還專程去日本考察，訪問有關人士、旁聽工作會議并獲贈工作資料若干。然“九一八”後，時局、人事多有變遷，編纂《辭彙》一事

---

① 朱啟鈐：《中國營造學社緣起》，《中國營造學社彙刊》1930年第一卷第一期。

② 朱啟鈐：《十八年六月三日致中華教育文化基金董事會函》，《中國營造學社彙刊》1930年第一卷第一期。

③ 朱啟鈐：《中國營造學社開會演詞》（附英譯），《中國營造學社彙刊》1930年第一卷第一期。原文題作“開會演詞”，據其演講內容和其他述及此段學社籌備歷史的有關材料，以及原文所附英文譯作“inaugural address”綜合看來，這裏的“開會”實際上就是營造學社的成立典禮。

④ 參見：《社事紀要》，《中國營造學社彙刊》1930年第一卷第二期。

⑤ 闞鐸：《〈營造辭彙〉纂輯方式之先例》，《中國營造學社彙刊》1931年第二卷第一期。

終未告竣。幸運的是，梁、林兩位先生參加學社工作後，即將其中部分工作接續了下來，并於1932年（也就是陳明達先生入營造學社當年）3月寫就了《清式營造則例》及其所附的《辭解》與《尺寸表》。這前後的承繼關係，梁先生在爲《清式營造則例》出版所作的序裏寫得再清楚不過：

> 我在這裏要向中國營造學社社長朱桂辛先生表示我誠懇的謝意，若没有先生給我研究的機會和便利，并將他多年收集的許多材料供我采用，這書的完成即使幸能實現，恐怕也要推延到許多年月以後。[①]

綜上所述，以《營造法式》爲先導，編纂一部中國建築詞典，是朱啟鈐先生創辦營造學社時的初衷，雖未能告竣，但由梁思成先生接續，先圍繞工部《工程做法》等清代材料，整理出了《清式營造辭解》。所以，陳明達先生的《〈營造法式〉辭解》直接承繼的正是朱啟鈐、梁思成等人所開創的編纂《營造辭彙》這一事業，這是瞭解《辭解》緣由的第一條綫索。

再説第二條綫索。《營造法式》名詞術語多非習見詞彙，所以，自朱啟鈐先生發現并倡刊石印本之初即成爲研讀《營造法式》的一大難題。梁思成先生初讀陶本《營造法式》，即目之爲“天書”[②]。法國漢學巨擘戴密微（Paul Demiéville）在石印本出版後不久著長文評介，所涉詞目僅數十條，詳加討論者不過“鬬八”“櫺星門”“飛仙”及“迦陵頻伽”等數種[③]。朱啟鈐先生亦稱“未嘗不於書中生僻之名詞、訛奪之句讀，興望洋之嘆”[④]。故探究這些詞彙的含義成爲解讀《營造法式》的首要任務。朱啟鈐先生與陶湘等在爲出版陶本進行校勘時就已經做了不少工作，營造學社甫一創建更將其列爲學社研究計劃之重點，在寫給中華教育文化基金會的第一次工作報告中介紹成立以來的工作進展時，亦將“改編《營造法式》爲讀本”列在第一項：

> 《營造法式》自民國十四年仿宋重刊以來，風行一時。而原書以制度、功限、料例諸門爲經，以各作爲緯，讀者每苦其繁複，圖説分離，更難印證，

① 梁思成：《清式營造則例・序》，中國營造學社，1934，第3頁。
② 梁思成：《營造法式注釋（卷上）・序》，中國建築工業出版社，1983。
③《法人德密那維爾評宋李明仲〈營造法式〉》，唐在復譯，《中國營造學社彙刊》1931年第二卷第二期。
④ 朱啟鈐：《中國營造學社開會演詞》（附英譯），《中國營造學社彙刊》1930年第一卷第一期。

字句古奥，索解尤不易。兹因講求李書讀法，先將全書覆校，成《校記》一卷，計應改、應增、應删者一百數十餘事，次將全書悉加句讀，又按壕寨、石作、大木作、小木作、窑作、磚作、瓦作、泥作、雕木作、旋作、鋸作、竹作、彩畫作等爲綱，以制度、功限、料例及用釘料例、用膠料例、圖樣等爲目，各作等第用歸納法按作編入，取便翻檢。不惟省并篇幅，且如史家體例，改編年爲紀事本末，期於學者融會貫通，其中名詞有應訓釋或圖解者，擇要附注，名曰《讀本》，現在工作中。[①]

與前述編纂《營造辭彙》的情况類似，這一改編《讀本》的工作自1931年秋季以後亦爲梁思成先生等接續，并將書名改擬爲《〈營造法式〉新釋》，著力有年。梁先生加入營造學社之明年，即赴現場相繼調查平東三遼構，將《營造法式》與實物相比對，借以在認知建築作品的同時瞭解《營造法式》相關内容的含義，進而總結不同時代的建築風格特點，更是開出了解讀《營造法式》、找尋早期建築和建構中國建築史這三位一體的學術新天地。例如，梁先生在研究獨樂寺山門時比對實物與《營造法式》，寫道：

華栱二層，其上層跳頭施以令栱，已於上文述及；然下層跳頭，則無與之相交之栱，亦爲明清式所無。按《營造法式》卷四《總鋪作次序》中曰：

“凡鋪作逐跳上安栱謂之‘計心’，若逐跳上不安栱，而再出跳或出昂者謂之‘偷心’。”

山門柱頭鋪作，在此點上適與此條符合，“偷心”之佳例也。[②]

又云：

《營造法式》卷五侏儒柱節又謂：

“凡屋如徹上明造，即於蜀柱之上安枓，枓上安隨間襻間，或一材或兩材。襻間廣厚并如材，長隨間廣。出半栱在外，半栱連身對隱。”

“徹上明造”即無天花。柱上安枓，即山門所見。襻間者，即清式之脊枋是也。今門之制，則在枓内先作泥道栱，栱上置襻間。其外端作栱形，即

---

① 《社事紀要》,《中國營造學社彙刊》1930年第一卷第二期。

② 梁思成:《薊縣獨樂寺觀音閣山門考》,《中國營造學社彙刊》1932年第三卷第二期。

“出半栱在外，半栱連身對隱”之謂歟？[①]

如此種種，通篇不一而足。故梁先生在同年對廣濟寺三大士殿的調查報告中説：

關於（《營造法式》）專門名辭的定義，在本刊三卷二期拙著《薊縣獨樂寺觀音閣山門考》一文内，已經過一番注解，其勢不能再在此重述。所以讀者若在此點有不明瞭處，唯有請參閲前刊，恕不在此解釋了。[②]

就在考察薊縣、寶坻的當年，朱啟鈐先生在依例寫給中華教育文化基金會的工作報告中提到梁思成、劉敦楨正在撰寫并即將發表的《〈營造法式〉新釋》：

《營造法式》爲我國建築最古之顓書……前經鄙人與陶蘭泉先生校正重刊，近社員梁思成君援據近日發現之實例佐證，經長時間之研究，其中不易解處，得以明瞭者頗多。梁君正將研究結果作《〈營造法式〉新釋》，預定於明春三月，本社《彙刊》四卷一期中公諸同好。其琉璃彩畫則由劉敦楨君整理注釋，一并付刊。[③]

接下來兩年，《新釋》工作進展一直在《彙刊》及時公布[④]，其完成出版直似箭在弦上。但時局之大變故嚴重影響了學社既定計劃之實施，包括工作重心的調整及次序之改變，《彙刊》及各種專著出版之推延概莫能外。如學社在1933年夏天申明的：

……（《彙刊》）第四卷第一期原定本年三月底出版，詎意易歲以還，强鄰壓境，時局惡化，莫可端倪。其時故都文化機關，紛紛南遷。本社研究工作雖未中輟，然多年收集之貴重圖書標本，勢不能不移藏安全地點，社員工作，因之略爲遲鈍，已成之稿，亦不能按期付刊，致第一期出版日期，約遲三月有餘……[⑤]

《新釋》還是和《辭彙》一様，未能如期出版，而由梁先生等繼續修改完善，經歷二十世紀三十、四十年代，最終在梁先生身後方由清華大學建築系莫宗江、樓慶西、

---

① 梁思成：《薊縣獨樂寺觀音閣山門考》，《中國營造學社彙刊》1932年第三卷第二期。
② 梁思成：《寶坻縣廣濟寺三大士殿》，《中國營造學社彙刊》1932年第三卷第四期。
③ 朱啟鈐：《二十一年度上半期工作報告》，《中國營造學社彙刊》1932年第三卷第四期。
④ 參見：《中國營造學社彙刊》1933年第四卷第一期《本社紀事》及封二、1934年第五卷第二期《本社紀事》。
⑤《本社紀事》，《中國營造學社彙刊》1933年第四卷第一期。

徐伯安、郭黛姮等先生整理完稿，於1983年出版。國内的一些學者又在此基礎上繼續進行了系統的研究，其代表成果如陳明達先生的《營造法式大木作制度研究》[①] 以及後來收入《梁思成全集》第七卷的主要由徐伯安先生整理編成的《〈營造法式〉注釋》（上、下卷）[②]，還有東南大學潘谷西先生所著《〈營造法式〉解讀》[③] 等。

簡言之，對《營造法式》的注釋與解讀工作由朱啟鈐先生倡導并身體力行，而後梁思成、劉敦楨先生應邀加入并成爲這一工作的中堅，從《讀本》到《新釋》以至《注釋（卷上）》，陳明達先生不僅親身參與了前期的工作，而且承接了這一歷史責任與學術使命。這是《辭解》寫作緣由的第二條綫索。

《辭解》撰於陳先生研究歲月的最後幾年，堪稱陳先生對《營造法式》認識的總結，其一千餘個詞條涵蓋了《營造法式》包含的所有十三個工種，制度、功限、料例、等第及圖樣等各方面的内容，其數量之大、涉及範圍之廣，在已有的系統研究《營造法式》的著作中是罕見的。[④] 在此圍繞陳先生對《營造法式》的研學歷程略陳史料若干，以備讀者瞭解《辭解》具體的研究與寫作背景之需。像《營造法式大木作制度研究》這樣的專著，學界已經比較熟悉，故側重於一些并非與《營造法式》直接相關的著作以及陳先生生前未曾發表的文稿。

其一，精熟原書。陳先生對《營造法式》原書的熟悉程度令人贊歎，從《辭解》涵蓋範圍之廣、詞條抽析之精細即可見一斑。早在入營造學社之初，他就曾抄寫過一

---

① 需要指出的是，雖然《營造法式大木作制度研究》是在《〈營造法式〉注釋》之前一年出版的，但從學術理路上看，實際是後者的繼續。這一點陳先生自己在《營造法式大木作制度研究》的"緒論"中説得非常清楚。

② 梁思成:《梁思成全集》第七卷，中國建築工業出版社，2001。

③ 潘谷西:《〈營造法式〉解讀》，東南大學出版社，2005。

④ 如前述，梁先生在中華人民共和國成立後研究《營造法式》的主要助手徐伯安、郭黛姮先生在梁先生逝世十週年之際發表的《宋〈營造法式〉術語彙釋（壕寨、石作、大木作制度部分）》，總計400多個詞條，未及包括小木作以後的部分。見清華大學建築系編:《建築史論文集（第6輯）》，清華大學出版社，1984，第1～79頁。潘谷西先生《〈營造法式〉解讀》涉及内容更多，所附《宋代建築術語》包含各作工種共700餘詞條。見潘谷西:《〈營造法式〉解讀》，東南大學出版社，2005，第242～266頁。日本學者竹島卓一的《營造法式研究》所附《用語解説》所收有關中國建築術語的詞條達2500餘條之多，但并非全部是《營造法式》之詞彙。見竹島卓一:《營造法式研究》第三册《用語解説》，（日）中央公論美術出版，1997。

部完整的《營造法式》，包括文字與圖樣的全部内容都依陶本完整抄録，而且將劉敦楨先生等當時以故宫本等各本校勘文字部分的識語也完整録入，圖樣部分則以丁本對校。這無疑爲其後來研究《營造法式》打下了堅實的基礎。一直到後期的研究中，陳先生始終關注原書基本信息的釐清。如針對素存疑問的《營造法式》是否完本的問題，他曾經依照李明仲自云篇數條目的思路，將今本各相關項逐條加以統計，開闢了重要的研究思路。我們在整理、學習陳先生遺稿的過程中也正是遵循這樣的方法，經初步研究，得到了傳世本爲完本的可靠結論。[①]

其二，提出新的概念，推動研究深入。

以二十世紀四十年代完稿的《崖墓建築——彭山發掘報告之一》爲例，陳先生在研究崖墓建築仿木構而建的梁方栱柱時，即自覺運用了《營造法式》的相應名詞概念，直以“大木作”爲綱，第一次系統提出了“材份制度”的概念，這與同時期梁思成先生在撰寫《中國建築史》時指明《營造法式》中“材”的度量單位的作用以及日趨標準化的中國木結構建築權衡比例均以“材”爲度量單位的看法是一致的。

其三，日益成熟地利用《營造法式》的術語，簡潔確切地描述和研究建築實物。

陳先生曾在八十年代繼續研究獨樂寺時追憶梁先生等最初對獨樂寺的研究，飽含深情地説：

> 現在我們終於對這種結構形式有了進一步的認識，并和《法式》中的“殿堂”結構對上了號，總算没有辜負梁先生的期望，并且可以利用《法式》的術語，對這兩個建築物作出簡明、確切的描述了。[②]

事實上他也確實做到了這一點。文章接下來，他僅用寥寥幾十個字就將獨樂寺山門結構形式的主要特點勾畫了出來：

> （山門）地盤三間四架椽，四阿屋蓋。身内分心斗底槽，用三等材。殿身外轉五鋪作出雙抄，偷心造；裏轉出兩跳。[③]

[①] 王其亨、成麗：《傳世宋〈營造法式〉是否完本？——〈營造法式〉卷、篇、條目考辨》，《建築師》2009 年第 3 期。

[②] 陳明達：《獨樂寺觀音閣、山門的大木制度（上）》，載張复合主编《建築史論文集（第 15 輯）》，清華大學出版社，2002，第 72 頁。

[③] 同上。

與梁先生當年報告的篇幅相比極爲精簡，而實現這一點用去了整整半個世紀。若回顧五十年代以來的一系列研究成果，對這一過程可以有更清晰的認識。如描述南禪寺大殿鋪作細節：

> 鋪作上不用襯方頭，正面鋪作第一跳華栱後承於四椽栿下，第二跳華栱後尾即四椽栿。四椽栿是足材，第二跳華栱也是足材。四椽栿上單材繳背即伸出作耍頭。山面鋪作内外都出華栱兩跳，第二跳用單材，其上單材劄牽即伸出作耍頭。在轉角鋪作交角斜華栱内外皆出華栱二跳及耍頭。[①]

描述延慶寺大殿特徵：

> 大殿歇山頂三間六架椽，總面闊約 13 公尺，平面略近正方形。用五鋪作單抄單下昂偷心單栱造，每間各用補間鋪作一朵，正面山面明間補間鋪作并用 45° 斜栱，柱頭用闌額及普拍方。柱頭鋪作後尾出三跳華栱上承六椽栿，栿作月梁造，在下平槫縫下置方木承坐斗素方及下平槫，更不用四椽栿。在上平槫縫下用較高之駝峰承斗口跳及平梁。平梁頭下至六椽栿背外端用了一根通長兩椽的托脚木。平梁上至脊槫用叉手，蜀柱下用角背。山面柱頭鋪作上出丁栿，栿尾在六椽栿背上，因此這根丁栿是逐漸向上斜起的，而鋪作第三跳華栱上就不得不再墊上一塊單材方木。[②]

描述莫高窟窟檐建築：

> 第 427 號窟三間，八角形柱，無普拍方，斗栱六鋪作三抄單栱造，栱的比例較短，第三跳頭不用令栱，華栱直承於替木下。出檐短而舉折平，至角不起翹。第二跳華栱至内出爲足材三椽栿，第三跳華栱至内出爲單材三椽草栿。第二跳角華栱内出遞角栿與三椽栿相交於第二槫縫下。第一跳羅漢方通過轉角鋪作華栱中心上，不與角栱相交。第二跳羅漢方一端過角栱心止於替木裏皮。”[③]

言及莫高窟窟檐的彩畫：

---

① 陳明達：《兩年來山西省新發現的古建築》，《文物參考資料》1954 年第 11 期。
② 同上。
③ 陳明達：《敦煌石窟勘察報告》，《文物參考資料》1955 年第 2 期。

第427窟的彩畫是最完整的，它以朱色爲主，而在結構的關鍵部分則用青緑，柱用朱柱頭，柱中用青緑束蓮，在門額、窗額和立頬的中段和次間下層的闌額、窗額和腰串與柱相交接處也都用青緑束蓮。斗栱多以緑色、白色的斗和紅地雜色花的栱相配合，但仍以朱爲主色。栱端的卷殺部分用赭色畫一工字，緑色的斗均爲純緑色，白色的斗則在白色上密布小紅點。第二層横栱以上的柱頭方外緣道用朱色，中間白地，用朱色寬綫道分爲細長的横格。梁兩端有細狹的箍頭，梁身外側均有緣道，身内作海石榴花。椽兩端及中腰亦畫束蓮，均以紅色爲主，青緑爲花。椽擋望板上畫佛像或卷草紋。所有木材之間的壁面，則全部爲白色。[①]

到了寫作《應縣木塔》時，不管是描述木塔的保存現狀，還是探討原狀和建築設計問題，運用《營造法式》的石作、大木作、小木作、瓦作、磚作、彩畫作等有關詞彙已純熟自如，於此不再贅述。

其四，陳先生還注重從設計、施工的實際出發，并且聯係科技史的背景，去解讀《營造法式》的内容，獲得真知後又反過來用於更深入地理解相應的設計、施工的問題。這方面最典型的例子當屬對《營造法式》體現的模數制即材份制的研究，對北宋時期力學成就的研究，以及對木塔、觀音閣、山門建築設計方法的研究等，均已爲學界所熟知，於此再舉兩例。一個是以考古發現的施工遺迹爲綫索，分析《營造法式》的制度淵源：

我們對於古代建築的施工方法，向來知道得很少。1950年輝縣第一次發掘中，在固圍村第三號墓發現了夯土的施工遺迹。當時施工者是在夯土邊上用繩索攔着木板，繩索另一端繫着固定在土層内的木橛上，然後布土打夯。這一發掘不但解決了大面積夯土如何施工的問題，而且也解決了宋《營造法式》中的一個難題。在《營造法式》卷三《壕寨制度》中“城”條下載：“每膊椽長三尺，用草葽一條（長五尺，徑一寸，重四兩），木橛子一枚（頭徑一寸，長一尺）。”現在可以證明草葽、木橛是夯土施工所必需的設備，同時

① 陳明達：《敦煌石窟勘察報告》，《文物參考資料》1955年第2期。

也説明了這種施工方法到宋代還是很普遍地在使用。[①]

另一個則是從已經認識到的《營造法式》體現的等應力構件設計原則出發，結合書中其他記載，對當時科學研究方法和水平進行推測：

"材分八等"以及"以材爲祖"的等應力構件設計原則、構件截面份數的制訂等，都不是只憑經驗所能取得的，必須上升到理論的高度，通過必要的計算才能求得。所以，必定是當時的匠師已經掌握了材料力學的一定理論，能進行必要的計算，才能取得上述成果。梁的强度計算方法還需從科學實驗取得數據，才能建立計算理論。《營造法式》記録的一些嚴格數據，如磚、瓦、石等材料的容重，是"諸石每方一尺，重一百四十三斤七兩五錢，磚八十七斤八兩，瓦九十斤六兩二錢五分"，和現代石灰石和磚瓦的重量完全符合，表明當時不僅進行了科學實驗，而且已有一定的實驗技術水平、計量水平和數學水平。所以，木結構技術不是獨立的、獨自發展的，它是和其他科學尤其是材料力學、數學等共同發展起來的。[②]

最後也是最爲重要的方面，即對準確、深入地解讀《營造法式》的學術定位。1981年，陳先生在爲《文物》三百期而作的《古代建築史研究的基礎和發展》一文中説道：

完全讀懂這兩本書[③]……仍是建築史研究的基礎工作……我們研究建築史的基礎還不堅實、不充分，還須切實進行下去，不是無事可做。[④]

針對認爲研究古建築的文章"晦澀難懂""天書似的文風""用詞冷僻"的觀點，陳先生以"窗框叫立頰"爲例，説道：

這類指責是不正確的。就用"立頰"爲例，宋代的"立頰"可以用在窗的兩側，也可以用在其他地方，而清代的"窗框"只是窗框。即使"立頰"用在窗子兩側，那尺寸、做法也并不盡同於清代的窗框，就是口徑對不上。

---

① 陳明達:《建國以來所發現的古代建築》,《文物》1959第10期。

② 陳明達:《中國古代木結構建築技術（戰國—北宋）》，文物出版社，1990，第62頁。

③ 即工部《工程做法》和《營造法式》。

④ 陳明達:《古代建築史研究的基礎和發展》,《文物》1981年第5期。

> 如再仔細看看《營造法式》，就可體會“頰”應是名詞，“立”應是形動詞，“立頰”是立着使用的頰，而樓梯兩邊的梯梁也叫“頰”，它是斜着安放的，不稱“立頰”。由“頰”到“立頰”是名稱的轉變、使用部位的轉變，也是功能的轉變。積累起一定數量的這種變化迹象，就可能是尋求某一構件的創始和發展的綫索，各種各類綫索的積累，對研究建築發展史有提高推進的作用。消滅“立頰”這個名稱，就斷掉了這條綫。[①]

這一段尤其能看出陳先生對準確識讀、把握《營造法式》名詞術語的重要性的關注。他於後文再次强調：

> 梁、栿在當時應是有區别的，或者更早的時期有區别，而爲宋代所沿用。區别究竟何在？我們還不瞭解，是應當研究的問題。如果將原來稱栿的構件都改名梁，就會造成混亂，增加研究的困難。這些都應當是常識，不是什么“用詞冷僻”。一個物件的名稱就如同一個人的姓名，有什么冷僻？更不是文風問題。[②]

而進一步的目的，陳先生認爲就是如梁思成先生在《爲什么研究中國建築》[③]中所指出的，“明瞭傳統營造技術上的法則”，“分析及比較冷静地探討其工程藝術的價值與歷代作風手法的演變”，即探索出中國傳統的“建築學”。[④]

綜上所述，陳明達先生將研讀《營造法式》看成研究中國建築史、探究中國古代建築學的至關重要的基礎工作，并以自己親身的學術實踐提供了令人信服的範例。《辭解》和《札記》是他晚年研究《營造法式》的最後成果，也是他一生研究《營造法式》的最後總結，更是他留給學界的寶貴遺産。

（三）我們的整理工作[⑤]

爲了把陳先生著作的原貌忠實地呈現給讀者，同時盡量方便閱讀，我們主要做了

---

① 陳明達：《古代建築史研究的基礎和發展》，《文物》1981 年第 5 期。
② 同上。
③ 梁思成：《爲什么研究中國建築》，《中國營造學社彙刊》1944 年第七卷第一期。
④ 陳明達：《紀念梁思成先生八十五誕辰》，《建築學報》1986 年第 6 期。
⑤ 此節節選部分内容。——殷力欣按

兩方面的工作：一是整理文字句讀，二是給詞條加注拼音、補充圖釋、製作檢索。

首先是識讀陳先生的手稿，按照原文的意圖，對詞條的編排順序、用字以及標點逐一加以整理，録入電腦。這裏需要説明的是，因原稿尚是初稿，詞條及釋文勾改塗抹、更換次序乃至改變頁數之處不在少數。同時，詞條排序、用字、標點等格式亦時有微差。比如，原稿在詞條排序方面，總的來説是依照梁思成先生撰寫的《清式營造辭解》體例，將詞條以首字筆畫數爲序排列，筆畫數相同的以所屬部首先後爲次，首字相同的再以次字筆畫爲序，其餘以此類推。於是，我們本着這一原則，對個别次序與之不符的地方進行了調整。另外，在用字方面，陳先生原稿基本爲常用繁體字，來自《營造法式》的字詞寫法則多準仿宋的陶本，即陳先生晚年研究的工作用本。本着這一原則，我們將其間偶爾使用的簡化字改爲繁體字，并對手稿中同一個字的不同寫法（如“磚”“塼”）加以統一。這部分工作除了比對陶本外，也參考了其他幾種版本的《營造法式》[①]，如文淵閣四庫全書本、上海圖書館藏張蓉鏡抄本（張本）以及新近影印出版的故宫本，特别是中華書局影印的南宋刊本《營造法式》殘卷，是確定字形的重要依據。最後校對統稿階段，還參考了北宋時期影響較大的兩部韻書《廣韻》和《集韻》的宋刊本。

（下略）

多年來，我們在學習、整理陳先生遺稿以及甄選圖像材料的過程中，廣泛吸收了梁思成、劉敦楨先生以後國内外研究《營造法式》以及早期建築的學術成果，如已故徐伯安先生等負責整理的《梁思成全集》第七卷、潘谷西先生的《〈營造法式〉解讀》、近年來出版的《中國古代建築史》中分别由傅熹年、郭黛姮先生主編的與《營造法式》研究關係最爲密切的第二卷和第三卷，以及劉叙傑先生整理劉敦楨先生的研究成果、收録於《劉敦楨全集》的校勘丁本的寶貴記録。而尚未出版的新近成果，當以傅熹年、

[①]《營造法式》的版本問題，自朱啟鈐先生倡刊石印本以來即成爲研究《營造法式》的重要問題。其中具有代表性的成果包括：謝國楨:《〈營造法式〉版本源流考》,《中國營造學社彙刊》1933 年第四卷第一期。陳仲箎:《〈營造法式〉初探》,《文物》1962 年第 2 期。李致忠:《影印宋本〈營造法式〉説明》，載李誡《營造法式》(影印北京圖書館藏南宋刻本，古逸叢書三編之四十三)，中華書局，1992，第 1 ~ 10 頁。傅熹年:《介紹故宫博物院藏鈔本〈營造法式〉》，載《傅熹年建築史論文選》，百花文藝出版社，2009，第 492 ~ 495 頁。

王貴祥先生指導的清華大學李路珂的博士論文以及已故東南大學郭湖生先生指導的吴梅的博士論文爲代表，兩者都是關於《營造法式》彩畫部分的研究，讓我們於原本知之甚少的彩畫方面也略微具備了一些整理《辭解》的基礎。

我們的工作得到了東南大學、清華大學、北京大學、華南理工大學等兄弟院系，國家文物局、故宫博物院、中國文化遺産研究院、敦煌研究院等單位以及全國各地相關文物保護部門的大力支持，傅熹年先生、單霽翔局長并爲撥冗作序，在此一并致謝。

《建築創作》主編金磊先生不僅組織“田野新考察”等活動，提供了不少寶貴資料，更與百花文藝出版社董令生女士、天津大學出版社韓振平先生等著力促成《辭解》一書的出版，萬榮李尢瑞先生在我們年復一年赴三晋大地調查的過程中提供了許多幫助，這些都令我們深爲感激。

陳先生的這些未刊之作不僅是寶貴的學術成果，而且已成爲學術史的研究對象，我們所做的僅是盡最大可能理解陳先生手稿的原意，以清晰的鉛字把它們展現在讀者面前。希望這個略作補充的整理本能給讀者提供些方便。我們整理書稿，始終兢兢業業，不敢掉以輕心，但因學識尚淺，錯誤在所難免，爲把接下來的工作做得更好，敬希專家學者熱心指正。

（下略）[①]

[①] 以下附1998—2010年天津大學建築學院參與此項工作之師生名録，計151人次。——殷力欣按